海洋条件下反应堆热工水力特性研究

Characteristics of Nuclear Reactor Thermal Hydraulics under Ocean Conditions

谭思超　张文超　庄乃亮　著

国防工業出版社

·北京·

图书在版编目(CIP)数据

海洋条件下反应堆热工水力特性研究 / 谭思超，张文超，庄乃亮著. — 北京：国防工业出版社，2018.6

ISBN 978-7-118-11254-2

Ⅰ. ①海… Ⅱ. ①谭… ②张… ③庄… Ⅲ. ①反应堆-热工水力学-研究 Ⅳ. ①TL33

中国版本图书馆 CIP 数据核字(2018)第 100362 号

※

国防工業出版社出版发行

(北京市海淀区紫竹院南路 23 号　邮政编码 100048)

三河市腾飞印务有限公司印刷

新华书店经售

*

开本 710×1000　1/16　**印张** 23　**插页** 6　**字数** 430 千字

2018 年 8 月第 1 版第 1 次印刷　**印数** 1—2000 册　**定价** 156.00 元

国防书店：(010)88540777　　发行邮购：(010)88540776

发行传真：(010)88540755　　发行业务：(010)88540717

致 读 者

本书由中央军委装备发展部**国防科技图书出版基金**资助出版。

为了促进国防科技和武器装备发展，加强社会主义物质文明和精神文明建设，培养优秀科技人才，确保国防科技优秀图书的出版，原国防科工委于1988年初决定每年拨出专款，设立国防科技图书出版基金，成立评审委员会，扶持、审定出版国防科技优秀图书。这是一项具有深远意义的创举。

国防科技图书出版基金资助的对象是：

1. 在国防科学技术领域中，学术水平高，内容有创见，在学科上居领先地位的基础科学理论图书；在工程技术理论方面有突破的应用科学专著。

2. 学术思想新颖，内容具体、实用，对国防科技和武器装备发展具有较大推动作用的专著；密切结合国防现代化和武器装备现代化需要的高新技术内容的专著。

3. 有重要发展前景和有重大开拓使用价值，密切结合国防现代化和武器装备现代化需要的新工艺、新材料内容的专著。

4. 填补目前我国科技领域空白并具有军事应用前景的薄弱学科和边缘学科的科技图书。

国防科技图书出版基金评审委员会在中央军委装备发展部的领导下开展工作，负责掌握出版基金的使用方向，评审受理的图书选题，决定资助的图书选题和资助金额，以及决定中断或取消资助等。经评审给予资助的图书，由中央军委装备发展部国防工业出版社出版发行。

国防科技和武器装备发展已经取得了举世瞩目的成就，国防科技图书承担着记载和弘扬这些成就，积累和传播科技知识的使命。开展好评审工作，使有限的基金发挥出巨大的效能，需要不断摸索、认真总结和及时改进，更需要国防科技和武器装备建设战线广大科技工作者、专家、教授，以及社会各界朋友的热情支持。

让我们携起手来，为祖国昌盛、科技腾飞、出版繁荣而共同奋斗！

国防科技图书出版基金

评审委员会

国防科技图书出版基金
第七届评审委员会组成人员

序

核能作为船用动力能源，具有功率密度高、经济效益好、续航时间长、清洁、安全等优点，越来越受到海洋装备大国的高度重视。传统的核动力推进船舶主要包括核动力航母和巡洋舰、核动力潜艇、核动力商船、核动力破冰船等。近期，俄罗斯、美国等世界核电强国也在积极发展水面浮动核动力平台。

随着“21 世纪海上丝绸之路”战略构想和发展海洋强国战略的提出，我国对用于海洋的清洁可持续能源的需求日益迫切。目前，我国在世界海洋资源开发利用的竞争中尚处于劣势，从维护国家海洋安全的战略要求出发，开发能够适应复杂海洋环境的军用及民用核动力系统是核能工作者的当务之急。哈尔滨工程大学核科学与技术学院结合自身在船、海、核领域的优势，在国防重大安全基础研究、国家自然科学基金和国防重点实验室基金等项目的支持下，围绕海洋条件下核反应堆的热工水力特性开展了长期的研究，并取得了一系列非常有价值的成果，其中部分研究成果具有较强的科学和工程价值，对于推动核能在海洋开发等领域的应用具有重要意义。

作者在总结近 20 年国内外相关研究的基础上，精心撰写了本书，为国内核动力专业的同行提供了第一本专门针对海洋运动条件下反应堆热工水力特性研究的专业书籍。本书系统研究了海洋条件引入的耦合因素对核反应堆的系统行为和局部行为的作用机制及影响规律，介绍了海洋条件下反应堆热工水力系统的单相流动换热特性、两相流动不稳定性及其非线性分析、核热耦合特性以及局部气泡行为的可视化成果。其中，第 4 章系统分析了摇摆条件下系统的两相流动不稳定性和运动条件下的部分流动不稳定性，这在之前的研究中并未发现。同时，第 5 章从非线性角度分析了海洋条件下的流动不稳定性机理，这也是本书的一大亮点。

在本书付梓之际，我有幸先睹，对书中的研究内容和研究方法深为认可。由于海洋条件下两相流动和传热问题较稳定状态下更为复杂，有些内容尚需进一步深入、精细研究。我深信本书的出版必将有助于海洋条件下核能科学与工程的科学研究和人才的培养，有助于海洋条件下核动力系统热工水力特性研究和核能科学研究事业的深入发展。同时，本人也对像谭思超教授这样的年轻研究人员能够长期坚持一个方向的研究深感欣慰，希望他能够继续坚持，力争取得更好的成果。

在此，我非常高兴将本书推荐给我国广大从事海洋条件下核动力系统研究工作的科技人员及高校相关专业的教师和研究生。

于俊崇*

2017 年于成都

* 于俊崇，核动力专家，中国工程院院士。

前　言

随着人类对能源和资源需求的增加，海洋运输、深海探测、极地科考等海洋活动日益频繁。核能以其能量密度高、续航能力强和环境友好等优势，在海洋运输、海洋资源开发和浮动核电站建设等领域具有广阔的应用前景。然而，海洋环境复杂多变，常伴随风暴、巨浪、海冰、海雾及海啸等恶劣自然气象。在海洋环境中运行的核动力船舶、浮动核电站、核动力破冰船、深海核动力工作站等势必遭受海浪波动、海浪砰击及海流冲击等作用，对核反应堆设备与系统的热工水力特性造成潜在影响。同时，热工特性的改变又会造成堆芯物理特性的改变，进而影响核反应堆的安全特性。因此，针对海洋条件下核反应堆热工水力特性的研究成为当前的研究热点之一。

围绕海洋条件下核反应堆的热工水力特性，作者及其课题组开展了十多年的研究工作，取得了一些进展，初步建立起较为完善的研究方法和体系，本书是在以往研究成果基础上总结归纳而成的一部学术著作。

本书所涉及的研究工作先后得到了国家重大安全基础研究项目（613103、613278）、国防重点学科实验室基金（HEUFN1305）、国防重点实验室基金（KZAKA－1101）、国家自然科学基金（50806014）、黑龙江省青年学术骨干支持计划（1254G017）、黑龙江省优秀归国基金（LC2011C18）、教育部留学归国基金（2012—1707）以及中央高校基本科研业务费（HEUCFD1512）的资助以及中国核动力研究设计院、中国广核集团有限公司、中国船舶重工集团公司第 701 研究所、中国船舶重工集团公司第 719 研究所等单位的支持。

衷心感谢作者所在课题组高璞珍教授、阎昌琪教授以及孙立成教授在研究工作中给予的帮助和支持，也感谢所有对本书内容有贡献的历届博士和硕士研究生，他们分别是王畅、幸奠川、李少丹、王占伟、张连胜、余志庭、袁红胜，他们对本书的出版做出了诸多贡献。在书稿排版、整理及校对等方面，袁红胜、程坤、李兴、何川、杨博男、冯丽、米争鹏等同学付出了艰辛的劳动，在此一并表示感谢。

著名核动力专家、中国工程院院士于俊崇先生对本书的写作给予了热情的鼓励并亲为作序，作者在这里向于院士表示衷心的感谢。

本书承蒙西安交通大学苏光辉教授、重庆大学潘良明教授的推荐，特致诚挚的谢意。

感谢国防科技图书出版基金的资助，衷心感谢国防工业出版社于航编辑在本书出版过程中给予的大力支持。

海洋条件下的反应堆热工水力特性研究是一个相对较新的领域，本书中不乏新的观点，但限于作者的水平，书中难免有不足和欠妥之处，敬盼广大读者和专家不吝赐教，也希望更多的研究者继续对这一领域保持关注。

作者

2017 年于哈尔滨

目　　录

第1章　绪论 …… 1

1.1　背景及意义 …… 1

1.2　船舶海洋环境 …… 3

1.2.1　船舶环境 …… 3

1.2.2　海洋环境因素 …… 5

1.3　海基核动力装置要求 …… 9

1.3.1　气候环境要求 …… 9

1.3.2　船舶机械环境要求 …… 11

1.4　海洋条件潜在影响分析 …… 13

1.5　本书内容 …… 16

参考文献 …… 16

第2章　摇摆条件下单相流动特性分析 …… 18

2.1　研究现状 …… 18

2.2　摇摆条件下单相流动特性理论分析与数值模拟 …… 20

2.2.1　摇摆运动回路积分模型 …… 20

2.2.2　流量波动时层流流场特性理论分析 …… 21

2.2.3　摇摆运动湍流流动特性数值仿真 …… 31

2.3　摇摆运动条件下回路流动特性实验研究 …… 47

2.3.1　实验装置简介 …… 47

2.3.2　摇摆运动条件下典型流量波动现象 …… 48

2.3.3　摇摆运动条件下瞬态流动特性影响因素 …… 52

2.3.4　摇摆运动条件下矩形通道内的阻力特性研究 …… 58

2.4　摇摆条件引起回路流量波动的分析 …… 66

2.4.1　摇摆运动条件下瞬时流动流量波动界限 …… 66

2.4.2　摇摆运动下单相自然循环流动特性分析 …… 69

2.4.3　摇摆运动条件下自然循环摩擦阻力系数修正 …… 72

参考文献 …… 74

第3章　摇摆条件下单相换热特性分析 …… 77
3.1　摇摆条件下单相换热理论分析 …… 77
3.1.1　平板道脉动流换热分析 …… 77
3.1.2　圆管通道脉动流换热分析 …… 93
3.2　摇摆条件下单相流动换热特性数值分析 …… 96
3.2.1　计算模型 …… 96
3.2.2　摇摆运动对流动换热特性的影响 …… 98
3.3　摇摆条件下单相换热实验研究 …… 109
3.3.1　实验系统介绍 …… 109
3.3.2　竖直静止条件下单相换热特性 …… 109
3.3.3　摇摆条件下温度波动特性 …… 114
3.3.4　摇摆运动下的流动换热特性 …… 123
3.4　不同驱动力引起的脉动流流动换热特性 …… 129
参考文献 …… 133
第4章　摇摆条件下流动不稳定性分析 …… 134
4.1　流动不稳定性研究现状 …… 134
4.2　摇摆条件下自然循环流动不稳定性 …… 136
4.2.1　竖直工况自然循环流动不稳定性 …… 136
4.2.2　摇摆工况自然循环流动不稳定性 …… 143
4.2.3　流动不稳定现象分类 …… 148
4.2.4　高含汽率流动特性 …… 150
4.2.5　典型流动不稳定性边界 …… 154
4.2.6　摇摆工况下的流动不稳定影响因素 …… 155
4.3　摇摆运动下强迫循环流动不稳定性 …… 156
4.3.1　实验方法及参数范围 …… 156
4.3.2　典型实验现象 …… 157
4.3.3　摇摆条件下的流动不稳定性机理 …… 160
4.3.4　流动不稳定性演化特性 …… 164
参考文献 …… 166
第5章　摇摆条件下自然循环系统混沌特性及预测 …… 169
5.1　混沌理论基础及分析方法 …… 169
5.1.1　混沌时序分析在两相流分析中的应用 …… 169
5.1.2　混沌理论基础 …… 170

5.1.3 相空间重构理论 …… 171
5.1.4 混沌时序分析步骤及分析方法 …… 174
5.1.5 主分量分析法 …… 183
5.2 摇摆条件下自然循环系统的流动混沌特性 …… 186
5.2.1 典型非线性现象 …… 186
5.2.2 非线性演化特征 …… 201
5.2.3 非线性演化机理 …… 210
5.2.4 摇摆参数对混沌的影响 …… 212
5.3 混沌流量脉动预测 …… 218
5.3.1 混沌流量脉动的预测方法 …… 218
5.3.2 单变量混沌脉动预测 …… 219
5.3.3 基于多变量相空间重构的多变量混沌脉动预测 …… 226
5.3.4 预测时间尺度 …… 231
5.3.5 动态预测 …… 232
参考文献 …… 235

第6章 摇摆条件下自然循环核热耦合特性 …… 237

6.1 核热耦合特性研究现状 …… 237
6.2 摇摆条件下自然循环系统核热耦合建模 …… 239
6.2.1 物理模型 …… 239
6.2.2 核反馈模型 …… 239
6.2.3 程序的编制 …… 241
6.3 摇摆条件下自然循环核热耦合特性分析 …… 244
6.3.1 摇摆条件下核热耦合效应对自然循环系统参数的影响 …… 244
6.3.2 摇摆参数对自然循环核热耦合效应的影响 …… 247
6.3.3 机理分析 …… 251
6.4 不同核反馈方式下自然循环核热耦合特性研究 …… 253
6.4.1 核反馈方式对自然循环核热耦合效应的影响 …… 253
6.4.2 核反馈系数对自然循环核热耦合效应的影响 …… 259
参考文献 …… 264

第7章 海洋条件下局部气泡行为 …… 266

7.1 气泡行为分类特性研究 …… 266
7.1.1 可视化实验段 …… 266
7.1.2 气泡类别及其基本特征 …… 267
7.1.3 两类气泡工况分析 …… 274

7.1.4 海洋条件对气泡类别的影响 …………………………………………… 282
7.2 第一类气泡参数的预测与建模 ………………………………………… 285
7.2.1 第一类气泡的基本特性 …………………………………………… 285
7.2.2 气泡最大直径和最大直径时间 …………………………………… 291
7.2.3 气泡浮升直径和运动速度 ………………………………………… 302
7.2.4 气泡核化密度 ……………………………………………………… 305
7.2.5 气泡核化频率 ……………………………………………………… 311
7.3 第二类气泡参数的预测与建模 ………………………………………… 317
7.3.1 第二类气泡基本特性 ……………………………………………… 317
7.3.2 气泡平均直径 ……………………………………………………… 324
7.3.3 气泡运动速度 ……………………………………………………… 331
7.3.4 气泡数量密度 ……………………………………………………… 343
7.4 海洋条件影响气泡行为总结 …………………………………………… 347
参考文献 ……………………………………………………………………… 347

Contents

Chapter 1 Introduction ······ 1

1.1 Background ······ 1
1.2 Marine and ocean environment ······ 3
1.2.1 Marine environment ······ 3
1.2.2 Ocean environment factors ······ 5
1.3 Requirements for marine nuclear power plants ······ 9
1.3.1 Requirements of climatic enviroment ······ 9
1.3.2 Requirements for marine mechanical environment ······ 11
1.4 Potential impact of ocean conditions ······ 13
1.5 Book contents ······ 16
References ······ 16

Chapter 2 Single-phase flow characteristics under rolling conditions ······ 18

2.1 Research status ······ 18
2.2 Theoretical and numerical analysis on flow characteristics ······ 20
2.2.1 Integral model of the loop ······ 20
2.2.2 Theoretical analysis of laminar flow field under pulsating flow ······ 21
2.2.3 Numerical simulation of turbulent flow characteristics under rolling conditions ······ 31
2.3 Experimental study on flow characteristics ······ 47
2.3.1 Brief introduction of the experimental facilities ······ 47
2.3.2 Typical flow fluctuation behaviors under rolling conditions ··· 48
2.3.3 Influence factors of transient flow characteristics under rolling conditions ······ 52
2.3.4 Resistance characteristics of rectangular channel under rolling conditions ······ 58
2.4 Analysis of flow fluctuation under rolling conditions ······ 66

2.4.1 Boundary of transient flow pulsation ······ 66
2.4.2 Single-phase flow characteristics of natural circulation ······ 69
2.4.3 Modification of frictional resistance coefficient under rolling conditions ······ 72
References ······ 74

Chapter 3 Single-phase heat transfer characteristics under rolling conditions ······ 77
3.1 Theoretical analysis of single-phase heat transfer ······ 77
3.1.1 Single-phase heat transfer between parallel plates ······ 77
3.1.2 Single-phase heat transfer in tube ······ 93
3.2 Numerical study on single-phase heat transfer ······ 96
3.2.1 Simulation model ······ 96
3.2.2 Effects of rolling conditions on heat transfer ······ 98
3.3 Experimental study on single-phase heat transfer ······ 109
3.3.1 Experimental system ······ 109
3.3.2 Heat transfer in vertical channel ······ 109
3.3.3 Temperature fluctuation under rolling conditions ······ 114
3.3.4 Heat transfer under rolling conditions ······ 123
3.4 Heat transfer under different driving forces ······ 129
References ······ 133

Chapter 4 Analysis of flow instabilities under rolling conditions ······ 134
4.1 Research status of flow instabilities ······ 134
4.2 Flow instabilities of natural circulation under rolling conditions ······ 136
4.2.1 Flow instabilities of natural circulation under static conditions ······ 136
4.2.2 Flow instabilities of natural circulation under rolling conditions ······ 143
4.2.3 Classification of flow instabilities ······ 148
4.2.4 Flow characteristics with high mass quality ······ 150
4.2.5 Boundaries of typical flow instabilities ······ 154
4.2.6 Influence factors of flow instabilities under rolling conditions ······ 155
4.3 Flow instabilities of forced circulation under rolling conditions ······ 156
4.3.1 Experimental method and parameter ranges ······ 156

4.3.2 Typical experimental phenomena …… 157
4.3.3 Mechanisms of flow instabilities under rolling conditions …… 160
4.3.4 Evolution characteristics of flow instabilities under rolling conditions …… 164
References …… 166

Chapter 5 Chaotic characteristics and prediction of natural circulation under rolling conditions …… 169

5.1 Theoretical basis and analytical methods of chaos …… 169
5.1.1 Application of chaotic time series analysis in two-phase flow …… 169
5.1.2 Theoretical basis of chaos …… 170
5.1.3 Theory of phase-space reconstruction …… 171
5.1.4 Procedure and method for chaotic time series analysis …… 174
5.1.5 Principal component analysis …… 183
5.2 Chaotic characteristics of natural circulation under rolling conditions …… 186
5.2.1 Typical non-linear phenomena …… 186
5.2.2 Evolution characteristics …… 201
5.2.3 Evolution mechanisms …… 210
5.2.4 Effects of rolling parameters on chaos …… 212
5.3 Prediction of chaotic flow pulsation …… 218
5.3.1 Prediction methods for chaotic flow pulsation …… 218
5.3.2 Univariate chaotic prediction …… 219
5.3.3 Chaotic prediction based on multivariable phase-space reconstruction …… 226
5.3.4 Time scale for prediction …… 231
5.3.5 Dynamic prediction …… 232
References …… 235

Chapter 6 Nuclear – thermal coupling characteristics of natural circulation under rolling conditions …… 237

6.1 Research status of nuclear – thermal coupling characteristics …… 237
6.2 Nuclear – thermal coupling model of natural circulation under rolling conditions …… 239
6.2.1 Physical model …… 239
6.2.2 Nuclear Reactivity feedback model …… 239

6.2.3 Programming 241
6.3 Analysis of nuclear – thermal coupling characteristics of natural circulation under rolling conditions 244
6.3.1 Impact of nuclear – thermal coupling effect on natural circulation parameters 244
6.3.2 Impact of rolling parameters on nuclear – thermal coupling system parameters 247
6.3.3 Mechanisms analysis 251
6.4 Analysis of nuclear – thermal coupling characteristics of natural circulation under different nuclear feedback conditions 253
6.4.1 Effects of nuclear feedback modes on nuclear – thermal coupling characteristics of natural circulation 253
6.4.2 Effects of nuclear feedback coefficients on nuclear – thermal coupling characteristics of natural circulation 259
References 264

Chapter 7 Bubble behavior under ocean condition 266

7.1 Classification of bubble behavior 266
7.1.1 Experimental setup 266
7.1.2 Bubble types and features 267
7.1.3 Conditions for two types bubble 274
7.1.4 Bubble types under ocean conditions 282
7.2 Prediction model of the first type bubble 285
7.2.1 Characteristics of the first type bubble 285
7.2.2 Maximum diameter and corresponding time 291
7.2.3 Lift diameter and velocity 302
7.2.4 Nucleation site density 305
7.2.5 Nucleation frequency 311
7.3 Prediction model of the second type bubble 317
7.3.1 Characteristics of the second type bubble 317
7.3.2 Mean bubble diameter 324
7.3.3 Bubble velocity 331
7.3.4 Bubble number density 343
7.4 Summary of the bubble behavior under ocean conditions 347
References 347

第1章　绪　　论

1.1　背景及意义

“21 世纪海上丝绸之路”战略构想是确保我国实现海洋强国战略的重要保障措施。“丝绸之路经济带”和“21 世纪海上丝绸之路”战略构想的提出，顺应了我国经济社会持续发展的潮流，对于确保我国海上运输通道安全等具有重大意义。为了给“21 世纪海上丝绸之路”战略提供保障，“十八大”报告明确提出“提高海洋资源开发能力，坚决维护国家海洋权益，建设海洋强国”的战略部署，海洋强国目标的确定，对于推动经济持续健康发展，维护国家主权安全和国家利益等，具有重大的意义。

“海洋战略，装备先行”，海洋装备制造业是国家工业水平和核心竞争力的一项重要标志，是海洋强国建设的战略性支柱产业，对于维护国家海洋权益、加快海洋开发、保障海上运输安全意义重大。海洋装备工程也是《中国制造 2025》的一个重要组成部分，中国要成为海洋强国也要成为制造强国。随着改革开放的不断深化，我国海洋装备制造业近年来取得了长足发展。但是，我国海洋资源的开发利用范围局限于近海大陆架附近，由于缺乏远洋及深海资源开采的相关技术和设备，特别是缺乏能够适应远洋复杂环境的高续航力、高功率、多用途的船舶及海洋平台，使我国在世界海洋资源开发利用的竞争中处于劣势，并且我国在管理模式、生产效率等方面与国际先进国家相比仍有差距。因此我们要抓住机遇迅速占领海洋装备领域的技术制高点，成为新的世界海洋高端装备制造业的中心。

在海洋装备中，船用核动力装备因具有功率大、续航时间长等优点而受到了海洋装备大国的重视。目前全世界拥有 150 多艘采用核能动力的船舶。这些船舶主要为军用舰艇，其中绝大多数为潜艇，也包括少量的核动力航空母舰和巡洋舰等。美国是世界上拥有军用核动力舰艇数量最多的国家，经过近 60 年的发展，现拥有 70 多艘各型核潜艇、11 艘核动力航空母舰。此外，俄罗斯、英国、法国、中国等也装备有不同数量的核动力潜艇或航空母舰。在民用方面，只有俄罗斯、日本等少数几个国家装备有核动力货船和破冰船。表 1.1 所列为目前世界各国装备的核动力舰船的主要类型。

从表 1.1 可以看出，海洋核动力装备在军用和民用领域都得到了一定的应用，目前，核动力舰船主要应用于军用水面核动力舰船、核动力潜艇、民用核动力舰船、核动力破冰船等。除了传统的核动力舰船，我国也在积极发展水面核动力平台，如中国广核集团有限公司（中广核集团）的 ACPR50S 海洋核动力平台，中国船舶重工集团公司（中船重工集团）七一九所也成立了中国国家能源海洋核动力平台技术研发中心等。在海洋核动力装备中，以下几种有其自身的特点和优点。

表 1.1 世界各国目前装备的核动力舰船的主要类型

国别	核动力潜艇	核动力航空母舰	核动力破冰船	核动力商船	核动力巡洋舰	浮动核电站
美国	√	√		√		√
俄罗斯	√		√		√	√
法国	√	√				
英国	√					
中国	√					
日本				√		

1. 军用核动力舰船

当今，海洋已经成为国际政治、经济、军事斗争的重要平台，经略海洋、竞争海洋、深度开发海洋已成为国家战略。在与常规动力相比，核动力装置具有核燃料能量密度极高、持续高功率输出能量、不依赖氧气和舰用燃油运行等特点，对提高军用舰船自持力、续航力、机动性、隐蔽性等综合作战能力具有更加明显的优势。另外，整个动力系统整体尺寸小，可节省舱内空间用来装载更多的人员、补给和武器装备等，进一步增强核动力舰船的战斗力、续航力。

2. 核动力商船

我国是一个拥有漫长海岸线的国家，所管辖海域面积相当于我国陆地面积的 1/3。根据调查估算，中国仅海洋能源资源的蕴藏量就高达 4.31 亿 kW。随着陆地资源的逐渐枯竭，海洋资源的开发利用日益引起人们的重视。目前，绝大部分船舶的能源来自于石化能源，随着国际市场石化能源的紧缺和价格攀升，加上石化能源带来的环境污染，人们需要寻求经济和环保上都能具有优势的船舶动力装置。同时，全世界每年的海上货运量将增加到 35 亿 t 以上。为了满足以上要求，必须加快建设核动力商船，特别是大型或者超大型核动力油船及核动力高速集装箱。

3. 浮动核电站

浮动核电站是指利用浮动平台建造的可移动式核电站。与陆基核电站相比，浮动核电站单模块发电功率较低，反应堆重量和体积小，布置紧凑，具有“体量小、能量大”的特点。其发电成本远低于现有陆基大型核电站。除了发电功能,还可用于热电联产、工业供热和海水淡化等领域。浮动核电站的最大特点在于可移动性,既可以为近岸大型港口工业基地提供电力,又可以为远洋作业的海上石油、天然气开采平台提供电力、淡水。此外,浮动核电站还可以作为应对各种紧急情况的备用电源,为遭受自然灾害袭击的地区提供电力,提升灾害应变能力。浮动核电站可作为我国核能应用领域的重要补充,其研发也有利于提升我国商用模块式小型堆的自主设计、自主制造、自主建设和自主运营能力,能够带动我国核能相关产业群的高水平发展,对于开拓国际浮动核电站市场,实现国家“走出去”的战略目标具有重大意义。同时,也有利于促进军民结合,进一步推进舰船核动力技术的创新发展,增强国防实力。

可以看出,无论是从海洋资源的开发利用还是从国家安全的战略要求来看,开发能够适用复杂海洋条件的大功率、高续航力、高机动性的军用及民用舰船是当务之急。综合当前主要的能源类型来看,海洋核动力装备更具优势。

1.2 船舶海洋环境

海洋核动力系统在海洋上运行时,受到不同的海洋环境[1]的影响,船舶的外部环境参数处于频繁的变化状态。因此,在介绍海洋条件对海洋核动力系统影响前,有必要对海洋环境及相关参数进行了解。

海洋环境指地球上广大连续的海和洋的总水域,包括海水、溶解和悬浮于海水中的物质、海底沉积物和海洋生物。

1.2.1 船舶环境

船舶通用术语(船舶环境):按照中华人民共和国国家标准(GB/T 7727.5—1991)《船舶术语 船舶环境》[2]中规定,船舶环境一般术语见表1.2,船舶环境一般分为船舶气候环境和机械环境,分别见表1.3和表1.4。

表1.2 船舶环境一般术语

术语	定义或说明
船舶环境	船舶内部和周围存在的自然环境和诱发环境的统称
船舶环境因素	构成船舶整体环境的各个独立的、性质不同而又服从整体演化规律的基本成分,由自然环境因素和诱发环境因素组成。自然环境因素如大气、太阳辐射、风、雨、生物和微生物等;诱发环境因素如冲击、振动等
船舶环境条件	船舶所经受其周围的物理、化学、生物的条件。通常按照习惯划分为机械和气候环境条件
船舶气候环境	船舶及其设备可能经受的各种气候因素影响的环境
船舶生物环境	船舶及其设备可能经受的海洋生物、微生物及其他生物影响的环境

(续)

术语	定义或说明
船舶化学活性物质环境	船舶及其设备可能经受油雾、盐雾、氧、酸类等物质作用的环境
船舶机械环境	由于船舶航行姿态和设备运行状态以及其他因素造成的倾斜、摇摆、振动、冲击等环境的统称
船舶机械作用物质环境	船舶及其设备可能经受的沙尘等降落物作用环境
船舶环境参数	表征船舶环境条件的一个或几个物理、化学和生物特性的参数
船舶环境参数严酷等级	把船舶环境参数划分成高低不同的数值或数值段,用以表征整个船舶或其局部环境的严酷程度
海洋水文要素	海洋的波浪、海流、潮和海水的温度、密度、盐度、透明度等各种因素的统称
海况	广义上指海洋水文要素的状况。通常根据波浪的有无、波峰的形状、峰顶的破碎程度等,将海况分为10级
海洋环境	由海水、溶解和悬浮于水中的物质、海底沉积物、海洋生物,以及邻近海面上空的大气和围绕海洋周缘的海岸等组成的统一体的统称
海洋磁场	在海洋环境中,由地磁场、海洋磁场、磁暴和地震等自然现象综合作用形成的磁场
海洋噪声场	在海洋环境中,由生物噪声、热噪声、地震噪声等自然噪声与工业噪声等叠加形成的噪声场
海洋压力场	在海洋环境中,由于涌浪、潮汐、水流和海域等自然现象产生的压力场
船舶物理场	由于船舶的存在或运动,在它周围空间和水介质中产生的各种物理性质的场和相应海洋环境叠加之后形成的场的统称,这类物理场如:船舶磁场、船舶电场、船舶水压场、船舶光场、船舶重力场、船舶热力场、船舶宇宙射线场等
船舶电磁环境	由自然电磁能(如雷电)和诱发电磁能(如射频电磁辐射、工频或中频交变电磁场、脉冲放电等)的作用构成的船舶环境

表 1.3 气候环境

术语	定义或说明
船舶露天温度	船舶甲板上的空气温度,由设置在甲板上面的百叶箱中的温度计测定
船舶舱室温度	船舶舱室内的空气温度,一般起居舱室指非阳光直射处的温度;机舱指若干规定温度的算术平均值
船舶高温环境	船舶上超过人体可适程度或设备正常工作要求的温度环境
船舶低温环境	船舶上低于人体舒适程度或设备正常工作要求的温度环境
船舶湿热环境	船舶上温度不低于30℃,同时相对湿度为95%的环境
诱发温度环境	由船舶设备的能量耗散所形成的温度环境
温度骤变	船舶上局部环境温度的突然而剧烈的变化现象

（续）

术语	定义或说明
气候应力	气候因素如温度、湿度、太阳辐射、气压、风、雨等对产品作用所引起的应力
海雾	产生在海面或沿海地区的雾。海雾大致分为平流雾、混合雾、辐射雾、地貌雾四种类型
海冰	海水温度降低至冻结点以下而固化的晶体结构物或海绵状结构物
浮冰群	由不同尺寸和龄期等级的冰块混合组成的非固定冰的任何海冰区域
潮汐	海水在月球、太阳等天体引力作用下产生的周期性涨落现象。白天海水涨落称为潮，夜间海水涨落称为汐
海流	风和密度差等原因使海水沿着一定方向的大规模流动
油雾	弥散在空气中的油分子和微小油滴组成的油汽混合物
盐雾	由悬浮在大气中含有氯化物及其他盐类的微小水滴组成的分散物质
霉菌	在湿强和无阳光直射的环境条件下，依附有关媒介物滋生的各种真菌类微生物

表1.4　机械环境

术语	定义或说明
船舶冲击	由于瞬态激励，船舶受到的力与船舶位置、速度或加速度发生突然变化的现象
船舶冲击运动	船舶受到冲击所产生的瞬态运动
船舶冲击破坏	船舶由于受到冲击作用而造成的船体损伤、结构破坏、丧失水密性或设备失去基本工作性能的状况
船舶颠震	在一定时间间隔内，船舶受到多次重复性低强度的冲击激励
速度冲击	由非振荡的速度突然变化而产生的机械作用
螺旋桨噪声	当螺旋桨做旋转运动时，在桨叶表面附近形成涡流所产生的噪声
船舶主辅机噪声	由船舶主辅机运转或个别零部件的弹性振动而向周围媒质辐射的噪声
船体结构噪声	通过船体结构振动向周围媒质辐射的噪声
流体动力噪声	船体与流体做相对运动时，由于涡流、压力、波动、冲击等作用引起船体的振动并向周围媒质辐射的噪声

1.2.2　海洋环境因素

海洋环境[3]主要由海底（磁场、地质、地貌等）、海表（风、海浪、海流等）和海体（跃层、透明度、盐度等）等海洋环境要素构成，其中风、海浪、海流、海冰等为影响船舶海洋运动的主要因素。

1.2.2.1 风

1. 风的影响

空气相对于地面或者海底的水平运动称为风[1,4,5]。风对舰船航行安全的影响很大。舰船在进出港湾、靠离码头和拖带时,受风的影响,可能发生搁浅或碰撞。风浪太大时,远航编队的海上补给难以实施。顺风可影响航速,强逆风不仅使航速减慢,还会加剧舰员的疲劳,降低观察的持久性和准确性,降低舰载武器的威力。强烈的风往往能掀起滔天巨浪,使舰船摇摆,影响操纵和武器的使用,当风速超过舰船的抗风能力时,还会危及舰船安全。

2. 中国近海风的分布

中国近海地处东亚季风区。冬季风(11 月—次年 3 月)风向稳定,自北向南,渤海、黄海吹西北风或北风,东海南部转为东北风,南海北部和中部为东北风,南海南部转为偏北风,风向呈顺时针变化。夏季风(6 月—8 月)持续时间比冬季风短,稳定性也差于冬季风。7 月,5°~20°N 为西南风,20°N 以北为东南风。春、秋两季为季风转换时期,风向稳定性较差。

不同海区地理环境不同,对其产生影响的天气系统的种类及出现频率差别较大,因而各海区风向的实际分布情况与上述季风分布有些差异。如冬、春季节,渤海、黄海因气旋与反气旋活动较多,路径变化大,所以实际风向分散,冬季风各向频率均不高。渤海 1 月份西北风、北风频率仅有 20%,西风、东北风频率也有 15%。而东海冬季风比黄海、渤海稳定,1 月份北风频率达 40%,尤其是台湾海峡,因狭管效应,东北风从 9 月可一直持续到次年 5 月,其中 1 月份东北风频率高达 60%,局部地区达 80%。据统计,东海盛行风频率最高,南海次之,黄海、渤海最低。

就风速而言,冬季风风力较强,风速特别是大风区的风速在 11 月、12 月最强,1 月、2 月逐渐减弱;夏季风风力一般小于冬季风,受热带气旋影响时除外。统计结果表明,8 级以上大风年平均日数,东海沿岸最多,如东海西北部为 120~140天,台湾海峡 100~120 天;黄海、渤海沿岸次之,如黄海中部为 110~120 天,黄海西北部约为 100 天,渤海海峡为 110 天;南海沿岸最少,如南沙群岛西北部至越南之间约 50 天,西沙群岛附近约 40 天。

1.2.2.2 海浪

海浪是发生在海洋中的一种周期性波动[1,6,7],又称波浪,是海水运动的主要形式之一,同时也是影响船舶运动的重要因素。

1. 海浪的影响

船舶在海浪的作用下可以出现摇摆、偏荡、砰击、上浪和失速等现象。船舶在海浪中失速取决于船舶特征函数(吃水、吨位、船型等)、海浪的大小和范围及浪舷角等因素。当浪较小时,顶浪航行可使船速降低,顺浪可稍增加船速。当达到中至大浪或以上时，无论顺浪还是顶浪航行都会减小船速（顺浪减速是船舶在大浪中产生偏荡运动的结果）。狂浪时，不仅使船舶减速，而且还会使船舶产生横摇、纵摇和升降运动。当横摇过大时会造成货物的位移，危及船舶安全。如果船舶的横摇周期与波浪周期相同时趋向共振，可产生谐摇导致船舶倾覆。大的纵摇会产生严重的船艏入水撞击船体（在风暴条件下，浪的冲击力可超过 $20t/m^2$），有时会造成空车、降低舵效，损害推进设备，有时还会导致船舶出现中拱或中垂现象，会形成危险的应力强度，严重时会使船舶断裂。浅水区的升降运动也会对船舶构成极大的威胁。

理论和实践证明，对于上层建筑不太臃肿和主机功率较大的现代船舷来说，船舶因风的阻碍作用引起的失速占全部失速率的1/3，而海浪引起的附加阻力作用产生的失速，占全部失速率的2/3。由此可见，海浪是使船舶失速和危及船舶航行安全的最主要因素。

2. 海浪分类

海浪分类方法较多。若按成因分类，可将海浪分为风浪、涌浪、近岸波（又称近岸浪、拍岸浪）、风暴潮（又称气象海啸、风暴海啸）、海啸（又称地震海啸）、潮汐波、气压波、内波；按波长和水深的关系，可将海浪分为深水波（波长远小于水深的波，深水波的波长不超过水深的4倍）和浅水波（波长远大于水深的波，浅水波的波长至少是水深的20倍）。海浪的其他分类方法这里不一一列举。人们习惯上将风浪、涌浪以及由它们形成的近岸浪统称为海浪。

3. 我国周边海浪情况

中国近海的海浪主要受季风制约[1,6,7]，冬季以偏北向波浪为主。渤海北浪频率最高为22%，西北浪次之，为18%；黄海北浪、西北浪频率为20%~30%，东北浪为10%左右；东海长江口至浙江沿海多西北浪和北浪；福建台山以南及台湾海峡东北浪占绝对优势；南海东北季风时期（12月—次年4月），全区盛行东北浪，一般频率在50%以上；吕宋岛西部沿岸受地形影响多北向浪；广东西部沿岸春季多东浪，但频率一般较开阔海区低10%~20%。

夏季各海区多偏南浪。渤海除了海峡浪向分散，其他海面基本以西南偏南浪和西南浪为主；黄海东南浪、南浪频率均达到30%左右，西南浪和东浪频率各约10%；东海长江口至浙江沿海多南浪，浙江以南多南浪、西南浪，但稳定性程度低于冬季浪向；南海西南季风时期（6月—8月），绝大部分海区盛行西南浪或南浪，中部和南部海区频率较高，为40%~50%，且南部海区的西南浪可持续到9月—10月。

春秋两季，波向随风向转换变化较大。渤海、黄海和浙江以北东海海面春季波向较不稳定，浙江以南东北浪仍占优势；秋季，渤海10月中旬前期偏南浪频率较高，后期偏北浪频率很高，黄海则以东北－西北浪稍多，东海、南海风向、浪向较紊乱，但东北浪频率开始升高。

除了受风浪影响，黄海南部、东海和南海北部沿岸浪涌也很明显。长江口以北涌浪冬季多东向，夏季多东南向；东海的涌浪，冬季浙江南部及福建沿岸为东北向至东南向，台湾海峡东北向占优势，夏季浙江北部多南向，浙江南部为东－东南向；南海北部粤东沿海冬、夏涌向以偏南居多，涠洲岛则多西南向。

各海区平均波高变化于0.5～0.3m之间。波高冬季最高，渤海夏季最低，春秋两季次之，黄海、东海夏季也较大，春季（东海6月）最低。开阔洋面及南海东北部高，大陆沿海、封闭或半封闭的内海、海湾低。山东半岛成山头外海，由于岬角效应，冬、夏风浪和涌浪强度均有所增大，并以秋末冬初的月份更加显著。因此，山东半岛成山头附近、朝鲜济州岛附近及以南海域、日本琉球群岛西侧海域、台湾海峡及其西南方海域和台湾以东海近海面为中国近海的大浪区，冬季更为显著。各月大浪区位置与大风区基本吻合，2.5m以上大浪月出现频率冬季最高，夏季次之，春季最低，大浪高频中心与大风区基本吻合。

各海区的最大波高，渤海出现在渤海海峡为8m，黄海中南部为10.5m，东海和南海的最大实测波高均因台风影响而产生，为20m。

对于海上军事活动和武器、器材的战术使用，有时只注意风作用下海面所呈现的外貌，这就是海况。它是风引起的发生在海面上的波浪外形、浪花和飞沫的总和。

1.2.2.3 海流

海流[8-10]是流向和流速相对稳定的大股海水在水平方向的运动，它是海水的运动形式之一。它对海洋水文要素的分布和变化以及天气和气候均有显著影响。此外，表层海流还直接影响船舶的航行，顺流增速，逆流减速，横流使航迹发生漂移。

1. 海流定义

海流是指海洋中大规模的海水以相对稳定的速度做的定向流动。流向指海水流去的方向，与风向的表示方法差180°，可用8方位或以°为单位表示；流速的单位一般用kn（节，海里/时）或n mile/d（海里/日）表示。

2. 海流分类

按形成原因的不同，海流大致可分为风海流、地转流、补偿流和潮流四种。风海流是在海面风的持续作用下形成的相对稳定的海水流动。地转流是指当海水等压面发生倾斜，海水受到水平压强梯度力和水平地转偏向平衡时出现的稳定流动。补偿流是海水流动的连续性使得流失海水的地方由其他地方海水流过来补偿而形成的海水流动。潮流是由天体引潮力引起的海水周期性的水平运动。按照温度属性分类，海流可分为暖流（海流的水温高于它所流经海域的水温）、寒流（海流的水温低于它所流经海域的水温）和中性流（海流的水温与它所流经海域的水温相差不大）。另外，根据流向与海岸的相对关系，可将海流分为沿岸流、向岸流和离岸流。

1.2.2.4 海冰

海冰[7]通常是指海洋中一切冰的总称。它包括由海水本身冻结而成的冰以及由大陆冰川、江河流入海洋中的陆源冰。海冰是极地海域和某些高纬度海域最突出的海洋灾害之一,海冰能够造成港口封冻,巷道阻塞,特别是冰山,对航行船舶和海洋资源开发设施的安全构成很大的威胁。

1.3 海基核动力装置要求

船舶环境条件是船舶周围的物理、化学、生物的条件。通常按照习惯划分为机械和气候环境条件。船舶机械环境是由于船舶航行姿态和设备运行状态以及其他因素造成的倾斜、摇摆、振动、冲击等环境的统称。船舶气候环境是船舶及其设备可能经受的各种气候因素影响的环境。

与陆基核电站不同,海基核动力装置运行在远离大陆的海上,受到海洋条件的影响,有着自身特殊的要求。考虑到海洋环境对核动力船舶的影响,在参考现有船舶行业标准以及国家军用标准中有关舰船的设计标准的基础上,提取一系列船舶核动力装置运行的外部环境参数,如舰船的抗风能力、舰船冲击设计值、船舶及动力装置倾斜和摇摆参数、设备承受温度和工作温度、海水含盐量和盐雾浓度值等。

1.3.1 气候环境要求

1.3.1.1 水面舰船的抗风能力

舰船长期在海洋中航行,受到海风、海浪、涌的影响,不仅直接影响船舶运动,而且其作用还会通过海浪和海流间接表现出来。在大风浪中航行会造成船舶严重失速,甚至停滞不前,螺旋桨可能露出水面空转,使主机负荷剧变而受损。船舶剧烈颠簸会引起舵效降低,难以保持航向。若是浅水还可能使船舶触及海底。船体受巨浪冲击可能发生严重损伤,还会出现“中垂”或“中拱”,使船舶结构变形,严重时能造成船体断裂。核动力船舶更要考虑到风浪对反应堆动力装置的影响。在 CB/Z 266—1998《水面舰艇风浪稳定性计算方法》[11]中,舰艇所能承受的极限风速(距水面 10m 高度处),按以下公式计算:

$$U_1 = C \cdot C_h \sqrt{\frac{l_c \cdot \Delta}{A_v \cdot l_v}} \tag{1.1}$$

式中:U_1为极限风速(m/s);U_0为额定风速(m/s),水面舰艇的抗风能力应符合$U_1 \geqslant U_0$;C 为系数,取 $C = 115.5$;C_h为风速沿高度分布的修正系数;l_c为舰艇的最小倾覆臂力(m);Δ 为核算装载状态时的排水量;A_v为受风面积(m^2);l_v为风倾力臂(m)。

1.3.1.2 空气温度和相对湿度

核动力船舶对环境气候条件的适应性可以参考 GJB 4000—2000《舰船通用规范 2 组 推进系统》[12]中舰船推进系统环境适应性的标准。船舶温湿度实验可参照 CB 1171.4—1987《船舶设备环境测量方法 温湿度》[13]进行。船舶推进系统应能在下列空气温度和相对湿度的环境条件下正常可靠地工作。

(1) 对于水面舰船:汽轮机舱、锅炉舱内的最高空气温度为 60℃;柴油机舱和燃气轮机舱内的最高空气温度为 55℃;其他舱室内的最高空气温度为 40℃;露天部位的最高空气温度为 65℃;在冬季有保温的主、辅机舱内,最低空气温度为 5℃(当舱外空气温度为 -12℃、海水温度为 0℃时);舱外或非保温舱室内的最低空气温度为 -28℃;空气相对湿度为大于 95%(有凝露)。

(2) 对于常规潜艇:柴油机舱、主推进电机舱、蓄电池舱内的最高空气温度为 45℃;其余舱室内的最高空气温度为 40℃;舱外露天部位的最高空气温度为 65℃;主、辅机舱内的最低空气温度为 5℃,舱外露天部位的最低空气温度为 -28℃;空气相对湿度大于 95%(有凝露)。

(3) 对于核潜艇:反应堆舱内的最高空气温度为 65℃;主、辅机舱内的最高空气温度为 60℃;柴油机舱内的最高空气温度为 45℃;舱外部位的最高空气温度为 65℃;各机舱内的最低空气温度为 5℃;在湿热环境下,主、辅机舱和柴油机舱内空气温度为 38℃;相对湿度为 95%。

1.3.1.3 海水温度

推进系统应能在最低海水温度为 -2℃,最高海水温度为 35℃的范围内正常可靠地工作。使用海水冷却的设备,其进口海水温度按表 1.5 选取,从表中可以看出核动力设备主冷凝器和辅冷凝器的海水入口温度要低于常规动力装置。

表 1.5 设备的进口海水温度

舰种	动力装置形式	进口海水温度/℃			
		主冷凝器	辅冷凝器	主、辅柴油机	其他热交换器
水面舰船	汽轮机	24	24	30	30
	柴油机	—	—	30 ~ 32	30 ~ 32
	燃气轮机	—	—	30 ~ 32	30 ~ 32
潜艇	柴油机	—	—	30	30
	核动力	17 ~ 18.5	22 ~ 24	30	22 ~ 24

1.3.1.4 海水含盐量和海雾

船舶设备主要受到海洋大气、海水飞沫、雨雪、冲洗甲板时所用的海水以及凝结水的侵蚀。其中海洋大气中的高浓度盐雾是造成设备腐蚀的一个重要因素。盐雾实验可参照 CB 1171.5—1987《船舶设备环境测量方法 盐雾》[14]进行。盐雾对舰船水上设备的腐蚀直接影响了船舶的环境适应性、使用的可靠性和船体的寿命，以及船舶的海上生存能力。海水含盐量和海雾对设备产生的影响如下：产生电化学腐蚀、加速应力腐蚀和盐在水中电离后形成的酸/碱溶液的腐蚀；由于盐沉积引起的电子装备损坏、导电层产生等绝缘材料和金属腐蚀；机械部件和组件的活动部分阻塞或黏结、由电解作用导致漆层起泡。

对于船舶设备海水和盐雾的要求可以参照（GJB 1060.2—1991）《舰船环境条件要求 气候环境》[15]。海水含盐量最高纪录为35kg/m^3，其中氯化钠为27kg/m^3。因此，对于曝露在水中的舰船设备，应能在含盐量最高纪录的海水环境中正常工作。对于露天部位的设备，应能在5mg/m^{3}的盐雾环境中正常工作。舱室内的设备，应能在2mg/m^{3}的盐雾环境中正常工作。

1.3.2 船舶机械环境要求

1.3.2.1 船舶振动

船舶环境振动以累积的形式和周期性影响作用于船体和设备上，使船体和设备产生疲劳破坏、设备可靠性降低及功能和性能失常。在船舶运行时，海浪、涡流、砰击与溅浪都是振动的影响因素。因此，船舶的设计、建造应有效控制舰船环境振动。船舶振动实验参考CB 1171.1—1987《船舶设备环境测量方法 振动》[16]和CB/T 3472—1992《船舶总体自由振动计算方法》[17]规定进行。按照GJB 1060.1—1991《舰船环境条件要求 机械环境》[18]的规定，舰船在设计阶段应进行全船性振动综合分析，从减小振动响应和减小激振力两方面进行，将船体振动控制在规定的范围内。

1.3.2.2 冲击

船舶在航行过程中不可避免地受到各种冲击载荷的威胁，对于一般民用船舶，冲击载荷主要是船舶碰撞或搁浅时的碰撞力载荷。船舶冲击实验参照CB 1171.2—1987《船舶设备环境测量方法 冲击》[19]规定进行试验。对于核动力船舶的冲击设计值，可参照GJB 1060.1—1991《舰船环境条件要求 机械环境》[18]中所列举的相关公式，计算出船舶各个部位冲击参数的极限值。

1.3.2.3 摇摆和倾斜

船舶在运行中会伴随摇摆、起伏和倾斜等多自由度附加运动，核动力装置在受到这种附加运动时会使冷却剂的流动和换热特性发生改变，进而影响核动力装置的安全运行。船舶摇摆和倾斜试验根据CB/T 3035—2005《船舶倾斜试验》[20]进行。在GJB 1060.1—1991《船舶环境条件要求 机械环境》[18]中有明确定义：横摇是指舰船绕纵轴所做的周期性角位移运动；纵摇是指舰船绕横轴所做的周期性角位移运动；艏摇是指舰船绕垂直轴所做的周期性角位移运动；纵荡是指舰船沿纵轴所做的平移运动；垂荡是指舰船沿垂直轴所做的周期性平移运动；横倾是指舰船绕纵轴的倾斜；纵倾是舰船绕横轴的倾斜。船舶运动如图1.1所示。对于船舶的摇摆和倾斜参数，可以参考GJB 150.23A—2009《军用装备实验室环境试验方法第 23 部分:摇摆和倾斜试验》[21]中对舰船多自由度摇摆和倾斜的规定,具体如表 1.6 和表 1.7。

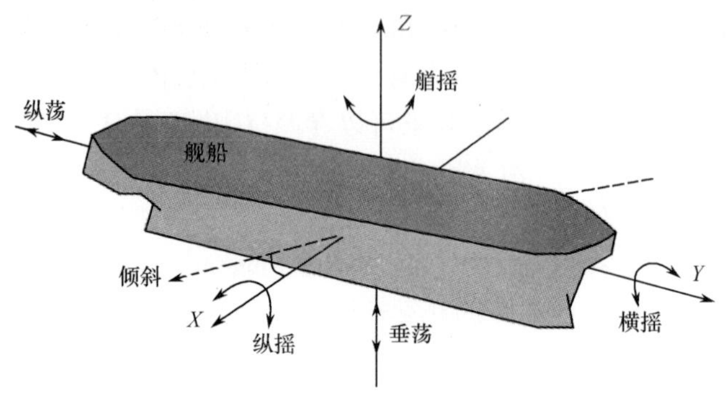

图 1.1　船舶运动示意图

表 1.6　水面舰船的倾斜和摇摆参数

倾斜、摇摆	角度/(°)	周期/s
纵倾①	±5/±10	—
横倾	±15	—
纵摇	±10	4~10
横摇	±45	3~14
①具体角度应根据设备使用要求按±5°或±10°进行选择并在产品技术规格中予以明确规定		

表 1.7　潜艇的倾斜和摇摆参数

航行状况	倾斜、摇摆	角度/(°)	周期/s
水上航行	纵倾	±10	—
	横倾	±15	
	纵摇	±15	4~10
	横摇①	±45/±60	3~14
通气管航行	纵倾	±10	—
	横倾	±15	
	横摇	±30	3~14
水下航行	纵倾	±30	—
	横倾	±15	
	横摇	±30	3~14
①具体角度应根据设备使用要求按±45°或±60°进行选择并在产品技术规格书中予以明确规定			

对核动力装置系统的安全级别和设计级别,参照 *Code of Safety for Nuclear Merchant Ship*[22],根据系统和部件对安全的重要程度,将其安全级别分成 1~4 级。同时,在各安全级别内的各个系统或部件也应规定 1~4 级的相应设计等

级。1级设计(DC-1)要求采用设计和质量保证的最高标准。对于承压部件,设计应考虑当船舶在经受直到30°的静态横倾,或直到45°的横摇角,或10°的艏艉纵倾,或这极限角度的任意组合的情况下仍能继续运行;在所有的倾斜角度的情况下,要确保船舶的完整性。对于海上移动式钻井平台[23],要保证横倾角15°和纵倾角5°的工况下,所有关键机械、部件和系统能够正常工作。

1.4 海洋条件潜在影响分析

海基核动力系统在海洋环境中,会受到海洋条件的影响以及自身动作等因素的影响,会产生一系列运动,这些运动原则上可分为六个自由度的运动,如图1.1所示。这些运动对核动力系统主要产生两方面的影响:一方面导致系统空间位置的周期性改变;另一方面引入了周期性变化的附加惯性力场,附加惯性力场是由运动条件引起的附加加速度所致,主要包括切向加速度、向心加速度和科里奥利(科氏)加速度等,而系统空间位置改变也可以近似认为是力场方向的改变,因此可以认为附加加速度引发的周期性力场是运动条件影响核动力系统的关键因素。

海洋条件引入的附加加速度可以分为与流动方向平行或者垂直的加速度两大类。与流动方向平行的周期性附加加速度会对回路中的流体产生附加压降,当附加压降达到一定程度时,就会导致系统出现周期性的流动波动或者漂移,影响系统的正常运行。对于自然循环而言,由于其驱动压头较低,易于受附加压降的影响而产生波动,当流动发生波动时,其流动和传热特性也必然与稳态条件下不同,包括流动阻力、流态转捩、沸腾起始点、换热系数、两相流流型、流动不稳定性以及临界热流密度(CHF)等,而流动传热等热工特性的改变又会造成反应堆物理特性的改变,进而影响系统的运行。

这其中最典型的例子是运动条件对非能动安全系统的潜在影响。与陆基核动力系统不同,海基反应堆远离陆地,在事故状况下缺乏充足的外部能源支持,常规能动安全设施的有效性和可靠性显著降低。非能动安全技术能使核动力装置在事故状态自主地完成安全功能的响应,不会因失去外界动力或人而失效,因而极其适合海基堆安全运行的要求。目前,非能动安全系统多采用自然循环等方式,海洋条件对非能动系统的响应及运行特性的影响不容忽视。此外,海洋条件下非能动余热排出系统具有强烈的多回路耦合特性,反应堆一、二回路热工参数耦合海洋条件所带来的空间位置改变和附加惯性力,会造成非能动余热排出系统启动以及运行特性发生改变。

与流动方向垂直的附加加速度则会对流场产生影响,造成“二次流”现象,对流场和扩散行为产生影响,加热管流截面的二次流现象又会导致加热段壁温的周期性变化,而对于反应堆安全注射而言,附加的加速度会造成注射扩散行为的改变。

当海洋条件造成冷却剂波动时，其他热工特性也必然发生改变，而这其中对于系统流动不稳定性的影响最为明显，比如，陆基条件下的流动不稳定性行为是先发生不稳定性，然后产生非稳态流动，而海洋条件下系统有可能在非稳态流动条件下发生热工水力不稳定性行为，且二者会形成耦合作用，形成复杂的现象。

采用核动力推进的船舶还会受到波浪冲击而产生砰击作用，具体包括底部砰击、船艏外飘砰击以及甲板上浪等。与运动条件相比，砰击作用具有频率高的特点，从热工水力角度考虑，流体的流动传热特性在面临加速度或者压降变化时，都需要一段时间来响应。对于高频的砰击作用，更多的只是力学角度对结构产生振动作用，很难对流动传热特性产生显著影响，但砰击对振动问题如流致振动等现象仍存在潜在的影响，还有待于进一步研究。

运动条件还会对具有自由液面的设备产生晃荡作用，晃荡是指有限空间内带有自由表面的液体在外界激励影响下所产生的运动。在很多工程领域都涉及晃荡现象，如船舶的液货室和燃料舱、航空航天飞行器的液体燃料舱等储液系统。不同的载液率及外部激励等因素会产生不同的液体晃荡运动方式，包括驻波、行进波、水跃、组合波等现象，以及漩涡、飞溅等强烈的非线性现象。对于船用核动力系统而言，由于部分设备存在自由液面，因此也有可能产生晃荡现象，如蒸发器、除氧器、冷凝器等，特别是当船用核动力系统处于破口失水事故等时，反应堆内液位有可能降低，此时反应堆内的冷却剂在运动条件作用下也会处于晃荡运动状态。晃荡行为最直接的影响是液面的波动，如稳压器以及蒸发器的水位等，因此，晃荡问题也是核动力系统在运动条件下适应性研究的重要内容。

海洋条件具体的影响因素也可以从附加加速度的影响因素来分析，以切向及向心加速度为例，由其计算公式可知，影响因素包括运动的振幅、频率以及系统的空间位置等，同时由于各附加加速度之间相位不一致，所产生的影响也应当考虑相位差的因素。因此，振幅、频率、相位以及空间位置是分析运动条件对反应堆热工水力特性影响的几个重要参数。

振幅的影响相对容易理解，振幅越大，相应的附加加速度越大，且空间位置改变得越明显，可能产生的潜在影响越大。

频率的影响则相对复杂，通常情况下，频率越大，运动所致的附加加速度越大，对热工水力现象的潜在影响也越大，但从热工水力角度考虑，流体的流动传热特性在面临加速度或者压降变化时，需要一段时间来响应，如果频率过高，流体难以及时响应附加加速度的变化，反而造成影响程度的减弱。

比如，对于一个沿竖直通道中心上升的气泡，当通道发生摇摆运动时，气泡必然随之沿通道中心线左右运动，相同振幅条件下，如果运动周期较长，则气泡完全可以运动至通道壁面处并沿壁面上升，如果运动周期较短，则气泡仅会沿中心线左右做小幅度波动，甚至在高频条件下不产生波动。

同样的情况也发生在周期性压降波动对流体流动的影响上，对于特定管路系统，理论上，对于压降波动的波峰和波谷值，都对应一个与稳态条件相适应的流动波动最大值和最小值，这也是特定压降波动所能造成流动波动的最大可能振幅。当压降波动幅度不变，而周期比较长时，流动波动幅度可以接近或者达到最大振幅，但随着波动周期的缩短，流体难以及时响应，压降波动造成的流动波动幅度也相应减少。

由于运动条件下流动可能处于波动状态，对传热以及温度变化也会产生类似影响，加热功率不变的情况下，当流量变化时，流体温度需要一段时间来响应，特别是管流加热，流体带着上游的"记忆"温度，其温度的响应相对较慢，但对于壁温而言，由于流量改变，局部换热系数迅速改变，因而壁温随流量变化的响应非常快。此外，由于壁温的波动，管壁的蓄热作用也会对传热产生影响。

上述部分情况与斯托克斯第二问题非常相似，从稳态和非稳态角度讲，稳态现象可视为周期无限长的现象，即在时间上充分发展的现象，而非稳态现象则存在时间上发展是否充分的问题，周期长短的影响相对比较复杂，要从多个角度去分析。

如果综合考虑振幅和频率的影响，其影响存在耦合作用，振幅、频率的增加固然会造成加速度的增加，但振幅的增加也存在着对响应时间的要求，振幅越大，其所需要的响应时间越长，因此，二者的影响要综合分析，而实际中大振幅高频率的运动也难以实现。

相位的影响也相对复杂，相位不一致，会导致附加压降的累积或者抵消效应。如图 1.1 所示，向心加速度和切向加速度对于系统的影响就完全不同，不同位置处向心加速度产生的附加压降在流动方向上存在相互抵消作用，而不同位置处的切向加速度产生的附加压降则有累积效应。此外，当两个回路并联时，也有可能存在两个回路间波动相位相反，从而导致整体流量波动较弱的情况，而并联回路的流动波动程度及相位与各自空间位置和运行状态有关，因此幅频以及相位的差别会使系统整体流动行为更为复杂。另外，由于黏性、热容等其他因素的作用，冷却剂流量以及温度等对压降变化的响应时间也不同，响应时间的差异进而会导致波动相位间的差异，因此，在分析运动条件的影响时，相位是重要的影响因素。

运动条件引入了附加加速度，其大小与分析对象距离运动轴心的距离有直接关系，因此空间布置是决定运动条件影响程度的重要因素，比如：在自然循环工况下，原本水平段对其驱动压头没有影响，但随着运动所致的各种倾斜工况，水平段对自然循环的驱动压头影响反而变得更为显著；倾斜条件下，竖直段有效高度变化为原有效高度的余弦函数，而水平段导致的有效高度变化为原水平段的正弦函数；在倾斜角度小于45°的情况下，水平段导致的有效高度变化幅度明显大于竖直段有效高度变化幅度。因此，分析运动条件的影响不能回避空间位置的影响。

综上,海洋条件的影响具有强烈的多因素耦合以及非线性特征,其中的振幅、频率、相位以及空间位置等因素并非单一作用,而是相互耦合,此外,运动条件的影响还有可能与核动力系统自身的运行以及响应特性耦合在一起,进而造成更为复杂的耦合作用。特别是附加加速度的影响是针对整个系统的,因此,在分析海洋环境所造成运动条件的影响时应站在系统的角度综合考虑。

1.5 本书内容

海洋条件造成的运动中以摇摆的影响最为复杂,所以本书重点讨论摇摆条件对核反应堆热工系统的影响。全书共分七章,主要内容如下:

第 1 章论述了发展海洋核动力装备的必要性和对海基反应堆在海洋条件下的特殊要求,分析了海洋条件对核反应堆热工系统的潜在影响。

第 2 章、第 3 章通过理论分析、数值计算和实验研究分别分析了运动条件下流动以及传热特性,这也是研究海洋条件对热工水力现象影响的基础。

第 4 章通过实验分别研究了摇摆条件下自然循环系统和强迫循环系统存在的流动不稳定性类型、不稳定性演化机理以及摇摆参数对流动不稳定性的影响。

第 5 章主要分析了摇摆条件下自然循环流动混沌特性,系统的非线性演化机理以及摇摆参数的影响,并实现了对混沌流量脉动的预测。

第 6 章主要分析了考虑核反馈效应时,摇摆条件下单相自然循环系统的流动传热特性。

第 7 章主要通过可视化技术研究了海洋条件下过冷流动沸腾通道内的气泡行为特性。

参 考 文 献

[1] 李志华, 王辉. 海洋船舶气象导航[M]. 大连:大连海事大学出版社, 2006.

[2] GB/T 7727.5—1991,船舶通用术语 船舶环境[S].

[3] 贾韧锋. 海洋环境信息辅助船舶航行支持系统设计与实现[D]. 哈尔滨:哈尔滨工程大学,2013.

[4] 张永宁, 李志华, 王辉, 等. “航海气象学与海洋学”精品课程建设研究与实践[J]. 航海教育研究, 2009(03):46-48.

[5] 简俊, 冷梅, 白春江. “航海气象与海洋学”双语教学的实践探讨[J]. 航海教育研究, 2013(01):53-54.

[6] 周静亚, 杨大升. 海洋气象学[M]. 北京:气象出版社, 1994.

[7] 孙湘平, 李茂和. 海洋水文气象[M]. 北京:商务印书馆, 1979.

[8] 于华明, 鲍献文, 朱学明, 等. 夏季北黄海南部定点高分辨率实测海流分析[J]. 海洋学报(中文版), 2008(04):12-20.

[9] 展鹏, 陈学恩, 胡学军, 等. 夏季长江口外东海海域实测海流资料分析[J]. 中国海洋大学学报(自

然科学版), 2010(08):34-42.
[10] 王文质, 李荣凤, 黄企洲. 南海上层海流的数值模拟[J]. 海洋学报(中文版), 1994(04):13-22.
[11] CBZ 266—1998,水面舰艇风浪稳性计算方法[S].
[12] GJB 4000—2000,舰船通用规范2组 推进系统[S].
[13] CB 1171.4—1987,船舶设备环境测量方法 温湿度[S].
[14] CB 1171.5—1987,船舶设备环境测量方法 盐雾[S].
[15] GJB 1060.2—1991,舰船环境条件要求 气候环境[S].
[16] CB 1171.1—1987,船舶设备环境测量方法 振动[S].
[17] CB/T 3472—1992,船舶总体自由振动计算方法[S].
[18] GJB 1060.1—1991,舰船环境条件要求 机械环境[S].
[19] CB 1171.2—1987,船舶设备环境测量方法 冲击[S].
[20] CB/T 3035—1996,船舶倾斜试验[S].
[21] GJB 150, 23A-2009,军用装备实验室环境试验方法第23部分 摇摆和倾斜试验[S].
[22] International Maritime Organization. Code of safety for nuclear merchant ships[R]. London(UK),1982.
[23] 国际海事组织. 2009年海上移动式钻井平台构造和设备规则(2009年MODU规则)[R]. 伦敦:国际海事组织第26届大会,2010.

第 2 章　摇摆条件下单相流动特性分析

本章将对摇摆运动条件下矩形通道单相水的流动特性依次展开理论分析、数值计算和试验研究。通过理论研究摇摆运动对回路动量积分方程的影响，重点分析摇摆运动引入的附加惯性力和流量波动的影响；通过层流解析解和湍流数值分析获得摇摆运动下矩形通道内流场分布特性；介绍摇摆运动对瞬态流动特性影响的试验研究成果。

2.1　研究现状

在核反应堆中，板状燃料元件由于其结构紧凑、单位体积功率高以及具有中心温度低、燃耗高、储热低、安全性好等特点而被动力堆和研究堆广泛使用。板状燃料元件所形成的冷却剂通道为典型的窄缝矩形通道，其间隙厚度一般为 1 ~3mm，具有较大的宽高比，其水力直径多数为 1 ~5mm[1]。

在海洋中航行的船舶以及浮动核电站等，由于受到海洋的风浪涌和船体自身运动等的影响，导致反应堆系统发生倾斜、起伏和摇摆等运动，进而导致系统空间位置的改变并引入附加加速度（图 2.1），导致回路流量波动（图 2.2），会影响反应堆的控制与安全运行。

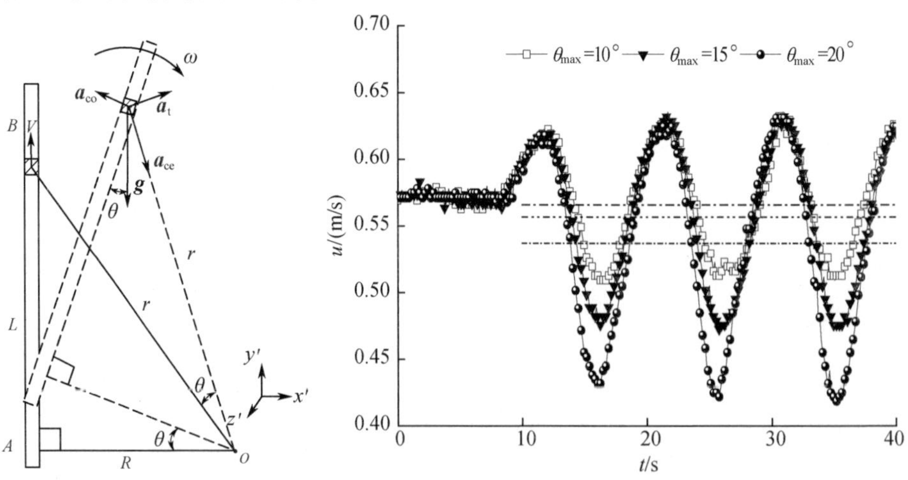

图 2.1　摇摆运动下受力分析[2]

图 2.2　摇摆运动引起回路流量波动[2]

国内外对窄通道的流动特性展开了一系列研究,具体总结如表2.1所列。

表2.1 窄通道流动阻力特性研究总结

研究者	参数范围	结论
蒋洁等[3]	$a=20\text{mm}$ $b=3\text{mm}$	小尺度通道摩擦阻力仅是常规尺度通道的20%~30%;层流-紊流转捩 Re 也较小
秦文波等[4]	$D_e=1.0\sim1.2\text{mm}$ $b=0.6\sim0.8\text{mm}$	层流阻力系数大于圆管值,临界雷诺数的值随着宽高比的减小而增大
辛明道等[5]	$D_e=0.2\sim1.1\text{mm}$	层流-紊流转捩 Re 为800~2000,较圆管提前
彭晓峰等[6,7]	$D_e=0.133\sim0.367\text{mm}$	层流向紊流转变的 Re 在200~700之间,相同条件下阻力系数越小的实验通道,其单相流动的临界雷诺数越大,宽高比越小,相同雷诺数下的阻力系数越大
云和明等[8]	$D_e=0.1\sim1.6\text{mm}$	阻力系数随着宽高比的减小而增大
黄卫星等[9]	$0.54\text{mm}\times1.6\text{mm}$	临界 Re 为2300~2500
陈炳德等[10]	$a=25.4\text{mm}$ $b=2.46\text{mm},1.27\text{mm}$	窄边几何尺寸偏差对流通面积的影响要大得多
徐建军等[11]	$a=30\text{mm}$ $b=2\text{mm}$	现有的试验结果基本支持湍流充分发展区矩形窄缝通道内的流动和传热规律符合常规通道内特点的结论
马健等[1]	$D_e=3.81\text{mm}$	窄缝矩形通道内的单相等温流动特性及单相传热特性并未偏离常规尺度通道内的相关规律
刘晓钟等[12]	$a=40\text{mm}$ $b=2\text{mm}$	在入口和出口边界条件与压力无关的情况下,升沉条件与静止条件下的摩擦阻力特性是相同的,由静止条件获得的摩擦阻力系数计算公式可以用于升沉条件下的摩擦阻力系数计算
幸奠川等[13]	$b=1.5\sim3.5\text{mm}$ $D_e=3\sim6\text{mm}$	通道高宽比越小,摩擦阻力系数越大
谢清清等[14]	$b/a=0.05,\ 0.037$	倾斜对试验段内单相水的阻力特性无影响,宽高比越小,阻力系数越大
Nian-Sheng Cheng 等[15]	$b/a=0.12\sim1.53$ $Re=5\times10^3\sim30\times10^3$	高雷诺数窄矩形通道阻力可以用以下公式拟合: $f_{ch}=0.33\left[\log\left(0.11Re_{ch}\frac{1+w}{w}e^{-\frac{1}{2w}}\right)\right]^{-2}$
Mohsen Akbari 和 David Sinton[16]	$b/a\gg1,\ b/a\ll1$ $Re<100$	分别给出了两种情况下拟合的阻力计算式

以上研究表明,现在大多数研究都是针对稳态条件进行的,海洋条件下矩形窄通道的流动传热特性的相关研究相当有限。部分研究虽然给出了海洋条件下的相关特性,但针对摇摆运动下窄通道内流量波动对回路流动特性的研究不够系统和全面。对此,本章将对摇摆运动引起的流量波动、空间位置改变以及引入的附加惯性力对矩形通道和回路流动特性等开展系统的分析。

2.2 摇摆条件下单相流动特性理论分析与数值模拟

首先给出流动回路在摇摆运动条件下的动量积分模型,接着对矩形通道层流流动和湍流流动的管内流场特性给出理论分析和数值模拟结果。对于湍流流动条件,进一步进行了横向附加力垂直于矩形管道宽边和窄边的数值模拟,并给出相应的结果。

2.2.1 摇摆运动回路积分模型

描述摇摆运动下流动回路内冷却剂瞬变流动特性的质量和动量守恒方程如下。

1. 质量守恒方程

摇摆运动下闭合实验回路示意图如图 2.3 所示。由质量守恒,得

$$W = \rho u_{m,i} A_i = 常数 \tag{2.1}$$

式中:W 为质量流速(kg/s);u_m 为截面平均速度(m/s);A 为流动管路的横截面积(m^2);下标 i 表示第 i 段管道。

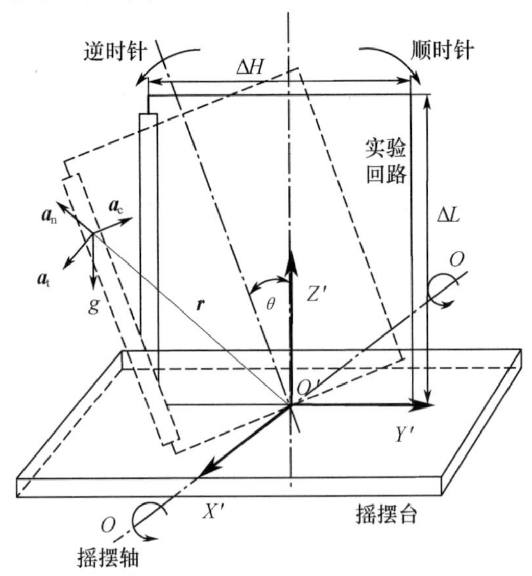

图 2.3　摇摆回路示意图

2. 动量守恒方程

非惯性坐标系下一个流体微团的动量守恒方程可表示为[17]

$$\iiint_{\tau'} \frac{D'V'}{Dt}\rho \mathrm{d}\tau' = \iiint_{\tau'} [\boldsymbol{f} - \boldsymbol{a}_0 - \boldsymbol{\omega} \times (\boldsymbol{\omega} \times \boldsymbol{r}') - \boldsymbol{\beta} \times \boldsymbol{r}' - 2\boldsymbol{\omega} \times V']\rho \mathrm{d}\tau' + \oiint_{A'} \boldsymbol{p}_n \mathrm{d}A' \tag{2.2}$$

式中：$\boldsymbol{f}$ 为质量力(N/kg)；$\boldsymbol{a}_0$ 为平移加速度(m^2/s)；V' 为流体微团的速度(m/s)；τ' 为某时刻 t 的流体微团的体积；$\boldsymbol{p}_n$ 为作用于单位流体微团表面上的力(N/m^2)；A' 为控制体表面积(m^2)；r 为流体微团距离旋转轴的距离；式中上标表示各物理量是在非惯性坐标系中测量得到的。

式(2.2)中，等号右侧括号中的后三项分别为法向附加加速度、切向附加加速度和科氏加速度，分别用 $\boldsymbol{a}_n$、$\boldsymbol{a}_t$ 和 $\boldsymbol{a}_c$ 表示。本书中，非惯性坐标系固定于摇摆轴上，作用于流体质点上的各个加速度示于图2.3。摇摆运动条件下，各加速度可表示如下：

切向附加加速度为

$$\begin{aligned}\boldsymbol{a}_n &= -\boldsymbol{\omega}\times(\boldsymbol{\omega}\times\boldsymbol{r}') = -\omega\boldsymbol{i}\times[\omega\boldsymbol{i}\times(x'\boldsymbol{i}+y'\boldsymbol{j}+z'\boldsymbol{k})]\\ &=\omega^2(y'\boldsymbol{j}+z'\boldsymbol{k})\end{aligned} \tag{2.3}$$

法向附加加速度为

$$\begin{aligned}\boldsymbol{a}_t &= -\boldsymbol{\beta}\times\boldsymbol{r}' = -\beta\boldsymbol{i}\times(x'\boldsymbol{i}+y'\boldsymbol{j}+z'\boldsymbol{k})\\ &=\beta(-y'\boldsymbol{k}+z'\boldsymbol{j})\end{aligned} \tag{2.4}$$

科氏加速度总是与流动方向垂直，这里假定流动沿 z' 方向，从而

$$\begin{aligned}\boldsymbol{a}_c &= 2\boldsymbol{\omega}\times\boldsymbol{V}' = 2\omega\boldsymbol{i}\times V'\boldsymbol{k}\\ &= -2\omega V'\boldsymbol{j}\end{aligned} \tag{2.5}$$

下文将在2.3.4节对摇摆运动条件下矩形通道回路阻力特性进行详尽说明。

2.2.2　流量波动时层流流场特性理论分析

摇摆运动引入的附加加速度可以分为平行于流动方向和垂直于流动方向两类，平行于流动方向的附加加速度会产生附加压降，造成流量波动。本节在分析摇摆运动下的层流流动特性时，为简化问题，忽略垂直于流动方向的附加力，只考虑平行于流动方向的附加力，即将摇摆问题简化为脉动流问题。

对于任意矩形通道截面，均可以简化建立图2.4所示的坐标系，其中 $2a$ 表示矩形通道短边的长度，$2b$ 表示矩形通道长边的长度。

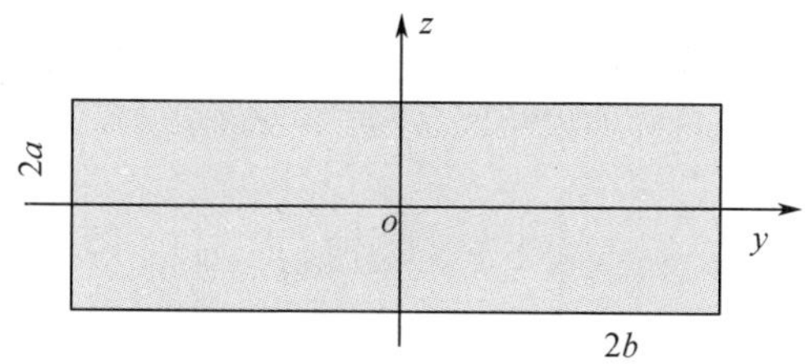

图2.4　矩形通道示意图

假设如下：

(1) 流体不可压缩且有黏性；

(2) 流动为充分发展的层流；

(3) 忽略垂直于流动方向上的附加惯性力的影响；

(4) 矩形通道内压力在管道截面上均匀分布，且在整个通道上压力梯度随时间以余弦规律变化，x 方向为流动方向，即有

$$\frac{\partial P(x,t)}{\partial x}=\left(\frac{\partial P}{\partial x}\right)_{\mathrm{s}}(1+A_{\mathrm{p}}\cos(\omega t)) \tag{2.6}$$

式中：$(\partial P/\partial x)_{\mathrm{s}}$ 为稳定流动时的压力梯度(Pa/m)，对于竖直管，重位压降包含其中；A_{p} 为压降相对振幅，用以表征压力脉动的相对大小；t 为时间(s)；ω 为脉动角速度(rad/s)，与脉动周期(T)具有等式关系：$\omega=2\pi/T$。

与该问题相对应的纳维－斯托克方程为

$$\begin{cases}\rho\dfrac{\partial u}{\partial t}=-\dfrac{\partial P}{\partial x}+\mu\left(\dfrac{\partial^2 u}{\partial y^2}+\dfrac{\partial^2 u}{\partial z^2}\right)\\ \left.\dfrac{\partial u}{\partial y}\right|_{y=0}=\left.\dfrac{\partial u}{\partial z}\right|_{z=0}=0\\ \left.u\right|_{t=0}=0\\ \left.u\right|_{y=\pm a}=\left.u\right|_{z=\pm b}=0\end{cases} \tag{2.7}$$

式中：$u=u(y,z,t)$($y\in[-b,b]$,$z\in[-a,a]$)为流体在截面上的速度；ρ 为流体密度；μ 为流体动力黏度。

由于方程(2.7)和边界条件均为线性，可将方程和边界条件分解为稳定解和瞬态解两部分，即设 $u=u_{\mathrm{s}}(y,z)+u_{\mathrm{os}}(y,z,t)$，其中 u_{s} 定义为稳定速度分量，u_{os}定义为往复速度分量，u 定义为脉动速度。引入以下无量纲参数[18]：

$$\begin{cases}y^*=\dfrac{y}{b}\\ z^*=\dfrac{z}{a}\\ \alpha=\dfrac{a}{b}<1\\ t^*=\dfrac{\mu t}{\rho a^2}\\ \omega^*=\dfrac{\rho\omega a^2}{\mu}\\ u_{\mathrm{m}}=-\dfrac{a^2}{3\mu}\left(\dfrac{\partial p}{\partial x}\right)_{\mathrm{s}}\\ u^*=\dfrac{u}{u_{\mathrm{m}}}\\ u_{\mathrm{s}}^*=\dfrac{u_{\mathrm{s}}}{u_{\mathrm{m}}}\\ u_{\mathrm{os}}^*=\dfrac{u_{\mathrm{os}}}{u_{\mathrm{m}}}\end{cases} \tag{2.8}$$

最终得到矩形通道截面上脉动速度的分布为

$$u^* = \sum_{k=1}^{\infty} \frac{48(-1)^{k+1}}{(2k-1)^3\pi^3}\left[1 - \frac{\cosh\frac{2k-1}{2\alpha}\pi y^*}{\cosh\frac{2k-1}{2\alpha}\pi}\right]\cos\left(\frac{2k-1}{2}\pi z^*\right) +$$

$$A_p \sum_{k=1}^{\infty} \frac{12(-1)^{k+1}\sqrt{B_1^2 + B_2^2}}{\pi(2k-1)M^2}\cos(\omega^* t^* + \theta - \phi)\cos\left(\frac{2k-1}{2}\pi y^*\right) \tag{2.9}$$

从式(2.9)可以看出,脉动速度的响应与压降脉动的角频率一致,但往复速度分量的响应与压降脉动存在相位差,而且随着所在截面位置的不同,相位差不同;影响层流脉动速度分布的主要因素为矩形通道的尺寸、流体的性质、压降脉动周期和压降相对振幅。此外,式(2.9)得到的结果为无穷级数的形式,在进行求解时,本书选取该无穷级数前15项的和作为近似解,计算的截断误差小于1%。

将无量纲瞬态脉动速度沿整个通道截面做积分并取截面平均,可求得随时间变化的截面平均速度,其表达式为

$$\overline{u^*} = \sum_{k=1}^{\infty}\left\{\begin{aligned}&\frac{96}{(2k-1)^4\pi^4} - \frac{192\alpha\tanh\frac{(2k-1)\pi}{2\alpha}}{(2k-1)^5\pi^5} + \\ &\frac{24A_p\left[\left(D_2\cos\left(\omega t + \frac{3\theta}{2}\right) + D_1\sin\left(\omega t + \frac{3\theta}{2}\right) - M\cos(\omega t + \theta)\right)\right]}{\pi^2(2k-1)^2M^3}\end{aligned}\right\} \tag{2.10}$$

其中

$$D_1 = \frac{\sinh\left(2M\sin\frac{\theta}{2}\right)}{\cos\left(2M\cos\frac{\theta}{2}\right) + \cosh\left(2M\sin\frac{\theta}{2}\right)}$$

$$D_2 = \frac{\sin\left(2M\cos\frac{\theta}{2}\right)}{\cos\left(2M\cos\frac{\theta}{2}\right) + \cosh\left(2M\sin\frac{\theta}{2}\right)}$$

摩擦阻力压降可以表示为

$$\Delta P(t)_f = \Delta P(t) - \rho L\frac{d\bar{u}}{dt} = -\frac{3\mu u_m L}{a^2}[1 + A_p\cos(\omega t)] - \frac{\mu L u_m}{b^2}\frac{d\overline{u^*}}{dt^*} \tag{2.11}$$

式中:L 为矩形通道的长度。

采用达西-魏斯巴赫公式计算阻力系数,其表达式为

$$\Delta P_f(t) = \lambda_f\frac{L}{D_e}\frac{\rho\bar{u}^2}{2} = \lambda\frac{Lu_m^2}{D_e}\frac{\rho\overline{u^*}^2}{2} \tag{2.12}$$

结合式(2.6)、式(2.8)、式(2.10)～式(2.12)可得摇摆运动下矩形通道阻力系数为

$$\lambda_{\rm f}=\frac{-\dfrac{3\mu u_{\rm m}L}{a^2}[1+A_{\rm p}\cos(\omega t)]-\dfrac{\mu L u_{\rm m}}{b^2}\dfrac{{\rm d}\,\overline{u}^*}{{\rm d}t^*}}{\dfrac{Lu_{\rm m}^2}{D_{\rm e}}\dfrac{\rho\,\overline{u}^{*2}}{2}} \tag{2.13}$$

对式(2.13)进行化简,得

$$\lambda_{\rm f}=\frac{\dfrac{4}{(1+\alpha)^2}\left\{1+A_{\rm p}\cos(\omega t)-\sum_{k=1}^{15}\dfrac{8\omega^* A_{\rm p}}{(2k-1)^2\pi^2M^3}\left[\begin{array}{l}M\sin(\omega t+\theta)-\\D_2\sin\left(\omega t+\dfrac{3\theta}{2}\right)+D_1\cos\left(\omega t+\dfrac{3\theta}{2}\right)\end{array}\right]\right\}}{Re\sum_{k=1}^{15}\left\{\begin{array}{l}\dfrac{4}{(2k-1)^4\pi^4}-\dfrac{8\alpha}{(2k-1)^5\pi^5}\tanh\dfrac{(2k-1)\pi}{2\alpha}+\\\dfrac{A_{\rm p}}{\pi^2(2k-1)^2M^3}\left[D_2\cos\left(\omega t+\dfrac{3\theta}{2}\right)+D_1\sin\left(\omega t+\dfrac{3\theta}{2}\right)-M\cos(\omega t+\theta)\right]\end{array}\right\}} \tag{2.14}$$

取 $A_{\rm p}=0.5$, $a=0.0015{\rm m}$, $b=0.02{\rm m}$, $T=2{\rm s}$,结合式(2.6)和式(2.10),得出典型的压差及截面平均脉动速度(往复速度)的分布如图2.5所示。

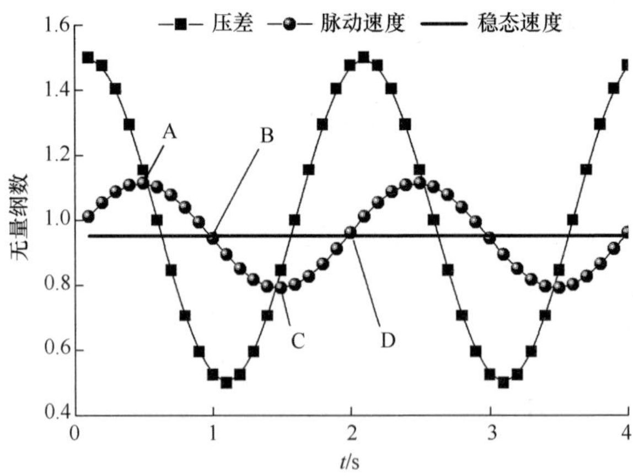

图2.5　压差和截面平均脉动速度(往复速度)的分布

从图2.5可以看出,压差与截面平均流速均周期性波动,压差与流速之间存在相位差,脉动速度以稳态速度为均值做简谐波动。脉动速度可以看作稳态速度和均值为0的往复速度的叠加,因而在后续的研究中,将主要研究往复速度的变化特性。

在以往对脉动层流的理论研究中,鄢郦火、王畅和俞接成等[19-21]分别给出了不同管型下截面流速随时间的分布特点,他们的研究结果并未给出详细的速

度分布情况。而从图 2.5 可以看出,压差与截面平均脉动速度之间存在相位差,因而按压差相位给出的截面速度分布不能清楚地反映不同流量时刻的截面速度分布。鉴于此,本书从截面平均流速随时间的变化特性出发,给出截面速度在不同截面平均流速相位时的速度分布。

保持 $A_p = 0.5$, $a = 0.0015\text{m}$, $b = 0.02\text{m}$, $T = 2\text{s}$ 不变,给出窄矩形通道横截面流速沿截面宽边和窄边中心线随时间的变化情况,如图 2.6 和图 2.7 所示。图中,相位 0°表示截面平均流速在如图 2.5 所示的波峰位置(A),相位 180°表示截面平均流速在波谷位置(C),B、D 表示截面平均流速为 0 位置(平衡位置)。

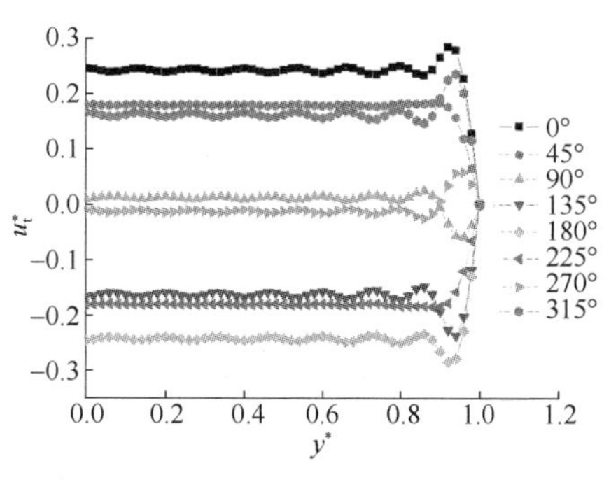

图 2.6　截面速度沿宽边中心线的分布

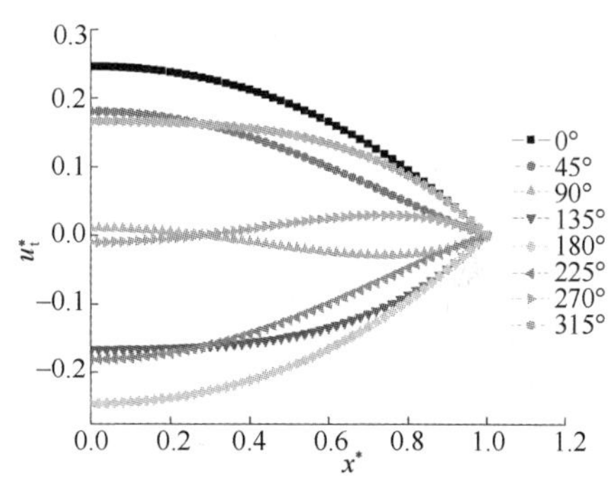

图 2.7　截面速度沿窄边中心线的分布

从图 2.6 和图 2.7 可以得到窄矩形通道内往复速度随时间变化规律:

沿宽边方向,截面流速随时间不断变化,呈现近似"梯形"分布。在靠近主流区域,同一截面上的流速大小相同;在稍靠近壁面位置,流速稍大于主流速度,出现典型的"环状效应"[22];在靠近壁面位置,脉动速度梯度很大,流速从稍大于主流速度迅速变为 0,且流速越大,脉动速度梯度越大。

沿窄边方向,截面流速随时间变化,呈现近似"抛物线"分布。在给出的计算工况下,仅在截面平均流速为 0(B、D)位置观察到"环状效应",这是由于脉动频率过小,不足以出现明显的"环状效应"。在随后的讨论中将会发现,随着脉动频率的增加,"环状效应"将变得愈加明显。

结合式(2.10)和式(2.14),瞬时截面平均流速和阻力系数沿矩形通道截面的分布分别示于图 2.8 和图 2.9 中。

2.2.2.1　压降相对振幅对流动特性的影响

保持 $a = 0.0015\text{m}$, $b = 0.02\text{m}$, $T = 2\text{s}$ 不变,改变压降相对振幅,A_p 依次取 0.25、0.5 和 1 时,分别绘制沿宽边和窄边中心线的截面往复流速分布,如图 2.10和图 2.11 所示。由于截面流速的对称性,图中只画出截面平均流速波峰点和平衡位置的流速分布情况。

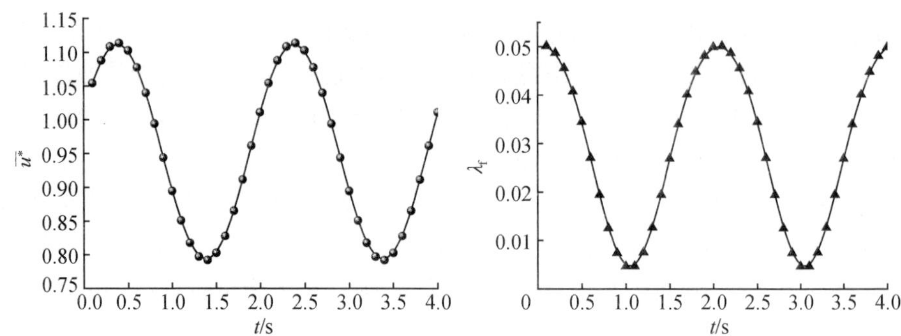

图 2.8　瞬时截面平均流速随时间的变化　　图 2.9　瞬时阻力系数随时间的变化

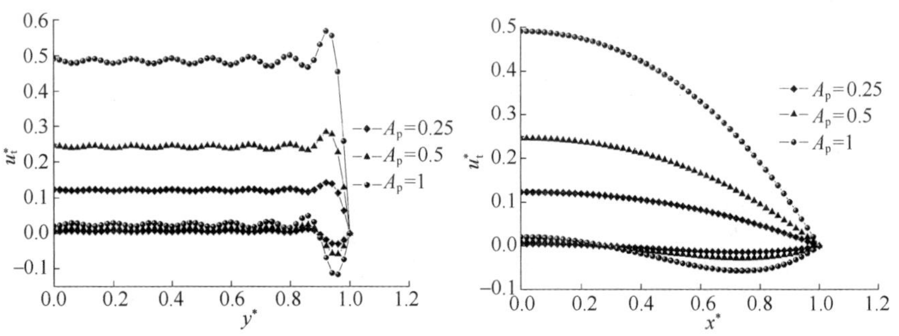

图 2.10　不同 A_p 下流速沿宽边的分布　　图 2.11　不同 A_p 下流速沿窄边的分布

由图 2.10 和图 2.11 可知，随着压降相对振幅 A_p 的增加，往复速度的幅值不断增加，而截面流速沿矩形通道宽边和窄边的分布形式基本保持一致，且“环状效应”愈加明显。这是由于在相同的脉动周期下，压降相对振幅越大，则造成的流速波动幅度越大，从而流速变化率越大，即流体获得更大的瞬时加速度，因而使“环状效应”显得更加明显。

随着 A_p 的改变，截面平均脉动流速和瞬时阻力系数的变化趋势如图 2.12 和图 2.13 所示。

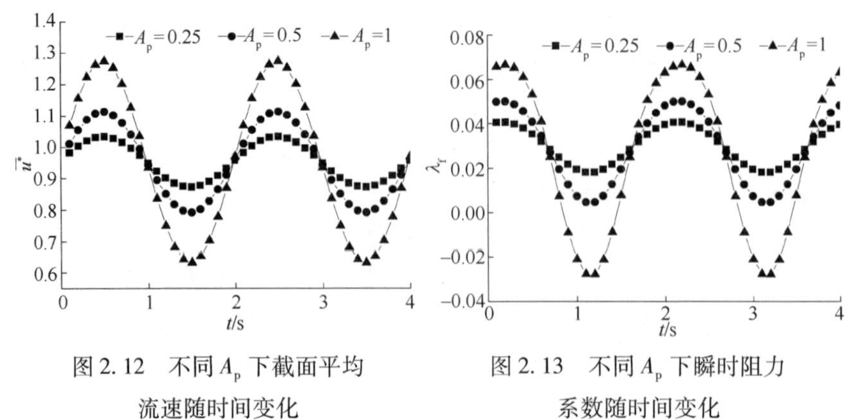

图 2.12　不同 A_p 下截面平均流速随时间变化　　图 2.13　不同 A_p 下瞬时阻力系数随时间变化

从图2.12和图2.13可以看出,截面平均脉动速度周期性波动,且随着A_p的增大,脉动速度波动振幅越大,瞬时阻力系数随着A_p的增大呈现同样的变化趋势。观察两图还可以发现,不同压降脉动振幅下面平均脉动速度和瞬时阻力系数的相位几乎没有变化,说明压降脉动振幅并不会强烈地改变截面平均脉动速度和瞬时阻力系数之间的相位特性。

2.2.2.2 压降脉动周期对流动特性的影响

保持$a=0.0015$m,$b=0.02$m,$A_p=0.5$不变,改变压降相对振幅,T依次取0.1s、1s和5s时,分别绘制沿宽边和窄边中心线的截面往复流速分布,如图2.14~图2.17所示。

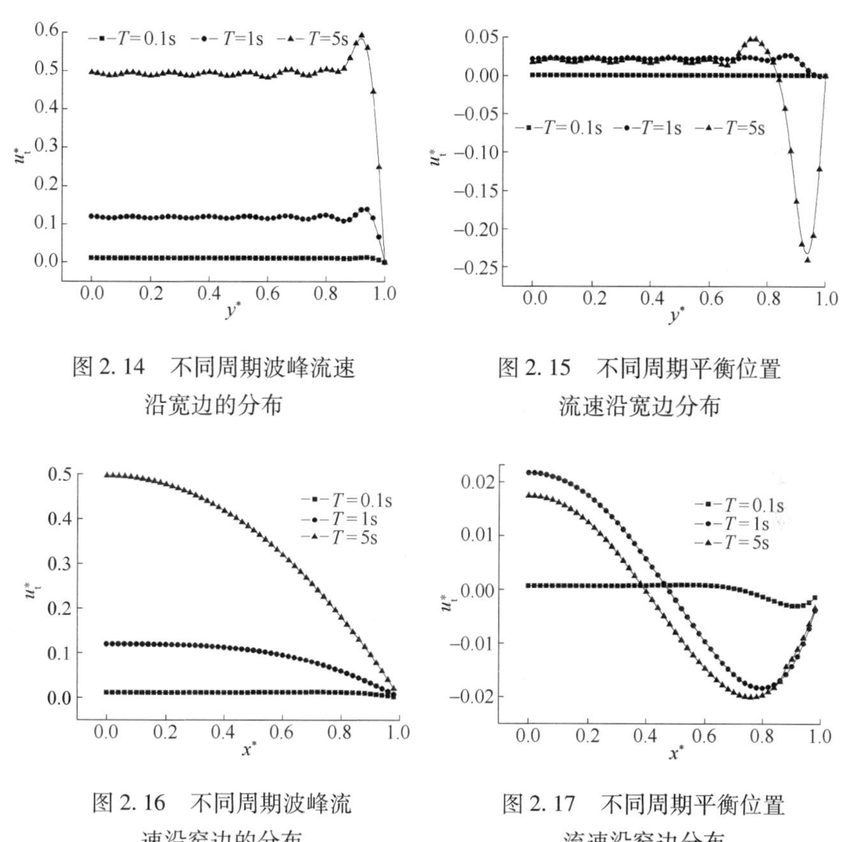

图2.14 不同周期波峰流速沿宽边的分布

图2.15 不同周期平衡位置流速沿宽边分布

图2.16 不同周期波峰流速沿窄边的分布

图2.17 不同周期平衡位置流速沿窄边分布

由图2.14~图2.17可知,随着压降脉动周期T的减小,往复速度幅值也不断减小,这是由于随着脉动频率的增加,脉动流速曲线与压降曲线之间的相位差逐渐趋于$\pi/2$,流体不能够及时响应压降的变化,引起往复流量分量不能对压降变化做出及时的响应,往复流量逐渐趋近于0,从而出现流动滞止现象,即流动趋于稳定流的现象。

随着压降脉动周期T的减小,截面流速"环状效应"呈现出先增强后减弱的趋势。这是由于当 T 很大时,流体运动可以近似按拟稳态处理,此时流速分布与稳态流速分布相同,不会出现"环状效应";而随着脉动周期的进一步减小,"环状效应"开始显现,且脉动周期越小,该效应越明显。但当脉动周期小到一定程度后,流体已经不能响应压降的变化,流速波动幅度逐渐降低,"环状效应"逐渐减弱,直至消失不见。

随着 T 的改变,截面平均脉动流速和瞬时阻力系数的变化趋势如图 2.18 和图 2.19 所示。

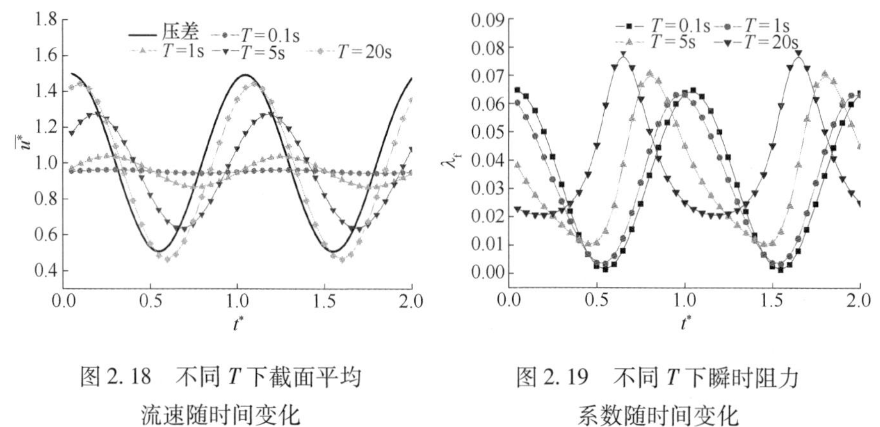

图 2.18 不同 T 下截面平均流速随时间变化

图 2.19 不同 T 下瞬时阻力系数随时间变化

由图 2.18 可知,截面平均脉动速度周期性波动,且 T 值越大,速度波动振幅越大。这是由于当 T 很大时,流体运动可以近似看成拟稳态,流量与压差近似同相位变化,流速波动振幅达到最大值;而随着 T 的减小,脉动流速曲线与压降曲线之间的相位差趋于 $\pi/2$,流体不能够及时响应压降的变化而出现流动滞止,从而造成流速脉动振幅降低。

在圆管脉动层流条件下,Uchida[23] 的研究表明相位差与沃姆斯莱(Womersley)数有关,结合斯托克斯(Stokes)关于黏性波穿透深度的研究,可以得到 Womersley 数的表达式[24],即

$$Wo = R\sqrt{\omega/\nu} = R/l_s \tag{2.15}$$

式中:R 为管道半径;ν 为运动黏性系数;ω 为波动角频率;l_s 为 Stokes 层厚度,表示黏性剪切波的穿透深度,附加涡旋引起的剪切波在 Stokes 层内会完全衰减,越过此区域后,往复速度幅值趋于一致,不受剪切波的影响。

分析式(2.15)可以得到 Womersley 数的物理含义,即 Womersley 数表征了管道尺寸与附加涡旋剪切波穿透深度的比值。结合 Ohmi[25-31] 对脉动流流场的研究,对相位差的产生可以做如下分析:当压力梯度周期性变化导致流速改变时,壁面边界层内随之产生的附加涡旋也会随时间发生变化,附加涡旋引起的剪切波从壁面开始向主流中心传播且在此过程中逐渐衰减,若黏性剪切波穿透深度大于或者等于管道尺寸时,则压力梯度的变化能够有效影响到中心流动区域,

此时不产生相位差;若黏性剪切波穿透深度远小于管道尺寸时,压力梯度的变化仅能够影响靠近壁面的部分流动区域,主流区域几乎不受影响,最终导致截面平均流速与压降梯度产生相位差。

压差波动曲线同样示于图 2.19,可以看到,脉动流速曲线与压降曲线之间的相位差随着 T 的增加逐渐减小,但都在$(0,\pi/2)$之间,该结论与 Ohmi 等的实验及理论结果一致。该变化规律可以这样解释:由式(2.15)可知,随着波动频率增加,Stokes 层逐渐减薄,剪切波的传递距离变短,脉动对主流的影响也就变小,主流中心区速度分布趋于一致的区域也越大,进而导致主流中心区域对压力梯度变化没有响应,相应地相位差也随之变大。

图 2.19 所示为瞬时阻力系数随 T 的变化特性。瞬时阻力系数周期性波动,在 $T \leqslant 1\mathrm{s}$ 时阻力系数曲线变化不大,近似按正弦规律波动;随着 T 的增大,瞬时阻力系数曲线呈现出波峰出现尖点而波谷变钝的变化趋势,这是由瞬时阻力系数的定义及大的流量波动幅度造成的。

对比图 2.18 和图 2.19 可以发现,瞬时阻力系数曲线的相位超前于流速波动曲线相位,且随着 T 的增加,该相位差逐渐增大。

2.2.2.3　通道高宽比对流动特性的影响

保持 $a=0.0015\mathrm{m}$, $T=2\mathrm{s}$, $A_{\mathrm{p}}=0.5$ 不变,增大窄边的尺寸,b 依次取 0.0015m、0.02m、0.05m 和 0.1m,得到矩形通道横截面上沿宽边和窄边中心线往复流动速度分布如图 2.20 ~ 图 2.23 所示。

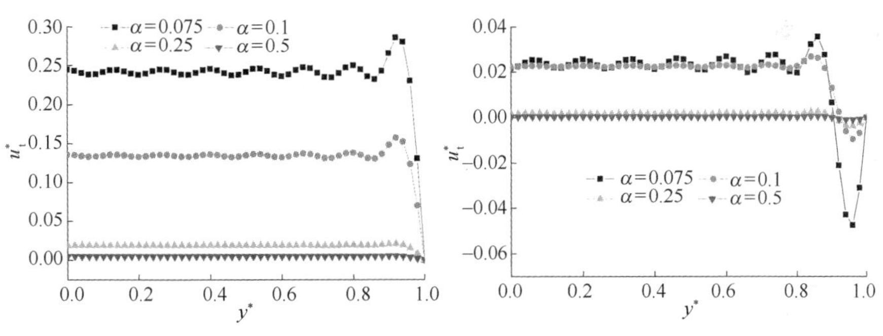

图 2.20　不同 α 下波峰流速沿宽边的分布

图 2.21　不同 α 下平衡点流速沿宽边的分布

随着矩形通道高宽比 α 不断变小,沿宽边和窄边的脉动流截面往复速度的幅值会越来越大,“环状效应”越来越明显。这是由于随着 α 不断变小,宽边保持不变而窄边不断减小,流体流通面积减小,因而具有更大的脉动流动速度幅值,进而在脉动周期 $T=2\mathrm{s}$ 保持不变时,流速波动幅度越大,“环状效应”越明显。

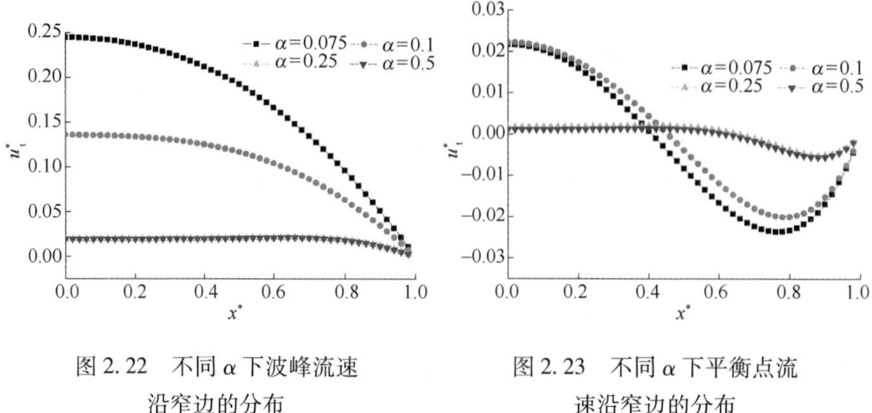

图 2.22　不同 α 下波峰流速沿窄边的分布

图 2.23　不同 α 下平衡点流速沿窄边的分布

图 2.24 和图 2.25 示出了不同 α 下截面平均流速以及瞬时阻力系数随时间的变化趋势。可以看出,截面平均流速以及瞬时阻力系数均随时间周期性波动,且随着高宽比 α 的减小,截面平均流速的波动幅值越来越大,瞬时阻力系数的波动幅度也越来越大。

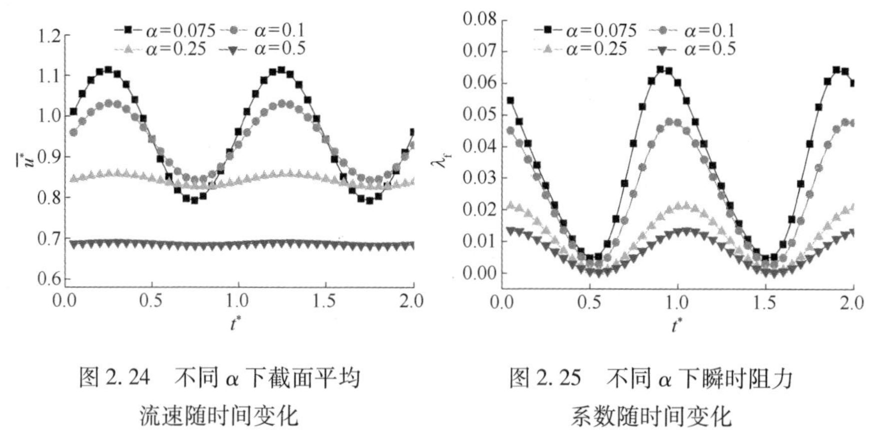

图 2.24　不同 α 下截面平均流速随时间变化

图 2.25　不同 α 下瞬时阻力系数随时间变化

图 2.26 给出了截面平均流速与脉动压降之间的相位随 α 的变化情况,很显然,随着高宽比 α 的减小,截面平均流速与脉动压降之间的相位差逐渐减小。

Ohmi 在对圆管脉动流动的研究中对相位差的产生做了阐述,并结合式(2.15)可知,在 α 比较大时,通道的尺寸大于剪切波的穿透深度,造成壁面剪切波不能传递到矩形通道内的主流流体中,从而造成截面平均速度与脉动压差间出现相位差,且 α 越大,壁面剪切波对流动通道内主流流体的影响越小,从而相位差越大。由于壁面剪切波的穿透距离有限,壁面运动对主流流体的作用有限,也就造成了平均截面速度波动幅度不大。随着 α 的减小,矩形通道尺寸越来越小,壁面剪切波的影响能够达到流体主流区域,流体主流能够及时响应压差的波动,截面平均速度与脉动压差间相位差越来越小。由于壁面剪切波能够影响到主流区域,因而随着 α 的减小,截面平均流速波动幅度变得越来越大。

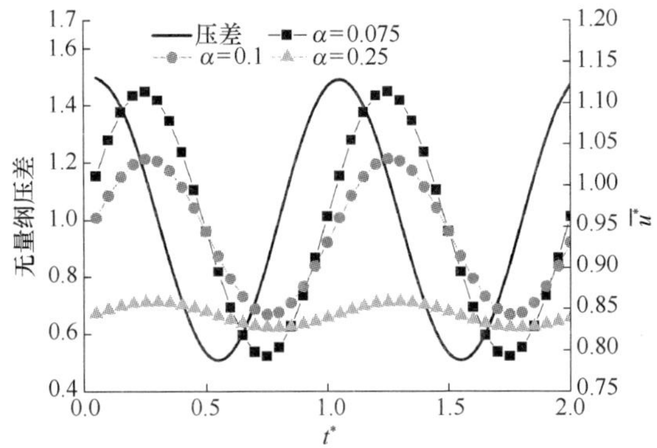

图 2.26 截面平均流速与脉动压降之间的相位随 α 的变化

2.2.3 摇摆运动湍流流动特性数值仿真

2.2.2 节给出了流量波动条件下层流流动时矩形通道内流场分布及相关影响因素的研究，这里将针对摇摆运动条件下湍流区流场特性给出数值仿真结果。通过数值仿真得出摇摆运动下瞬变流动的速度分布、截面平均流量随时间的变化以及流动阻力特性；重点分析摇摆运动造成的横向附加惯性力引起的二次流现象对截面速度分布的影响，以及二次流引起的流动阻力特性的变化。

2.2.3.1 数值计算模型

研究对象为 3mm 高、40mm 宽和 700mm 长的窄矩形通道。采用单相水作为流动工质，工作条件常温常压，即工作温度为 25℃，工作压力为大气压。入口边界条件选择速度入口，出口边界选择出流，壁面选择无滑移壁面条件。压力速度耦合选用 PISO 算法，为保证计算精度，对流项采用 QUICK 格式。

非圆形横截面直管道内的湍流流动形成的二次流现象称为第二类普朗特二次流[32]。矩形窄通道内的二次流动现象是由雷诺应力引起的，因此对于采用各向同性假设的涡黏湍流模型是无法计算得到，为得到窄矩形通道内由于雷诺应力引起的二次流现象，湍流模型采用雷诺应力(RSM)模型。

本书对壁面区采用低雷诺数模型，对流体的壁面区划分比较细密的网格，选择 FLUENT 中提供的增强型壁面处理方法。根据文献[33]，采用增强型壁面处理方法时，要求第一层网格据与壁面的距离在 $Y^+=1$ 左右，一般不超过 4 ~5。

如表 2.2 所列，表中的 Y^+ 值均为紊流充分发展区的数值。从表 2.2 中可以看出，Y^+ 的大小随着雷诺数的增加而增加，在表中给出的工况下不大于 2，均能满足增强型壁面条件的适用条件。

表 2.2 不同流速下的 Y^+ 值

流速/雷诺数	6000	9000	15000	20000	30000
Y^+	0.41	0.57	0.88	1.1	1.6

在推导摇摆运动下脉动流动的回路积分模型时,忽略了垂直于流动方向上横向附加惯性加速度的影响。而事实上,垂直于流动方向上的横向附加惯性力会造成流动通道横截面上速度矢量的改变,进而造成截面应力分布的变化,影响流体流动特性。杜思佳等[17,34]对摇摆运动下直径为10mm圆管中的强迫循环流动进行数值计算发现:横向附加惯性力的存在会造成横截面上出现二次流动现象,二次流的存在将导致截面速度和应力分布的改变,从而造成压降损失增加,且横向附加惯性力越大,压降损失越大。

对于窄矩形通道而言,横向附加惯性力的存在也会造成截面速度和应力分布的改变,进而导致脉动流动特性的改变。本节首先给出摇摆运动条件下无横向附加惯性力作用时脉动紊流的截面流速分布、截面平均流速随时间的变化趋势,以及瞬时阻力特性。在此基础上,通过 UDF 向动量源项添加垂直于流动方向上的横向附加惯性力,讨论不同大小横向附加惯性力对摇摆运动条件下流动特性的影响,并结合计算结果,给出横向附加惯性力影响流动特性的界限。

2.2.3.2 无横向附加力时脉动紊流流动特性

对于摇摆运动条件下的脉动流动而言,当没有垂直流动方向上的横向附加惯性力作用时,这种边界驱动下的脉动流动就等同于压差驱动下的脉动流动,此时,摇摆运动条件下的流动可以看成是一种低频脉动流动,因而相关研究可以采用脉动流的研究方法进行。

设置速度入口为简谐波动入口速度,入口参数设置如表 2.3 所列,其他边界条件保持不变,在紊流稳态流动计算收敛的基础上转入瞬态计算。

表 2.3 脉动紊流流动参数设置

$\overline{u_{ta}}$/(m/s)	A_u/(m/s)	T/s
0.162	0.444	4

对数值计算得到的结果进行处理,得到紊流充分发展区往复速度沿宽边和窄边的截面流速分布,如图 2.27 和图 2.28 所示。

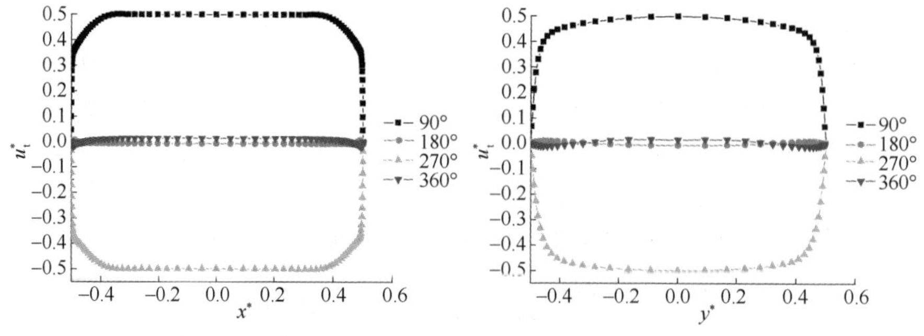

图 2.27 脉动紊流流动截面宽边流速随时间的变化

图 2.28 脉动紊流流动窄边截面流速随时间的变化

从图中可以看出，脉动紊流流动下的宽边中心线截面速度与层流流动下的截面速度形式基本一致，但在靠近壁面处的流速更为“陡峭”，速度梯度更大，这是由紊流流动的脉动特性决定的。由于紊流流动中脉动速度的存在，流层之间不再只是存在摩擦切向应力，同时也存在脉动附加切应力或脉动切应力，因而造成速度的变化主要发生在紧靠近壁面处的极薄的黏性底层内，从而造成流速的急剧变化。另外，流速的增加，也会造成壁面附加速度梯度的增大。鉴于以上原因，脉动紊流流动下窄边中心线截面速度也已经不再是“抛物线”形式，而是变化成了“梯形”分布。

观察速度矢量图发现截面速度矢量主要集中在靠近流动通道的窄边处。在脉动流动下，截面平均流速随时间不断变化，在不同的时刻，垂直于流动方向的横截面上的速度矢量如图 2. 29 所示。

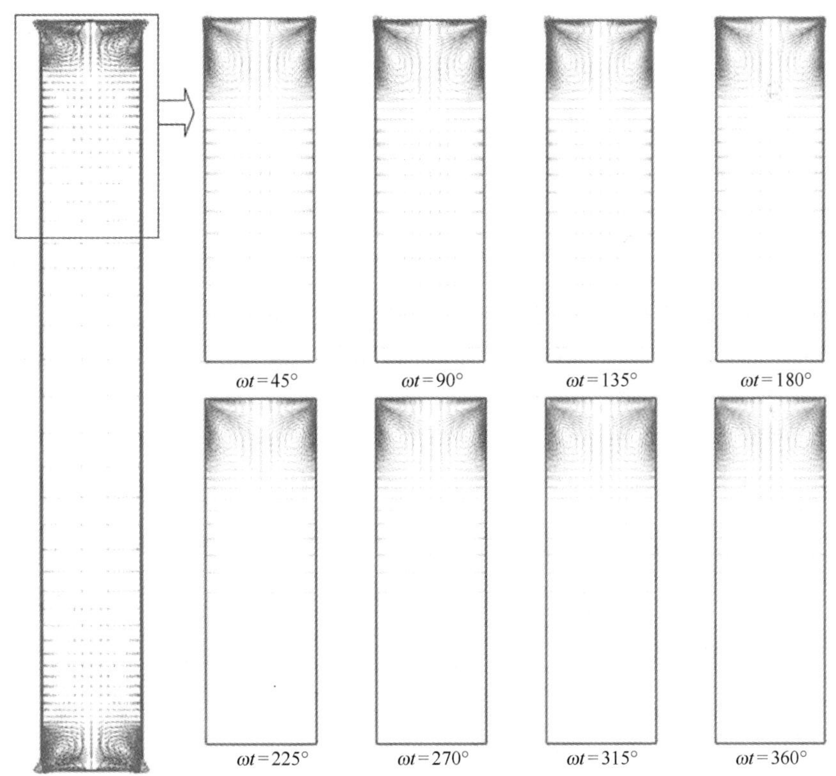

图 2. 29　脉动紊流流动通道横截面速度矢量

观察图 2. 29 可以看出，脉动流动下垂直于流动方向横截面上的速度矢量仍然集中在靠近流动通道的窄边处，且在不同时刻漩涡分布基本保持一致，只是速度矢量大小随流速的周期性变化略有不同。

矩形通道横截面上速度矢量的最大值随时间的变化示于图 2. 30 中。脉动紊流流动通道横截面速度矢量最大值以稳态流动工况下速度矢量最大值为均值随时间做周期性波动，其变化趋势与流速随时间变化规律相似。

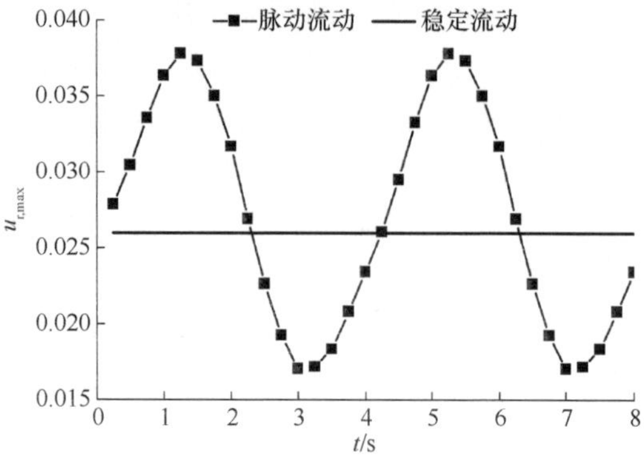

图 2.30　脉动紊流流动通道横截面速度矢量最大值随时间的变化

图 2.31 给出了在脉动流量不同时刻垂直于流动方向横截面上的流线。可以看出，在脉动流动不同时刻，漩涡仍然分布靠近流动通道的窄边处，且成对称分布，其中，靠近主流的漩涡大小随着脉动速度的变化而周期性变化，但变化幅度不大。

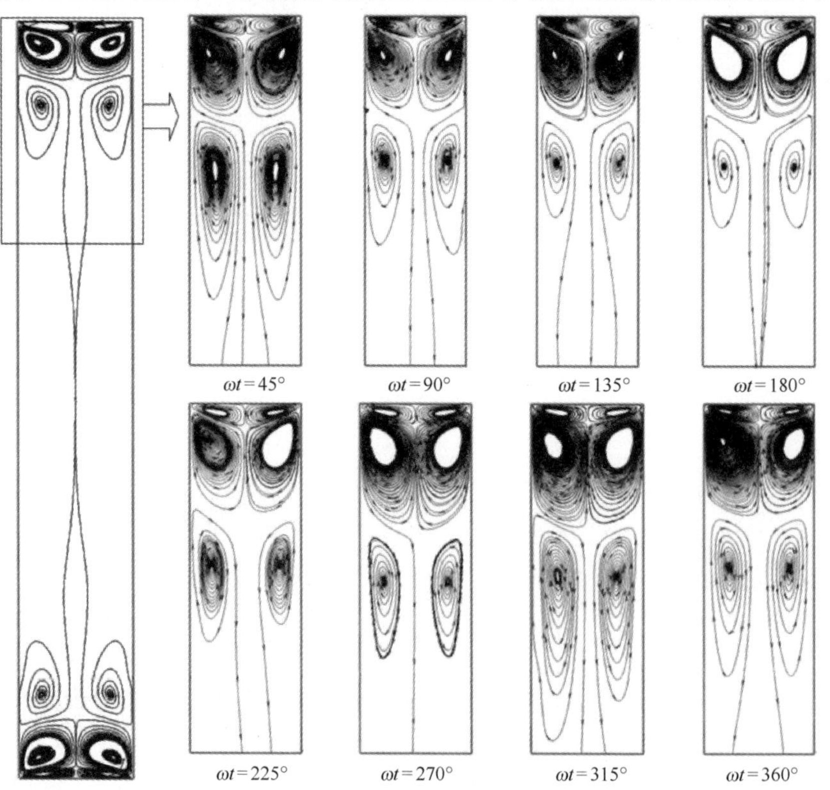

图 2.31　脉动紊流流动通道横截面流线

脉动流动条件下的截面平均流量和瞬时壁面剪切应力随时间的变化情况示于图 2.32 和图 2.33 中。从图 2.32 可以看出,脉动流动条件下压差和截面平均流速均随时间周期性波动,且流速与压差近似同相位变化。这是由于在紊流流态下,脉动流动流量已经很大,而达到这一流量需要较大的驱动力,由回路积分模型可知,在较大的驱动力下,压差和流速相位相差不大,因而可以认为压差和流速近似同相位变化。

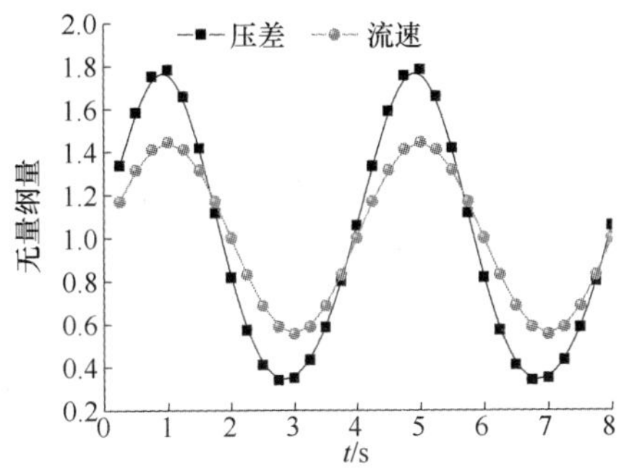

图 2.32　脉动紊流流动截面平均流速和压差随时间的变化

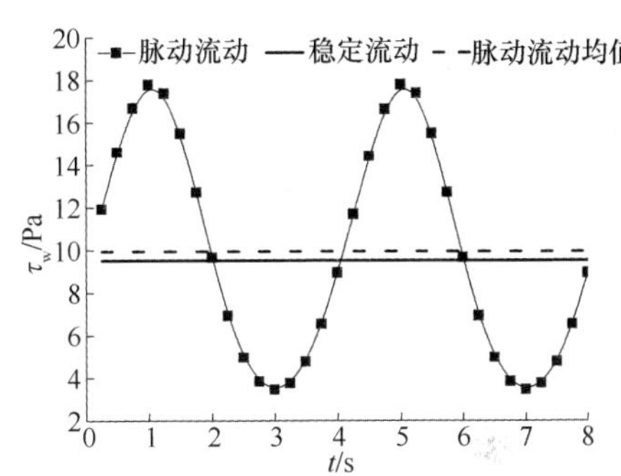

图 2.33　脉动紊流流动瞬时壁面剪切应力随时间的变化

由图 2.33 可知,脉动流动条件下瞬时壁面剪切应力随时间周期性变化,其周期均值略大于稳态条件下的数值。对于这一变化趋势解释如下:在黏性流体的紊流流动中,除了流层之间的相对滑移引起的摩擦切应力,流体质点的无规则运动,造成流层之间必然要发生动量交换,增加能量损失,从而出现附件的脉动切应力 τ_t。紊流中的切向应力可以表示为[22]

$$\tau = \tau_w + \tau_v = (\mu_w + \mu_v)\frac{du_{m,x}}{dy} \tag{2.16}$$

在脉动条件下,流体的周期性波动会造成流体径向扰动,加剧紊流的紊乱程度,造成紊流脉动切应力的增加,从而造成脉动流动条件下的切应力大于稳态流动下的切应力。

2.2.3.3　摇摆运动条件下横向附加惯性力

在摇摆运动条件下,垂直于流动方向上的横向附加惯性力的存在必然导致在流动通道横截面上出现二次流动,即二次流现象[35]。二次流现象的存在将加强流体流层间动量交换,增加流动能量损失,从而造成附加的脉动切向应力,造成流体流动特性的改变。对于圆管而言,由于其中心对称性,横摇和纵摇并没有明显区别。但对于窄矩形通道而言,横摇和纵摇会引入不同的横向附加惯性力,因而要对两种摇摆运动形式分别进行研究。

对于竖直矩形通道而言,垂直于流动方向的横向附加惯性加速度可以表示为

$$\boldsymbol{a}_{\text{per}} = (\omega^2 y' + \beta z' - 2\omega V')\boldsymbol{j} \tag{2.17}$$

式中：V'为非惯性坐标系下截面平均流速，其大小 $V' = u_{\text{m}}$；等号右侧三项依次为离心加速度分量，切向加速度分量和为科氏加速度。

由相关理论及实验研究可知：摇摆振幅越大，摇摆周期越小，造成的附加惯性力幅值越大，从而摇摆运动造成的流量波动越剧烈，因而在对横向附加惯性力影响摇摆运动条件下脉动流动特性的讨论中，选择剧烈地摇摆运动工况进行计算。

取表2.3的入口流速参数进行计算，并假设 $y' = z' = 1\text{m}$，当摇摆周期 $T = 4\text{s}$，摇摆振幅 $\theta_{\text{m}} = 30°$时，得到横向附加惯性加速度随时间的变化规律，如图2.34所示。从图中可知，摇摆运动条件下的横向附加惯性力周期性波动，波动周期等于摇摆周期。若不考虑切向加速度和法向加速度分量的影响，仅考虑科氏加速度的大小，将科氏加速度同样示于图2.34中，可以发现，在垂直于流动方向的横向附加惯性力中，科氏加速度的影响占主要地位。这一结论与杜思佳对强迫循环流动特性研究[17,34]中得出的结论一致。

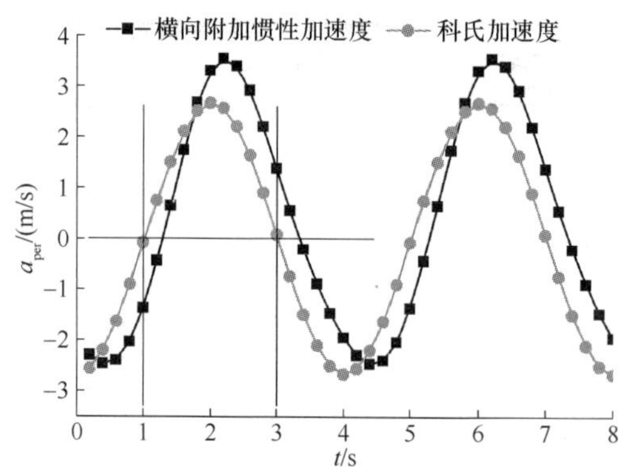

图2.34　横向附加惯性加速度与科氏加速度的比较

在进行摇摆运动条件下流动特性的计算时，仍然设置速度入口边界条件为简谐波动形式。在将横向附加惯性力编写UDF文件时，需给出该横向附加惯性力与脉动速度之间的相位差，该相位差和沿流动方向压差与脉动速度之间的相位差相同。从图2.32可以发现，脉动流速与压差近似同相位变化，因而可以设置摇摆运动下横向附加惯性力与脉动速度同相位变化。在数值计算完成之后，也可以在后处理中得到摇摆运动条件下沿流动方向压差与脉动速度之间的相位差，此时同样可以验证设置的正确性。

1. 垂直于宽边的横向附加惯性力的影响

设置摇摆轴与矩形通道的距离为1m，且与入口在同一水平面上，并设置摇摆振幅 $\theta_{\text{m}} = 30°$，摇摆周期为 $T = 4\text{s}$，编写UDF文件。在FLUENT中，将UDF文件进行编译，然后将垂直于宽边的横向附加惯性力添加到动量方程中。

设置速度入口为简谐波动入口速度，入口参数设置如表 2.3 所列。沿宽边方向读入编写的 UDF 文件，保持其他条件不变，在紊流稳态流动计算收敛的基础上，设置时间步长为 0.025s，转入瞬态计算。在一个周期的不同时刻，垂直于流动方向的矩形通道横截面上的速度矢量不断变化，在横向附加惯性力的作用下将出现与脉动流动不同的特点。

图 2.35 给出了沿宽边横向附加惯性力下不同时刻紊流充分发展区垂直于流动方向横截面上的流线。

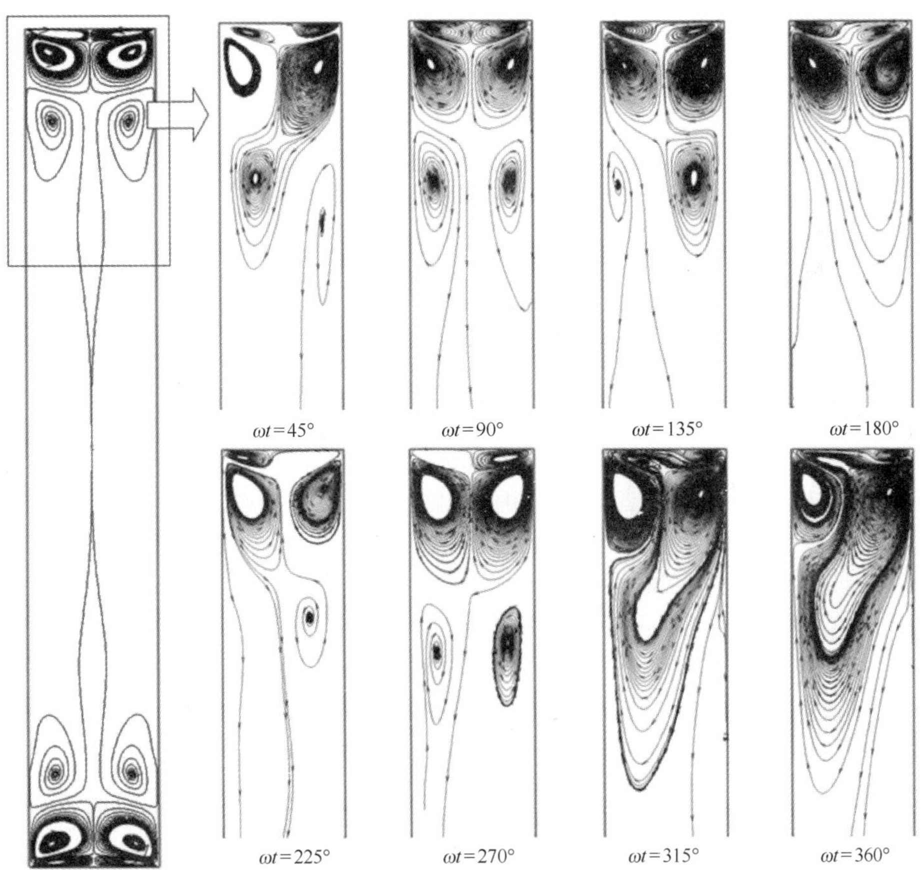

图 2.35 沿宽边横向附加惯性力下通道横截面流线

从图 2.35 可以看出，在沿宽边横向附加惯性力作用下，矩形通道横截面上的漩涡遭到周期性破坏，尤其是靠近主流附加的两个漩涡。在 $\omega t=90°$ 和 270° 时刻，能够较为清晰地观察到六个漩涡；而在 $\omega t=180°$ 和 360° 时刻，稳态工况下的六个漩涡遭到横向附加惯性力的破坏，只存在三四个漩涡。这是由于横向附加惯性力随时间周期性变化。在 $\omega t=90°$ 和 270° 时刻，由于科氏加速度起主要作用，横向附加惯性力近似为 0，从而截面流速分布近似与稳态流速分布相同；

而在 $\omega t = 180°$和 $360°$时刻，横向附加惯性力近似为最大值（方向不同），从而造成流动通道横截面速度的改变。其他时刻横截面速度的变化特性可参照横向附加惯性力的变化相应进行分析。

沿宽边横向附加惯性力和脉动流动下横截面速度矢量最大值的比较如图2.36所示。从图中可以看出，横截面速度矢量最大值在两种工况下并没有非常明显的变化。这是由于横向附加惯性力的数值要小于湍流雷诺应力的数值，湍流雷诺应力造成的二次流动仍然占据主导地位，从而不会出现明显变化。

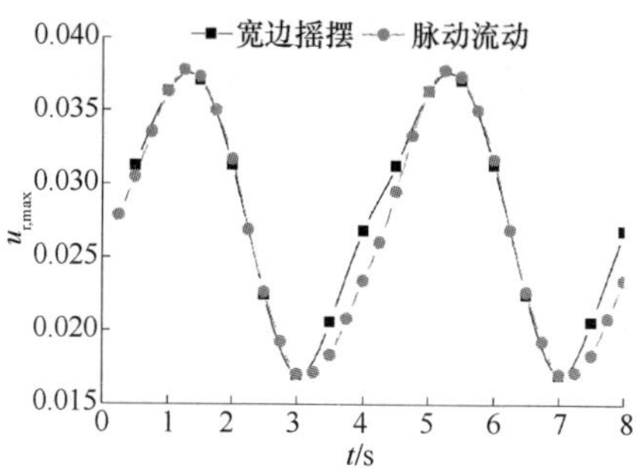

图2.36　沿宽边横向附加惯性力和脉动流动下横截面速度矢量最大值的比较

沿宽边横向附加惯性力下截面平均流速和压差随时间的变化示于图2.37中，从图中可以看出，在沿宽边横向附加惯性力作用下，截面平均流速和压差均随时间周期性波动，且两者近似同相位变化。该变化趋势也验证了UDF文件中设置横向附加惯性力与流速以同相位变化的正确性。

图2.38给出了沿宽边横向附加惯性力和脉动流动下瞬时壁面剪切应力的比较，很显然，两种工况下瞬时壁面剪切应力并无区别。这是由于尽管沿宽边横向附加惯性力造成流动通道横截面速度矢量发生改变，但该速度矢量的大小仅为主流流速的1%左右，该速度矢量并不能对流动边界层造成改变，因而这一沿宽边的横向附加惯性力并不能影响摇摆运动下的流动特性。

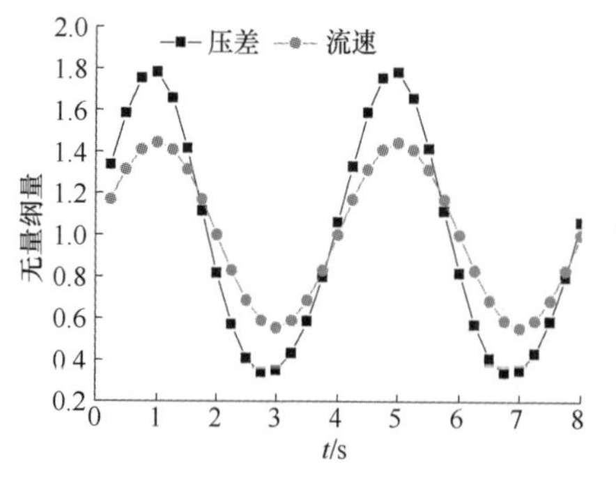

图2.37　沿宽边横向附加惯性力下截面平均流速和压差随时间的变化

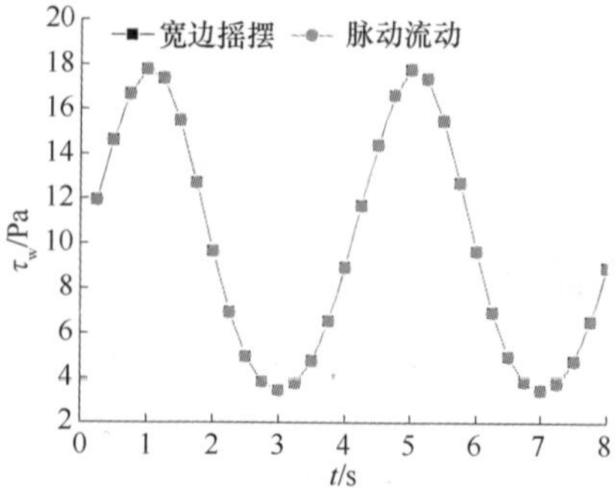

图2.38　沿宽边横向附加惯性力和脉动流动下瞬时壁面剪切应力的比较

为了得到摇摆运动引起的二次流现象对流动特性造成的影响，将沿宽边的横向附加惯性力增大10倍，此时垂直于流动方向横截面上的流线示于图2.39中。从图中可以看出，垂直于流动方向上横向附加惯性力的增加，极大地改变了流动通道横截面上的流速分布。在 $\omega t = 90°$ 和 $270°$ 时刻，由于横向附加惯性力近似为0，附加外力的影响很小，还能够看到靠近窄边的6个漩涡；在图中示出的其他流量时刻，在流动通道横截面出现了一个大漩涡，且该漩涡的流线方向与横向附加惯性力的方向一致。这是由于随着横向附加惯性力的增加，附加惯性力逐渐大于湍流雷诺应力对流体的作用而处于主导地位，造成比较强烈的二次流动现象。由于对称性，可以知道在另一侧窄边附近也会对称地出现漩涡，这两个漩涡沿横向附加惯性力作用线成镜面对称分布。

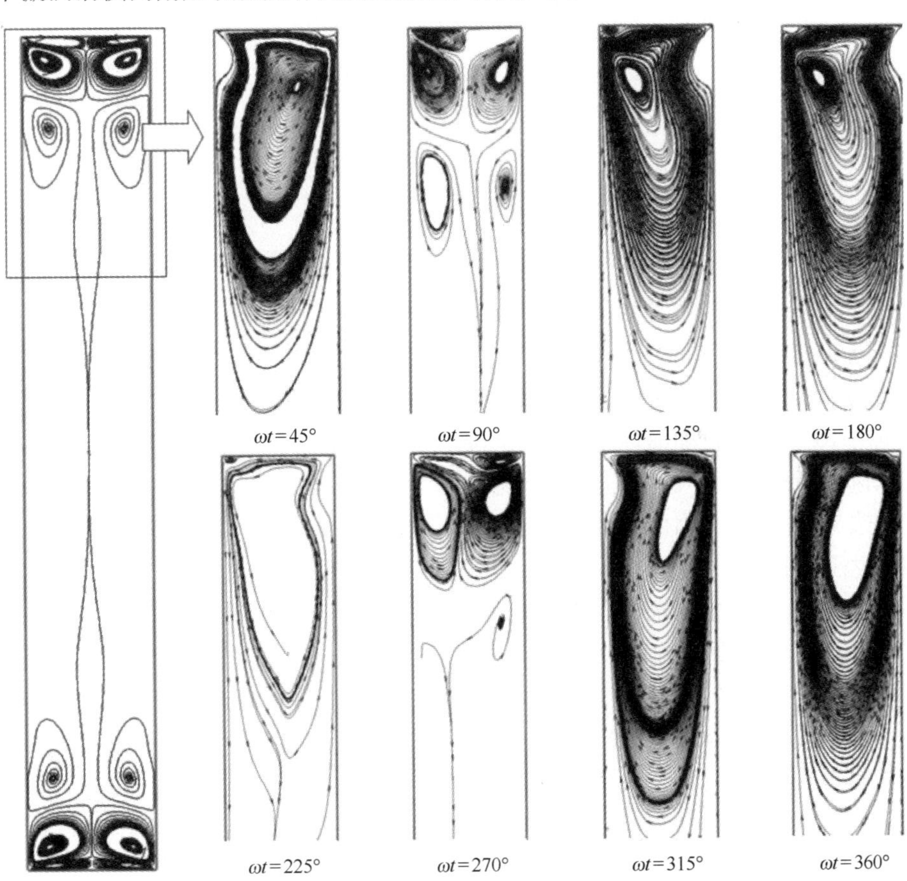

图2.39　10倍横向附加惯性力下沿宽边通道横截面流线

图2.40给出了沿宽边10倍横向附加惯性力和脉动流动下横截面速度矢量最大值的比较，从图中可知，在沿宽边10倍横向附加惯性力作用下，通道横截面速度矢量最大值周期性变化，且该值在周期各个时刻均大于无横向附加力下脉

动流动的值。这是由于10倍横向附加惯性力在通道横截面造成了强烈的二次流动,该二次流动强度大于湍流雷诺应力造成的二次流动强度,导致截面速度增大。速度矢量最大值曲线最低点对应流速最小时刻,而次低点对应流量最大时刻,从图中可以看出,这两个时刻速度矢量最大值与脉动流动下的值大小近似相等,这是由于在这两个流量时刻,横向附加惯性力的大小均近似为0,此时二次流由湍流雷诺应力产生,因而大小与脉动流动下的值大小相等,这一点也可以从图2.41中得到验证。

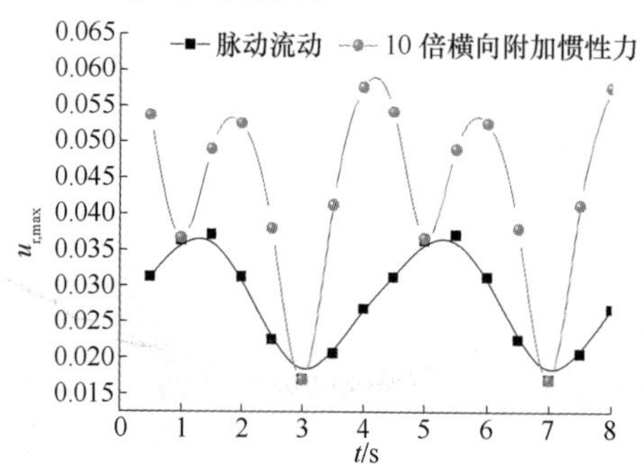

图2.40　沿宽边10倍横向附加惯性力和脉动流动下横截面速度矢量最大值的比较

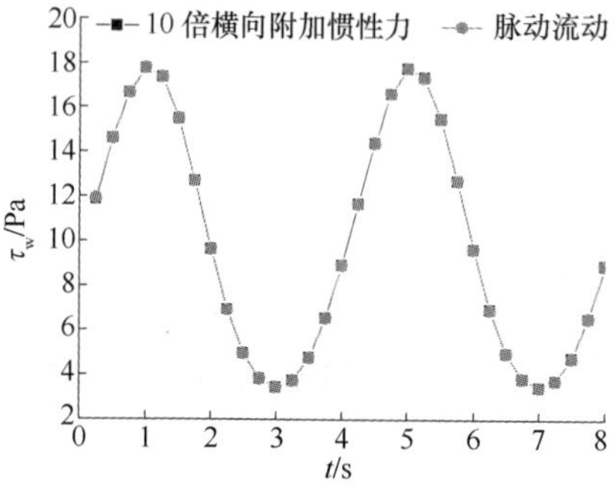

图2.41　沿宽边10倍横向附加惯性力和脉动流动下瞬时壁面剪切应力的比较

沿宽边10倍横向附加惯性力和脉动流动下瞬时壁面剪切应力的比较示于图2.41,不难发现,两种工况下的瞬时壁面剪切应力并无区别。这是由于尽管沿宽边10倍横向附加惯性力造成流动通道横截面速度矢量发生了很大的改变,但该速度矢量的大小仍不超过主流流速的5%,这一大小的速度矢量不能造成流动边界层的变化,因而沿宽边10倍横向附加惯性力仍旧不能影响摇摆运动下的流动阻力特性。

2. 垂直于窄边的横向附加惯性力的影响

保持摇摆运动的各个参数不变,通过修改UDF中的参数,得到存在垂直于窄边的横向附加惯性力工况下的UDF文件。设置速度入口为简谐波动入口速度,入口参数设置如表2.3所列,保持其他条件不变,在紊流稳态流动计算收敛的基础上,设置时间步长为0.025s,转入瞬态计算。

在沿窄边横向附加惯性力下垂直于流动方向的矩形通道横截面上的流线图如图2.42所示。

从图2.42可以看出,在沿窄边横向附加惯性力作用下,矩形通道横截面上靠近窄边的四个漩涡并未出现较为明显的变化,而靠近主流位置的两个漩涡随着横向附加惯性力的变化而出现周期性破坏,且其流线的旋转方向与附加惯性力的方向一致。相关解释可按照对图2.35的解释从附加惯性力周期性变化的角度进行。

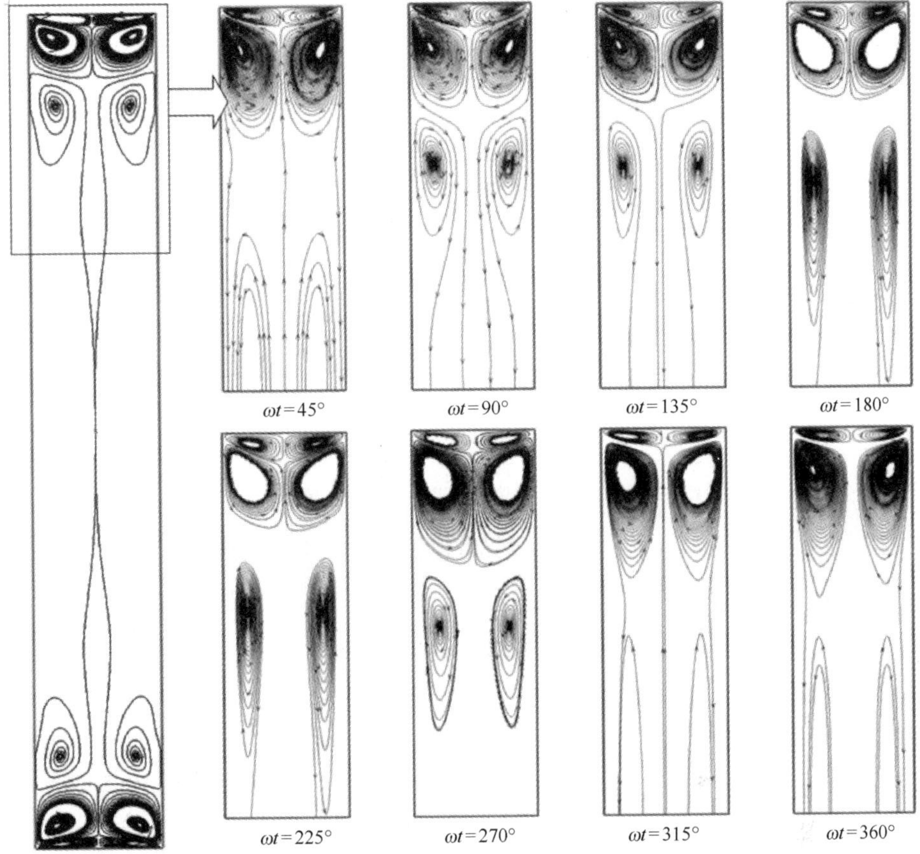

图 2.42　沿窄边横向附加惯性力下通道横截面流线

图 2.43 示出了沿窄边横向附加惯性力与脉动流动下横截面速度矢量最大值的比较，显然二者没有明显区别。说明沿窄边横向附加惯性力小于湍流雷诺应力的大小，湍流应力造成的二次流依然处于主导地位。

沿窄边横向附加惯性力与脉动流动下瞬时壁面剪切应力的比较如图 2.44 所示，很显然，同样按照对沿宽边横向附加惯性力下横截面速度矢量最大值的解释，认为横向附加惯性力引起的二次流动并没有影响到流动边界层，没有造成壁面剪切力的改变。

将沿窄边横向附加惯性力的数值增大到原来的 10 倍，得到垂直于流动方向的流动充分发展区矩形通道横截面上的流线随时间的变化规律，如图 2.45 所示。

从图中可以看出，在 10 倍的沿窄边横向附加惯性力作用下，流动通道横截面上的流速分布出现周期性变化。在 $\omega t = 90°$ 和 $270°$ 时刻，由于横向附加惯性

窄边摇摆
脉动流动
$u_{r,max}$
t/s

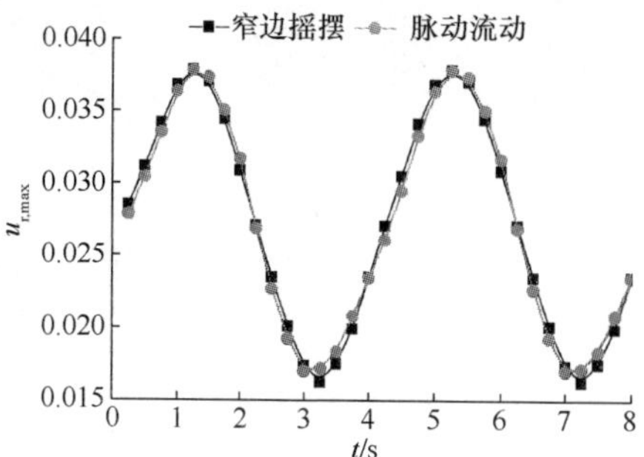

图 2.43　沿窄边横向附加惯性力与脉动流动下横截面速度矢量最大值的比较

窄边摇摆
脉动流动
τ_w/Pa
t/s

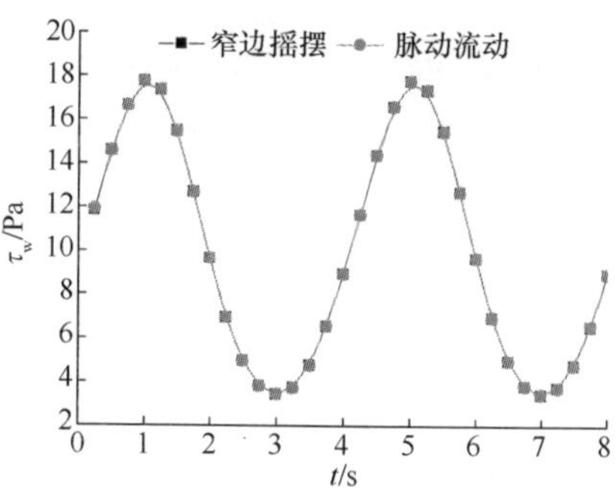

图 2.44　沿窄边横向附加惯性力与脉动流动下瞬时壁面剪切应力的比较

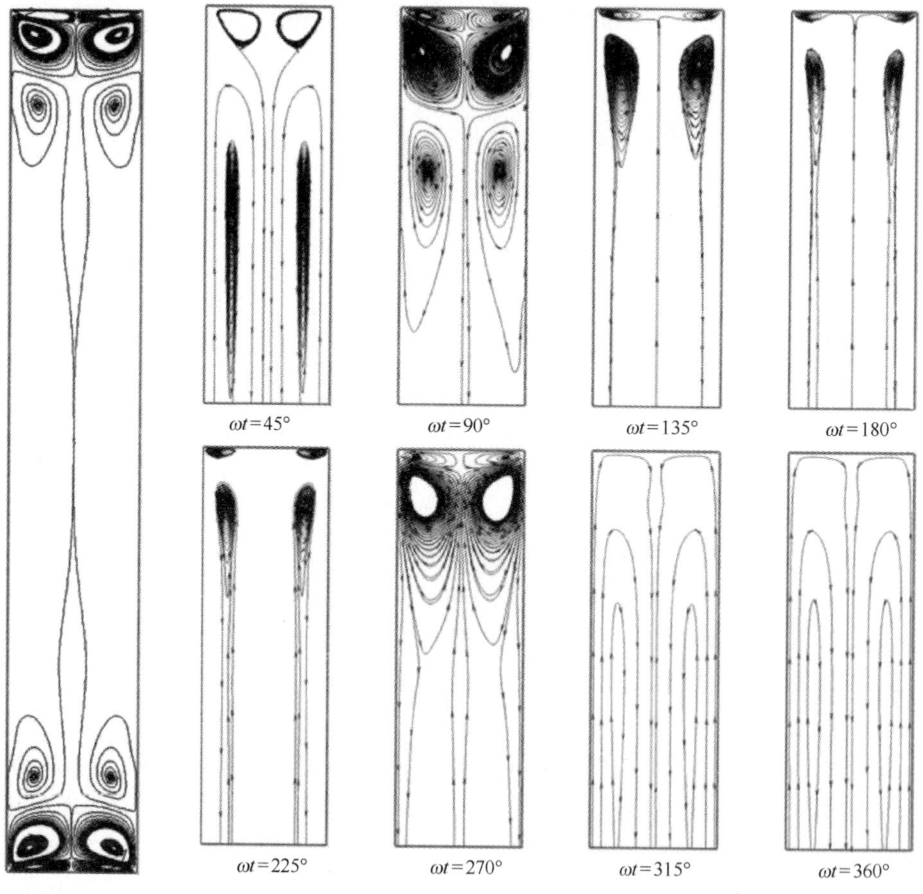

ωt=45°
ωt=90°
ωt=135°
ωt=180°
ωt=225°
ωt=270°
ωt=315°
ωt=360°

图 2.45　10 倍横向附加惯性力下沿窄边通道横截面流线

力大小近似为0,横向附加惯性外力的影响对流速分布的影响很小,截面速度分布与无横向附加力下的脉动流动近似保持一致;而在图中示出的其他流量时刻,在流动通道横截面均出现了两个沿宽边分布的大漩涡,这两个漩涡沿横向附加惯性力作用线成镜面对称分布。这是由于随着横向附加惯性力的增加,附加惯性力逐渐大于湍流雷诺应力对流体的作用而处于主导地位,造成比较强烈的二次流动现象。

图2.46示出了沿窄边10倍横向附加惯性力与脉动流动下横截面速度矢量最大值的比较。由图可知,在横向附加惯性力为0时,湍流雷诺应力占据主导地位,此时窄边10倍横向附加惯性力下的横截面速度矢量最大值与无附加力下的数值近似相等;而在其他时刻,横向附加惯性力占据主导地位,该值明显大于无附加力下的截面速度矢量最大值。在沿窄边10倍横向附加惯性力下,截面速度矢量最大值在 $\omega t=180°$ 时刻达到最大。沿窄边10倍横向附加惯性力与脉动流动下瞬时壁面剪切应力的比较如图2.47所示,很显然,两种工况下的瞬时壁面剪切应力并无区别。认为该工况下横向附加惯性力不能破坏流动边界层,没有造成壁面剪切力的改变。

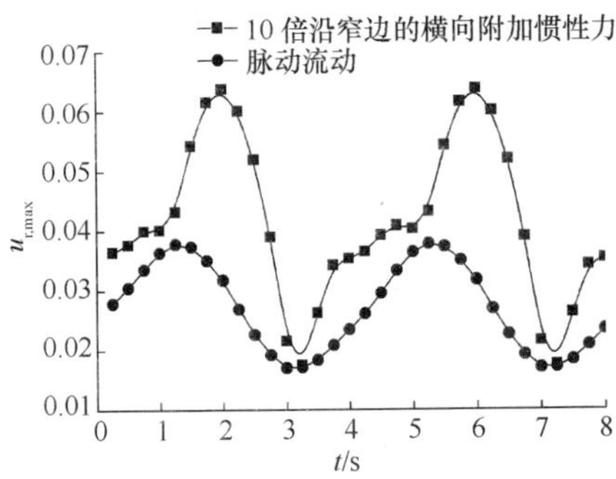

图2.46 沿窄边10倍横向附加惯性力与脉动流动下横截面速度矢量最大值的比较

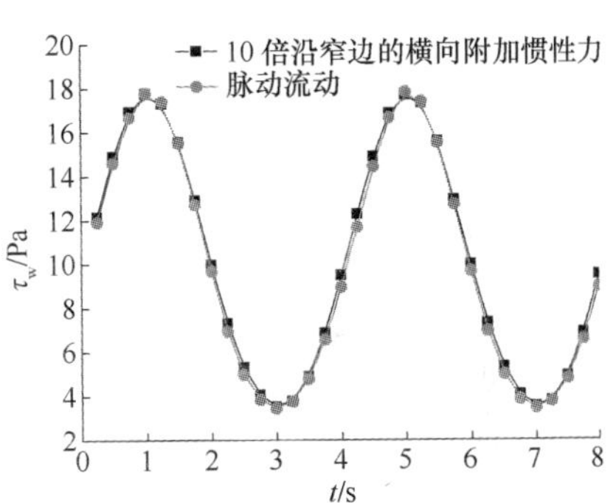

图2.47 沿窄边10倍横向附加惯性力与脉动流动下瞬时壁面剪切应力的比较

2.2.3.4 横向附加惯性力影响流动特性的界限

为了得到横向附加惯性力对摇摆运动条件下流动特性的影响,将沿窄边方向作用的横向附加惯性力增大到原来的100倍,得到矩形通道横截面上速度矢量的最大值随时间的变化,如图2.48所示。

从图2.48可以看出,在沿窄边100倍横向附加惯性力下,横截面速度矢量最大值随时间周期性波动,在一个流量波动周期的任意时刻,横截面速度矢量最大值均大于无横向附加惯性力下的数值。在横向附加惯性力为0时出现最小值,而在 $\omega t=180°$ 时刻达到最大值。

图2.49所示为沿窄边不同横向附加惯性力与脉动流动下压差波动的比较,从图中可以看出,只有在沿窄边100倍的横向附加惯性力下压差大于无横向附

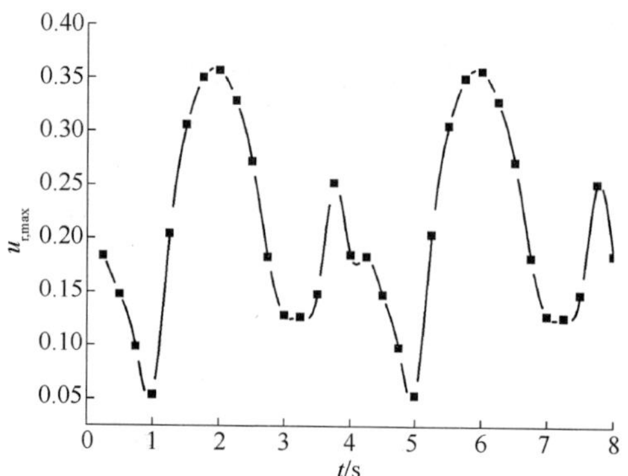

图 2.48　沿窄边 100 倍横向附加惯性力下横截面速度矢量最大值随时间的变化

加惯性力下的脉动流动压差值，而其他工况压差值与脉动流动数值相同，并且在附加惯性力为 0 时刻，两者数值相等。沿窄边不同横向附加惯性力与脉动条件下瞬时阻力系数的比较如图 2.50 所示，其变化趋势与压差变化趋势相同。

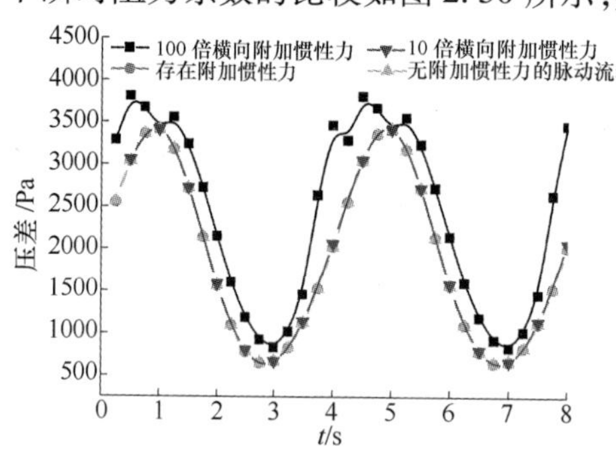

图 2.49　沿窄边不同横向附加惯性力和脉动流动下压差波动的比较

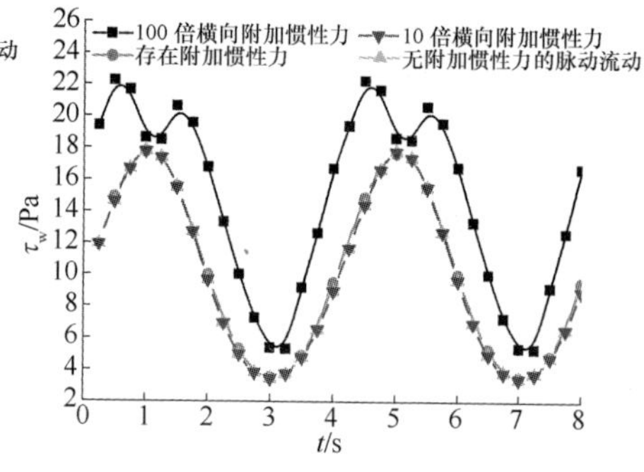

图 2.50　沿窄边不同横向附加惯性力与脉动条件下瞬时阻力系数的比较

在 $\omega t=90°$时刻，沿垂直窄边方向不同大小横向附加惯性力下的宽边和窄边中心线截面速度的分布图示于图 2.51 和图 2.52 中。从图 2.51 可以看出：在有无横向力存在时的脉动流动下，宽边中心线截面速度分布保持不变；在 10 倍横向附加惯性力下，宽边中心线截面速度曲线沿附加力方向略有偏移；在 100 倍横向附加惯性力下，宽边中心线截面速度曲线沿附加力方向出现明显偏移，说明此时二次流强度已经很强烈，极大地改变了宽边方向的流速分布，从而造成流动特性的改变。而从图 2.52 可以看出，在不同大小的横向附加惯性力下，窄边中心线流速分布保持不变，这是由于横向附加惯性力沿窄边方向作用于流体，对窄边影响较小，而由于流动通道中心流速较高，二次流的影响有所弱化。

对不同大小横向附加惯性力下的脉动流动进行计算，得到不同横向附加惯性力作用下脉动流动的壁面剪切力随时间的变化情况，如图 2.53 所示。

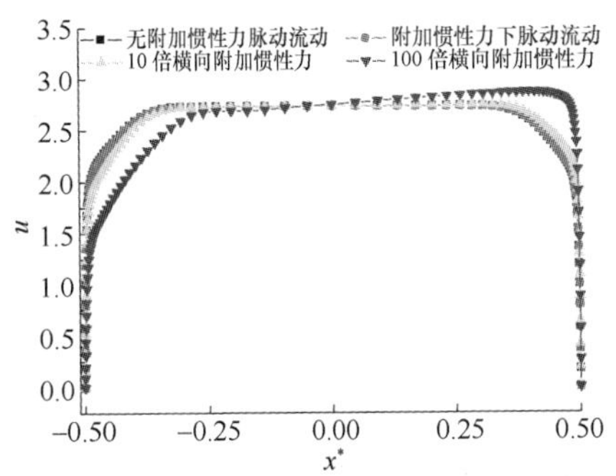

图 2.51 垂直于窄边不同横向附加惯性力和脉动流动下宽边截面速度的比较（$\omega t=90°$）

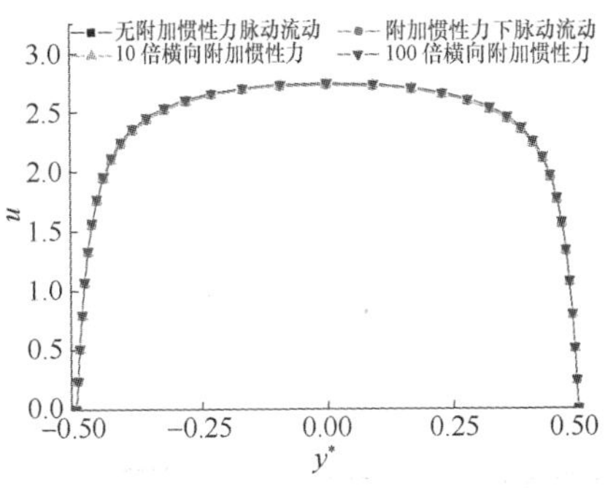

图 2.52 垂直于窄边不同横向附加惯性力和脉动流动下窄边截面速度的比较（$\omega t=90°$）

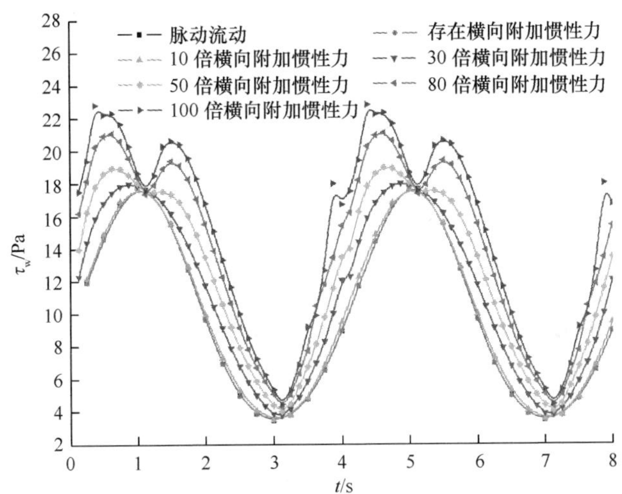

图 2.53 不同大小横向附加惯性力下壁面剪切应力比较

从图中可以看出，摇摆运动下脉动流动的壁面剪切应力随时间周期性波动。在较大的横向附加惯性力下，壁面剪切应力在周期内任一点均大于无横向附加惯性力作用下脉动流动的壁面剪切应力的大小，且横向附加惯性力越大，壁面剪切应力的值越大。这说明随着横向附加惯性力的增大，惯性力在流动通道横截面上的二次流越大，严重地破坏了脉动流动的边界层，造成壁面剪切应力的增加，从而影响了摇摆运动条件下的脉动流动特性。

为了给出不同大小的横向附加惯性力对摇摆运动条件下脉动流动特性的影响，将不同大小横向附加惯性力作用下造成的壁面剪切应力取周期平均值，这样就得到一个周期内横向附加惯性力影响脉动流动特性的综合效果。图 2.54 给出了不同大小横向附加惯性力下壁面剪切应力相对无附加力时脉动流动壁面剪切应力增加的百分比。

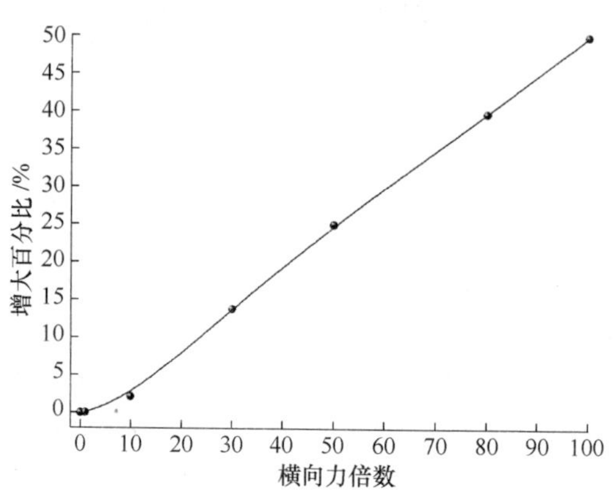

图 2.54　壁面剪切应力增量随横向力倍数的变化

从图中可以看出，相对于无横向附加惯性力下脉动流动壁面剪切应力周期均值，10 倍的横向附加惯性力下壁面剪切应力的周期均值仅增大了 2% 左右。同时观察图 2.53 可知，此时壁面剪切应力的波动曲线与无横向附加惯性力下脉动流动切应力波动曲线几乎重合，说明在 10 倍的横向附加惯性力下，窄矩形通道的流动特性并不会出现大的变化，因而认为 10 倍的横向附加惯性力不能造成摇摆条件下窄矩形通道流动特性的改变。

在 30 倍横向附加惯性力下，相对于无横向附加惯性力下脉动流动壁面剪切应力周期均值，壁面剪切应力的周期均值增大近 15% 左右，此时壁面剪切应力的波动曲线已经明显偏离无横向附加惯性力下脉动流动切应力波动曲线，说明此时窄矩形通道流动特性已经受到较大的影响。

由以上可知，在小于 10 倍横向附加惯性力作用下，横向附加惯性力对窄矩形通道流动特性的影响几乎可以忽略，因而认为在该大小的横向附加力下，摇摆运动不影响窄矩形通道的流动阻力特性。而在大于 10 倍横向附加惯性力时，在判断横向附加惯性力是否影响流动阻力特性时，需要事先给出该“影响”发生作用的界限值，并结合截面速度分布和剪切应力变化特性进行判断。

有关观察研究数据表明[36-39]：海洋中的海浪周期一般不会小于 2s。而当船舶倾斜角度达到 45°时，船舶将会发生侧翻，结合相关研究[40,41]，得到船舶航行时海洋条件造成的倾斜角一般不超过 30°。研究海洋条件下船舶摇摆运动最为剧烈的工况：摇摆振幅 $\theta_m = 30°$，摇摆周期 $T = 2s$，此时摇摆运动会对流体造成更大的横向附加惯性力，但该横向附加惯性力仍小于 10 倍横向附加惯性力的大小，如图 2.55 所示。因而可以认为，即使在最剧烈的摇摆运动工况（$\theta_m = 30°$，$T = 2s$）下，横向附加惯性力的存在仍旧不会造成窄矩形通道流动特性的改变。

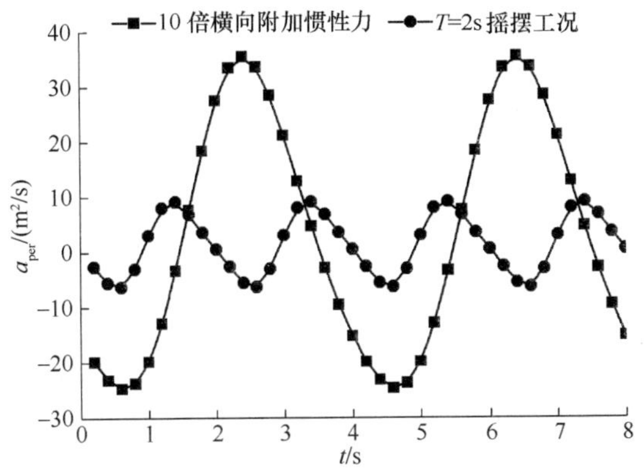

图 2.55 $T=2\text{s}$ 时摇摆工况与 10 倍横向附加惯性力时的附加惯性力比较

综上可知，在以上计算的剧烈摇摆运动工况（$\theta_m=30°, T=2\text{s}$）下，对横截面积为 40×3 的窄矩形通道而言，摇摆运动引起的横向附加惯性力不会造成窄矩形通道流动特性的改变，因而在进行摇摆运动条件下的冷却剂瞬变流动特性的研究中，可以忽略横向附加惯性力对流动特性的影响。

2.3 摇摆运动条件下回路流动特性实验研究

对摇摆运动条件下窄矩形通道单相水低流速瞬变流动特性进行了实验研究。通过实验研究重点分析了摇摆条件下单相流动的流量波动现象和流动阻力特性的实验结果，并结合流量波动机理对实验结果进行分析，得出摇摆条件下瞬态流动特性的变化规律。

2.3.1 实验装置简介

这里仅给出摇摆运动台和流动回路简图，详细的实验装置与测量误差等分析可参见文献[2]。

1. 摇摆台

图 2.56 为摇摆实验台示意图。

2. 实验回路与测量系统

实验工质流程如图 2.57 所示，去离子水从水箱底部流出，通过离心水泵获得驱动压头，分为两路：一路流经电磁流量计、回路调节阀，通过橡胶软管后从下向上进入竖直实验段，从实验段顶部流出后经过对称回路再次到达底部，再经另一段橡胶软管流回水箱完成一次循环；另一路则通过旁通回路流回水箱，旁通回路上装有旁通调节阀门。

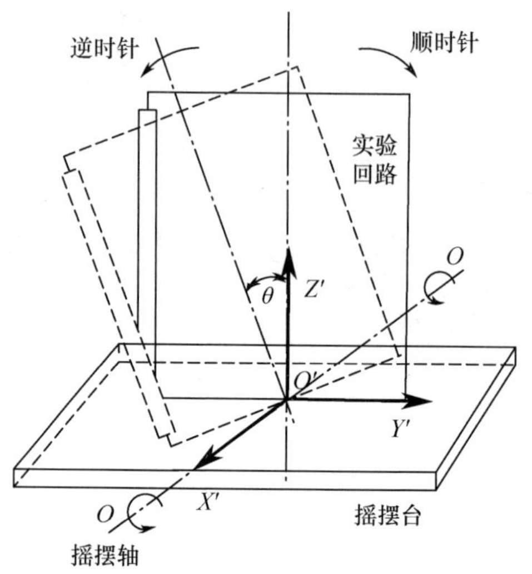

图 2.56 摇摆实验台示意图

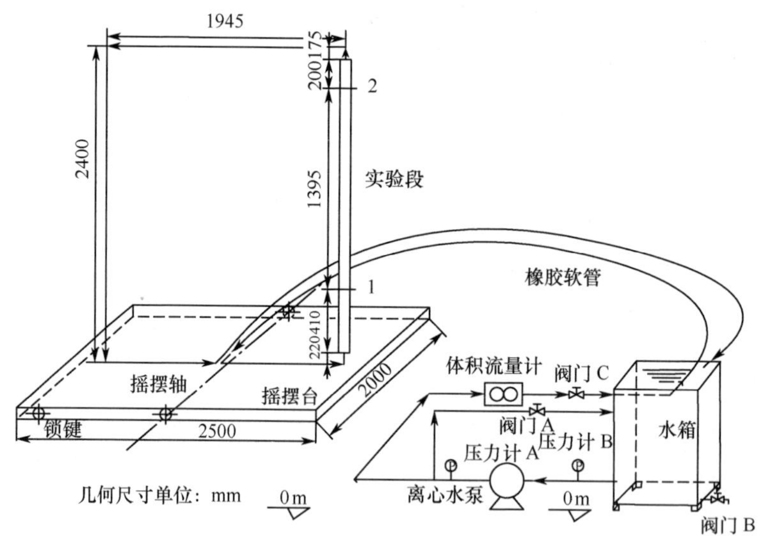

图 2.57 实验工质流程

2.3.2 摇摆运动条件下典型流量波动现象

摇摆运动将造成回路流量的波动，相比于参考文献[42]中的强迫循环流动，本实验中流量波动幅度很大（低 *Re* 数下可达 30% 以上），因而出现了与之不同的实验现象，这里给出本实验中摇摆运动条件下典型实验现象。

2.3.2.1 静态-摇摆运动条件下过渡特性

通过调节旁通阀门开度,使系统在某一流量下稳定流动。这时,开动摇摆台驱动电源,开始摇摆。摇摆台可以从稳态沿顺时针或逆时针方向开始摇摆,在同一稳态流量下,摇摆台沿不同方向开始运动时的流量和压差过渡特性如图2.58所示。图中,Q 表示流量,ΔP 表示压差。

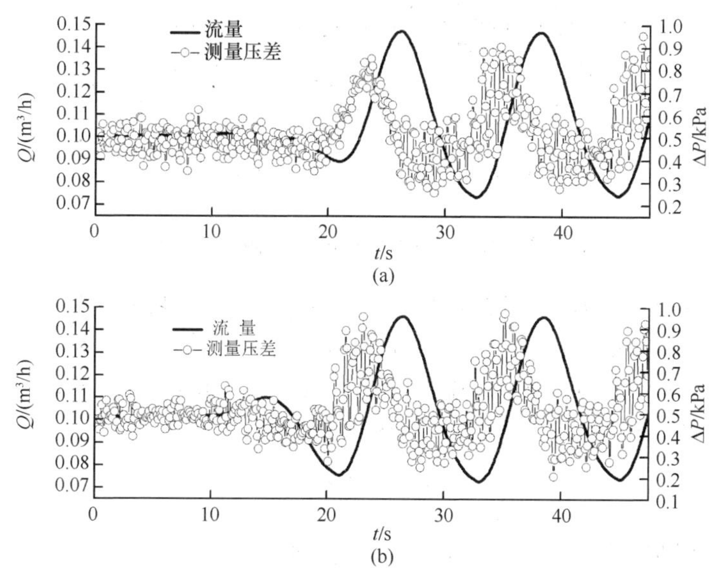

图2.58 摇摆开始时流量及压差过渡特性($\theta_m = 20°, T = 10s$)

(a)逆时针;(b)顺时针。

从图2.58可以看出,无论摇摆台从平衡位置顺时针还是逆时针开始摇摆,以水为工质的单相流动的流量和压降都不会出现剧烈的波动,只是处于从稳态平稳地过渡到摇摆运动下的波动状态。

经过平稳过渡,摇摆运动下的流量及压差处于稳定的波动状态,对比图2.58中上下两幅图可以发现,无论摇摆台从平衡位置顺时针还是逆时针开始摇摆,在稳定的摇摆条件下,流量和压差的波动幅度、波动周期以及流量与压差之间的相位差均保持不变,即摇摆运动下的流动压差波动特性与摇摆台起始摇摆状态无关,在同一摇摆参数下,流量及压差的变化规律是相同的。

2.3.2.2 摇摆运动条件下流量及压差波动特性

从图2.58可知,摇摆运动条件下的流量和压差均周期性波动,且流量曲线与压差曲线之间存在相位差。在相同的摇摆周期和摇摆振幅下,流量与压差之间的相位差随流量的变化关系如图2.59所示。由图可知,随着流量的增加,流量与压降之间的相位差逐渐减小。

在同一稳态流量下,不同摇摆参数下典型的流量波动示于图2.60,从图中

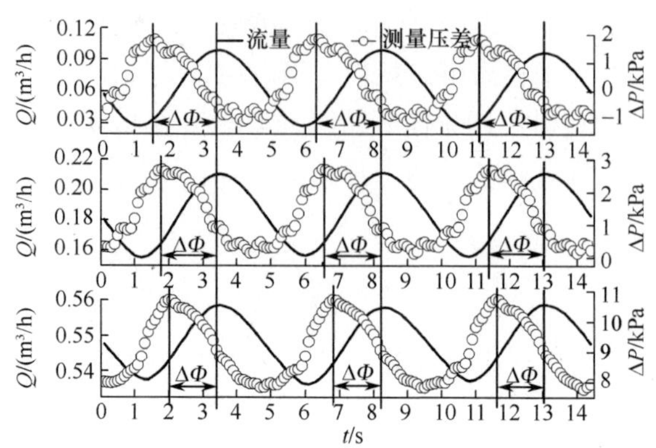

图 2.59　压差 - 流量间相位差($\theta_m=15°, T=5s$)

可以看出,流量的波动幅度随着摇摆周期的增大而减小,随着摇摆振幅的增加而增大。部分摇摆工况下的流量波动幅度随时均雷诺数的变化情况示于图 2.61 和图 2.62。从图中可以看出,流量的绝对波动幅度随时均雷诺数的增加而降低。图中,Re_{ta}表示时均雷诺数,其表达式为

$$Re_{ta}=\frac{u_{ta}D_e}{\nu} \tag{2.18}$$

式中:u_{ta}为时均速度;D_e 为水力直径;ν 为运动黏度。

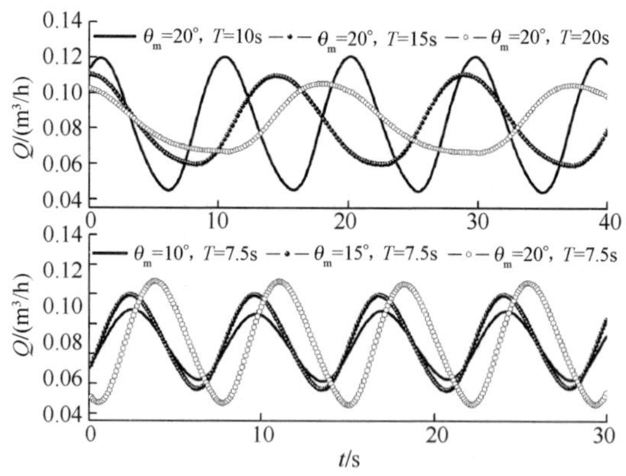

图 2.60　小流量下流量波动特性

图 2.63 和图 2.64 给出了流量相对波动幅度随时均雷诺数的变化情况,很显然,流量的相对波动幅度随着流量的增加而降低。在图中给出的摇摆条件下,小流量下($Re_{ta}<1000$)的流量相对波动幅度均可达到 30% 以上。结合流量波动幅度的变化规律,当 $Re_{ta}=800$(实验参数范围)时,大部分摇摆条件下的流量相对波动幅度都在 30% 以上。

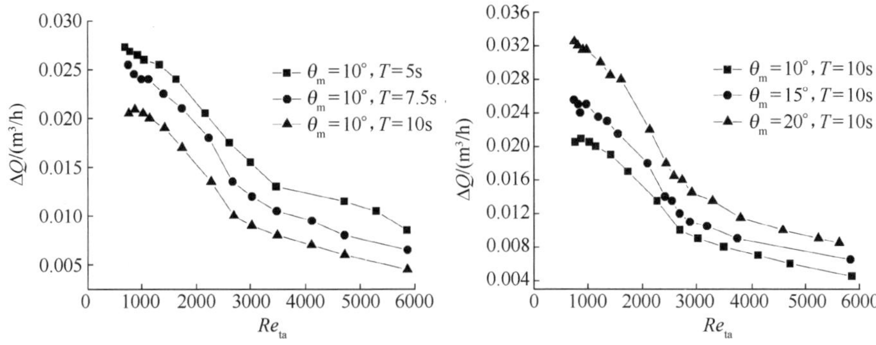

图 2.61　不同摇摆周期下流量波动幅度随时均雷诺数的变化

图 2.62　不同摇摆角度下流量波动幅度随时均雷诺数的变化

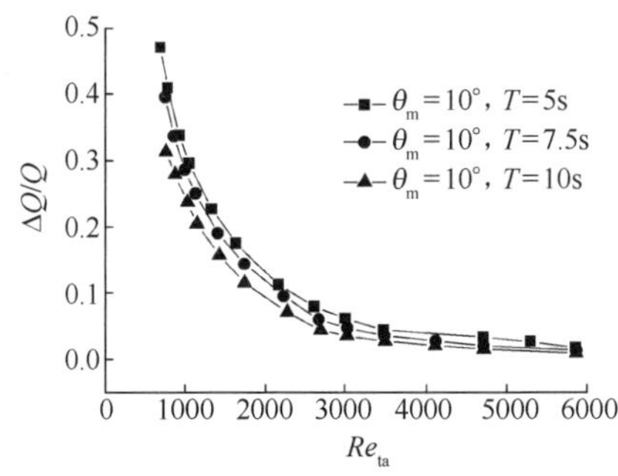

图 2.63　不同摇摆周期下流量相对波动幅度随时均雷诺数的变化

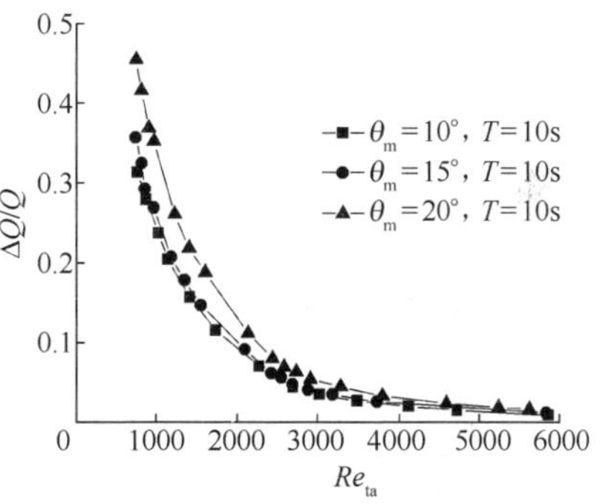

图 2.64　不同摇摆角度下流量相对波动幅度随时均雷诺数的变化

在小流量($Re_{ta}<1000$)下,典型的压差波动特性如图 2.65 所示。

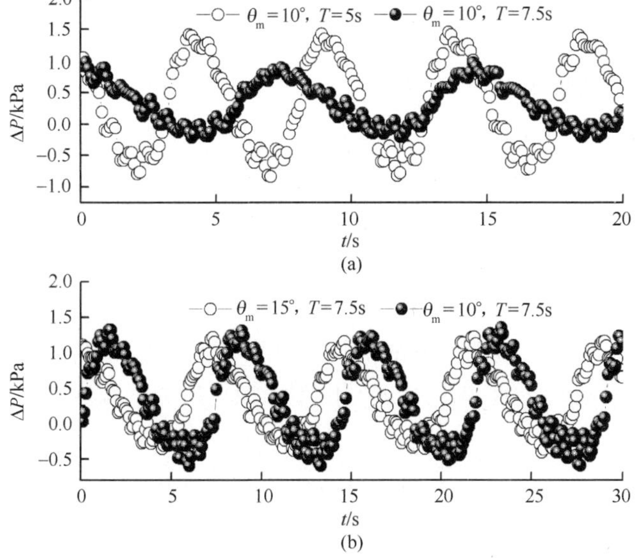

图 2.65　短摇摆周期下压差波动特性

从图中可以看出,压差的波动幅度随摇摆周期的增加而减小,随摇摆振幅的增加而增大,该现象与文献[43, 44]中的描述相同。观察图 2.65 中压差波动曲线可以发现:在摇摆周期比较小时,如 $T \leqslant 7.5$s 实验工况下,压差将周期性出现负值。

2.3.3 摇摆运动条件下瞬态流动特性影响因素

稳态条件下,系统在某一流量下稳定流动,流动阻力系数为定值;摇摆运动条件下,流量周期性波动,从而引起实验段流动阻力系数周期性波动。因而要研究摇摆条件下瞬时阻力系数的变化规律,先要得出流量的波动特性,给出影响流量波动的因素,进而得出流量的变化规律。

2.3.3.1 摇摆参数对流动特性的影响

摇摆参数的影响包括摇摆周期和摇摆振幅两方面的影响。以摇摆振幅 15°为例,保持旁通调节阀门开度不变,并保持主回路调节阀门开度不变,依次设定摇摆周期为 5s、7.5s 和 10s,摇摆周期对流量波动的影响如图 2.66 和图 2.67 所示。

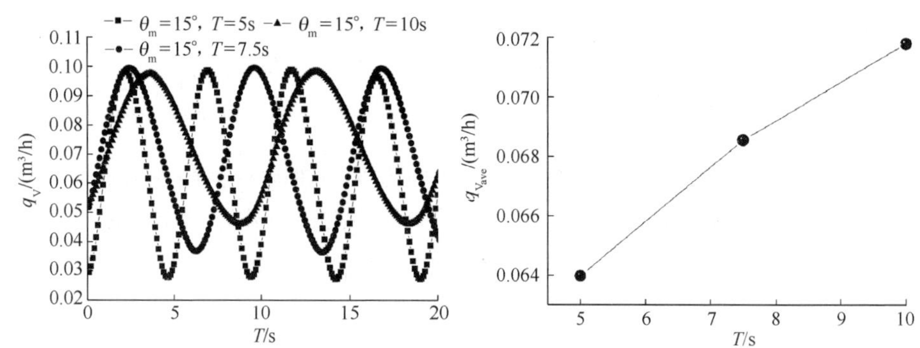

图 2.66 不同摇摆周期下的流量波动　　图 2.67 时均流量随摇摆周期的变化

从图 2.66 可以看出,流量周期性波动,波动周期等于摇摆周期。随着摇摆周期的增加,流量波动幅度逐渐减小,且在图中给出的摇摆条件下,流量波峰值近似不变,流量波谷值随着摇摆周期的减小而减小,因而造成流量周期均值的降低。流量周期均值随摇摆周期的变化规律示于图 2.67 中,可以明显看出,在短周期下,流量均值降低。

摇摆运动条件下沿流动方向的附加惯性压降与摇摆周期的平方(T^2)成反比。随着摇摆周期的增加,周期性波动的附加惯性压降的幅值减小,从而造成流量波动幅度的减小。

谭思超[45]在实验中也观察到流量周期均值随摇摆周期的减小而降低的现象,他认为该变化是由于摇摆运动造成了循环回路阻力的增加,从而需要对摇摆运动下的阻力系数进行修正。

图 2.68 和图 2.69 给出了摇摆运动条件下流量波动幅度和流量周期均值随摇摆振幅的变化。从图 2.68 可以看出，随着摇摆振幅的增加，流量波动幅度增加，且在图中给出的摇摆条件下，流量周期均值近似不变。流量周期均值随摇摆周期的变化规律示于图 2.69，可以看出，随着摇摆振幅的增加，流量周期均值有所降低，但降低幅度不大。摇摆振幅对流量波动幅度及流量周期均值的影响也可以按照摇摆周期影响机理进行解释。

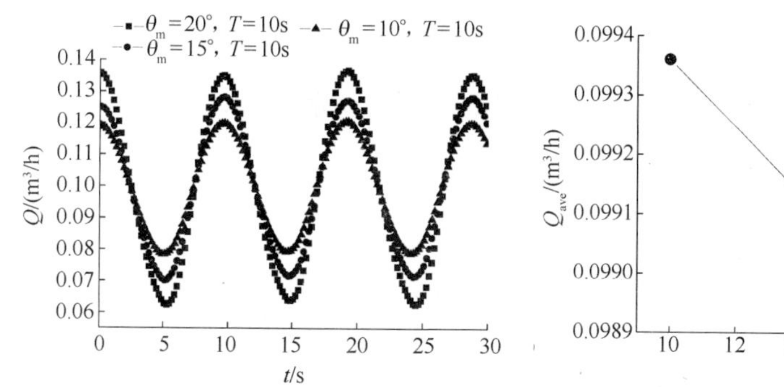

图 2.68 不同摇摆振幅下的流量波动　　图 2.69 时均流量随摇摆振幅的变化

2.3.3.2 时均雷诺数对流动特性的影响

图 2.70 示出了不同时均雷诺数（Re_{ta}）下流量随时间周期性波动的变化曲线。从图中可以看出，在相同摇摆参数下，流量的波动幅度随着 Re_{ta} 的增大而不断降低，部分摇摆工况下的流量波动幅度随 Re_{ta} 的变化在图 2.71 中给出。

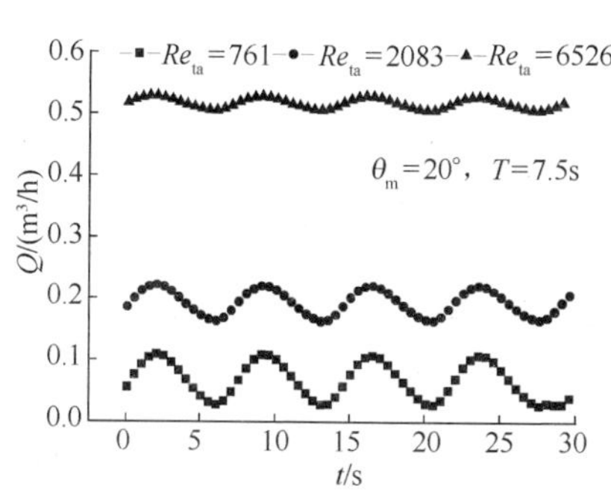

图 2.70 不同 Re_{ta} 下流量随时间的变化

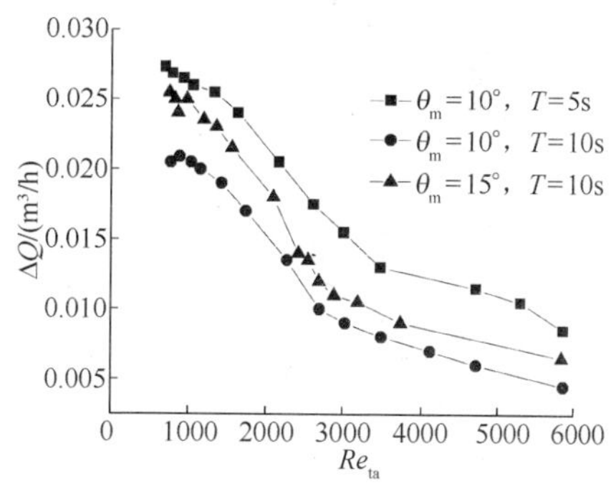

图 2.71 流量波动幅度随 Re_{ta} 的变化

2.3.3.3 节流阀门开度对流动特性的影响

为了研究节流阀门开度对流动波动特性的影响，实验中保持摇摆参数以及泵旁通阀门开度不变，调节节流阀门开度分别为 45°、30°和 15°，不同阀门开度下的流量变化曲线示于图 2.72，图中 V 表示阀门开度。

从图 2.72 可以看出，随着节流阀门开度的减小，流量波峰、波谷点的值都逐渐减小，且流量波峰点值的下降幅度大于流量波谷点值的下降幅度，由此造成流

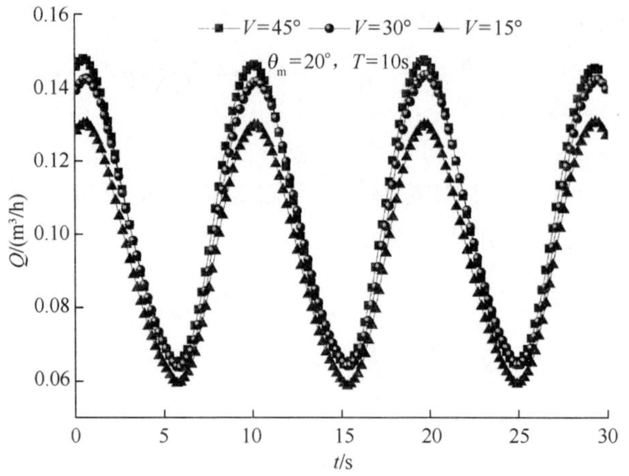

图 2.72　不同阀门开度下的流量波动

量的波动幅度随节流阀门开度的减小而降低,同时时均流量值也逐渐降低。

按照流量波动机理对该现象解释:阀门开度的减小导致回路阻力系数的增加,从而造成流量波动幅度降低,且阀门开度越小,回路阻力系数增加幅度越大,流量波动幅度越小。

图 2.73 和图 2.74 分别给出了相同 Re_{ta}时不同开度下的流量波动和驱动压头变化,很显然,随着节流阀门开度的减小,流量波动幅度逐渐减小,驱动压头变大。根据流量波动机理的解释,随着驱动压头的增加,流量的波动将会受到抑制,造成流量波动幅度的下降。

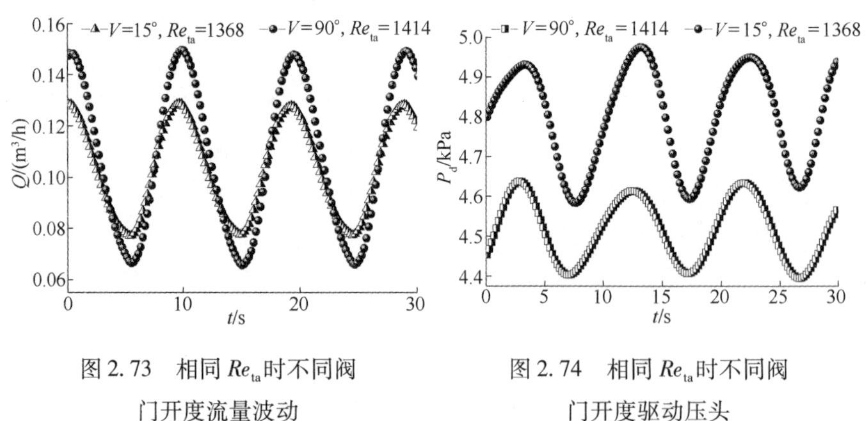

图 2.73　相同 Re_{ta}时不同阀门开度流量波动

图 2.74　相同 Re_{ta}时不同阀门开度驱动压头

2.3.3.4　流动回路布置对流动特性的影响

为研究流动回路的布置对流动特性的影响,在文献[46]建立的数学模型基础上,改变系统空间布置形式和参数,放大某些影响因素,针对加热段入口流速度进行计算分析,进而确定空间布置对流动波动的影响。

1. 预热器位置的影响

实验回路中,预热器体积较大,相对摇摆轴左右对称,将预热器的位置左右各移动某一距离。计算结果用加热段入口流速度 v 随时间的变化来表示,如图 2.75所示。从图中可以看出,波动的振幅没有明显改变,但右侧布置的平均流量明显降低。

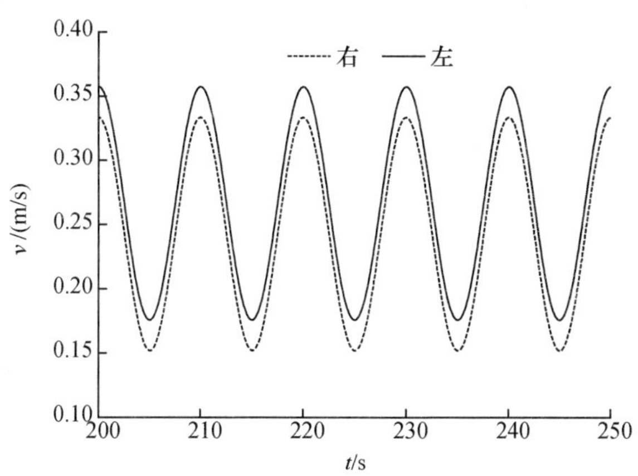

图 2.75 预热器位置的影响

预热器位置的改变造成了回路中的(密度)分布发生改变,相同附加加速度情况下,附加惯性力的大小和方向会改变。由于摇摆轴心位于回路中部,所以向心力大部分相互抵消,其合力方向相对于流动方向固定,变化幅度不大,而切向力合力的方向周期性改变,变化幅度较大。

预热器只是沿水平位置左右移动,没有竖直方向的改变,主要造成了向心力的改变,没有改变切向力。因此对波动振幅没有明显影响,同时,预热器的流动方向为从左向右,所以右侧布置向心力合力向左,进而造成平均流量的降低。

2. 摇摆轴心的改变

摇摆轴心如图 2.76 所示。从 O_0点移动到 O_1点为摇摆轴心沿中轴线降低的变化。由于摇摆轴心仍位于中轴心位置,大部分向心力仍然相互抵消,其合力的影响变化不大,而对于切向力而言,则出现较大变化,回路下部的切向加速度的方向改变,回路上下部分的切向力部分抵消。综合影响后,切向力沿回路的大小方向都发生改变。

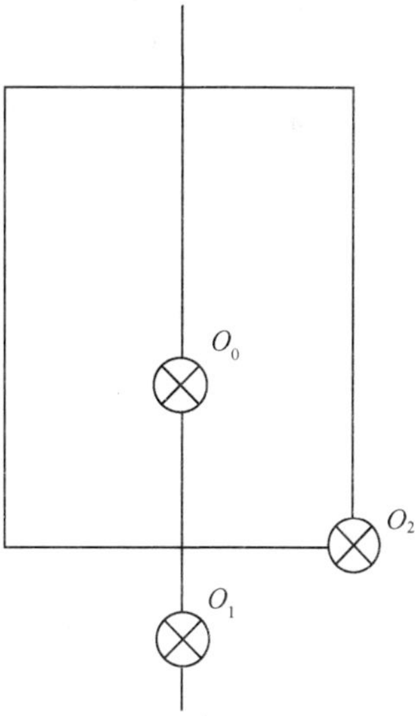

图 2.76 摇摆轴心

图 2.77(a)显示出了轴心的这种变化引起的流动波动。可以看出,改变轴

心后的振幅、相位较改变前都发生了很大变化，这也说明，通过改变摇摆轴心可以适度调整波动的振幅，降低摇摆运动的影响。

当摇摆轴心由 O_0 点移动到 O_2 点后，右边回路和下部回路的切向力与流动方向垂直，对流动不起作用，因此切向力对流动的影响减弱，而向心力的影响增加，向心合力方向与流动方向一致，从而引起加热段入口流速度 v 随时间的变化，如图 2.77(b)所示。可以看出，波动振幅大幅度降低，平均流量升高，且波动曲线中存在倍频变化，这也反映了向心加速度影响的增加(向心加速度的周期为摇摆周期和切向加速度周期的 1/2)。

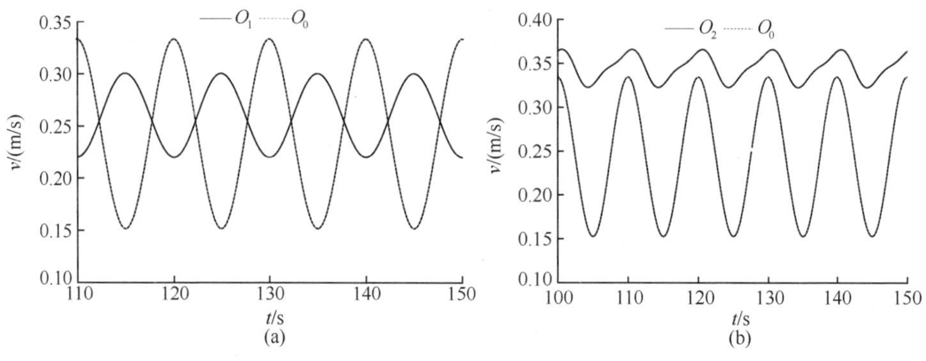

图 2.77 摇摆轴心变化的影响

3. 双回路的影响

在图 2.76 右侧增加一个对称的回路，使系统构成双回路，摇摆轴心位置为 O_2，每个回路的加热段入口流速度 v 随时间变化的计算结果如图 2.78(b)所示。两个回路各自的流动波动振幅相同，相位相反。双回路时，加热段入口流速度 v_{all} 随时间变化的计算结果如图 2.78(a)所示。此时，总的流量波动振幅减小，频率为单回路的 2 倍，计算结果与文献[47]相似，说明采用双回路对称式布置可以有效降低摇摆的影响。

尽管在实际系统中，不可能实现如同简化回路那样理想的布置，回路流体空间密度分布需要考虑的其他因素也较多，摇摆轴心的选取也受到多种因素的影响，而且，海洋中实际的风、浪、涌以及深海海流的作用，也不是简单的简谐运动，其影响规律十分复杂，所以如前文中分析的理想的假设情况并不容易出现。但是，考虑实际的周期摇摆函数总可以分解为三角函数的和，因此本研究的结论对于分析复杂海洋条件的影响仍具有重要意义。

4. 机理分析

摇摆运动对系统流动的影响主要是加速度，包括向心加速度、切向加速度和科氏加速度，其中科氏加速度方向与流动方向垂直，对流动不产生影响。

向心加速度为

$$\omega = \theta_m (2\pi/t_0) \cos(2\pi t/t_0) \tag{2.19}$$

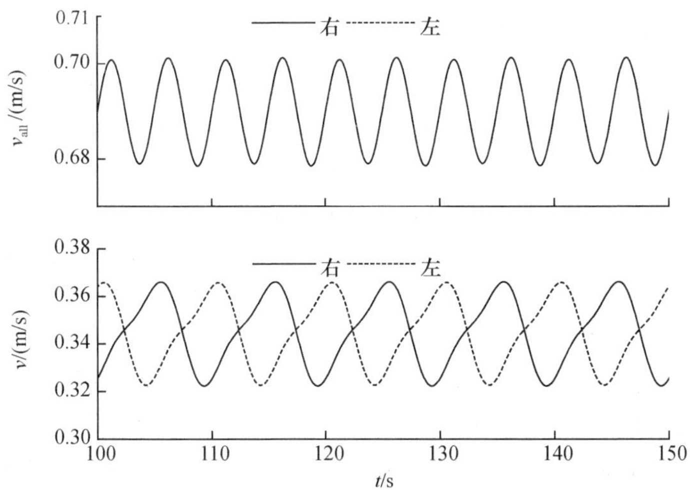

图 2.78 双回路的影响

角加速度为

$$\beta = -\theta_m (2\pi/t_0)^2 \sin(2\pi t/t_0) \tag{2.20}$$

回路任一微元段向心力为 $V_i\rho_i\omega^2 r_i$，不考虑密度因素和质量分布影响，向心力的积分与路径无关，即不论摇摆轴心位于何处，合力均为0。向心力的影响主要是由于质量分布差异形成的，且向心力合力方向不变，对平均流量影响较大。

回路任一微元段切向力为 $V_i\rho_i\beta r_i$，不考虑密度和质量分布因素，切向力合力的积分受摇摆轴心影响较大，当轴心位于回路内部时，切向力影响较大，当摇摆轴心位于回路外部时，切向力相互抵消，其影响减弱，但如果轴心与回路距离过大，切向力的影响又会因半径增加而增加。同时，切向力合力方向大小随时间周期性变化。因此，切向力对波动振幅的影响较大。而采用双回路对称布置则可以有效地降低切向力的影响，降低总流量波动振幅。

在实际运行中，回路的流体密度和质量分布不可能完全一致或对称，因此需要综合考虑回路的结构和布置，而且通过适当的质量分布可以适当降低附加惯性力的影响。

摇摆运动下，冷热中心有效位差也相应改变，同时在不摇摆工况下原本对自然循环驱动压头没有影响的水平段也产生影响，即

$$\Delta p_g = \Delta\rho_v g h_v \cos\theta + \Delta\rho_h g h_h \sin\theta \tag{2.21}$$

式中：下标 v、h 分别指竖直段和水平段。

有效位差的改变主要受摇摆振幅的影响，随着摇摆振幅的增加，提升压降的变化幅度也相应增大，但有效位差的变化并不受摇摆轴心变化的影响，仅与摇摆振幅 θ_m 有关。

正是由于向心加速度和切向加速度的幅频差异，在系统参数改变的情况下，

二者作用的涨落会导致系统出现非线性演化特性，随着系统运行参数的改变，向心加速度作用程度加强时，流量波动发生倍频变化。当轴心位置改变时，波动相位改变，这些在流动上的改变势必影响到系统温度、传热等特性的改变。由于自然循环流动是依靠热驱动压头实现的，因此温度和传热特性的改变势必反馈给流动，形成多个振幅、频率、相位耦合的复杂变化。

2.3.3.5 摇摆与脉动流的流量波动特性比较

为了比较变驱动力下的脉动流与摇摆运动条件下的脉动流流量波动特性，使用同一实验段进行了脉动流的流动特性研究，在变驱动力脉动流实验中，脉动流量通过变频器改变泵转速进行调节。

摇摆运动条件下的流量脉动周期与摇摆周期保持一致，其他影响摇摆运动条件下流量波动特性的因素都是通过流量脉动振幅体现出来的。文献[48]表明变驱动力下的脉动流动特性主要与流量脉动周期和流量脉动振幅相关，由此定义相对流量波动振幅为

$$\gamma = \frac{Q_{\max} - Q_{\text{ave}}}{Q_{\text{ave}}} \tag{2.22}$$

式中：下标 max、ave 分别表示最大值和平均值。

实验得到的变驱动力下的脉动流与摇摆运动条件下的脉动流量与瞬时阻力系数波动如图 2.79 所示。从图中可以看出，摇摆运动条件下的脉动流流量波动特性与变驱动力下的脉动流流量波动特性完全一致。

因此，对于窄矩形通道，当摇摆运动条件下垂直于流动方向上的附加惯性力引起的二次流没有引起宏观流动传热特性发生明显变化时，摇摆状态周期力场诱发的脉动流流动特性与变驱动力引起的脉动流完全一致，这也验证了 2.2 节理论分析模型在摇摆状态周期力场作用下脉动流流动特性分析中的适应性，从而说明对摇摆运动条件下脉动流流动特性的研究可以通过变驱动力的方式实现。

2.3.4 摇摆运动条件下矩形通道内的阻力特性研究

2.3.4.1 流体流动压降与阻力计算

在计算管内稳定单相流动的流动阻力系数时，本实验采用达西 - 魏斯巴赫（Darcy - Weisbach）公式（达西公式）计算，在摇摆运动条件下，仍然采用达西公式来确定该工况下的阻力系数。

图 2.80 为实验段内压差测量示意图。$O'X'Y'Z'$ 为固结与摇摆轴上的相对坐标系，位置 1 和位置 2（图 2.80）表示实验段上的两个测压点，H 和 L 分别表示差压传感器的高压和低压测压端子，图中两条黑实线表示引压管。y_1'、y_2'分别表示实验段和引压管的水平坐标，均为负值；z_1'、z_2'表示两引压孔的竖直坐标，均为正值。差压传感器固定在摇摆台的中心轴位置处，在摇摆过程中，两个测压端子

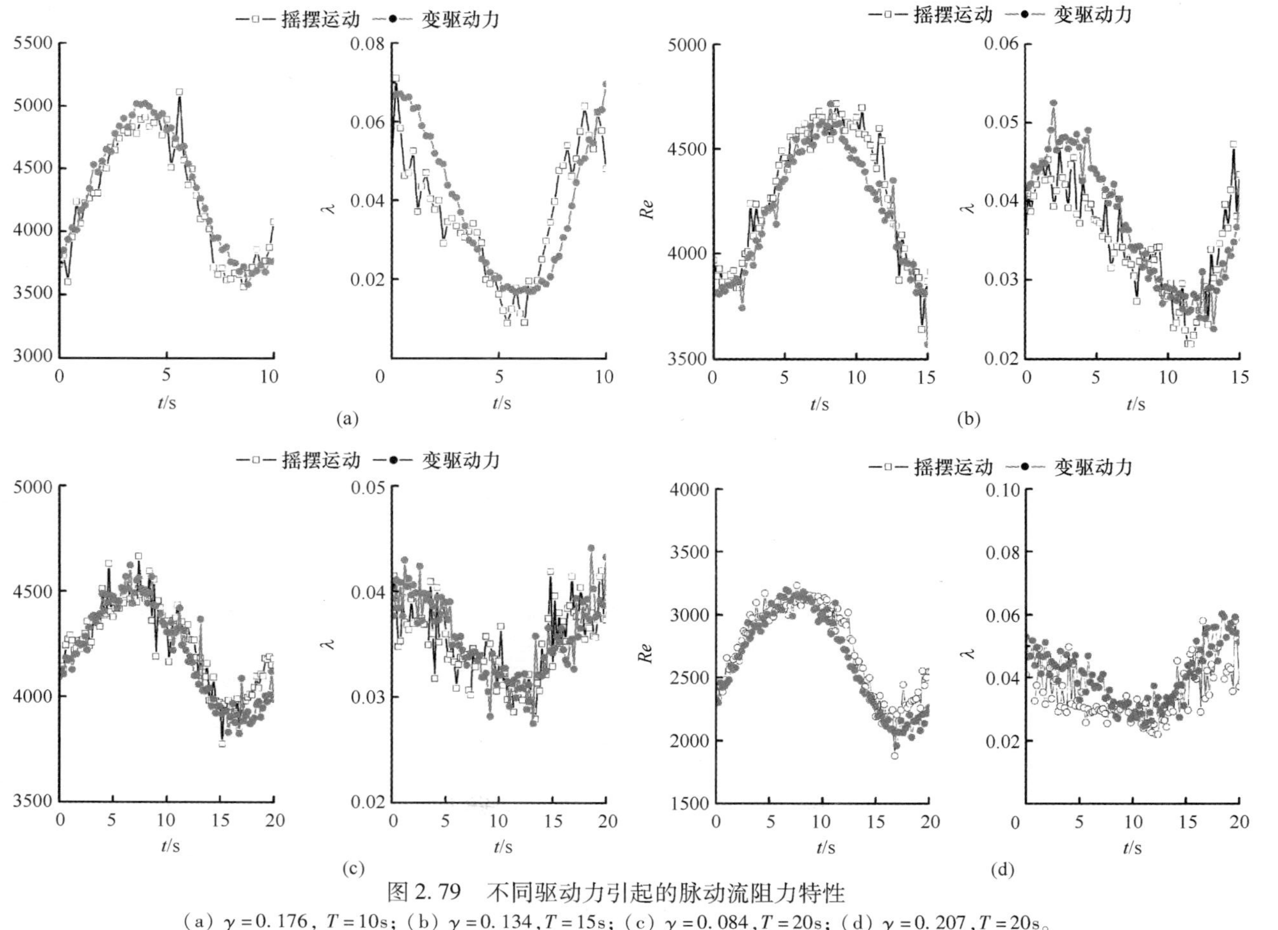

图 2.79 不同驱动力引起的脉动流阻力特性

(a) $\gamma = 0.176$, $T = 10\text{s}$; (b) $\gamma = 0.134$, $T = 15\text{s}$; (c) $\gamma = 0.084$, $T = 20\text{s}$; (d) $\gamma = 0.207$, $T = 20\text{s}$。

同步升降。实验段的两个测压点与差压传感器两个测压端之间通过刚性引压管连接,引压管内充满水。

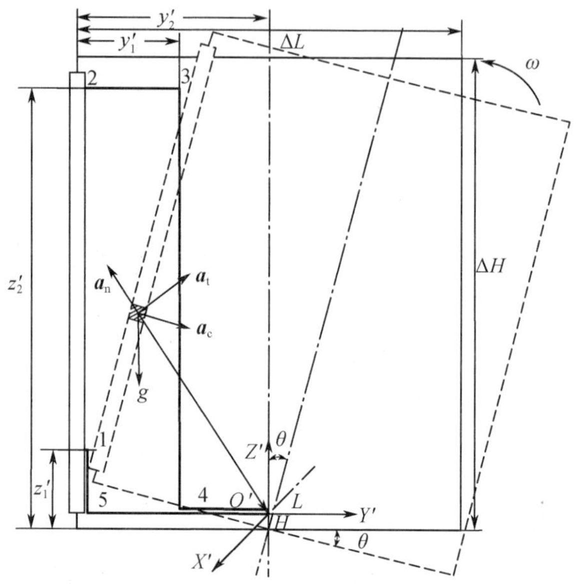

图 2.80　实验段内压差测量示意图

由于压差传感器的压降测量值不但包括惯性压降和摩擦阻力压降,而且包括引压管和实验段组成的回路在摇摆运动下造成的附加惯性压降,因而在处理得到实验段摩擦阻力压降时,要除去引压管和实验段回路造成的附加惯性压降的影响。

对于附加惯性压降,可以通过理论计算求得,也可以通过实验进行测量:将回路主调节阀关闭,摇摆运动下回路流体不再流动,从而惯性压降和摩擦阻力压降为0,压差传感器测量值就是附加惯性压降值。摇摆工况下附加惯性压降的计算值和实验值的比较如图 2.81 所示。从图 2.81 可以看出,实验值与理论计算值符合良好,从而可以证明以上理论推导是正确的。

2.3.4.2　摇摆运动条件下时均阻力系数

根据达西公式[22],得到稳态条件下阻力系数计算式为

$$\lambda_s = \frac{2\Delta P_{HL} D_e}{\rho u_m^2 l} \tag{2.23}$$

式中:D_e 为实验段的水力当量直径(m);u_m 为实验段截面平均流速(m/s)。

对于摇摆运动下的单相等温流动而言,其瞬时摩擦阻力系数也可根据达西公式进行定义。这里给出两种定义方式,其具体形式如下:

$$\lambda_f^A = \frac{2D_e}{l}\frac{\Delta P_f}{\rho u_m^2} \tag{2.24}$$

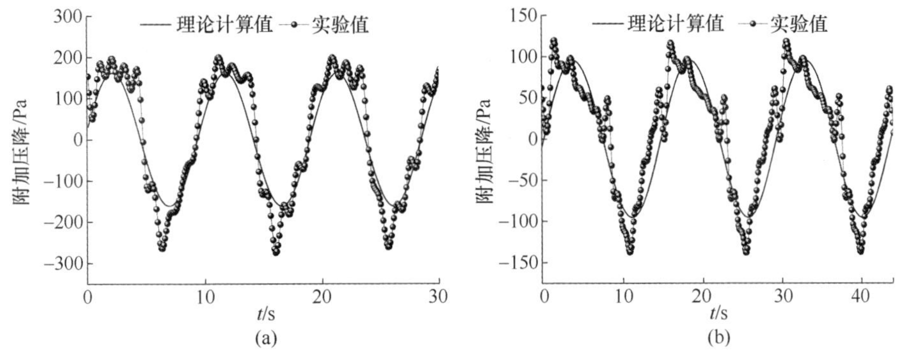

图 2.81　附加压降实验值与理论值的比较

(a) $\theta_m = 15°, T = 10s$；(b) $\theta_m = 20°, T = 15s$。

另一定义式为

$$\lambda_f^B = \frac{2D_e}{l}\frac{\Delta P_f}{\rho u_{m,ta}^2} \tag{2.25}$$

式中：下标 ta 表示时均值；上标 A、B 用来区分两种方法。

对瞬时阻力系数取周期均值，就得到摇摆运动条件下单相等温流动时均摩擦阻力系数，即

$$\lambda_{ta}^A = \overline{\lambda_f^A} \tag{2.26}$$

$$\lambda_{ta}^B = \overline{\lambda_f^B} \tag{2.27}$$

摇摆运动条件下部分工况的时均阻力系数随 Re_{ta} 的变化如图 2.82、图 2.83 所示，时均阻力系数分别采用式(2.26)和式(2.27)计算得到。

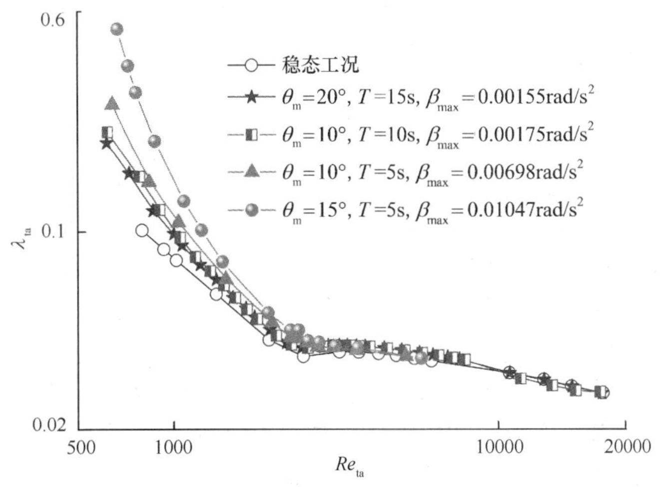

图 2.82　不同摇摆参数下的时均阻力系数

从图 2.82 和图 2.83 可以看出，由于紊流区波动幅度较小，因而摇摆运动条

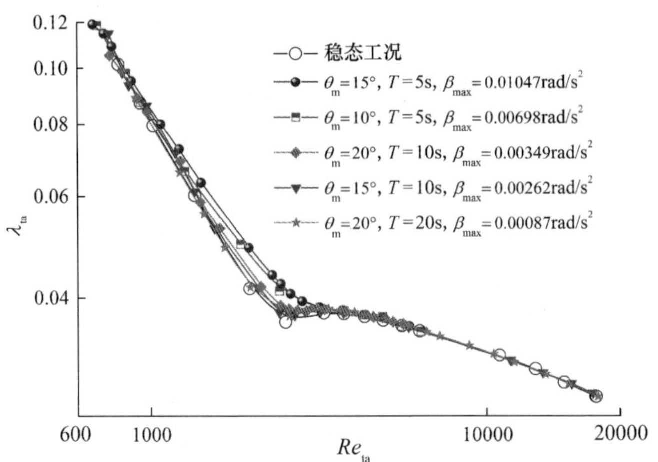

图 2.83　不同摇摆参数下瞬时阻力系数时均值

件下瞬时阻力系数时均值与稳态条件下的阻力系数相同。这是由于紊流区流速较高，而摇摆引起的波动幅度较小，因而由于流量波动造成的流体微团之间的切应力已经很小，且流动已经处于紊流流态，流速较高，从而垂直流动方向上的附加惯性力的扰动作用已经不会那么明显，造成摇摆运动条件下的时均阻力系数与稳态条件下的阻力系数并没有显著区别。

而在层流区，时均值与稳态值则出现了较大的差异。式(2.25)计算结果明显高于稳态条件下的阻力系数，且最大摇摆角加速度(β_{max})越大，相同时均雷诺数下的时均阻力系数越大。而式(2.27)计算结果显示，在较低雷诺数下，即使波动幅度很大，时均阻力系数与稳态阻力系数仍基本一致。但在接近过渡区时，摇摆运动下的时均阻力系数有增加趋势，也随波动剧烈程度而增加。很显然，针对相同的实验结果，式(2.25)和式(2.27)在层流区处理结果大为不同且有矛盾之处。

为方便起见，将先计算实时阻力系数再求时均阻力系数的方法(式(2.25))称为方法 A，将先对流速和压降时均再求阻力系数的方法(式(2.27))称为方法 B。

方法 A 和方法 B 的主要区别是，前者先求得瞬时阻力系数，再对其进行时均，后者是先对压降和流速进行时均，然后再求阻力系数。方法 A 从时均阻力系数的角度考虑更具有合理性，但是按照方法 A 的计算方法，对于本研究中具有简谐特征的流速和压降而言，只要二者之间存在相位差，计算结果必然造成阻力系数均值的增加，这是由其方法本身所确定的。而方法 B 由于先对流速和压降进行了时均，对于阻力系数的时均意义并不明显，但方法 B 的结果与部分理论分析结果符合得更好[48,49]。

按照方法 A 的结果进行解释，可认为，摇摆运动越剧烈，则附加压降的脉动幅度越大，造成流量的波动幅度也越大，从而造成流体微团之间切应力的增加，进而摩擦阻力增大，摩擦阻力系数增加。摇摆运动下的单相等温流动，附加惯性力的大小与最大摇摆角加速度成正比,因而最大摇摆角加速度越大,附加惯性力越大,造成更大的流量波动幅度,时均阻力系数越大。也就是说,摇摆运动通过改变摇摆最大角加速度的大小改变了流量波动幅度,进而来影响时均阻力系数。

如果按照方法 B 的结果进行解释,则可根据脉动层流的解析解来进行解释,即层流条件下单周期内存在流动速度大小方向相同、加速度大小一致但方向相反的两个对应点,两点对应的切应力变化正好相互抵消,因而理论分析结果显示,脉动层流平均阻力系数与稳态值一致。但流动波动会造成层流-紊流转捩的提前发生,而过渡区提前出现后会造成阻力系数的增加,因而图 2.84 显示过渡区以及过渡区前的一段区域时均阻力系数增加了。从上述两个角度看,方法 B 的结果也具有合理性。

下面从数学上分析两种处理方法的不同。为了便于分析,对实验数据采用有限傅里叶展开进行处理,这里取三阶展开式,从而得到压降梯度和截面平均流速的表达式如下[25]:

$$\frac{\Delta p}{l}=\frac{\Delta p_{\mathrm{ta}}}{l}+\sum_{n=1}^{3}\frac{|\Delta p_{\mathrm{os,n}}|}{l}\cos(n\omega t+\angle(\Delta p_{\mathrm{os,n}}/l)) \tag{2.28}$$

$$u=u_{\mathrm{ta}}+\sum_{n=1}^{3}|u_{\mathrm{os,n}}|\cos(n\omega t+\angle u_{\mathrm{os,n}}) \tag{2.29}$$

摇摆运动下的脉动层流流动,压降梯度可以表示为

$$\frac{\Delta p}{l}=\lambda\frac{\rho}{2D_{\mathrm{e}}}u^{2} \tag{2.30}$$

将式(2.28)和式(2.29)代入式(2.30),并取 $n=1$,整理得

$$\begin{aligned}\lambda&=\frac{2D_{\mathrm{e}}\Delta p_{\mathrm{ta}}\{1+A_1\cos[\omega t+\angle(\Delta p_{\mathrm{os,1}}/l)]\}}{l\rho u_{\mathrm{ta}}^{2}\{1+B_1\cos(\omega t+\angle u_{\mathrm{os,1}})\}^{2}}\\&=\lambda_{\mathrm{s}}\frac{1+A_1\cos[\omega t+\angle(\Delta p_{\mathrm{os,1}}/l)]}{\{1+B_1\cos(\omega t+\angle u_{\mathrm{os,1}})\}^{2}}\end{aligned} \tag{2.31}$$

式中:$A_1=|\Delta p_{\mathrm{os,1}}|/\Delta p_{\mathrm{ta}}$;$B_1=u_{\mathrm{os,1}}/u_{\mathrm{ta}}$(在本实验工况下,$0\leqslant A_1,B_1<1$);$\lambda_{\mathrm{s}}$ 为方法 B 计算的时均阻力系数,其大小与稳态工况下的阻力系数相同。

从而得到摇摆运动下层流时均阻力系数的表达式为

$$\lambda_{\mathrm{ta}}=\lambda_{\mathrm{s}}\sigma_{l} \tag{2.32}$$

其中

$$\sigma_{l}=\frac{1}{T}\int_{0}^{T}\frac{1+A_1\cos[\omega t+\angle(\Delta p_{\mathrm{os,1}}/l)]}{\{1+B_1\cos(\omega t+\angle u_{\mathrm{os,1}})\}^{2}}\mathrm{d}t \tag{2.33}$$

对式(2.33)进行简化,得

$$\sigma_{l}=\frac{1}{T}\int_{0}^{T}\frac{1+A_1\cos\left[\omega t+\angle\left(\frac{\Delta p_{\mathrm{os,1}}}{l}\right)\right]}{[1+B_1\cos(\omega t+\angle u_{\mathrm{os,1}})]^{2}}\mathrm{d}t\geqslant\frac{1}{T}\int_{0}^{T}\frac{1}{[1+B_1\cos(\omega t+\angle u_{\mathrm{os,1}})]^{2}}\mathrm{d}t \tag{2.34}$$

根据柯西-许瓦兹不等式可将式(2.34)化简为

$$\sigma_l \geqslant \left[\frac{1}{T}\int_0^T \frac{1}{1 + B_1\cos(\omega t + \angle u_{\mathrm{os},1})}\mathrm{d}t\right]^2 = \frac{1}{1 - B_1^2} \tag{2.35}$$

结合式(2.32)和式(2.35)可得

$$\lambda_{\mathrm{ta}} \geqslant \frac{1}{1 - B_1^2}\lambda_{\mathrm{s}} \tag{2.36}$$

从以上分析可知,按照方法A进行处理得到的时均阻力系数一定大于相同雷诺数下的稳态阻力系数,该趋势是由瞬时截面平均速度的平方项造成的。以上推导结果不但适用于摇摆运动下的层流流动,而且适用于摇摆运动下的紊流流动。由于紊流时流速的相对波动幅度不足5%,从而造成两种处理方法结果相差不大,不足0.25%。

而按照方法B处理得到的时均阻力系数大小与稳定阻力系数相同,但在摇摆运动非常剧烈时,层流区靠近过渡区的阻力系数时均值略大于稳态阻力系数。这是由于在靠近过渡区附近区域,脉动层流流动已经不能一直保持层流流态,而是周期性地出现紊流流态,从而造成此时阻力系数大于稳态阻力系数,反映在时均阻力系数曲线上,就是层流-紊流转捩点提前。由以上分析可知,按照方法B处理得到的时均阻力系数反映了摇摆运动对时均流动阻力特性的影响,从而更具合理性,因而本书倾向于方法B的分析结果,认为摇摆运动造成的流动波动对时均阻力系数没有影响,但摇摆运动引起的流动波动会导致层流-紊流转捩点的变化,进而影响时均阻力系数。

由于摇摆运动条件下流量波动,在以后的实验数据处理中,为保证摇摆运动条件下整个流量波动范围内流动能够保持层流流态,将时均雷诺数在2000以下的区域作为层流区,此时流动在最剧烈的摇摆工况($\theta_{\mathrm{m}} = 15°, T = 5\mathrm{s}$)下也能够保证层流流态,如图2.84所示。为保证紊流充分发展,将时均雷诺数大于5000的流区作为充分发展紊流区。

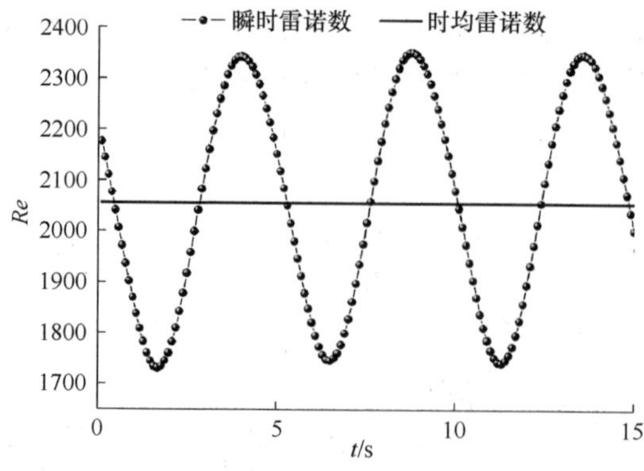

图2.84 层流靠近过渡区瞬时雷诺数随时间的变化($\theta_{\mathrm{m}} = 15°$, $T = 5\mathrm{s}$)

2.3.4.3 摇摆运动条件下层流-紊流转捩特性

单相流动从层流区向过渡区转变的转捩雷诺数约为2550。王畅等[50]通过理论推导得到了矩形通道内不同高宽比下转捩雷诺数的大小,同时与大量的实验研究结果进行比对,结果符合良好。本书采用王畅等的理论计算结果,实验结果与理论值以及部分实验值的比较如图2.85所示。实验得到的转捩点及阻力系数均与理论及经验关系式结果相符。

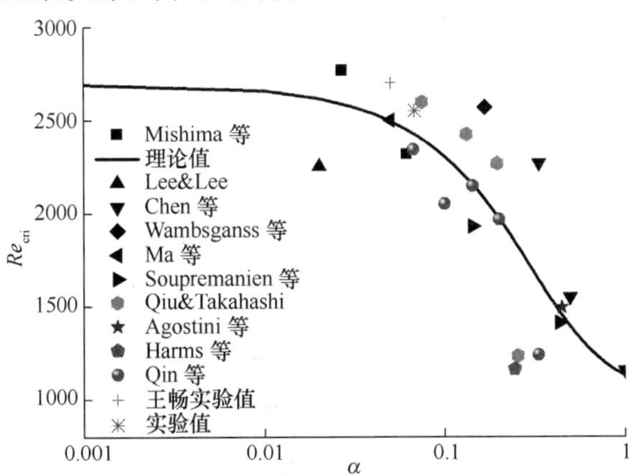

图2.85 矩形通道不同宽高比下的转捩雷诺数

2.3.4.4 摇摆运动条件下负摩擦阻力压降和阻力系数

在所有实验工况下,脉动流量在单周期内任意时刻的瞬时值均大于0,而在小流量下,摇摆运动下瞬时摩擦压降单周期内瞬时值出现周期性负值(图2.86),从而造成计算得到的瞬时阻力系数出现周期性负值,如图2.87所示。

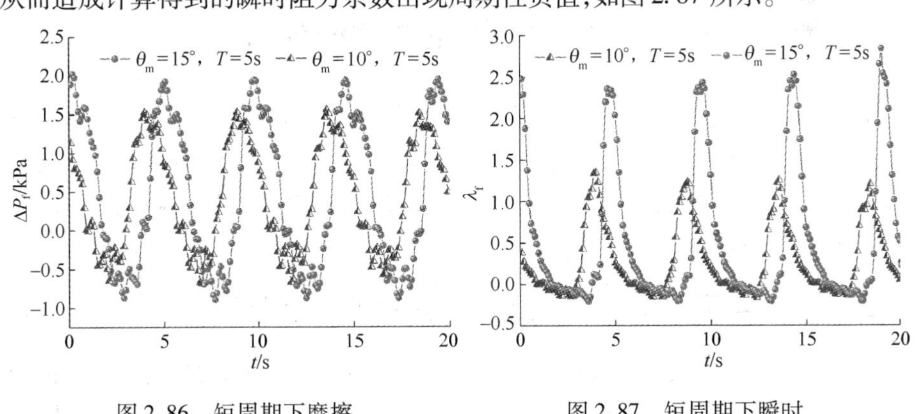

图2.86 短周期下摩擦压降随时间的变化

图2.87 短周期下瞬时阻力系数随时间的变化

这是由于尽管流量截面均值在单个周期内任意时刻的瞬时值均大于0,但是在靠近壁面附加的流动已经出现反方向流动,因而造成壁面剪切应力周期性反转,从而造成瞬时摩擦阻力系数出现周期性负值。这里负数表示方向,负的摩擦阻力系数意味着壁面剪切应力与流量截面均值流动方向相同。这一结论与Ohmi 等[29, 30]在对脉动层流的研究中获得的结论相同。Ohmi 等通过求取脉动层流的理论解得到了流速反转界限的表达式，并根据该表达式得到流量反转界限图，如图 2.88 所示。图中横坐标表示无量纲频率，表示为 $\omega' = \omega D_e^2/\nu$；纵坐标表示实验段压降的波动幅度与压降周期均值的比值。

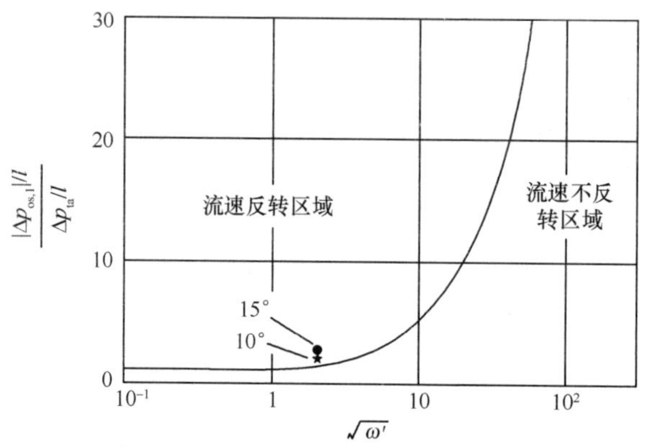

图 2.88　流速反转界限示意图

将图 2.86、图 2.87 工况下的实验数据同样表示在图 2.88 中。图中，星号表示 $\theta_m = 10°$ 的工况，而黑实点则表示 $\theta_m = 15°$ 的工况。从图中可以看出，低流速下，摇摆运动下的短周期单相等温流动已经处于流速反转区域，因而瞬时阻力系数会出现周期性负值。

2.4　摇摆条件引起回路流量波动的分析

前面主要讲述摇摆条件下矩形通道强迫循环时单相流动特性，因为在自然循环流动中驱动压头较小且是变化的，摇摆运动引入的附加惯性力在低驱动压头条件（自然循环）下能否引起回路流量的波动，即需要对自然循环流动时的流动特性展开分析讨论。

2.4.1　摇摆运动条件下瞬时流动流量波动界限

在一定的摇摆参数下，随着驱动力和阻力系数的增加，摇摆运动条件下的等温单相流动流量相对波动幅度逐渐减小，当驱动力和阻力系数增大到一定值时，流量波动幅度将会变得很小，此时摇摆运动下的流动可以认为近似稳定流动，相关流动特性可以按照稳定流动工况处理。因此，有必要给出摇摆运动条件下流量的波动界限，从而为研究摇摆运动下流动特性提供指导。

摇摆运动条件下流量波动特性的表达式如下：

$$\frac{\mathrm{d}W}{\mathrm{d}t}=D-B\sin(2\pi t/T)-CW^2 \tag{2.37}$$

式中：D、$B\sin(2\pi t/T)$和CW^2分别为驱动力项、附加惯性力项和摩擦阻力项（N/m），其物理意义表示沿流动回路单位长度上所受到的力；B为附加惯性力幅度；C为回路阻力系数。

从理论和实验结果可知，随着D和C的增加或B的减小，摇摆运动条件下单相等温流动流量波动幅度越来越小。当流量的相对波动幅度很小时，认为流量不再波动，此时的流动就可以按照稳定流动处理。

取流量波动幅度不足1%作为流量波动界限，不同B、C、D组合下流量相对波动幅度的边界如图2.89所示。

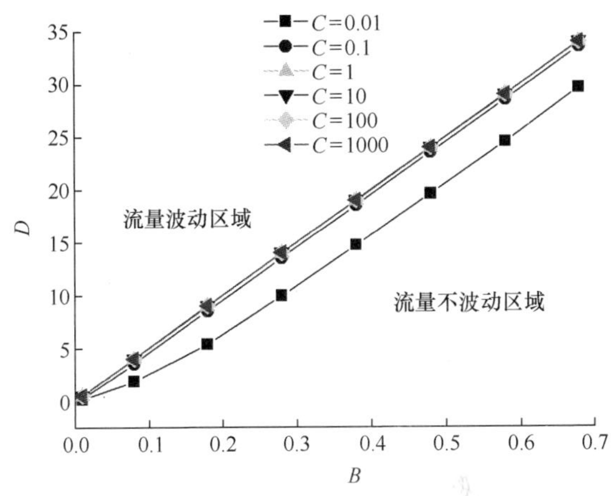

图2.89 摇摆运动下流量波动界限(波动界限1%)

由图2.89可知，除了$C=0.01$工况，不同C值下的流量波动界限曲线几乎重合，即在相同的B和D值下，不同C值下流量波动界限相差很小，因而可以认为流量波动界限不受参数C的影响，而只取决于参数B和D。也就是说，当将流量波动界限取为流量相对波动幅度为1%时，流量波动界限将不再受回路阻力系数的影响，而取决于驱动力和附加惯性力幅值的大小，从而在探讨流量波动界限时，只需关注参数B和D的变化情况。

保持某一摇摆参数不变，即保持参数B为定值，那么在D值较小时，摇摆运动条件下的流量大幅度波动，流动处于流量波动区域；而随着D的增加，流量相对波动幅度逐渐减小，当D值超过流量波动边界限后，流量相对波动幅度不足1%，此时认为流量近似不波动，流动处于流量不波动区域。

保持驱动压头不变，即保持参数D为定值，在B值较小时，流量波动幅度很小，不足1%，流动处于流量不波动区域；随着B值的增加，当B值大小超过流量波动边界限后，流量相对波动幅度大于1%，且B值越大，流量相对波动幅度越大，此时摇摆运动下的单相等温流动进入流量波动区域。

通过处理实验数据，得到不同流量波动工况下 B 的数值，如表 2.4 所列。将流量相对波动幅度 1% 作为判断流量是否波动的依据，就可以得到流量波动时参数 B 和 D 的数值，实验得到的参数 B 和 D 的数值示于图 2.90 中。本实验工况下，C 的值总是大于 1 的，从而理论计算得出的流量波动界限可用同一直线给出。

表 2.4　不同摇摆工况下参数 B 的数值

周期 / 角度	摇摆周期(T)			
摇摆角度(θ_m)	5s	10s	15s	20s
10°	0.19	0.048	0.021	0.012
15°	0.285	0.07	0.032	0.018
20°	0.379	0.095	0.042	0.024

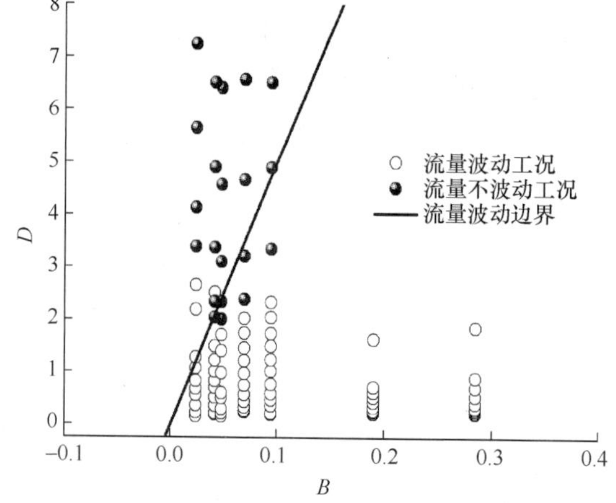

图 2.90　流量波动界限实验值与理论值的比较

从图 2.90 可以看出，理论计算得出的流量波动界限与实验结果符合良好，说明流量波动界限图(图 2.91)可以用于判断流量波动的边界，因而可以得出 $C \geqslant 1$ 时摇摆运动工况下流量波动界限表达式为

$$\frac{D}{B}=50 \tag{2.38}$$

在实际应用中，1% 的流量波动已经非常不明显，且已经与流量测量误差接近，因而以 1% 作为流量波动界限实际应用不大。为了加强流量波动界限的适用性，给出以 5% 作为界值的流量波动界限，如图 2.91 所示。

此时得出 $C \geqslant 1$ 摇摆运动工况下流量波动界限表达式为

$$\frac{D}{B}=10 \tag{2.39}$$

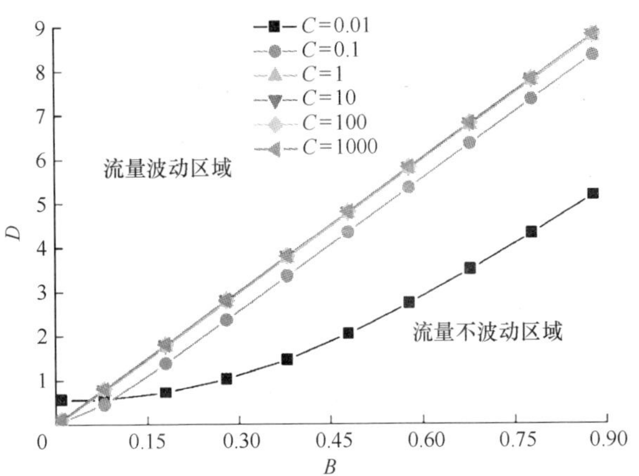

图 2.91 摇摆运动下流量波动界限(波动界限 5%)

对于摇摆运动条件下的等温单相流动而言,可以应用式(2.38)及式(2.39)给出的驱动力和附加惯性力的定量关系来判断流量是否波动,从而为研究摇摆运动下的流量特性奠定了基础。

2.4.2 摇摆运动下单相自然循环流动特性分析

相对于强迫循环,自然循环由于驱动压头低,受海洋条件影响更为显著,本节介绍摇摆运动条件下自然循环流动典型实验现象及摇摆参数对自然循环流动特性的影响。

详细的实验回路介绍分析可参考文献[45]。

2.4.2.1 典型实验现象

在摇摆经过一段时间运行稳定后,系统处于稳定的流动状态下,流体在摇摆的作用下产生波动,波动呈正弦波形,但并非严格的正弦波动,周期与摇摆周期一致,如图 2.92 所示,观察窗内看不到气泡,由此可知,这种波动与热工水力脉动无关,属于完全由摇摆引发的流体波动。其他的参数也发生变化,但只有管壁温度波动较大,从入口到出口波动幅度逐渐增加,其他的参数如出口压力、出口温度、系统压力基本上不发生波动。

2.4.2.2 摇摆对自然循环流量波动的影响

摇摆工况下,冷却剂受到摇摆产生的附加加速度的影响,产生周期性波动,波动的幅度受到摇摆振幅、摇摆频率和入口过冷度的影响,同时平均流量也有不同程度的降低,降低的程度与摇摆参数有关。

1. 摇摆振幅的影响

摇摆振幅对自然循环相对平均流量的影响如图 2.93 所示,图中纵坐标为相同热工条件下摇摆工况的平均流量与竖直工况下平均流量的比值,即相对流量,可以看出随着摇摆振幅的增加,平均流量降低。

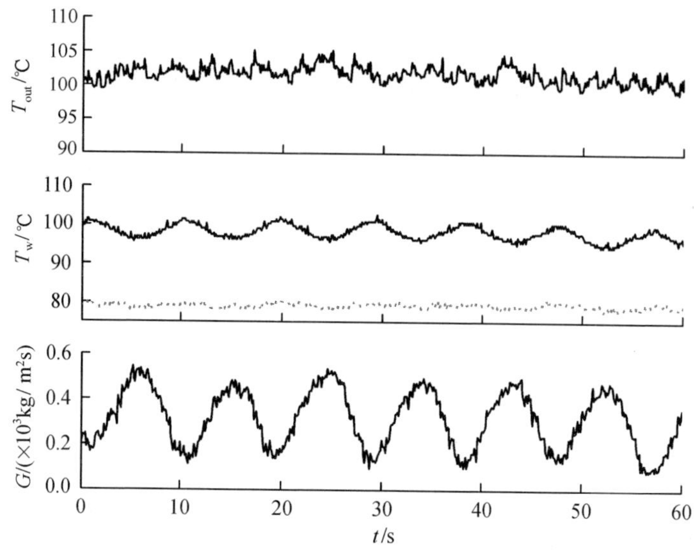

图 2.92 摇摆引起的单相流体波动

入口温度为87℃,系统压力为0.375MPa,加热功率为2.35kW,摇摆振幅为20°,摇摆周期为10s。

图2.94所示为摇摆振幅对波动振幅的影响,图中"+""-"分别表示相应振幅下的最高流量和最低流量。从图中可以看出,最低流量受摇摆振幅的影响较大,最高流量所受影响要小得多。在相同实验条件下,摇摆振幅增加,波动振幅增加。一方面,摇摆振幅增加,切向加速度和向心加速度都增加,造成附加压降的增加;另一方面,摇摆振幅增加,所引起的倾斜更大,使得驱动压头变化更大,特别是水平段的作用增加。

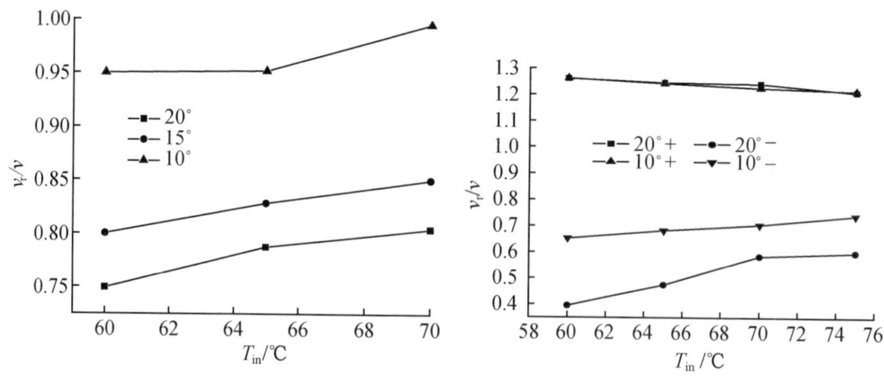

图 2.93 摇摆振幅对自然循环能力的影响

图 2.94 摇摆振幅对波动振幅的影响

2. 摇摆周期的影响

摇摆周期对自然循环流量的影响如图2.95所示,相对平均流量随摇摆周期的增加而增加。

图 2. 96 所示为摇摆周期对波动振幅的影响。影响规律与摇摆振幅相似,对于最低流量的影响要大于对最高流量的影响。

摇摆周期在两个方面影响流量波动:一是影响波动的周期;二是影响波动的振幅。在相同的实验条件下,摇摆周期缩短,附加加速度增加,附加压降增加,波动加剧。在短周期(7. 5s),平均流量大幅降低,所以实验结果显示,波动时流量最高值较长周期的低很多,但波动振幅较长周期增加。

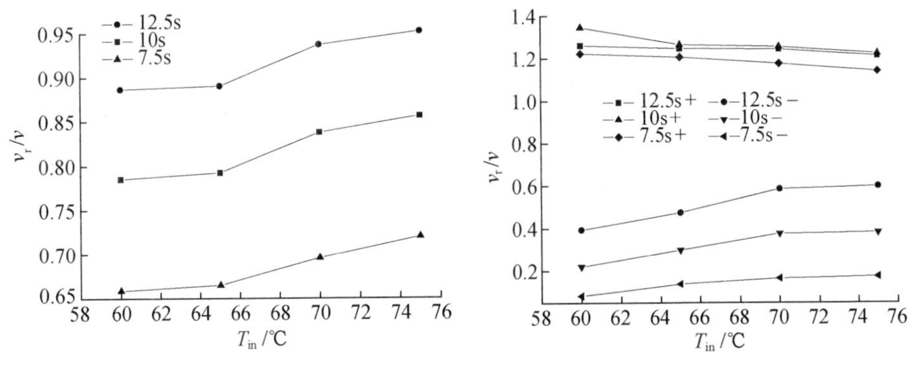

图 2. 95 摇摆周期对自然循环流量的影响

图 2. 96 摇摆周期对波动振幅的影响

3. 入口过冷度和压力的影响

入口过冷度降低,波动振幅降低。入口过冷度降低,一方面冷热段密度差增加,这样驱动压头的影响增加;另一方面整个回路流体密度降低,使得附加压降的波动幅度减小,附加压降的影响减弱。两方面因素综合起来造成波动振幅随入口温度的增加而降低,如图 2. 97 所示。

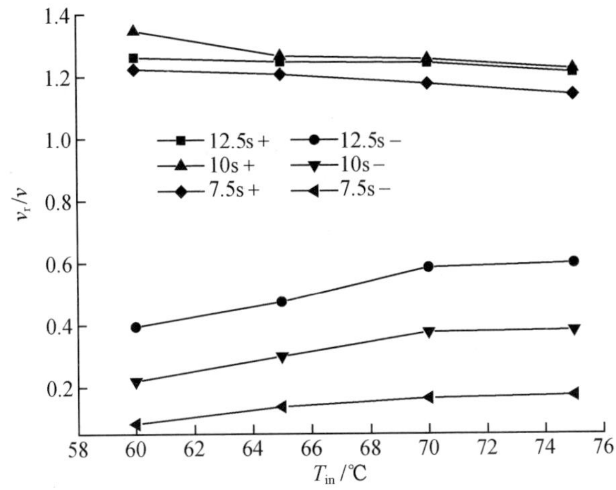

图 2. 97 入口过冷度对波动振幅的影响

当入口温度增加到足够高时,加热段产汽,由于汽相的出现,驱动压头变化明显,波动幅度又可能有所增加。

由于系统一直处于单相流动状态,在实验压力范围内,水的密度变化基本上不受压力影响,所以压力对流量波动不产生影响。

2.4.3 摇摆运动条件下自然循环摩擦阻力系数修正

为了进一步分析摇摆对自然循环流动的影响,建立数学模型进行理论计算,主要考虑驱动压头和摩擦压降的关系。在摇摆工况下,增加了附加压降项。

假设摇摆影响摩擦阻力的系数为 C_R,对于每一工况,通过改变 C_R 的大小,获得不同的计算结果,取与实验结果最接近时的 C_R 为修正系数,得到的结果如表 2.5 所列。在脉动流实验中也获得了类似的修正系数,见式(2.41)。波动幅度相近值的比较如表 2.6 所列,其中 a 为无量纲加速度,二者符合良好,两种方法相互验证,说明得到的结果是可信的。

表 2.5 不同摇摆工况下的修正系数

$\theta_m/(°)$	t_0/s	C_R
10	12.5	1.27
	10	1.44
	7.5	1.87
15	12.5	1.36
	10	1.66
	7.5	2.31
20	12.5	1.5
	10	1.86
	7.5	2.7

表 2.6 摇摆实验和脉动流实验结果的比较

$\theta_m/(°)$	t_0/s	C_R	C_A
10	12.5	1.27	1.24
	10	1.44	1.48
15	12.5	1.36	1.42
20	12.5	1.50	1.69

将表 2.5 中的数据进行拟合,得到式(2.40),误差小于 4%,如图 2.98 所示。

$$C_R = 0.8942 + 5.17265(\theta_m/t_0^2) \tag{2.40}$$

$$C_A = 0.97 + 97.4a \tag{2.41}$$

计算结果和实验结果的比较如图 2.99 所示,可以看出计算结果和实验结果符合得较好,部分工况的计算结果如图 2.100 所示,对于稳定的流量波动而言,平均流量和最高、最低流量是其中比较关键的点，只要确定这三个点，就可以确定整个波动的特性，因此图中只列出了每个计算结果中的三个点，为了便于比较，使用了相对值。从图中可以看出，计算结果和实验结果符合良好，从误差角度看，最低流量的误差要大一些，特别是摇摆程度较强的工况，如 20°/10s 时。造成这种情况的主要原因是，计算模型较实验回路有所简化，简化过程会造成一些计算值的偏差，而最低流量本身的数值较小，同样的偏差造成的相对误差较大。

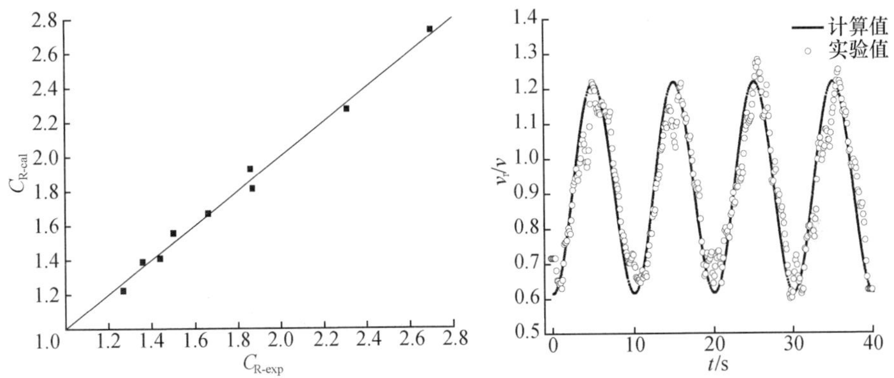

图 2.98　C_R 计算值和实验值的比较　　图 2.99　瞬时流量计算值与实验值的比较

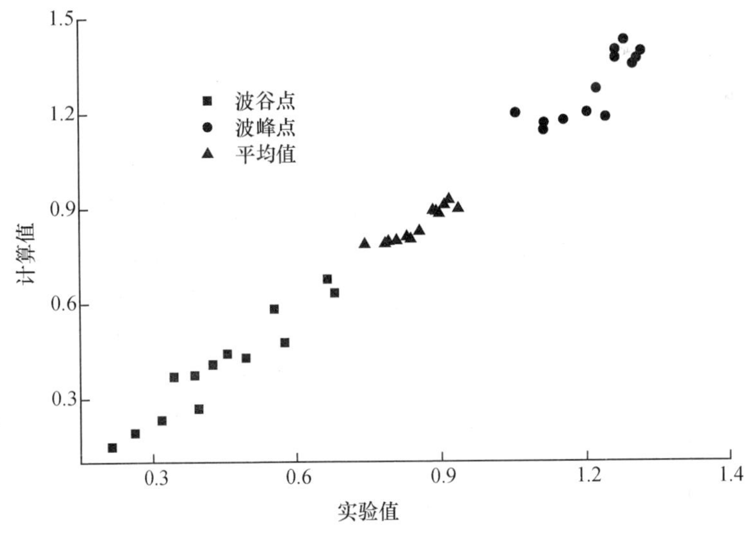

图 2.100　计算值与实验值的比较

摇摆参数对自然循环流动的影响如图 2.101 所示，在相同条件下，摇摆振幅和摇摆频率增加，波动振幅增加，而且波动的波峰受摇摆参数的影响较小，而波谷受到的影响较大，这也和实际情况相符。该研究所用的实验装置中，摇摆轴心位于回路中轴线上，这就造成向心加速度的影响相互抵消，对流体造成主要影响的是切向加速度，所以波动周期与切向加速度一致。

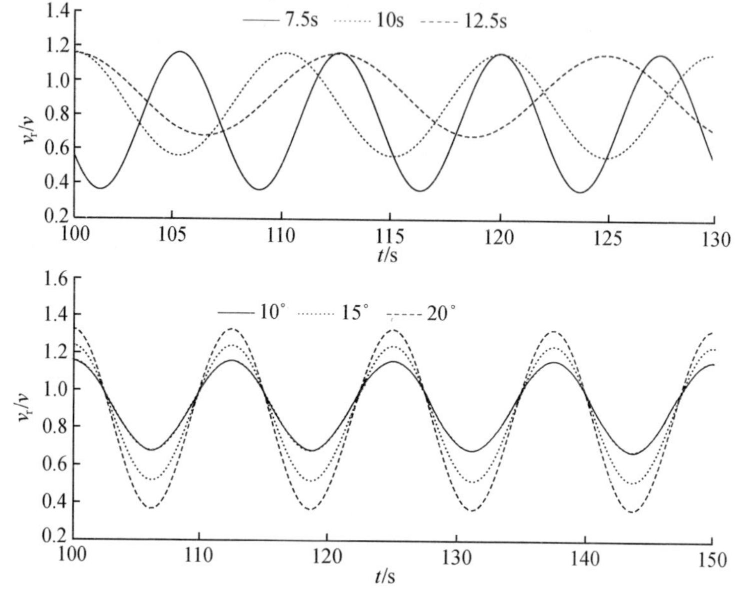

图 2.101　摇摆参数对自然循环的影响

如果不考虑流动阻力的变化，即取 $C_R=1$，则计算的结果较实验结果偏大，从平均流量看，摇摆工况计算的单周期平均流量与不摇摆工况的平均流量相比变化不大，甚至稍高，这些与实际的工况差别很大。说明造成自然循环平均流量降低的主要因素是摇摆造成流量波动，增加了流动阻力。

随着摇摆频率和振幅的增加，波动幅度也相应增加，流量最低点降低，最高点增加，但平均流量也相应降低，使得流量最低点进一步降低，而流量最高点却增加不大甚至不增加，所以摇摆对流量波动的最低点影响较大。

参 考 文 献

[1] 马建，黄彦平，刘晓钟．窄缝矩形通道单相流动及传热实验研究[J]．核动力工程，2012(01)：39－45.

[2] 王占伟．摇摆运动下冷却剂低流速流动、传热特性研究[D]．哈尔滨：哈尔滨工程大学，2013.

[3] 蒋洁，郝英立，施明恒．矩形微通道中流体流动阻力和换热特性实验研究[J]．热科学与技术，2006(03)：189－194.

[4] 秦文波，程惠尔，牛禄，等．大高宽比微小宽度矩形通道内的水力特性实验研究[J]．热科学与技术，2002(01)：38－41.

[5] 师晋生，辛明道．微矩形槽道内的受迫对流换热性能实验[J]．重庆大学学报(自然科学版)，1994(03)：117－122.

[6] Peng X F, Peterson G P. Forced convection heat transfer of single-phase binary mixtures through microchannels[J]. Experimental Thermal and Fluid Science, 1996, 12(1): 12 –98.

[7] Wang B X, Peng X F. Experimental investigation on liquid forced-convection heat transfer through microchannels[J]. International Journal of Heat and Mass Transfer, 1994, 37(SUPPL 1): 73 –82.

[8] 云和明,程林,王立秋,等. 光滑矩形微通道液体单相流动和传热的数值研究[J]. 工程热物理学报, 2007(S2): 33 –36.

[9] 黄卫星,王冬琼,帅剑云,等. 矩形微通道内流动沸腾压力降实验研究[J]. 四川大学学报(工程科学版), 2008(03): 81 –85.

[10] 陈炳德,熊万玉. 矩形通道几何尺寸偏差对热工水力特性的影响[J]. 核动力工程, 2000(04): 294 –297.

[11] 徐建军,陈炳德,王小军. 矩形窄缝通道内湍流充分发展区流动边界层探析[J]. 核动力工程, 2011(01): 95 –98.

[12] 刘晓钟,黄彦平,马建,等. 升沉条件下矩形窄缝通道单相等温流动摩擦阻力特性研究[J]. 核动力工程, 2011(06): 71 –75.

[13] 幸奠川,阎昌琪,曹夏昕,等. 矩形窄缝通道内单相水流动特性研究[J]. 原子能科学技术, 2011(11): 1312 –1316.

[14] 谢清清,阎昌琪,曹夏昕,等. 窄矩形通道内单相水阻力特性实验研究[J]. 原子能科学技术, 2012(02): 181 –185.

[15] Cheng N, Nguyen H T, Zhao K, et al. Evaluation of flow resistance in smooth rectangular open channels with modified prandtl friction law[J]. Journal of Hydraulic Engineering, 2011, 137(4): 441 –450.

[16] Akbari M, Sinton D, Bahrami M. Flow in slowly varying microchannels of rectangular cross-section [C]// Vail, CO, United States: American Society of Mechanical Engineers, 2009.

[17] 杜思佳,张虹. 海洋条件对单相强迫流动影响的理论研究[J]. 核动力工程. 2009, 30(z1): 60 –64.

[18] Sasatomi M, Sato Y, Saruwatari S. Two-phase flow in vertical noncircular channels. [J]. International Journal of Multiphase Flow, 1982, 8(6): 641 –655.

[19] Yan B H, Yu L, Yang Y H. Theoretical model of laminar flow in a channel or tube under ocean conditions[J]. Energy Conversion and Management, 2011, 52(7): 2587 –2597.

[20] 王畅,高璞珍,许超. 层流脉动流动对流换热数值分析[J]. 哈尔滨工程大学学报, 2011(07): 890 –894.

[21] 俞接成. 脉冲流动和壁面振动传热研究[D]. 北京:清华大学, 2005.

[22] 孔珑. 工程流体力学[M]. 北京: 中国电力出版社, 2007.

[23] Uchida S. The pulsating viscous flow superposed on the steady laminar motion of incompressible fluid in a circular pipe[J]. Zeitschrift für Angewandte Mathematik und Physik ZAMP, 1956, 7(5): 403 –422.

[24] Schlichting H. 边界层理论[M]. 北京: 科学出版社, 1988.

[25] Ohmi M, Iguchi M, Usui T, et al. Flow pattern and frictional losses in pulsating pipe flow-1. Effect of pulsating frequency on the turbulent flow pattern. [J]. Bulletin of the JSME, 1980, 23(186): 2013 –2020.

[26] Ohmi M, Iguchi M. Flow pattern and frictional losses in pulsating pipe flow-2. Effect of pulsating frequency on the turbulent frictional losses. [J]. Bulletin of the JSME, 1980, 23(186): 2021 –2028.

[27] Ohmi M, Iguchi M. Flow pattern and frictional losses in pulsating pipe flow-3. General representation of turbulent flow pattern. [J]. Bulletin of the JSME, 1980, 23(186): 2029 –2036.

[28] Ohmi M, Iguchi M. Flow pattern and frictional losses in pulsating pipe flow-4. General representation of turbulent frictional losses. [J]. Bulletin of the JSME, 1981, 24(187): 67 –74.

[29] Ohmi M, Iguchi M, Usui T. Flow pattern and frictional losses in pulsating pipe flow-5. Wall shear stress and flow pattern in a laminar flow. [J]. Bulletin of the JSME, 1981, 24(187): 75 - 81.

[30] Ohmi M, Iguchi M. Flow pattern and friction losses in pulsating pipe flow-6. Frictional losses in a laminar flow. [J]. Bulletin of the JSME, 1981, 24(196): 1756 - 1763.

[31] Ohmi M, Iguchi M. Flow pattern and frictional losses in pulsating pipe flow-7. Wall shear stress in a turbulent flow. [J]. Bulletin of the JSME, 1981, 24(196): 1764 - 1771.

[32] 郭亚军,毕勤成,等. 正方形截面直通道内二次流现象的实验研究[J]. 西安交通大学学报, 2009, 43(7): 83 - 87.

[33] Inc F. FLUENT user's guide[J]. Fluent Inc,2003,2(3).

[34] 杜思佳,张虹,贾宝山. 海洋条件下竖直圆管内单相传热特性实验研究[J]. 核动力工程, 2011, 32(3): 92 - 96, 101.

[35] 湛含辉,成浩. 二次流原理[M]. 长沙: 中南大学出版社, 2005.

[36] 常德馥. 海浪观测周期的分析[J]. 海岸工程, 1984(01): 64 - 69.

[37] 邓冰,刘金芳,刘春笑,等. 南太平洋海浪特点的统计分析[J]. 海洋通报, 2002(05): 1 - 9.

[38] 江克平. 海浪周期的统计分布[J]. 山东海洋学院学报, 1964(01): 51 - 60.

[39] 李静凯,周良明,李水清. TOPEX 高度计数据反演北太平洋海浪周期[J]. 海洋通报, 2012(03): 268 - 277.

[40] 李子富,张建兵,唐海波. 随浪中船舶大倾角横摇稳性的研究[J]. 集美大学学报(自然科学版), 2005(04): 364 - 367.

[41] 盛振邦,黄祥鹿. 船舶横浪倾覆试验及其数值模拟[J]. 中国造船, 1996(03): 13 - 22.

[42] 谢清清,阎昌琪,曹夏昕,等. 摇摆状态下窄通道内单相阻力特性实验研究[J]. 原子能科学技术, 2012(03): 294 - 298.

[43] Murata H, Iyori I, Kobayashi M. Natural circulation characteristics of a marine reactor in rolling motion[J]. Nuclear Engineering & Design, 1990, 118(2): 141 - 154.

[44] Murata H, Sawada K, Kobayashi M. Natural circulation characteristics of a marine reactor in rolling motion and heat transfer in the core[J]. Nuclear Engineering and Design, 2002, 215(1 - 2): 69 - 85.

[45] Tan S, Su G H, Gao P. Experimental and theoretical study on single-phase natural circulation flow and heat transfer under rolling motion condition[J]. Applied Thermal Engineering, 2009, 29(14 - 15): 3160 - 3168.

[46] 谭思超,高璞珍,苏光辉. 摇摆运动下系统空间布置对自然循环流动特性的影响[J]. 西安交通大学学报, 2008(11): 1408 - 1412.

[47] 杨珏,贾宝山,俞冀阳. 简谐海洋条件下堆芯冷却剂系统自然循环能力分析[J]. 核科学与工程, 2002, 22(3): 199 - 203, 209.

[48] Zhao T S, Cheng P. The friction coefficient of a fully developed laminar reciprocating flow in a circular pipe[J]. International Journal of Heat and Fluid Flow, 1996, 17(2): 167 - 172.

[49] 鄢炳火,顾汉洋,杨燕华,等. 摇摆条件下圆管内的摩擦阻力模型[J]. 原子能科学技术, 2011, 45(5): 554 - 558.

[50] Wang C, Gao P Z, Tan S C, et al. Effect of aspect ratio on the laminar-to-turbulent transition in rectangular channel[J]. Annals of Nuclear Energy, 2012, 46: 90 - 96.

第3章 摇摆条件下单相换热特性分析

本章针对摇摆运动条件下窄矩形通道内强迫循环低流速单相流动传热特性进行理论分析、实验研究和数值分析。理论分析中，将摇摆条件简化为脉动流动，对平板和圆管内层流流动换热特性进行研究，得到流速和温度分布规律，讨论了摇摆条件下的流动换热特性。数值研究中，研究了摇摆状态下窄矩形通道内的微观及宏观流动传热特性，分析了摇摆运动对矩形流道内流动传热特性的影响因素及影响程度。实验研究中，获得了单相流动温度波动的特点和机理；讨论了海洋条件下流动传热特性的特点，基于量纲分析，提出了摇摆条件下对流换热系数的计算方法；最后，对比了不同驱动力引起的脉动流流动换热特性。

3.1 摇摆条件下单相换热理论分析

摇摆条件引入的附加力可沿流动方向和垂直流动方向进行分解，沿流动方向的分力，使流量产生波动，沿垂直流动方向的分力诱发二次流。附加力在流动垂直方向分量的影响将在下一节进行分析，本节考虑附加力可沿流动方向分力的影响，将摇摆条件简化为脉动流动。针对板状燃料元件和常见圆形流道，基于动量和能量方程，得到流速和温度分布规律，对摇摆条件下平板和圆管内层流流动换热特性进行研究和讨论。

3.1.1 平板道脉动流换热分析

对于板状燃料冷却剂通道，在高宽比较大的情况下，可将其简化为无限大平板。如图3.1矩形通道示意图所示，平板宽为$2d$，并建立图示坐标系，其中z轴正方向为流动方向。

对平板通道流动换热的分析，基于以下假设：

(1) 流体为不可压缩黏性流体；

(2) 流动为流动和换热都已充分发展的层流流动；

(3) 忽略垂直于流动方向上的附加惯性力的影响；

(4) 忽略黏性耗散和物性变化等二阶效应；

(5) 忽略流动方向的导热；

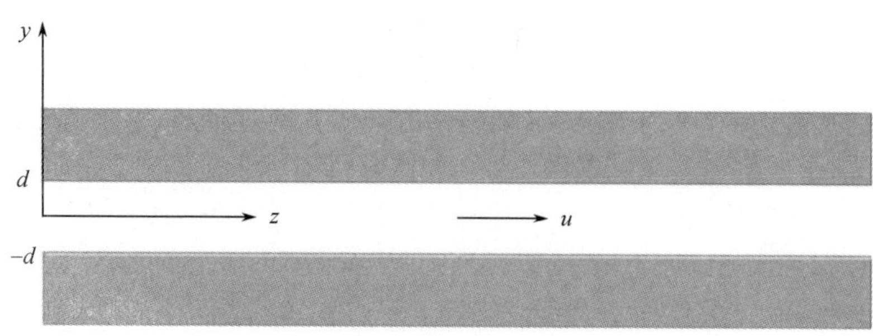

图 3.1　矩形通道示意图

(6) 矩形通道内压力在管道截面上均匀分布，且在整个通道上压力梯度随时间以余弦规律变化，z 方向为流动方向，即有

$$\frac{\partial p(z,t)}{\partial z}=\left(\frac{\partial p}{\partial z}\right)_{\mathrm{s}}\left[1+\frac{\gamma}{2}\cos(\omega t)\right] \tag{3.1}$$

式中：$(\partial p/\partial z)_{\mathrm{s}}$ 为脉动流沿流动方向的压力梯度的稳态项；$\gamma/2=A_{\mathrm{p}}$ 为压降相对振幅，用以表征压力脉动的相对大小；t 为时间；ω 为脉动角速度，与脉动周期(T)的关系为 $\omega=2\pi/T$。

3.1.1.1　平板流动换热温度场求解

若求解温度场，首先需要求出速度分布。对此问题，纳维－斯托克方程可简化为

$$\begin{cases}\rho\dfrac{\partial \boldsymbol{u}}{\partial t}=-\dfrac{\partial p}{\partial z}+\mu\dfrac{\partial^2\boldsymbol{u}}{\partial y^2}\\ \boldsymbol{u}\big|_{y=\pm d}=0\end{cases} \tag{3.2}$$

式中：$\boldsymbol{u}=\boldsymbol{u}(y,t)$ 为流体在截面上的速度；ρ 为流体密度；μ 为流体动力黏度。

为对动量方程进行无量纲化，引入以下无量纲参数：

$$\begin{cases}y^*=\dfrac{y}{d}\\ \omega^*=\dfrac{\omega d^2}{\nu}\\ t^*=\dfrac{\nu t}{d^2}\\ u_{\mathrm{m}}=-\dfrac{d^2}{3\mu}\left(\dfrac{\partial p}{\partial z}\right)_{\mathrm{s}}\\ \boldsymbol{u}^*=\dfrac{\boldsymbol{u}}{u_{\mathrm{m}}}\end{cases} \tag{3.3}$$

由于式(3.2)和边界条件均为线性，通过分离变量法，最终得到平板通道截面上速度的分布为

$$\boldsymbol{u}^{*}=\frac{3}{2}(1-y^{*2})+\mathrm{Re}\left[\frac{3\gamma\mathrm{i}}{2\omega^{*}}\left(\frac{\cos\sqrt{\mathrm{i}\omega^{*}}y^{*}}{\cos\sqrt{\mathrm{i}\omega^{*}}}-1\right)\mathrm{e}^{-\mathrm{i}\omega^{*}t^{*}}\right] \tag{3.4}$$

从式(3.4)可以看出，脉动速度的响应与压降脉动的角频率一致，影响无量纲层流速度分布的主要因素为无量纲脉动频率、压降相对脉动幅度。

假设流体物性为常数，并忽略轴向导热影响，可得能量方程：

$$\rho c\left(\frac{\partial T}{\partial t}+\boldsymbol{u}\frac{\partial T}{\partial x}\right)-\lambda\frac{\partial^{2}T}{\partial y^{2}}=0 \tag{3.5}$$

考虑壁面热惯性时，因金属壁面较薄，且热导率较大，可认为壁面厚度方向温度近似相等，此时边界条件为

$$\begin{cases}y=0:\dfrac{\partial T}{\partial y}=0\\ y=d:\lambda\dfrac{\partial T}{\partial y}+c_{\mathrm{A}}\dfrac{\partial T}{\partial t}=q\end{cases} \tag{3.6}$$

式中：c_{A} 为单位面积的热容；q 为单位面积壁面的加热量。

结合式(3.3)中的无量纲量，再引入下式无量纲参数，对能量方程进行无量纲化，无量纲化的能量方程为

$$\begin{cases}\Theta=\dfrac{T-T_{0}}{qd/\lambda}\\ z^{*}=\dfrac{z}{d}\\ Z=\dfrac{4z^{*}}{RePr}\\ Re=\dfrac{4u_{\mathrm{m}}d}{\nu}\\ c_{\mathrm{A}}^{*}=\dfrac{c_{\mathrm{A}}\nu}{\lambda d}\end{cases} \tag{3.7}$$

式中：T_{0} 为参考温度；c_{A}^{*} 为无量纲壁面热容。

根据 Moschandreou[1] 和 Hemida[2] 等的分析，对等热流密度加热条件下脉动流分析时，可将温度分解为与稳态流动对应的稳态项和与脉动流动对应的瞬变项：

$$\boldsymbol{\Theta}=\boldsymbol{\Theta}_{\mathrm{s}}(y^{*},Z)+\gamma\boldsymbol{\Theta}_{\mathrm{t}}(y^{*},t^{*}) \tag{3.8}$$

俞接成[3] 给出了稳态项的温度分布，即

$$\boldsymbol{\Theta}_{\mathrm{s}}=Z+\frac{3}{2}\left(\frac{y^{*2}}{2}-\frac{y^{*4}}{12}\right)-\frac{39}{280} \tag{3.9}$$

利用分离变量法，可得瞬变项的温度分布为

$$\Theta_{\mathrm{t}}=\begin{cases}\left[\left[C_{1,1}\cos(\sqrt{\mathrm{i}\omega^{*}}y^{*})-\dfrac{3}{2\omega^{*2}}+\dfrac{3\mathrm{i}}{4\omega^{*}\sqrt{\mathrm{i}\omega^{*}}}\dfrac{y^{*}\sin(\sqrt{\mathrm{i}\omega^{*}}y^{*})}{\cos(\sqrt{\mathrm{i}\omega^{*}})}\right]\mathrm{e}^{-\mathrm{i}\omega^{*}t^{*}},\quad Pr=1\right.\\ \left[\left[C_{1,2}\cos(\sqrt{\mathrm{i}Pr\omega^{*}}y^{*})-\dfrac{3}{2Pr\omega^{*2}}+\dfrac{3y^{*}}{2\omega^{*2}(Pr-1)}\dfrac{\cos(\sqrt{\mathrm{i}\omega^{*}}y)}{\cos(\sqrt{\mathrm{i}\omega^{*}})}\right]\mathrm{e}^{-\mathrm{i}\omega^{*}t^{*}},\quad Pr\neq1\right.\end{cases}\tag{3.10}$$

其中

$$C_{1,1}=\frac{3\mathrm{i}(\sqrt{\mathrm{i}\omega^{*}}+2c_{\mathrm{A}}^{*}\sqrt{\mathrm{i}\omega^{*}}+\tan\sqrt{\mathrm{i}\omega^{*}}-\mathrm{i}c_{\mathrm{A}}^{*}\omega^{*}\tan\sqrt{\mathrm{i}\omega^{*}})}{4\sqrt{\mathrm{i}\omega^{*}}\omega^{*}(\mathrm{i}c_{\mathrm{A}}^{*}\omega^{*}\cos\sqrt{\mathrm{i}\omega^{*}}+\sqrt{\mathrm{i}\omega^{*}}\sin\sqrt{\mathrm{i}\omega^{*}})}$$

$$C_{1,2}=-\frac{3(c_{\mathrm{A}}^{*}\omega^{*}-\mathrm{i}Pr\sqrt{\mathrm{i}\omega^{*}}\tan\sqrt{\mathrm{i}\omega^{*}})}{2Pr\omega^{*2}(Pr-1)(c_{\mathrm{A}}^{*}\omega^{*}\cos\sqrt{\mathrm{i}Pr\omega^{*}}-\mathrm{i}\sqrt{\mathrm{i}Pr\omega^{*}}\sin\sqrt{\mathrm{i}Pr\omega^{*}})}$$

3.1.1.2 平板流动换热努塞尔数定义

努塞尔数是一种无量纲换热系数，可认为是流体的对流换热量和纯导热量之比。它可以比较对流的情况下与单纯导热情况的换热的快慢，其定义如下：

$$Nu=\frac{h(T_{\mathrm{w}}-T_{\mathrm{b}})}{k(T_{\mathrm{w}}-T_{\mathrm{b}})/L}=\frac{hL}{k}\tag{3.11}$$

在瞬态对流换热分析中，如充分发展的脉动流动换热，换热量是由速度和温度分布共同确定的，而无量纲速度分布和温度分布是无量纲脉动频率、普朗特数和无量纲壁面热容的函数。式(3.11)对努塞尔数的定义，不能评估一个周期内总的换热快慢。Hemida[2]等在研究圆管瞬态换热现象时，将努塞尔数定义为

$$Nu_1=\frac{2}{\boldsymbol{\Theta}_{\mathrm{w}}-\boldsymbol{\Theta}_{\mathrm{b}}}\tag{3.12}$$

$$\overline{Nu_1}=\frac{2}{\bar{\boldsymbol{\Theta}}_{\mathrm{w}}-\bar{\boldsymbol{\Theta}}_{\mathrm{b}}}\tag{3.13}$$

式中：$\boldsymbol{\Theta}_{\mathrm{b}}=\left(\int\Theta u\mathrm{d}A\right)\Big/\left(\int u\mathrm{d}A\right)$；$\bar{\boldsymbol{\Theta}}_{\mathrm{w}}=\dfrac{1}{t_0}\int_0^{t_0}\boldsymbol{\Theta}_{\mathrm{w}}\mathrm{d}t$；$\bar{\boldsymbol{\Theta}}_{\mathrm{b}}=\int_0^{t_0}\left(\int\Theta u\mathrm{d}A\right)\mathrm{d}t\Big/\int_0^{t_0}\left(\int u\mathrm{d}A\right)\mathrm{d}t$。

Hemida[2]给出的上述平均努塞尔数的定义是基于能量方程推出的。此种定义中使用平均壁面温度和平均主流温度等参数，都是工程中相对容易获取和处理的参数，因此本书以此定义为基础，定义平均努塞尔数为

$$Nu_1=\frac{q_{\mathrm{w}}}{q}\frac{4}{\boldsymbol{\Theta}_{\mathrm{w}}-\boldsymbol{\Theta}_{\mathrm{b}}}\tag{3.14}$$

$$\overline{Nu_1}=\frac{4}{\bar{\boldsymbol{\Theta}}_{\mathrm{w}}-\bar{\boldsymbol{\Theta}}_{\mathrm{b}}}\tag{3.15}$$

式中：$q_{\mathrm{w}}=-k\left.\dfrac{\partial T}{\partial y}\right|_{y=d}$为壁面热流密度。

与定壁面热流密度加热情况相比,此处因为考虑了壁面蓄热的影响,壁面热流密度随流动的波动而变化,因此努塞尔数的定义中出现了壁面热流密度和加热功率的比值。值得指出的是,很多研究中将平均努塞尔数定义为努塞尔数的时均值,即

$$\overline{Nu_2} = \frac{1}{t_0}\int_0^{t_0} Nu\mathrm{d}t = \frac{L}{t_0}\int_0^{t_0} \frac{q_\mathrm{w}}{k(T_\mathrm{w} - T_\mathrm{b})}\mathrm{d}t \tag{3.16}$$

此种定义方法将不同时刻的努塞尔数取平均值,没有考虑到不同时刻的壁面热流密度、温度分布和流速分布均不同,因此将由这些参数导出的努塞尔数进行平均,既不能分析平均温差,也不能分析平均热流密度,因此简单地对努塞尔数求时均值既不适用,也缺乏物理意义。

$$\overline{Nu_3} = \frac{4t_0}{\int_0^{t_0}(\Theta_\mathrm{w} - \Theta_\mathrm{b})\mathrm{d}t} \tag{3.17}$$

Guo[4]等提出了努塞尔数的调和平均值,如式(3.17)所示,并指出脉动流中调和平均值大于算术平均值。不同努塞尔数的计算结果如图3.2所示,其中努塞尔数相对大小为

$$\Delta Nu_{i,\mathrm{m}} = (\overline{Nu_i} - Nu_\mathrm{s})/Nu_\mathrm{s} \times 100\% \tag{3.18}$$

由图3.2可知,在同一工况下,不同努塞尔数定义所得到的平均努塞尔数的大小也不一样。其中努塞尔数的调和平均值大于其算术平均值,大于此处所定义的平均值,即由温差平均值得到的平均努塞尔数大于努塞尔数的时均值,大于由平均温度差定义的平均努塞尔数。

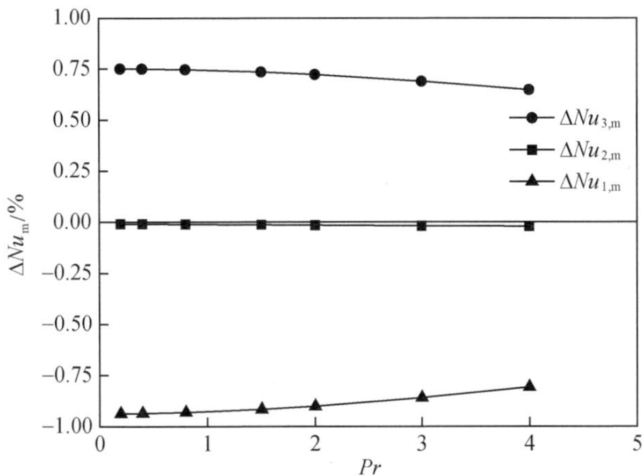

图3.2 不同努塞尔数的计算结果

3.1.1.3 平板脉动流动换热影响因素分析

本节对脉动流动条件下,不同流动条件对流动换热的影响进行分析。流动

条件包括脉动流动的压降波动周期和振幅、壁面蓄热大小和普朗特数等。对换热的影响分析中,主要关注壁面热流密度、流体温差和努塞尔数等。在未指明的情况下,计算条件为 $c_A^* = 1.5, Pr = 1.75, \gamma = 0.5, \omega^* = 2\pi/3$。

在恒定加热功率下,流动波动产生的温度波动使得壁面的蓄热量发生周期性变化,因此壁面热流密度随之发生变化。图 3.3 所示为不同情况下壁面热流密度的变化。由图 3.3 可知,随着壁面蓄热能力的增强,壁面热流密度波动也变大。这说明在相同流动情况下,壁面的热容越大,壁面的热流密度波动越大,同时也使流体带走的热量波动也越大,但这并不意味着流体主流温度的波动也越大(图 3.4),因为流体的流速和壁面热流密度不是同步变化的。这也可以通过图 3.3 看出,当壁面蓄热越大时,壁面热流密度的波动相对于流量波动越滞后,这是因为壁面蓄热大小代表壁面热惯性的大小,蓄热越大,热惯性越大,温度的变化越迟缓。

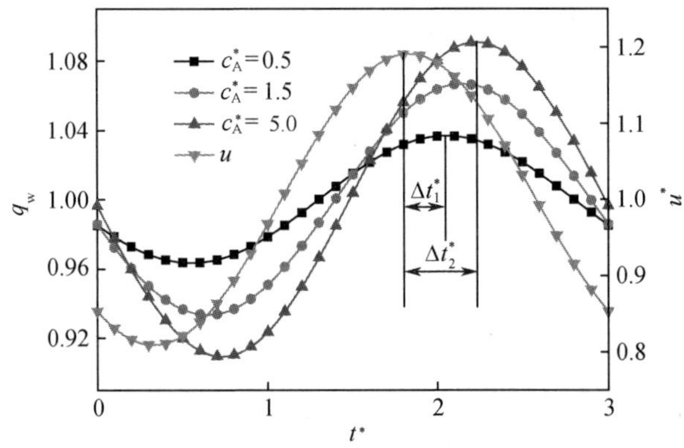

图 3.3　壁面蓄热对壁面热流密度的影响

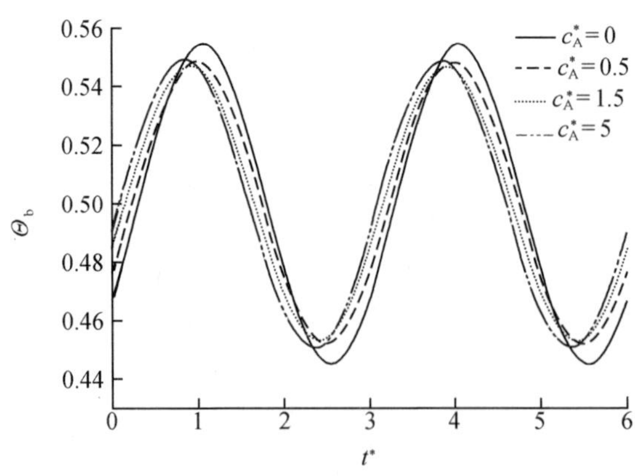

图 3.4　壁面蓄热对流体平均温度的影响

当壁面蓄热能力一定时，壁面热流密度同时受压降脉动周期相对振幅的影响，如图3.5所示。由图可以看出，随着压降脉动周期和相对振幅的增大，壁面热流密度的波动幅度也变大。这是因为流量波动随压降脉动周期和相对振幅的增大而更剧烈，大的流量波动导致温度的波动也大，而壁面热流密度波动幅度和壁面处流体温度波动成正比，所以壁面热流密度波动也大。

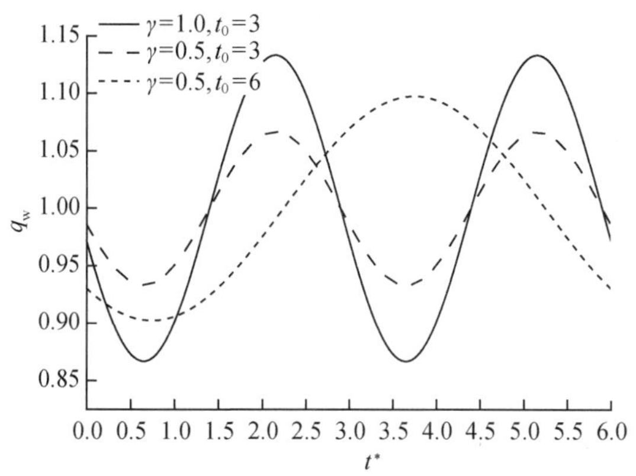

图3.5　壁面热流密度随压降脉动周期和振幅的变化

图3.6所示为壁面热流密度随普朗特数的变化规律。从图中可知，壁面热流密度波动随普朗特数的增加而减小。这是因为普朗特数是运动黏度和热扩散率的比值，反映了流体中动量扩散与热扩散能力之比。普朗特数高意味着运动黏度大或者热扩散率小。在压降变化相同时，运动黏度大的情况，流体的流量波动就小，对应的温度波动也就小，即高普朗特数有抑制脉动流中温度波动的趋势。若热扩散率小，则流体的热容较大或者热导率较小。热容较大时，对相同的热量波动，流体温度波动较小；流体热导率较小时，会抑制主流和壁面之间温度变化的传播，从而抑制因主流温度变化带来的壁面温度的波动。由于壁面热流密度与总的加热量和壁面蓄热量变化率之和成正比，而总的加热量一定，因此壁面热流密度正比于壁面蓄热量的变化率，即壁面温度的变化率，即温度波动大等同于壁面热流密度波动大。综上可知，高普朗特数有抑制壁面热流密度波动的趋势。

在壁面热流密度恒定或释热率恒定的脉动流动换热中，人们最关心的是流场的温度分布，尤其是最高温度的大小。因为在热流密度一定时，换热量是固定的。表征换热强弱的量就是温度的大小，温差较小或者壁温较低说明换热状况较好。强化此种情况下换热的目的也是降低换热温差，从而降低系统内的最高温度，最终使换热过程的安全和效率得到保障。

脉动流动换热中，温度的波动是由流动波动引起的。图3.7所示为流道中心和壁面处流体温度的周期性变化规律。由图3.7可知，在考虑壁面的蓄热效应后，流体的温度波动幅度都明显下降。这是因为当流体温度变化时，壁面的温度也随之发生同向变化，即流体温度升高时，壁面温度也随之升高，从而使壁面

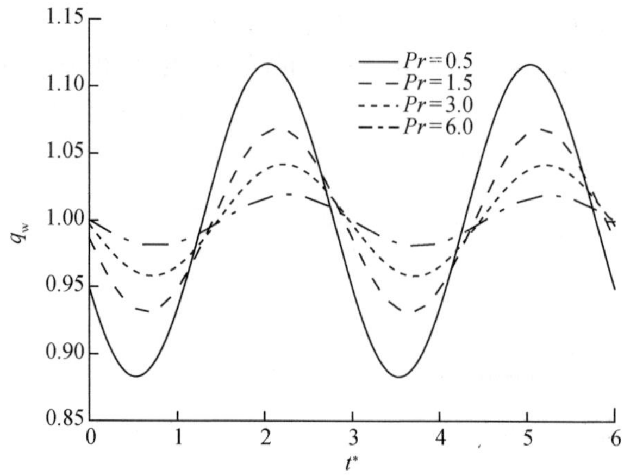

图 3.6　壁面热流密度随普朗特数的变化规律

吸收一部分热量，而总的加热功率一定，所需流体输运的热量减少，最终使得流体温度的上升得到抑制。与之相反，当流体温度降低时，壁面温度也随之降低，从而使壁面释放一部分热量，而总的加热功率一定，所需流体输运的热量增加，最终使得流体温度的下降得到抑制。

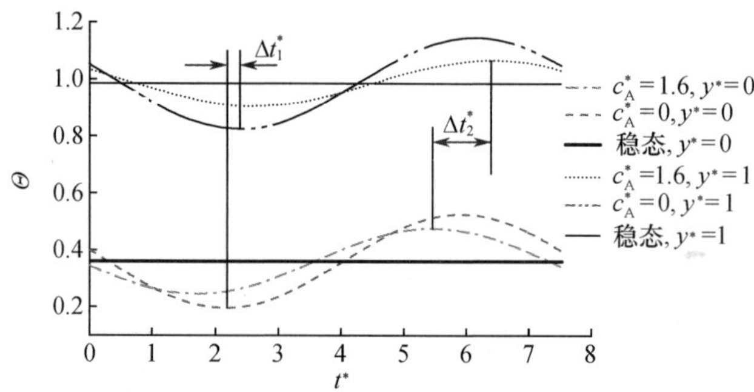

图 3.7　壁面蓄热对流场温度的影响

从图 3.7 还可以看出，与不考虑壁面蓄热影响的工况相比，考虑壁面蓄热影响后，壁面温度与流道中心温度的相位差增大。不考虑壁面蓄热时，流道中心处速度的波动幅度较大，因此温度的波动幅度也较大，从而使壁面向流体的传热与稳态工况不同导致壁面温度和流道中心温度间存在相位差。当流道中心流速增大时，流道中心的流体温度自然降低，而壁面流速增加则相对缓慢，温度的降低也较流道中心处缓慢，此时壁面和流道中心之间的温差增大，壁面向流道中心导热量增加。因此，壁面附近流体温度的降低一方面是该处流体流速增加的结果，另一方面则是向流道中心处导热量增加的结果。后一种因素的存在，必然使壁面附近的温度减小滞后于流道中心流体温度的减小。同理，壁面附近的温度升高同样滞后于流道中心流体温度的升高。综上可知，脉动流动换热中，壁面附近的温度变化滞后于流道中心流体温度的变化。图 3.8 所示为流道中心($y^*=0$)和壁面附近($y^*=0.9$)温度与流速之差随时间的变化规律,此变化规律和上述分析一致。因流速变化不同而引起的滞后时间对应于图 3.7 中的 Δt_1^*。

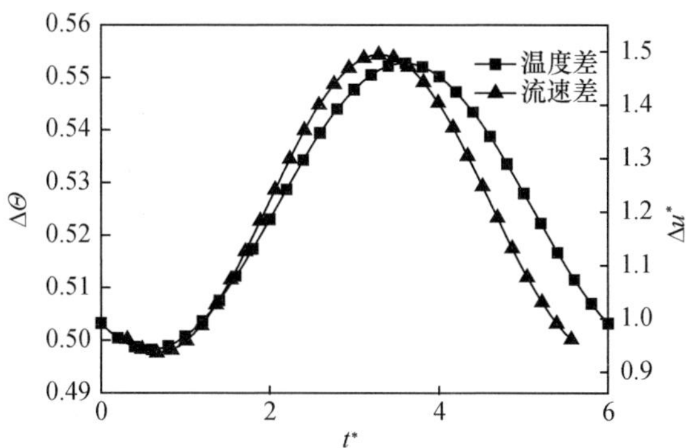

图 3.8　壁面附近和流道中心参数之差

考虑壁面蓄热效应后,壁面附近的温度滞后主流温度变化时间大于未考虑壁面蓄热之时。这是因为:一方面,壁面蓄热效应的存在,使得壁面附近的热惯性增大;另一方面,壁面蓄热效应的存在使得温度波动降低,从壁面向主流的导热量也降低,因此主流的温度与流量的同步性更好(图 3.9)。综上可知,壁面蓄热效应使得壁面温度的变化滞后和主流温度变化的提前,最终使得二者的相位差变大,即考虑壁面蓄热时,壁面温度波动滞后主流温度波动时间更长。

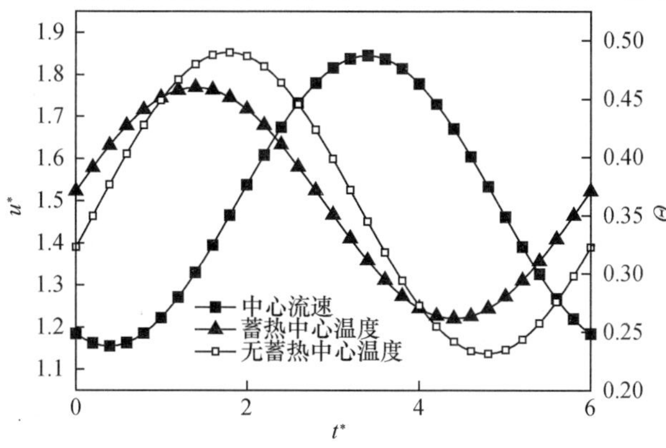

图 3.9　流道中心流速和温度的变化规律

图 3.10 所示为流场温度随着压降相对振幅的变化规律。从图中可以看出,壁面附近流体温度的波动幅度明显低于流道中心处流体的温度波动幅度。如前所述,这主要是流道附近流体流量变化较小的结果。另外,随着压降相对振幅的增加,流场温度的波动幅度也相应增加。这是流量波动幅度随压降波动幅度增大而增大的结果。

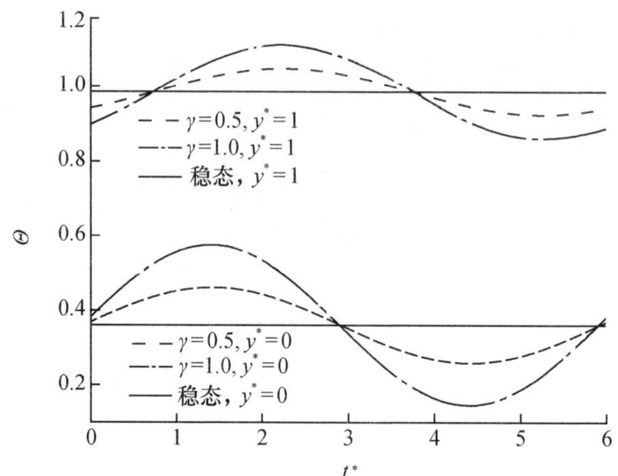

图 3.10　流场温度随着压降相对振幅的变化规律

图 3.11 所示为压降脉动周期对壁面温度的影响规律。由图可知,随着周期的增加,壁面温度的波动幅度逐渐增加。这同样是流量波动幅度随压降波动幅度增大而增大的结果。

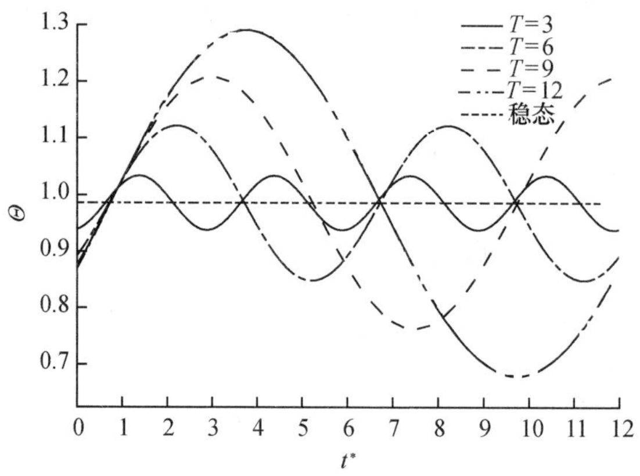

图 3.11　压降脉动周期对壁面温度的影响规律

图 3.12 所示为壁面温度随普朗特数的变化规律。由图可知,随着普朗特数的增加,壁面温度的波动幅度逐渐减小,这与壁面热流密度的变化规律一致,其原因也一样。由于高普朗特数意味着高运动黏度或者低热扩散率。在压降变化相同时,运动黏度大的情况,流体的流量波动就小,对应的温度波动也就小,即高普朗特数有抑制脉动流中温度波动的趋势。若热扩散率小,则流体的热容较大或者热导率较小。热容较大时,对相同的热量波动,流体温度波动较小;流体热导率较小时,会抑制主流和壁面之间温度变化的传播,从而抑制因主流温度变化带来的壁面温度的波动。综上可知,高普朗特数有抑制流体温度波动的趋势。

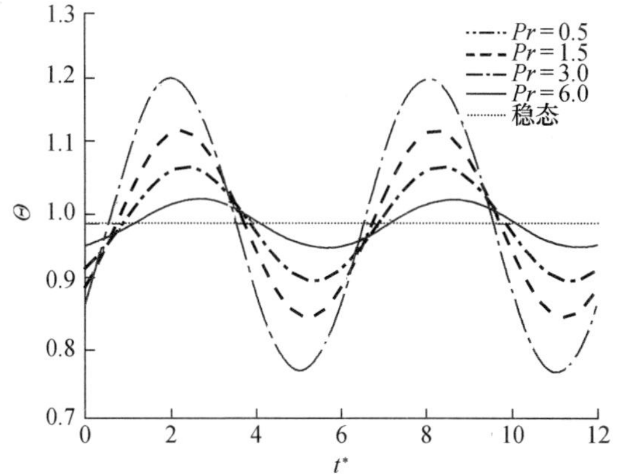

图 3. 12　普朗特数对壁面温度的影响

对充分发展的脉动层流流动换热,由稳态温度分布可知,流场温度沿着流动方向随无量纲距离线性增加,如图 3. 13 所示。流场温度线性增加是壁面平均加热量不变的结果。平均加热量不变,则流体获得的平均热量随流动方向线性增加。常物性条件下,流体的温度也线性增加。

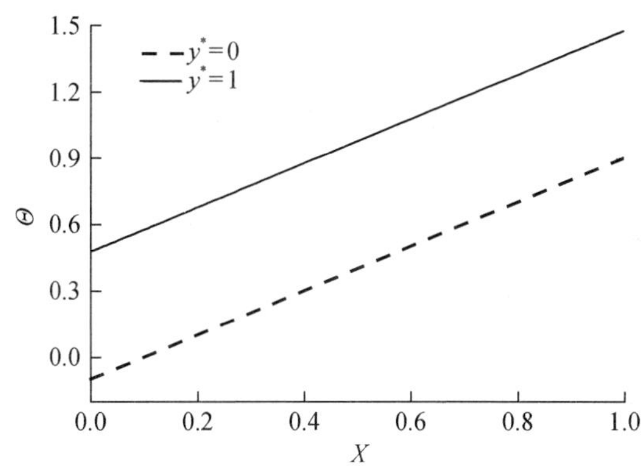

图 3. 13　流场温度沿流动方向的变化

脉动条件下瞬时努塞尔数的定义由式(3. 14)给出。如前文分析,在壁面蓄热效应的影响下,壁面热流密度的波动随着壁面蓄热能力的增大而增大,流体温度波动随着壁面蓄热能力的增大而减小。热流密度的增大和温度波动的减小可能会使努塞尔数的波动幅度增大,但由图 3. 14 可知,努塞尔数的波动幅度却随着壁面蓄热能力的增加而降低。事实上,壁面热流密度波动的增加的确可能造成努塞尔数波动幅度的增加,但平均温差若随壁面蓄热能力的增加而增加(图 3. 15),可抑制甚至反转由壁面热流密度波动而使努塞尔数波动幅度增大的效果。另外,壁面热流密度和平均温差之间存在相位差,随着壁面蓄热能力的增加,两者之间的相位差也在减小。在相位差较小的范围内,两个简谐规律变化量的比值的波动幅度随着相位差的减小而减小。因此,随着壁面蓄热能力的增加,努塞尔数的波动幅度减小了,即壁面蓄热可以抑制脉动流动换热中努塞尔数的波动。

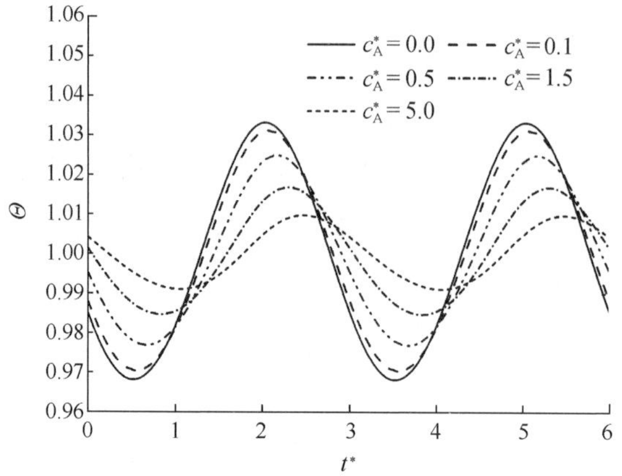

图 3.14　努塞尔数随壁面蓄热能力的变化规律

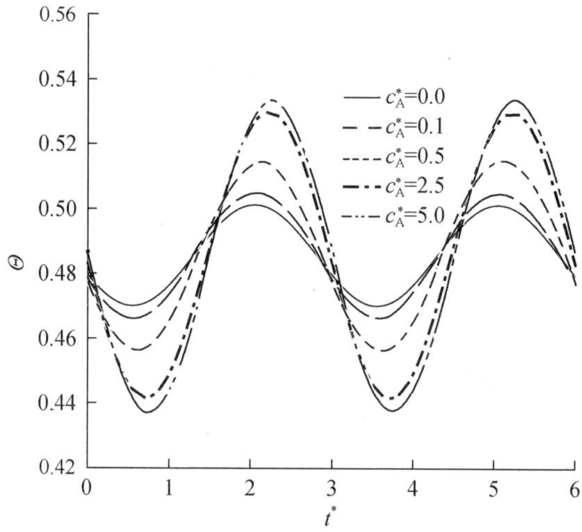

图 3.15　平均温差随壁面蓄热能力的变化规律

层流脉动流动换热中,脉动参数通过改变速度大小和分布来影响换热以及壁面蓄热效应的影响。图 3.16 所示为压降脉动周期对归一化努塞尔数的影响规律,由图可知,不同周期下,壁面蓄热效应均抑制了努塞尔数的波动幅度。当不考虑壁面蓄热效应时,壁面热流密度为常数,平均温差随着周期的增加而增加,因此努塞尔数的波动幅度随着脉动周期的增加而增加(图 3.17)。考虑壁面蓄热效应时,努塞尔数随脉动周期的变化趋势一致,只是幅度比不考虑壁面蓄热效应小。压降脉动幅度对努塞尔数的影响也是通过影响速度脉动幅度实现的,即随着压降脉动幅度的增加,流速的波动幅度增加,努塞尔数的波动幅度也增加(图 3.18)。

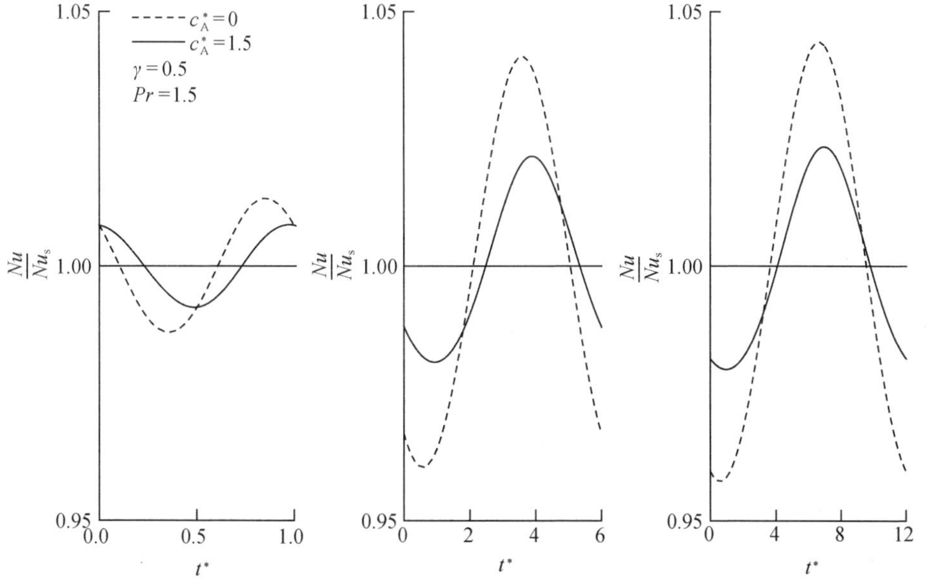

图 3.16 努塞尔数随压降脉动周期的变化规律

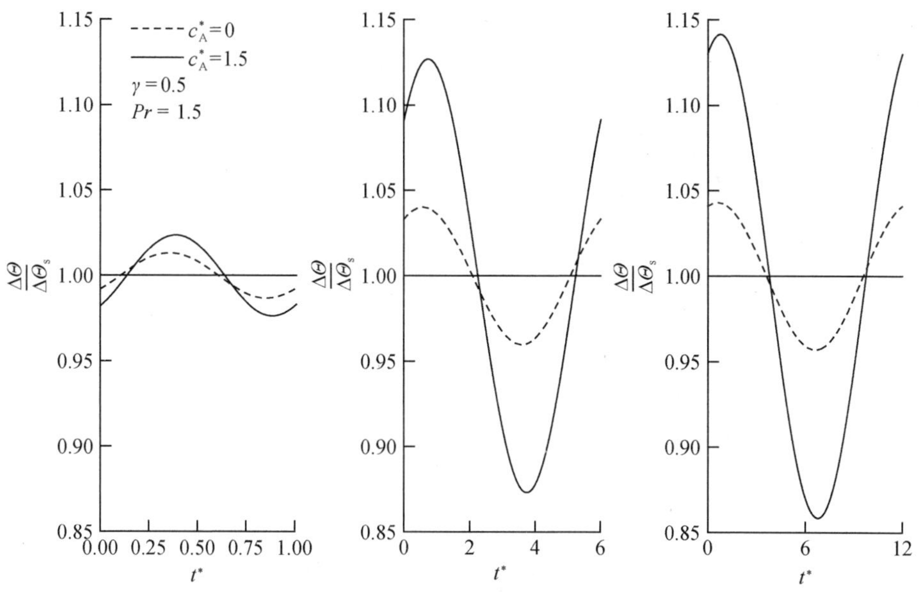

图 3.17 平均温差随脉动周期的变化规律

如图 3.19 所示，在不考虑壁面蓄热效应时，努塞尔数的波动幅度随普朗特数增加而降低，但由图 3.20 可知，在考虑壁面蓄热效应后，努塞尔数随普朗特数变化的趋势发生改变，努塞尔数随普朗特数的增加先增加，后减小。努塞尔数的波动幅度由壁面热流密度和流体平均温差的变化情况所决定，因此努塞尔数随普朗特数的变化规律也是由壁面热流密度和流体平均温差随普朗特数的变化规

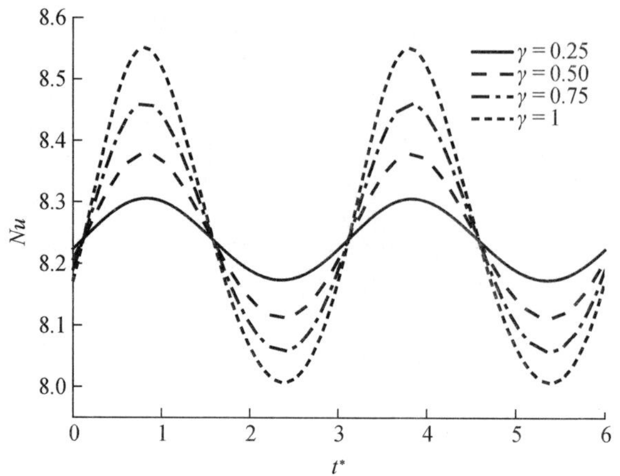

图 3.18　努塞尔数随压降脉动幅度的变化

律决定。当不考虑壁面效应时,壁面热流密度为常数,努塞尔数波动幅度随普朗特数的减小可归结为:温度波动幅度减小(如前文所述)的同时,平均温差的波动幅度也减小了。当考虑壁面蓄热效应时,一方面壁面热流密度随普朗特数的增加而减小(图 3.6),另一方面流体平均温差的波动幅度也随普朗特数的波动幅度增加而减小,且由图 3.21 和图 3.22 知,在考虑蓄热影响时,平均温差的相对波动幅度随普朗特数的增加减小较快。壁面热流密度和平均温差波动幅度随普朗特数的增加都减小,因此努塞尔数随普朗特数增大而先增大后减小的情况是普朗特数对以上两因素影响的综合结果。

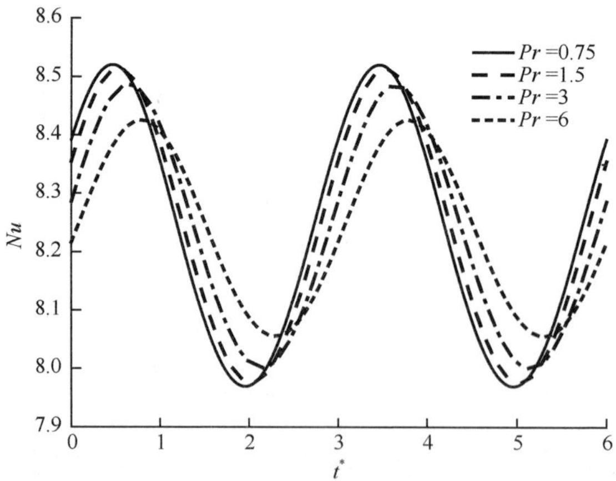

图 3.19　普朗特数对努塞尔数的影响(忽略蓄热)

前文已经获得脉动流动中流速的温度的分布规律,将其带入由式(3.15)定义的平均努塞尔数,即可得到平均努塞尔数的值。结果如图 3.23、图 3.24 所

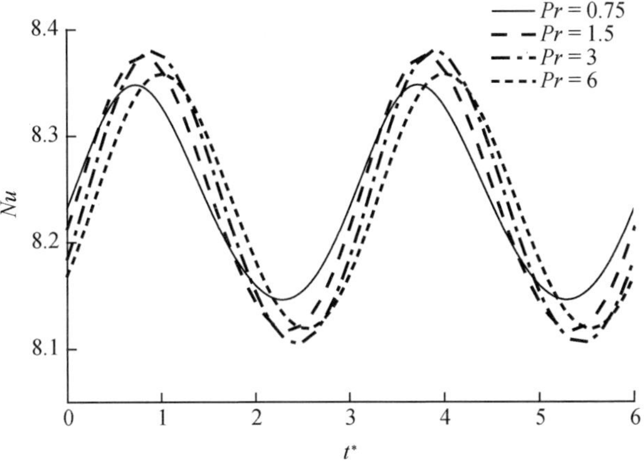

图 3.20 普朗特数对努塞尔数的影响(考虑蓄热)

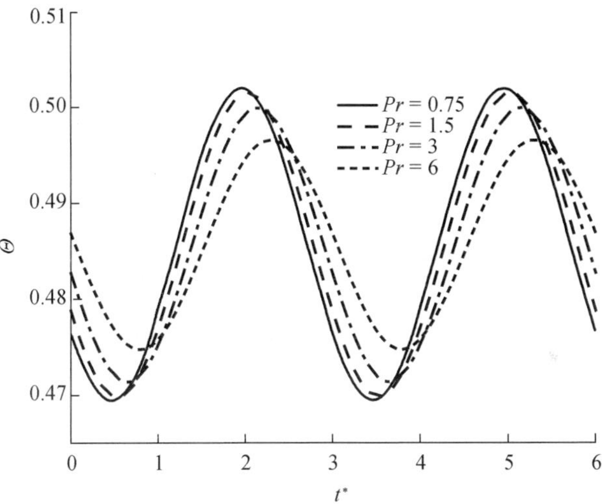

图 3.21 普朗特数对平均温差的影响(忽略蓄热)

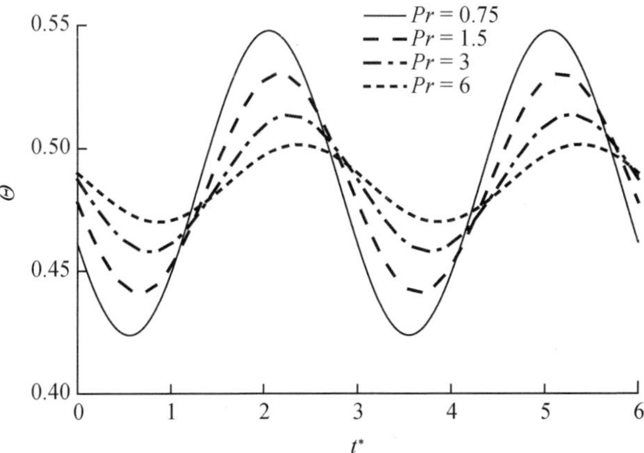

图 3.22 普朗特数对平均温差的影响(考虑蓄热)

示。由图可知：

（1）脉动流下的平均努塞尔数恒小于稳态层流流动的努塞尔数，且随流动参数的变化，努塞尔数未出现峰值；

（2）在某些工况下，平均努塞尔数值显著小于其稳态值，减小幅度可达 10%；

（3）平均努塞尔数减小的幅度随壁面蓄热能力的增加和普朗特数的增加而减小；

（4）随无量纲脉动频率的增加（脉动周期的减小）和压降脉动幅度的减小，平均努塞尔数趋近于其稳态值。

回顾温度场的求解结果，由式（3.10）可知流场的瞬时温度波动项可表示为

$$\Theta_t = (\Theta_{t1} + \mathrm{i}\Theta_{t2})\mathrm{e}^{-\mathrm{i}\omega^* t^*} \tag{3.19}$$

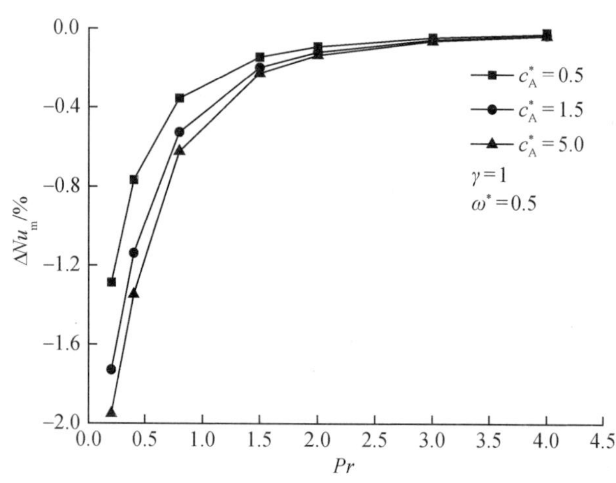

图 3.23　普朗特数和壁面蓄热对平均努塞尔数的影响

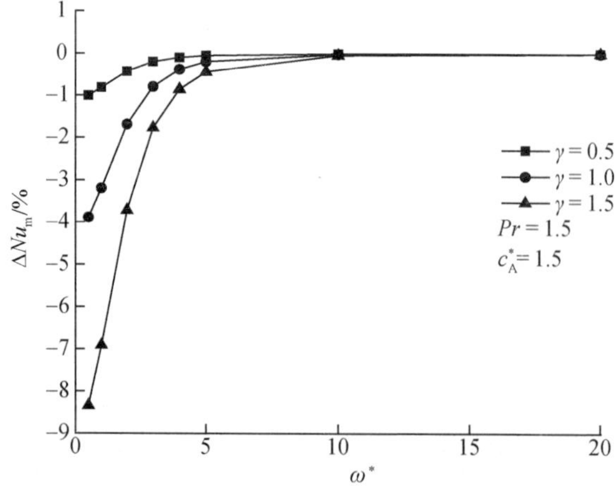

图 3.24　脉动频率和幅度对平均努塞尔数的影响

容易得到瞬变温度的时均值为0,即流体的时均温度和对应稳态工况一致,但由脉动流的平均努塞尔数小于对应稳态值可认为脉动流抑制了对流换热。这是因为流体温度所体现的是能量的分布,而努塞尔数定义中考虑了流体速度,是代表能量输运的量。因此,会得到虽然脉动流的时均温度与对应稳态工况一致,但换热能力不一致的结论。

从计算结果可知,脉动层流会抑制换热,这意味着壁面和流体的平均温度差较大。在某些工况下抑制换热效果显著,这些工况一般满足:脉动周期长(脉动频率高)、普朗特数小、压降脉动幅度大、壁面蓄热能力强。应当指出,虽然壁面蓄热能力强时,换热能力会受到抑制,但并不能忽视壁面蓄热抑制温度波动,从而降低系统内最高温度的能力。因为最高温度和温度波动的有效抑制,可以提高系统的安全性和可靠性。

3.1.2 圆管通道脉动流换热分析

圆形流道是热工回路中最常见的通道,在圆管内的层流流动换热的建模中,采取与平板层流流动换热分析相同的假设,建立动量和能量方程。

3.1.2.1 圆管内流动换热温度场求解

对圆管内流动,动量方程与其边界条件为

$$\begin{cases}\rho\dfrac{\partial u}{\partial t}=-\dfrac{\partial p}{\partial z}+\mu\left(\dfrac{\partial^2 u}{\partial^2 r}+\dfrac{1}{r}\dfrac{\partial u}{\partial r}\right)\\ r=0:\dfrac{\partial u}{\partial r}=0\\ r=R:u=0\end{cases}\tag{3.20}$$

式中:$\dfrac{\partial p}{\partial z}=\left(\dfrac{\partial p}{\partial z}\right)_{\mathrm{s}}[1+\gamma\cos(\omega t)]$。

引入以下无量纲参数:

$$r^*=\frac{r}{R},\ \omega^*=\frac{\omega R^2}{\nu},\ t^*=\frac{\nu t}{R^2},\ u_{\mathrm{m}}=-\frac{R^2}{8\mu}\left(\frac{\partial p}{\partial z}\right)_{\mathrm{s}},\ u^*=\frac{u}{u_{\mathrm{m}}}\tag{3.21}$$

由式(3.20)定义的方程为线性方程,可通过复分析法和分离变量法,根据物理实际意义,对其进行求解,最终得到平板通道截面上速度的分布为

$$u_{\mathrm{t}}=2(1-r^{*2})+\mathrm{Re}\left\{\frac{8\gamma\mathrm{i}}{\omega^*}[1-\mathrm{J}_0(\sqrt{\mathrm{i}\omega^*}r^*)/\mathrm{J}_0(\sqrt{\mathrm{i}\omega})]\mathrm{e}^{-\mathrm{i}\omega^* t^*}\right\}\tag{3.22}$$

式中:J_0 为零阶贝塞尔函数。

从式(3.22)可以看出,脉动速度与压降脉动的频率一致,影响无量纲层流速度分布的主要因素为无量纲脉动频率,压降相对脉动幅度。

对于不可压缩圆管层流流动,能量方程为

$$\rho c\left(\frac{\partial T}{\partial t}+u\frac{\partial T}{\partial x}\right)=k\left(\frac{\partial^2 T}{\partial^2 r}+\frac{1}{r}\frac{\partial T}{\partial r}\right)\tag{3.23}$$

考虑壁面热惯性时,因金属壁面较薄,且热导率较大,可认为壁面厚度方向温度近似相等,此时边界条件为

$$\begin{cases} r=0: \dfrac{\partial T}{\partial r}=0 \\ r=R: k\dfrac{\partial T}{\partial r}+c_{\mathrm{A}}\dfrac{\partial T}{\partial t}=q \end{cases} \tag{3.24}$$

式中:c_{A} 为单位面积壁面的热容;q 为单位面积壁面的加热量。

结合式(3.21)中的无量纲量,再引入式(3.25)无量纲参数,可对能量方程进行无量纲化:

$$\begin{cases} T^{*}=\dfrac{T-T_0}{qR/k} \\ x^{*}=\dfrac{x}{R} \\ X=\dfrac{4x^{*}}{RePr} \\ Re=\dfrac{2u_{\mathrm{m}}R}{\nu} \\ c_{\mathrm{A}}^{*}=\dfrac{c_{\mathrm{L}}\nu}{kR} \end{cases} \tag{3.25}$$

式中:T_0 为参考温度。

与平板能量方程求解方法一致,将温度分解为稳态项和瞬变项两部分:

$$T^{*}=T_{\mathrm{s}}(r^{*},X)+T_{\mathrm{t}}(r^{*},t^{*}) \tag{3.26}$$

对圆管内等热流稳态层流流动,流动和换热均充分发展的对流换热问题,可得

$$T_{\mathrm{s}}^{*}=X+r^{*2}-\frac{r^{*4}}{4}-\frac{7}{24} \tag{3.27}$$

对瞬变项,假设解具有下述形式:

$$T_{\mathrm{t}}(r^{*},t^{*})=\mathrm{Re}[f(r^{*})\mathrm{e}^{\mathrm{i}\omega^{*}t^{*}}] \tag{3.28}$$

由格林函数与常数变易法,可得方程的解:

$$f(r^{*}) = \int_0^1 G(r^{*},r_1^{*})g(r_1^{*})\mathrm{d}r_1^{*} \tag{3.29}$$

其中

$$G(r,r_1)=\begin{cases} C_{11}\mathrm{J}_0(Kr)+C_{12}\mathrm{Y}_0(Kr), & r<r'' \\ C_{21}\mathrm{J}_0(Kr)+C_{22}\mathrm{Y}_0(Kr), & r''<r \end{cases}$$

$$C_{11}=\frac{\pi}{2}\left[\mathrm{Y}_0(Kr_1)-\mathrm{J}_0(Kr_1)\frac{K\mathrm{Y}_1(K)-\mathrm{i}\omega c_{\mathrm{A}}^{*}\mathrm{Y}_0(K)}{K\mathrm{J}_1(K)-\mathrm{i}\omega c_{\mathrm{A}}^{*}\mathrm{J}_0(K)}\right], \quad C_{12}=0$$

$$C_{21}=-\mathrm{J}_0(Kr_1)\frac{\pi}{2}\left[\frac{K\mathrm{Y}_1(K)-\mathrm{i}\omega c_{\mathrm{A}}^{*}\mathrm{Y}_0(K)}{K\mathrm{J}_1(K)-\mathrm{i}\omega c_{\mathrm{A}}^{*}\mathrm{J}_0(K)}\right], \quad C_{22}=\frac{\pi}{2}\mathrm{J}_0(Kr_1)$$

3.1.2.2 圆管内脉动流动换热分析

圆管内脉动流对换热特性的影响如图 3.25、图 3.26 所示，与平板间脉动流动换热特性类似，此处不再详细分析，但对比圆管流动与平板流动中参数对平均努塞尔数的影响可知，圆管内脉动流条件下努塞尔数下降更多。该现象是由其边界条件的不同引起的。圆管流动中流体被圆形曲面包围，而平板间流动中，流体被平面包围。这种边界对换热存在两个方面的影响。首先是水力学方面的，平板层流的摩阻系数为 $96/Re$，而圆管内层流的阻力系数仅为 $64/Re$。由于较小的阻力系数，在相同脉动参数条件下，圆管内的流量波动较平板内的流动波动大。因此脉动流动对圆管内的流动换热影响较为剧烈。其次，边界条件对换特性的影响体现在热力学方面。加热和壁面的蓄热作用都是通过壁面产生，边界条件不同，带来了不同的温度和温度梯度的分布。图 3.27 和图 3.28 给出了相同参数下温度和温度梯度的分布。从图中可以发现，圆管内流体的温度较低，但温度梯度较大。圆管内流动温度梯度最大值远离壁面，而平板间流动温度梯度最大值则靠近壁面。温度梯度代表了传递到流体内部的热流密度，该热流密度受到壁面蓄热的影响。综上可知，圆管内动量和能量传递方面的差异导致了脉动流动对换热影响更大的结果。

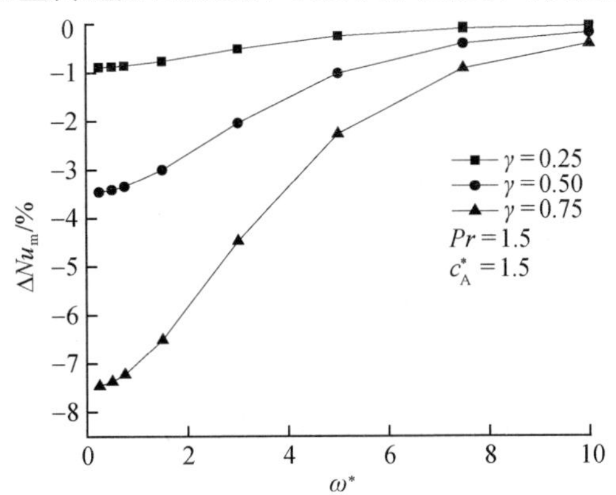

图 3.25 脉动频率和幅度对平均努塞尔数的影响

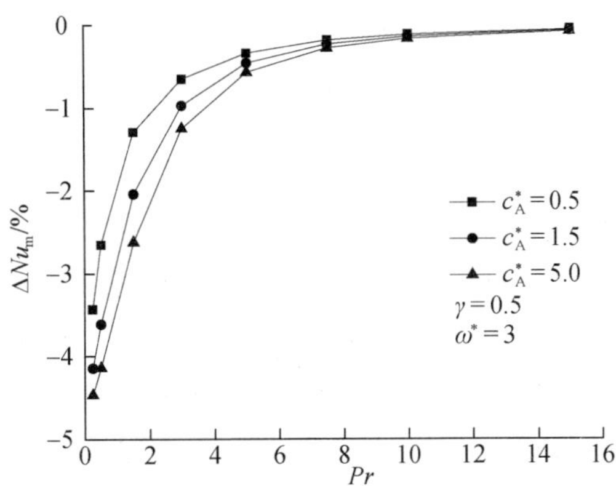

图 3.26 普朗特数和壁面蓄热对平均努塞尔数的影响

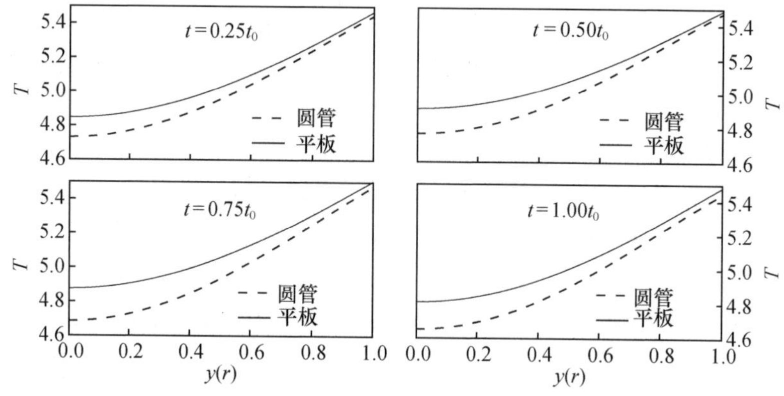

图 3.27　脉动条件下温度随径向的分布

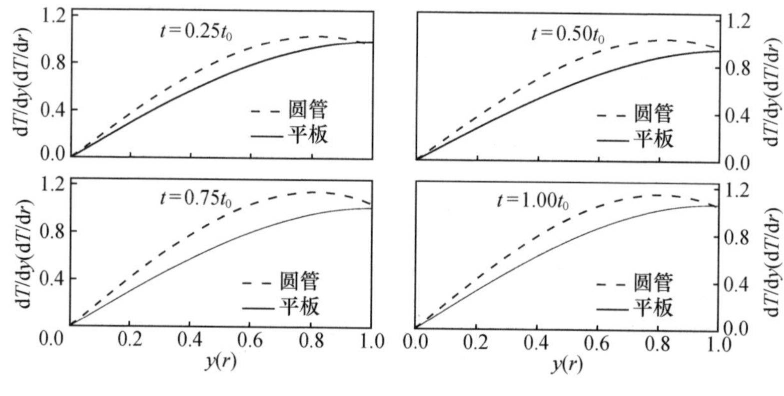

图 3.28　脉动条件下温度梯度随径向的分布

3.2　摇摆条件下单相流动换热特性数值分析

对于海洋条件下平台的摇摆运动而言，其引起的低频率径向周期力场对矩形流道内的流动换热特性的影响因素及影响程度尚不明确，因此，本节对摇摆状态径向周期力场作用下窄矩形通道内的微观及宏观流动换热特性进行数值研究。

3.2.1　计算模型

由受力分析可知，摇摆状态下流道内的流体会受到垂直于流动方向的科氏力、切向力及离心力分力的作用，而由式(3.30)～式(3.32)可知，切向力、离心力的径向分力除了与摇摆参数相关，还与系统布置形式及尺寸相关，而科氏力只与摇摆参数及流动速度相关：

$$F_{\mathrm{ce},\perp}=\rho[\theta_{\max}(2\pi/t_{\mathrm{Ro}})\cos(2\pi t/t_{\mathrm{Ro}})]^2R \tag{3.30}$$

$$F_{ta,\perp}=\rho\theta_{max}(2\pi/t_{Ro})^2L\sin(2\pi t/t_{Ro}) \tag{3.31}$$

$$F_{co}=-2\rho u\theta_{max}(2\pi/t_{Ro})\cos(2\pi t/t_{Ro}) \tag{3.32}$$

由于科氏力的作用强度与速度分布密切相关,对于矩形通道而言,由于其窄边与宽边速度分布存在极大差异,因此沿不同摇摆轴运动产生的影响可能存在差异,如图3.29所示,定义沿 x'轴摇摆时为纵摇,沿 y'轴摇摆时为横摇,本书中所有流动换热实验均在横摇状态下进行,因此,如不作特别说明,书中所提及的摇摆运动均指横摇。在相同的质量流速条件下,当壁面-流体温度差不同时,流道截面上的速度分布也会存在差异,换热温差越大,流道中心速度分布越平坦,因此需考虑周期力对不同壁面-流体温度差时的流动换热特性差异,此外,由于摇摆状态下系统处于倾斜角度连续变化状态,因此还需讨论浮升力场改变对流动换热特性的影响。

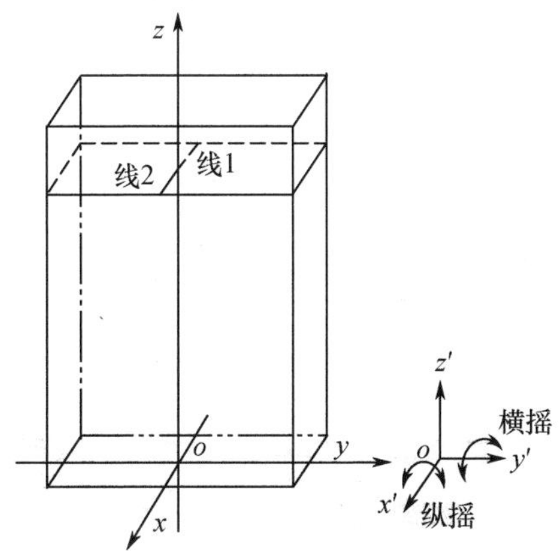

图3.29 摇摆示意图

由于流体受到周期性变化的附加惯性力作用,当采用CFD软件对质量、动量及能量守恒方程进行求解时,需对各守恒方程进行修正。

摇摆状态下流体的质量守恒方程与静止状态相同,即

$$\frac{\partial\rho}{\partial t}+\frac{\partial(\rho u_i)}{\partial x_i'}=S_m \tag{3.33}$$

式中:u_i 为速度分量;S_m 为源项。

摇摆状态下的流体由于受到附加惯性力的作用,其动量方程需修正为

$$\nabla\cdot(\rho uu)=\nabla\cdot(\mu\nabla u)-\frac{\partial p}{\partial x'}-\left(\frac{\partial\rho\,\overline{u'u'}}{\partial x'}+\frac{\partial\rho\,\overline{u'v'}}{\partial y'}+\frac{\partial\rho\,\overline{u'w'}}{\partial z'}\right)+F_{add,1} \tag{3.34}$$

$$\nabla\cdot(\rho vu)=\nabla\cdot(\mu\nabla v)-\frac{\partial p}{\partial y'}-\left(\frac{\partial\rho\,\overline{v'u'}}{\partial x'}+\frac{\partial\rho\,\overline{v'v'}}{\partial y'}+\frac{\partial\rho\,\overline{v'w'}}{\partial z'}\right)+F_{add,2} \tag{3.35}$$

$$\nabla \cdot (\rho w u) = \nabla \cdot (\mu \nabla w) - \frac{\partial p}{\partial z'} - \left(\frac{\partial \rho \overline{w'u'}}{\partial x'} + \frac{\partial \rho \overline{w'v'}}{\partial y'} + \frac{\partial \rho \overline{w'w'}}{\partial z'} \right) \quad (3.36)$$

式中：u、v、w 分别为 x'、y'、z'方向的速度分量；u'、v'、w'分别为 x'、y'、z'方向的速度脉动量；p 为压力；μ 为流体黏性；F_{add} 为附加惯性力，对于横摇状态而言，$F_{add,2}=0$，对于纵摇状态而言，$F_{add,1}=0$。

流体的能量守恒方程可表示为

$$\frac{\partial(\rho E)}{\partial t} + \frac{\partial[u_i(\rho E + p)]}{\partial x'_i} = \frac{\partial}{\partial x'_i}\left(k_{eff} \frac{\partial T}{\partial x'_i} - \sum_{j'} h_{j'} J_{j'} + u_j \tau_{ij,eff} \right) + S_h \quad (3.37)$$

式中：k_{eff}为有效导热系数；$J_{j'}$为扩散率；E 为流体内能；S_h为体积热源；$k_{eff}\partial T/\partial x_i$、$\sum_{j'} h_{j'}J_{j'}$、$u_j\tau_{ij,eff}$分别为由热传导、组分扩散及黏性耗散引起的能量输运。

由于本书主要分析附加惯性力对流道内二次流的影响，因此采用能更好地求解流线曲率、涡旋的雷诺应力模型，并采用 PISO 算法计算压力 - 速度耦合，采用 QUICK 格式对动量方程的对流和扩散项进行离散，采用低雷诺数模型处理壁面附近的边界层流体。假定摇摆状态下轴向附加周期力场并未引起流量出现变化，在计算过程中采用恒定速度入口、压力出口及无滑移边界条件，此外，由于书中将考虑加热对速度分布的影响，因此在模型中还需考虑流体物性与温度的关系。

3.2.2 摇摆运动对流动换热特性的影响

3.2.2.1 影响因素分析

1. 周期力场影响分析

由于摇摆状态下矩形通道同时受到科氏力、切向力及离心力场的影响，因此，需分别考虑各项力场引起的二次流变化对流动换热特性的影响。以当前实验装置最剧烈摇摆运动工况（$\theta_{max}=20°$、$T_{Ro}=10s$）为例，当流动速度为 1m/s，而式(3.30)及式(3.31)中的 R 及 L 发生变化时，由图 3.30 可见，回路尺寸改变对截面最大二次流涡量的影响极小，表明科氏力对二次流变化的影响占主导地位，因此，在下面分析中只考虑径向周期力场中科氏力的影响。

2. 纵摇与横摇的影响

以截面尺寸 2mm×40mm 的流道在摇摆参数 $\theta_{max}=20°$、$T_{Ro}=10s$ 及入口速度 1m/s 工况为例，由图 3.31 及图 3.32 可见，在 $z=0.9$m 截面，横摇与纵摇运动引起的科氏力变化均导致二次流出现周期性的变化，且变化主要体现在流道窄边附近区域，主流中心几乎没有受到影响。此外，图 3.31 及图 3.32 还表明当前条件下温度场受科氏力的影响并不显著。

由于二次流是同一截面不同位置处流体所受的科氏力强度存在差异而形

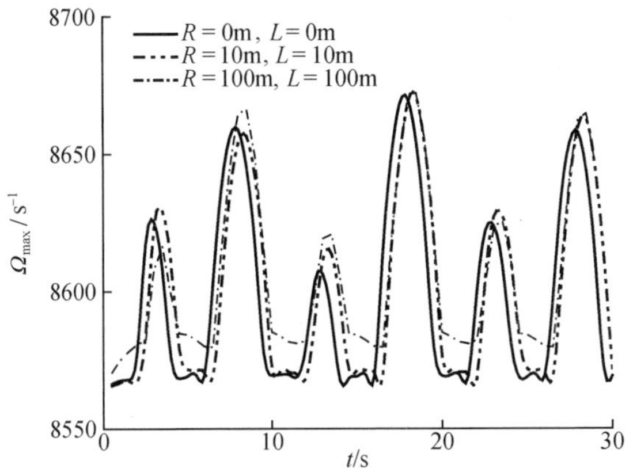

图 3.30　截面最大二次流涡量随周期力场变化规律

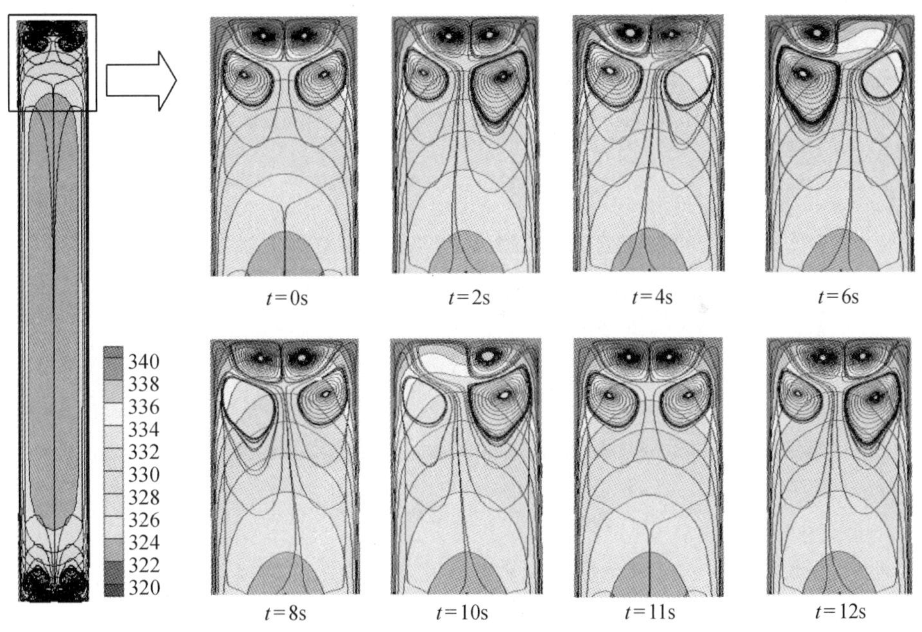

图 3.31　横摇状态二次流及温度场

成,因此科氏力差异越大,二次流强度也越大,而由图 3.33 可见,由于矩形流道中心区域的速度完全一致,其受到的科氏力的大小也相等,所以中心区域基本不存在二次流动,而流道窄边附近由于存在较大的速度梯度,因此二次流主要集中于该区域。

本书分别通过分析周期力场作用下流道内的最大二次流涡量、壁面切应力及换热系数变化规律来研究周期力场对微观及宏观流动换热特性的影响,由于

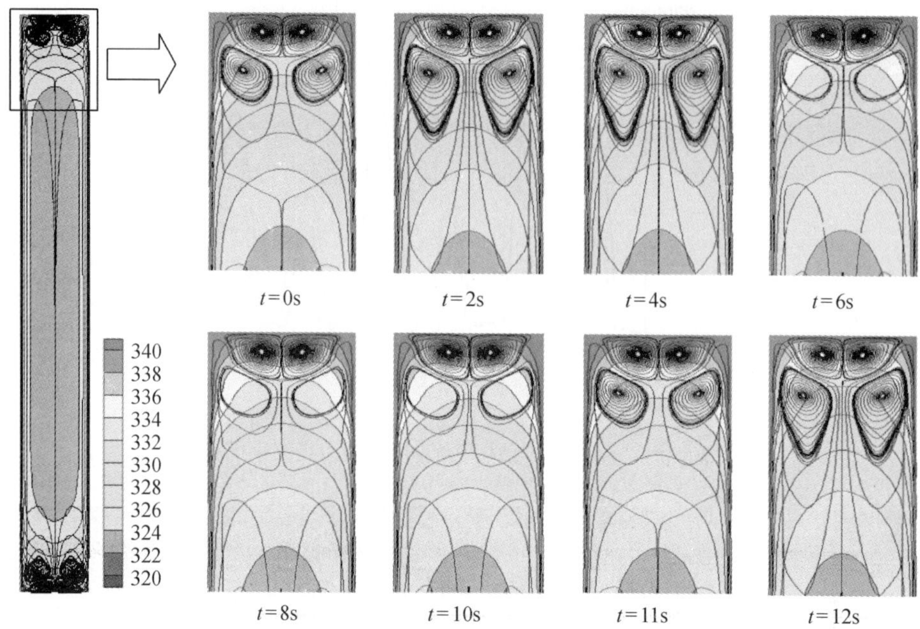

图 3.32　纵摇状态二次流及温度场

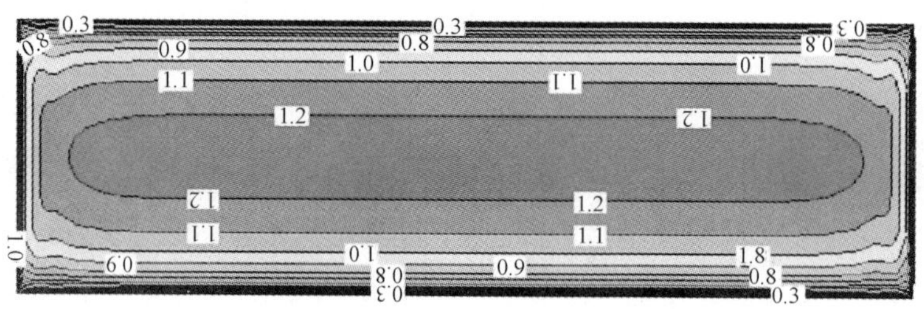

图 3.33　$z=0.9\mathrm{m}$ 处截面速度分布

矩形通道换热主要依靠宽边壁面，因此只考虑宽边壁面的换热系数变化。此外，为便于分析科氏力对二次流涡量及换热系数的影响，定义无量纲截面最大二次流涡量 Ω^*、无量纲换热系数 h^* 及无量纲壁面切应力 τ_w^*：

$$\Omega^* = \Omega/\Omega_0 \tag{3.38}$$

$$h^* = h/h_0 \tag{3.39}$$

$$\tau_w^* = \tau_w/\tau_{w,0} \tag{3.40}$$

式中：Ω、h、τ_w 分别为科氏力作用下的瞬时截面最大二次流涡量、瞬时换热系数及壁面切应力；Ω_0、h_0、$\tau_{w,0}$ 分别为静止状态的截面最大二次流涡量、换热系数及壁面切应力。

以壁面-流体换热温差为10℃处截面的最大二次流涡量及宽边中心点换热系数随时间的变化规律为例，由图3.34可见，纵摇与横摇均导致二次流涡量、换热系数及壁面切应力出现周期性的波动，且横摇对换热系数及二次流变化的影响大于纵摇。此外，尽管横摇状态下截面最大二次流涡量增大幅度达8%，但横摇状态下宽边壁面换热系数的最大强化程度仅为0.02%，二次流变化引起的壁面切应力增大幅度仅为静止状态下的0.002%。主要原因在于二次流主要集中于流道窄边附近非常小的区域，科氏力引起的局部二次流及温度场变化并不足以引起宏观流动换热特性发生改变，因此科氏力对流动换热特性的影响完全可以忽略不计。

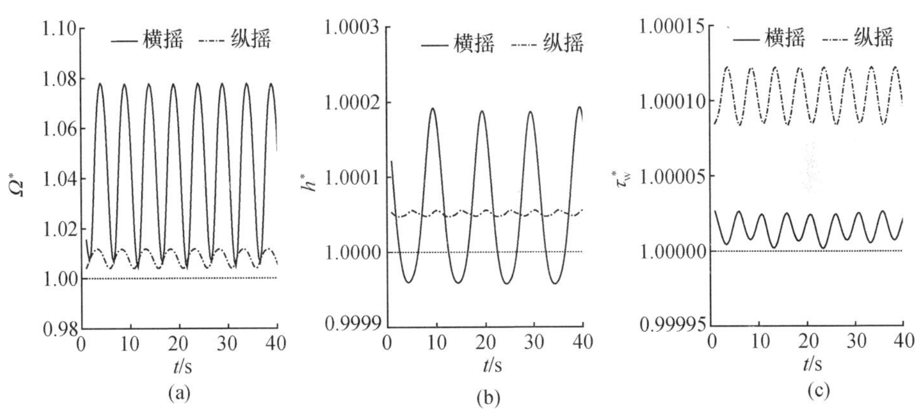

图3.34 横摇与纵摇的影响

(a) 最大二次流涡量；(b) 换热系数；(c) 壁面切应力。

3. 倾斜角度的影响

以与图3.32相同加热功率、入口流体温度工况为例，当流道在倾斜角度0°~20°范围内变化时，由图3.35(a)可见，尽管最大二次流涡量随倾斜角度增加而增大，但其最大增加幅度仅为0.3%，而在在相同的摇摆运动状态下科氏力引起的二次流增大幅度达8%，相对而言，摇摆状态下实验段倾斜引起的浮升力变化对二次流的影响完全可以忽略。此外，由图3.35(b)及图3.35(c)可见，倾斜状态下浮升力变化引起的换热系数及壁面切应力变化远小于科氏力的作用，因此在分析周期力场作用下二次流变化对流动换热特性的影响时可忽略系统倾斜引起的浮升力变化影响。

4. 壁面-流体温度差的影响

由图3.36(a)可见，当流速为1m/s、壁面-流体换热温差分别为10℃、20℃及30℃时，截面最大二次流涡量受温度改变的影响并不明显，换热系数及壁面切应力的变化幅度均随换热温差增大而增大，但最大换热系数波动幅度仅为0.1%，而壁面切应力的变化仅为0.01%，因此其影响也可忽略不计。

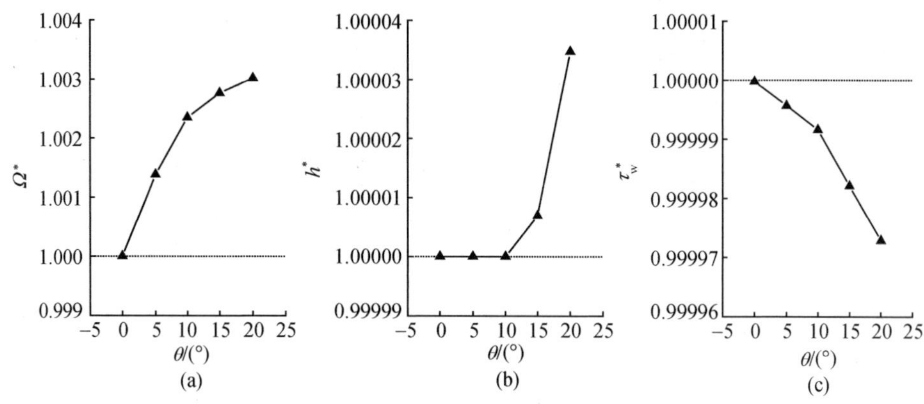

图 3.35　倾斜角度对二次流及换热系数的影响
（a）最大二次流涡量；（b）换热系数；（c）壁面切应力。

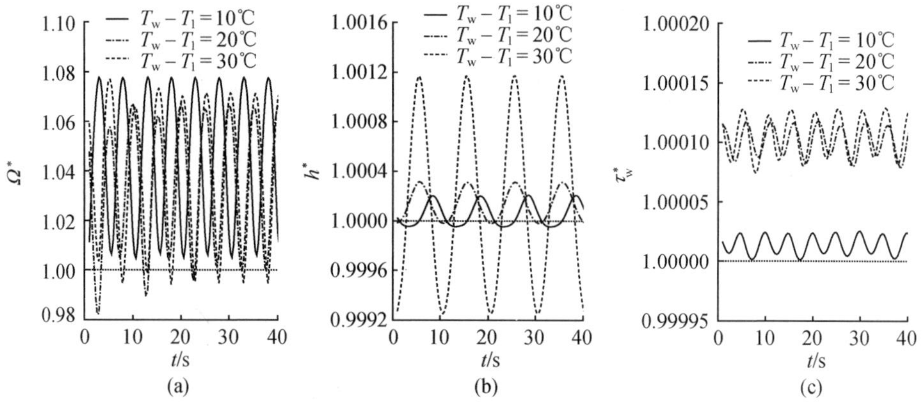

图 3.36　横摇状态下换热温差对二次流及换热系数的影响
（a）最大二次流涡量；（b）换热系数；（c）壁面切应力。

5. 流动速度的影响

由图 3.37 可知，在相同换热温差、相同科氏力作用下的二次流涡量波动幅度随流动速度增大而减小，当流速增大至 10m/s 后，附加惯性力几乎不会引起二次流涡量出现变化，主要原因在于速度越大，速度分布越平坦，科氏力的作用区域也越小。此外，由图 3.37(b)及(c)可见，换热系数及壁面切应力的波动幅度随流速增大而减小，当流动速度从 1m/s 增至 10m/s 后，科氏力引起的壁面切应力增大幅度仅为 0.0005%，其影响完全可以忽略不计。

6. 科氏力强度的影响

在与图 3.31 相同流速、壁面温差及摇摆运动参数条件下，将径向周期力场强度增加至 $10F_{co}$时，如图 3.38 及图 3.39 所示，窄边附近的二次流及温度场均开始发生显著的周期性变化，相对于静止状态而言，二次流及温度场均出现明显的畸变，且纵摇引起的二次流影响区域大于横摇状态。

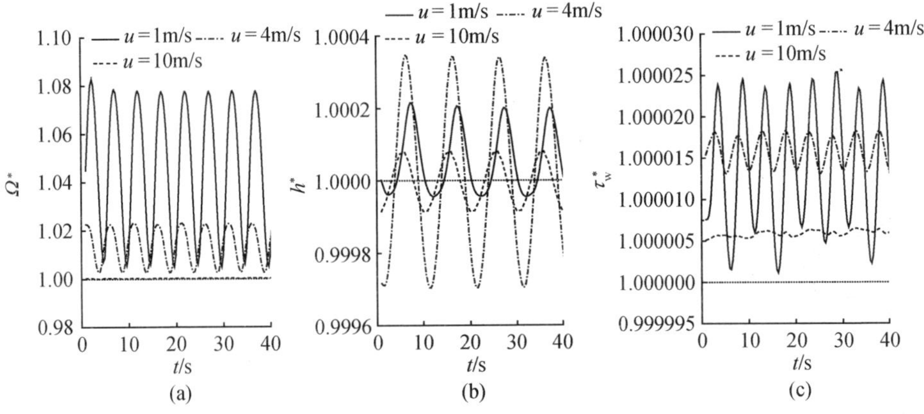

图 3.37 横摇状态下流动速度对二次流及换热系数的影响

(a) 最大二次流涡量；(b) 换热系数；(c) 壁面切应力。

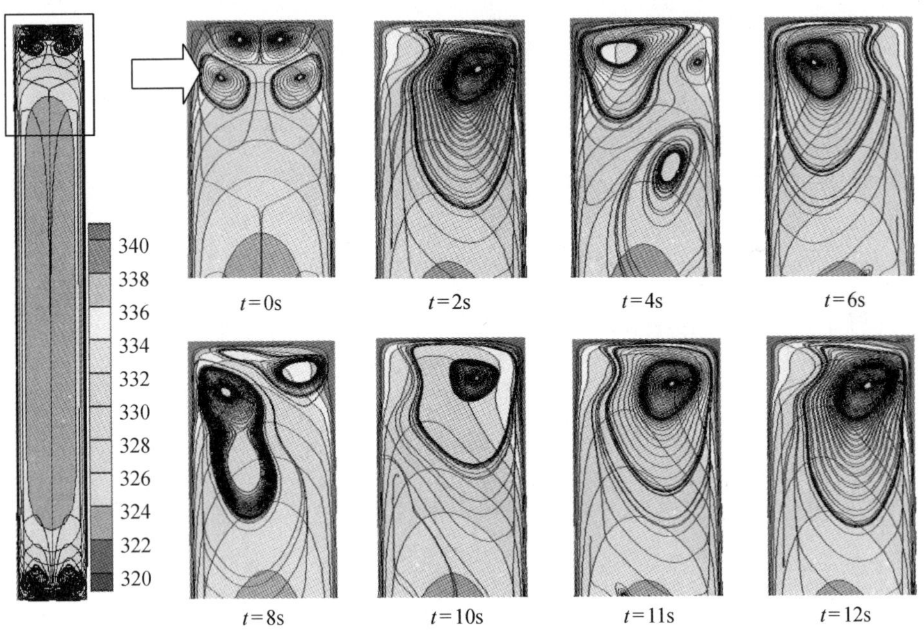

图 3.38 横摇状态下科氏力增大 10 倍后的二次流及温度场

由图 3.40 可见，当科氏力强度增大后，纵摇引起最大二次流强度也显著增大，因此纵摇状态下的换热系数及壁面切应力变化均大于横摇状态，但相对而言其变化幅度仍非常小，由图 3.40(b)及(c)可见，当流量不发生变化时，即使科氏力的强度增大 10 倍，其引起的最大换热系数变化也仅为 0.1%，而壁面切应力的最大变化幅度不到 0.4%，因此，对于截面尺寸为 2mm×40mm 的窄间隙矩

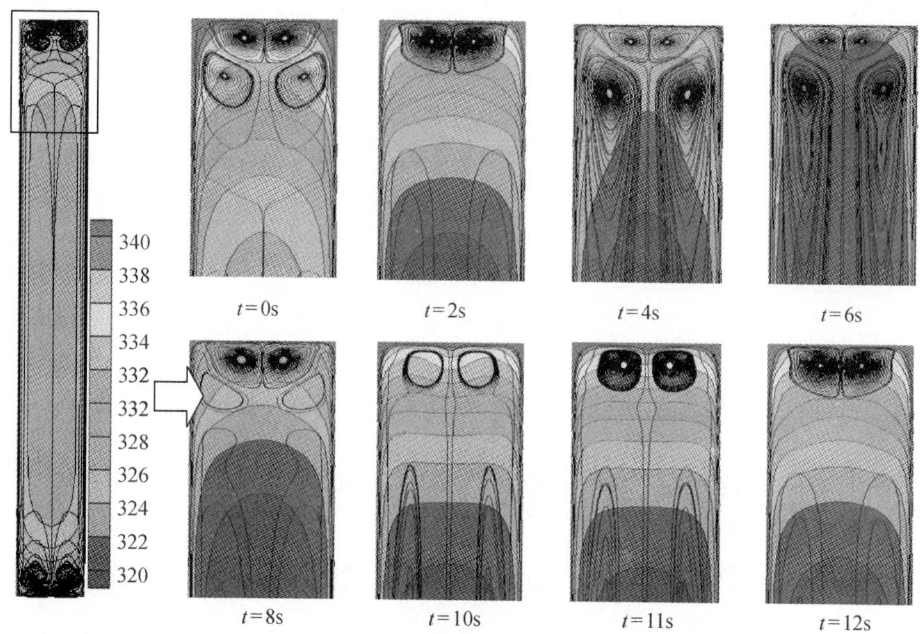

图 3.39　纵摇状态下科氏力增大 10 倍后的二次流及温度场

形流道而言，摇摆状态周期力场引起的二次流变化对流动换热特性的影响完全可以忽略。

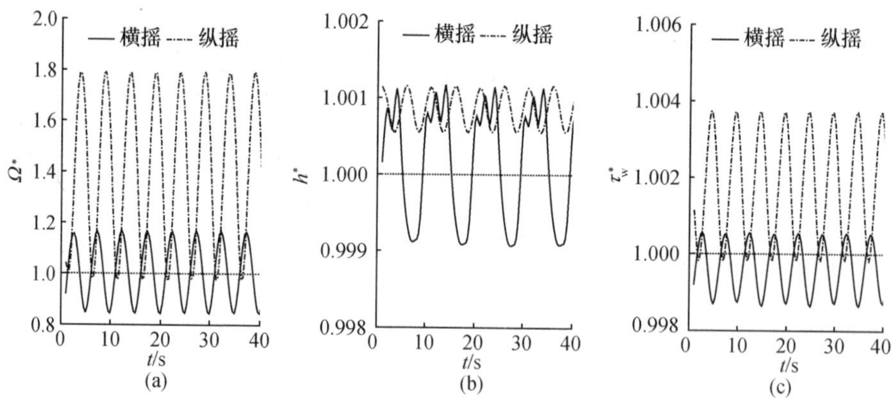

图 3.40　科氏力强度的影响

(a) 最大二次流涡量；(b) 换热系数；(c) 壁面切应力。

7. 流道尺寸的影响

在流道截面尺寸分别为 4mm × 40mm、8mm × 40mm、2mm × 60mm 及 2mm × 80mm 的矩形通道内，以最大摇摆角度 $\theta_{max} = 20°$、摇摆周期 $T_{Ro} = 10$s、流速 $u = 1$m/s及壁面 - 流体换热温差为 10℃时的工况为例，由图 3.41 及图 3.42 可

见,相对于图 3.31 而言,随着窄边尺寸增大,二次流影响区域逐渐增大,当窄边尺寸达到 8mm 时,流道截面将近 2/3 的区域都受到二次流的影响,且二次流涡旋出现明显的聚合 - 分离过程。

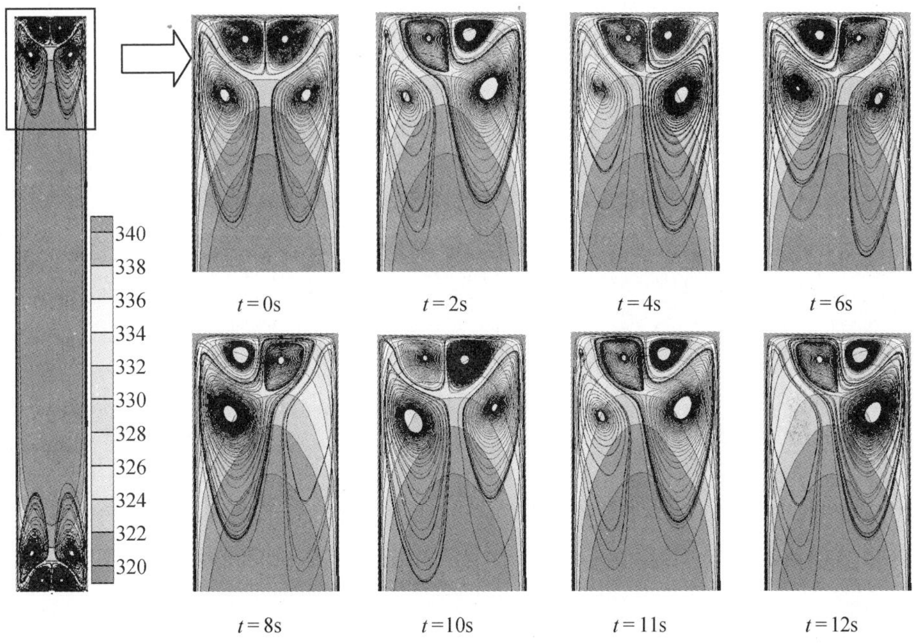

图 3.41 横摇对 4mm × 40mm 流道内二次流及温度场的影响

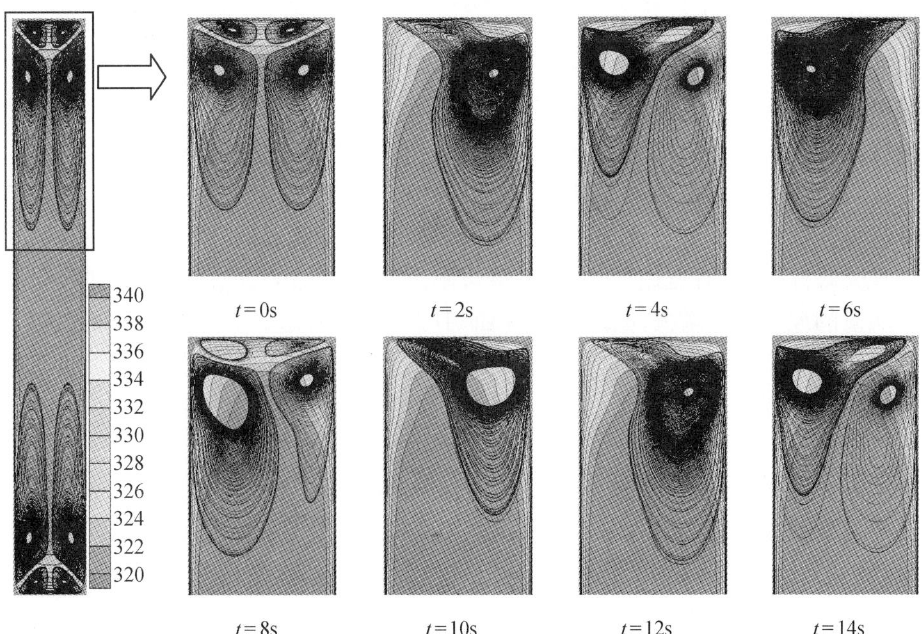

图 3.42 横摇对 8mm × 40mm 流道内二次流及温度场的影响

由图 3.31、图 3.43 及图 3.44 可见,科氏力作用下的二次流变化规律并未受宽边尺寸改变的影响,二次流涡旋并未出现如图 3.41 及图 3.42 中的破裂-合并现象,且随宽边尺寸增大,二次流作用区域在流道中所占面积逐渐减小,表明在相同科氏力作用条件下,宽边尺寸变化引起的流动换热特性变化小于窄边尺寸改变造成的影响。

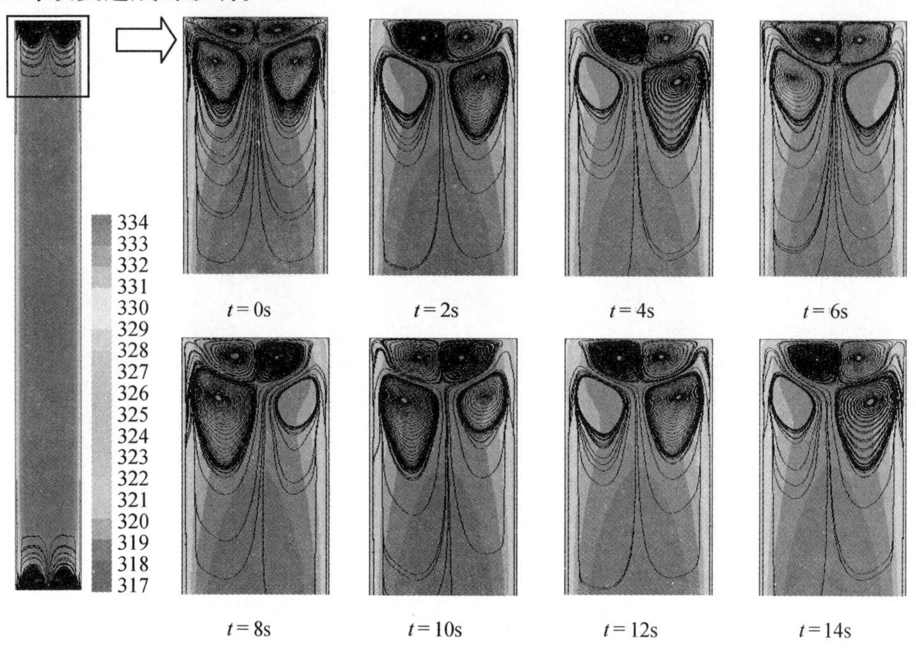

图 3.43　横摇对 2mm×60mm 流道内二次流及温度场的影响

由图 3.45 可见:在相同的科氏力作用下,流道窄边尺寸越大,科氏力引起的换热系数及壁面切应力波动幅度也越大,当流道截面尺寸增至 8mm×40mm 时,科氏力引起的换热系数的波动幅度约为 0.5%,而壁面切应力的波动幅度约为 0.02%,因此,减小矩形通道窄边尺寸具有抑制二次流影响的作用;而在相同窄边尺寸条件下,随着宽边尺寸增大,窄边附近的速度梯度也增大,导致最大二次流涡量的波动幅度增大,因此平均壁面切应力也有所增大。但由于窄间隙矩形通道的二次流变化主要集中于窄边附近非常有限的区域,其引起的宏观流动换热特性变化非常有限,因此,科氏力作用下矩形通道内流动换热特性不仅与当量直径相关,还与高宽比相关。

8. 流量脉动的影响

对于截面尺寸 2mm×40mm 窄间隙矩形通道而言,在与图 3.31 相同热流密度条件下,当轴向周期力场诱发流量出现周期性的脉动时,如图 3.46 所示,纵摇及横摇引起的径向周期力场均未导致宏观流动换热特性发生明显变化,表明在当前摇摆运动引起的附加周期力场下,即使轴向力场引起流量出现显著的周期

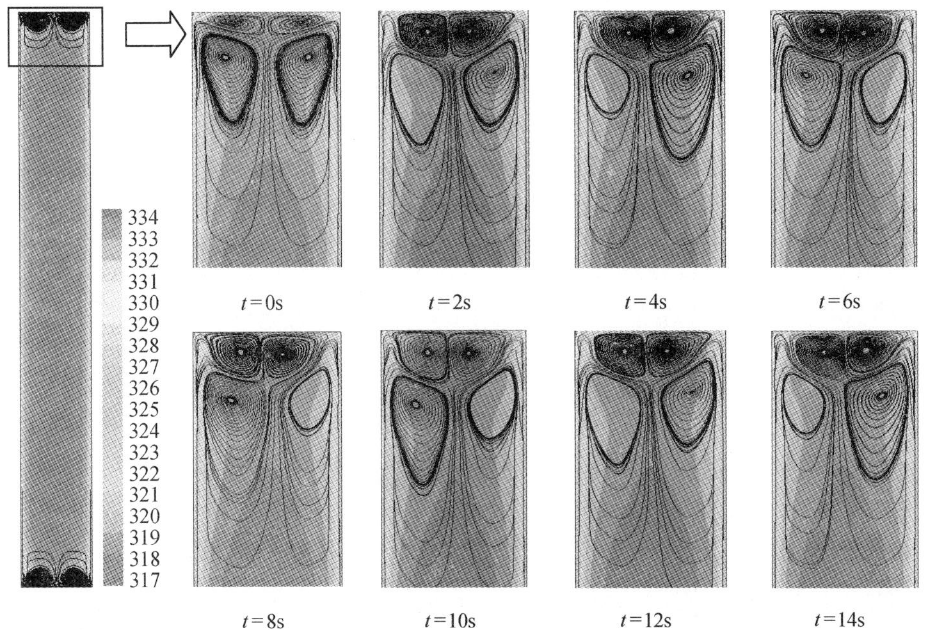

图 3.44 横摇对 2mm×80mm 流道内二次流及温度场的影响

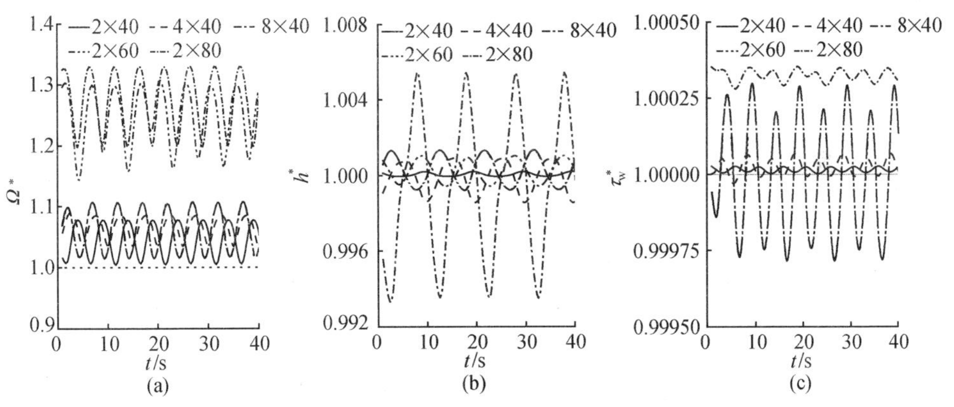

图 3.45 流道尺寸变化对二次流及换热特性的影响

(a) 最大二次流涡量；(b) 换热系数；(c) 壁面切应力。

性脉动，径向力场也不足以引起窄矩形通道内的宏观流动换热特性发生明显变化。

3.2.2.2 影响程度分析

由图 3.32 ~ 图 3.46 可知，径向周期力场作用下矩形通道流动换热特性主要受最大科氏力强度、流道尺寸及流动速度等因素的影响，为表征各项因素对流动换热特性的影响，定义无量纲摇摆数 Ro 为

$$Ro = \omega_{\max} D_e / u \tag{3.41}$$

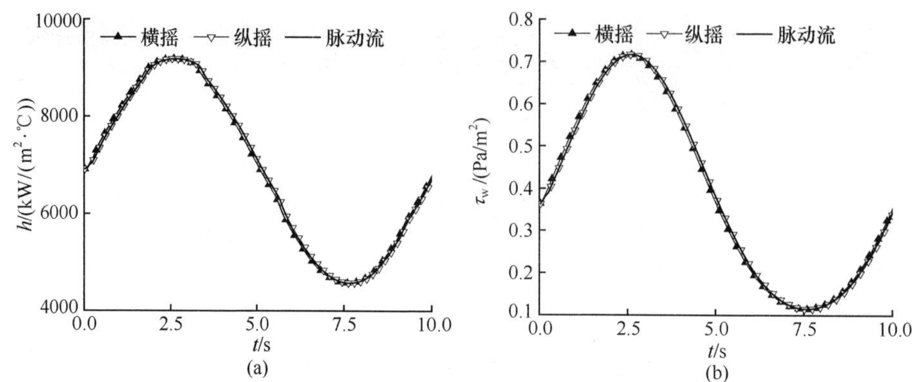

图 3.46　科氏力对脉动流流动换热特性的影响
(a) 换热系数；(b) 壁面切应力。

式中：ω_{max}为最大摇摆角速度。

对于本书中截面尺寸为 2mm × 40mm 的矩形流道而言，由于科氏力作用方向对流动换热特性的影响极大，因此还需分别讨论纵摇与横摇的影响。如图 3.31所示，在轴向周期力场不足以引起流量出现脉动的条件下，径向周期力场对流动特性的影响程度随着 Ro 增大而愈发显著，而在相同 Ro 条件下，径向周期力场的影响随流速增大而减小，且纵摇状态下周期力场引起的流动特性变化远大于横摇状态。

一般而言，风浪引起的船舶最大摇摆角度小于 30°，摇摆周期大于 5s，由式(3.41)计算可知，船舶摇摆运动状态下的当前矩形流道内的湍流流动最大摇摆数 $Ro < 0.00125$，而由图 3.47 可见，在船舶摇摆运动引起的周期力场作用区域，流动及换热特性并未随径向周期力场的改变而发生显著变化，因此，摇摆状态下径向周期力场对流动特性的影响可完全忽略。

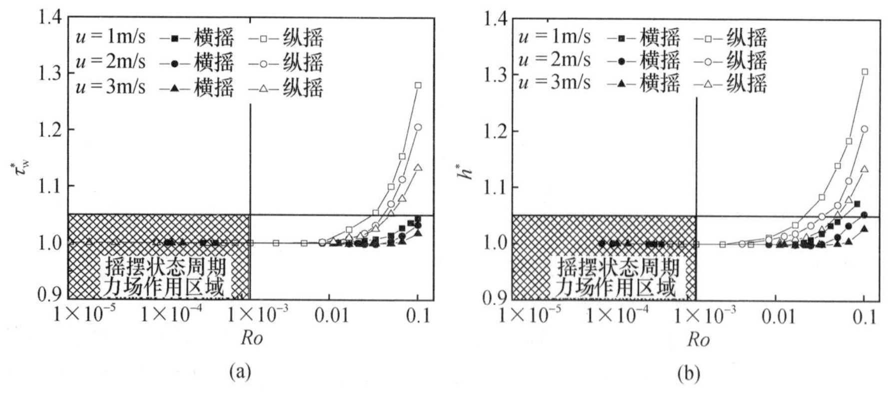

图 3.47　径向周期力场作用下流动换热特性的影响边界
(a) 壁面切应力；(b) 换热特性。

3.3 摇摆条件下单相换热实验研究

3.3.1 实验系统介绍

实验系统由实验回路、辅助系统及摇摆运动驱动机构组成。实验回路包括循环水泵、稳压器、预热器、加热实验段、冷凝器和相关管路;辅助系统包括二次侧冷却水系统、电加热系统、稳压器升降压系统、补水系统及数据采集系统等;摇摆运动驱动机构由驱动电机、变频器、变速箱及曲柄连杆机构组成。本节主要介绍实验回路构成,更详细的实验介绍请参见文献[5-7]。

如图3.48所示,实验回路由循环水泵、稳压器、预热器、加热实验段、冷凝器和相关管路及附件组成。从循环泵出来的水经由电磁流量计测量流量后进入预热器,当水加热至设定的温度后再进入实验段内继续加热,从实验段流出的热水随后进入冷凝器内冷却,被冷却后的水再流至循环泵入口,完成一个循环。

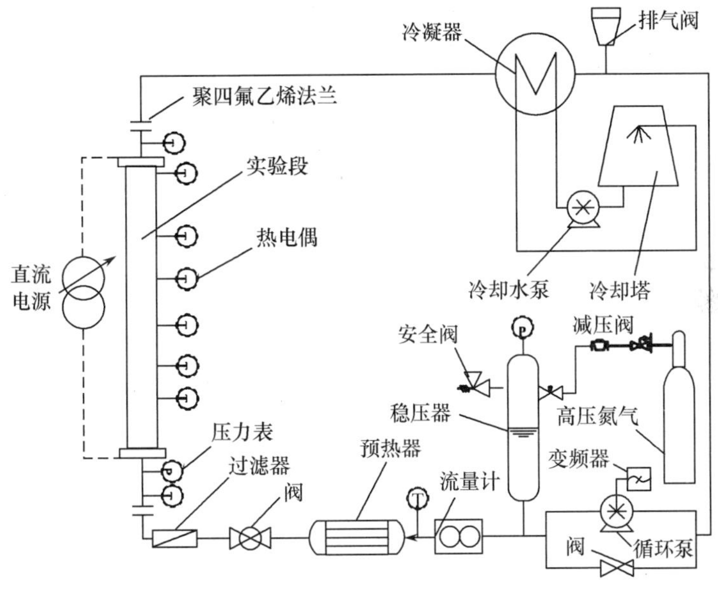

图3.48 实验回路简图

3.3.2 竖直静止条件下单相换热特性

本部分对竖直条件下窄矩形通道内的单相流动换热特性进行了研究,包括矩形通道内普朗特数对换热特性的影响及转捩和湍流区换热关系式进行了分析,相关研究成果为分析周期力场作用下的流动换热特性提供了参照。

由于普朗特数主要与流体的温度相关,流体温度越高,普朗特数越小,因此在实验过程中始终将流体入口温度保持在40℃,且随着流量增大,热流密度也相应增加以保持出口流体温度不变,因此,每组实验中的出入口流体平均温度始终保持恒定,本书共进行6组实验,出口流体温度分别保持在60℃、72℃、82℃、93℃、100℃及112℃。

Hartnett 和 Kostic[8]通过理论计算认为充分发展的层流区努塞尔数与高宽比相关,即

$$Nu = 8.235 \times (1 - 2.0421\alpha + 3.0853\alpha^2 - 2.4765\alpha^3 + 1.0578\alpha^4 - 0.1861\alpha^5) \tag{3.42}$$

此外,Peng 等[9]通过对微尺度矩形通道内的换热特性进行实验研究发现层流区的单相换热系数与 Sider-Tate 关系式计算值符合较好,即

$$Nu = 1.86(RePrD_e/L)^{1/3}(\mu_l/\mu_w)^{0.14} \tag{3.43}$$

由图3.49可知,层流区努塞尔数实验值与 Hartneet 公式及 Sider-Tate 关系式计算值均具有较好的一致性。

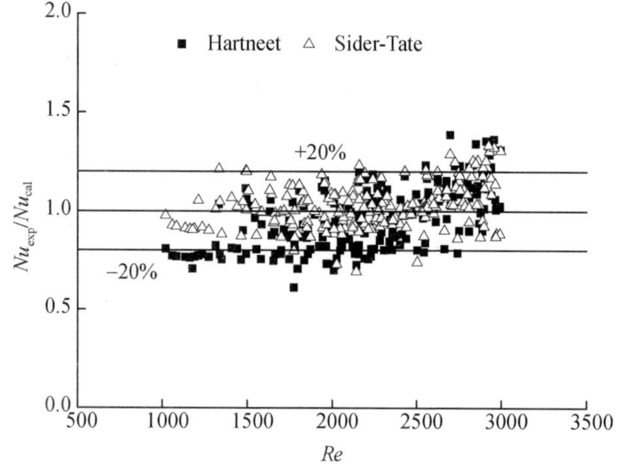

图3.49 层流区换热特性

当流动进入过渡区及湍流区后,由于换热机理发生改变,努塞尔数开始迅速增长,且在相同雷诺数条件下,出入口流体温差越小,即普朗特数越大,努塞尔数也越大,如图3.50所示。此外,出入口流体温差越大,努塞尔数开始增长点对应的雷诺数也越大,表明层流-湍流转捩有所延迟,而由图3.51可见,在相同的平均流体温度条件下,尽管出入口流体温差发生改变,但换热特性并未出现显著的变化,表明换热特性主要受普朗特数的影响。

湍流区的换热由分子扩散导热及湍流涡旋扩散导热组成,因此在垂直于壁面方向的热流密度为

$$q = -\rho C_p(\varepsilon + \varepsilon_t)\frac{\partial \overline{T}}{\partial y} \tag{3.44}$$

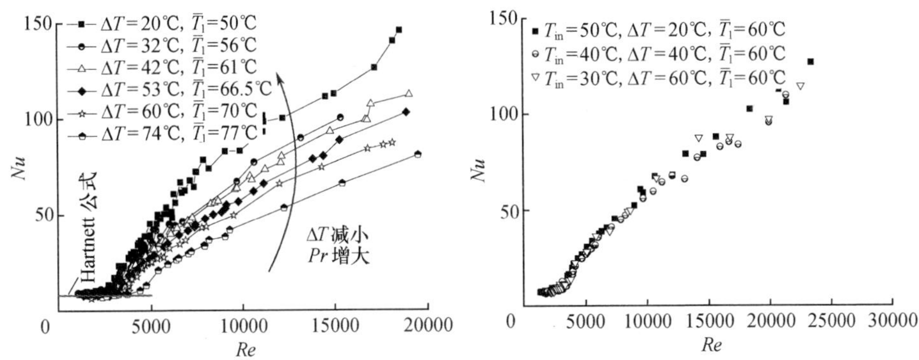

图 3.50　流体平均温度对换热特性的影响　　　图 3.51　流体温差对换热特性的影响

式中：ε、ε_t 分别为分子热扩散率及换热涡旋扩散率。

定义无量纲参数，$u^* = \sqrt{\tau_w/\rho}$，$T^+ = \rho C_p u^* (\overline{T}_w - \overline{T}_l)/q$，$y^+ = u^* y'/\nu$，代入式(3.44)并整理后得

$$T^+ = \int_0^{y^+} \frac{1}{1/Pr + \varepsilon_t/\nu} dy^+ \tag{3.45}$$

根据流动边界层理论[10]，湍流的动量扩散率与热扩散率近似相等，所以可以假设速度边界层和热边界层厚度相等。流道内的湍流流动依据速度分布方程可分为三个区域[11, 12]：黏性底层，$y^+ \leqslant 5$；流动缓冲层，$5 \leqslant y^+ \leqslant 30$；湍流核心，$y^+ \geqslant 30$。因此，流体与壁面的换热温差也由三部分组成，即

$$T^+ = T_s^+ + T_b^+ + T_t^+ \tag{3.46}$$

式中：下标 s、b、t 分别表示黏性底层、缓冲层和湍流核心区。

在黏性底层内，传热以分子扩散为主，因此 ε_t 可忽略不计；在缓冲层，假定其速度分布于圆管内湍流相似，$u+ = -3.05 + 5\ln y^+$；在湍流核心区，$\varepsilon_t \gg \varepsilon$，传热以涡旋扩散为主。因此，对于黏性底层，$T_s^+ = 5Pr$；缓冲层，$T_b^+ = 5\ln(5Pr + 1)$；湍流核心区，$T_t^+ = \sqrt{2/C_f} - 14$，$C_f$ 为壁面平均阻力系数。通过引入热阻的概念，将流体层与层之间的换热公式写成如下形式：

$$q = (T_{l1} - T_{l2})/R_h \tag{3.47}$$

式中：T_{l1}、T_{l2}分别为流体层两侧温度；R_h 为换热热阻。

由式(3.47)可知，流体层与层之间的温差越大，热阻也越大。此外，由于黏性底层的厚度及流速非常小，该区域内流体带走的热量相对于主流区流体带走的热量而言几乎可以忽略，因此本书假定平行于壁面的每层热阻上通过的热流量完全相等，因此，黏性底层中的热阻在总热阻中的比例可表示为

$$\Psi \approx T_s^+ / T^+ \tag{3.48}$$

在相同雷诺数条件下，黏性底层中流体换热温差占总温差的比例 ψ 如图 3.52所示，普朗特数越大，黏性底层换热温差占总换热温差比例也越大，因此

换热热阻在该层所占的比例也越大。Kays 等[11]研究发现，在较低普朗特数时，热阻将分布在整个流道截面上，流道内温度剖面及流体对壁面温度沿轴向变化的响应情况都与层流时相似，因而换热较弱；而在较大普朗特数时，壁面附近的热阻更集中，一旦黏性底层被穿透，热量就将在流体中更快地扩散，使得流体温度对壁面温度沿轴向的变化响应加快，因而促使换热加强。

由换热系数计算关系式可知，换热系数与壁面－流体之间的换热温差相关，而由图 3.53 可见，在出入口流体温差始终保持恒定条件下，层流区的壁面－流体传热温差（$\overline{T}_w - \overline{T}_l$）随雷诺数增加而增加，当流动进入过渡区后，换热温差开始急剧下降，而湍流区的换热温差随雷诺数的变化极小。层流充分发展区的能量守恒方程可表示为

$$Q = hPL(\overline{T}_w - \overline{T}_l) = c_p \rho A u \Delta T \tag{3.49}$$

通过转换形式，式(3.49)表示为

$$Re = \frac{4Lh}{\mu c_p} \frac{\overline{T}_w - \overline{T}_l}{\Delta T} \tag{3.50}$$

式中：c_p 为流体比热容。

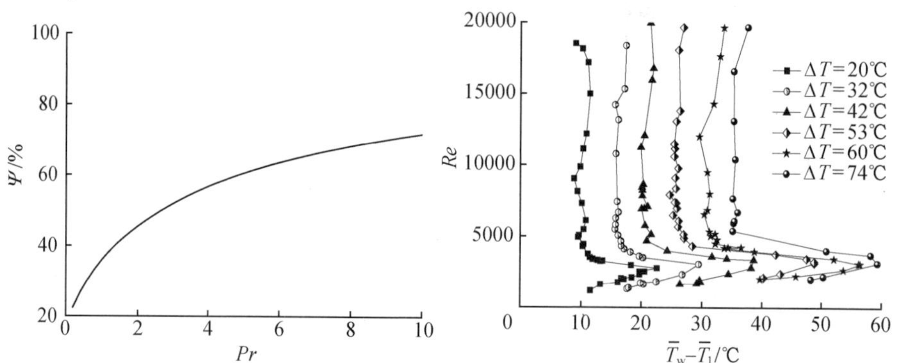

图 3.52　普朗特数对热阻分布的影响　　　图 3.53　换热温差随 *Re* 变化

由图 3.49 可知层流区努塞尔数变化较小，且在当前每一组实验中流体的平均物性参数也保持恒定，因此近似认为层流区换热系数为常数，根据式(3.50)有

$$(\overline{T}_w - \overline{T}_l) = \mu c_p \Delta T Re/(4Lh) \tag{3.51}$$

由图 3.54 可知，当出入口流体温度保持恒定时，层流区的换热温差（$\overline{T}_w - \overline{T}_l$）随雷诺数变化规律与式(3.51)计算值符合较好。

当流动进入充分发展的湍流区后，由式(3.45)及式(3.46)可计算得到换热总温差[12, 13]，即

$$\overline{T}_w - \overline{T}_l = \frac{q}{\rho c_p u \sqrt{C_f/2}} \left[5Pr + 5\ln(5Pr + 1) + \sqrt{2/C_f} - 14\right] \tag{3.52}$$

将湍流区阻力系数计算关系式代入式(3.52)并简化得

$$\overline{T}_w - \overline{T}_1 = \frac{5A\Delta T Re^{0.125}}{PL}\left[5Pr + 5\ln(5Pr+1) + 5Re^{0.125} - 14\right] \tag{3.53}$$

当实验段出入口流体温度保持恒定时，ΔT 为常数，实验段内流体的平均物性参数也为常数，且 $Re^{0.125}$ 在当前实验参数范围内的变化较小，因此($\overline{T}_w - \overline{T}_1$)随 Re 的变化也很小，由图 3.55 可见，湍流区的换热温差实验值与式(3.53)计算值基本一致。

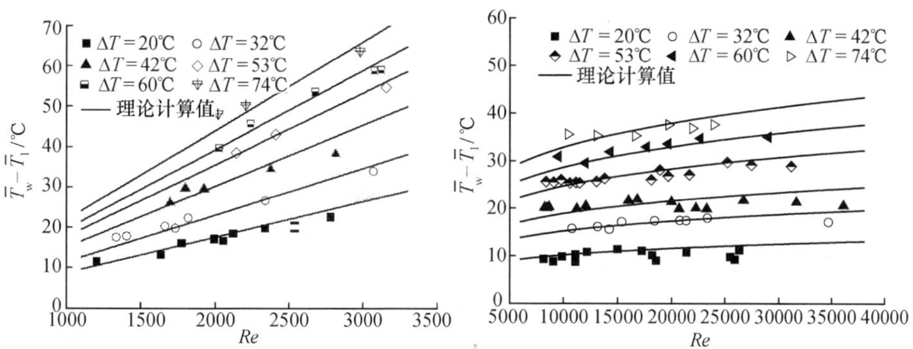

图 3.54　层流区理论值与实验值对比　　　图 3.55　湍流区实验值与理论值对比

通过对式(3.49)及式(3.53)进行整理，可得到适合于矩形通道的湍流区单相换热计算关系式，即

$$Nu = \frac{0.215Re^{0.875}Pr}{5Pr + 5\ln(5Pr+1) + 4.65Re^{0.125} - 14} \tag{3.54}$$

通过将实验值与式(3.54)、Gnielinski 公式、Dittus-Boelter 公式及 Ma[14] 关系式进行对比，如图 3.56 所示，相对而言，式(3.54)与实验数据具有更好的一致性。此外，图 3.56 还表明湍流区换热计算关系式并不适用于预测层流及过渡区的换热特性，因此有必要提出适应于当前尺寸流道的过渡区换热计算关系式。

目前比较常用的过渡区的单相换热计算关系式主要有 Gnielinski 公式及 Hausen 公式，此外，为便于比较，引入无量纲努塞尔数 Π，则

$$\Pi = Nu_{exp}/Nu_{cal} \tag{3.55}$$

如图 3.57 所示，Gnielinski 公式及 Hausen 公式对过渡区的前半部分预测性较差，对于 Gnielinski 公式而言，Pr 越大，Π 越靠近 1，而 Hausen 公式则体现出完全相反的趋势。本书在考虑 Re 及 Pr 的基础上根据实验数据提出来适合于矩形通道的过渡区单相换热计算关系式，如图 3.58 所示，实验值与式(3.57)计算值基本处于 ±10% 范围内：

$$Nu = 0.04(Re^{2/3} - 160)Pr^{1.5}\left[1 + (D_e/L)^{2/3}\right](\mu_1/\mu_w)^{0.11} \tag{3.56}$$

适用范围：$2500 < Re < 7500$，$2.2 < Pr < 3.5$。

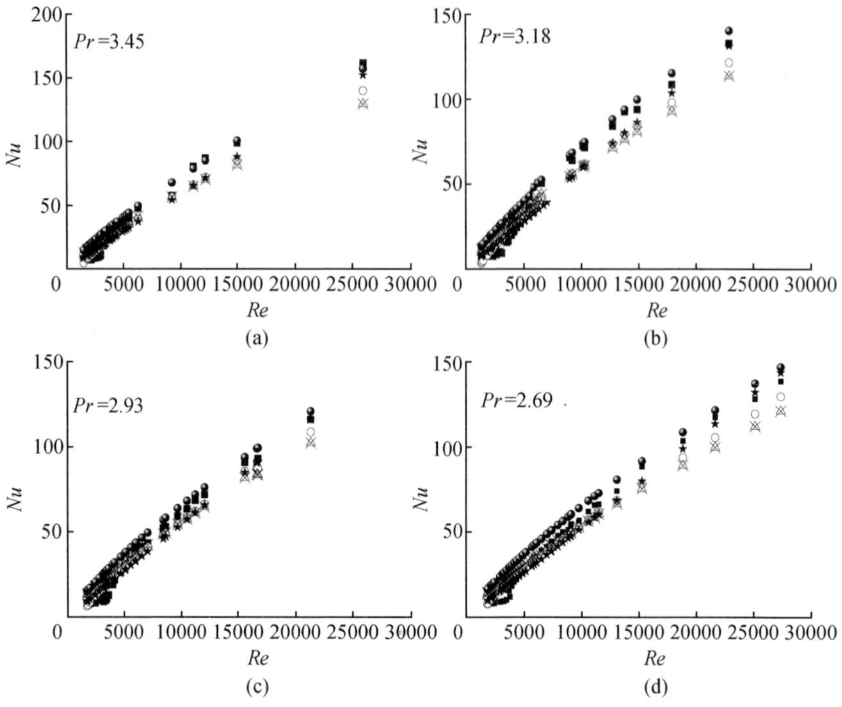

图 3.56　湍流区单相换热实验值预测值比较

▪ 实验值; ○ Gnielinski; ※ Dittus-Boelter; ★ Ma. 等; ● 式(3.54)。

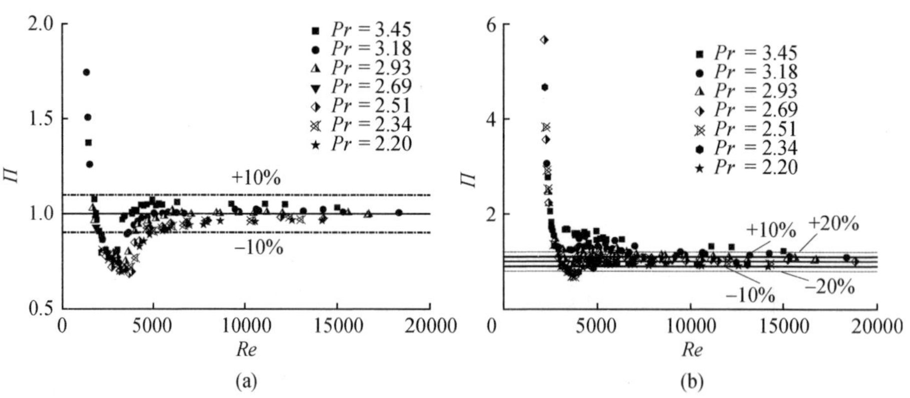

图 3.57　过渡区单相换热实验值与经典关系式对比

(a) Gnielinski 公式; (b) Hausen 公式。

3.3.3　摇摆条件下温度波动特性

本部分对摇摆运动引起流量波动时,出口温度及壁温波动特性进行分析。对于摇摆条件下加热通道内的冷却剂低流速流动,摇摆运动造成系统流量周期

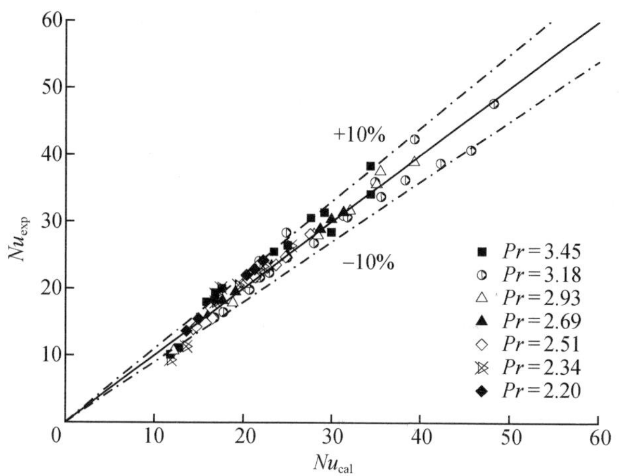

图 3.58　过渡区单相换热实验值与式(3.56)对比

性波动,进而引起出口水温和外壁温周期性波动,通过对不同摇摆周期、摇摆振幅和 Pr 下温度波动实验结果的研究,得到摇摆运动和 Pr 对温度波动特性的影响规律。

摇摆运动下系统流量将会周期性波动,如图 3.59 和图 3.60 所示。从图中可以看出,增大摇摆振幅或减小摇摆周期都能获得更大的流量波动,其原因在 Tan[15]、Wang[16] 中均有详细解释,对于强迫循环的等温或非等温流动,造成摇摆条件下系统流量周期性波动的原因主要是驱动力、附加惯性力和阻力三者之间的共同作用,增大驱动力和阻力均会抑制摇摆条件下流量波动,而增大附加惯性力则会促进摇摆条件下流量波动。因此,在驱动力和回路阻力基本一定的情况下,增大摇摆振幅或减小摇摆周期相当于增大了附加惯性力,从而使系统流量波动幅度增大。

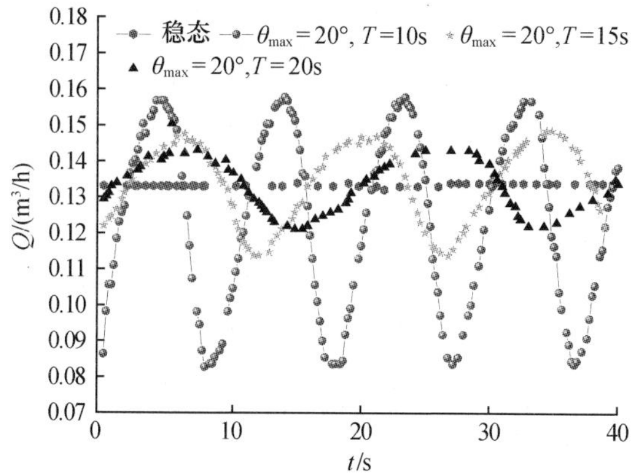

图 3.59　变摇摆周期时流量波动

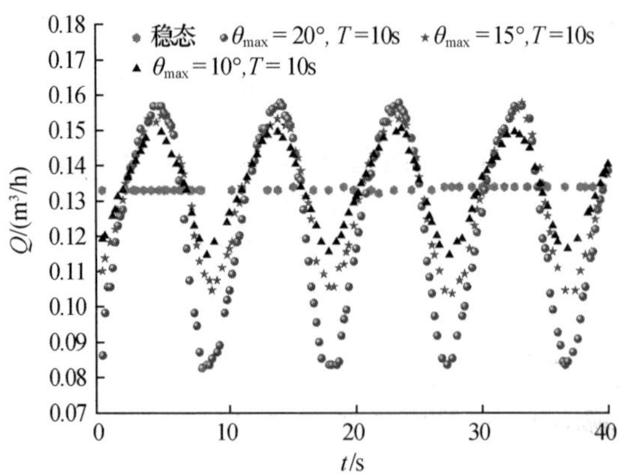

图 3.60 变摇摆振幅时流量波动

为了方便研究摇摆运动和 Pr 对系统流量的影响,相对流量波动幅度定义如下:

$$\frac{\Delta Q}{Q_{ta}}=\frac{Q_{max}-Q_{min}}{Q_{ta}} \tag{3.57}$$

式中:Q_{max}为摇摆运动下系统体积流量波动最大值(m^3/h);Q_{min}为摇摆运动下系统体积流量波动最小值(m^3/h);Q_{ta}为摇摆运动下系统体积流量时均值(m^3/h)。

第 2 章中研究了不同摇摆对流量波动幅度的影响,为研究不同加热条件下温度的波动现象,此处只考虑 Pr 对波动幅度的影响。在压力较小、定性温度较低的情况下,流体定压比热容和热导率随流体定性温度改变很小,而流体黏度则受流体定性温度影响较大,因此,加热会使流体定性温度升高,减小流体黏度,导致 Pr 减小,从而也可以说明,在压力较小、定性温度较低情况下,Pr 主要度量动量扩散能力。

因此在稳态实验过程中,将流体入口水温始终保持在 30℃,通过增加驱动压头增大流量,同时相应增加热功率以保持出口水温不变,本实验分为 4 大组,每组的出口水温分别是 52℃、62℃、72℃和 82℃。在摇摆实验过程中,保持加热功率、入口温度、变频器频率、系统压力与稳态条件相同,则摇摆条件下,不同 Pr 时相对流量波动幅度随时均雷诺数的变化曲线如图 3.61 所示,从图中可以看出:流量相对波动幅度随时均雷诺数的增加迅速减小,在进入 $Re_{ta}>4000$ 区域后趋于平缓;在低雷诺数区域,随着 Pr 的减小,流量相对波动幅度明显增加,而在高雷诺数区域,变 Pr 对相对流量波动幅度影响很小。

摇摆条件下,时均阻力系数表达式如下:

$$\lambda_{ta}=\frac{2D_e\Delta P_{ta}}{l\rho\bar{u}_{ta}^2} \tag{3.58}$$

摇摆运动下不同 Pr 时,时均阻力系数随时均雷诺数的变化曲线如图 3.62

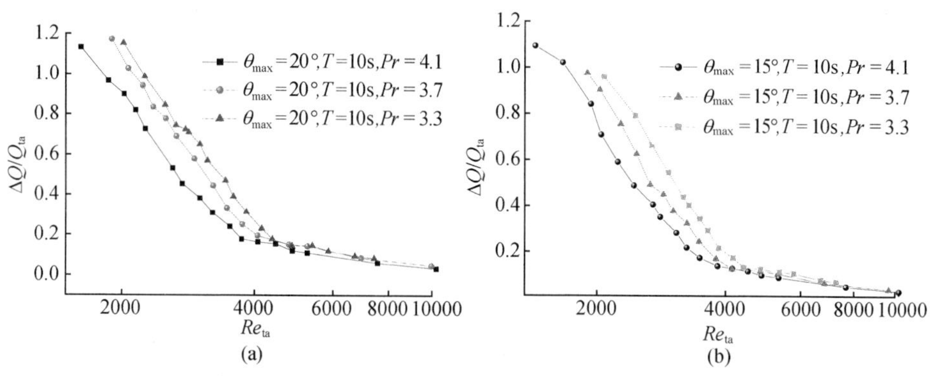

图 3.61 不同 Pr 时,相对流量波动幅度随时均雷诺数变化

(a) $\theta_{max}=20°$, $T=10s$;(b) $\theta_{max}=15°$, $T=10s$。

所示。从图中可以看出,Pr 越小,时均阻力系数就越小,则相应的系统回路摩擦阻力就越小。在驱动压头和附加惯性力一定的情况下,减小回路阻力会增加系统流量波动。所以在低雷诺数区域,由于驱动压头较低,系统流量波动较大,减小 Pr 能明显增加系统流量波动幅度。而在高雷诺数区域,由于驱动压头较大,系统流量波动已经很小,所以 Pr 的减小对系统流量波动的影响不明显。

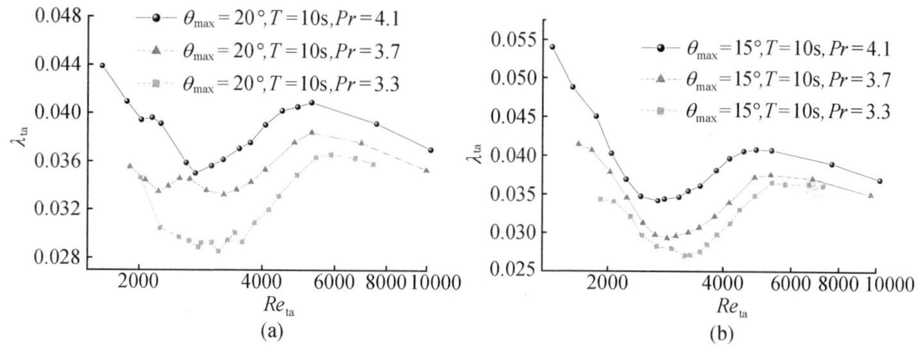

图 3.62 不同 Pr 时,时均阻力系数随时均雷诺数变化

(a) $\theta_{max}=20°$, $T=10s$;(b) $\theta_{max}=15°$, $T=10s$。

系统体积流量的周期性波动导致出口水温和外壁面温度也呈现周期性变化,如图 3.63 所示。出口水温波动周期和外壁温波动周期都等于流量波动周期,图中流量波动趋势与外壁温波动和出口水温波动趋势相反,同时外壁温波动曲线要比流量波动曲线滞后,而出口水温波动曲线又要稍滞后于外壁温波动曲线。其原因是流量波动是外力改变直接作用的结果,而外壁温和出口水温波动则需要一个时间过程,先有系统流量的波动,后才有外壁温波动和出口水温波动。外壁温波动是实验段的一个局部区域内的时间响应过程,而出口水温波动则是整个实验段累积的时间响应过程,所以出口水温波动较外壁温波动有一个微小的延迟。

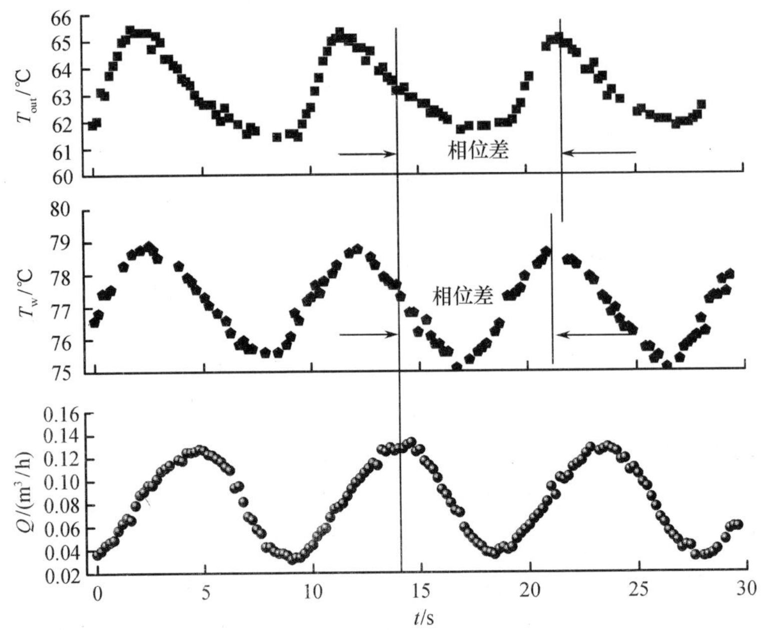

图 3.63　摇摆运动下流量和温度波动曲线

与相对流量波动幅度的定义类似,出口水温波动幅度定义如下:

$$\Delta T_{out} = T_{out,max} - T_{out,min} \tag{3.59}$$

式中:$T_{out,max}$为摇摆运动下出口水温波动幅度的最大值(℃);$T_{out,min}$为摇摆运动下出口水温波动幅度的最小值(℃)。

摇摆运动时出口水温波动幅度随时均雷诺数的变化曲线如图 3.64 和图 3.65所示,从图中可以看出,出口水温波动曲线存在两个转折点,出口水温波动幅度随时均雷诺数的增加存在先减小,再增加,然后又减小的趋势。这与图 3.61中相对流量波动幅度随时均雷诺数的变化曲线存在差异,主要是出口水温波动幅度曲线在过渡区域内存在一个上升过程,造成出口水温波动幅度在过渡区增加的主要原因是流态转捩导致的换热系数显著变化的结果。

在 Re_{ta} <2500 和 Re_{ta} >5000 的流动区域,摇摆振幅越大,摇摆周期越小,则出口水温波动幅度越大。但在 2500 < Re_{ta} <5000 的过渡区域,摇摆振幅和摇摆周期对该区域出口温度波动幅度大小的影响规律不是特别明显。在过渡区,增加摇摆振幅或减小摇摆周期,出口水温波动曲线第一个转折点对应的时均雷诺数相应减小,而第二个转折点对应的时均雷诺数却相应增加。

不同 Pr 时,出口水温波动幅度随时均雷诺数变化如图 3.66 所示,从图中可以看出,在低雷诺数的层流区和高雷诺数的紊流区,减小 Pr 将增加出口水温波动幅度,但在过渡区域,由于影响因素较多,出口水温波动幅度随 Pr 变化并没有

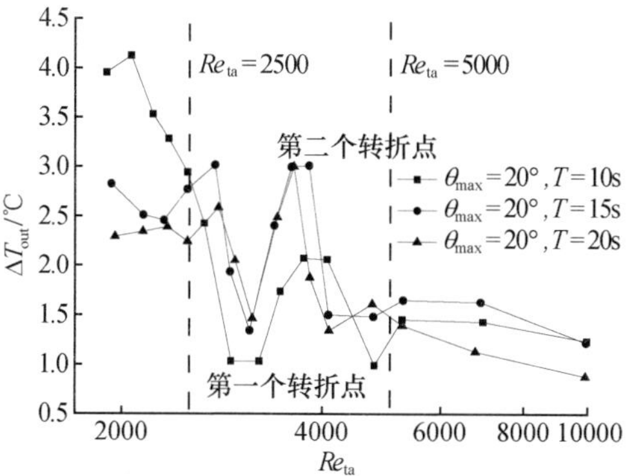

图 3.64　不同摇摆周期时出口水温波动幅度随时均雷诺数变化

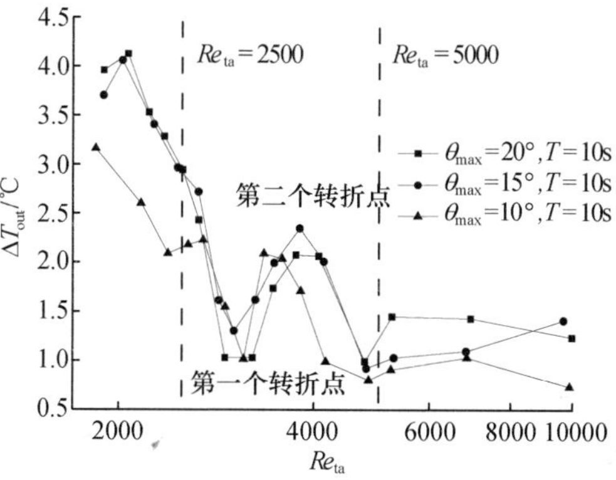

图 3.65　不同摇摆振幅时出口水温波动幅度随时均雷诺数变化

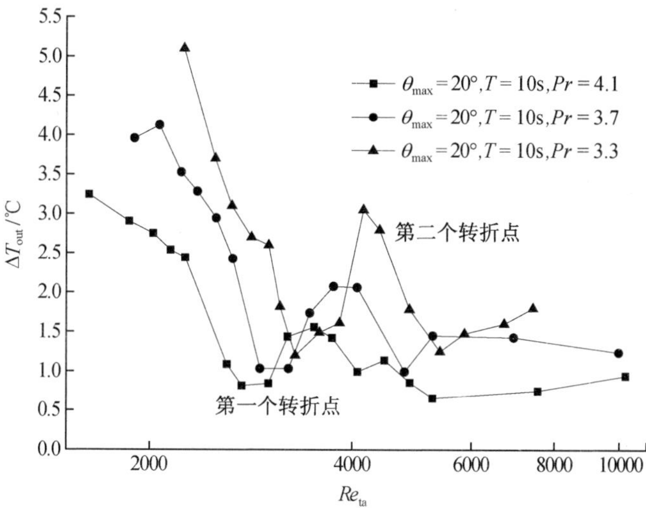

图 3.66　不同 Pr 时出口水温波动幅度随时均雷诺数变化曲线

特别明显的规律。在过渡区,减小 Pr,两个转折点对应的时均雷诺数均相应地增加。

摇摆运动情况下,如图 3.63 所示,系统流量波动还会造成外壁温周期性波动。这里选取六个外壁面测温点中靠近实验段中部的热电偶测温点 $L_x/D_h=141$ 来进行研究。因为外壁温波动主要受局部区域的影响,通过假定流体在实验段内的温度呈线性增加,求得局部时均雷诺数的表达式如下:

$$T_{f,ta,l}=(T_{out,ta}+T_{in})l/L \tag{3.60}$$

$$Re_{ta,l}=\frac{u_{ta}D_e}{\nu_l} \tag{3.61}$$

式中:$T_{out,ta}$为摇摆运动下时均出口水温;L 为实验段长度;ν_l 为根据式(3.60)计算得到的流体局部时均温度,查表计算得到的局部运动黏度。

与出口水温波动幅度的定义类似,外壁面温度波动幅度定义如下:

$$\Delta T_{w,out}=T_{w,out,max}-T_{w,out,min} \tag{3.62}$$

式中:$T_{w,out,max}$为摇摆运动下外壁面温度波动幅度的最大值(℃);$T_{w,out,min}$为摇摆运动下外壁面温度波动幅度的最小值(℃)。

不同摇摆振幅和摇摆周期时外壁面温度波动幅度随时均雷诺数的变化如图 3.67和图 3.68 所示。从图中可以看出,外壁面温度波动曲线也存在两个转折点,外壁面温度波动幅度随时均雷诺数的增加先减小,然后增加,最后再减小。其整体变化趋势与图 3.64 和图 3.65 中出口水温波动幅度随时均雷诺数变化趋势基本一致,其主要原因是外壁面温度波动和出口水温波动都是由系统流量波动直接引起的。

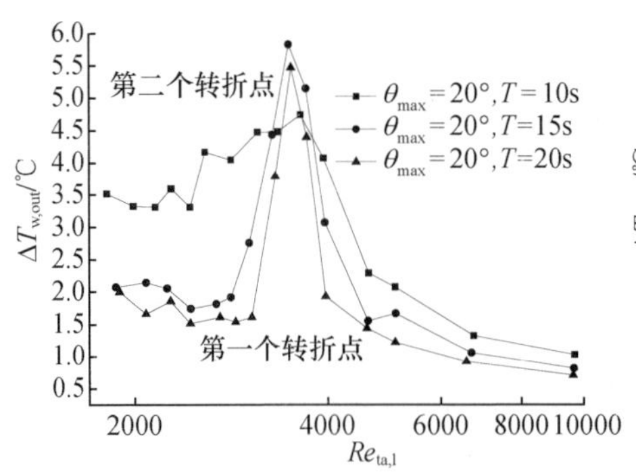

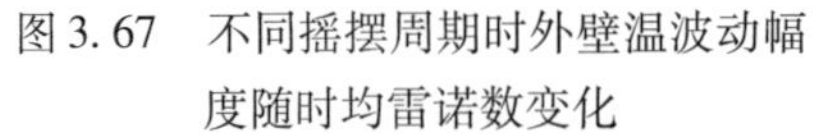
图 3.67　不同摇摆周期时外壁温波动幅度随时均雷诺数变化

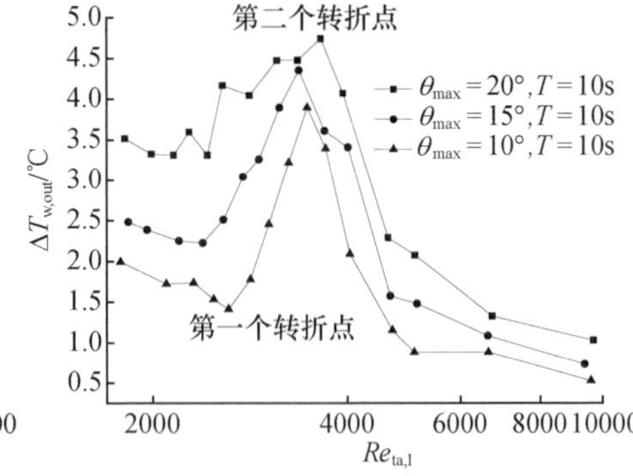

图 3.68　不同摇摆振幅时外壁温波动幅度随时均雷诺数变化

通过比较出口水温波动幅度和外壁温波动幅度随时均雷诺数变化曲线可知,出口水温波动幅度最大值在流量波动最大的低雷诺数区域,而外壁面温度波动幅度最大值在过渡区域,从而说明流量波动的改变容易影响出口水温波动,而过渡区的流态转捩作用对外壁面温度波动影响更大。

针对摇摆周期对外壁面温度波动幅度的影响，从图3.67可以看出，在低雷诺数的层流区和高雷诺数的紊流区，摇摆周期越小，外壁温波动越大，但是在过渡区，由于流态转捩的影响，摇摆周期对外壁温波动幅度的影响规律并不十分明显。对于摇摆振幅对外壁面温度波动幅度的影响，从图3.68可以看出，摇摆振幅越大，外壁温波动幅度越大。同摇摆周期和摇摆振幅对出口水温波动曲线转折点的影响一样，摇摆振幅越大或摇摆周期越小，外壁温波动曲线第一个转折点对应时均雷诺数越小，而第二个转折点对应时均雷诺数越大。

不同 *Pr* 时外壁温波动幅度随时均雷诺数变化如图3.69所示，从图中可以看出，*Pr* 越小则外壁温波动幅度越大，在中间过渡区域，减小 *Pr*，两个转折点对应的时均雷诺数均相应地增加。

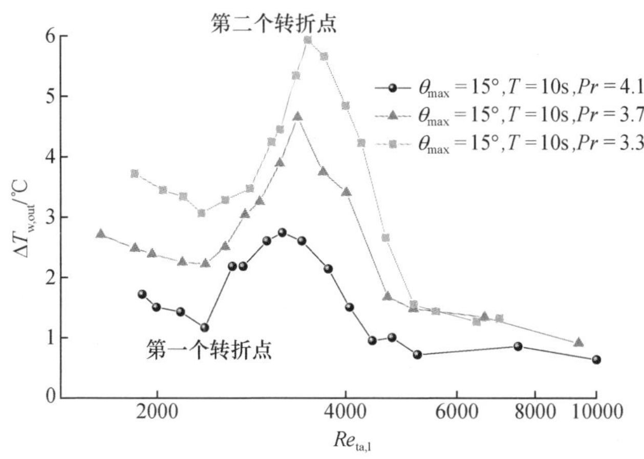

图3.69 不同 *Pr* 时外壁温波动幅度随时均雷诺数变化曲线

由 Wang[17]研究结果可知，加热使窄矩形通道内稳态转捩雷诺数增大。当入口水温为30℃，出口水温为62℃时，稳态条件下层流向紊流转化的临界雷诺数在3200左右。在 $Re_{ta}<2500$ 的层流区，流量相对波动幅度随时均雷诺数的增加迅速减小（图3.61），由于流量波动幅度变化对出口水温波动幅度变化的影响占主导地位，所以出口水温波动幅度也迅速减小（图3.64、图3.65）。当增加摇摆振幅或减小摇摆周期时，流量相对波动幅度增加，从而使出口水温波动幅度增加。

当流体进入 $2500<Re_{ta}<5000$ 区域时，由于该区域内的流量相对波动幅度较大，在时均雷诺数处于层流区域时，流量波峰位置附近对应的雷诺数可能已经进入过渡区，如图3.70所示。进入过渡区的流体的流态将发生改变，流体流动由于受到横向扰动的影响，从而导致边界层被破坏变薄，流动换热能力加强，换热系数随流量波动剧烈变化。换热系数增加导致换热温差减小，壁温降低，壁面

蓄热减小导致有效加热功率也增加,出口水温相应增加。当流量减小时,换热系数降低导致换热温差重新增大,壁温升高,壁面蓄热增加导致有效加热功率也减小,出口水温相应减小。因此,在换热系数变化较大的区域,即使流量波动幅度随雷诺数而减小,壁温和出口水温的波动幅度也可出现增加。

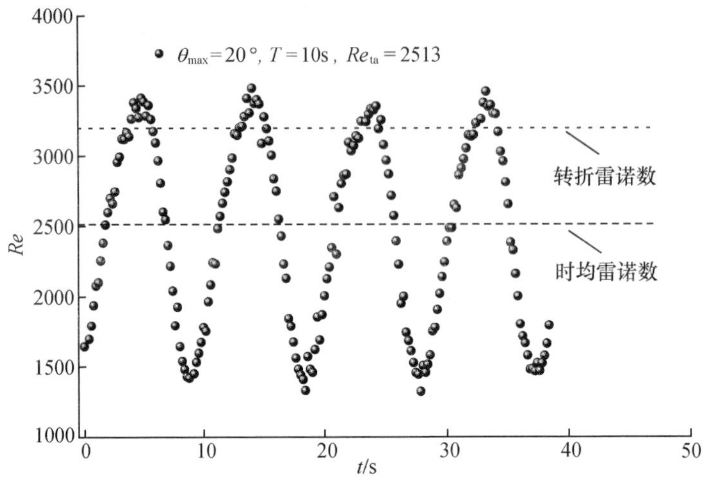

图 3.70　摇摆运动下雷诺数波动曲线

综上可知,在 $2500<Re_{ta}<5000$ 区域,温度波动随时均雷诺数的增加将同时受到两个相反作用的影响。一方面是流量相对波动幅度随时均雷诺数的增加而减小,使温度波动幅度也跟着减小;另一方面是摇摆造成系统流量较大波动,使波峰处附近流体进入过渡区,换热系数变化剧烈,使温度波动幅度增加。两者共同影响温度波动幅度随时均雷诺数的变化。

从图 3.64 和图 3.65 可以看出,在时均雷诺数由 2500 到第一个转折点对应雷诺数的区域时,虽然波峰附近已有部分流体进入过渡区,但此时流量相对波动幅度减小对出口水温波动幅度的影响占主导地位,所以出口水温波动幅度继续降低。在第一个转折点到第二个转折点对应的时均雷诺数区域,如图 3.71 和图 3.72所示,图中“+”“-”分别表示相应摇摆振幅和摇摆周期下的波峰和波谷雷诺数。随着时均雷诺数的增加,流量波峰附近进入过渡区的区域增加,流动换热得到进一步强化,换热系数继续增加,这时转捩使换热变化的作用对出口水温波动幅度的影响占主导地位,所以出口水温波动幅度开始增加。在第二个转折点对应雷诺数到时均雷诺数 5000 区域时,由于流量波谷附近也已经进入过渡区,换热系数变化的影响开始逐渐减弱,这时流量相对波动幅度减小的作用重新占据主导地位,出口水温波动幅度开始随时均雷诺数的增加第二次下降。当流体进入 $5000<Re_{ta}$的紊流区后,流量相对波动幅度已经很小,所以出口水温波动幅度也很小,但摇摆周期越小或摇摆振幅越大时,流量波动越大,则出口水温波

动越大。

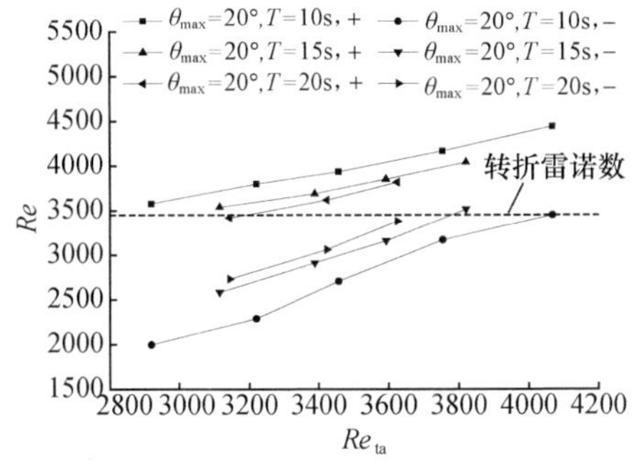

图 3.71　不同摇摆周期时波峰和波谷雷诺数随时均雷诺数变化

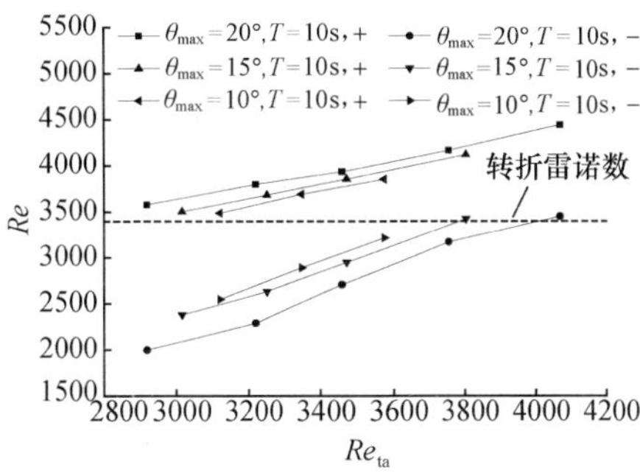

图 3.72　不同摇摆角度时波峰和波谷雷诺数随时均雷诺数变化

由于流动的强化换热作用开始时要抵消流量波动幅度减小对出口水温波动的影响,所以转折雷诺数会延后到 3400 左右,要大于转捩雷诺数 3200。从图 3.71和图 3.72 可以看出,摇摆振幅越大或摇摆周期越小,则流量相对波动幅度越大,波峰雷诺数达到转折雷诺数数值所对应的时均雷诺数越小,从而使第一个转折点对应的时均雷诺数越小(图 3.64、图 3.65)。而波谷雷诺数达到转折雷诺数数值所对应的时均雷诺数越大,从而使第二个转折点对应的时均雷诺数越大。

3.3.4　摇摆运动下的流动换热特性

摇摆运动下冷却剂受驱动外力影响产生波动,其阻力、换热特性与稳态条件下相比,必然发生变化,而现有的计算模型中采用的计算关系式都是基于稳态条件下获得的,因此需要针对摇摆条件下的流动换热展开研究。

3.3.4.1　摇摆和非摇摆条件下换热系数的比较

计算换热系数之前,首先进行热平衡计算,以确定测量数据的准确性以及散热的影响,摇摆运动下出口温度和质量流量取单周期平均值计算,计算结果与实验数据的比较如图 3.73 所示,二者符合良好,误差小于 ±5% 。

摇摆运动下对流换热系数的计算如式(3.63)所示,因为壁温始终处于波动状态,管壁蓄热的影响不能忽略,则

$$h_r = (P - P_c)/\pi d l(T_w - T) \tag{3.63}$$

其中

$$P_c = \rho_w c_{pw} V_w \frac{\mathrm{d}T_w}{\mathrm{d}t} \tag{3.64}$$

为便于比较,定义相对换热系数 $\bar{h}_r/h$ 为摇摆运动下平均换热系数 $\bar{h}_r$ 与相同实验参数下不摇摆换热系数 h 的比值。相对换热系数的计算结果如表 3.1

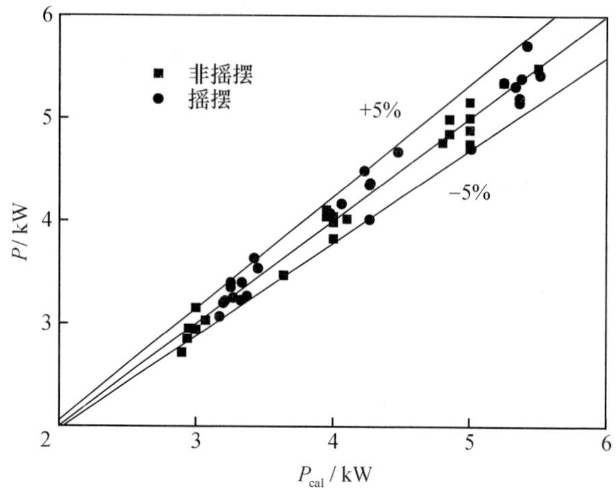

图 3.73　计算加热功率和实验值的比较

所列。

$\bar{h}_r$和$\bar{v}_r$为摇摆工况下整周期对流换热系数和流动速度的平均值，计算结果表明，除了12.5s，相对换热系数均大于1.0，考虑到12.5s工况下，相对速度更低，可以认为相同流动速度下，摇摆运动下的换热得到强化。摇摆运动下换热系数明显提高，且随着摇摆频率的增加而增加。

表 3.1　相对换热系数

t_0/s	v_r/v	h_r/h
12.5	0.884	1.066
	0.875	0.987
	0.928	0.964
10	0.765	1.228
	0.775	1.159
	0.818	1.103
7.5	0.680	1.815
	0.666	1.880
	0.688	1.776

表3.1证明摇摆运动强化了系统的换热，但现有换热经验关系式均来自于稳态流动，因此有必要就现有的经验关系式在摇摆运动下的适用性进行研究。目前的单相对流换热的计算多以式（3.65）为基础，其中以D-B公式（式(3.66)）应用最为广泛：

$$Nu = f(Re, Pr) = cRe^a Pr^b \tag{3.65}$$

$$Nu = 0.023Re^{0.8}Pr^{0.4} \tag{3.66}$$

利用 D-B 公式计算的摇摆运动下努塞尔数和根据实验数据计算的努塞尔数如图 3.74 所示，在摇摆程度较轻时(12.5s)，计算结果和实验结果尚可符合，最大误差为 20%，但在摇摆程度较强(7.5s)的情况下，计算结果和实验结果存在较大偏差。且根据式(3.63)，由于蓄热是随时间变化的，而加热功率为常数，因此换热系数与流动速度二者应当存在一个相位差，而 D-B 公式的计算值体现不出这一变化。说明稳态条件下的换热计算关系式不适用于摇摆工况，因此有必要研究适用于摇摆运动下的换热计算关系式。

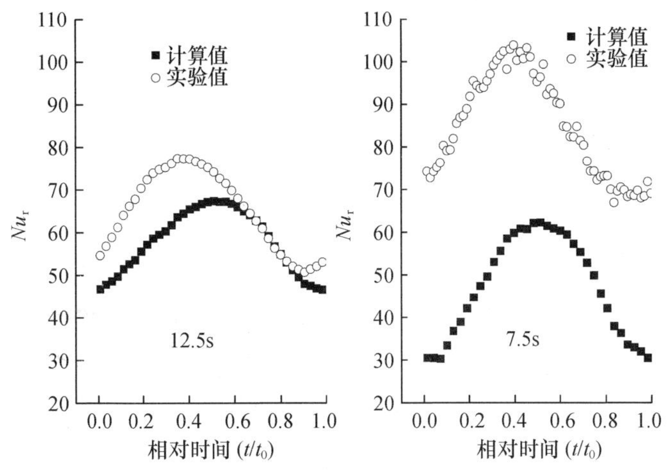

图 3.74 计算结果和实验结果的比较(10°)

3.3.4.2 摇摆运动下换热计算关系式

以式(3.65)为基础，推导适用于摇摆运动下的换热计算关系式，由于实验工质只有一种，且流体温度变化很小，因此参考式(3.65)，式(3.66)中的 b 设定为 0.4。

对于摇摆运动下的自然循环换热而言，与稳态条件下最大的不同在于前者流动处于波动状态，因此为了考虑流量波动的影响，可引入加速度的雷诺数，如式(3.67)所示，则式(3.65)可变为式(3.68)。根据式(3.63)，摇摆工况下的努塞尔数可用式(3.69)计算。由于 Re 和 Nu_{r1} 变化相位相同，而 Re_a 和 Nu_{r2} 相位相差 180°。因此，Nu_{r1} 由 Re 计算，Nu_{r2} 由 Re_a 计算，式(3.65)变为式(3.70)。

$$Re_a = at_0d/\nu \tag{3.67}$$

$$Nu_r = f_1(Re,Pr) + f_2(Re_a) \tag{3.68}$$

$$Nu_r = P/\pi\lambda l(T_w - T) - P_c/\pi\lambda l(T_w - T) = Nu_{r1} + Nu_{r2} \tag{3.69}$$

$$Nu = cRe^aPr^{0.4} + bRe_a^d \tag{3.70}$$

图 3.75 所示为 Re、Nu_{r1}、Re_a 和 Nu_{r2} 随摇摆运动的变化。

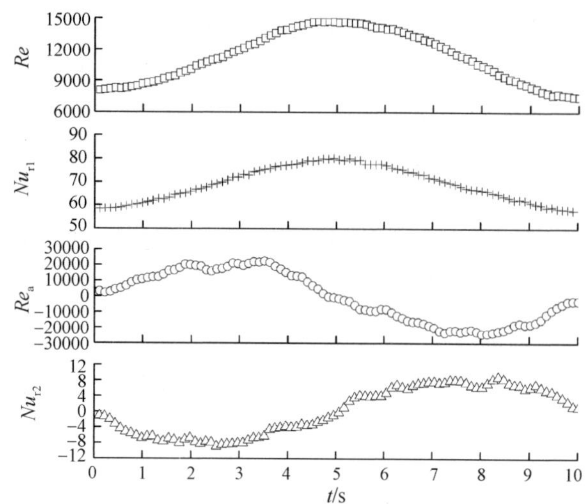

图 3.75 Re、Nu_{r1}、Re_a和 Nu_{r2}随摇摆运动的变化

给定一特定工况（摇摆振幅、摇摆频率、入口过冷度），可以得到不同的系数，综合得到结果表明，b 不随工况发生明显变化，d 保持为 1。摇摆振幅和摇摆周期一定时，a 基本保持一致，如表 3.2 所列，但 c 随各工况变化。

表 3.2 式（3.70）中的参数随摇摆工况的变化

θ_m/(°)	t_0/s	a	b/×10^{-4}
10	12.5	0.70796	4.029
	10	0.58714	3.938
	7.5	0.43169	4.127
15	12.5	0.60577	3.411
	10	0.50873	3.852
	7.5	0.34577	3.792
20	12.5	0.52716	3.626
	10	0.44256	3.363
	7.5	0.33057	4.104

a 受摇摆振幅和频率的影响，在表 3.2 数据的基础上，拟合出计算的经验关系式（式（3.71）），误差小于 ±5%，其中的为无量纲化的摇摆振幅和摇摆频率，以 10°和 10s 为参考值，由式（3.72）、式（3.73）计算。由于的 f^* 指数大约是 θ^* 指数的 2 倍，因此，式（3.71）可变为式（3.74），误差小于 ±5%。

$$a=f(\theta_m,t_0)=f(\theta^*,f^*)=0.57488\theta^{*-0.40757}f^{*-1.0024} \tag{3.71}$$

$$\theta^*=\theta_m/10 \tag{3.72}$$

$$f^* = 10/t_0 \tag{3.73}$$

$$a = 0.19872\left(\frac{\theta_m}{t_0^2}\right)^{-0.47086} \tag{3.74}$$

c 不仅受摇摆参数的影响，还受到波动参数的影响，引入无量纲波动振幅 v^*，根据数据拟合经验关系式(3.76)，拟合误差小于 ±20%。由于 f^* 的指数大约是 θ^* 的指数的 2 倍，因此，式(3.76)可变为式(3.77)，误差小于 ±30%。

$$v^* = (v^+ - v^-)/\bar{v} \tag{3.75}$$

$$c = f(v^*, \theta^*, f^*) = 0.12565 v^{*-1.60142} \theta^{*3.73608} f^{*6.10318} \tag{3.76}$$

$$c = 0.17196 v^{*-1.00573}\left(\frac{\theta_m}{t_0^2}\right)^{2.99059} \tag{3.77}$$

b 取各工况平均值，误差小于 ±10%：

$$b = 3.805 \times 10^{-4} \tag{3.78}$$

这样根据式(3.70)、式(3.71)、式(3.76)和式(3.78)，就可以计算出摇摆条件下的流动换热系数。

图 3.76 所示为实验和计算努塞尔数的比较。

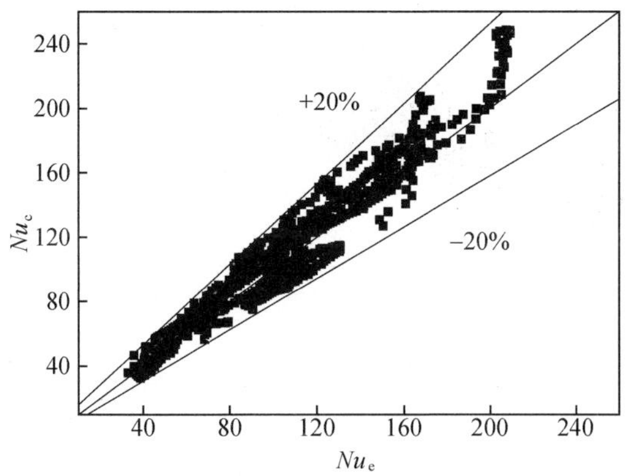

图 3.76　实验和计算努塞尔数的比较

3.3.4.3　摇摆运动下换热特性讨论

摇摆运动下的换热包括两部分：一部分为自然循环流动换热；一部分为摇摆引起的波动换热。对于本实验系统，摇摆运动造成的流量波动对流动换热的影响有两个方面：一方面流动波动增加了流动阻力，降低了平均流量，造成换热系数的降低；另一方面流量波动有利于换热，增加了换热系数。从表 3.2 可以看出，雷诺数的指数 a 随着摇摆振幅和频率的增加而降低，这也反映了随着摇摆程度的强烈，摇摆引起波动换热的影响加强，而流动换热的影响相对减弱，所以雷诺数的指数也随之降低。而本实验中摇摆程度最轻的工况(10°,12.5s)，雷诺数的指数为 0.7，较 D-B 公示中雷诺数的指数 0.8 最为接近。

根据摇摆运动的规律,可以获得角加速度的计算关系式,进而获得系统的最大角加速度的表达式:

$$\beta_{max} = 4\pi^2(\theta_m / t_0^2) \tag{3.79}$$

结合式(3.74)、式(3.77)和式(3.79),可以看出影响换热的主要因素是摇摆运动的角加速度,这也是和实验系统有关。本实验系统,摇摆轴心位于实验回路中心,在这样的系统中,向心加速度的影响相互抵消,而切向加速度的合力沿回路累积,因此,在流动影响中体现的是角加速度的影响。影响换热的不是摇摆运动本身,而是摇摆运动引起的流动波动,造成流动波动的是加速度,因此在换热系数上体现出加速度的影响。

如果采用形式较为简单的式(3.65)进行拟合,则可以得到式(3.80),误差小于±30%,如图3.77所示。

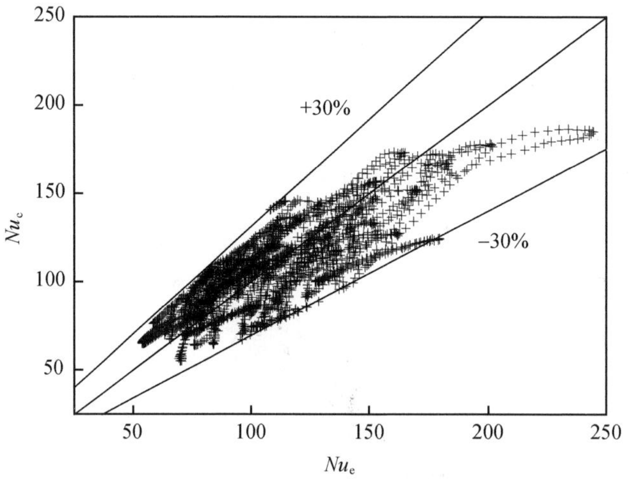

图3.77 实验和计算努塞尔数的比较

$$Nu = f(Re, Pr, \theta^*, f^*, v^*) = 1.031 Re^{0.44} Pr^{0.4} \theta^{*0.57} f^{*1.18} v^{*-0.21} \tag{3.80}$$

同样,由于 f^* 的指数大约是 θ^* 的指数的2倍,因此,式(3.80)可变为式(3.81),误差小于±30%,式(3.81)可变为式(3.82)。

$$Nu = f(Re, Pr, \theta^*, f^*, v^*) = 0.264 Re^{0.44} Pr^{0.4} \left(\frac{\theta_m}{t_0^2}\right)^{0.59} v^{*-0.21} \tag{3.81}$$

$$Nu = f(Re, Pr, \theta^*, f^*, v^*) = 0.0302 Re^{0.44} Pr^{0.4} \beta_{max}^{0.59} v^{*-0.21} \tag{3.82}$$

式(3.82)同样说明,摇摆运动下影响自然循环流动换热的是加速度,式(3.80)~式(3.82)中雷诺数的指数为0.44,近似等于表3.2中雷诺数指数 a 的平均值0.5。

3.4 不同驱动力引起的脉动流流动换热特性

由图3.78及图3.79可见,不同驱动力引起的脉动流换热系数均出现与流量同周期的变化,且换热特性随脉动振幅及脉动周期的变化规律完全相同,在相同脉动振幅条件下,努塞尔数的变化幅度随脉动周期增大而减小,而当脉动周期相同时,瞬时努塞尔数的脉动幅度随流量脉动幅度增大而增大。

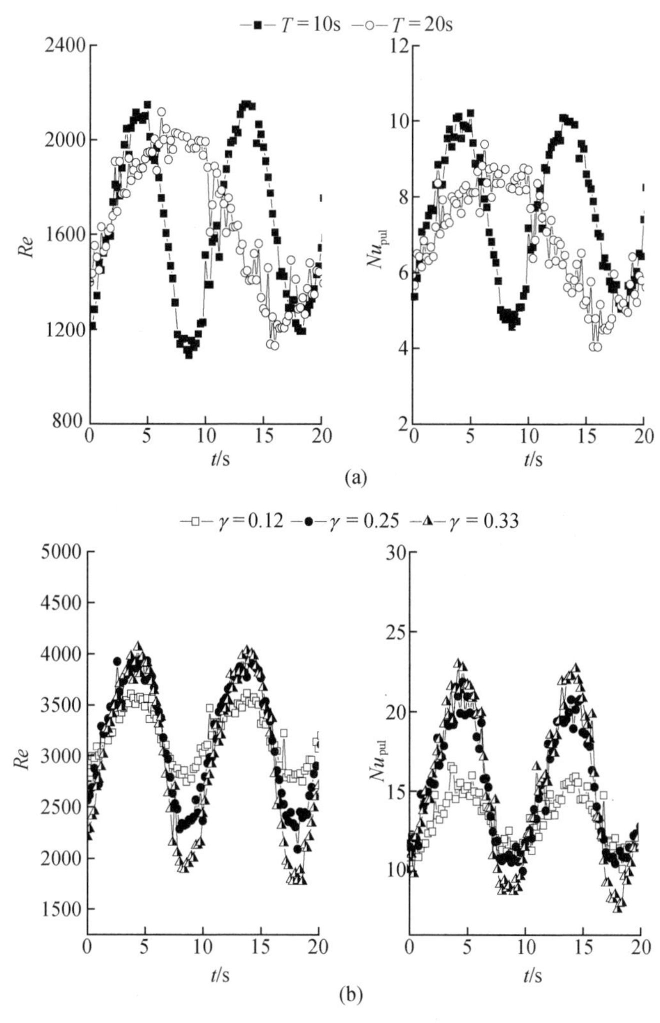

图3.78 边界驱动型脉动流换热特性

(a) $\gamma=0.176$;(b) $T=10\text{s}$。

将脉动换热系数与定常流动换热特性进行对比,如图3.80所示,在相同雷诺数条件下,脉动流速度波峰处瞬时换热系数大于定常流换热系数,而波谷处换热系数则小于定常流换热系数，且不同驱动力引起的脉动流换热特性均表现出相同的趋势。

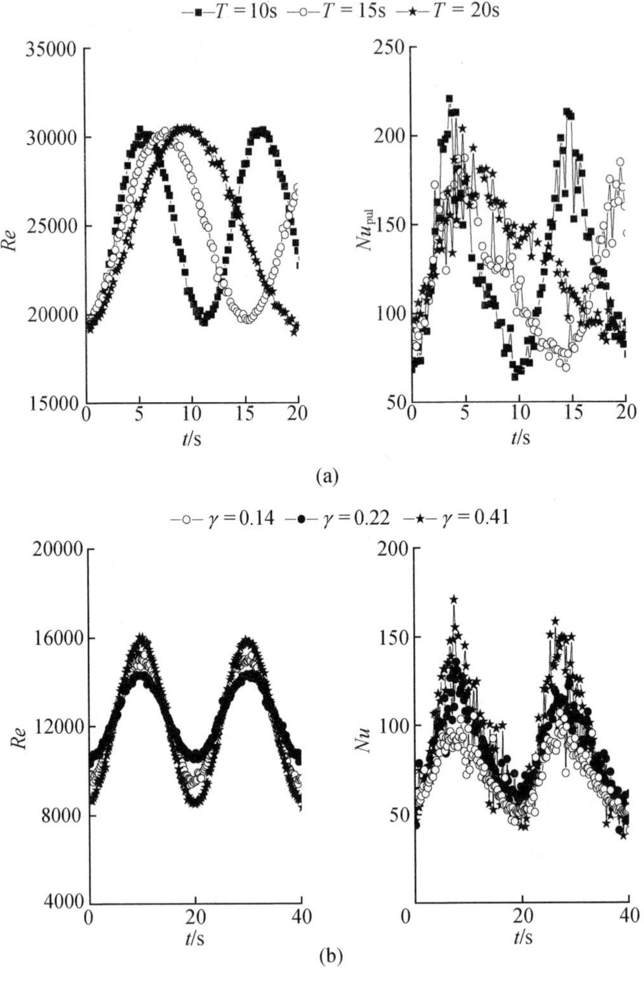

图 3.79　压力驱动型脉动流换热特性

（a）$\gamma=0.2$；（b）$T=20\mathrm{s}$。

为更直观地对比分析摇摆运动周期力场引起的边界驱动型脉动流与变驱动力引起的压力驱动型脉动流换热特性的差异，在实验过程中通过精确控制循环泵的转动频率制造与摇摆状态下变化规律一致的脉动流，由图 3.81 可见，边界驱动型脉动流换热特性与压力驱动型脉动流换热特性完全相同。因此，当摇摆状态下径向周期力场引起的二次流没有引起宏观流动换热特性发生明显变化时，摇摆状态周期力场诱发的边界驱动型脉动流换热特性与变驱动力引起的压力驱动型脉动流完全一致。

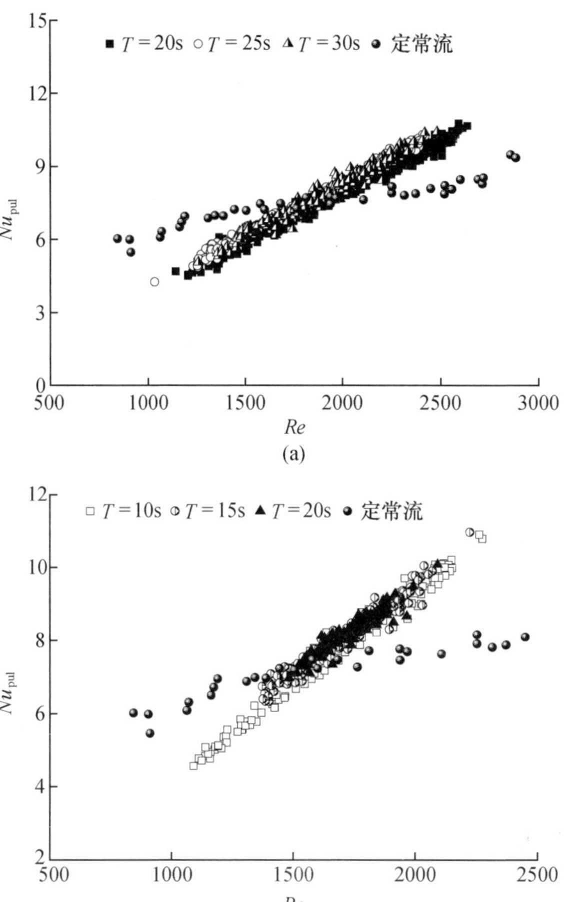

图 3.80 瞬时加速度对换热系数的影响

(a) 边界驱动型脉动流；(b) 压力驱动型脉动流。

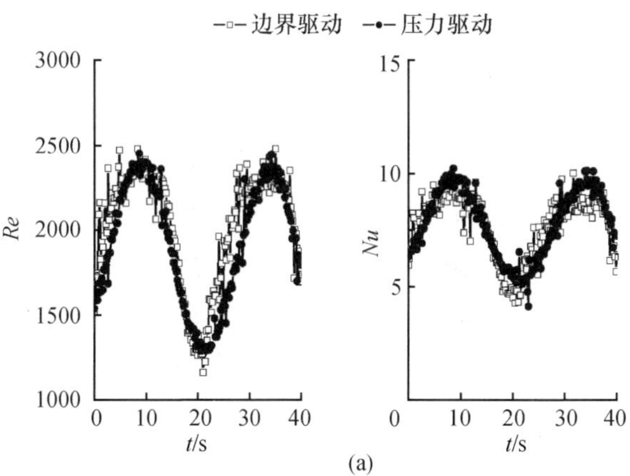

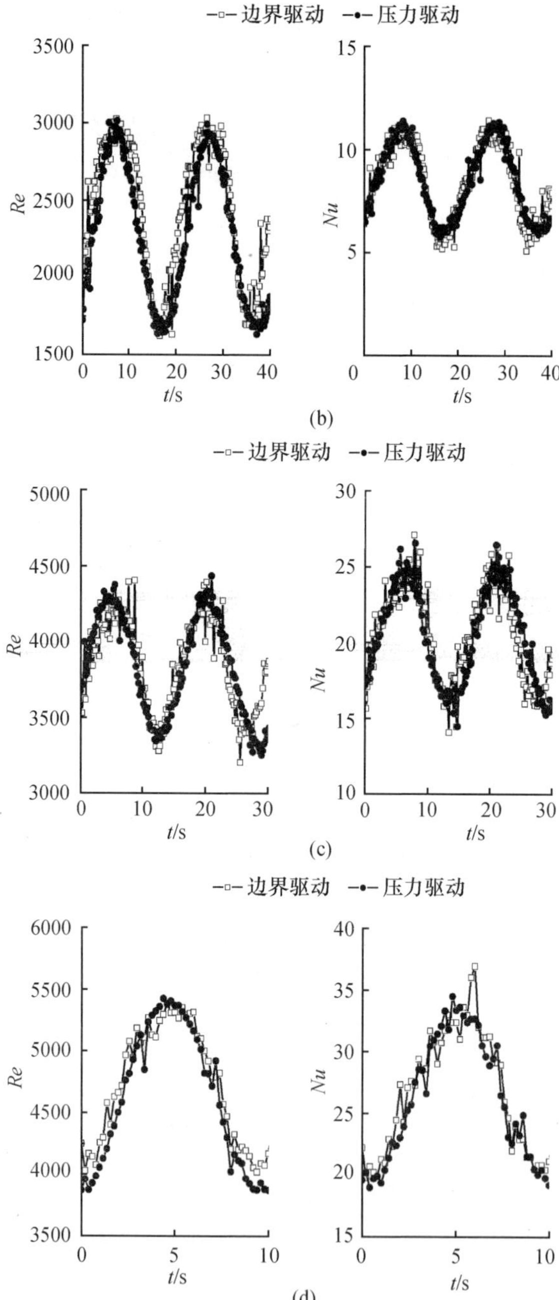

图 3.81 不同驱动力引起的脉动流换热特性

(a) $\gamma=0.333, T=20s$；(b) $\gamma=0.304, T=15s$；
(c) $\gamma=0.139, T=15s$；(d) $\gamma=0.174, T=10s$。

参考文献

[1] Moschandreou T, Zamir M. Heat transfer in a tube with pulsating flow and constant heat flux[J]. International Journal of Heat and Mass Transfer, 1997, 40(40): 2461 – 2466.

[2] Hemida H N, Sabry M N, Abdel-Rahim A, et al. Theoretical analysis of heat transfer in laminar pulsating flow[J]. International Journal of Heat and Mass Transfer, 2002, 45(8): 1767 – 1780.

[3] Yu J C, Li Z X, Zhao T S. An analytical study of pulsating laminar heat convection in a circular tube with constant heat flux[J]. International Journal of Heat and Mass Transfer, 2004, 47(24): 5297 – 5301.

[4] Guo Z, Sung H J. Analysis of the Nusselt number in pulsating pipe flow[J]. International Journal of Heat and Mass Transfer, 1997, 40(10): 2486 – 2489.

[5] 谭思超,高璞珍,苏光辉. 摇摆运动条件下自然循环流动的实验和理论研究[J]. 哈尔滨工程大学学报, 2007, 28(11): 1213 – 1217.

[6] 谭思超,张红岩,庞凤阁,等. 摇摆运动下单相自然循环流动特点[J]. 核动力工程, 2005, 26(6): 554 – 558.

[7] 谭思超,高璞珍,苏光辉. 摇摆运动下系统空间布置对自然循环流动特性的影响[J]. 西安交通大学学报, 2008, 42(11): 1408 – 1412.

[8] Hartnett J P, Kostic M. Heat transfer to newtonian and non-newtonian fluids in rectangular ducts[J]. Advances Heat Transfer, 1989, 19: 247 – 356.

[9] Peng X F, Wang B X, Peterson G P. Experimental investigation of heat transfer in flat plates with rectangular microchannels[J]. International Journal of Heat and Mass Transfer, 1995, 38(4): 755 – 758.

[10] Pozrikidis C. Fluid Dynamics: Theory, Computation, and Numerical Simulation[M]. Berliu: Springer, 2009.

[11] Kays M, Crawford M, Weigand B. Convective Heat and Mass Transfer[M]. New York: McGraw-Hill Higher Education, 2004.

[12] 钱兴华,贾力,方肇洪. 高等传热学[M]. 北京: 高等教育出版社, 2003.

[13] 程俊国,张洪济,张慕瑾. 高等传热学[M]. 重庆:重庆大学出版社, 1991.

[14] Ma J, Li L J, Huang Y P, et al. Experimental studies on single-phase flow and heat transfer in a narrow rectangular channel[J]. Nuclear Engineering and Design, 2011, 241(8): 2865 – 2873.

[15] Lan S, Tan S C, Lan S, et al. The Characteristics of Heat Transfer in a Narrow Rectangular Channel Under Rolling Motion [C]. Chengdu: International Conference on Nuclear Engineering, 2013.

[16] Wang C, Gao P, Wang S, et al. Experimental study of single-phase forced circulation heat transfer in circular pipe under rolling motion[J]. Nuclear Engineering and Design, 2013, 265(6): 348 – 355.

[17] Wang C, Gao P, Tan S, et al. Forced convection heat transfer and flow characteristics in laminar to turbulent transition region in rectangular channel[J]. Experimental Thermal and Fluid Science, 2013, 44(1): 490 – 497.

第4章　摇摆条件下流动不稳定性分析

本书第2、3章深入讨论了摇摆条件下矩形管道内单相流动特性与传热特性，摇摆运动会造成系统的流动波动，这使得摇摆运动下的流动不稳定性与稳态条件下存在显著差别，前者是在流动波动基础上发生热工水力流动不稳定性，后者则是因为流动不稳定性而造成流动波动，本章将重点分析自然循环和强迫循环系统在摇摆条件下的两相流动不稳定性特性。

4.1　流动不稳定性研究现状

流动不稳定性是指工质参数的非周期性偏移以及周期性脉动的现象[1]。影响系统流动不稳定性的主要因素有装置的几何形状，如通道形状、长度、截面尺寸、单和多通道，系统压力、入口欠热度、流速、功率等运行参数和边界条件。

两相自然循环系统是一个非线性动力系统。在一定条件下，会产生各种流动不稳定性。自然循环系统中流量、热流、流动压降、空泡份额以及热浮升力等因素之间的非线性耦合与反馈，回路系统几何结构以及局部流场，这些特征都会导致自然循环系统出现明显的非平衡与非线性特点。由于两相自然循环系统的复杂性，理论分析遇到了许多困难，因此，通过实验研究积累数据是分析不稳定发生机制的有效方法。

徐济鋆[2]对常见的流动不稳定性类型进行了分类和总结。两相流动不稳定性在工程上分为静态不稳定性和动态不稳定性。静态不稳定性是指压降与流量的水动力特性曲线呈多值性，管路内流量等参数发生非周期性偏移现象[1]。引起静态不稳定的原因有界面不稳定性、流量与压降间的关系变化等。静态不稳定性分为流型变迁、流量漂移、烧毁、碰撞、喷泉和爆炸等[2]。动态不稳定性是由于流动惯性和两相混合物压缩性之间存在足够大的相互作用及迟滞反馈而形成。它也可以是由流速、压降、密度的改变引起的反馈[3]。常见的动态不稳定性有声波不稳定性、密度波不稳定性、压降不稳定性、热力不稳定性和沸水堆不稳定性等。关于两相流动不稳定性的研究成果可参照文献[4－7]。

核动力船舶或海洋核动力平台易受风浪等海洋条件影响，从而形成倾斜、起伏及摇摆等六个自由度的运动，如图4.1所示。摇摆运动不但造成核动力装置几何位置的改变，还引入了向心加速度、角加速度和科氏加速度三种附加加速度，所以摇摆运动对核动力装置系统流动稳定性的影响比倾斜和起伏运动更为复杂。因此，摇摆运动对自然循环系统的影响吸引了众多研究者的关注，早在20世纪六七十年代，美、日、德等国就开始了海洋条件对反应堆热工水力特性影响的模拟研究，并建造了很多模拟实验装置[8]，但公开发表的资料甚少。其中日本对此研究最多，公开发表的资料多来自于日本。

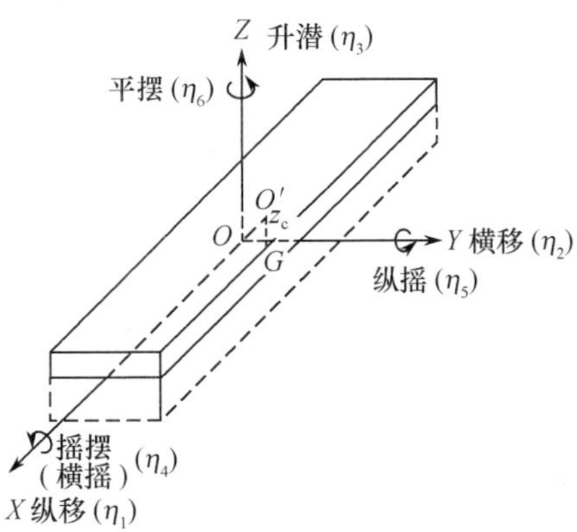

图 4.1 典型船舶运动

T. Ishida 等[9]修正了原有热工水力特性分析程序，并分析了海洋条件下临界热流密度和反应堆瞬态运行特性，对海洋条件下反应堆自然循环特性进行了实验研究。N. Isshiki[10]针对海洋条件对水冷海洋反应堆热工水力性能和CHF的影响开展了实验研究，研究发现：在有规律摇摆时，加热区入口段会产生周期波动，波动频率在摇摆达到某一值时发生共振。Otsuji 等[11]和 Hwang 等[12]研究周期力场下的CHF，并发现CHF比值（海洋工况CHF与静止工况的比值）随加速度的增加而近似线性减小。

Hiroyuki Murata 等[13,14]采用安装在摇摆台上的模型潜艇反应堆研究了摇摆工况下堆芯传热特性和自然循环特性，研究结果表明：由于摇摆能够引起附加流动，所以能够强化传热能力；摇摆导致自然循环回路冷、热段流速波动，且随摇摆频率增大流速波动幅度均增加，堆芯流速则先增加后减小，但堆芯流速的变化随摇摆角度减小或加热功率增加而逐渐减弱。同时他们还建立简化模型，用热驱动压头与附加压降表征摇摆雷诺数函数，计算的结果与实验现象一致性很好；文献[13]发现突然摇摆会破坏系统的稳定性，但经过几个周期会自行恢复稳定。

高璞珍[15-17]针对海洋条件提出海洋模型的简化方案，将海洋条件划分为倾斜、起伏及摇摆，在此基础上建立核动力装置一回路受海洋条件影响的理论模型。将海洋条件对舰船核动力装置的影响简化为附加力的作用，并推导出了管路中附加压降的计算式。计算结果表明：科氏惯性力与流动方向垂直，对流动不产生影响；法向惯性力和切向惯性力对流动起到促进或阻碍的作用，其中法向惯性力引起的附加压降与路径无关,只与起始点的位置有关,切向惯性力引起的附加压降与路径有关。纵摇对分散布置压水堆一回路冷却剂流量和反应堆输出功率的影响比横摇大,并分析了两种摇摆产生不同影响的原因。

谭思超[18-24]对摇摆条件下自然循环流动特性开展了实验和理论研究,研究结果表明:摇摆运动使自然循环流速产生与摇摆周期一致的周期性波动,波动振幅与摇摆剧烈程度有关,并将影响机理归结为驱动压头和附加压降的周期性变化两方面;摇摆降低了自然循环平均流量,摇摆越剧烈,降低的幅度越大。郭赟[25,26]研究了海洋条件对并联通道系统不稳定性的影响,并利用快速傅里叶变换对管间脉动的起始点进行分析。谭思超等[27]在研究摇摆条件下自然循环流动不稳定性时发现了一类规则复合型脉动,并证明其为摇摆引起的波谷型脉动与密度波脉动的叠加,他分析该复合型脉动的周期是摇摆周期和密度波脉动周期的最小公倍数。张文超[28-30]利用非线性时序分析方法对摇摆运动下自然循环系统出现的不规则复合型脉动进行分析,并证明其为混沌脉动,最后实现对该混沌脉动的非线性预测。

本章重点关注摇摆条件下的自然循环和强迫循环系统,分析摇摆运动对热工水力系统两相流动不稳定性的影响机理和演化规律。

4.2 摇摆条件下自然循环流动不稳定性

自然循环相关实验及装置介绍详见文献[18, 19, 27],本节主要分析实验结果。

4.2.1 竖直工况自然循环流动不稳定性

4.2.1.1 声波型脉动分析

实验中,在高入口过冷度区域,随着加热功率的升高,会出现下列实验现象。

1. 低频脉动

在过冷度较高的工况下,加热功率升高到一定程度,实验段压降曲线会出现有规律的波动(图4.2(a)),频率较低,其他系统参数均保持稳定,从观察段可看见气泡从实验段出口处流出并很快消失,频率与压降曲线波动频率相同。

2. 高频脉动

随着加热功率的进一步升高,压降的波动频率和振幅相应增加,波动频率为1~3.5Hz,系统其他参数如流量、系统压力均保持稳定,实验段出口压力有轻微波动,波动频率与压降波动频率相同,从出口观察段可以看见有成串小气泡从实验段出口处流出,通过观察段进入上升段,气泡通过时有明显的间歇停顿,停顿的频率与压降波动的频率一致(图4.2(b))。

通过可视化实验段可以清楚地看到,在加热段的出口处有大气泡形成,气泡沿实验段向下长大,没有流出加热段便因温度过低而冷凝,只有几个小气泡沿上升段上升。大气泡产生破灭的频率与实验段压降的频率相同。

3. 高低频结合的压降脉动

继续增加加热功率,压降曲线开始呈高低频结合的脉动。如图4.2(c)所示,低频波动非常有规律,如图中虚线所示,此时流量有轻微波动,波动频率与低频波动频率相同,出口压力相应脉动,其他参数保持稳定。出口观察段中可以看到成串小气泡在间歇通过观察段的基础上,隔一段时间无停顿连续通过观察段,连续通过出现的频率与低频波动的频率相同。

4. 无脉动区域

继续增加加热功率,脉动将会消失或变得不明显。观察段内可看到气泡连续通过,如图4.2(d)所示。

5. 高频脉动与密度波型脉动的叠加

继续增加功率,系统将发生密度波型脉动,脉动频率大约为0.2Hz,在密度波型脉动的间隙中仍有高频脉动发生。从观察段内可以看见汽液两相交替通过

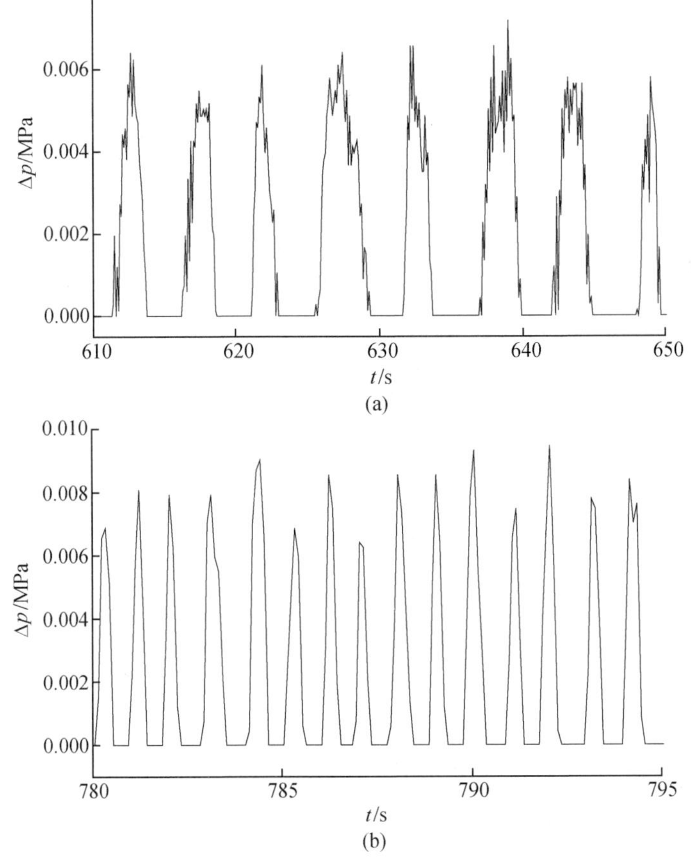

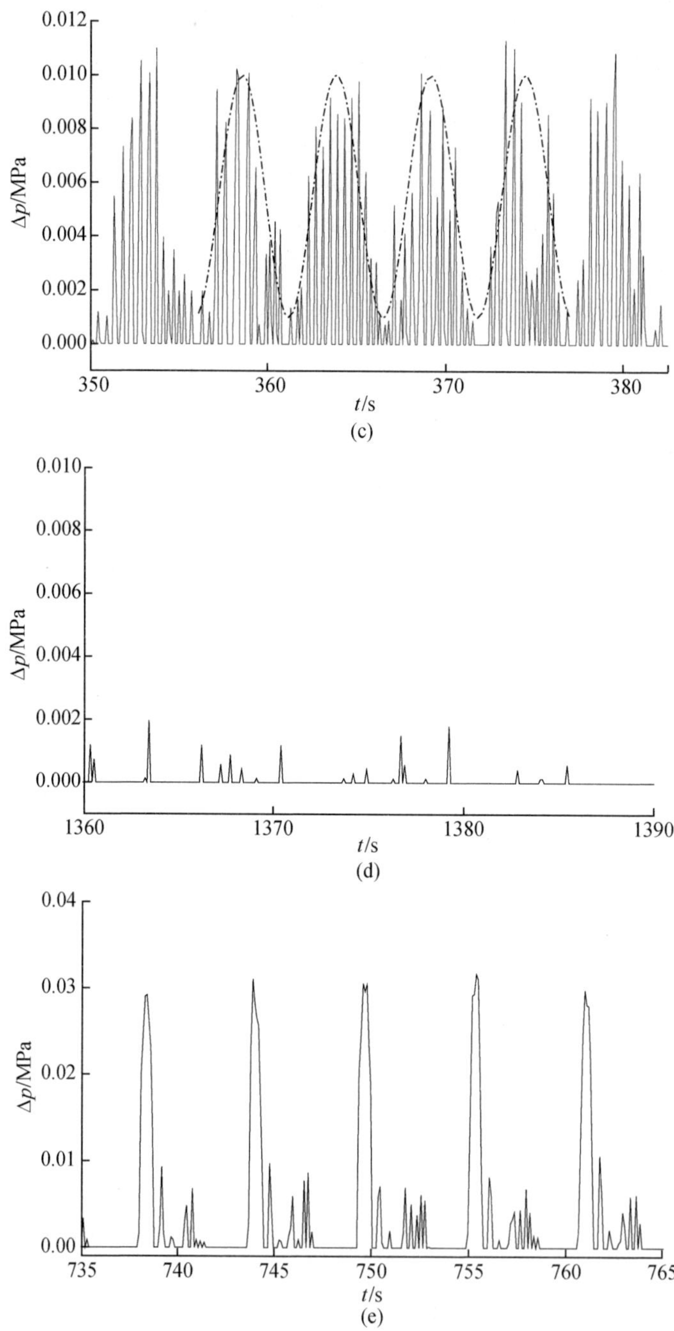

图 4.2　各种类型压降脉动

(a) 低频脉动；(b) 高频脉动；(c) 高低频结合的压降脉动；
(d) 不明显脉动(无脉动)；(e) 高频脉动与密度波型脉动的叠加。

观察段,两相交替通过中间仍然可以看见有小气泡串间歇通过观察段,流量等其他参数也相应波动,如图 4.2(e)所示。

再稍稍增加一点功率,则高频脉动消失,系统处于纯密度波型脉动状态。

高频脉动发生时,稳压器系统压力保持稳定,没有波动,实验段出口压力有周期性波动,波动振幅与实验段压降波动振幅幅度相同,相位相差 180°。实验段Ⅰ观察段内可以看到成串的气泡间歇通过观察段,实验段Ⅱ则可以看到临近加热段出口处有气泡形成,气泡沿实验段向下长大,由于流体处于过冷态,大部分很快冷凝,只有少量小气泡流过上升段。这说明,在发生高频脉动时,气泡在加热段内临近出口处产生长大,导致实验段的压降增加,对单相流体产生挤压作用,从而使出口压力降低。由于稳压器与实验段之间有一定的距离,而且主要由于压降波动幅度很小,所以系统压力并没有明显变化,而位于稳压器附近的流量计也没有测到流量波动。

根据实验观察可以断定,加热段内发生过冷沸腾,气泡在加热段内形成,但由于主流的过冷,气泡刚流出加热段就发生凝结,使实验段压降波动,高频脉动正是由实验段内气泡长大、冷凝所形成的压力波脉动即声波型脉动造成的。

4.2.1.2 密度波脉动分析

密度波型脉动是实验中发生最频繁的实验现象,也是本书研究的方向之一,本书以自维持密度波型脉动的产生点为竖直工况脉动起始点。

脉动发生时,从观察孔中可以看到先是有小气泡产生,随即大气泡产生,产生速度很快,整个观察窗内以汽相为主,随后气泡上升,整个流道恢复为纯液相,再产生小气泡,脉动继续进行。当汽相占据流道时,流量处于较低值,脉动周期为 4.5 ~5.5s,振幅为平均流量的 14%~30%,一般过冷度越大,脉动开始时的相对振幅也越大。管壁温度也随流量波动而波动,上下波动范围不超过 5℃(图 4.3(a)),相位与流量波动相差 180°。出口压力也相应波动,幅度很小,相位与流量相位相同(图 4.3(b))。出口温度随流量波动而波动,相位相差 180°,上下波动范围在 5 ~6℃。压降也随之发生变化,相位相差 180°。

进一步增加功率,则脉动加剧。平均流量增大,脉动周期变短,但一般不会低于 3.2s,振幅变化视入口过冷度而定,以振幅与平均流量的比值为相对振幅。当入口过冷度较大时,相对振幅增加,甚至超过 50%;但当入口过冷度较低时,相对振幅减小。出口压力波动加剧,平均值略有升高,如图 4.4 所示。管壁温度、出口温度也相应变化,但出口温度的平均值基本不变。

在判断自然循环的不稳定性中,Jiang[31]认为入口欠热度是影响不稳定性的关键因素,姚伟[32]则认为低干度两相自然循环不稳定性的发生与加热段出口状态紧密相关,而与加热段入口缺少直接联系。

根据 Fukuda[33]的分类,以出口干度来确定不稳定性的类型,加热段真实干度采用 Levy[34]模型。计算结果如图 4.5 所示,除了高过冷度区域,均低于 0.2,

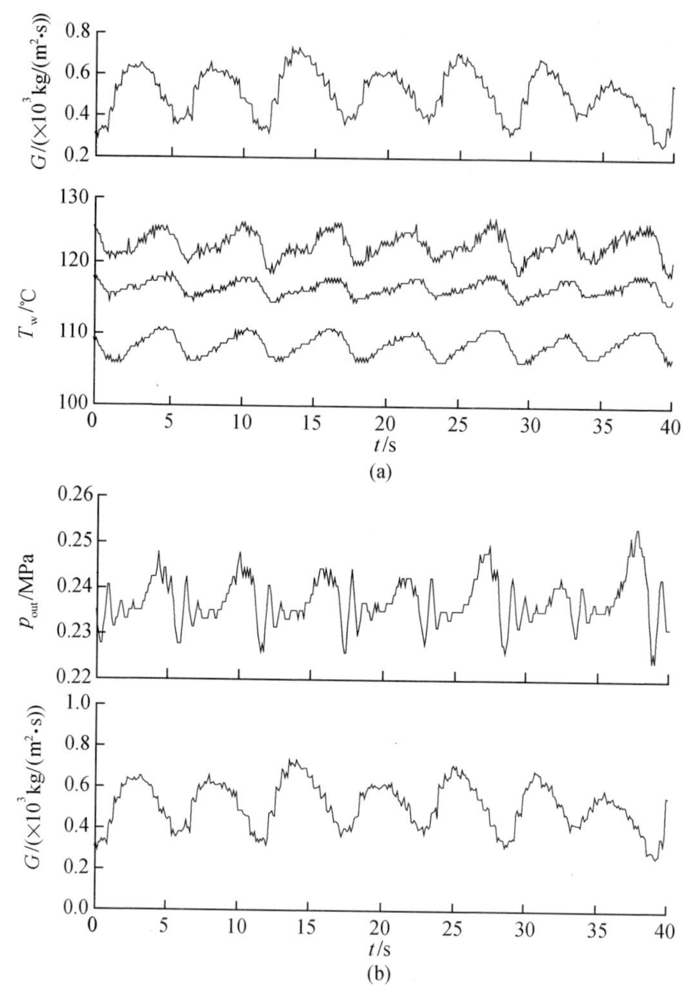

图 4.3　密度波型脉动时流量与各热工参数的变化
（a）壁温；（b）压力。
入口温度 86℃；系统压力 0.370MPa；加热功率 6.5kW。

虽然出口干度超过了 Fukuda 的定义，但考虑其数据来源于强迫循环，而自然循环流量相对较低，干度相对高一些，因此不稳定属于第一类密度波型脉动。

4.2.1.3　高含汽率稳定流动

在过冷度较小的工况下，随着功率的增加，流量波动的振幅逐渐变小，最终流量趋于稳定，此时观察窗内看到的基本上以汽相为主的流体高速通过观察窗，流量值也比较高。壁温、出口温度、出口压力等都不再波动，出口温度稳定在出口压力下的饱和温度以上，出口压力较脉动时有所升高。

若继续增加功率，汽相通过观察窗的速度更快，并伴随声响，但流量和其他

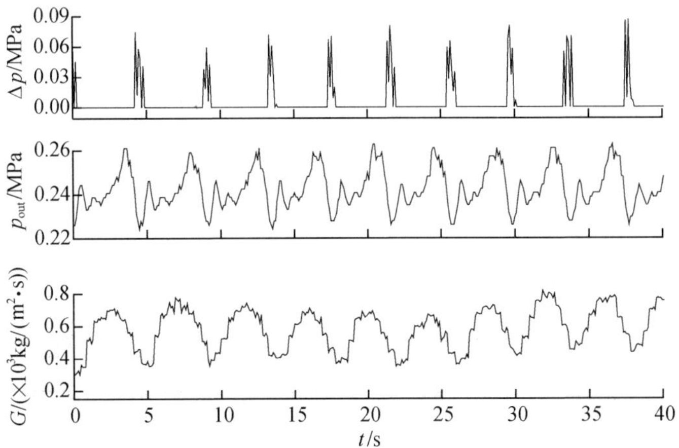

图 4.4　增加功率后的脉动

入口温度 86℃；系统压力 0.368MPa；加热功率 8.3kW。

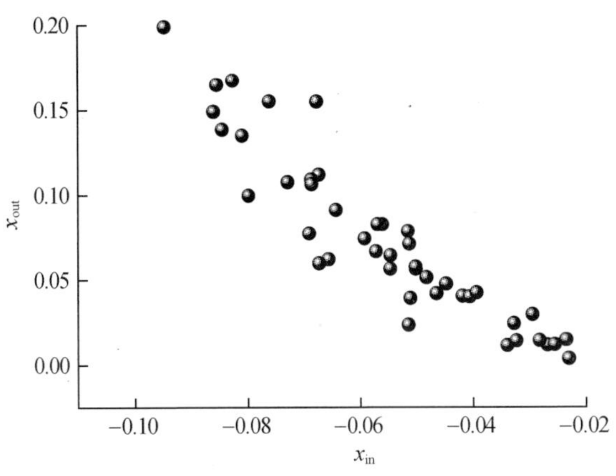

图 4.5　实验段出口真实干度

参数基本上不发生变化，如图 4.6 所示。如果过冷度足够小，系统不会发生脉动，观察窗内可以看到，随着功率的增加，通道内的含汽率逐渐增加，小气泡发展成为大气泡，最后发展成为连续的汽相，出现高含汽率的稳定流动，从出口含汽率看，实验段内很可能已经出现环状流。

4.2.1.4　自然循环稳定性分析

图 4.7 所示为竖直工况下自然循环流动的稳定分析图，其中包含典型的声波型脉动和密度波型脉动发生区域。从图中可以明显看出，当入口温度升高到一定程度时，声波型脉动将不再发生，脉动消失边界随过冷度降低的斜率较大，最低点与脉动起始边界有重合的趋势，这说明声波型脉动呈现一种典型的过冷沸腾流动不稳定性。同样随着过冷度的增加，声波型脉动消失边界也与密度波

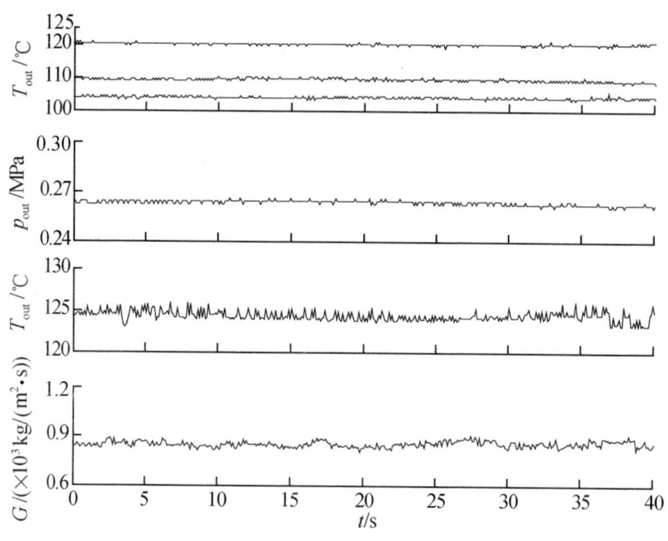

图 4.6　高含汽率稳定流动

入口温度 116℃；系统压力 0.370MPa；加热功率 3.1kW。

型脉动起始边界有重合的趋势，这也说明当入口过冷度高到一定程度，声波型脉动不会随功率升高而消失。而叠加点则是在脉动产生和脉动消失的过渡，即间歇气泡产生到连续稳定气泡形成中的过渡。

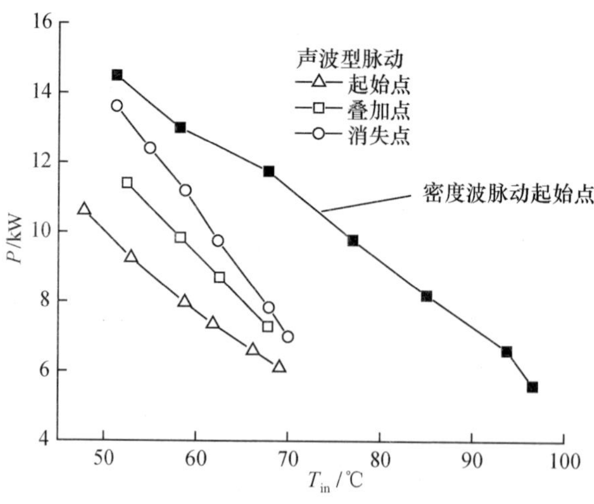

图 4.7　自然循环稳定区域

对于密度波型脉动而言，产生的区域也受到过冷度的限制，当过冷度很低时，汽相产生后会形成连续的流动，尤其是当环状流型成以后，系统可以保持稳定的高速流动状态，这样可以抑制密度波型脉动的发生。而在高含汽率稳定流动条件下，如果持续增加功率，则有可能形成 CHF 现象。

需要指出的是，本书在分析上述两种不稳定性时，均使用了以氟里昂为工质获得的实验经验关系式或计算公式，但声波型脉动符合良好，而密度波型脉动的结果差距很大，这主要是由于声波型脉动属于局部热工水力特性，主要受实验段状态的影响，而密度波型脉动则受整个系统的影响，属于全局特性，实验系统的特性对其有较大的影响。

4.2.2 摇摆工况自然循环流动不稳定性

随着加热功率的增加，系统先后出现了以下几种流动状态：①单相流动波动；②波谷型脉动；③发展后的波谷型脉动；④不规则复合型脉动；⑤规则的复合型脉动；⑥高含汽率小振幅脉动。其中除了⑥，其他几种流动状态均处于不稳定流动状态，⑥只出现在低过冷度区域内。

4.2.2.1 单相流动波动

在自然循环流动状态下，启动摇摆运动装置后，系统经过一段时间过渡后，系统冷却剂在摇摆引起的附加加速度作用下，产生周期性波动，波动呈正弦波型，波动的周期与摇摆周期一致，如图 4.8 所示，波动的幅度受摇摆参数和入口过冷度的影响，入口过冷度、摇摆振幅和频率越大，波动振幅越大，单周期平均流量较不摇摆工况也有一定程度的降低，降低的程度受摇摆参数影响，摇摆振幅和频率越大，平均流量降低的幅度越大。

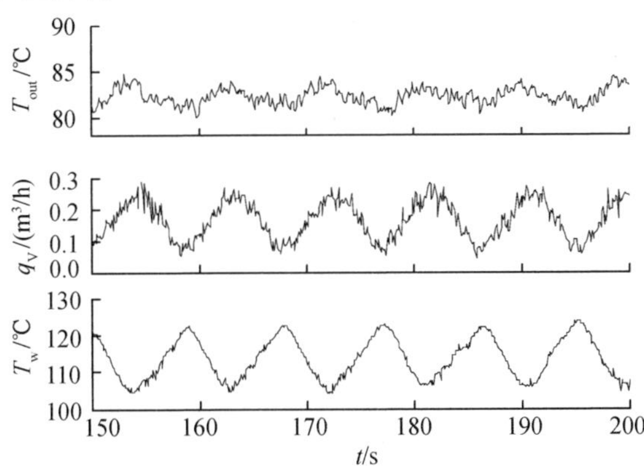

图 4.8 摇摆引起的单相液体波动

摇摆装置启动后，系统压力保持不变，略有波动，出口压力有明显的降低，如图 4.9 所示。管壁温度、出口流体温度等参数也随之波动，流速、壁温和出口水温的变化如图 4.8 所示，从图中可以看出，壁温受流量波动的影响较流体温度大得多，在短周期工况下，出口水温基本不发生波动(图 4.10)。

4.2.2.2 波谷型脉动

随着加热功率的提高，在流量波动曲线的最低点，即波谷点，开始产生气泡，出口处可以观察到有气泡通过，但随着摇摆运动的进行，流量升高，气泡也不再

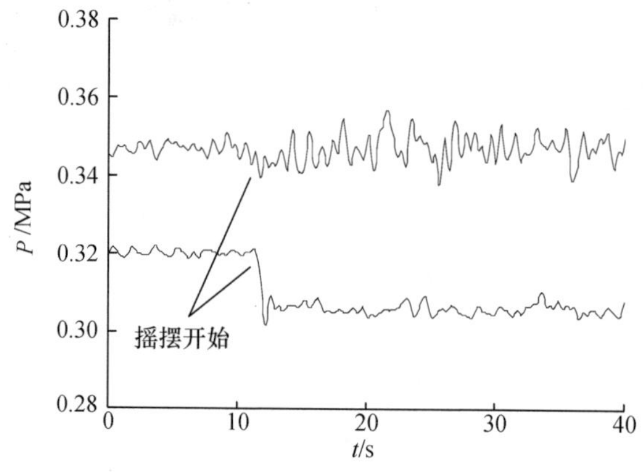

图 4.9　摇摆运动下压力的变化

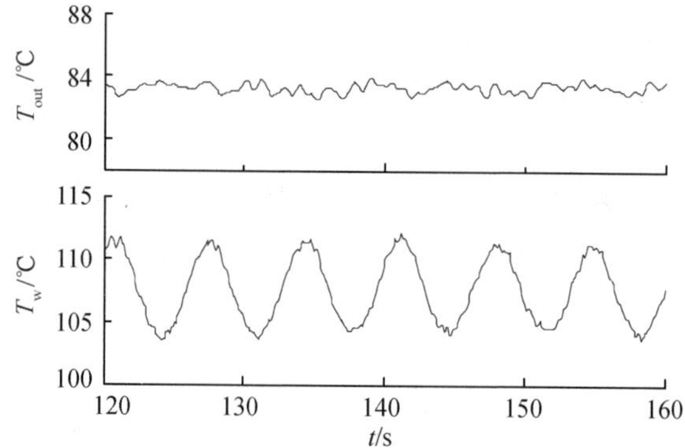

图 4.10　短周期(7.5s)工况壁温和水温的波动

产生,继续增加功率,气泡在流量最低点处越来越多,当功率增加到足够高时,气泡大量急速产生,形成周期与摇摆周期一致的压降振荡,即两相流动不稳定性[27],此时出口可观察到明显的搅浑流通过,实时显示系统显示流量曲线波谷点处不再圆滑,最低点明显降低。由于气泡大量产生,实验段压降升高,因为两相不稳定性发生在流量波动的波谷点,故称之为波谷型脉动。随着摇摆运动的进行,出口处又观察到单相流体通过,若在波谷型脉动发生时停止摇摆,则系统可以回复到稳定的自然循环流动状态。

波谷型脉动发生后,出口流体温度波动幅度增加,壁温波动幅度有所降低,如图 4.11 所示。

4.2.2.3　发展后的波谷型脉动

继续增加加热功率,气泡的产生不再受波谷点限制,可在波谷点以外的流量区域内产生。当气泡产量较多时,会造成阻力增加,流量降低,形成新的波谷区,如图 4.12 箭头所示。出口处也可观察到,每个摇摆周期内,有两次两相流体通过。

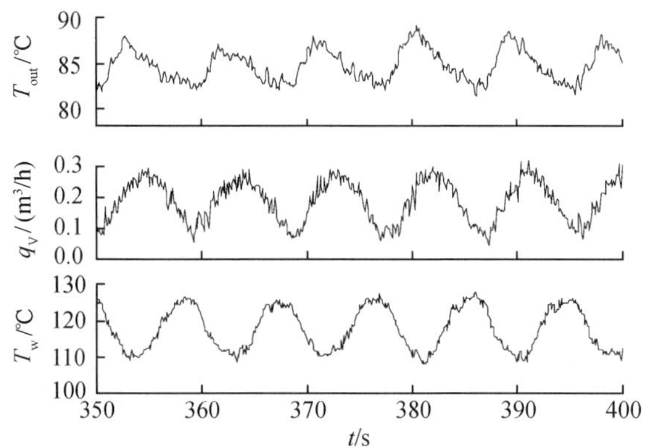

图 4.11 波谷型脉动发生后的参数变化

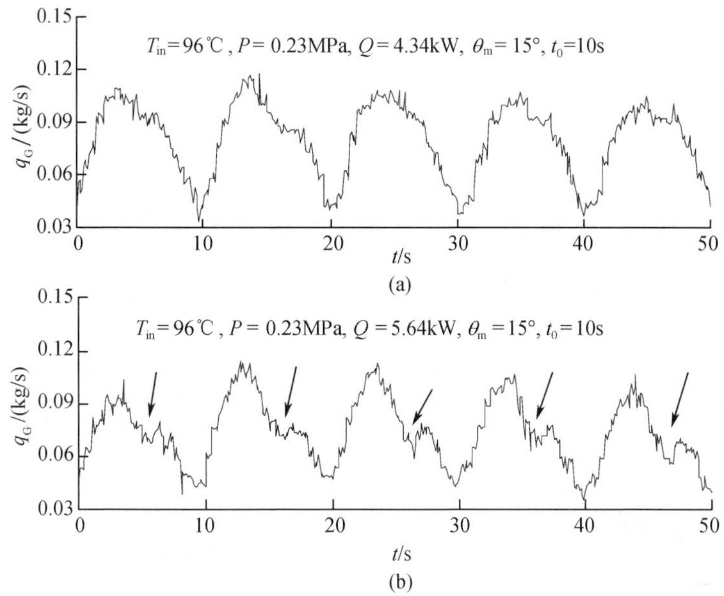

图 4.12 发展后的波谷型脉动

(a)增加功率前;(b)增加功率后。

4.2.2.4 复合型脉动

增加功率,气泡的产生不受流量波谷点的限制,当功率增加到足够高时,脉动可以在流量波谷点以外发生,形成多周期的复合型脉动。从实验装置的观测窗可以观察到,在这种条件下气泡的产生已经不受流量最低点的限制。流量波动曲线在复合型脉动形成的初期为具有公共周期的规则脉动,不妨记为规则复合型脉动Ⅰ,如图 4.13 所示。增加加热功率,流量波动曲线的周期性开始变得不明显,称为不规则复合型脉动,如图 4.14 所示。继续增加加热功率,流量波动又逐渐恢复到周期性较强的规则脉动,记为规则复合型脉动Ⅱ,如图 4.15 所示。

如果在规则复合型脉动Ⅱ时实验台架停止做摇摆运动,则系统在低功率条件下会自动回复到稳定状态不同,它仍然处于不稳定状态,从波形上判定为典型的密度波型脉动,脉动周期在3.6~5.2s之间。如果在发生规则复合型脉动Ⅰ或不规则的复合型脉动时停止实验台架的摇摆,系统处于平稳的两相自然循环流动中,稍受扰动就可能发生密度波型脉动。反过来,当稳定的两相系统运行在稳定区域边界的附近时,系统一旦受到摇摆运动的影响,稳定的流动就将转变为不稳定的流动。因此可以判定,复合型脉动是由摇摆引起的波谷型两相不稳定性和密度波型脉动的叠加构成的。

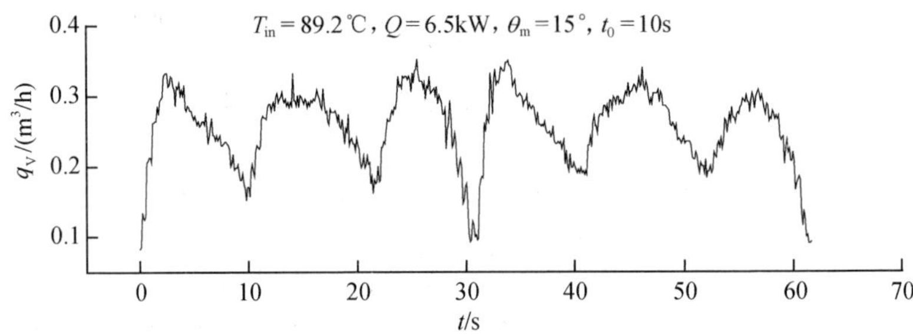

图4.13　规则复合型脉动Ⅰ

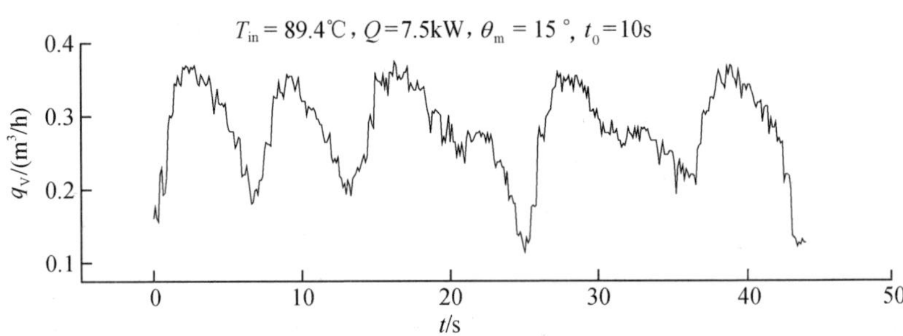

图4.14　不规则复合型脉动

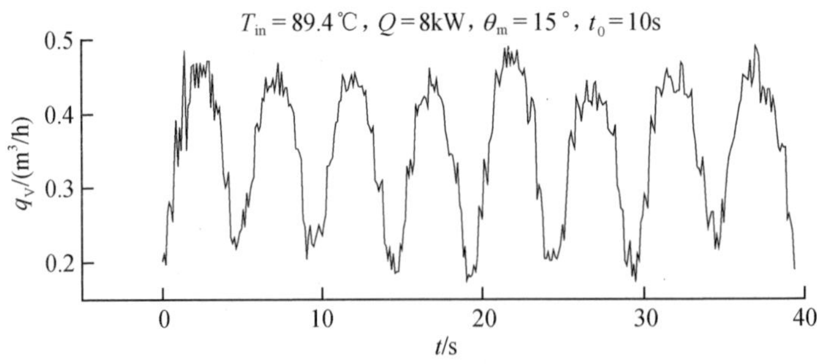

图4.15　规则复合型脉动Ⅱ

复合型脉动为摇摆引起的波谷型脉动与系统密度波脉动的叠加,叠加后的脉动为二者周期的最小公倍数。如图4.16为不同复合型脉动工况下的流量曲线，图中箭头所指为两种脉动的叠加点。

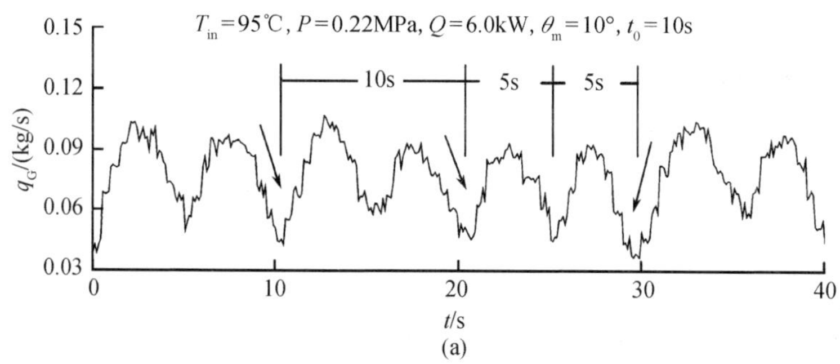

(a)

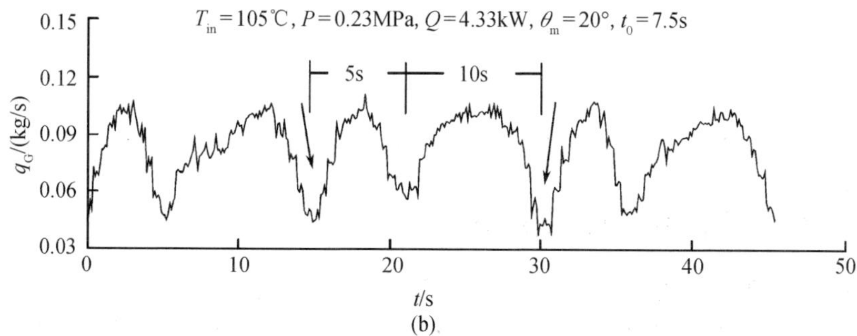

(b)

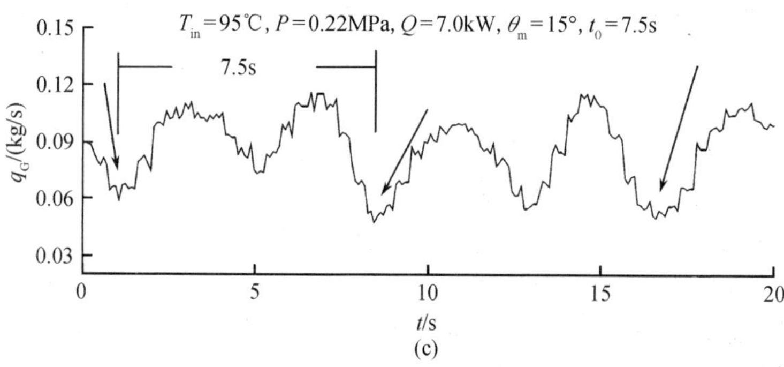

(c)

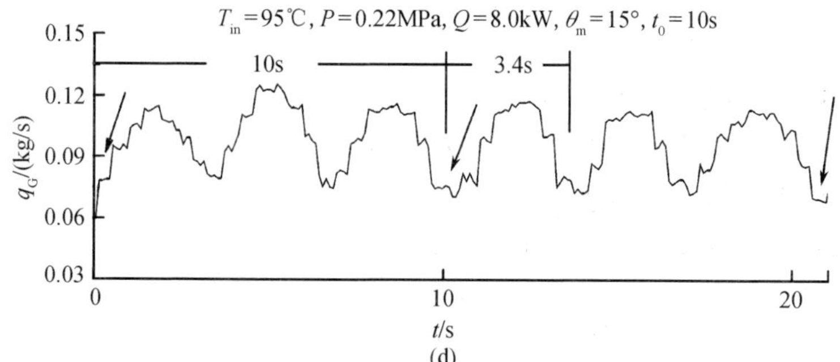

(d)

图 4.16　规则复合型脉动的周期

(a)摇摆周期 10s；(b)摇摆周期 7.5s；(c)摇摆周期 7.5s；(d)摇摆周期 10s。

4.2.2.5 高含汽率条件下的小振幅的脉动

在入口过冷度较低的工况下，随着功率的增加，叠加效应会减弱，波动幅度大幅减小，甚至不发生波动，如图 4.17 所示。此时停止摇摆，从观察窗内可看到系统处于稳定的环状流状态。

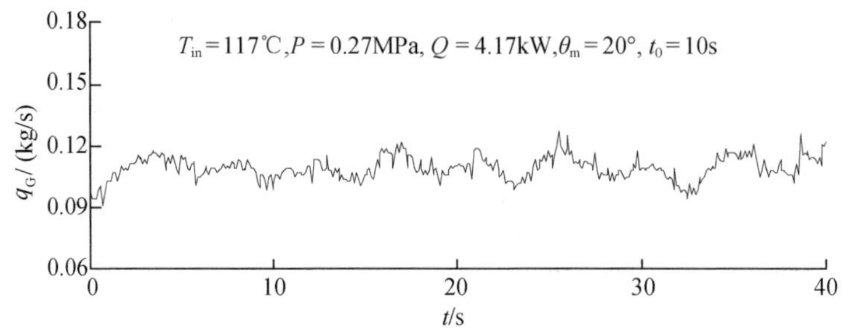

图 4.17 高含汽率小振幅脉动

4.2.3 流动不稳定现象分类

稳态条件下的流动不稳定性是以李亚普诺夫的不稳定性定义为基础的，即微小扰动导致流量波动或者流量漂移，由于摇摆运动下的冷却剂往往处于波动状态，因此摇摆运动下的流动不稳定性与稳态条件下的流动不稳定性不同，后者是由于流动不稳定性诱发流量波动或者流量漂移，前者是流动波动诱发流动不稳定性。

对于单相流动波动，实际上系统已经处于不稳定状态，但这并非传统意义上的流动不稳定性，而是一种受外力驱迫形成的流动波动，因此摇摆运动下的流动不稳定性可分为两大类：一种是驱迫外力下造成的驱迫流动不稳定性，这是附加外力场作用下所特有的，不只是海洋条件下的船舶运动，稳态条件下的因泵、阀动作而引起的波动也属于这一类型的流动不稳定；另外一种是系统自身驱动力－阻力耦合产生的自维持热工水力脉动，这种不稳定性与稳态条件下的机理相同。

4.2.3.1 驱迫流动不稳定性

驱迫流动不稳定性是指系统在外力作用下产生的流动波动或者流量漂移。一种附带空间位置的改变，如摇摆运动，一种不附带空间位置的改变，如泵阀原因引起的波动。二者均为附加外力造成的流动波动或漂移。

对于摇摆运动下的自然循环流动系统，存在两项驱动力和一项耗散力，一个是自身密度差形成的热驱动压头，一个是附加外力形成的驱动压力，平衡这两个驱动力的是摩擦阻力，即耗散力。热驱动压头相对稳定，主要受摇摆运动引起的有效高度变化的影响，而外力驱动压头变化较大，引起变化的原因是附加加速度。

当热驱动压头较大时,或者由泵提供一个较大的驱动压头时,系统会处于稳定流动状态,驱迫外力的影响不会造成太大的波动,只有当外力驱动压头的量值与驱动压头相当时,才会造成较大的波动,因此摇摆运动对驱动压头较小的自然循环影响较大。

造成驱迫流动不稳定性的主要因素是外力引起的附加压降,影响附加压降的三个因素是流体的密度、系统的空间布置和附加加速度的大小。流体密度的影响显而易见,密度越小,附加压降就越小,造成的流动波动就越小。系统空间布置的影响相对较为复杂,不同的系统,影响差异较大。附加加速度的影响因素取决于海洋条件的作用程度,对于摇摆运动而言,摇摆振幅和摇摆频率越大,造成的附加加速度越大,引起的流动波动就越大。

附加加速度包括三项,即向心加速度、切向加速度和科氏加速度。科氏加速度与流动体流动方向垂直,相对于其他与流动方向垂直的力,如重力,与垂直流动方向的力相比,差值较大,因此,对流动产生的影响非常小。研究表明,当垂直于流动方向的力增加到摩擦力的 10 倍时,所产生的摩擦压降变化仅为 5% ,实际上,科氏加速度很难达到这种程度,因此可忽略不计。

切向加速度和向心加速度大小都随时间发生变化,但向心加速度变化的频率是切向加速度的 2 倍,因此二者的综合作用往往使流动波动呈现多种变化。切向加速度和向心加速度的作用方向不同,切向加速度方向随时间周期性变化,单周期内合力积分值为 0,向心加速度方向不随时间变化,单周期内合力积分值不为 0,对流动存在一个阻碍或者促进作用,会造成流动的流量漂移。因此,切向加速度主要造成流动周期性波动,向心加速度除了造成流动波动,还会引起流量的漂移。

当驱迫流动不稳定性附带空间位置改变时,还会对系统的运行造成不利影响,如倾斜、摇摆会造成自然循环能力的改变等,而泵阀引起的驱迫流动不稳定性不会出现类似变化。

4.2.3.2 自维持流动不稳定性

自维持流动不稳定性指摇摆运动下因两相流动驱动力 - 阻力耦合作用形成的流量脉动。自维持流动不稳定性主要取决于自身的热工水力特性,而非驱迫外力。驱迫外力的存在只是在一定程度上影响流动不稳定性,实验中所出现的复合型脉动即为典型的自维持流动不稳定性,无论是否有驱迫外力,流动不稳定性都会发生,换句话说,自维持流动不稳定性主要受热工参数的影响。

实验中出现的波谷型脉动是一种驱迫流动不稳定性和自维持流动不稳定性的过渡:一方面系统自身的两相流动阻力 - 驱动力的耦合造成了脉动的发生;另一方面驱迫外力为波谷脉动的发生创造了条件。

驱迫外力固然会造成流动波动或流量漂移,但并不意味着驱迫外力一定会降低系统的稳定性,当驱迫外力的合力有利于流动方向时,会造成流量增加,降低自维持不稳定性发生的可能。

驱迫流动不稳定性产生的流动波动,客观上对自维持流动不稳定性的脉动点提供了条件,也可以说驱迫流动不稳定性约束了自维持热工水力脉动的产生点。正因为有波谷点的存在,才造成了波谷点处的两相脉动,随着加热功率的增加,气泡的产生不再受波谷点的制约,而完全形成彻底的自维持热工水力脉动,气泡产生点一定要突破波峰点,只有在波峰点流量处发生脉动,才能保证流动不稳定性完全不受驱迫外力的影响,而波峰点出发生脉动也必然造成流动波动类型的改变。

波峰点处的脉动起始点并不能完全参考相同流量下不摇摆密度波动型脉动的边界,前者是波动状态,后者是稳定状态。显然,前者所需要的功率要低一些,另外,随着脉动发生点向波峰处转移,波峰处的流量也会因脉动不断形成新的波谷区而降低。

实验研究中规则的复合型脉动发生边界与密度波型脉动边界相类似并不意味着驱迫外力对流动不稳定性的影响不大,而是恰巧波动的波峰相对于不摇摆运动下的平均量变化不大,增加了 10%~30% ,同时考虑到流动波动会造成流动不稳定性提前发生,因此二者边界变化不大。

如果驱迫外力造成了系统平均流量的上升,或者波峰点有了较大的增加,那么自维持流动不稳定性的发生边界也会相应增加,反之,如果驱迫外力造成了系统平均流量的降低,那么自维持流动不稳定性的发生边界也会相应降低。

4.2.4 高含汽率流动特性

海洋条件会对船用动力装置的自然循环流动造成影响,其中摇摆运动的影响尤为显著[16]。对摇摆运动下自然循环单相流动特性的理论研究[35-37]和实验研究[13,21]均表明:摇摆运动造成了流量波动。谭思超在实验[21,24]中还发现,摇摆运动下自然循环高含汽率流动受摇摆影响较小,流动相对稳定,因而有必要进行相关研究。本书结合实验研究结果,通过构建数学模型,对摇摆运动下自然循环高含汽率流动压降和摩擦阻力系数进行计算,从而揭示摇摆运动下自然循环高含汽率流动相对稳定的机理。

4.2.4.1 摇摆运动下单相流动与高含汽率流动

实验研究是在哈尔滨工程大学摇摆实验台架上进行的,实验相关内容详见文献[38]。摇摆运动下自然循环单相流动和高含汽率流动的实验结果如图 4.18和图 4.19 所示。图中,T、θ、T_{in}、P、p_{sys}分别表示摇摆周期、摇摆振幅、入口温度、加热功率和系统压力。

从图 4.18 和图 4.19 可以看出,在相同的摇摆周期和振幅下,自然循环单相流动的流量随时间近似正弦波动,波动周期与摇摆周期一致,相对波动幅度大于50% ,而自然循环高含汽率流动相对稳定,相对波动幅度不到 10% 。

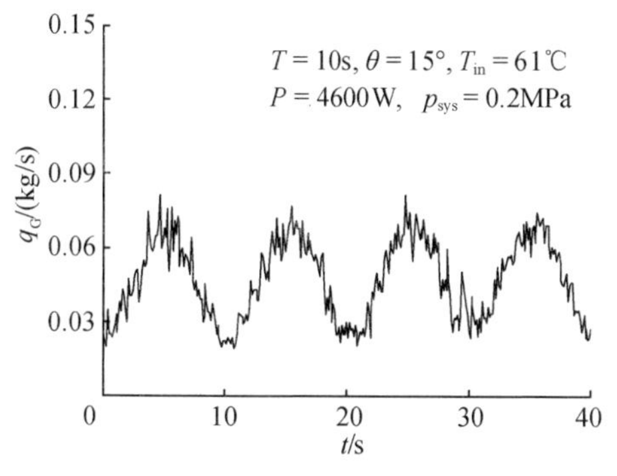

图 4.18 摇摆运动下单相流动

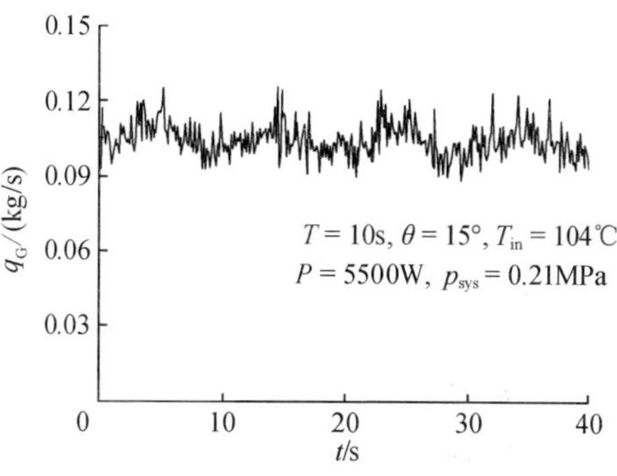

图 4.19 摇摆运动下含汽率流动

4.2.4.2 数学模型的建立

摇摆运动下自然循环单相流动数学模型的建立参考文献[16, 38],这里给出用于计算摇摆运动下高含汽率流动的数学模型。

由于我们所关注的自然循环流动特性是整个回路的全局效应,加热段中的两相流动只是整个回路的一部分,因而为了能够探究摇摆运动下自然循环高含汽率流动的特点而又不至于使用过于复杂的数学描述,我们对摇摆运动下自然循环高含汽率流动做出以下假设:

(1) 忽略散热及壁面蓄热的影响;

(2) 流体沿管路轴线做一维流动;

(3) 能量方程中忽略耗散的影响,并略去瞬态项;

(4) 气相在上升段内始终存在且气相份额不发生变化;

(5) 冷凝器具有很高的冷凝能力,气相进入冷凝器后迅速消失,忽略冷凝器中的气相段。

与摇摆运动下自然循环单相流动的控制方程一样,摇摆运动下自然循环高含汽率流动的控制方程为质量,动量和能量守恒方程。自然循环闭合回路,自动满足质量守恒,在假设(3)下,摇摆运动下自然循环高含汽率流动的控制方程就只有动量守恒方程,其表达式为

$$\sum \rho_i l_i \frac{\mathrm{d}v_i}{\mathrm{d}t} = \sum \Delta p_g + \sum \Delta p_f + \sum \Delta p_a \tag{4.1}$$

该式等号右边三项分别为驱动压头、摩擦压降和附加压降,各项具体表达形式与单相流动各项表达式相同,详见文献[38]。

4.2.4.3 结果分析

摇摆运动下自然循环单相流动计算结果与实验结果的比较如图 4.20 所示,计算结果与实验结果符合良好。高含汽率流动的计算中,由于忽略冷凝器的两相摩擦压降,从而计算值略高于实验值(图 4.21),本书研究的是高含汽率稳定

流动的机理,因而认为计算结果能反映高含汽率流动相对稳定的特点,故认为计算结果合理。

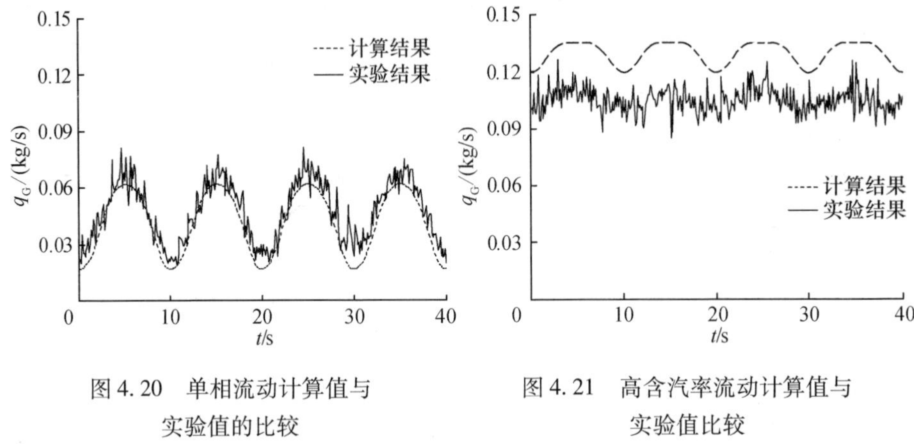

图 4.20 单相流动计算值与实验值的比较

图 4.21 高含汽率流动计算值与实验值比较

摇摆运动下自然循环单相流动和高含汽率流动的各项压降的计算值分别列于表 4.1 和表 4.2 中。可以看到,高含汽率流动驱动压头远大于单相流动驱动压头,相差近一个数量级。高含汽率流动附加压降波动值略小于单相流动附加压降的波动值。

表 4.1 单相流动的各项压降计算值

各项压降 \ 计算值/Pa	最大值	最小值	周期均值
驱动压头	1309	597	953
总摩擦压降	1812	144	978
角加速度产生的附加压降	1227	-1227	0
向心加速度产生附加压降	230.6	0	115.3

表 4.2 高含汽率流动的各项压降计算值

各项压降 \ 计算值/Pa	最大值	最小值	周期均值
驱动压头	11480	11010	11245
总摩擦压降	12200	9915	11057.5
角加速度产生的附加压降	1099	-1099	0
向心加速度产生附加压降	183.8	0	91.9

为了进一步探究高含汽率流动相对稳定的机理,对动量守恒方程式(4.1)进行化简,即

$$\sum \rho l_i \frac{A}{A_i}\frac{\mathrm{d}v}{\mathrm{d}t} = \Delta\rho_{\mathrm{v}} g h_{\mathrm{v}} \cos\theta + \Delta\rho_{\mathrm{h}} g h_{\mathrm{h}} \sin\theta - B_1\frac{\rho v^2}{2} - B_2\frac{\rho v^{1.75}}{2} +$$

$$\beta \sum l_i l_j \rho_i + \omega^2 \left(\sum \int z_i \rho_i \mathrm{d}z + \sum \int y_i \rho_i \mathrm{d}y \right) \tag{4.2}$$

式(4.2)中,不带下标的参数为选定的基准参数,即加热段入口处的参数,θ、ω、β 分别为摇摆角度、摇摆角速度和摇摆角加速度,其他参数通过具体实验回路确定。由于摇摆角在 $-20° \sim 20°$ 之间变化,从而 $\cos\theta$ 值在[0.9397, 1]这一区间内,$\cos\theta \approx 1$。摇摆运动下自然循环高含汽率流动摩擦压降主要是沿程摩擦损失,从而式(4.2)进一步简化为

$$\frac{\mathrm{d}v}{\mathrm{d}t} = D - Bv^{1.75} + C\sin\theta \tag{4.3}$$

式中:等号右侧三项分别为驱动项、阻力项和波动项;B 为回路总摩擦阻力系数。

对式(4.3),保持在 $B = C = 1$ 和 $D = C = 1$ 不变的情况下,分别变化 D 和 B 的值,其流速变化情况如图 4.22、图 4.23 所示。从图中可以看出,增大驱动力和摩擦阻力系数都能够降低流动的波动幅度。

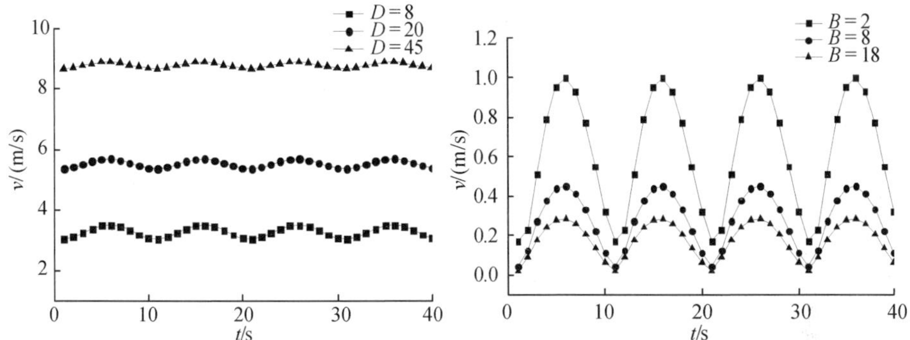

图 4.22 不同 D 值下流速随时间的变化　　图 4.23 不同 B 值下流速随时间的变化

摇摆运动下自然循环单相流动和高含汽率流动的摩擦阻力系数的计算按式(4.4)进行,压降和流速取单周期均值,分别代入单相流动和高含汽率流动实验数据,计算得单相流动摩擦阻力系数:$f = 32.1$;高含汽率流动摩擦阻力系数:$f = 362.5$。很显然,高含汽率流动摩擦阻力系数远大于单相流动摩擦阻力系数,即

$$\Delta p = f\frac{\rho v^2}{2} \tag{4.4}$$

结合单相和高含汽率流动特点,不难发现,流量波动与否,并不取决于流量大小,也不单单取决于驱动力的大小或循环方式(强迫循环和自然循环),而是取决于附加力、驱动力和摩擦阻力系数三者之间的关系。在相同的摇摆工况下,当驱动力和摩擦阻力系数相对较小时,流量大幅度波动,对应着摇摆运动下自然循环单相流动;而当驱动力和摩擦阻力系数相对较大时,流动相对稳定,对应着

摇摆运动下自然循环高含汽率流动。

4.2.5 典型流动不稳定性边界

图 4.24 所示为摇摆运动下典型流动不稳定性的边界,分别以直观参数(功率)和无量纲参数(N_{pch}/N_{sub})为参考量。不规则的复合型脉动是一种过渡状态,产生的随机性较大,实验结果的重复性较差,其边界缺少规律性,本书不予讨论,只针对规则的复合型脉动展开讨论。从图中可以看出,随着加热功率升高,摇摆运动下自然循环流动不稳定性大致可分为三个区域:第一个区域是以单相流体或低出口含汽率为主的驱迫流动不稳定性区域;第二个区域是以波谷型脉动为主要流动不稳定性类型的区域;第三个区域主要是规则的复合型脉动和高含汽率稳定流动为主的区域。其中,第一个区域为完全受外力控制的驱迫流动不稳定性,第三个区域的不稳定性属于完全自维持流动不稳定性,第二个区域是驱迫流动不稳定性和自维持流动不稳定性的耦合区域,也是驱迫流动不稳定性向自维持流动不稳定性的过渡。

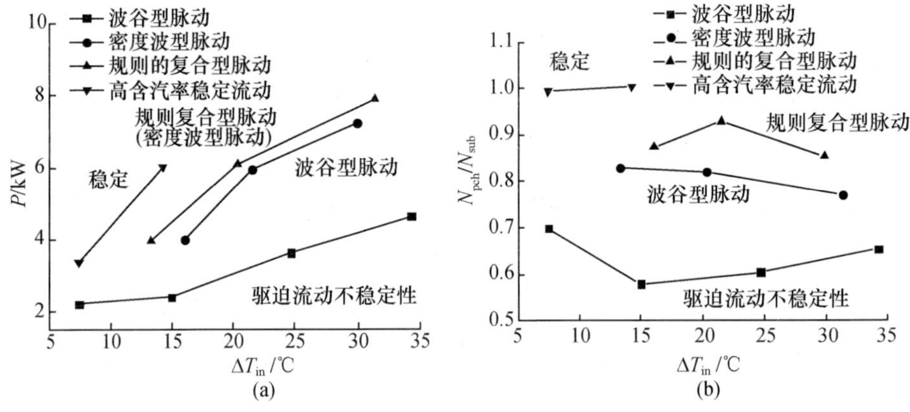

图 4.24 摇摆运动下典型流动不稳定性边界

(a)功率;(b)N_{pch}/N_{sub}。

在第一区内停止摇摆运动,系统处于单相自然循环流动状态,因此第一区流动不稳定性主要受驱迫外力影响产生,在第三区内,停止摇摆运动,系统状态为密度波型脉动或环状流稳定流动区域,驱迫外力对其影响很小,因此第三区为自维持流动不稳定性区域,第二区是二者的过渡。

从图 4.24(a)还可以看出,规则的复合型脉动只在高入口过冷度区域(>10℃)发生,且发生边界与密度波型脉动边界接近,即当系统没有摇摆运动时,如果系统发生了密度波型脉动,在对系统施加摇摆运动后,系统的脉动转变为规则的复合型脉动。

随着入口过冷度的降低,特别是出现两相流动后,自然循环驱动压头增加,摇摆运动引起的附加压降的大小也相应降低,从而摇摆引起的波动幅度降低。

同时,在不存在摇摆运动条件下,低进口过冷度工况下密度波型脉动不易发生;此时,即使施加给系统摇摆运动,叠加效应也很弱,因此低过冷度区域内,不发生复合型脉动。

图 4. 25 所示为相同热工参数下密度波型脉动和规则的复合型脉动的发生边界,二者基本一致,从图中还可以看出,在相同的热工水力参数下,摇摆参数对复合型脉动的边界影响并不明显。这主要是由于复合型脉动的发生取决于密度波型脉动的发生,密度波型脉动的发生边界并不受流量波动波谷点的影响,而与实验段入口过冷度以及流量波峰点有关。本系统中摇摆运动对流量波动波谷点的影响要大于对流量波动波峰点的影响,而第 3 章实验结果表明,本系统中摇摆运动对流动波动波谷点流量影响较大,对波峰点流量的影响相对较小,因此,摇摆引起的波谷型流动不稳定性受摇摆参数影响较大,而复合型脉动受摇摆参数影响较小。

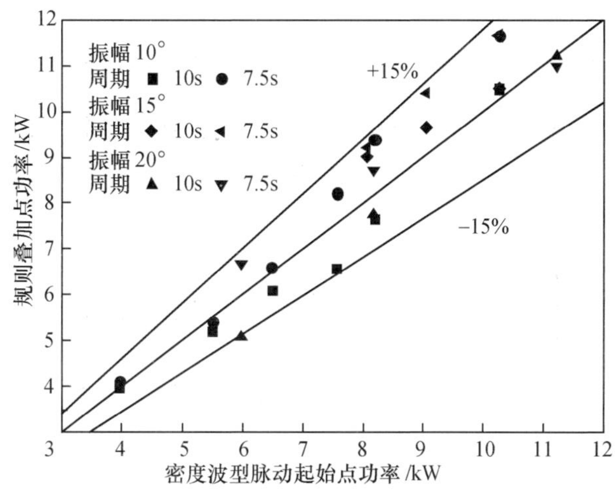

图 4. 25　不同 D 值下流速随时间的变化

4. 2. 6　摇摆工况下的流动不稳定影响因素

影响不稳定起始点的主要因素有入口温度、系统压力、摇摆振幅以及摇摆周期等。热工参数的影响与竖直工况下的基本相同,摇摆参数则是通过影响流量的波动进而影响不稳定的产生。

摇摆振幅增加,波动幅度增加,最低点流量降低,因此更容易发生不稳定现象,导致不稳定性增加,如图 4. 26 所示。

摇摆周期降低,同样导致波动幅度增加,波动频率增加,降低系统的稳定性,但从图 4. 26 可以看出,随着摇摆振幅的增加,摇摆周期的影响相对减弱,彼此间的差别并不是很大。但是随着系统压力的增加,摇摆周期影响的差别又逐渐显现出来,如图 4. 27 所示。

从图4.26、图4.27中同样可以看出，随着入口过冷度的增加，系统内流体达到饱和所需功率增加，系统不出现两相流动，则不稳定性不会发生，同样的原因也适用于系统压力，因而，增加入口过冷度或者提高系统压力都可以提高系统的稳定性，而且随着压力的提高，摇摆周期的影响更为明显。

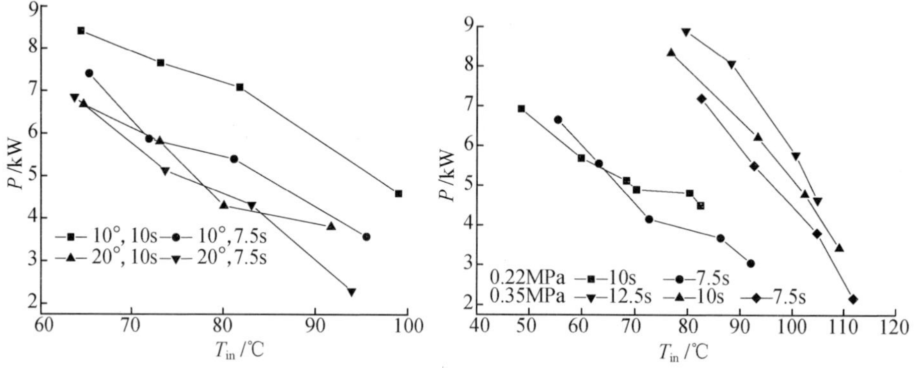

图4.26 摇摆参数对流动不稳定的影响　　图4.27 压力对流动不稳定的影响

综合而言，热工参数和摇摆参数的影响相互间的联系较多，一个参数的变化会导致其他参数的影响发生变化，因此，需要综合考虑多方面因素来判断系统的稳定性。

4.3 摇摆运动下强迫循环流动不稳定性

本节主要介绍竖直及摇摆工况下的强迫循环流动不稳定性实验结果及分析，主要包括实验方法及参数范围、实验现象、不稳定性机理和不稳定性的演化规律，回路布置和摇摆实验台的介绍可参照文献[39]。

4.3.1 实验方法及参数范围

实验过程中控制系统压力、入口过冷度和加热功率等热工参数不变，逐渐减小泵的频率以降低实验段入口流量，使得加热通道内的流体从单相变成两相，直至出现该工况下的流动不稳定现象。为了分析摇摆运动对于窄矩形通道流动不稳定性的影响机理，竖直工况和摇摆工况下的流动不稳定实验对照进行。在进行摇摆条件下的流动不稳定性实验时，除了控制压力、入口过冷度和加热功率不变，整个实验过程中还需维持摇摆运动不变。

现选取一个大气压下的竖直和摇摆实验工况，其测量参数范围如表4.3所列。实验中控制其他参数不变，入口流量从$0.5m^3/h$逐渐降到$0.1m^3/h$。摇摆工况总共获取29组工况，依次编号为01～29，本书仅选取其中几组具有代表性的实验工况进行分析。

表 4.3 摇摆工况下的各参数范围

实验参数	测量范围					
压力/MPa	0.1					
入口水温/℃	68					
加热功率/kW	9					
摇摆振幅/(°)	10					
摇摆周期/s	19.2					
平均入口流量/(m^3/h)	0.1~0.5					
	0.42	0.37	0.31	0.26	0.21	0.12
工况号	08	11	15	18	25	28

4.3.2 典型实验现象

4.3.2.1 竖直工况下压力降型脉动(PDO)

为了分析摇摆工况下矩形通道内的流动不稳定性,必须先进行竖直工况下的实验。实验过程中观察到了一类自持波动,如图 4.28 所示。这类波动被证明是典型的压力降脉动,其周期为 50s 左右。

压力降脉动的形成机理是流量漂移与通道上游缓冲水箱可压缩容积之间的相互作用[6,7,40],本实验中的稳压器为系统提供较大的可压缩空间。压力降脉动通常出现在回路压降特性曲线的负斜率区,其形成条件是内部特性曲线的斜率小于外部特性曲线的斜率,如式(4.5)所示。如图 4.29 所示,压力降脉动的形成过程大致分为以下四个过程:缓冲水箱泄压过程,流量小幅度降低(A1B);低含汽率-高含汽率两相流量漂移过程,流量大幅度降低(BC);缓冲水箱的压缩过程,流量小幅度增加(CD);两相-单相流量漂移过程,流量大幅度增加(DA2)。此过程分别对应图 4.28 中的 A1B、BC、CD 和 DA2。

$$\left.\frac{\partial \Delta p}{\partial G}\right|_{\text{int}} < \left.\frac{\partial \Delta p}{\partial G}\right|_{\text{ext}} \tag{4.5}$$

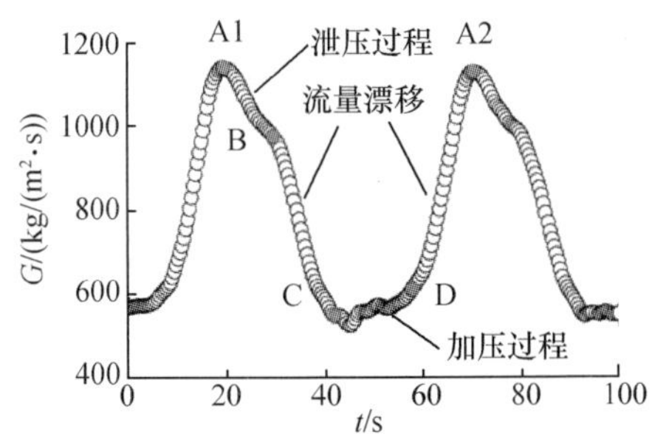

图 4.28 实验观察到的压力降脉动

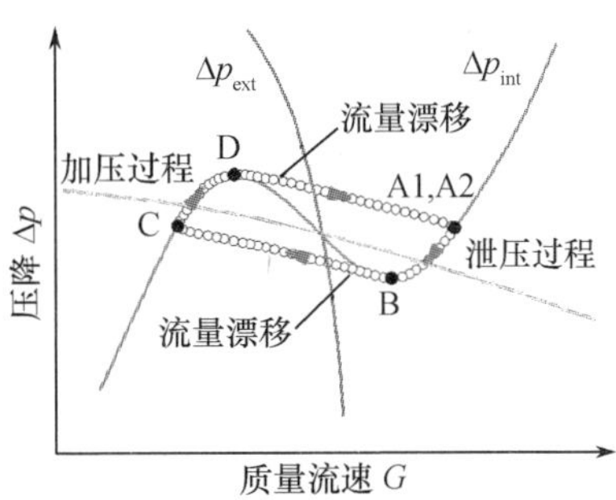

图 4.29 压力降脉动的原理示意图

4.3.2.2 摇摆工况下单相流量波动

为了比较竖直工况和摇摆工况下的实验现象,现将两组对比工况选取相同的热工参数,包括温度、流量和加热功率等,下同。

当系统流量较高时,通道内流体处于单相流动,竖直和摇摆工况分别如图4.30(a)和图4.30(b)所示。由图可知,竖直工况下系统的流量和压降随时间不变,而摇摆工况下流量和压降随时间呈现近似正弦波动。类似的实验现象也出现在谭思超[19]、王畅[41]和余志庭[42]等的研究中。

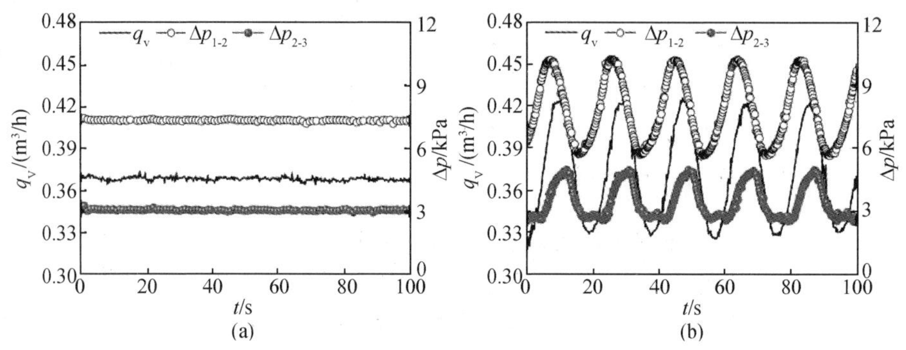

图4.30　单相稳定流动和单相流量波动

(a)竖直工况;(b)摇摆工况11。

4.3.2.3 摇摆工况下波谷型脉动

随着系统平均流量的逐渐降低,竖直工况仍然是稳定的单相流动,如图4.31(a)所示。对于摇摆工况,流量和1-2段压降仍然呈现正弦波动,而2-3段压降则在一个摇摆周期内出现双波峰,如图4.31(b)所示。这是由于在流量波动的波谷处开始产汽,而产汽位置主要集中于出口处,因此1-2段压降并没有出现双峰的特征,这在4.3.3节予以详细的论证。现将2-3段压降波动分为以下四个过程:AB,流量下降单相段;BC,流量下降两相段;CD,流量上升两相段;DE,流量上升单相段。

由于图4.31(b)中的工况出现了间歇性产汽,且产汽点位于流量波动的波谷处,因此被定义为波谷型脉动,这跟谭思超[27]的定义保持一致。

当流量继续降低时,产汽的位置已不仅仅局限于波谷处,而在流量波动的其他位置也发生了,此类波动也因此称为发展后的波谷型脉动。此时,在一个完整摇摆周期内的产汽时间更长,产汽量也更多,从而导致2-3段压降的第二个峰值比第一个峰值大,如图4.32(a)所示。值得一提的是,与前述的波谷型脉动对应的竖直工况现象不同,发展后的波谷型脉动对应的竖直工况则出现了典型的压力降型不稳定性,如图4.32(b)所示。

4.3.2.4 摇摆工况下耦合型脉动

随着系统流量的进一步降低,竖直工况仍然是典型的压力降脉动,如图

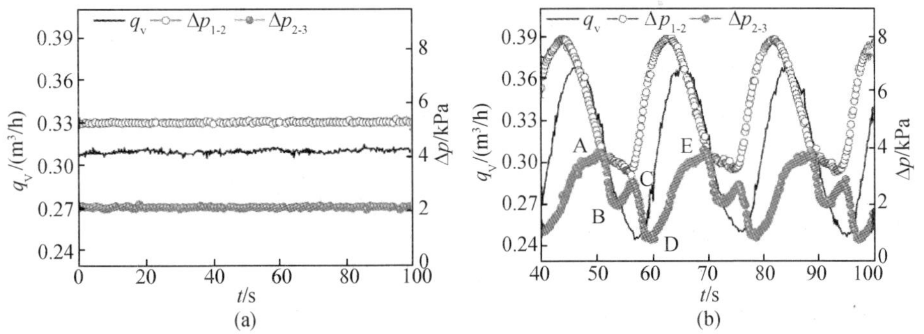

图 4.31 单相稳定流动和波谷型脉动

(a)竖直工况；(b)摇摆工况 15。

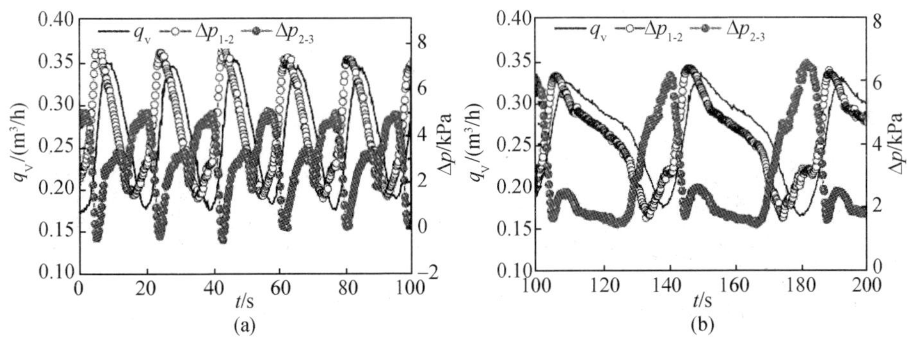

图 4.32 压力降脉动和发展后的波谷型脉动

(a) 摇摆工况 18；(b) 竖直工况。

4.33(a)，而摇摆工况则出现了波动周期与摇摆周期一致、波动幅度大小不一的现象，如图 4.33(b)所示。此类脉动在 4.3.3 节中被证明为摇摆运动与压力降脉动叠加后的耦合型脉动，此类脉动的耦合机理也在该章节中做了相关论述。

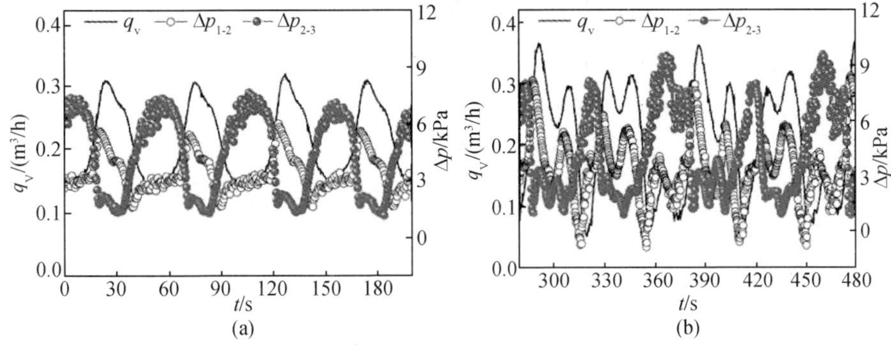

图 4.33 压力降脉动和耦合型脉动

(a) 竖直工况；(b) 摇摆工况 25。

4.3.2.5　摇摆工况下两相流量波动

当系统流量降低到某一值时,竖直工况下压降和流量处于高含汽率小振幅脉动,如图 4.34(a)所示,与上述的其他竖直工况现象不同的是,此类工况的波动幅度相对较小,频率相对较高。Taitel 和 Duckler[43] 推荐使用马蒂内里参数等于 1.6 作为环状流起始点的判定准则,湍流区的马蒂内里参数可通过式(4.6)计算,由此可获得本实验工况环状流起始点对应的出口含汽率 $x_{annular}$ 在 0.0128 ~ 0.0134。而本工况的含汽率相对较高(出口热平衡含汽率在 0.1 左右),远大于此范围,因此为饱和沸腾环状流。而对应的摇摆工况在出现小振幅脉动的同时还伴随着与摇摆运动一致的周期性波动,如图 4.34(b)所示,与上述的其他摇摆工况现象不同的是,在一个完整的摇摆周期内,此类工况完全处于两相沸腾状态,既非单相波动,也非间歇沸腾。

$$X_{annular} = \left(\frac{1 - x_{annular}}{x_{annular}}\right)^{0.9} \left(\frac{\mu_f}{\mu_g}\right)^{0.1} \left(\frac{v_f}{v_g}\right)^{0.5} \tag{4.6}$$

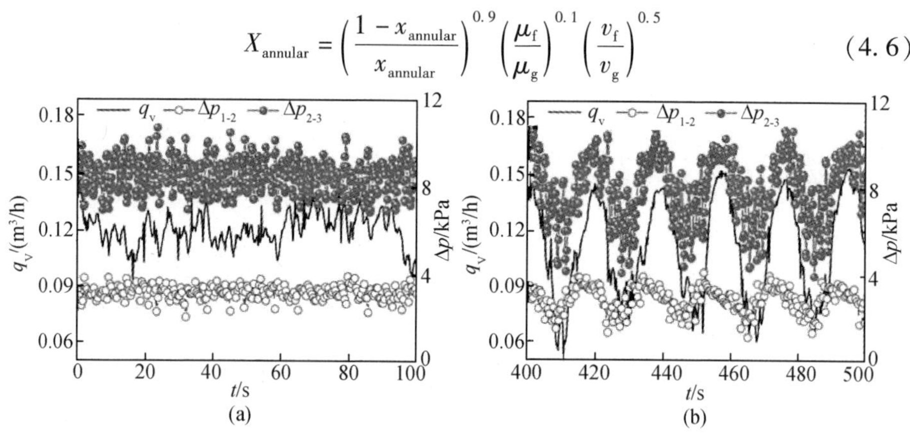

图 4.34　两相稳定流动和两相流量波动
(a) 竖直工况;(b) 摇摆工况 28。

4.3.3　摇摆条件下的流动不稳定性机理

4.3.3.1　沸腾初期的确定

本书通过对比通道内的实际流动、换热特性和由文献[44, 45]提供的关系式计算得到的单相流动、换热特性,来确定沸腾起始工况。当通道内发生沸腾时,其流动和换热特性曲线必然会偏离单相特性曲线,我们认为沸腾初期发生在实验曲线刚要偏离计算所得单相曲线的工况处[46]。典型的单相向两相转变的实验现象如图 4.35 和图 4.36 所示,图中圈起的点为图 4.31(b)对应的实验工况,即波谷型脉动工况。由图可知,从该工况点开始,实验通道已经进入沸腾。

图 4.37 所示为不同流量下实验段壁温沿轴向分布曲线。一方面,由于存在出入口效应,靠近实验段出入口的换热被强化;另一方面,靠近出入口的热损失比实验段中间位置的高,而且随着壁温的升高逐渐增加,因此,出入口附近的壁温偏低。

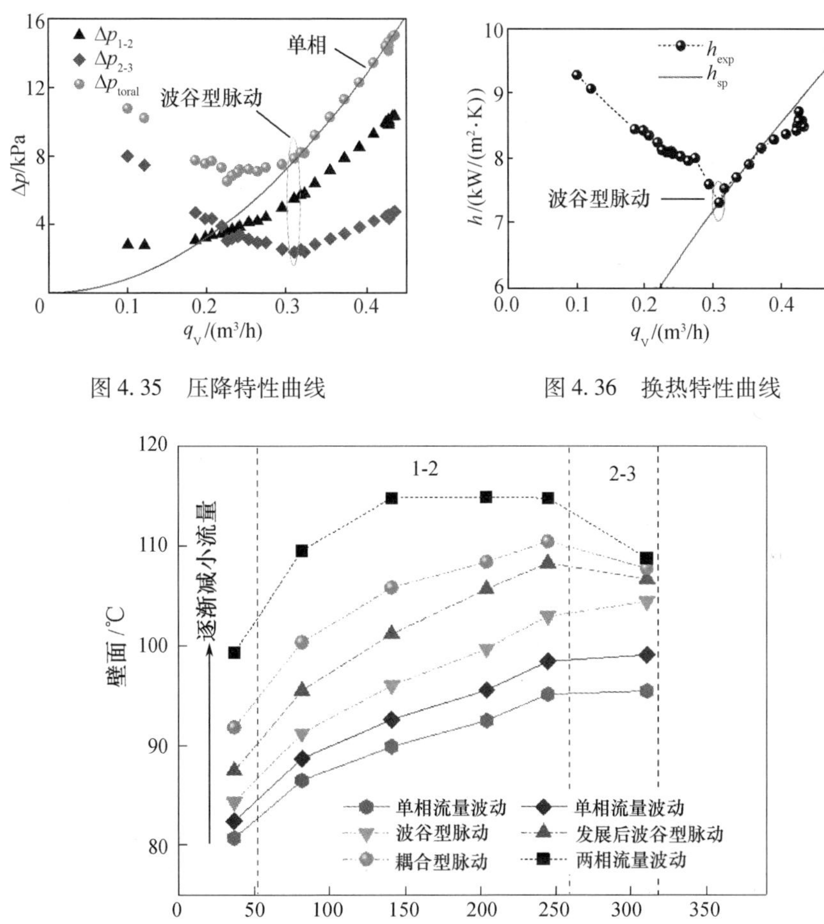

图 4.35 压降特性曲线

图 4.36 换热特性曲线

图 4.37 沿通道轴向壁温分布

现关注 1－2 段内的壁温分布情况。由图可知，从工况 08 到工况 25，1－2 段内的壁温呈现近似线性变化，说明 1－2 段内为单相，由前文分析可知图 4.31(b)中所示的工况 15 已经发生沸腾，因此可以推断出工况 15 中的沸腾主要集中在 2－3 段内，这也恰好能解释图 4.31(b)中 2－3 段压降出现双峰值，而 1－2 段压降却呈现近似正弦波动的现象。

4.3.3.2 摇摆运动与压力降脉动的耦合机理

当系统的流量降到足够低时，通道内出现了一类典型的实验现象，其波动周期体现了摇摆运动的周期，而其波动幅度却大小不一。竖直和摇摆工况下温度、压降以及流量随时间的波动分布如图 4.38(a)、(b)所示。由图可知，摇摆工况下的流量等热工参数的波动幅度较大，与压力降脉动的波动幅度相当；摇摆工况下的出口水温与对应的出口饱和水温波动曲线周期性重合，说明通道内发生间歇性沸腾;利用快速傅里叶变换(FFT)获得竖直工况和摇摆工况下流量波动的幅度谱图可以发现,竖直工况下压力降脉动的频率呈现单一峰值,而摇摆工况下的结果中则出现了两个峰值,一个是跟摇摆周期一致的频率$f_{rolling}$,另一个是和竖直工况压力降脉动周期一致的频率$f_{oscillation}$。由此可以推断,摇摆工况下的这类典型的脉动现象为摇摆运动和压力降脉动叠加后的耦合型脉动,其兼具摇摆运动和压力降脉动的幅频特征。

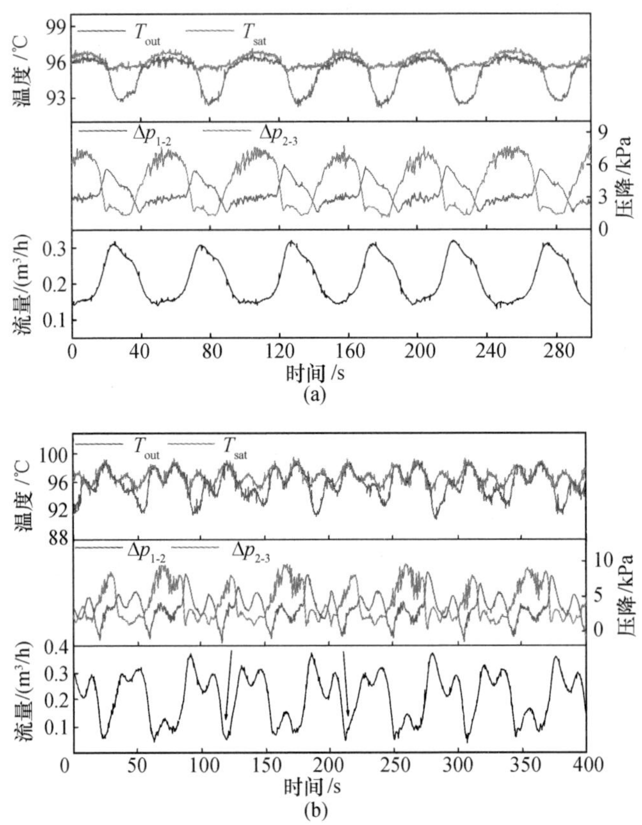

图 4.38 竖直和摇摆工况下温度、压降及流量随时间变化
(a) 竖直工况;(b) 摇摆工况 25。

压力降脉动的本质是系统流量漂移与缓冲水箱可压缩容积之间的相互作用,其最直接的表现形式是通道内出现的周期较长的间歇沸腾,而由摇摆运动引起的波谷型脉动也能实现间歇沸腾,此两种间歇沸腾现象叠加形成耦合型脉动。由于压力降脉动的周期和摇摆周期不一致,这种叠加效应必定会时强时弱,因此导致耦合型脉动的幅度大小不一。

分析摇摆运动和热工水力不稳定性的耦合特征,除了要求在机理方面要保持一致,还需要满足以下两个必要条件:强度和周期。强度指的是摇摆运动引起的波动幅度和热工水力不稳定性诱发的脉动幅度一致，不能相差甚远，图4.33中两类波动幅度相差不大；在周期上，谭思超[27]发现，摇摆运动和密度波脉动叠加后的耦合型脉动，其波动周期既不是摇摆周期，也不是密度波脉动的周期，而是两者的最小公倍数。为了研究摇摆运动与压力降脉动的耦合方式，本书选取5个完整的摇摆周期（约100s，同时也是两个完整的压力降脉动的周期）来分析，如图4.38(b)中的箭头所示。

为了详细地阐述摇摆运动与压力降脉动的耦合方式，这里有必要对压力降脉动的形成过程再作赘述：当通道内产汽增加时，阻力增大，直至工况点B，如图4.39所示，此时回路发生流量漂移至工况点C，通道内含汽率骤增；加热通道含汽率高，阻力较大，使得缓冲水箱上游的流量大于其下游的流量，缓冲水箱逐渐吸收压力，系统压力增加，直至工况点D，此时回路发生流量漂移至工况点A，通道内流体变成单相；漂移使得流量骤增，缓冲水箱上游的流量小于缓冲水箱下游的流量，此时缓冲水箱逐渐释放压力，系统压力减小，直至工况点B，并重复前面的过程。

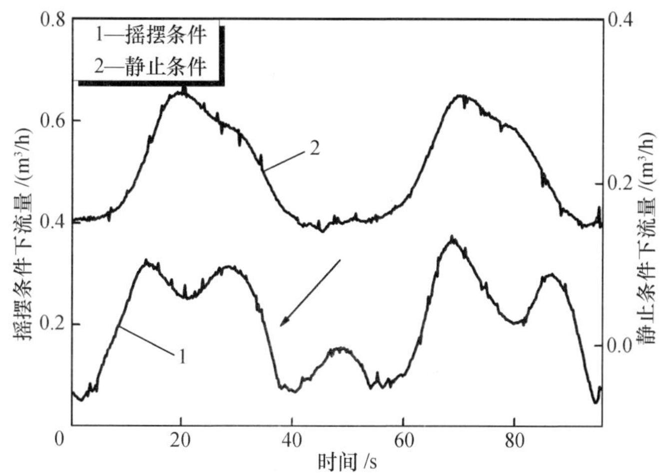

图4.39 耦合不稳定性与压力降脉动之间的对比

类似地，摇摆运动与压力降脉动的耦合方式可作如下描述：当通道流量降低时，如图4.39中箭头所示，产汽逐渐增加，阻力增大，流量降低到某一值时流量漂移发生，流量漂移和摇摆运动共同作用使得通道流量骤降，含汽率骤增，同时，摇摆的作用，使得流量的波谷值比压力降脉动的更低；加热通道阻力较大，使得缓冲水箱上游的流量大于缓冲水箱下游的流量，缓冲水箱逐渐吸收压力，系统压力增加，摇摆使得流量小幅度波动；当摇摆运动使得通道流量增加时，流量漂移和摇摆运动共同作用使流量骤增，通道恢复单相，同时，摇摆的作用使得流量的波峰值比压力降脉动的更大；由于此时缓冲水箱上游的流量小于缓冲水箱下游的流量，缓冲水箱释放压力，系统压力降低，摇摆的作用使得流量小幅度波动；由于系统压力、流量的减小以及摇摆运动的影响，通道内开始产汽，并重复前面的过程。

4.3.4 流动不稳定性演化特性

随着系统流量的逐渐降低,摇摆实验工况依次出现了单相波动、波谷型脉动、复合型脉动以及高含汽率的两相脉动,分别如图 4.30 ~ 图 4.34 所示。将选取的几组典型实验工况置于对应的摇摆工况下的回路压降 - 流量特性曲线图中,如图 4.40 所示。由图可知,图 4.30 中的工况位于压降特性曲线的单相区域;图 4.31 ~ 图 4.33 中的实验工况跨越了单相和两相区域,其中图 4.33 的复合型脉动跨越的范围最广;而当系统发展到图 4.34 中的高含汽率两相波动时,整个脉动过程全部发生在回路特性曲线的两相区域。

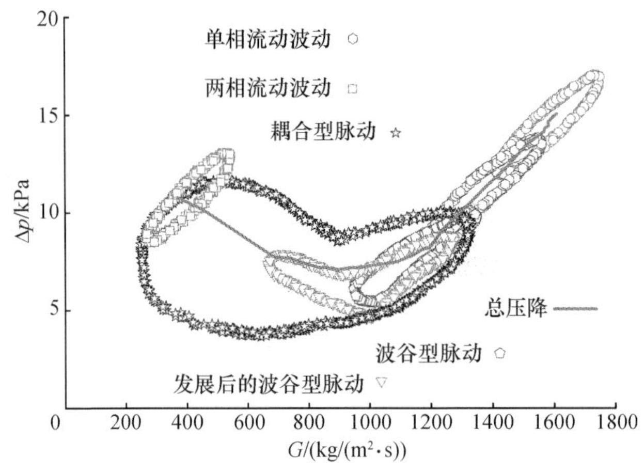

图 4.40 摇摆工况下阻力特性曲线及各典型实验工况对应的极限环

对于一个两相流动力系统而言,由于热工水力参数之间的耦合和反馈作用而导致了自持脉动即流动不稳定性的发生。从力的角度来看,压力降脉动的形成取决于泵驱动力、热驱动力以及流动阻力之间的耦合,摇摆工况下的流动不稳定性除了热工水力因素,还需要考虑由摇摆引起的附加惯性力的影响,摇摆运动对流动不稳定性的影响取决于附加惯性力和热工水力因素之间的共同作用。为了分析摇摆工况下流动不稳定性的演化特性,需要结合快速傅里叶变换方法来分析流量脉动中的幅频特性。分析结果示于图 4.41 ~ 图 4.45 中的幅度谱图中,其中 f_{rolling} 和 $f_{\mathrm{oscillation}}$ 对应的幅度即可认为是附加惯性力和热工水力因素对于流动不稳定性的影响的相对大小。

随着通道入口流量的逐渐降低,摇摆工况依次出现不同的实验现象,包括单相流量波动、波谷型脉动、发展后的波谷型脉动、耦合型脉动以及两相流量波动。对于单相流量波动和波谷型脉动工况,其对应的竖直工况均没有出现流量脉动,摇摆工况的幅度谱图中只出现了单一峰值,如图 4.41 和图 4.42 所示,其对应的频率跟摇摆周期一致。对于发展后的波谷型脉动和耦合型脉动,其对应的竖直

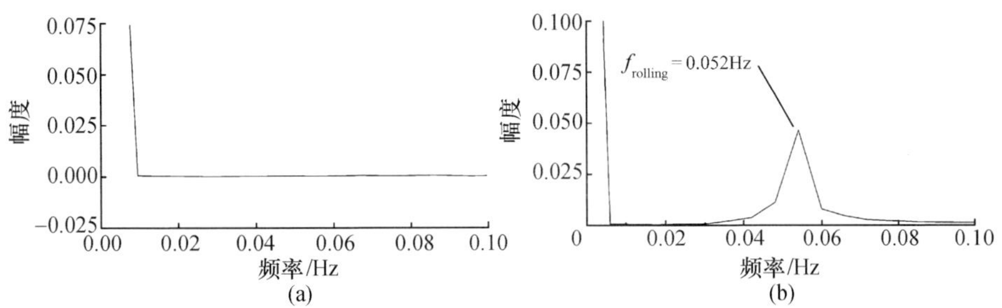

图 4.41　单相流量波动工况及对应的竖直工况的幅度谱图
（a）竖直工况；（b）摇摆工况 11。

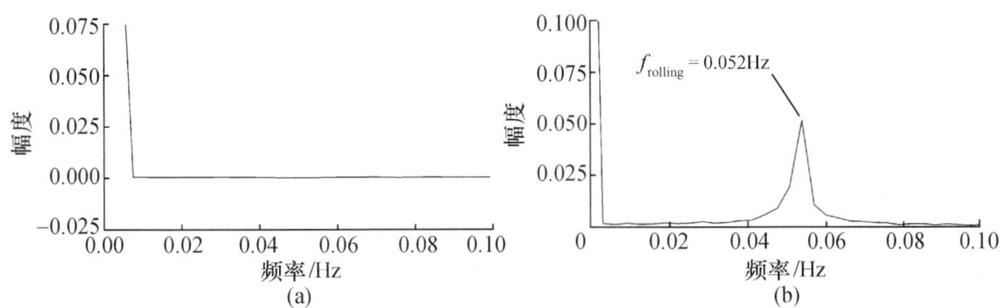

图 4.42　波谷型脉动工况及对应的竖直工况的幅度谱图
（a）竖直工况；（b）摇摆工况 15。

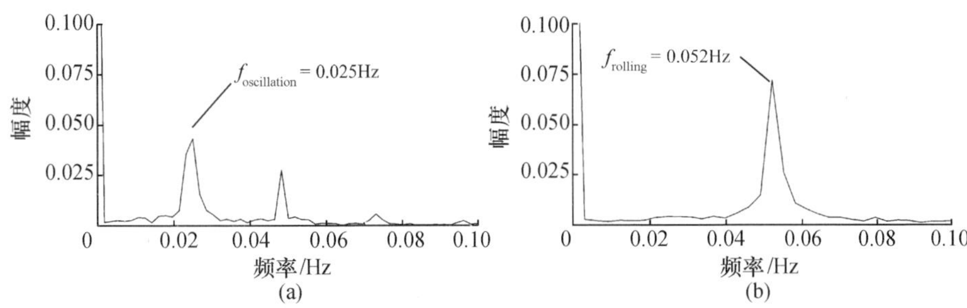

图 4.43　发展后的波谷型脉动工况及对应的竖直工况的幅度谱图
（a）竖直工况；（b）摇摆工况 18。

工况均出现了压力降脉动。由图 4.43 可知，摇摆工况下的幅度谱图出现了单一峰值，该峰值对应的摇摆频率 $f_{rolling}$ 的幅度大于竖直工况下压力降脉动的频率 $f_{oscillation}$，因此摇摆运动在发展后波谷型脉动中起主导地位。而在图 4.44 中所示的耦合型脉动的幅度谱图中出现了新的频率，其数值大小与竖直工况下的 $f_{rolling}$ 一致，其幅值与 $f_{rolling}$ 相当，因此耦合型脉动为摇摆引起的波谷型脉动与压力降脉动的叠加。当两相流量波动发生时，摇摆工况下的幅度谱图中只有摇摆频率 $f_{rolling}$，如图 4.45 所示，而对应的竖直工况则没有出现任何峰值，说明此时的竖直工况为稳定工况。

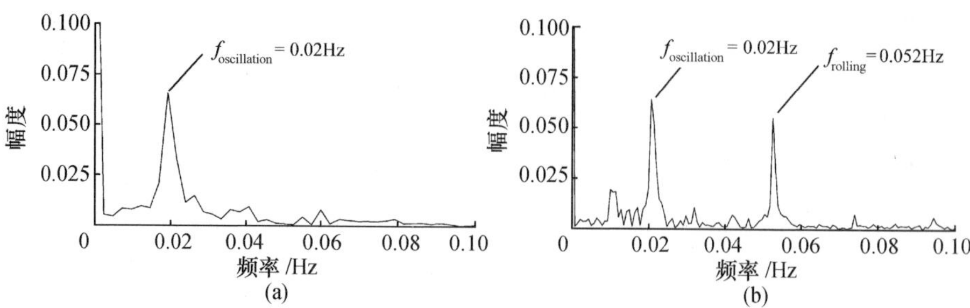

图 4.44 耦合型脉动工况及对应的竖直工况的幅度谱图

(a) 竖直工况;(b) 摇摆工况 25。

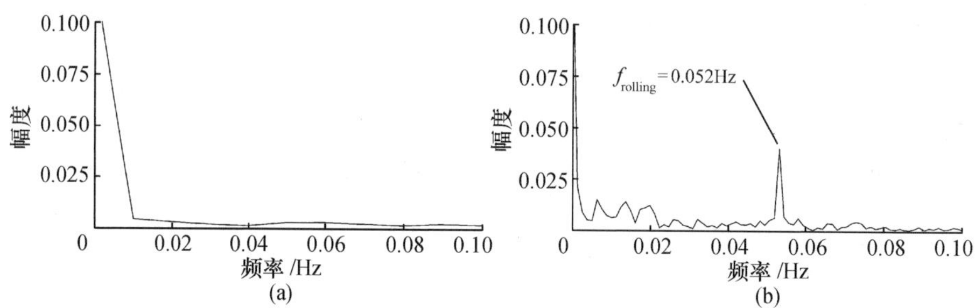

图 4.45 两相流量波动工况及对应的竖直工况的幅度谱图

(a) 竖直工况;(b) 摇摆工况 28。

参 考 文 献

[1] 陈听宽. 两相流与传热研究[M]. 西安:西安交通大学出版社, 2004.

[2] 徐济鋆. 沸腾传热和气液两相流[M]. 北京:原子能出版社, 2001.

[3] 王经. 气液两相流动动态特性的研究[M]. 上海:上海交通大学出版社, 2012.

[4] Boure J A, Bergles A E, Tong L S. Review of two-phase flow instabilities[J]. Nuclear Engineering and Design,1973,25(2):165 - 192.

[5] Tadrist L. Review on two-phase flow instabilities in narrow spaces[J]. International Journal of Heat and Fluid Flow, 2007,28(1):54 - 62.

[6] Kakac S, Bon B. A Review of two-phase flow dynamic instabilities in tube boiling systems[J]. International Journal of Heat and Mass Transfer, 2008,51(3 - 4):399 - 433.

[7] Ruspini L C, Marcel C P, Clausse A. Two-phase flow instabilities: A review[J]. International Journal of Heat and Mass Transfer, 2014,71:521 - 548.

[8] 孙德祥. 舰船核动力论文集:船舶运动对反应堆热工水力的影响[C]. 成都:核动工程编辑部,1996.

[9] Ishida T, Kusunoki T, Ochiai M, et al. Effects by Sea Wave on Thermal Hydraulics of Marine Reactor System[J]. Journal of Nuclear Science and Technology, 1995,32(8):740 - 751.

[10] Isshiki N. Effects of heaving and listing upon thermo-hydraulic performance and critical heat flux of water-cooled marine reactors[J]. Nuclear Engineering and Design, 1966(2):138 - 162.

[11] Tomoo Otsuji A K. Critical heat flux of forced convection boiling in an oscillating acceleration field[J].

Nuclear Engineering and Design, 1982,71:15 -26.

[12] Hwang J, Lee Y, Park G. Characteristics of critical heat flux under rolling condition for flow boiling in vertical tube[J]. Nuclear Engineering and Design, 2012,252:153 -162.

[13] Murata H. Natural circulation characteristics of a marine reactor in rolling motion and heat transfer in the core[J]. Nuclear Engineering and Design,1990,118:141 -154.

[14] Murata H,Sawada K I,Kobagashi M. Natural circulation characteristics of a marine reactor in rolling motion and heat transfer in the core[J]. Nuclear Engineering and Design, 2002,215:69 -85.

[15] 高璞珍, 刘顺隆, 王兆祥. 纵摇和横摇对自然循环的影响[J]. 核动力工程, 1999(03):36 -39.

[16] 高璞珍, 庞凤阁, 王兆祥. 核动力装置 - 回路冷却剂受海洋条件影响的数学模型[J]. 哈尔滨工程大学学报, 1997(01):26 -29.

[17] 高璞珍, 王兆祥, 庞凤阁, 等. 摇摆情况下水的自然循环临界热流密度实验研究[J]. 哈尔滨工程大学学报, 1997(06):40 -44.

[18] Tan S C, Su G H, Gao P Z. Heat transfer model of single-phase natural circulation flow under a rolling motion condition[J]. Nuclear Engineering and Design, 2009,239(10):2212 -2216.

[19] Tan S C,Su G H, Gao P Z. Experimental and theoretical study on single-phase natural circulation flow and heat transfer under rolling motion condition[J]. Applied Thermal Engineering, 2009,29(14 - 15): 3160 -3168.

[20] 谭思超, 高璞珍, 苏光辉. 摇摆运动条件下自然循环温度波动特性[J]. 原子能科学技术, 2008(08):673 -677.

[21] 谭思超, 高璞珍, 苏光辉. 摇摆运动条件下自然循环流动的实验和理论研究[J]. 哈尔滨工程大学学报, 2007(11):1213 -1217.

[22] 谭思超, 高文杰, 高璞珍, 等. 摇摆运动对自然循环流动不稳定性的影响[J]. 核动力工程, 2007(05):42 -45.

[23] 谭思超, 庞凤阁, 高璞珍. 摇摆对自然循环传热特性影响的实验研究[J]. 核动力工程, 2006(05): 33 -36.

[24] 谭思超, 张红岩, 庞凤阁, 等. 摇摆运动下单相自然循环流动特点[J]. 核动力工程, 2005(06): 554 -558.

[25] Guo Y, Cheng G, Heyi Z. The application of Fast Fourier Transform (FFT) method in the twin-channel system instability under ocean conditions[J]. Annals of Nuclear Energy, 2010,37(8):1048 -1055.

[26] Guo Y, Qiu S Z, Su G H, et al. The influence of ocean conditions on two-phase flow instability in a parallel multi-channel system[J]. Annals of Nuclear Energy, 2008,35(9):1598 -1605.

[27] Tan S C, Su G H, Gao P Z. Experimental study on two-phase flow instability of natural circulation under rolling motion condition[J]. Annals of Nuclear Energy, 2009,36(1):103 -113.

[28] Zhang W C, Tan S C, Gao P Z, et al. Non-linear time series analysis on flow instability of natural circulation under rolling motion condition[J]. Annals of Nuclear Energy, 2014,65:1 -9.

[29] 张文超, 谭思超, 高璞珍. 基于 Lyapunov 指数的摇摆条件下自然循环流动不稳定性混沌预测[J]. 物理学报, 2013(06):61 -68.

[30] 张文超, 谭思超, 高璞珍. 摇摆条件下自然循环系统流量混沌脉动的检验与预测[J]. 物理学报, 2013(14):341 -348.

[31] Jiang S Y, Wu X X, Zhang Y J. Experimental Study of two-phase Oscillation in Natural Circulation[J]. Nuclear Science and Engineering, 2000(135):177 -189.

[32] 姚伟. 沸腾两相自然循环系统稳定性的实验和理论研究[D]. 上海:上海交通大学, 2000.

[33] Fukuda K, Kobori T. Classification of two-phase flow instability by density wave oscillation model[J]. Nu-

clear Science and Technology, 1979(16):95 - 108.

[34] Levy S. Forced convection subcooled boiling prediction of vapor volumetric fraction[J]. International Journal of Heat and Mass Transfer, 1967(10):951 - 965.

[35] 杨珏, 贾宝山, 俞冀阳. 简谐海洋条件下堆芯冷却剂系统自然循环能力分析[J]. 核科学与工程, 2002(03):199 - 203.

[36] 鄢炳火, 于雷, 张杨伟, 等. 简谐海洋条件下自然循环运行特性[J]. 原子能科学技术, 2009(03): 230 - 236.

[37] 宫厚军. 海洋运动对自然循环流动影响的理论分析[J]. 核动力工程,2010,31(4):52 - 56.

[38] 谭思超. 摇摆对自然循环热工水力特性的影响[D]. 哈尔滨:哈尔滨工程大学, 2006.

[39] Yu Z, Tan S, Yuan H, et al. Experimental investigation on flow instability of forced circulation in a mini-rectangular channel under rolling motion[J]. International Journal of Heat and Mass Transfer, 2016,92: 732 - 743.

[40] Ruspini L C. Experimental and numerical investigation on two-phase flow instabilities [D]. Trondheim: Norwegian University of Science and Technology, 2013.

[41] Wang C, Li X, Wang H, et al. Experimental study on friction and heat transfer characteristics of pulsating flow in rectangular channel under rolling motion[J]. Progress in Nuclear Energy, 2014,71:73 - 81.

[42] Yu Z T, Lan S, Yuan H, et al. Temperature fluctuation characteristics in a mini-rectangular channel under rolling motion[J]. Progress in Nuclear Energy, 2015,81:203 - 216.

[43] Taitel Y, Dukler A E. A Model for Predicting Flow Regime Horizontal and near horizontal gas - liquid flow[J]. AIChE Journal, 1976,22:47 - 55.

[44] Wang C, Gao P, Tan S, et al. Experimental study of friction and heat transfer characteristics in narrow rectangular channel[J]. Nuclear Engineering and Design, 2012,250:646 - 655.

[45] Wang C, Gao P, Tan S, et al. Forced convection heat transfer and flow characteristics in laminar to turbulent transition region in rectangular channel[J]. Experimental Thermal and Fluid Science, 2013,44:490 - 497.

[46] Wang C, Wang H, Wang S, et al. Experimental study of boiling incipience in vertical narrow rectangular channel[J]. Annals of Nuclear Energy, 2014,66:152 - 160.

第5章 摇摆条件下自然循环系统混沌特性及预测

本书第4章实验现象表明摇摆运动下自然循环系统是一个典型的非线性系统,其流动演化过程中呈现了多种因素的耦合效应,不仅发生类型和边界与稳态流动存在较大不同,而且流动不稳定性幅频特性也呈现不规则变化,甚至出现了振幅和周期均缺少规律性的不规则复合型脉动,具有明显的混沌特征。针对这类复杂的系统,有必要通过非线性方法进行分析。本章首先简要介绍混沌理论基础,然后利用混沌时间序列分析方法分析摇摆条件下自然循环系统的混沌特性,并实现对混沌脉动的预测。

5.1 混沌理论基础及分析方法

5.1.1 混沌时序分析在两相流分析中的应用

混沌时序分析方法可以直接对实验数据中蕴含的系统信息进行分析,对于非线性系统中的复杂非线性现象,如混沌脉动,非线性时间序列分析方法有非常大的优势,因此,混沌时序分析是研究非线性系统的一种重要途径。

核动力装置中的冷却剂流通回路可能会出现两相流动,如沸水堆。已有研究表明,两相流系统是一个典型的非线性系统,目前在两相流领域,主要将混沌时序分析方法应用于气液两相流流型判别、气泡行为研究和气泡图像处理上,表5.1总结了相关研究成果。混沌时序分析除了用于研究气液两相流,在气固两相流、油水两相流以及气液固三相流中也有应用,这里不再赘述。

表5.1 气液两相流混沌时序分析研究现状

研究者	试验段	信号	分析方法	结论
杨靖[1]	水平管	压差信号	分维数、K熵、吸引子结构	证实了气液两相流中存在着混沌
孙斌[2]	水平管	压差信号	分维数、K熵、预测误差、吸引子结构	吸引子结构图可以用来表征气液两相流系统的动力学行为;压差信号的混沌特征参数与流型有密切的关系

（续）

研究者	试验段	信号	分析方法	结论
顾丽莉[3]	垂直管道	压力波动信号	吸引子图、相关分维、K 熵、	根据低频分维的变化，可区分流型；相同流型区，分维和 K 熵基本保持一致，在流型转变处，会出现突变
白博峰[4]	水平管	压力和压差信号	Hurst 指数、关联维数和 K 熵	首次发现了高气速环状流区的反持久特征；几何不变量与流型关系密切
Franca[5]	水平管	压差波动特性	关联维数	用关联维数可较好地识别流型
金宁德[6]	垂直上升管	电学波动信号	关联维	关联维数可以表征流型的变化
Biage[7]	垂直管	电导和电容法所测信号	分维数	两相流流型转变与分维数的变化规律相关
Kozma[8]	—	沸腾两相流壁面温度波动信号	双重分形特性	分形维数的标准差比分形维数更能体现流型的特征
孙斌[9]	水平管	泡状流压差信号	多尺度分形分析	压差波动主要体现了气泡产生、破灭和气泡之间的微尺度作用
周云龙[10]	—	视频信号的每一帧图像	最大 Lyapunov 指数矩阵及其分形维数与香农熵；0，1 分布图谱	把基于图像方法应用于气液两相流领域的研究

5.1.2 混沌理论基础

5.1.2.1 混沌的定义及特征

混沌是指在确定的非线性动力系统中产生的复杂的、类似随机的现象，它的数学定义有有多种形式，具体详见文献[11－13]。混沌的主要特征有以下几点。

（1）初始条件的极端敏感性。

（2）不可长期预测性。混沌系统可以产生类似随机的行为，它是系统本身非线性动力学特性的体现。混沌行为的随机性和初始条件敏感性使得对确定性混沌系统的长期预测几乎不可能，因为测量误差和计算误差都是不可避免的，但是短期预测是可行的。

（3）有界性。由于非线性系统对轨迹的发散和收缩作用，混沌运动轨迹由于发散造成局部不稳定性，但是，系统的收缩作用则将系统运动轨迹限制在限的空间范围之内，这就造成了系统的局部发散、整体有界的特性。

(4) 非周期性。混沌的一个重要特征就是内在随机性,混沌运动轨迹可以彼此无限接近但绝不重复自身,这在时间序列上表现为非周期性。

(5) 混沌中的有序性。混沌运动是由确定性非线性方程产生的运动,虽然系统混沌运动行为是随机的,但是产生混沌运动的"规则"是确定的,甚至是非常简单的,如虫口模型,这就造成貌似杂乱无章的随机运动中蕴含着令人惊奇的有序性。

(6) 具有奇怪吸引子。系统在长期演化过程中逐渐形成的稳定的运动轨道称为吸引子。稳定运动和周期性运动分别对应的吸引子形状是不动点和极限环,而混沌吸引子是在有限区域内由无数点构成的具有分形结构的轨迹,称为奇怪吸引子[14,15]。

(7) 混沌运动是非线性系统所特有的现象,线性微分或差分方程不会产生混沌的结果。

5.1.2.2 通向混沌的道路

动力系统的分岔现象是指随着某些参数的变化,系统的动态行为发生质的改变,特别是系统的平衡状态发生稳定性改变或出现方程解的轨道分岔。分岔是联系稳定性和混沌的一种机制。常见的通向混沌的道路是倍周期分岔道路。倍周期分叉道路即从周期不断加倍而产生混沌,其基本特征:不动点→两周期点→四周期点→……无限倍周期凝聚(极限点)→奇怪吸引子。另外,除了倍周期分岔通向混沌,通向混沌的道路还有阵发性道路、准周期运动和 KAM 环面破裂等[15]。

5.1.3 相空间重构理论

相空间重构是混沌时间序列分析的基础,目的在于在高维相空间恢复混沌吸引子。混沌吸引子体现混沌系统的规律性,它表示混沌系统最终会落入一特定的轨迹中。系统任一分量的演化受其他与之作用的相关分量的影响,这些相关分量的信息隐含在该分量的发展过程中。因此,可从某分量的一批时间序列中提取恢复出系统原规律,而这种规律存在于高维空间中。在实际中得到的经常是间隔为单变量时间序列,它是一维时间序列。这个序列是许多物理因素相互作用的综合结果,包含着全部参与运动的信息的变化,直接从这个序列分析其时间演变往往并不能得到令人满意的结果。所以必须将该时间序列扩展到高维的相空间中,在高维相空间把它蕴涵的信息充分显露出来,相空间重构的理论基础为 Takens 定理。

Takens 定理[16]:M 是 D2 维流型,$\varphi:M\to M$,φ 是一个光滑的微分同胚,$y:M\to R$,y 有二阶连续导数,$\phi(\phi,y):M\to R^{2D_2+1}$,则 $\phi(\varphi,y)$ 是 M 到 R^{2D_2+1} 的一个嵌入。

按照 Takens 定理可以在拓扑等价意义下恢复吸引子的动力学特性。对于时间序列$\{x_k:k=1,2,\cdots,n\}$,如果能恰当地选取嵌入维数 m 和延迟时间 τ,重构其相空间为

$$
\begin{aligned}
\boldsymbol{X}_1 &= [x_1, x_{1+\tau}, x_{1+2\tau}, \cdots, x_{1+(m-1)\tau}]^{\mathrm{T}} \\
\boldsymbol{X}_2 &= [x_2, x_{2+\tau}, x_{2+2\tau}, \cdots, x_{2+(m-1)\tau}]^{\mathrm{T}} \\
&\vdots \\
\boldsymbol{X}_N &= [x_N, x_{N+\tau}, x_{N+2\tau}, \cdots, x_{N+(m-1)\tau}]^{\mathrm{T}}
\end{aligned}
\tag{5.1}
$$

式中:$N=n-(m-1)\tau$ 为重构时间向量序列的长度。

由 Takens 定理就可在拓扑等价的意义下恢复原来系统的动力学特性。在重构后的相空间中可以计算原系统的一些不变量,如分维数等,进而判断时间序列的性质。在重构相空间时,需要选择合适的时间延迟 τ 和嵌入维数 m,这在重构过程中是非常重要的。

5.1.3.1 相空间重构参数的确定

1. 时间延迟

由 Takens 定理可知,当时间序列没有受到噪声污染并且足够长时,时间延迟 τ 可以取任意值。但在采集实验时间序列的过程中,采集的数据长度有限,因采集系统的影响导致数据中存在噪声和测量误差,所以选取合适的延迟时间 τ 对相空间重构十分重要。选取时间延迟 τ 的原则是,所选取的时间延迟 τ 要使向量 $\boldsymbol{x}_n$ 和 $\boldsymbol{x}_{n+\tau}$具有一定的独立性但又不完全无关,使向量 $\boldsymbol{x}_n$ 和向量 $\boldsymbol{x}_{n+\tau}$能够在相空间中作为独立的坐标处理。计算时间延迟的方法主要有自相关函数法、互信息量法、C-C 法,其中 C-C 法可同时确认时间延迟和时间窗长,进而通过延迟时间和嵌入时间窗长之间的关系确定出嵌入维数 m。本书主要通过自相关函数法和 C-C 算法[13]确定时间延迟。

2. 嵌入维数

最佳嵌入维数可通过 C-C 方法和 G-P 算法[13]确定。

5.1.3.2 自然循环系统的相空间重构

图 5.2 是以图 5.1 所示的流量脉动为例计算自相关法求时间延迟的结果,图中水平线对应的值为 1 − 1/e,箭头所指定的点对应横坐标为时间延迟计算结果。

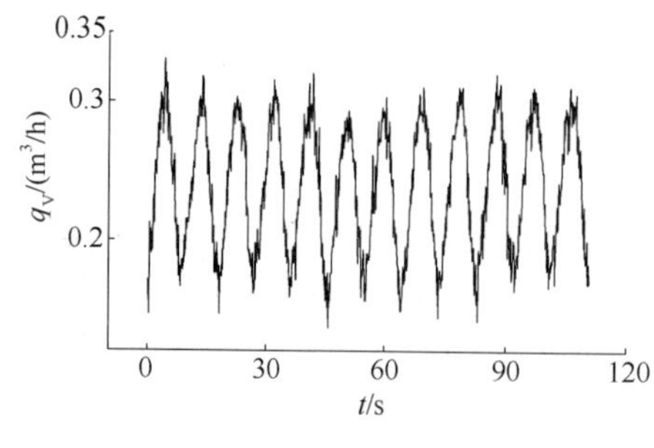

图 5.1 流量脉动

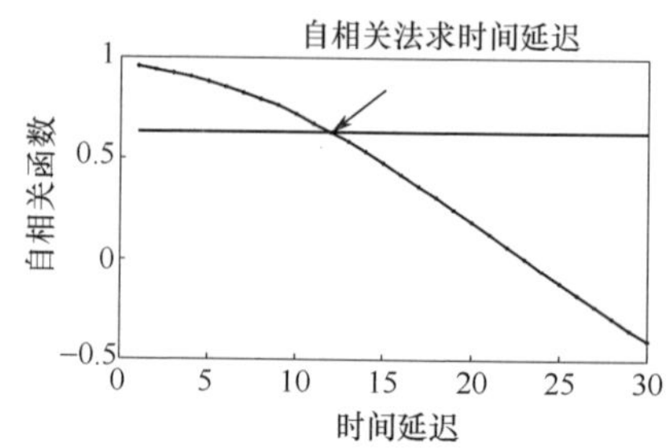

图 5.2 自相关法计算结果

图 5.1 的流量脉动为例用 C-C 法计算，图 5.3 中箭头所指定的点为第一次出现极小值的点，图中纵坐标的迭代函数指 $\Delta\bar{S}(t)$，此点对应横坐标为时间延迟值。图 5.4 中箭头所指的点为全局最小点，此点对应的横坐标为时间窗长，图中纵坐标的迭代函数指 $S_{cor}(t)$。

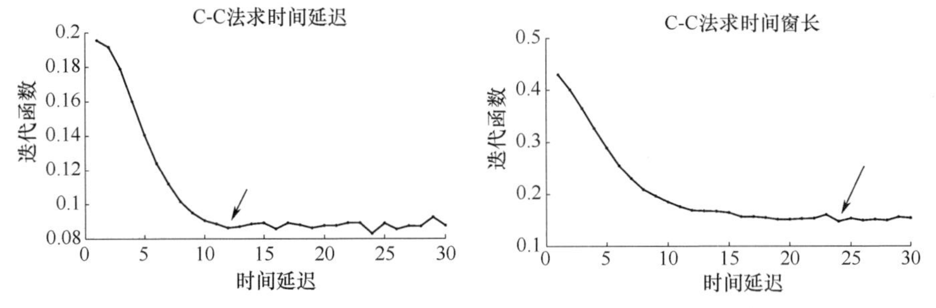

图 5.3　时间延迟计算结果　　　　图 5.4　延迟时间窗长计算结果

图 5.1 数据为基础进行相空间重构，得到时间延迟为 1.1s，最佳嵌入维数为 4，在得到相空间参数后可以在相空间中进行吸引子重构，吸引子结构如图 5.5(b)所示。

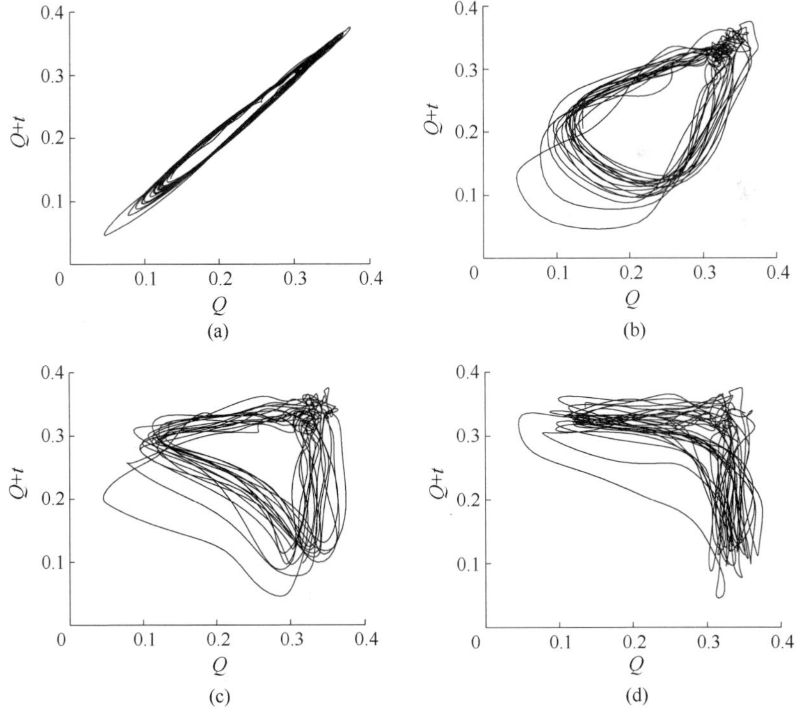

图 5.5　不同嵌入延迟下吸引子的二维相空间重构

(a) $t=0.1$s；(b) $t=1.1$s；(c) $t=2.0$s；(d) $t=3.3$s。

Q—体积流量；t—延迟时间。

图 5.5 显示了不同延迟时间下相空间中吸引子结构，由图可以看出延迟时间选得过小（图 5.5（a））或过大（图 5.5（d）），都不能充分打开吸引子结构；延迟时间过小，则 $\boldsymbol{x}_n$ 和 $\boldsymbol{x}_{n+\tau}$ 的值靠得太近，以至于不能区分它们，相空间轨迹会向对角线位置挤压，导致信息无法显露，产生冗余误差；延迟时间过大，$\boldsymbol{x}_n$ 和 $\boldsymbol{x}_{n+\tau}$ 可能会不相关，吸引子轨道会投影在两个完全不相关的方向上，导致两相邻时刻的动力学形态变化剧烈，造成原本简单的几何对象变得过于复杂，不能反映相空间中吸引子轨线真实的演化规律，产生不相关误差。

5.1.4 混沌时序分析步骤及分析方法

5.1.4.1 混沌时序分析步骤

通过混沌时间序列分析的方法分析了摇摆条件下自然循环系统的流动不稳定性，分析步骤如图 5.6 所示。

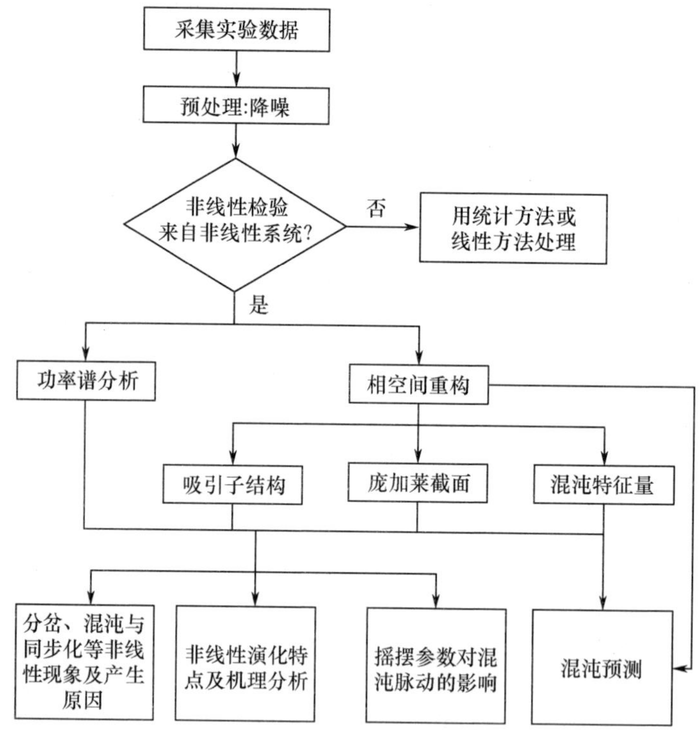

图 5.6 混沌时间序列分析步骤

具体步骤如下：

（1）采集实验数据并对不同流动状态进行分类。

（2）对实验数据进行预处理，即用快速傅里叶变换的方法或小波变换的方法进行滤波以降低噪声。

(3) 对预处理后的实验数据进行非线性检验。重点检验了不规则复合型脉动是否为混沌脉动，主要辨别方法有几何不变量计算结果、谱分析、画庞加莱截面、替代数据法等。

(4) 在验证实验数据来自于非线性的确定性系统后，对实验数据进行相空间重构，计算时间延迟和嵌入维数。

(5) 根据相空间重构结果可以在相空间中画出吸引子结构，也可以画庞加莱截面以确定各种流动状态的非线性特征。相空间重构后的一个重要应用是计算几何不变量，包括关联维数、K_2 熵和最大 Lyapunov 指数。

(6) 获得不同流动状态时的吸引子结构、庞加莱截面图、幅度谱分布和几何不变量等计算结果后，确定摇摆条件下自然循环系统存在倍周期分岔、混沌和同步化等非线性现象。

(7) 同样根据几何不变量等计算结果，分析了随无量纲功率增加，自然循环脉动的非线性演化特征，并分析其演化机理。另外，还分析了摇摆周期和摇摆振幅对混沌脉动的影响。

(8) 根据相空间重构结果和几何不变量计算结果对不规则复合型脉动进行混沌预测，并提出了动态预测的方案。

5.1.4.2 混沌时序分析方法

本书所用到的混沌时间序列分析方法主要有几何不变量计算、吸引子重构和替代数据法等，表5.2列出了本书所用的分析方法及基本思想。

表5.2 常用混沌特性提取方法

方法名称	基本思想
提取特征量法	根据关联维、最大 Lyapunov 值等几何不变量判断
直接判断法	根据相空间内吸引子结构判断
功率谱	根据实验数据的功率谱图判断
庞加莱截面法	根据相空间中垂直截面与轨线的交点判断
主分量分析法	根据提取的主分量图判断
替代数据法	构造替代数据，观察与原始数据的特征量的区别
多重分形	自相似特征

下面分别以一组典型的稳态运动、周期性运动、混沌运动和随机运动作为例子，利用表5.2中的非线性分析方法进行仿真计算。仿真结果一方面可以验证算法的可靠性；另一方面可以与后面章节中的摇摆条件下自然循环系统各种流量脉动的分析结果对比。

1. 稳态情况

产生稳态运动的公式为

$$x_i = 1 \quad (i = 1, 2, \cdots, N) \tag{5.2}$$

即时间序列中所有的值都为 1，产生的稳态运动时间序列如图 5.7 所示。

2. 周期性运动

产生周期性运动的公式为

$$x_i = \sin(t_i) \quad (i = 1, 2, \cdots, N) \tag{5.3}$$

产生的周期性运动时间序列如图 5.8 所示。

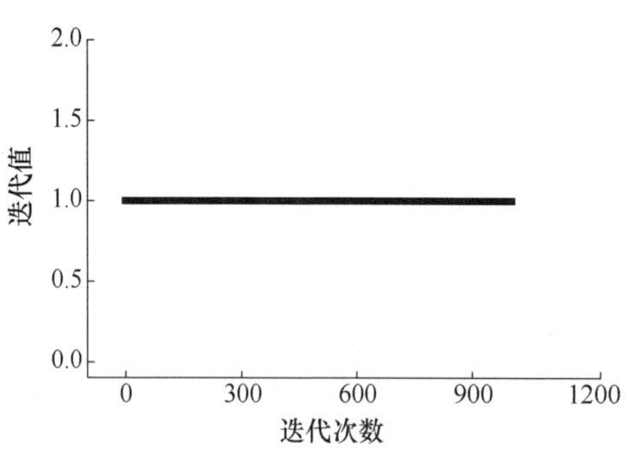

图 5.7　稳态时间序列

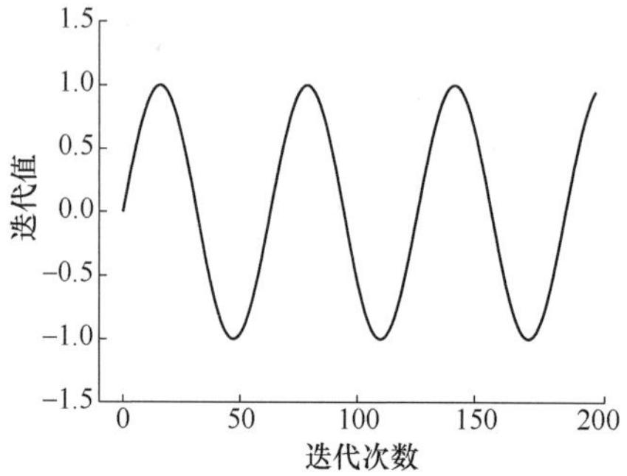

图 5.8　周期性时间序列

3. 混沌脉动

用 Lorenz 方程产生混沌时间序列。当参数取 $\sigma = 16, r = 45.92, b = 4$ 时产生的时间序列为混沌时间序列，得出混沌时间序列如图 5.9 所示。

4. 随机时序

利用 Matlab 产生随机时间序列如图 5.10 所示。

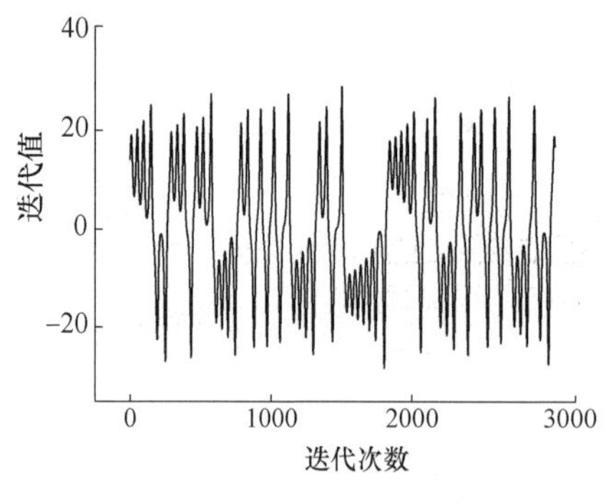

图 5.9　混沌时间序列

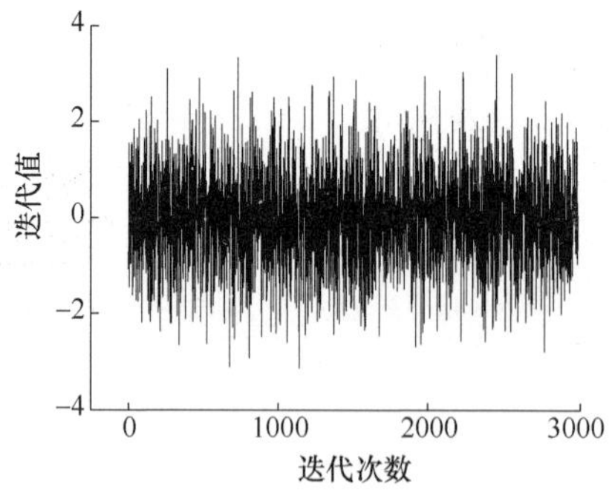

图 5.10　随机时间序列

5.1.4.3　数据预处理

从实验系统中采集到的实验时间序列不可避免地混有噪声，噪声的存在掩盖了动力系统的内在动态特性，增加了分析计算时的误差，因此，对实验时间序列进行降噪是必要的。常见的时间序列降噪方法有邻域平均法降噪、频域低通滤波降噪和利用小波变换进行滤波降噪。

1. 邻域平均法

邻域平均法的基本思想:用指定点临近数据的平均值代替该点,这样就减弱了时间序列的波动程度,这种方法对于高频波动的平滑效果更加明显。

用于取平均值的指定点周围点的个数可以自行选取,但个数过多或者过少都会影响到降噪效果。如果点数过少,平滑效果不明显;如果点数过多会掩盖系统本身的动力学信息。为克服以上缺点,可以采用加权法减少由于邻域平均对系统信息的影响。

图5.11(a)中实线为原始数据,虚线为平滑后的数据,图5.11(b)中实线、虚线分别为平滑前后实验数据的幅度谱图,由图中可以看出,平滑前后的频率较低的部分对应的幅度基本相同,而对于频率较高部分,平滑后的实验数据对应的幅度与平滑前相比有所降低,这说明邻域平均法对降低高频噪声效果较好。

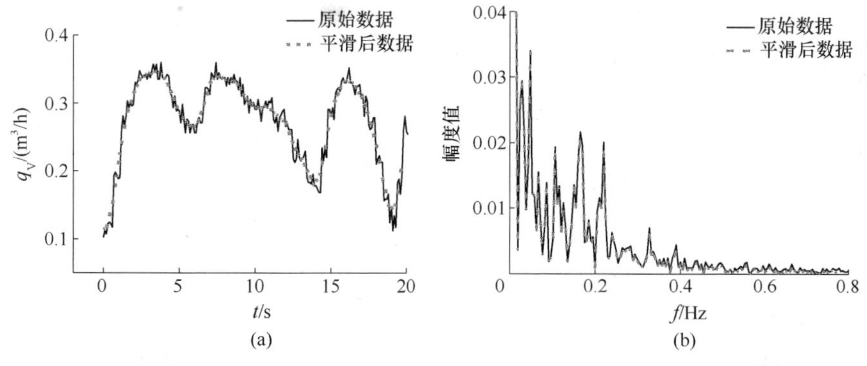

图5.11 邻域平均法降噪结果

2. 频域低通滤波

对实验数据采用滤波器函数过滤高频波,并使低频波畅通无阻的过程称为低通滤波。图5.12(a)中实线为原始数据,虚线为以0.4Hz阈值进行低通滤波后的结果,图5.12(b)中实线和虚线分别为平滑前后实验数据的幅度谱图,由图中可以看出,频率大于0.4Hz时,滤波后数据对应频率的幅度值基本为0,如图

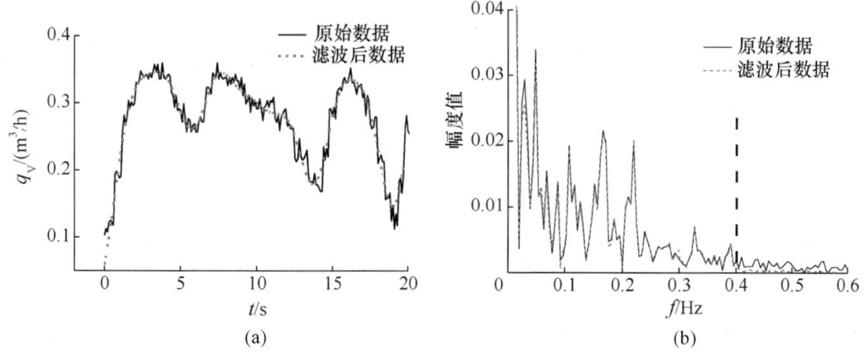

图5.12 低通滤波法降噪举例

中竖直虚线以后所示。一般情况下,实验数据中的噪声以高频为主,因此,用低通滤波法降噪是可行的。

5.1.4.4 几何不变量计算

1. 关联维数

关联维也称相关维,是描述系统分形结构的一个重要的特征量,它度量了所研究系统的复杂性。在确定性系统中,关联维数就是生成相应复杂系统所必需的独立变量个数。规则运动的关联维数是整数,而在混沌系统中,系统的关联维数值是分数,大于此关联维数的下一个整数就是系统独立变量的个数[17]。计算关联维数最常用算法是 G-P 算法,计算步骤详见文献[13,18]。

G-P 算法的计算精确程度与时间延迟的选取、实验数据序列长度、采样时间间隔以及无标度区间的选择等参数有关系,下面具体讨论以上各因素对计算结果的影响。

1）实验时间序列长度

在确定了采样时间间隔后,实验时间序列的长度对计算结果有着较大影响,如果选取的数据长度太小,会导致得出计算结果的误差增大,从而影响混沌的判断和进一步的分析。如果时间序列长度太大,一方面实验条件很难达到,另一方面会增加计算量。因此,选择合适的实验时间序列长度是十分必要的。

图 5.13 显示了不同时间序列长度时用 G-P 算法得到的双对数曲线。由计算结果可以看出,当数据长度太小时不能得出准确的结果,如图 5.13(a)所示;图 5.13(b)、(c)和(d)的双对数曲线相差不大,这说明时间序列长度达到 1000 左右时基本能满足要求。

2）采样时间间隔的影响

如果采样时间间隔太小,相邻数据之间的相关性太强,时间延迟个数太大,导致计算关联维数时需要的时间序列长度很大,造成计算量增加。序列采样时间间隔越大,相邻数据之间的相关性就越弱,所需要的时间序列长度就会越小,因此,当数据长度不是很大时,可以适当增加相邻两数据点间的时间间隔,只要时间间隔不大于时间序列的平均周期。

在关联维数计算中,实验时间序列长度和采样时间间隔共同影响了计算结果的精度,它们共同决定了相空间重构后的向量个数,即

$$M = N - (m - 1) \times \tau \tag{5.4}$$

式中:N 为时间序列长度;m 为嵌入维数;τ 为时间延迟(个)。

在延迟时间 t(s)保持不变的前提下,由 $t = \tau \times h$ 可得,采样时间间隔 h 越大,在 M 一定的情况下所需要的时间序列长度 N 就越小。在本书中实验数据采样时间间隔为 0.1s,此值相对于摇摆周期来说是一个较为适当的参数,因此,在关联维数计算时,实验数据采样时间间隔为 0.1s 是固定不变的。

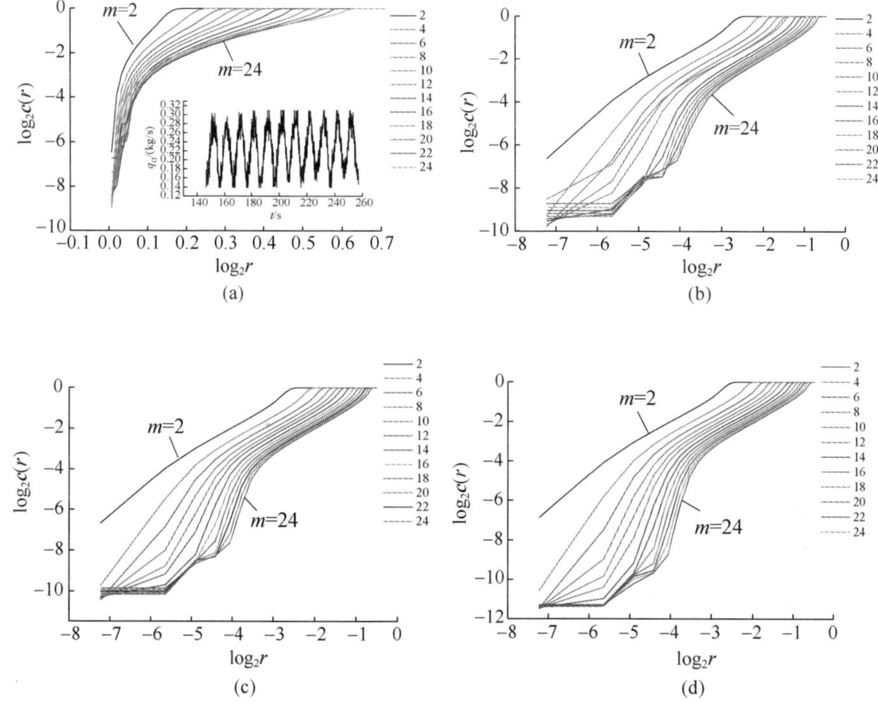

图 5.13 时间序列长度对计算结果的影响

(a) $N=600$；(b) $N=1000$；(c) $N=1500$；(d) $N=3000$。

3）无标度区间的鉴别以及选取

一般我们所研究的分形系统并非严格意义上的自相似，而是近似地或在统计意义上存在自相似，这种自相似仅存在于一定的尺度变化范围，一旦超出了这个范围，其自相似性就不复存在，分数维的计算值就没有任何实际意义，这个尺度变化范围就是分形的无标度区。因此，界定无标度区十分重要[19]。

以图 5.13 中的实验数据计算，图 5.14 是不同嵌入维数下的双对数曲线，图中两条虚线之间的双对数曲线是系统自相似区域，即无标度区间。另外，母域 r 的选取十分重要，r 取得太大或太小都不能找出双对数曲线的线性区域，通常的做法是取时间序列标准差的相应乘数值，如 0.5、0.75、1.0、1.25、1.5 等。

在选择无标度区间时，即无标度区间有效范围的选取没有通用的标准，因此确定无标度区间时比较模糊，降低了计算的速度和精度，本书提出了一种选择无标度的算法，算法如下：

在某一嵌入维数下，得出 N 个 $\log_2 r$ 以及对应的 $\log_2 c(r)$，分别记为 $x_1, x_2, \cdots, x_n; y_1, y_2, \cdots, y_n$。

第一步，设定线性相关系数的阈值，如 0.99995。计算 $x_1, x_2, \cdots, x_n; y_1, y_2, \cdots, y_n$ 的线性相关系数，并判断是否满足要求，如满足要求，则利用最小二乘

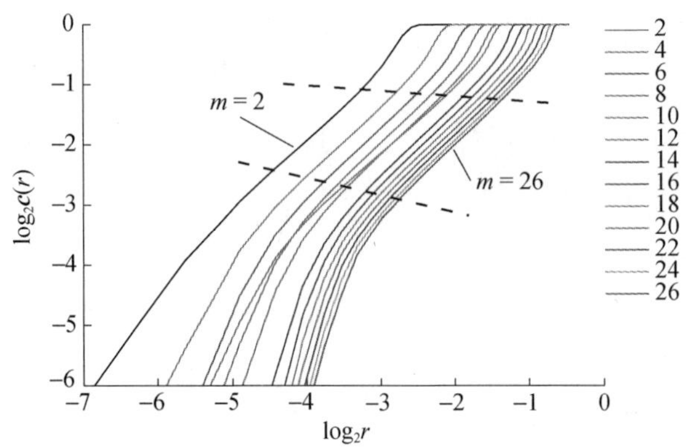

图 5.14　无标度区间的选择

法公式计算斜率和截距。如不满足要求，则弃掉两组数各自最后一个数值，即 $x_1, x_2, \cdots, x_{n-1}; y_1, y_2, \cdots, y_{n-1}$，重复以上过程。

第二步，设定线性区域要求的最少数据个数，如 5 个。在第一步计算到 $x_1, x_2, \cdots, x_5; y_1, y_2, \cdots, y_5$ 时仍然不满足要求时，则去掉两组数第一个数值，即 $x_2, x_3, \cdots, x_n; y_2, y_3, \cdots, y_n$，重复步骤一，直到满足要求。

以图 5.15 数据为例，图 5.16 比较了算法改进前后的计算结果比较，图 5.16(a) 比较了所选取线性区域的线性相关系数，通过比较发现，改进后的算法在选择线性区域时更加准确稳定，有利于进一步计算。图 5.16(b) 和图 5.16(c) 分别比较了算法改进前后关联维数和 K_2 熵的计算结果，通过比较发现，改进后算法的计算结果更加准确平稳。可见，改进后的算法克服了无标度区间有效范围选取的随意性，提高了计算精度。另外，利用改进的算法计算，可以大大简化计算过程中的繁琐程度，减少计算所需要的时间。通过计算验证证明算法对单相脉动、波谷型脉动、发展后的波谷型脉动和倍周期脉动计算效果较好。

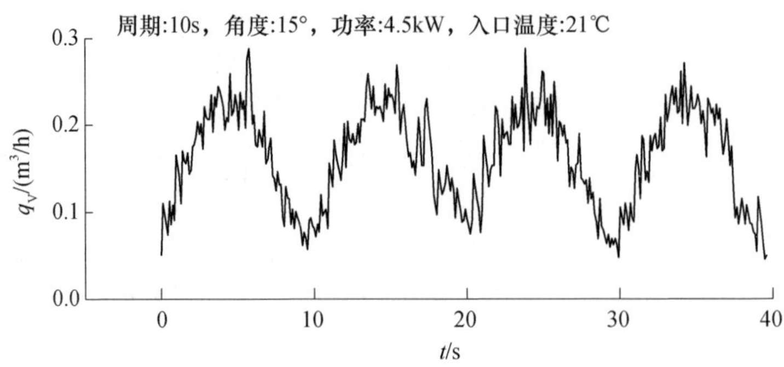

图 5.15　实验时间序列

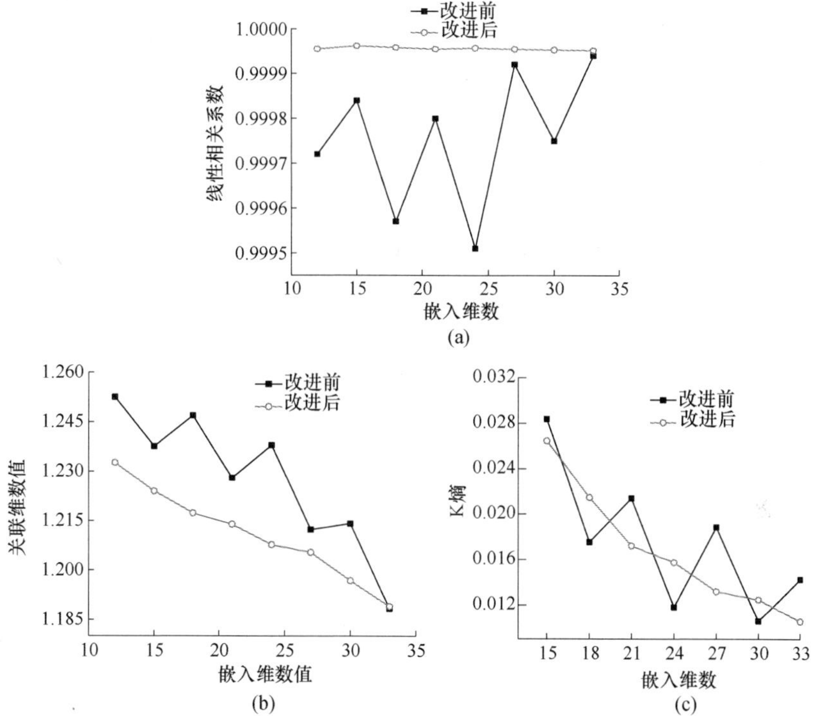

图 5.16　算法改进前后计算结果比较

(a)线性相关系数比较；(b)关联维数值比较；(c)K_2 熵计算值比较。

2. K_2 熵

K_2 熵用来度量系统运动的混乱或无序程度,以混沌为背景的 K 熵定义请参见文献[20],本书利用 G-P 算法确定 K_2 熵值。以图 5.15 的实验数据为例计算关联维数以及 K 熵,计算结果如图 5.17 所示。图 5.17(a)为双对数曲线,图

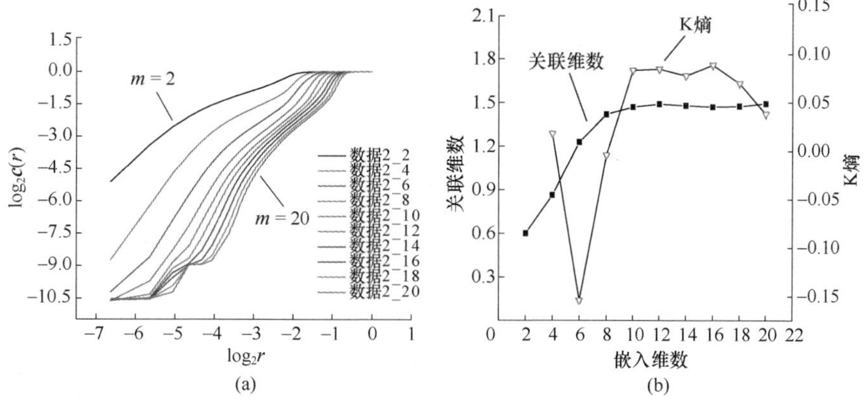

图 5.17　用 G-P 算法计算关联维数及 K 熵结果

(a)双对数曲线；(b)关联维数及 K 熵值。

5.17(b)中的■为不同嵌入维数下的关联维数值，▽为不同嵌入维数下的K熵值，由图可以得到关联维数约为1.47，K熵约为0.075。

3. 最大 Lyapounov 指数

Lyapunov 指数定量地描述了初始相邻轨道按指数方式发散的速度。系统中最大 Lyapunov 指数值为正值意味着系统存在混沌脉动现象，且最大 Lyapunov 指数越大，系统混沌程度越强。常见的计算最大 Lyapunov 指数的数值方法是小数据量法[20]。以图5.18所示的流量脉动为例，用小数据量法计算系统的最大 Lyapunov 指数，计算结果如图5.19所示，图中纵坐标迭代函数值 $y(i)$，虚线的斜率为最大 Lyapunov 指数值，大约等于0.17。

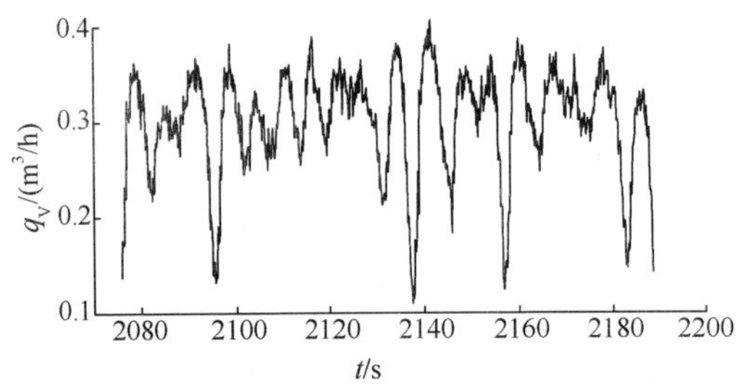

图5.18 流量时间序列

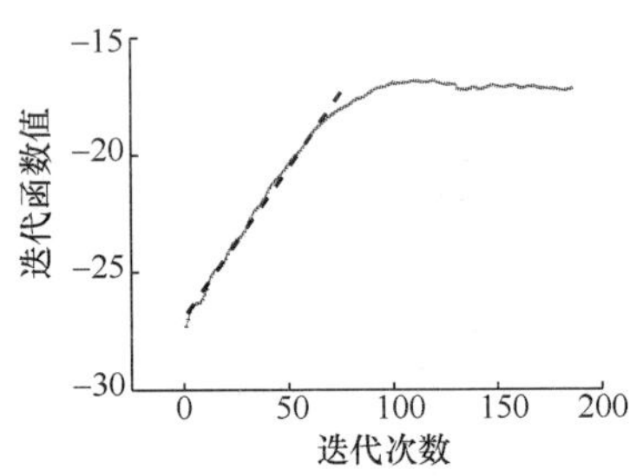

图5.19 小数据量法计算最大 Lyapunov 指数

以图5.15的实验数据为例验证不同嵌入维数及时间延迟对最大 Lyapunov 指数计算结果有如下影响：固定时间延迟为10，计算不同嵌入维数对计算结果的影响如图5.20(a)所示。由计算结果可以看出，随着嵌入维数的增加，最大 Lyapunov 指数值逐渐降低；时间延迟的影响见图5.20(b)，图中固定嵌入维数为8。由计算结果可以看出，随着时间延迟的增加，最大 Lyapunov 指数值也逐渐降低。由此可以看出，选择适当的相空间重构参数比较重要。

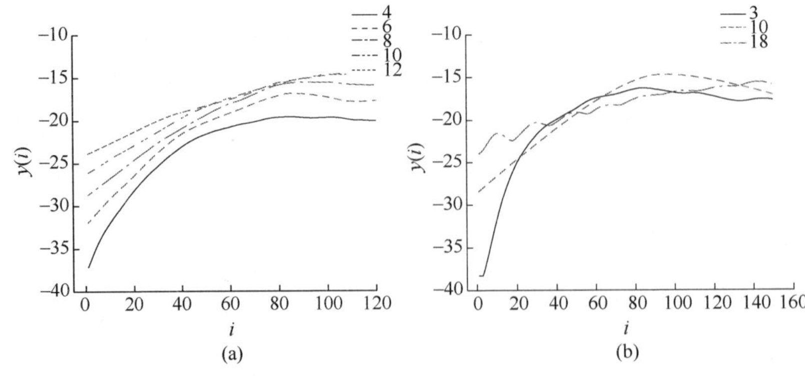

图5.20 相空间重构参数对计算结果的影响

(a)嵌入维数的影响；(b)时间延迟的影响。

5.1.5 主分量分析法

主分量分析方法能够有效区分混沌脉动和随机噪声,具体计算步骤参见文献[13]。混沌时间序列和随机时间序列的主分量分布存在着显著差异:随机时间序列的主分量谱图应是一条与 x 轴接近平行的直线,而混沌时间序列的主分量谱图应是斜率为负的直线。分别以图 5.9 和图 5.10 所示的混沌时间序列与随机时间序列为例用主分量分析法进行分析。由得出的主分量谱图可以看出,混沌时间序列的主分量谱图基本上是一条斜率为负的线段,如图 5.21 所示;而随机时间序列的主分量谱图则是一条与 x 轴几乎平行的线段,如图 5.22 所示。因此,通过主分量分析方法可以区分混沌脉动与随机时间序列。

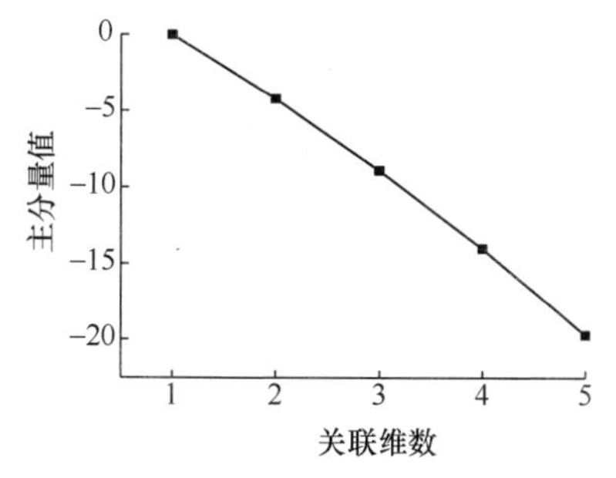

图 5.21 混沌时间序列 PCA 图

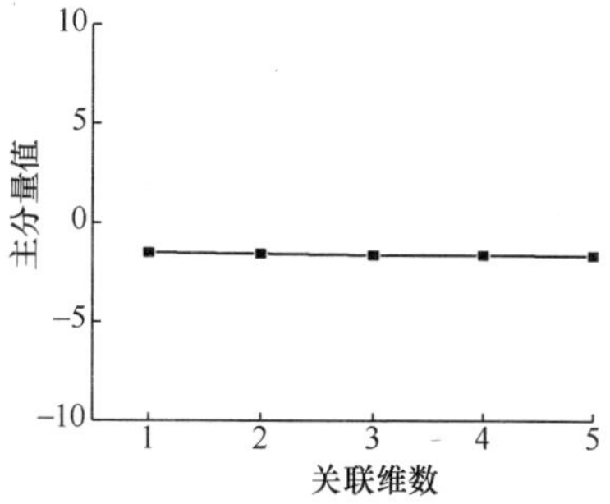

图 5.22 随机时间序列 PCA 图

5.1.5.1 直接观察法

直接观察法是通过直接观察相空间中吸引子的结构来判断动力系统的运动状态。稳态运动、周期性运动、混沌运动和随机运动对应的吸引子结构存在明显的区别。

分别以图 5.7、图 5.8、图 5.9 和图 5.10 的稳态时间序列、周期性时间序列、混沌时间序列以及随机时间序列为例,观察它们的吸引子结构特点。它们在二维相空间中的吸引子结构分别如图 5.23 所示。由图中可以看出,稳态时间序列在相空间中是一个点,如图 5.23(a)所示;周期性时间序列在相空间中形成了一个圆环,如图 5.23 (b)所示;混沌时间序列的吸引子结构较为复杂,形成了在一定区域内具有层次结构的点,如图 5.23 (c)所示;最后随机时间序列的吸引子形成了随机分布的点,如图 5.23 (d)所示。由以上分析可以看出,通过直接观察相空间中的吸引子结构,可以直观地区分各种运动状态。

5.1.5.2 庞加莱截面法

为了便于观察系统的运动特征,可以在相空间中选取一个与吸引子轨线垂直的截面,这样的截面称为 Poincare 截面,相空间内的吸引子轨道与庞加莱截面的交点称为截点。在庞加莱截面上,交点的分布不同则系统的运动状态不同:当仅有一个或少数几个点时,系统为周期性运动;当这些交点形成了具有分形结构的密集点时,此时系统是混沌运动[13]。

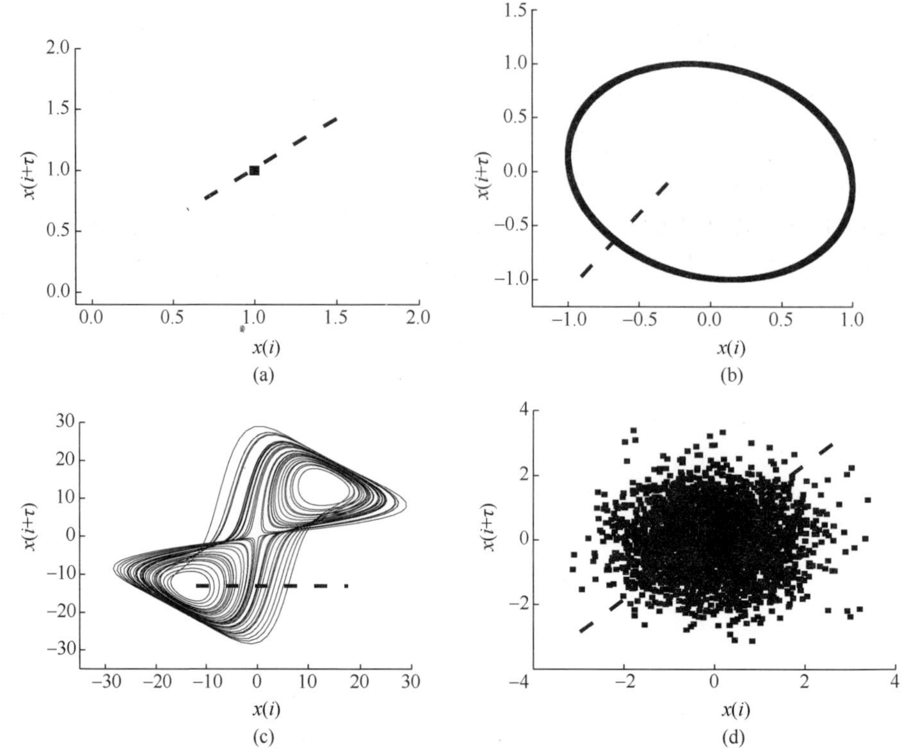

图 5.23　各种运动状态下的吸引子结构
(a)稳态时的吸引子结构；(b)周期性脉动的吸引子结构；
(c)混沌脉动的吸引子结构；(d)随机运动的吸引子结构。

图 5.23(c)中的虚线为选取的庞加莱截面,庞加莱截面与吸引子轨线的交点为截点。从图中可以看出:稳态情况下和周期性运动状态下的吸引子在庞加莱截面上都是有一个截点;混沌脉动时,吸引子轨道在庞加莱截面上的截点为一系列具有一定结构的点;而随机时间序列吸引子在庞加莱截面上的截点几乎是一条实线段。由以上分析可以看出,通过吸引子在庞加莱截面上截点分布特征可以有效地区分各种运动状态。

5.1.5.3　幅度谱分析

谱分析是研究混沌时间序列的一个重要手段。通过功率谱或者幅度谱分析可以很明显地呈现出时间序列的频率特性,而直接观察时间序列就很难发现相应的频谱规律。利用谱分析不难区分周期性时间序列、随机噪声和混沌时间序列[20]:稳定状态或周期性脉动的幅度谱图具有单个峰值或有限个数的峰值;混沌时间序列的幅度谱图具有连续的峰值;随机时间序列的幅度谱图为连续的平谱。

分别以图 5.7、图 5.8、图 5.9 和图 5.10 的稳态时间序列、周期性时间序列、混沌时间序列以及随机时间序列为例分析不同运动状态下的幅度谱图的特点。由分析结果可以看出:稳定状态下的幅度谱图存在一个峰值,峰值对应的频率为0,如图5.24(a)所示;周期性运动的幅度谱图也为单个峰值,不过峰值对应的频率不为0,而是运动频率,如图5.24(b)所示;混沌脉动对应的幅度谱图是由一系列的峰值构成的连续谱,如图5.24(c)所示;随机时间序列的幅度谱是连续的平谱,如图5.24(d)所示。由以上分析可以看出,幅度谱分析可以有效区分各种运动状态。

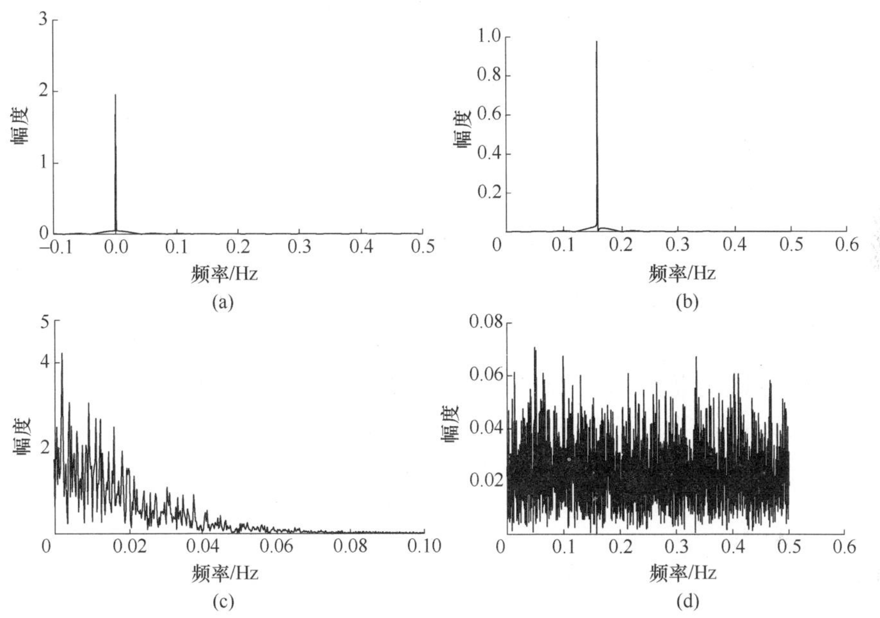

图5.24　各种运动状态下的幅度谱图

(a)稳态时的幅度谱图;(b)周期性脉动的幅度谱图;

(c)混沌脉动的幅度谱图;(d)随机运动的幅度谱图。

5.1.5.4　替代数据法

在通过实验的方法获得的时间序列中,由于仪器的采集精度等各种因素的影响,实验数据中既包含了系统的动力学信息,又包含了噪声。同时,并不清楚实验数据中是系统信息起主要作用,还是噪声过大掩盖了系统的动力学信息。这时就需要对实验数据中噪声的影响做一定的评估。为了避免由于噪声的影响而出现对混沌脉动的误判,Theiler等[21]提出了以替代数据(surrogate data)作为检验时间序列中非线性成分的方法。它的基本思想:假设测得的时间序列是线性的,以适当方式把数据打乱,即实现一定程度上的数据随机化,同时又保持原有数据的一些性质,这样经过随机化得到的数据是原数据的替代数据。选定一个判定统计量,如关联维数,对比原始数据与替代数据的判定值计算结果,根据计算结果的对比来分析噪声的影响。替代数据法可以为检验时间序列非线性的产生机理提供客观依据,为混沌时间序列的进一步分析打下基础,因而替代数据方法自提出后就在有关混沌时间序列的研究中得到迅速而广泛的应用和发展。替代数据法的主要步骤请参见文献[17]。

5.1.5.5 多重分形理论

对于不规则分形体(如地质表面),经常利用"数盒子"的方法确定分形维数,但是该方法只考虑到盒子内是否存在元素,而不考虑到盒子内的元素分布,导致很多局部信息无法显露。多重分形理论不仅考虑到盒子内是否有元素,更关心多大的盒子内可能存在更多的元素,以及这些盒子的分布特征。将这些信息以概率密度的形式表示,便可得到多重分析谱[22]。

5.2 摇摆条件下自然循环系统的流动混沌特性

5.2.1 典型非线性现象

5.2.1.1 混沌脉动现象

谭思超等[23-25]在实验研究中发现,在入口温度较低(即高入口欠热度)和加热功率达到特定值时,摇摆条件下的自然循环系统会出现不规则复合型脉动,它的流量脉动的周期性不明显,是非线性特征比较明显的流动不稳定性现象,如图5.25所示,但并没有详细证明类似图5.25所示的脉动是混沌脉动。

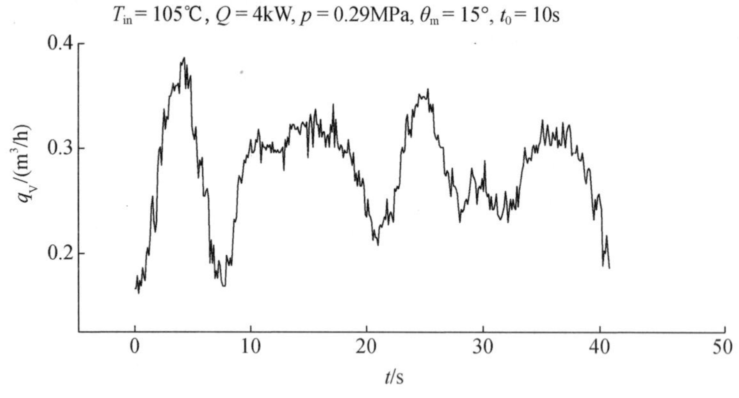

图5.25 不规则复合型脉动

张文超[26]通过与密度波型脉动和波谷型脉动的对比证明了不规则复合型脉动具有明显的混沌特性。本书将分别利用幅度谱分析、相空间中吸引子结构、庞加莱截面、主分量分析(PCA)与计算关联维数、K熵、最大Lyapunov指数等几何不变量的值等方法来确认不规则复合型脉动是否具有明显的混沌特性。

1. 幅度谱分析

通过图5.26幅度谱分析结果可以看出,流量的频率谱图不是周期运动或拟周期运动的一个或几个独立的峰值,也不是噪声的连续的平谱,而是由许多峰值连成的连续谱,类似于 Lorenz 系统中混沌脉动的幅度谱结构,这就从幅度谱结构的角度表明不规则复合型脉动的混沌特性较为明显。

2. 吸引子结构与庞加莱截面

从不规则复合型脉动在三维相空间中的吸引子结构图 5.27 可以看出,不规则复合型脉动的吸引子分布在有限区域内,不像噪声散布在整个相平面内,不是周期性运动的环形分布,吸引子轨迹具有自相似性质的嵌套结构,具有分形结构,这样的吸引子称为奇怪吸引子,也称为混沌吸引子。由此,可以从吸引子的结构判别出不规则复合型脉动具有明显的混沌特性。

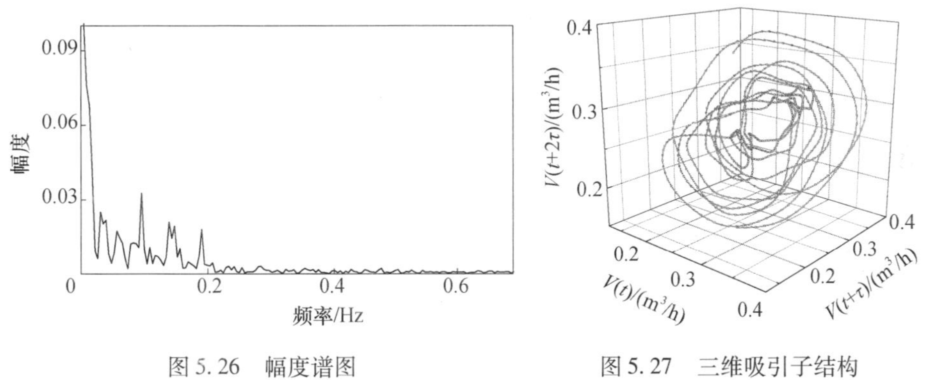

图 5.26 幅度谱图　　图 5.27 三维吸引子结构

不规则复合型脉动的庞加莱截面如图 5.28(a)中的虚线所示,它是垂直于纸面的一个平面。吸引子轨道与庞加莱截面的交点图如图 5.28(b)所示,由图中可以看出,不规则复合型脉动在庞加莱截面上的截点是一系列的离散点,这样的结构反映了吸引子具有混沌吸引子的特征。

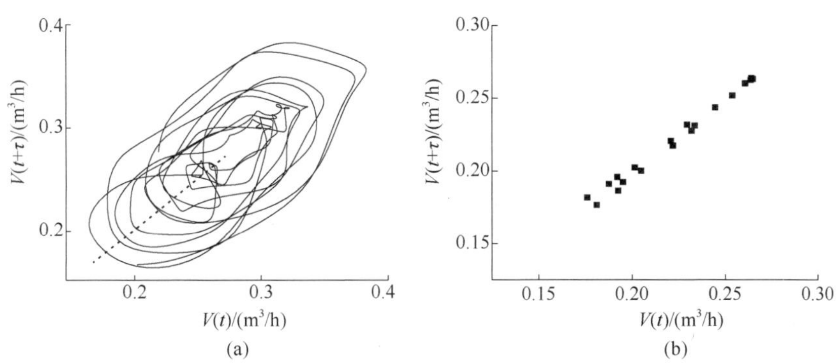

图 5.28 二维吸引子以及对应的庞加莱截面

(a)二维吸引子;(b)庞加莱截面。

3. 主分量分析

不规则复合型脉动的主分量谱图如图 5.29 所示,由图中可以看出,主分量谱图是一条斜率为负值的线，这个分析结果与 Lorenz 混沌脉动的主分量谱图类似。主分量分析结果表明，不规则复合型脉动不同于随机脉动，它的混沌特性较为明显。

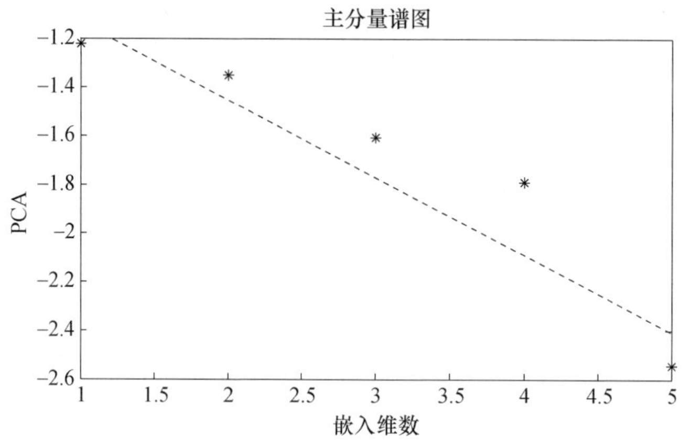

图 5.29　主分量分析结果

4. 几何不变量计算结果

本书计算的几何不变量主要有关联维数、K_2 熵和最大 Lyapunov 指数，这三个特征量都是非常常见的几何不变量，它们从不同的角度反映了混沌脉动的性质。本书中关联维数和 K_2 熵用 G-P 算法确定，最大 Lyapunov 指数的计算用小数据量法。在计算几何不变量之前，首先要进行相空间重构，确定时间延迟和嵌入维数，本书时间延迟用自相关函数法确定，最佳嵌入维数用 G-P 算法确定。为了便于分析比较，列出部分不同流动状态下的几何不变量计算结果。

（1）关联维。关联维数值度量了所产生时间序列时的系统复杂性，确定性的混沌系统产生的时间序列的关联维数值是非整数，大于此关联维数计算值的下一个整数就是系统的独立变量的个数。由表 5.3 关联维数计算结果可以看出，不规则复合型脉动的关联维数值大多数都是介于 4 与 6 之间的非整数值，根据分形理论可知，产生不规则复合型脉动时自然循环系统的拓扑维数边界为 5 ~7，即可以据此估计生成自然循环系统所必需的独立变量的个数不小于 5 ~7 个，在以后的研究中可以建立控制方程中确定独立变量个数提供依据。总之，关联维数值越大，系统需要的独立变量个数就越多，系统也就越复杂。由表 5.3 可以看出，不规则复合型脉动的关联维数值是所有脉动类型中最大的，因此它的混沌特性最为明显。

（2）K_2 熵。该项用来度量系统运动的混乱或无序程度，K_2 熵值越大，自然循环系统的无序程度就越高，此时的非线性特征也就越强烈。自然循环系统是一个耗散系统，系统内的介质在流动时发生的摩擦等不可逆因素引起系统内熵的增加，同时，加热源则为系统提供负熵。系统熵增与外加热源引入的负熵之和

表5.3 不同流动状态的几何不变量计算结果

流动状态	入口温度/℃	加热功率/kW	关联维数	K_2 熵	最大 Lyapunov 指数
单相脉动	80	0.68	1.16	0.021	0.076
	114.7	1	1.12	0.03	0.098
	80.17	4.5	1.185	0.016	0.038
波谷型脉动	87.1	5	1.41	0.03	0.137
	87	6	1.578	0.0576	0.112
	86.5	7	1.51	0.065	0.142
	88.8	5.5	1.37	0.0338	0.12
	88.4	7.5	1.79	0.0457	0.145
	97.9	5.5	1.7	0.0498	0.112
	105.6	2.5	1.63	0.0271	0.1163
	105.7	2.1	1.38	0.0314	0.15
	97	3.5	2.28	0.0416	0.12
不规则复合型脉动	86.2	6.5	4.35	0.1718	0.2522
	95	5	4.9	0.1367	0.1697
	97	5	5.46	0.1552	0.1355
	89.4	7.5	4.25	0.2468	0.2283
规则复合型脉动	97	6	1.8	0.0742	0.269
	89.4	8	1.71	0.0708	0.246
	97.3	8	2.55	0.0652	0.297
高含气率小振幅脉动	107	5.5	1.28	0.0461	0.133

体现了整个系统的混乱程度。由表5.3可以看出,不规则复合型脉动的 K_2 熵大约为0.17,是所有流动状态中值最大的,说明系统内部熵增大于外热源提供的负熵,它的无序度最高,非线性特征最明显。

(3) Lyapunov 指数定量地描述了初始相邻两轨道呈指数发散速率。其中,只要在一个方向上出现初始相邻两轨道呈指数发散就可以形成混沌吸引子,因此,只要最大 Lyapunov 指数大于0,就可以说明系统具有混沌特征,进一步地,最大 Lyapunov 指数越大,初始相邻两轨道呈指数发散的速率也就越快,混沌特征也就更明显。从计算结果可知,不规则复合型脉动的最大 Lyapunov 指数值为正值且较大,说明不规则复合型脉动两个原本相邻的轨道随着时间的推移呈指数分离的速度较快,吸引子轨道的伸长、弯曲、收缩运动更明显,混沌特性较为明显。

5. 基于替代数据法的混沌检验

以上判断混沌的方法都是直接法。通过几何不变量计算结果可以看出不规则复合型脉动具有明显的混沌特性，但是用来计算几何不变量的实验时间序列长度有限并且不可避免地含有噪声，噪声的存在使得计算结果偏大。在直接法中，无法评估噪声对计算结果的影响，即几何不变量计算结果有可能不能很好地反映系统的动力学信息，为了避免直接判定方法的不足，下面用替代数据法对混沌脉动进行检验。结合直接判定方法和替代数据法进行混沌判定，将大大提高判断的可信度，下面具体介绍替代数据法的检验结果。

1. 打乱排列次序法的混沌检验

1）产生替代数据

对原始时间序列的排列顺序进行随机的打乱，这样产生的替代数据与实验数据只在排列顺序上发生变化，并没有产生新的数据，因此它们的均值和方差相同。打乱次序的具体算法如下：产生一个 0 ~ 1 的随机数，将产生的随机数乘以原始时间序列的总数得到一个随机数，对这个随机数取整得到整数值 m，然后把实验数据中的第 m 个数值与第一个数据交换位置。重复 n 次以上过程，只要 n 足够大，原来的实验数据的顺序就被随机打乱了，形成了一组随机数。图 5.30 所示为不规则复合型脉动实验数据以及用打乱排列次序法产生的替代数据，其中上面的时间序列为替代数据，下面的时间序列为实验时间序列。由以上算法可以看出，打乱次序法是一种简单易行的替代数据生成算法。

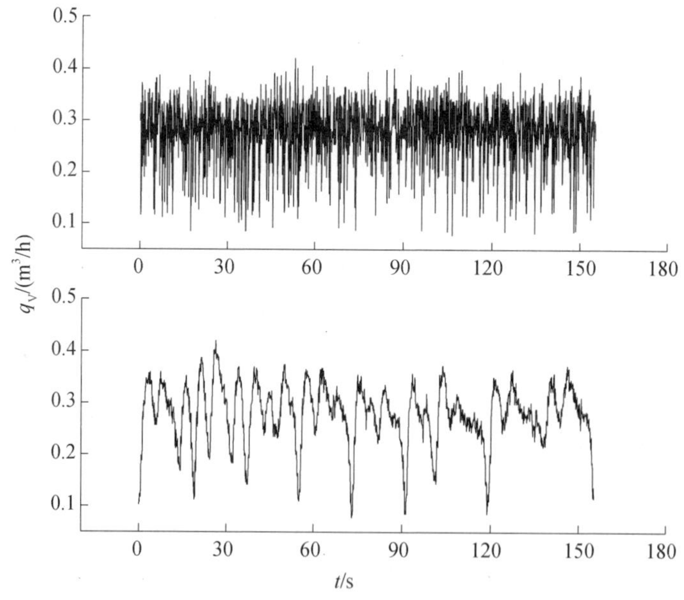

图 5.30 实验数据及对应替代数据

表 5.4 所列为实验数据与替代数据的统计量计算结果。由计算结果可以看出，替代数据与原始数据具有相同的振幅概率分布和均值都为 0.2801、均方差都为 0.0034，这样保留了实验数据的部分线性性质。但是两者的幅度谱图和相

位图都不相同,如图 5.31 所示,说明替代数据在一定程度上保留了原始数据的线性性质。

表 5.4 线性统计量

统计量	平均值	标准差	最小值	最大值	方差
实验数据	0.28013	0.05829	0.078	0.421	0.0034
替代数据	0.28013	0.05829	0.078	0.421	0.0034

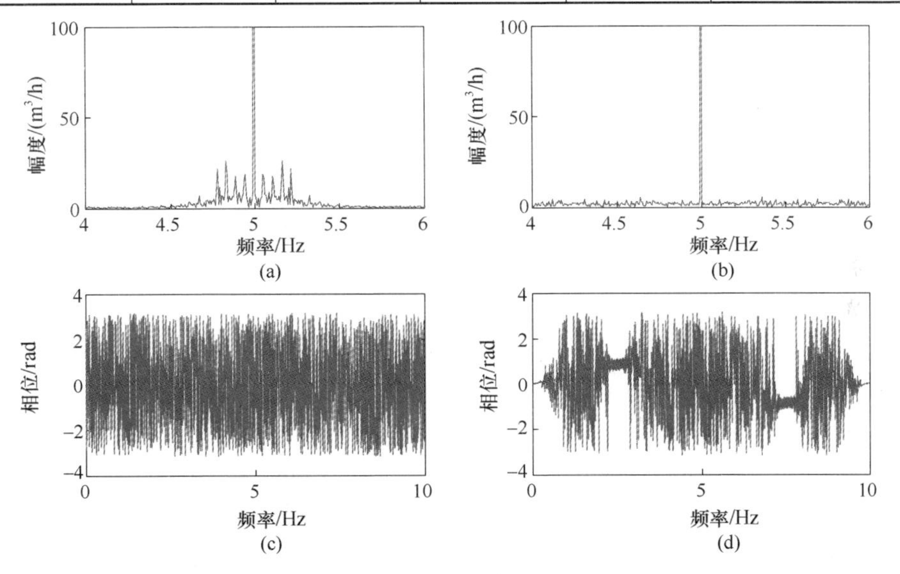

图 5.31 幅度图与相位图

(a)、(c)实验数据;(b)、(d)替代数据。

2)零假设检验

图 5.32 是以关联维数作为判据计算结果,结果显示随着嵌入维的增加,实验时间序列的关联维数稳定地收敛于某个数值,替代数据的关联维数值随着嵌入维数的增加而增加,不能得到确定的关联维数值,以上特性说明替代数据是随机时间序列。由关联维计算结果可以得出实验数据与替代数据的零假设不成立。

图 5.33 所示为实验数据与替代数据进行主分量分析的结果。由图中可以看出,实验数据的主分量谱图是一条斜率为负的线,表现出混沌脉动的性质,而替代数据的主分量谱图与原始数据相比是一条几乎与 x 轴平行的直线,表现出随机运动的性质,这说明与替代数据的运动性质不同,由此可以进一步确认实验数据为混沌时间序列。

因打乱次序法是一种不受约束的替代数据生成算法,得到的替代数据是完全随机的,因此替代数据的几何不变量计算结果是发散的,与实验数据的计算结果的区别是显而易见的,所以不需要进行置信度计算。同时,用打乱次序法只能判断出实验时间序列不是完全的随机运动,并不能说明不规则复合型脉动是来

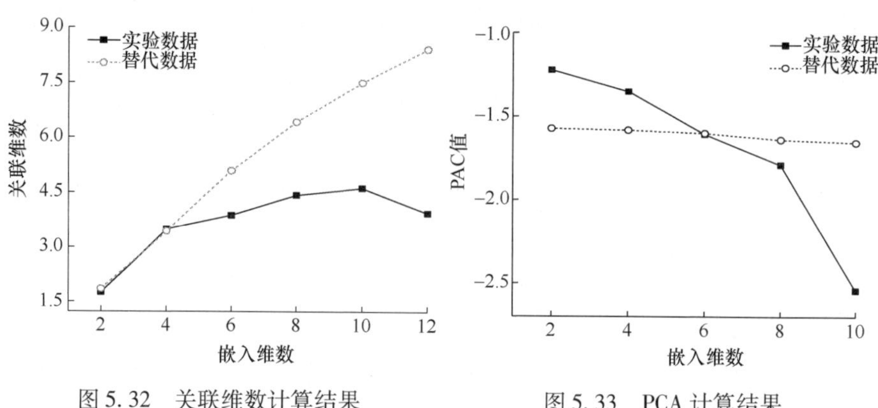

图 5.32　关联维数计算结果　　　图 5.33　PCA 计算结果

自于确定性系统的混沌脉动。因此,需要做进一步的判断,下面介绍打乱相位法的检验结果。

2. 打乱相位法的混沌检验

以图 5.34 中第一组的实验时间序列为例进行替代数据检验,用迭代的幅度调节傅里叶算法产生三组替代数据,如图 5.34 中的其他三组所示。

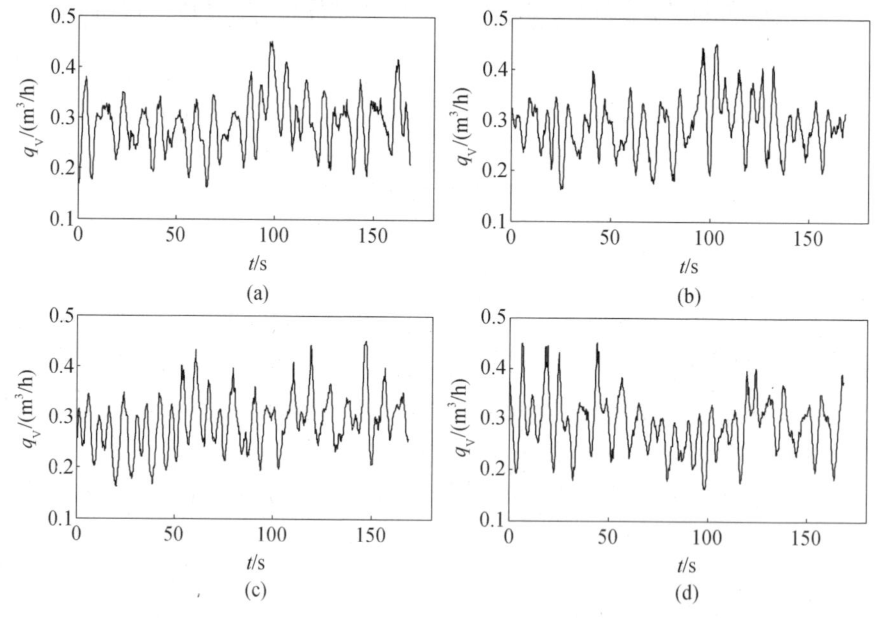

图 5.34　实验数据与替代数据

(a)实验数据;(b)随机相位替代数据 1;(c)随机相位替代数据 2;(d)随机相位替代数据 3。

与打乱次序法不同的是,打乱相位法产生的替代数据与实验数据具有基本相同的幅度谱图和概率分布图,如图 5.35 与图 5.36 所示,说明改进的打乱相位法能够更好地保留实验数据的线性性质,检验结果会更加可信有效。

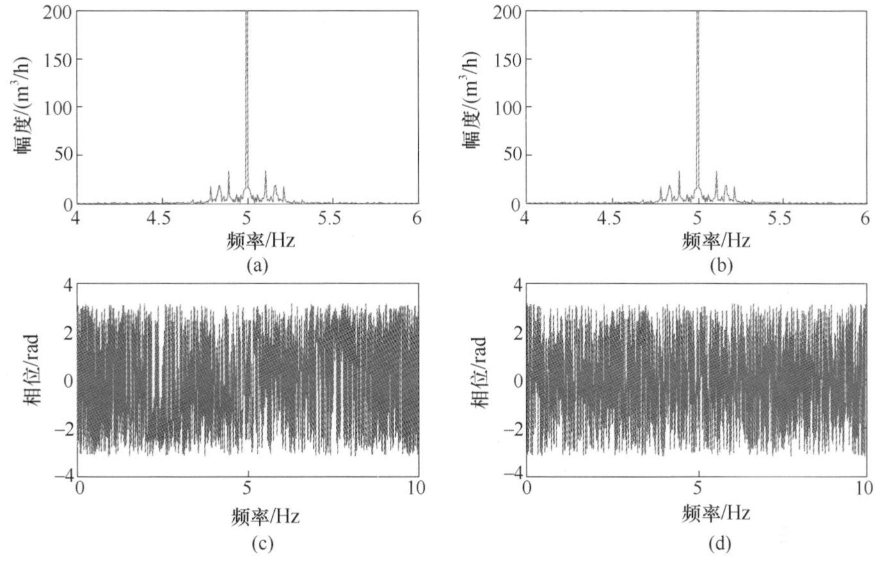

图 5.35　相位图与幅度谱图对比

(a)、(c)实验数据；(b)、(d)替代数据。

然后，用 G-P 算法分别计算图 5.34 中替代数据和实验数据在不同嵌入维数下的关联维数值，其中实验数据的双对数曲线如图 5.37 所示，每个嵌入维数对应的双对数曲线线性区域的斜率为关联维数值，替代数据关联维的计算方法相同。关联维数计算结果如表 5.5 所列。另外，表中列出了不同嵌入维数下三组替代数据的判据值，由计算结果可知，判据值均大于 1.96，说明零假设不成立，即不规则复合型脉动的混沌特性来自于确定性的非线性系统，而不是由噪声导致。不规则复合型脉动的确定为实验数据的进一步分析与应用打下基础。

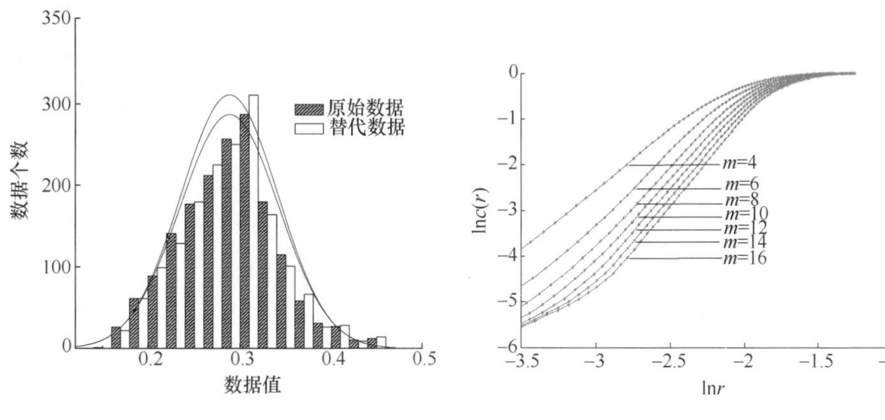

图 5.36　概率分布图　　　　图 5.37　关联维数计算结果

表 5.5　实验数据及替代数据判据计算结果

嵌入维数	4	6	8	10	12	14	16
原始数据关联维数值	2.66	3.24	3.63	3.64	3.47	3.65	4.1
3 组替代数据关联维数均值	3.027	3.503	4.06	4.297	4.607	4.583	4.627
3 组替代数据关联维数偏差	0.087	0.127	0.197	0.140	0.142	0.198	0.067
判据 S	4.197	2.080	2.183	4.686	8.031	4.724	7.910

5.2.1.2　混沌产生机理

以上分别从幅度谱分析、吸引子结构、庞加莱截面、主分量分析等方面确定不规则复合型脉动具有混沌特征。用直接计算不规则复合型脉动的关联维数、K_2 熵、最大 Lyapunov 指数等几何不变量的值和替代数据法证明不规则复合型脉动是典型混沌脉动。下面具体分析不规则复合型脉动的混沌特性最明显的原因。

(1) 从系统内部驱动力与耗散力的相互作用来看。摇摆条件下的自然循环系统受到热浮升力、流动阻力和摇摆引起的驱迫外力的共同影响,系统内这三个力的相互作用与反馈决定着系统的流动状态。在特定条件下,出现不规则复合型脉动,此时系统内摇摆引起的周期性附加外力、热驱动力和流动阻力之间力的大小相差不大,并且形成了强烈的非线性耦合与反馈作用,这些复杂的相互作用导致系统驱动力和耗散力大小出现不相上下的不规则变换,因此,此时自然循环系统力的作用最为复杂,所以几何不变量数值最大,最终形成典型的混沌脉动。

(2) 从系统振子耦合的角度来看。前面已经论述自然循环系统是典型的非线性系统,同时,摇摆运动给自然循环系统引入了周期性的驱迫外力。因此,摇摆条件下的自然循环系统可以看作周期性驱迫外力作用下的非线性系统,这样的系统可以看成线性振子与非线性振子的耦合。线性振子与非线性振子发生相互耦合作用,当线性振子或者非线性振子占有优势时,发生同步化运动,而线性振子与非线性振子的力量相差不大时,可能会发生混沌脉动[27]。由前文可知,不规则复合型脉动是摇摆引起的波谷型脉动与自然循环系统本身的密度波型脉动的叠加形成的,如图 5.38 所示。其中,摇摆引起的波谷型脉动可以看作线性振子,自然循环系统本身的密度波型脉动是非线性振子。当波谷型脉动或密度波型脉动起主要作用时,形成规则复合型脉动;当波谷型脉动和密度波型脉动大小相仿,且存在相互反馈与耦合时,形成不规则复合型脉动,即混沌脉动。

(3) 从最大 Lyapunov 指数计算结果和吸引子结构分析。由混沌理论可知,系统的个数与系统维度个数相等,即系统是几维的,就存在几个 Lyapunov 指数。同时,因为摇摆条件下自然循环系统是耗散系统,所以存在负的 Lyapunov 指数。不规则复合型脉动的最大 Lyapunov 指数值为正值且较大,说明在系统的一个维度上,系统初始相邻两轨道的发散速率较大,同时,在负的 Lyapunov 指数所在的维度上轨道则进行弯曲和折叠运动,系统运动轨道经过反复发散、弯曲和收缩后

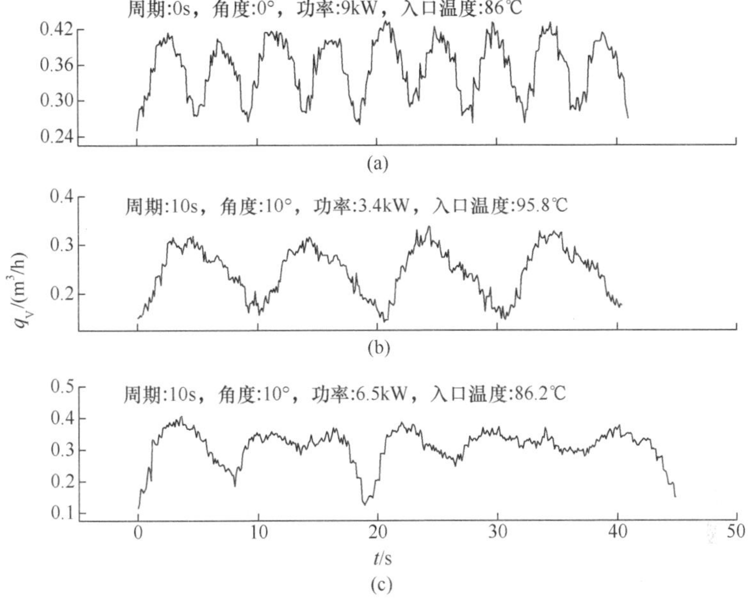

图 5.38 流量脉动的叠加

(a)密度波型脉动；(b)波谷型脉动；(c)不规则复合型脉动。

形成复杂却又具有分形结构的吸引子，即奇怪吸引子，奇怪吸引子对应的脉动为混沌脉动。从力的耦合角度可以验证以上过程，即不规则的复合型脉动发生时，摇摆引起的附加外力、热浮升力（驱动力）、流动阻力和它们之间的大小对比在不规则地变换，进而引起吸引子轨道在相空间内随之不断地伸长、弯曲折叠或收缩。

5.2.1.3 同步化现象

1. 流量脉动中的同步化现象[28]

周期外力驱动（摇摆引起的驱迫外力）的非线性系统（自然循环系统）可看作线性振子和非线性振子的耦合系统，方程在不同的控制参数值（如加热功率）下会出现分岔、混沌以及同步化（锁频）等不同的动力学行为，这些行为是非线性系统特有的现象。同步或锁频是指两个或数个振子之间的同步振动现象，它是自然界中各种集体现象中最基本的行为之一[27]。

在实验过程中发现，当实验段的加热功率达到某个值时，摇摆运动引起的波动会诱发自然循环系统本身发生密度波型脉动，密度波型脉动与摇摆运动引起的波谷型脉动叠加后形成复合型脉动。图 5.39 所示为不规则复合型脉动发生之前的规则复合型脉动流量波动曲线和幅度谱分析图，图中 θ_m 为摇摆振幅，t_0 为摇摆周期，Q 为加热功率，T_{in} 为入口温度，t 为时间，f 为频率。由流量脉动曲线可以看出，复合型脉动的周期既不是摇摆周期，也不是密度波型脉动的周期，而是出现了一个新的公共周期，且公共周期均大于摇摆周期和密度波型脉动周期。由图 5.39 中流量脉动曲线对应的幅度谱可以看到，摇摆运动引起的频率 f_r 的幅度值比密度波型脉动引起的频率 f_d 的幅度值大，说明摇摆引起的波谷型脉动的影响要大于密度波型脉动的影响，此时摇摆引起的波谷型脉动起主要作用，图中 f_c 为耦合后出现的新频率。在不同摇摆振幅和摇摆周期下，不规则复合型脉动之前的规则复合型脉动均存在类似现象，如图 5.39 所示。

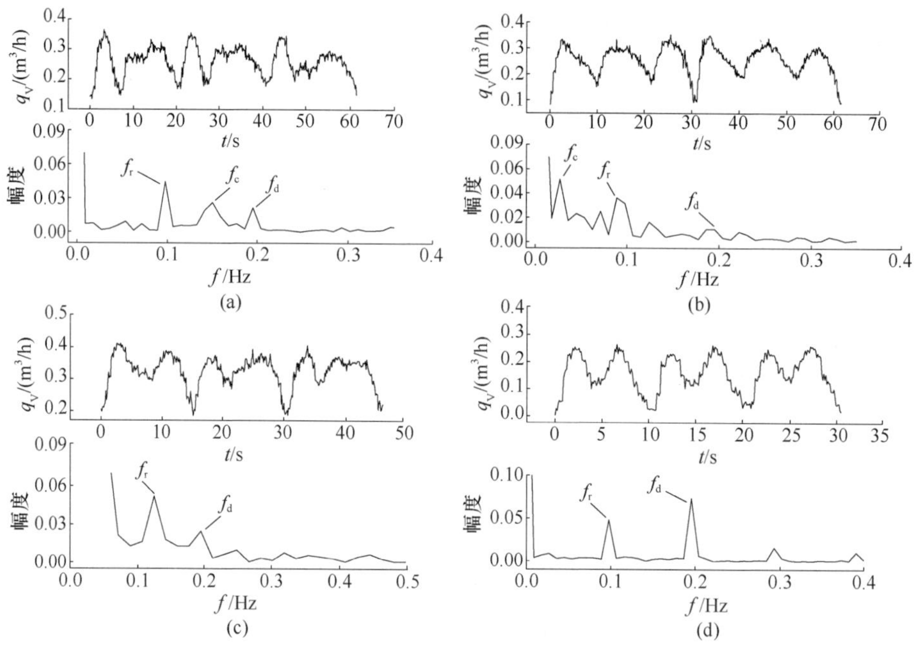

图 5.39　混沌脉动前的同步化流量曲线及幅度谱分析图

(a) $\theta_m=10°$，$t_0=10s$，$Q=4kW$，$T_{in}=95℃$；(b) $\theta_m=15°$，$t_0=10s$，$Q=6.5kW$，$T_{in}=89.2℃$；(c) $\theta_m=10°$，$t_0=7.5s$，$Q=5kW$，$T_{in}=96.8℃$；(d) $\theta_m=15°$，$t_0=5s$，$Q=5.3kW$，$T_{in}=87.3℃$。

在图 5.39 所示的流量脉动基础上增加加热功率到一定值时，流量脉动曲线的周期性变得不再明显，如图 5.40(a)所示，幅度谱图形成了具有多个尖峰的连续谱图，如图 5.40(b)所示，流量脉动具有典型的混沌特征，此时的复合型脉动没有了图 5.39 所示的公共周期。

当加热功率进一步增加时，流量脉动的周期性重新得到加强，再次出现具有公共周期的复合型脉动，即规则复合型脉动，如图 5.41(a)所示；从相应的幅度谱图 5.41(b)可以看到，流量脉动中存在摇摆运动引起的波动频率和系统本身密度波型脉动引起的频率，与不规则复合型脉动之前的周期性脉动不同的是，此时流量脉动曲线摇摆运动引起的波动频率的幅值小于密度波型脉动引起的频率幅值，说明波谷型脉动在耦合作用过程中的影响在减弱，而密度波型脉动的影响得到增强。

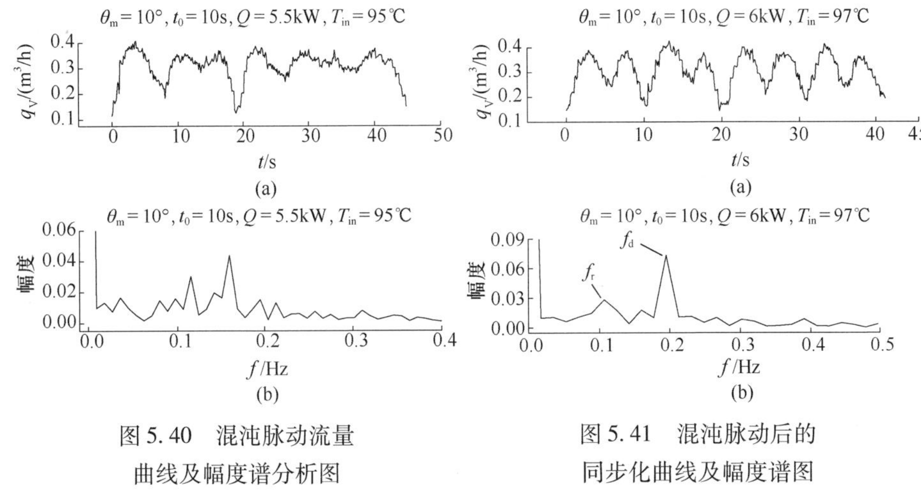

图 5.40　混沌脉动流量曲线及幅度谱分析图

图 5.41　混沌脉动后的同步化曲线及幅度谱图

由前面的分析可知,不规则复合型脉动出现之前和之后的规则复合型脉动均为摇摆引起的波谷型脉动(线性振子)与密度波型脉动(非线性振子)的叠加,并且叠加后的规则复合型脉动周期是密度波型脉动与波谷型脉动的公共周期,在周期性的驱迫外力驱动的非线性系统中,这种现象属于典型的同步化现象。

2. 同步化现象的周期

规则的复合型脉动是一种具有固定周期的脉动,其周期与两种脉动的波谷点是否重合有关。尽管密度波型脉动可以在摇摆运动下流量波谷点外发生,但摇摆运动下流量的波谷点仍然是最容易发生密度波型脉动的地方,所以,两种波动的波谷点很容易重合,而叠加后总体波动的周期也恰好是摇摆周期和密度波型脉动周期的最小公倍数。

由于密度波型脉动的周期随加热功率变化,在摇摆周期与密度波型脉动周期不是整数倍关系的情况下,两种脉动的波谷点很难一一重合,所以叠加后的总体脉动曲线也会呈现出多样性。

摇摆运动、密度波型脉动与两者耦合形成的脉动的周期性规律如表 5.6 所列,表中 T_r 为摇摆周期,T_d 为密度波型脉动周期,T_c 为复合脉动周期。由表中可以看出,混沌前后的周期性脉动的周期是摇摆周期和密度波型脉动周期的公倍数。下面结合图 5.39 与图 5.42 具体分析周期性不同摇摆参数下的复合型脉动周期性规律如下:

表 5.6　复合型脉动的周期性规律

T_r/s	脉动现象	T_d/s	T_c/s
10	混沌前的周期性脉动	5 左右	20 或 30
	混沌脉动	4 ~ 5	周期性不明显
	混沌后的周期性脉动	4 左右	4 或 10

(续)

T_r/s	脉动现象	T_d/s	T_c/s
7.5	混沌前的周期性脉动	5 左右	15
	混沌脉动	4～5	周期性不明显
	混沌后的周期性脉动	4 左右	7.5
5	混沌前的周期性脉动	5 左右	5 或 10
	混沌脉动	4～5	周期性不明显
	混沌后的周期性脉动	4 左右	5

不规则复合型脉动出现之前，摇摆周期为10s时，图5.39(a)中规则复合型脉动的公共周期为20s，一个大的周期内包含一个5s的脉动与一个15s的脉动。除了具有20s的公共周期，图5.39(b)所示的流量脉动的公共周期大约为30s，一个公共周期包含3个大约为10s的脉动，不论是公共周期为20s还是30s，都是摇摆周期10s和密度波型脉动周期5s的公倍数；当摇摆周期为7.5s时，混沌脉动之前的复合型脉动的公共周期大约为15s，如图5.39(c)所示；当摇摆周期为5s时，规则复合型流量脉动的公共周期大约为5s或10s，如图5.39(d)所示。

在不规则复合型脉动出现之后的周期性脉动，系统再次出现同步化(锁频)现象，脉动周期为摇摆引起的脉动周期和密度波型脉动周期的最小公倍数，如图5.42所示。以摇摆周期为7.5s时最为明显。如图5.42所示，本实验系统中密度波型脉动的周期为3.6～5.2s，当摇摆周期为10s时，每个摇摆周期内包含两个周期的密度波脉动；当摇摆周期为7.5s时，每15s出现一个周期约为5s和10s的两个波动。

如摇摆周期为7.5s时，有时每个摇摆周期内会出现两次密度波型脉动(图5.42(c))，有时前一个摇摆周期内发生叠加，而后一个摇摆周期内不发生叠加(图5.42(b))；在摇摆周期为10s时，每个摇摆周期可包含三个的密度波型脉动(图5.42(d))。

从图5.42可见，两种脉动的波谷点重合时，叠加后的总体脉动较为剧烈，此处流量较其他单一波动(密度波型或摇摆)的波谷点处的流量明显降低(如图中箭头所示)。当摇摆周期为5s时，由于两种波动频率相对接近，叠加效应更为明显。在不规则的复合型脉动中，由于叠加的随机性较大，有时也会形成较大的总体波动，破坏系统的稳定性。

综合分析图5.39、图5.42可以得出同步化现象周期性的规律：发生同步化现象时，不论是混沌之前还是混沌之后的规则复合型脉动的公共周期都为摇摆引起波动的周期和密度波型脉动周期的公倍数，混沌脉动之前的周期性脉动的公共周期不止是最小公倍数，而会出现较长的公共周期；而混沌脉动之后的周期性脉动公共周期一般为摇摆周期和密度波型脉动周期的最小公倍数。

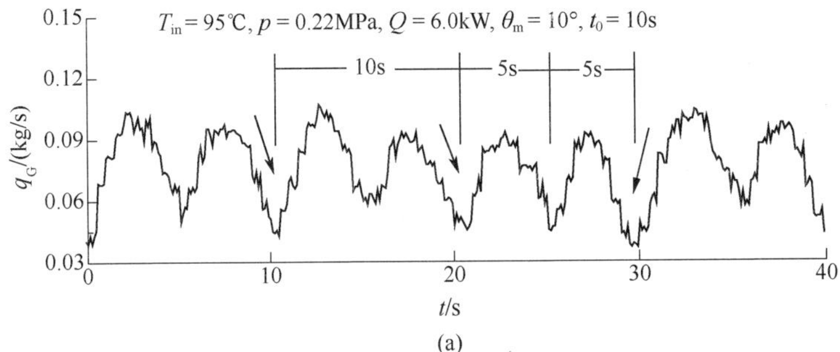

(a)

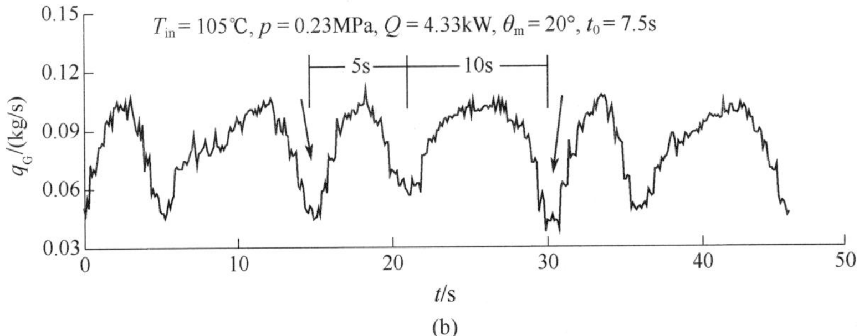

(b)

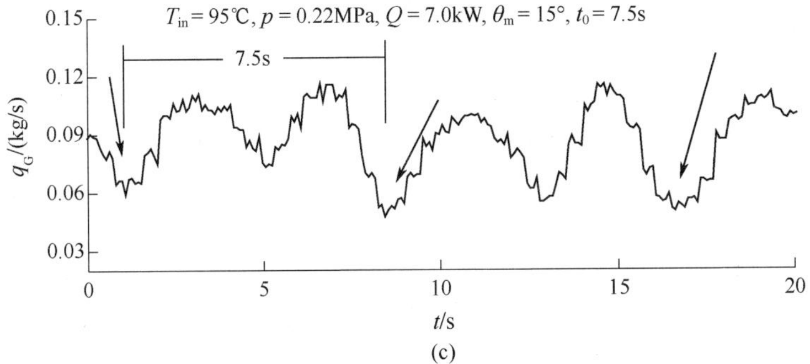

(c)

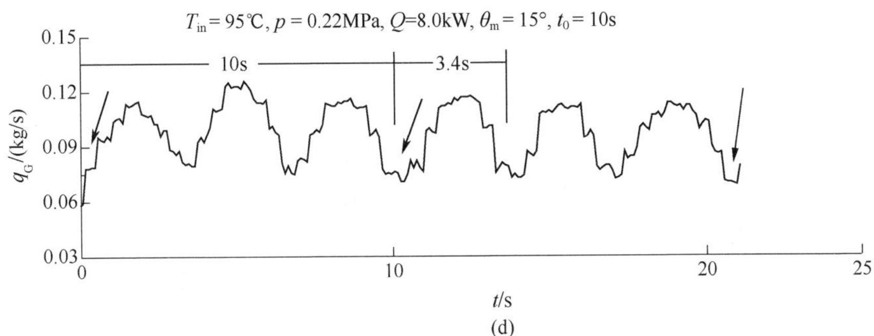

(d)

图 5.42　混沌后的规则复合型脉动周期

(a)摇摆周期 10s；(b)摇摆周期 7.5s；(c)摇摆周期 7.5s；(d)摇摆周期 10s。

3. 同步化现象的发生机理

两相自然循环系统本身就是一个典型的非线性系统，而本实验系统的摇摆台运动规律为正(余)弦，是典型的线性振子，因此，摇摆条件下自然循环系统是周期驱迫系统，可将其看作线性振子和非线性振子的耦合系统。

在混沌脉动之前的规则复合型脉动是波谷型脉动与密度波型脉动的叠加，通过实验发现，当摇摆停止时，自然循环系统流量趋于平稳，密度波型脉动现象也消失，这说明摇摆引起的波谷型脉动导致自然循环系统发生密度波型脉动，但密度波型脉动的影响比较小，摇摆引起的波谷型脉动起主要作用。此时，系统的线性振子在耦合作用过程中起主导作用，在线性振子的支配性作用下发生同步化现象，非线性振子(密度波型脉动)被锁频到线性振子的基频或分频上，系统流量形成一个共同的、较长的运动周期，形成具有公共周期的规则复合型脉动，一般而言，共同周期为摇摆周期和密度波型脉动周期的公倍数且大于最小公倍数。

对于混沌脉动之后的规则复合型脉动，摇摆运动停止后，自然循环系统的密度波型脉动现象仍然存在，说明此时自然循环系统已经形成了稳定的密度波型脉动，热驱动力和流动阻力起主要作用，摇摆引起的驱迫外力的影响不再起主导作用，此时，周期性的驱迫外力对密度波型脉动的影响较小，系统发生非线性振子占优势的锁频(同步化)现象，共同周期为摇摆周期和密度波型脉动周期的最小公倍数。

从上述分析中可知，随着无量纲功率的增加，系统出现了两种同步化现象，两种同步化现象之间会出现混沌脉动。两种同步化现象的公共周期存在区别：不规则复合型脉动之前的同步化现象的公共周期多为摇摆周期与密度波型脉动的公倍数，主要体现了摇摆运动的影响，也表明密度波型脉动造成了流量波动形式的改变，但并没有起主要作用；而不规则复合型脉动之后的同步化现象的周期一般为摇摆周期和密度波型脉动周期的最小公倍数，它主要体现了密度波型脉动的影响，也表明密度波型脉动已经主导了流量脉动，同时摇摆运动的影响并未完全消除。两种同步化现象之间的混沌脉动体现的是摇摆运动和热工水力脉动对流量脉动的影响出现了不相上下的局面。综合而言，随着摇摆运动和热工水力脉动影响程度的消长，系统先后出现线性振子占优的同步化现象，随之通过倍周期分岔导致出现混沌振荡；继续增加无量纲功率，系统由混沌脉动经倍周期分岔的逆过程形成非线性振子占优的同步化现象。

4. 倍周期分岔

已有的数值分析经验表明，周期外力驱迫作用下的非线性振动系统中很容易发生倍周期分岔现象[29]。经倍周期分岔通向混沌的一般过程为[30]不动点→极限环→二维环面→……→n 维环面→……→奇怪吸引子，对应的过程为稳态流动→周期性运动→……→多(准)周期运动→……→混沌脉动。每经历一次倍周期分岔，系统的频率个数就发生倍增，这样通过无限次分岔后失稳形成连续的频谱，导致混沌的出现。

对于摇摆条件下的自然循环系统的流量脉动曲线，刚开始没有稳定点，而是极限环，这是因为受到摇摆运动的影响；增加加热功率，摇摆运动诱发密度波型脉动，系统出现规则的复合型脉动，经同步化过程后进入倍周期分岔过程，即形成 n 维环面，最终进入了混沌状态。

由各种流动状态的频率谱和分岔图可以看出摇摆条件下自然循环系统混沌特征的演化特点：无量纲功率较小时是极限环运动；增加无量纲功率，形成波谷型脉动时，系统出现新的频率，运动变得复杂；在波谷型脉动和密度波型脉动耦合后出现同步化现象；最终经倍周期分岔在不规则的复合型脉动时出现混沌振荡；无量纲功率继续增加，系统出现倍周期分岔的“逆过程”，即系统出现的频率个数开始减少，到混沌脉动后的规则复合型脉动时不再有连续的频率谱，而是出现有限个数的频率，系统回到周期性脉动；在高含汽率小振幅脉动时，形成频率峰值最大时为 0 的稳定流动。

5.2.2 非线性演化特征

摇摆条件下的自然循环系统在不同的控制参数下会表现出不同的现象与机理，其中系统压力、实验段加热功率、实验段入口流体过冷度以及实验装置的几何参数等因素都可以作为控制参数，为便于对摇摆条件下自然循环系统的非线性演化特征进行比较分析，本书引入无量纲功率 Q'，Q'的表达式为

$$Q' = \frac{Q}{c_p(T_{\text{sat}} - T_{\text{in}})W} \tag{5.5}$$

式中：Q 为加热功率（W）；c_p 为比定压热容（J/(kg·K)）；T_{sat}为饱和温度（K）；T_{in}为入口温度（K）；W 为质量流量（kg/s）。

经分析计算发现，随着无量纲的增加，摇摆条件下的自然循环系统先后出现图 5.54 所示五种或其中部分典型的流动状态[23-25]，图中 T_{in}为实验段入口温度，Q 为加热功率，θ_{m} 为摇摆振幅，t_{o} 为摇摆周期。当无量纲功率较小时，自然循环系统没有产生气泡，流动介质在摇摆引起的附加加速度作用下，产生全液相的周期性波动，波动呈正（余）弦波型，波动的周期与摇摆周期一致，如图 5.43(a)所示，这样的波动称为单相流动波动；随着无量纲功率的提高，只有在流量波动曲线的波谷点，即流量处于最小点附近时产生大量气泡，形成周期与摇摆周期一致的压降振荡，称为波谷型脉动，如图 5.43(b)所示；当无量纲功率继续增大，气泡可以在流量波谷点以外发生，并且摇摆诱发密度波型脉动的出现，摇摆运动造成的波谷型脉动和密度波型脉动相互叠加形成复合型脉动，复合型脉动可分为规则复合型脉动和不规则复合型脉动，它们出现的顺序：首先出现周期性较为明显的规则复合型脉动，如图 5.43(c)所示，然后出现不规则复合型脉动，最后又重新出现规则复合型脉动，分别如图 5.43(d)与图 5.43(e)所示，不规则复合型脉动是波谷型脉动和规则复合型脉动之间的过渡区域；在实验段入口过

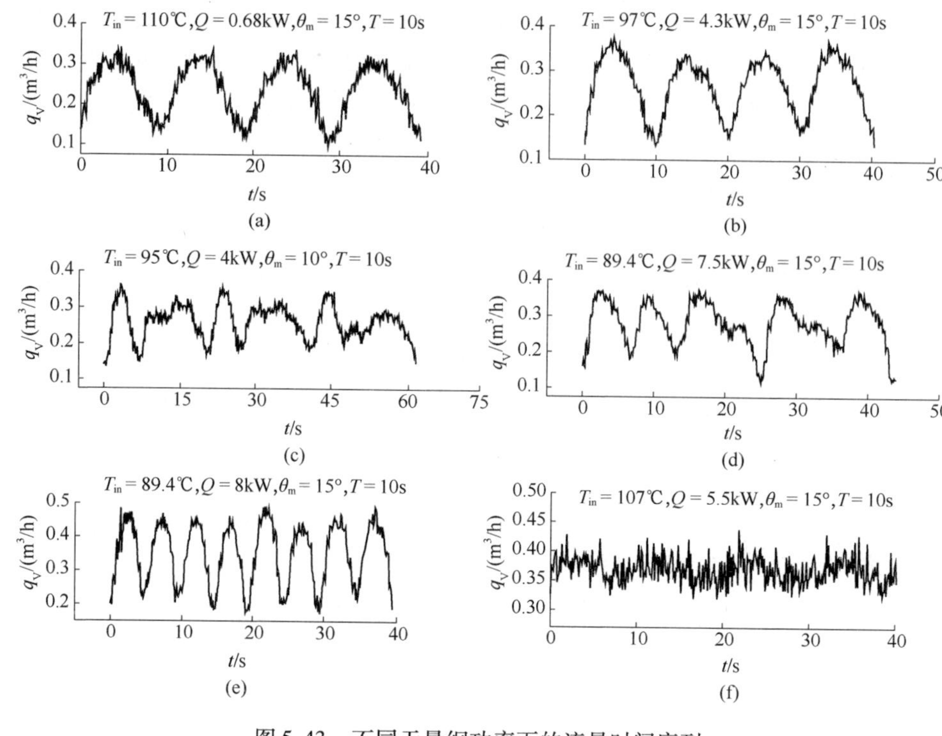

图 5.43 不同无量纲功率下的流量时间序列

(a) Q' = 0.0828；(b) Q' = 0.404；(c) Q' = 0.405；
(d) Q' = 0.4585；(e) Q' = 0.5813；(f) Q' = 0.8329。

冷度较低且无量纲功率较大的工况下，波动幅度大幅减小，甚至不发生波动，形成图 5.43(f)所示的高含汽率小振幅脉动。下面以图 5.43 所示的流量脉动为例，分别利用幅度谱分析、吸引子结构特征分析、庞加莱截面图与分岔图分析、几何不变量计算结果分析等方法，探讨随无量纲功率增加，摇摆条件下自然循环系统的非线性演化特征与机理。

5.2.2.1 幅度谱

利用幅度谱或功率谱分析可以直接有效地分析时间序列的频谱特性，不同流动状态时的幅度谱分析结果如图 5.44 所示。当无量纲功率较小时为单相波动，流量脉动频率为摇摆频率，如图 5.44(a)所示；增加无量纲功率，出现波谷型脉动，流量脉动除了摇摆频率，还出现了新的频率，如图 5.44(b)所示，新的频率大概是摇摆频率的 2 倍，这是由于在流量波动的波谷处出现大量气泡使得向心加速度的影响开始显现；无量纲功率继续增大，出现波谷型脉动与密度波型脉动叠加的复合型脉动，系统出现了公共频率，同步化现象发生，如图 5.44(c)所示；然后随着无量纲功率的增加，流量脉动不断出现新的频率，自然循环系统此时经历倍周期分岔，当无量纲功率达到特定值时，流量脉动的幅度谱不是周期性脉动的一个或几个独立的峰值，也不是随机噪声的连续的平谱，而是由许多峰值连成的连续谱,流量脉动的混沌特性比较明显,如图5.44(d)所示;继续增加无量纲功率,流量脉动的周期性增强,系统重新出现规则的复合型脉动,幅度谱图中的频率尖峰个数减少,连续幅度谱消失,脉动的周期性增强,如图5.44(e)所示;当无量纲功率足够大时,出现高含汽率的小振幅脉动,流量比较平稳,虽然幅度谱中存在一个与摇摆频率相近的频率,但其幅度值很小,如图5.44(f)所示,说明摇摆运动对自然循环系统流量脉动的影响已经变得非常小,可以忽略,因此系统此时处于稳定流动状态。

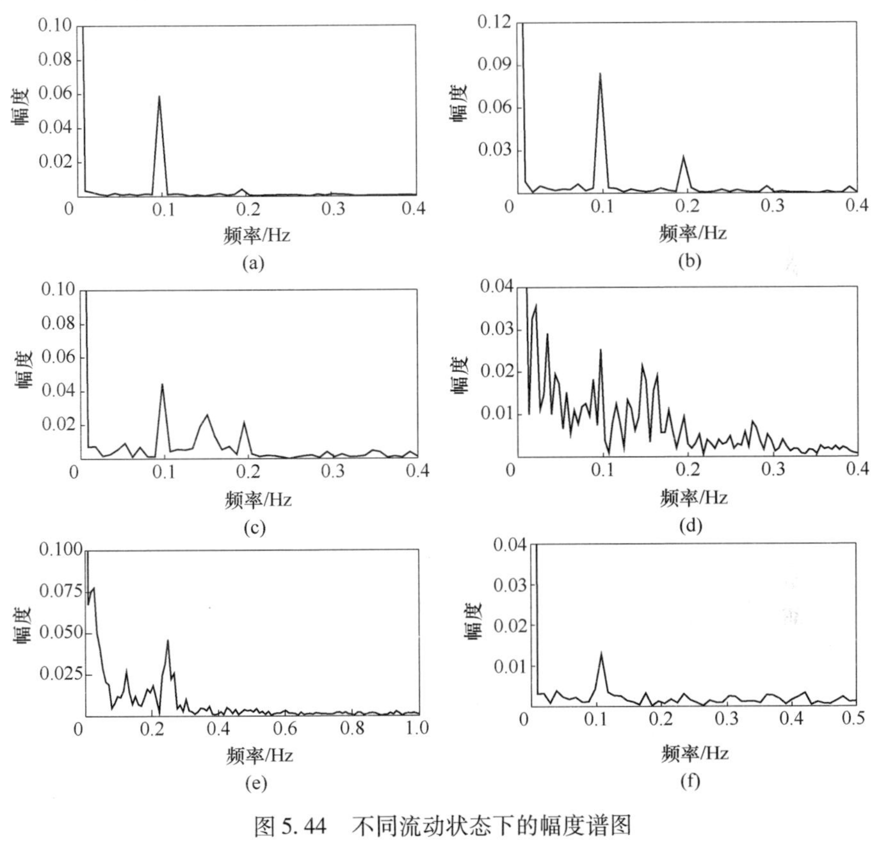

图5.44 不同流动状态下的幅度谱图

(a)$Q'=0.0828$;(b)$Q'=0.404$;(c)$Q'=0.405$;(d)$Q'=0.4585$;(e)$Q'=0.5813$;(f)$Q'=0.8329$。

从幅度谱图可以看出,不规则复合型脉动之前的周期性脉动摇摆频率的幅值较大,而不规则复合型脉动之后的周期性脉动摇摆频率的幅值较小,这反映了摇摆影响的减弱。

5.2.2.2 吸引子结构

幅度谱可以直接而又明了地显示出流量脉动的频谱特性,很容易发现系统可能出现的新的频率以及各个频率的幅值相对大小,这可以为判断分岔的出现以及不同频率影响强弱提供参考,但幅度谱分析只能反映频谱方面的性质,通过三维相空间中重建吸引子的结构可以刻画流量脉动运动轨道的空间结构,能够直观地从几何角度反映流量脉动的复杂程度。

不同流动状态下的吸引子结构如图 5.45 所示,图中 V 为体积流量,τ 为时间延迟量。当无量纲功率较小时出现单相脉动,相空间中的吸引子是二维平面上的一个圆环,如图 5.45(a)所示,说明系统是极限环运动;增加无量纲功率,吸引子虽然也是圆环结构,如图 5.45(b)所示,但与单相脉动的吸引子结构存在区

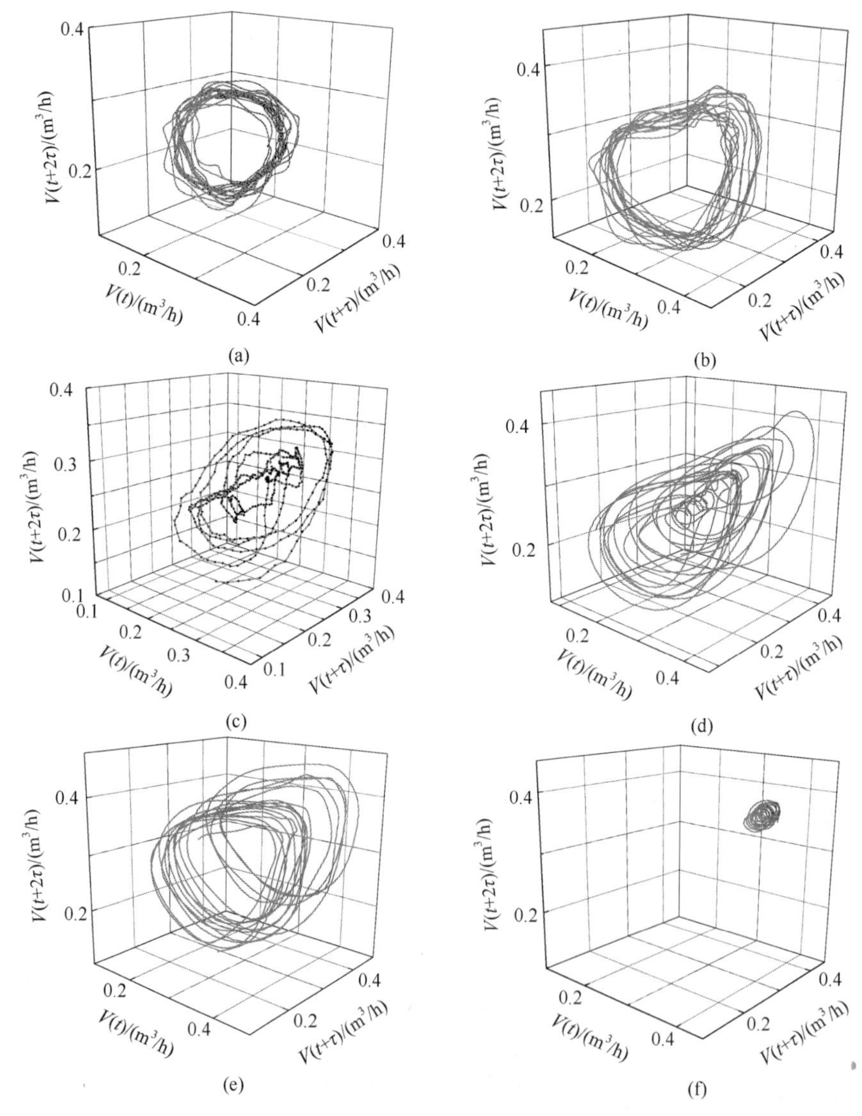

图 5.45　三维吸引子结构

(a)$Q'=0.0828$;(b)$Q'=0.404$;(c)$Q'=0.405$;(d)$Q'=0.4585$;(e)$Q'=0.5813$;(f)$Q'=0.8329$。

别，详细对比图如图 5.46 所示的吸引子结构对比图，从图中不同角度观察吸引子结构发现，单相脉动的吸引子为二维结构，而波谷型脉动的吸引子运动轨迹具有三维结构，说明此时系统流量脉动的轨迹开始变得复杂；混沌脉动之前复合型脉动的吸引子是有限个环的嵌套结构，如图 5.45(c)所示，说明出现了多周期运动；当无量纲功率达到特定值时，吸引子在相空间中不再是环形分布或少数几个环的嵌套，而是分布在相空间有限区域中的多重嵌套结构，如图 5.45(d)所示，此时的吸引子具有混沌吸引子的特点；继续增加无量纲功率，吸引子回到了圆环结构，如图 5.45(e)所示，表明系统运动轨道的混沌特性减弱，系统流量脉动重新变得有规律；当无量纲功率足够大时，吸引子轨道在相空间中的运动范围与其他类型的脉动相比十分有限，可以近似为一个点，如图 5.45(f)所示，因此可以认为此时的系统流量基本上是稳定流动。

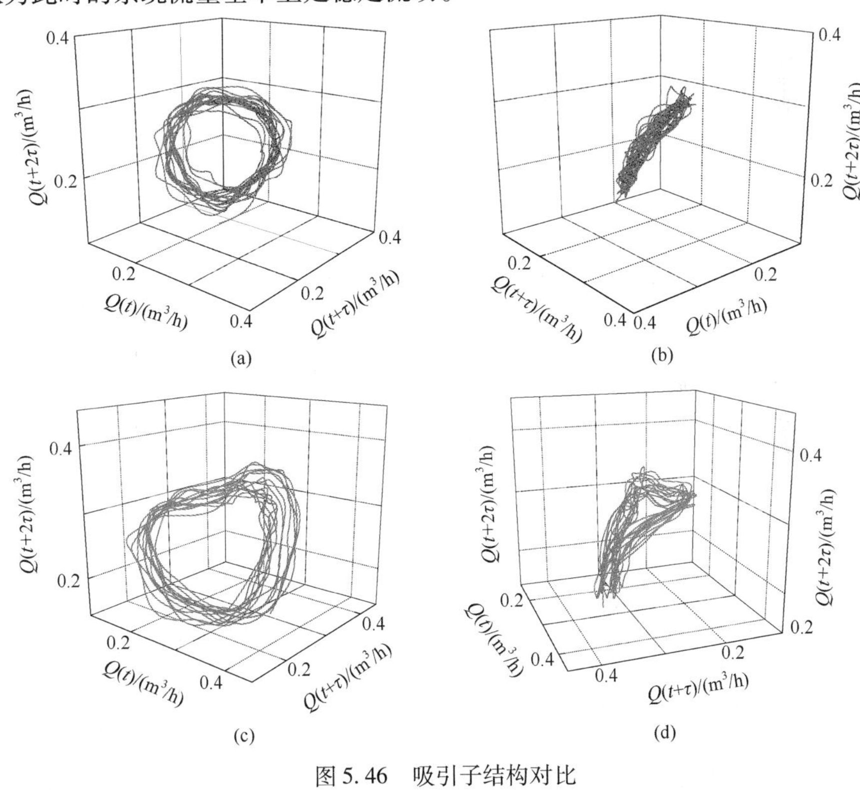

图 5.46 吸引子结构对比

(a) $Q'=0.0828$；(b) $Q'=0.404$。

用在相空间中重构吸引子的方法分析摇摆条件下自然循环系统流动不稳定性的非线性演化特点，可以直观地观察到随着控制参数变化，吸引子空间结构的整体变化和每一种流动状态的吸引子细节结构。从以上分析可以看出，随着无量纲功率的增加，系统流量脉动对应的吸引子结构的复杂度出现先增强后减弱的趋势，这说明系统的运动轨迹的复杂度经历了先逐渐复杂后逐渐简单的过程。

5.2.2.3 庞加莱截面

幅度谱图与分岔图都反映系统的频谱特性，由新出现的频率看出，随着无量纲功率的增加，自然循环系统依次经历周期性运动、多周期运动、混沌脉动、多周期运动、稳定流动的过程。两者不同的是，分岔图（庞加莱截面）能够反映流量的大小，而幅度谱图能够反映不同频率的相对强弱。

图 5.47 所示的分岔图是随着无量纲功率增加流量脉动的庞加莱截面图形成的分岔谱图。横坐标为无量纲功率，纵坐标为庞加莱截面上的交点，交点的个数与形状可以反映系统的流动状态。当无量纲功率较小时，如 $Q'=0.23$，庞加莱截面为一个点，说明此时系统为稳定流动或单周期脉动；增加无量纲功率，庞加莱截面上出现新的有限少数几个点，说明系统出现新的频率，系统形成多周期或拟周期运动；无量纲功率继续增大，庞加莱截面上出现一系列的不均匀分布的点，同时也没有形成一条线，这是混沌吸引子的庞加莱截面具有的特点；无量纲功率继续增加，庞加莱截面上的点的个数减少，说明系统又回到周期性脉动。

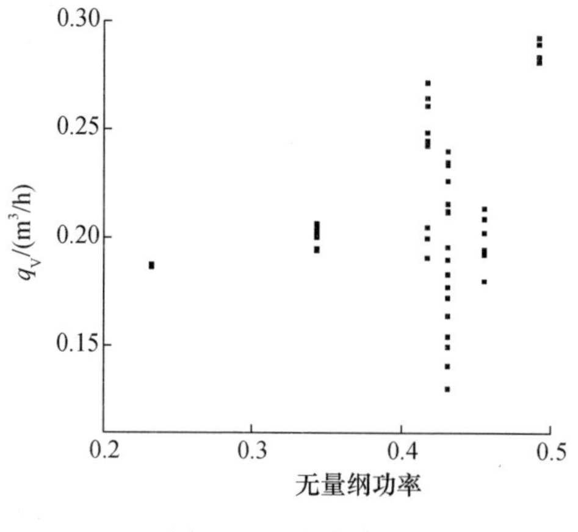

图 5.47 分岔谱图

5.2.2.4 几何不变量计算结果

前文通过幅度谱图、吸引子结构图和庞加莱截面图可以直观地观察随无量纲功率增加系统流量脉动的非线性演化特点，但以上分析都偏向定性分析，下面介绍定量分析结果，即根据系统几何计算结果分析系统的非线性演化特征[31]。

1. 关联维数计算结果分析

关联维数用来度量描述所研究系统需要的独立变量的个数和系统复杂性。当系统处于混沌脉动时，关联维数是非整数值，大于所计算关联维数的下一个整数就是生成相应混沌系统所需要的独立变量个数，关联维数计算值越大，描述系统需要的独立变量个数就越多，系统也就越复杂。由图 5.48 可以看出，随着无量纲功率增加，摇摆条件下自然循环系统流量脉动的关联维数计算结果先增大后减小，说明描述自然循环系统所需要的独立变量的个数先增加后减少，无量纲功率较小时,出现全液相波动,关联维数计算值接近于1,只需要1~2个独立变量就可以满足刻画系统需要,当无量纲功率介于0.4~0.5时为不规则复合型脉动,关联维数值最大,其值为4~5,描述对应自然循环系统所需要独立变量个数为5~7个,说明此时系统的混沌程度最强。无量纲功率继续增加,关联维数减小,描述系统需要的独立变量个数减少,系统复杂度减弱。

2. K_2 熵计算结果分析

在混沌理论中,用 K_2 熵来度量系统运动的混乱或无序的程度,K_2 熵的值越大,说明系统的无序度就越高,非线性特征和复杂程度也就越强。摇摆运动下的自然循环系统存在流体流动阻力和热损耗等过程,所以自然循环系统是一个耗散系统,系统内流体流动阻力和热损耗等不可逆因素使得 K_2 熵增加,而外加热源则使系统的 K_2 熵减小。摇摆条件下自然循环系统的 K_2 熵值随无量纲功率的增加的变化规律如图5.49所示。当无量纲功率较小时,系统 K_2 熵值较小,说明系统运动的无序度比较弱。随着加热功率的增加,不可逆过程引起系统 K_2 熵增加,与此同时,加热功率的增加,使得系统 K_2 熵减小,但此时系统的熵增的作用大于热源提供的负熵作用,因此,系统总的 K_2 熵不断增加,系统无序度不断加强,在无量纲功率介于0.4~0.5之间时 K_2 熵达到最大值,此时系统的无序性最强,即非线性特征最强。如果无量纲功率在此基础上继续增大,系统吸收的负熵与耗散作用的熵增也继续增加,但负熵开始克服其内部的熵增,系统总的 K_2 熵开始减小,流量脉动的有序性增加。当系统吸收的负熵足够大时,自然循环系统最终形成了较为稳定的流动状态。

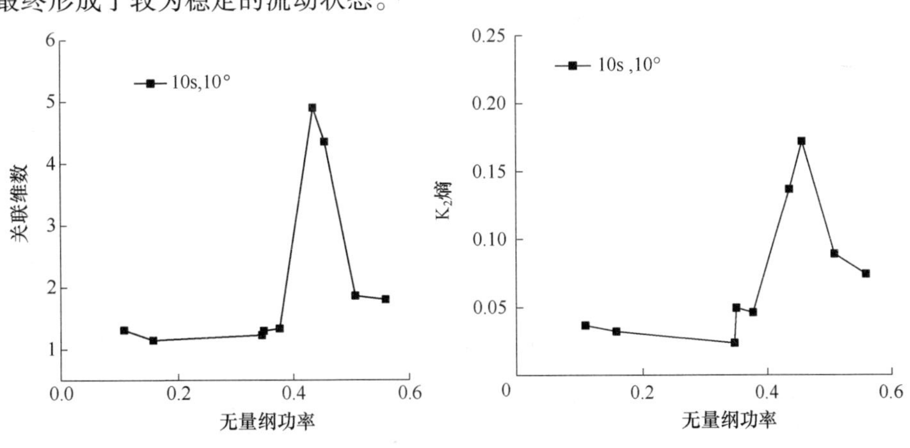

图5.48 关联维数计算结果　　图5.49 K_2 熵计算结果

3. 最大 Lyapunov 指数计算结果分析

在确定性系统的相空间中,在某一个维度上,两个最初相邻的轨道随时间推移会按对应的 Lyapunov 指数率分离。当系统的最大 Lyapunov 指数为正值时,对应的系统是混沌脉动,因此最大 Lyapunov 指数值是判断一个系统是否具有混沌特性的重要依据。从图 5.50 的计算结果发现,随着无量纲功率的增加,最大 Lyapunov 指数值先增大后减小,轨道的发散程度先增强后减弱,在无量纲功率达到 0.4 ~0.6 时最大 Lyapunov 指数值最大。说明在这两种流动状态下相邻两轨道发散速率最大,即对初始信息的损失速率最大。另外,最大 Lyapunov 指数的倒数表征系统最长可预测时间,由计算结果可知,当无量纲功率达到 0.4 ~ 0.6 时,系统的可预测时间最短,这是由混沌运动对初值的极度敏感造成的,也是混沌系统内在随机性的体现。

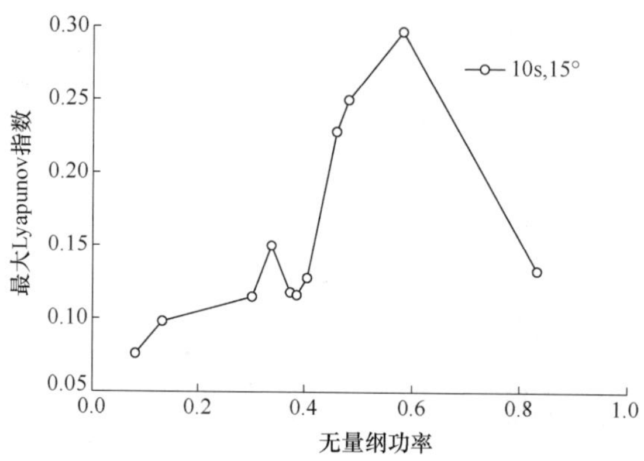

图 5.50 最大 Lyapunov 指数计算结果

几何不变量计算结果从不同角度定量地反映了系统的混沌特征,可以较为精确地说明系统的非线性特征,另外,几何不变量的计算结果为系统混沌的分析和应用打下基础,如可以利用最大 Lyapunov 指数计算结果预测混沌脉动。

5.2.2.5 多重分形分析结果

根据多重分形计算方法,本书绘制了单相脉动、波谷型脉动、发展后的波谷型脉动、规则复合型Ⅰ、不规则复合型、规则复合型Ⅱ和高含汽率小振幅脉动的多重分形谱[32],见图 5.51,同时着重计算了不同脉动下的 $\Delta\alpha$ 和 Δf(表 5.7)。

表 5.7 不同脉动区段的 $\Delta\alpha$ 和 Δf

脉动区段	单相脉动	波谷型	发展波谷型	规则复合型Ⅰ
$\Delta\alpha$	0.134	0.265	0.190	0.193
Δf	-0.111	0.564	-0.141	0.390
脉动区段	不规则复合型	规则复合型Ⅱ	高含汽率小振幅脉动	—
$\Delta\alpha$	0.147	0.225	0.021	—
Δf	0.370	0.367	0.085	—

从表 5.7 多重分形谱宽 $\Delta\alpha$ 看出,除了高含汽率小振幅脉动,其余脉动行为均具有一定的多重分形特征。多重分形特征从高到低为波谷型 > 规则复合型Ⅱ > 发展波谷型≈规则复合型Ⅰ > 不规则复合型 > 单相脉动。$\Delta\alpha$ 有随着脉动幅度

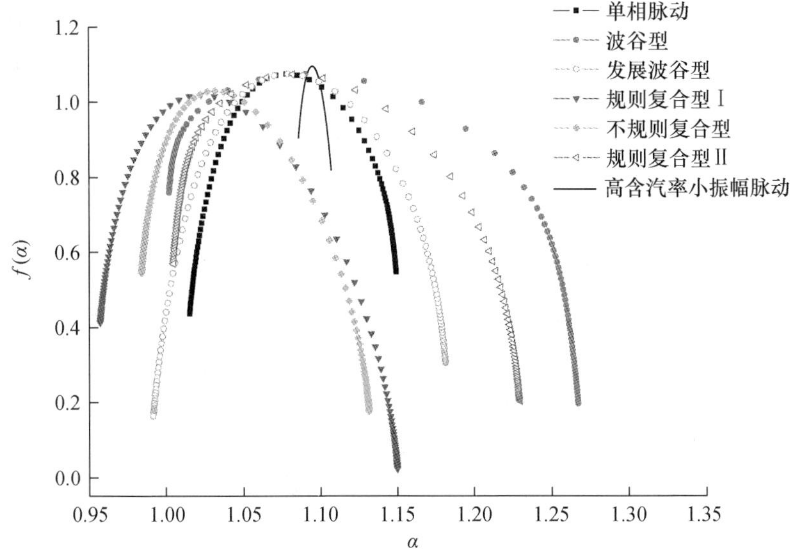

图 5.51 多重分形谱 I

增大而增大的趋势,即幅度越大,流量曲线内部分形层次也越多。这是因为对于一定长度的流量序列,大部分流量点出现在均值附近,对应这一局部的分形概率较大;波峰和波谷出现次数最少,概率也最小,同时振幅越大分形概率的分布差异也越大。考虑到蒸汽产生促进了流量脉动,脉动幅度越大,气液相互作用越剧烈,流量曲线包含的信息量越多,内在分形结构也可能越多。虽然多重分形特征强弱与混沌强弱的具体关联还不明朗,但在大趋势上,两者呈现正相关。

从 Δf 角度分析,波谷型脉动 Δf 最大,说明出现在波谷或波峰的小概率的分形子集数远大于流量均值附近的大概率分形子集数目。波谷型脉动的波谷比波峰更加尖锐,可认为最小概率出现在波谷,即波谷的小概率子集数目在多重分形谱中相对其他脉动类型所占比例最大,即处于波谷的流量点对于脉动行为的影响也最大。这可以解释为波谷型脉动中波谷处出现大量气泡,气泡的产生增加了局部阻力,进一步降低流量,气泡进入上升段后驱动压头的升高以及摇摆的共同作用,又使流量恢复上升,处于波谷点的小概率分形集合对波谷型脉动行为影响很大。

发展波谷型脉动 Δf 的绝对值迅速减小,且由正转负。这是因为发展波谷型脉动曲线在下降段出现分岔,蒸汽的产生增大了驱动压头,使流量小幅反弹。而分岔又恰好处于流量均值附近,属于分形中的大概率子集。大概率分形子集增加的同时,小概率分形子集数目减少,伴随 Δf 由正转负,说明了蒸汽在分岔点的产生对全域脉动行为影响逐渐增大。

当输入功率进一步增加,分岔点净蒸汽产量越来越多,局部阻力越来越大,分岔点流量进一步下降,原有脉动周期被打破,形成了摇摆驱动和热工水力密度波脉动共同作用的复合型脉动。这一阶段,蒸汽与单相液体交替通过实验段,形成极强的间歇流。蒸汽可以在流量较低的范围内产生,小概率子集数目又开始增加但又不至于超过波谷型脉动,Δf 表现由负转正。

功率继续增加,高含汽率小振幅脉动由于气液相互作用减弱,气液流动趋于稳定,分形子集中的大概率和小概率子集数目趋于均匀,同等程度地影响脉动行为,表现为 $\Delta f \approx 0$。

图 5.52 是图 5.51 的局部放大图。每条曲线极大值对应脉动的容量维数 D_0,即 $D_0 = f_{\max}$。

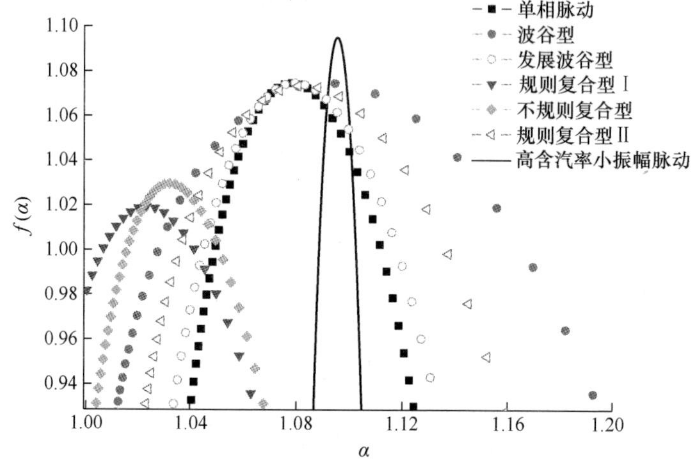

图 5.52　多重分形谱Ⅱ

不规则复合型脉动和规则复合型脉动的容量维最小,高含汽率脉动的容量维最大,其余脉动形式容量维数介于两者之间,D_0 越小,脉动的混沌特性越强,这与重标度极差分析法得到的结果基本一致。

5.2.3　非线性演化机理

5.2.3.1　力的耦合

摇摆条件下的自然循环系统是非线性系统,并且系统存在不可逆过程,因此是非线性耗散系统。非线性耗散系统出现各种非线性现象的实质是系统内部驱动力与耗散力的相互作用、相互反馈。影响摇摆条件下自然循环系统流动不稳定性的驱动力与耗散力有热驱动力、流动阻力和因摇摆产生的驱迫外力。当加热功率、系统压力、入口过冷度和摇摆参数等控制参数发生改变时,自然循环系统的各影响因素作用的大小以及它们之间的相互作用也会不同,从而产生具有不同混沌特征的流动状态。下面以无量纲功率为控制参数讨论非线性特征的演化机理。

当无量纲功率较小时,由密度差和高度差形成的热驱动力较小,但摇摆引起的附加外力较大，相对于自然循环系统的驱动力－流动阻力，周期性的附加外力起主要作用，此时系统的主要决定因素单一，形成波动周期与摇摆周期相同的单相脉动，单相脉动的非线性特征并不明显。无量纲功率继续加大，在流量波动的波谷处产生气泡，当实验段出现两相时，系统的热驱动力和流动阻力明显增加，驱迫外力的作用开始减弱，热驱动力和流动阻力的作用增强，系统内各影响因素之间的相互影响开始显现，非线性特征有所增强。随着摇摆作用影响的减弱，当无量纲功率增加到特定值时，自然循环系统的驱动力－流动阻力和摇摆引起的驱迫外力两者对系统的作用相差不大，且它们之间相互作用、相互耦合变得最为强烈，这些复杂的耦合导致了不规则复合型脉动的出现，即系统出现了混沌脉动。继续增加无量纲功率，系统自身的热驱动力－流动阻力耦合形成稳定的自持脉动，摇摆运动的影响进一步减弱到不再起主要作用时，系统的主要因素变成热驱动力－流动阻力耦合作用，系统主要影响因素减少，没有复杂的耦合与反馈时，系统回归到周期性脉动，流量脉动的混沌特征开始减弱。在实验段入口过冷度较低且无量纲功率值较大时，自然循环系统会形成环状流，系统自身热驱动力－流动阻力形成稳定的耦合，摇摆的作用可以忽略不计，系统是稳定状态。

5.2.3.2 振子的耦合

在周期驱迫外力作用下的非线性系统中，同步化、分岔和混沌等现象的出现及特点是普适的，与具体模型关系不大。随着控制参数的变化，非线性系统会经历同步化、倍周期分岔、混沌，再到同步化的过程。前文中已经提到，摇摆作用下的自然循环系统是周期性驱迫外力作用下的非线性系统，也会出现上述提到的非线性现象。

通过分析自然循环流量脉动实验数据发现，随着无量纲功率增加，摇摆条件下的自然循环流动不稳定性演化规律如图 5.53 所示，系统的流量脉动依次经历周期性波动、同步化现象、倍周期分岔、混沌脉动，然后回到同步化现象、最终达到稳定流动。无量纲功率越小，摇摆运动引起的附加外力的影响越大，即线性振子对自然循环流动不稳定性的影响越大，越靠近图 5.53 中的左端；反之，无量纲功率越大，以密度波型脉动为主的热工水力脉动的影响越大，即非线性振子对流动不稳定性的影响越大，越靠近图 5.53 中的右端。下面具体分析随着加热功率的增大，摇摆条件下的自然循环系统出现的典型流动状态（典型非线性现象）及其出现的原因。

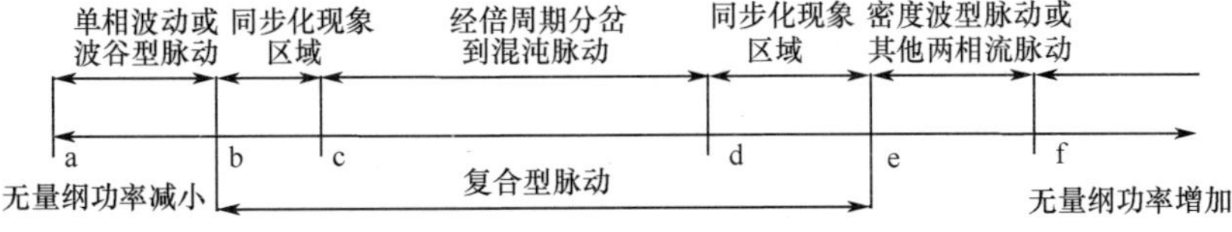

图 5.53 摇摆条件下自然循环系统流动不稳定性图

在图5.53中的a-b段,自然循环系统的流量脉动是由摇摆运动引起的,流量脉动频率只有摇摆频率,说明摇摆作用起主要作用,系统在此时并没有出现密度波型脉动,不存在线性振子与非线性振子的耦合作用,因此,系统发生脉动周期为摇摆周期的单相脉动或波谷型脉动。

当无量纲功率增加到b点时,摇摆运动诱发自然循环系统发生密度波型脉动,摇摆引起的波谷型脉动与自然循环系统本身的密度波型脉动发生叠加作用后形成复合型脉动。在b-c段,由于密度波型脉动刚刚出现,对系统流量脉动的影响较弱,摇摆引起的波谷型脉动(线性振子)起主要作用,因此,系统在线性振子的支配性作用下,非线性振子被锁频到线性振子的基频或分频上后发生同步化现象,系统中形成一个具有公共周期的复合型脉动,即不规则复合型脉动前的规则复合型脉动,复合型脉动的共同周期为摇摆周期和密度波型脉动周期的公倍数。

到达c-d段时,密度波型脉动的影响明显增强,即非线性振子的作用得到增强,增强到足以不会被线性振子锁频,另外,也没有增强到可以单独起主要作用的程度,系统出现线性振子与非线性振子的作用不相上下,两种振子之间无法形成同步化现象,这时自然循环系统出现不规则复合型脉动,整个系统的流量脉动变得复杂化,这就是混沌脉动。

在图5.53中的d-e段,由于无量纲功率较大,自然循环系统的密度波型脉动得到明显增强,热驱动力-流动阻力的耦合起主要作用,摇摆引起的驱迫外力对系统流量脉动的影响较小,已经不再起主导作用,系统内的线性振子锁频到非线性振子上,发生非线性振子占优势的同步化现象,并再次出现具有公共周期的复合型脉动,这就是不规则复合型脉动之后的规则复合型脉动,其公共周期一般为摇摆周期和密度波型脉动周期的最小公倍数。

在线性振子占优的同步化现象出现之后、混沌脉动发生之前的流量脉动中,除了摇摆频率和密度波型脉动的频率,还出现新的频率,这些新的频率是由倍周期分岔过程产生的。同样,混沌脉动出现之后、非线性振子占优的同步化现象出现之前,流量脉动的频率个数减少,这是由倍周期分岔的"逆过程"产生的。

在e-f段,虽然自然循环系统中仍然存在摇摆引起的附加外力,但由于热浮升力-流动阻力的耦合作用已经非常强,附加外力引起的波动可以忽略不计,即线性振子的作用可以忽略,不存在线性振子与非线性振子的耦合作用,系统为密度波型脉动或其他形式的两相流脉动。

5.2.4 摇摆参数对混沌的影响

摇摆参数包括摇摆周期和摇摆振幅,摇摆参数不同,引入的附加加速度也会不同，摇摆条件下自然循环系统的稳定性特性也会发生相应的变化。前文通过混沌时序分析方法论证了摇摆条件下自然循环系统的不规则复合型脉动存在明显的混沌特征。在证明不规则复合型脉动是混沌脉动的基础上，通过几何不变量计算结果的比较，分析了摇摆参数对自然循环系统混沌脉动边界的影响[33]。

5.2.4.1 摇摆振幅的影响

图5.54为摇摆周期为10s，摇摆振幅分别为10°、15°、20°时，随无量纲功率增加关联维数、K_2熵与最大Lyapunov指数计算结果的变化趋势。经前文分析证明可知，几何不变量的值最大时，即处于图中曲线的峰值时，对应的流动脉动为不规则复合型脉动，它是典型的混沌脉动。由图5.54(a)关联维数计算结果可以看出，摇摆振幅的幅度越大，关联维数出现最大值（混沌脉动出现）时对应的无量纲功率值越大；由图5.54(b)、(c)也可以看出同样的规律，摇摆运动的振幅分别为10°、15°、20°时，K_2熵与最大Lyapunov指数计算结果最大值出现时的无量纲功率也依次增大，与关联维数计算结果的变化趋势基本一致。不同摇摆振幅下的几何不变量计算结果说明，摇摆振幅越大，不规则复合型脉动（混沌脉动）出现时无量纲功率值越大。

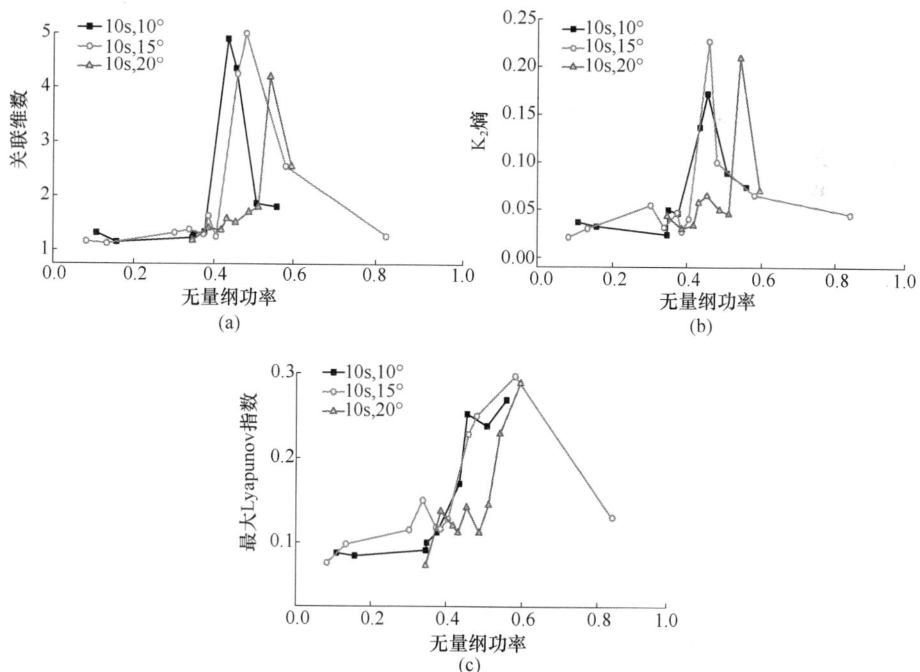

图5.54 不同摇摆振幅时的几何不变量计算结果

(a)关联维数；(b)K_2熵；(c)最大Lyapunov指数。

5.2.4.2 摇摆周期的影响

当摇摆振幅为15°保持不变，摇摆周期分别为10s、7.5s、5s时，关联维数、K_2熵与最大Lyapunov指数计算结果如图5.55所示。

从图5.55可以看到，不同摇摆周期下的几何不变量计算结果中出现峰值的位置不同。摇摆周期越小，关联维数出现最大值时对应的无量纲功率值越大，即不规则复合型脉动（混沌）出现时对应的无量纲功率越大，如图5.55(a)所示；从图5.55(b)和图5.55(c)中K_2熵值与最大Lyapunov指数值计算结果中也可以得出与关联维数规律相近的结论：摇摆周期越小，K_2熵值与最大Lyapunov指数值出现最大值（对应混沌脉动）时的无量纲功率值越大。以上结果表明，摇摆振幅不变时，摇摆周期越小，系统发生混沌脉动时的无量纲功率值越大。

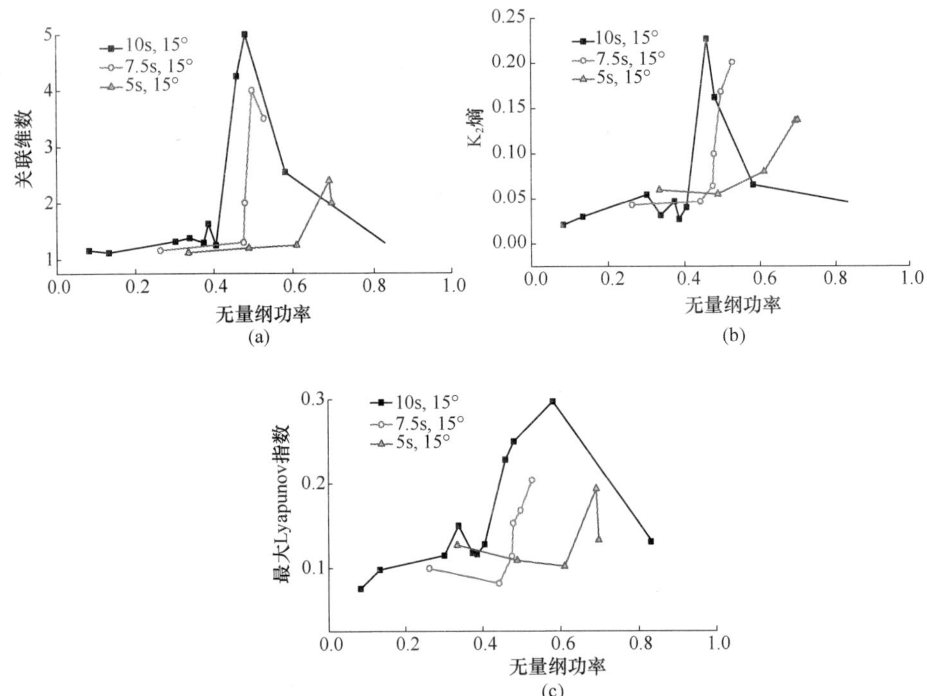

图5.55 不同摇摆周期时的几何不变量计算结果

(a)关联维数；(b)K_2熵；(c)最大Lyapunov指数。

通过对比图5.54与图5.55可以看到，与只有摇摆振幅变化相比，固定摇摆振幅的同时改变摇摆周期，不同摇摆周期间几何不变量出现最大值时的无量纲功率值差别更大，即混沌脉动边界变化更加明显，说明与摇摆振幅相比，摇摆周期对混沌脉动边界的影响更大。

由图5.55还可以看出，当摇摆周期为5s时，自然循环系统出现混沌脉动时的关联维数、K_2熵和最大Lyapunov指数的最大值比摇摆周期为10s、7.5s时的值明显相对偏小，说明此时流量脉动曲线的混沌特征减弱。

5.2.4.3 摇摆参数的影响分析

摇摆运动为自然循环系统施加了附加加速度，摇摆引起的附加加速度可分为切向加速度、向心加速度和科氏加速度。图5.56所示为摇摆运动时实验装置的受力分析简图，摇摆轴心为 o 点，a_i 为切向加速度，a_{if} 为切向加速度沿介质流动方向上的分加速度；a_j 为向心加速度，a_{jf} 为向心加速度沿介质流动方向上的分加速度。由于科氏加速度的方向与流动方向垂直，不会产生附加压降，所以在图中没有标出。在本实验系统中，由于摇摆轴心位于系统中部，实验回路具有一定的对称性，沿 Z 轴对称的管道内的向心加速度具有抵消效应，因此向心加速度对整个实验回路的影响较小，本书不予考虑。而切向加速度在流动管道中的影响具有叠加效应，因此，决定驱迫外力大小的主要影响因素是切向加速度。

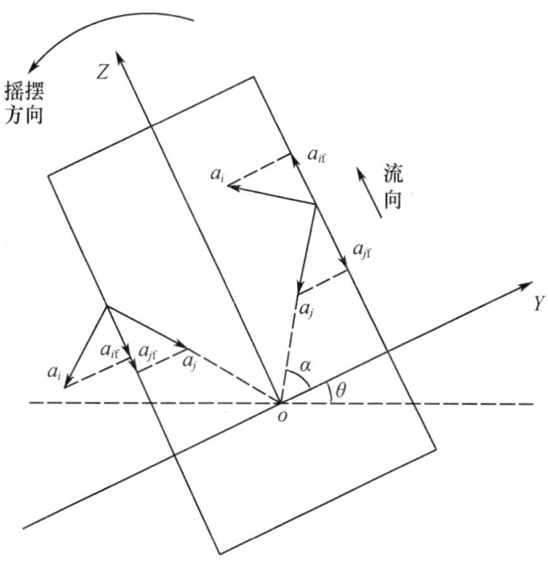

图5.56 摇摆工况下受力分析

本书所用数据的摇摆实验台架的摇摆规律见式(5.6)，经推导，图5.56中实验装置对应的切向加速度为式(5.7)，切向加速度沿流动方向上产生的驱迫外力为式(5.8)。

$$\theta = \theta_m \sin\left(\frac{2\pi}{T}t\right) \tag{5.6}$$

$$a_i = -\theta_m \left(\frac{2\pi}{T}\right)^2 \sin\left(\frac{2\pi}{T}t\right) r \tag{5.7}$$

$$F_i = \theta_m \left(\frac{2\pi}{T}\right)^2 \sin\left(\frac{2\pi}{T}t\right) \sum l_i l_j \rho_i A_i \tag{5.8}$$

式中：θ 为 t 时刻时的摇摆角度；θ_m 为摇摆振幅；T 为摇摆周期；r 为受力点到摇摆轴心的距离；l_j 为各段到摇摆轴心的距离；l_i 为各段长度；ρ_i 为各段对应的流体密度；A_i 为各段管道横截面积。

自然循环系统流动不稳定性的主要影响因素有热浮升力和管道流动阻力，而摇摆条件下自然循环系统流动不稳定性的影响因素除了以上两种因素，还有摇摆引起的附加外力[34]。由前文分析可知，摇摆条件下自然循环系统的流动状态取决于系统内部热浮升力、管道流动阻力及附加外力之间相互作用及反馈的程度，系统内各影响因素之间的反馈作用越强烈，流动状态的复杂程度就越明显。

从几何不变量计算结果可以看出，在自然循环系统中，摇摆参数不同，不规则复合型脉动（混沌）出现时的无量纲功率值不同，具体来说就是摇摆越剧烈，出现不规则复合型脉动（混沌）时的无量纲功率值越大。这是由于摇摆周期或摇摆振幅不同时，附加外力的大小也会不同，热浮升力、管道流动阻力与附加外力之间大小相当且能够形成复杂的耦合时的无量纲功率不同，最终导致不规则复合型脉动（混沌）边界的改变。由式（6.4）可知，附加外力的大小取决于附加加速度（切向加速度和向心加速度），其他参数保持不变时，摇摆周期越短或者摇摆振幅越大，附加加速度越大，附加外力就越大。当附加外力或热浮升力－流动阻力的耦合力其中之一单独起主要作用时，系统主要影响因素单一，自然循环系统内部各因素不能形成复杂的相互作用和反馈，流动脉动的复杂性较弱，混沌特征不明显；当无量纲功率达到一定值，使得热浮升力、管道流动阻力与摇摆引起的附加外力大小相近且它们之间形成复杂的相互耦合和反馈时，系统出现不规则复合型脉动（混沌）。因此，附加外力越大，附加外力单独起主要作用的无量纲功率的区间就越大，即热浮升力－流动阻力的耦合力与附加外力大小相当时对应的无量纲功率就越大，所以不规则复合型脉动（混沌）出现时对应的无量纲功率值越大。

由式（5.8）还可以看出，附加外力 F_i 与摇摆振幅 θ_m 呈一次方关系，即附加外力 F_i 的改变倍数与摇摆振幅 θ_m 的改变倍数相等。同时还可以看出，附加外力 F_i 与摇摆频率（$1/T$）呈二次方关系，即附加外力 F_i 的改变倍数是摇摆频率的改变倍数的平方。可见与摇摆振幅 θ_m 的改变相比，摇摆频率（$1/T$）改变时对驱迫外力的影响更大，因此，混沌脉动的边界变化对摇摆频率的变化更加敏感。

5.2.4.4 摇摆条件下自然循环系统的共振现象

由图 5.55 所示的不同摇摆周期下关联维数、K_2 熵和最大 Lyapunov 指数等几何不变量计算结果可以看出，当摇摆周期为 5s 时，系统出现不规则复合型脉动（混沌）时的几何不变量计算结果明显偏小，混沌特性减弱，这是由系统内摇摆运动引起的波谷型流量脉动的频率与自然循环系统本身密度波型脉动的频率相近,从而发生共振现象造成的。当外加周期性脉动的频率与系统本身固有频率相近时,系统会出现共振现象,共振现象的出现会增强已有的周期性脉动,从而抑制混沌效应[35]。

图 5.57 为摇摆周期不同时对应的不规则复合型脉动(混沌)的幅度谱图,左图为不同摇摆参数时的流量脉动曲线,右图为对应的频率谱图,右图中横坐标为流量脉动对应的频率,纵坐标为频率对应的幅度值,图中标 f_r 的频率为摇摆频率;因本实验回路密度波型脉动的周期为 4 ~6s,所以密度波型脉动的频率为 0.2Hz 左右,即为图 5.57 中圆圈标出的大体范围。由图 5.57(a)可以看到:当摇摆周期为 5s 时,摇摆运动引起的波谷型脉动与密度波型脉动的频率都为 0.2Hz 左右,即两者的频率基本相同,此时,因系统内两频率相近而发生共振现象,系统的共振作用使得流量脉动的周期性得到强化,系统内部各作用力之间的耦合程度降低,不规则复合型脉动的混沌程度降低;当摇摆周期为 7.5s、10s 时,摇摆引起的波谷型脉动频率与密度波型脉动的频率差别较大,系统内不会发生共振现象,如图 5.57(b)、(c)所示,所以不规则复合型脉动的混沌特征不会减

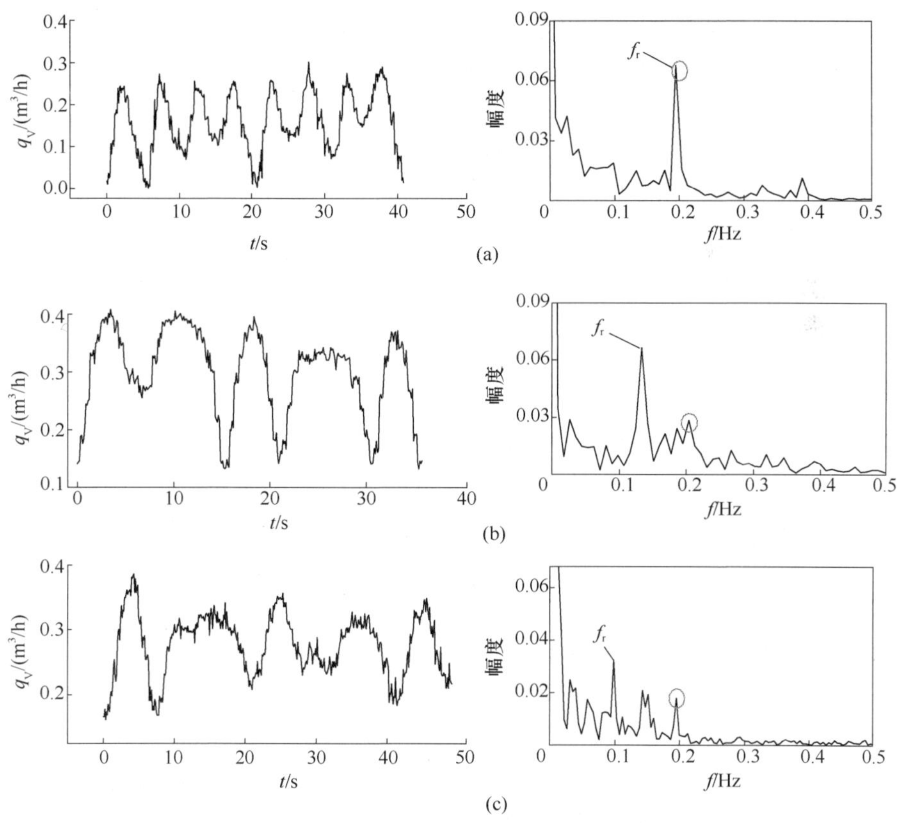

图 5.57 不同摇摆周期时混沌脉动的幅度谱

(a)5s,15°;(b)7.5s,15°;(c)10s,15°。

弱。以上因共振抑制混沌的现象为混沌的控制提供了一个有效的思路,即外加驱动控制混沌,它的基本思想[35]:施加一个周期性扰动项(一般是正弦信号)到非线性系统中,当外加周期项的频率与系统振动频率接近而共振时,对一定的扰动强度会产生抑制混沌的效应。

5.3 混沌流量脉动预测

由前文讨论可知,自然循环系统稳定性较差,容易出现复杂的流量脉动现象,即混沌脉动,系统的不稳定性限制了系统自然循环能力的提高,如果能实现对混沌流量脉动的预测,对提高核动力装置的安全性具有重要意义,本节用混沌时间序列预测方法对摇摆条件下自然循环系统的混沌流量脉动进行预测。

5.3.1 混沌流量脉动的预测方法

自然循环系统流量脉动的混沌预测方法分为两大类:一类是基于建立非线性数学物理模型的动力学方法;另一类是基于混沌时间序列分析的方法。目前,通常采用动力学方法预测两相流动不稳定性[36-40],预测过程大体如下:首先,根据核动力装置或实验装置建立物理模型,然后对物理模型进行一定的简化,找出系统流量的主要影响因素,再根据假设建立描述系统的控制方程和边界条件,求解这个非线性控制方程(组),最后根据计算结果对流量波动的类型和具体情况进行判断。用动力学的方法研究两相流动波动,对诸如密度波型脉动这样的周期性脉动,能够做出较好的判断,不但能够计算出脉动的边界,还能够计算出流量脉动的波动振幅和周期,这方面的研究成果较多。但是对于混沌流量脉动,如不规则复合型脉动,用动力学的方法进行预测时,不能得到良好的效果,在求解非线性方程过程中即使得到了混沌脉动现象[36,39],也只能确定流量脉动的混沌边界,不可能做到对流量脉动的实时精确预测。由以下三个方面决定了用动力学方法预测混沌脉动效果较差:首先,自然循环系统本身是一个复杂的非线性系统,在发生混沌脉动时,影响系统流量波动的因素较多,并且各影响因素之间存在着明显的反馈作用,在建立物理模型和数学模型的过程中,要对系统的各影响因素做出判断,忽略次要因素,这就使建立的模型具有较强的主观性,在实际建模过程中往往很难准确地确定系统的影响因素和它们之间的关系;其次,为了简化计算的复杂程度,非线性方程的求解算法也会对计算结果造成影响;最后,混沌脉动的一个重要特征就是对初值极端敏感,即开始预测初值与真实值即使存在一点细微的差别,在经过一定的时间后,计算结果也会变得没有意义。因此,用动力学的方法预测混沌脉动时存在效果不理想、适用性差等问题。

自然循环系统流量脉动预测的另一种方法是相空间重构的方法,即混沌时间序列分析方法。对于混沌脉动,用相空间重构的方法进行流量脉动预测的效果可能更好。这是因为测得的实验时间序列中包含了系统演化的大量信息，包括系统的影响因素和各因素之间的相互作用，并且在利用混沌时间序列分析的方法预测混沌脉动时，在预测之前不需要做任何假设，这样减少了建立模型后预测的主观性。因此，用相空间重构的方法预测混沌脉动在工程、经济等各个领域得到了广泛的应用。

对于复杂的两相流量脉动，既然采用动力学的方法预测时效果并不理想，如果用相空间重构的方法能够实现对核动力装置流量脉动较为精确的实时预测，预测结果可以为核动力装置的安全运行提供一定的帮助，如预测到系统流量出现异常时，可以进行及时干预，从而防止事故的发生。在发生事故工况下，可以根据预测结果为准确判断事故的发展提供依据。总之，实现对自然循环系统流量脉动较为精确的预测有助于核动力装置事故的预防和干预。这为复杂流动不稳定性的研究提供了一条新的思路。

5.3.2 单变量混沌脉动预测

在混沌时间序列分析中，混沌预测的方法有许多种，常见的方法有全域法预测、局域法预测、基于神经网络的预测方法，这些方法又存在许多改进算法。下面着重介绍基于最大 Lyapunov 指数的预测方法、加权一阶局域法和神经网络方法的预测结果。

5.3.2.1 基于最大 Lyapunov 指数的预测方法

由混沌动力学理论可知，Lyapunov 指数刻画了相空间中初始相邻轨道发散程度的几何特性，因此，最大 Lyapunov 指数是一个很好的预测参数。基于最大 Lyapunov 指数的预测算法参见文献[13, 41]。

以图 5.58 所示的不规则复合型脉动为例，应用基于最大 Lyapunov 指数的混沌预测结果如图 5.59 所示，图中的预测误差为 14.7% 。以上结果对于两相流动来说预测效果较好，这说明用混沌时间序列分析的方法预测自然循环系统两相流动不稳定性是可行的。

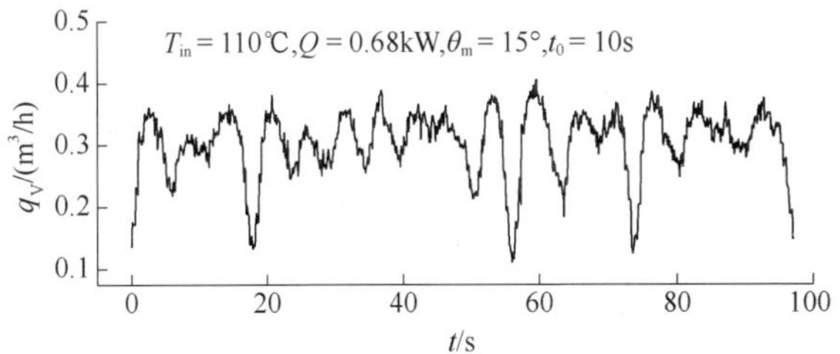

图 5.58　不规则复合型脉动

能够得出较为理想的预测结果的原因如下：首先，摇摆条件下的自然循环系统是一个确定性系统，系统中存在确定性规律，这为非线性预测提供了前提；其

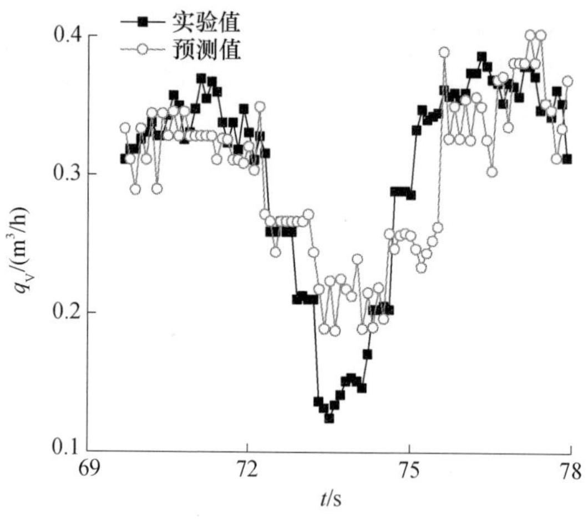

图 5.59　混沌预测结果

次，摇摆条件下自然循环系统的实验数据是对系统行为的客观记录，数据中包含了自然循环系统的结构特征和运行规律等动力学信息，通过适当的相空间重构和计算反映系统本质特征的几何不变量，可以从实验数据中准确还原系统的内在变化规律等动力学信息。因此，在相空间重构的基础上进行摇摆条件下自然循环系统的混沌预测得到的结果更加客观，预测方法的适用性也较强。

5.3.2.2　加权一阶局域法

已有数值计算经验表明：一般情况下，局域法的预测效果要好于全域法。加权一阶局域法的预测效果要优于零阶局域法、一阶局域法和加权零阶局域法。本书采用预测效果较好的加权一阶局域法对摇摆条件下自然循环系统流量脉动进行混沌预测，加权一阶局域法的具体预测算法请见文献[13]。以图 5.60 所示的不规则复合型脉动的为例，应用加权一阶局域法的混沌预测结果如图 5.61 所示，预测误差为 8.3%，同样得到了较好的预测效果。与基于最大 Lyapunov 指数的预测方法相比，加权一阶局域法不需要计算最大 Lyapunov 指数值，这就避免了最大 Lyapunov 指数本身的计算误差和预测过程中其值进一步引入的误差，因此预测效果更好。

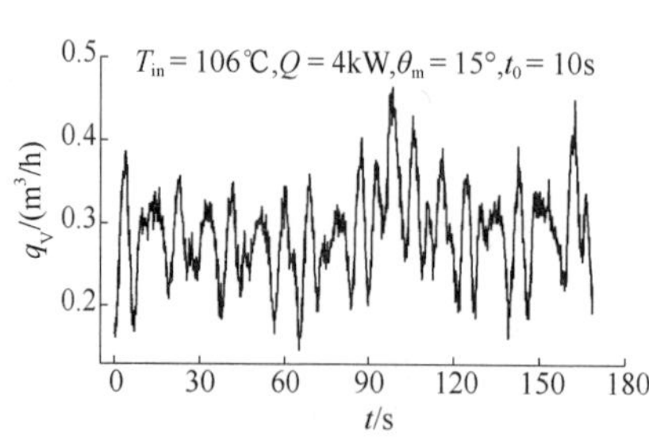

图 5.60　不规则复合型脉动

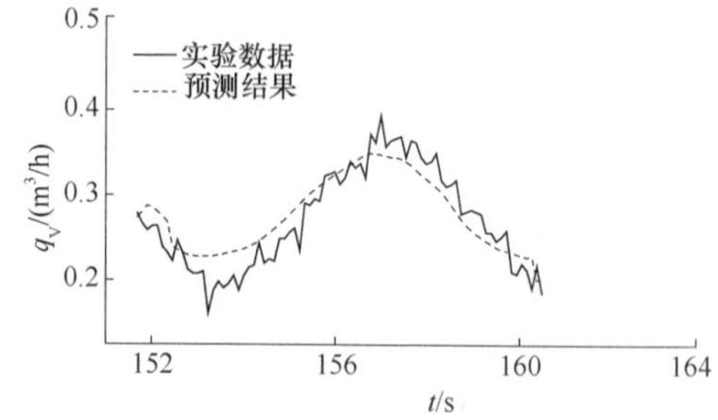

图 5.61　混沌预测结果

5.3.2.3 基于 NAR 神经网络的预测

人工神经网络是一种通过模拟生物神经系统并行处理信息的方式，简化生物神经系统中的神经元拓扑网络结构而得到数学模型。人工神经网络是人工智能的一种，广泛应用于模式识别、信号处理、时间序列分析等诸多领域[42]。

NAR 神经网络采用基于误差修正学习规则，在不规则复合型脉动序列的预测上，采用有监督的学习方式：提供流量 5000 个序列点中前 3000 个历史数据作为训练样本，后 2000 个点作为测试数据。当误差梯度向量小于 10^{-6}时，停止训练。在 NAR 神经网络作非线性预测时，隐藏神经元个数和延迟时间的选择对于非线性函数拟合至关重要。当隐藏层神经元数目过少时，非线性映射能力不足；神经元数目过多，计算效率低，且容易出现过拟合导致泛化(对类似刺激形成某种关联)能力降低。当延迟时间过短时，输出变量的长程关联性有限，导致预测长度不长；延迟时间过长时，计算量加大，容易引入不关联的历史变量，导致精度下降。经反复测试，当隐藏层神经元个数为 30，时间延迟为 20 时，NAR 神经网络预测效果最好[32]。

图 5.62(a)表明，基于 NAR 神经网络的预测步数(时间)在 80 步(8s)之前，预测值与测量值吻合较好，之后预测误差增大。从图 5.62(b)可知，随着预测步数增多 NAR 神经网络的预测精度下降比较缓慢。当步数为 55 时，小于可接受误差的置信概率达到 70%，即使当步数为 95 时，误差小于 0.04 的置信概率仍有 60%。这说明基于 NAR 神经网络预测方法在多步预测中的可信度高，误差不易因预测步数增多而陡增。

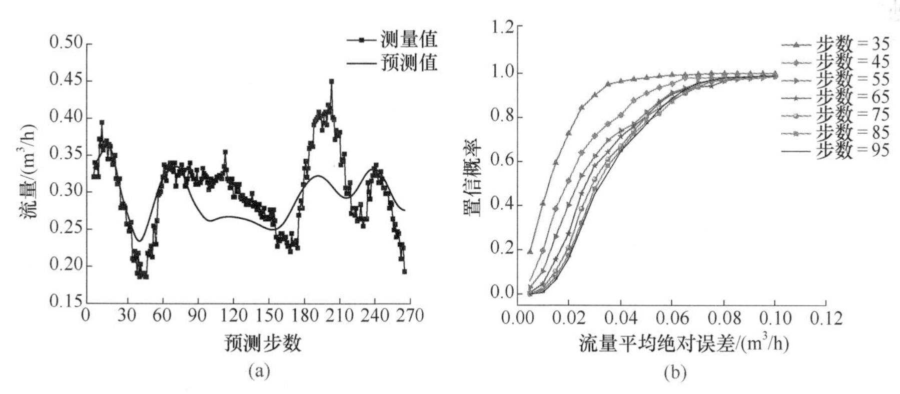

图 5.62 基于 NAR 神经网络的预测评价

(a)单区间预测结果；(b)多区间预测的统计误差。

NAR 神经网络之所以能保持较高的预测精度以及较长的预测区间，是因为 NAR 神经网络在训练过程中能对不规则复合型脉动区段的整体特征留下记忆。虽然 NAR 神经网络的多步预测也是基于迭代递推的思想，但本质上神经网络的非线性迭代递推关系式不像基于最大 Lyapunov 指数法和加权一阶局域法那样固定不变。它反映的是神经网络在训练后的记忆特征,对不同预测区段的刺激能够响应特定的非线性映射函数,具有很强的动态调整和适应能力,因此图 5.62(b)中的预测误差表现为不会因为预测步数的增加而突然增大。

5.3.2.4 基于 BP 神经网络的时序预测

为了实现对不稳定脉动流量的预测,使用单隐层 BP 神经网络建立流量时间序列的非线性映射。以相空间重构后的一个向量 $Y(i) = \{x(i), x(i+\tau), \cdots, x(i+(m-1)\tau)\}$ 中的所有元素作为输入层的输入,显然输入层节点个数为 m,神经网络对应的输出即预测值为 $x(i+m\tau)$。隐含层节点的个数的取值范围取为

$$n_{\mathrm{h}} = \sqrt{n_{\mathrm{i}} + n_{\mathrm{o}}} + b \quad (b \in [1, 10]) \tag{5.9}$$

式中:n_{i}、n_{h}、n_{o} 分别为输入层、隐含层和输出层神经节点的个数,计算得到范围为 $4 < n_{\mathrm{h}} < 15$。为了提高神经网络的泛化能力,适当选取较小的隐含层节点个数,经过试算隐含层节点个数选为 5 个。

时间延迟 τ 的选取不影响重构的吸引子无歧义地反映系统的动力学性质,为了便于构建非线性预测模型,时间延滞 τ 应适当取为较小值[43],同时为了保证仍能还原吸引子的结构,适当增加嵌入维度 m 的值。经过试算,神经网络输入向量的 τ 选为 5,m 选为 10。

由于所建立神经网络模型的输出为 $x(i+m\tau)$,而输入样本的最后一个元素为 $x(i+(m-1)\tau)$,因此神经网络每步预测的提前时间为 τ 个时间序列采样时间间隔,即为 0.55s。为了对更长时间的流量变化进行预测,需要使用神经网络进行滚动预测。在进行单步预测后,将预测值作为已知值加入输入向量,即以 $\{x(i+\tau), x(i+2\tau), \cdots, x(i+m\tau)\}$ 作为输入向量进行下一步预测,以此类推实现神经网络的多步滚动预测。但是由于混沌系统具有初值敏感性,其可预测的时间长度并不是无限的。一般可以用 Lyapunov 指数 λ_1 的倒数 $T_{\mathrm{m}} = 1/\lambda_1$ 估计时间序列的最大可预测时间,根据上文计算的 Lyapunov 指数 $\lambda_1 = 0.1637$,该流量时间序列的最大可预测时间为 6.2s(约 11 步)。使用建立的 BP 神经网络,以流量时间序列前 600 个重构向量作为训练样本,并使用第 1000 ~ 1050 个重构向量作为预测样本,进行了 1 步、4 步、7 步和 11 步的预测。由于是滚动预测,一条预测曲线上所有点的预测提前时间是一样的。

1. 基于 BP 神经网络的预测结果

图 5.63 为采用随机初始训练参数训练神经网络 4 次得到的预测结果与测量值的比较。实验发现采用不同初始参数训练得到的预测结果并不相同,随着预测步数的增加,预测结果的波动变得更大,在未达到最大可预测时间时预

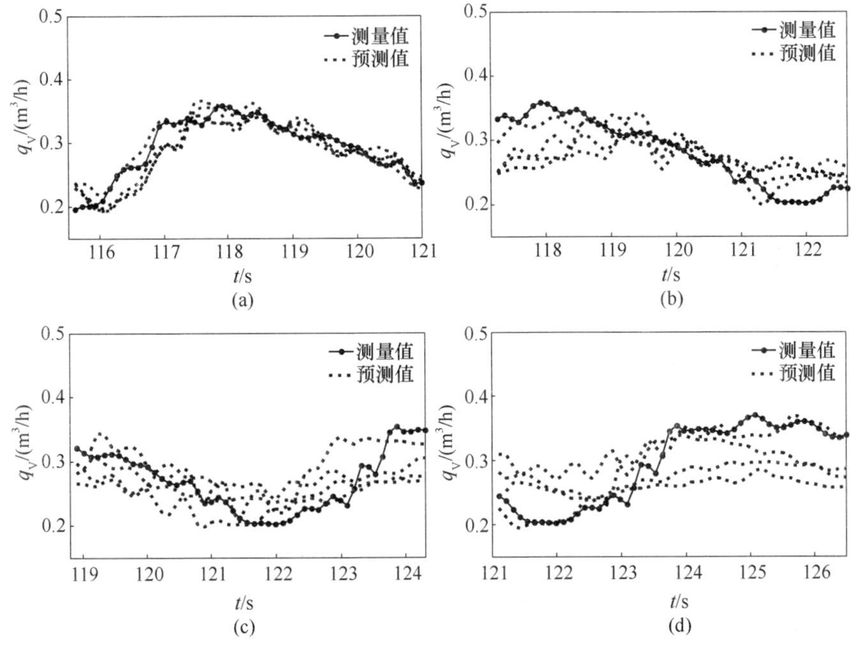

图 5.63　采用随机初始参数训练的神经网络预测结果
(a)1 步预测,提前 0.55s; (b)4 步预测,提前 2.20s;
(c)7 步预测,提前 3.85s; (d)11 步预测,提前 6.05s。

测准确度就已经明显下降。这是由于 BP 神经网络无法收敛至全局最优的缺陷造成的。BP 神经网络从随机的初始节点参数开始训练,当到靠近某一个局部最优解时,训练误差将不再下降并在该处终止,因此无法获得最佳的训练结果,随着滚动预测步数的增加,误差逐步积累,使预测结果变得不理想,需要加以优化。

2. 遗传算法对 BP 神经网络预测的优化[44]

由于当神经网络的训练方法确定时,初始训练权值和最终训练获得的神经网络是一一对应的,为解决 BP 神经网络无法跳出局部最优解的问题,需要寻找训练完成后误差最小的初始训练权值。本书选用的 BP 神经网络的参数有几十个,如果使用枚举法,计算量将过于巨大。因此选用具有较强的全局寻优能力的遗传算法对 BP 神经网络的初始训练参数进行优化。

将 BP 神经网络的所有节点的阈值和权值编码为二进制数组,作为遗传进化的样本,使用不同样本训练神经网络,根据获得的训练误差为其分配适应度,训练的误差越小获得的适应度越大,以适应度作为样本产生子代的概率,逐代进行选择、交叉、变异的操作,最终获得全局最优的初始训练参数。图 5.64 所示为遗传算法优化神经网络预测的具体计算流程。

利用以上的算法,用与采用随机初始向量时相同的训练样本和预测样本对

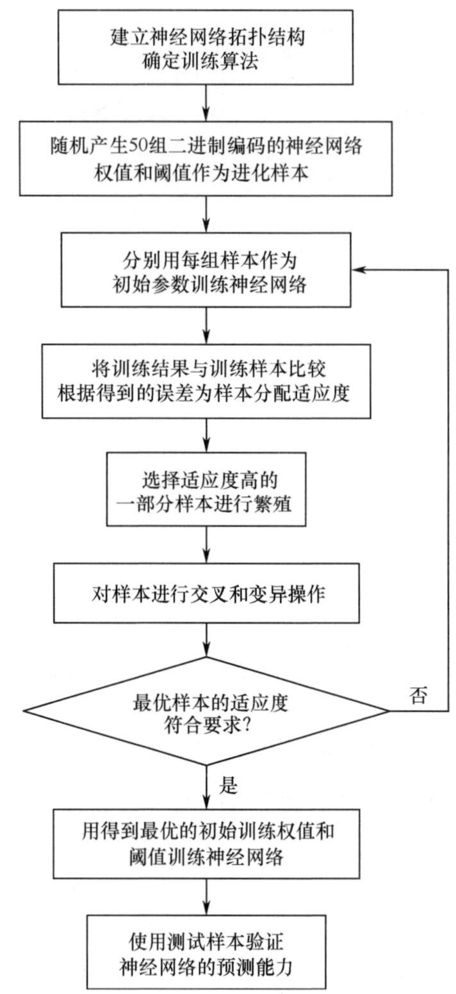

图 5.64　遗传算法优化的 BP 神经网络预测流程

流量变化进行不同步数的滚动预测。图 5.65 所示为采用遗传算法优化后的神经网络的预测结果。

经过遗传算法优化以确定初始训练参数后，即使进行多次训练，BP 神经网络的训练结果也不会再发生波动。定义衡量神经网络的预测性能的平均误差为

$$E_r = \frac{\sqrt{\sum_{t=1}^{m}(\hat{x}(t) - x(t))^2}}{\sqrt{\sum_{t=1}^{m} x^2(t)}} \tag{5.10}$$

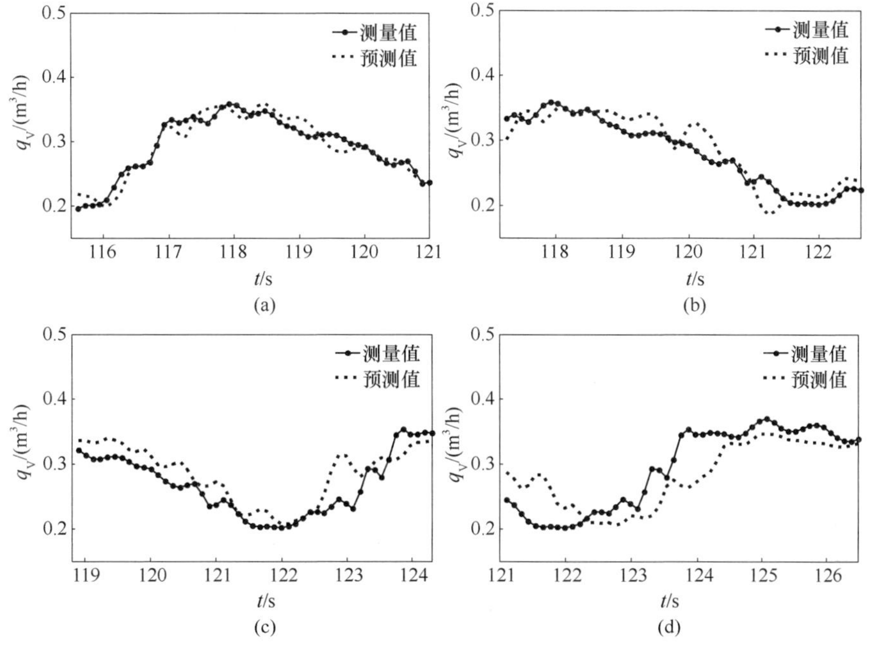

图 5.65　遗传算法优化后的神经网络预测结果

(a)1 步预测,提前 0.55s;(b)4 步预测,提前 2.20s;(c)7 步预测,提前 3.85s;(d)11 步预测,提前 6.05s。

表 5.8 所列为使用随机初始训练参数和使用遗传算法优化后的神经网络的预测平均误差对比。由于采用随机初始训练参数时的训练结果会出现波动,因此其误差取为训练 20 次的平均值。对比发现,采用遗传算法优化后预测误差获得了明显降低。

表 5.8　优化前与优化后预测误差比较

误差比较	1 步预测误差（提前 0.55s）	4 步预测误差（提前 2.20s）	7 步预测误差（提前 3.85s）	11 步预测误差（提前 6.05s）
未采用优化	0.0646	0.1365	0.1605	0.2041
采用遗传算法优化	0.0449	0.0739	0.1015	0.1315

对自然循环系统安全性影响较大的是流量不稳定脉动所能达到的最小值和最大值,因此除了平均误差,还要考虑神经网络预测得到的流量最大值和最小值的准确度。表 5.9 所列为使用随机初始训练参数和使用遗传算法优化后的神经网络的预测平均误差对比,其中未使用遗传算法优化的预测极值也是随机训练 20 次的平均值。对比发现,除了 1 步预测是否采用遗传算法优化没有明显差别,4 步以上预测采用遗传算法优化后的流量极值预测结果准确度均获得了明显提高。

表 5.9 优化前与优化后预测极值比较

极值比较	1 步预测（提前 0.55s）	4 步预测（提前 2.20s）	7 步预测（提前 3.85s）	11 步预测（提前 6.05s）
未采用优化预测的极大值	0.3542	0.3258	0.3196	0.3227
采用优化预测的极大值	0.3593	0.3502	0.3402	0.3471
测量值的极大值	0.3589	0.3589	0.3534	0.3703
未采用优化预测的极小值	0.2003	0.2302	0.2200	0.2349
采用优化预测的极小值	0.1990	0.1856	0.2078	0.2061
测量值的极小值	0.1964	0.2019	0.2019	0.2019

经过遗传算法优化后，神经网络可以对于更长时间的流量变化进行较为准确的预测，这也就意味着为采用自然循环的核动力系统的操作员和保护系统提供了更长的响应时间，对于提高核动力系统的安全性具有实际的意义。在实际的在线预测中，神经网络对测量数据进行学习后，就可以不断利用实时测量数据对未来一定时间段的流量变化进行在线预测。当工况发生变化使神经网络预测效果变差时，只需令神经网络对新工况的测量数据进行学习，更新网络各节点的参数即可恢复预测效果，具有较强的灵活性，因此神经网络是十分有前途的流动不稳定性在线预测方法。

5.3.3 基于多变量相空间重构的多变量混沌脉动预测

多变量相空间重构是多变量预测的基础，在多变量相空间重构后即可利用神经网络等方法实现多变量混沌预测，因此本节将重点介绍多变量相空间重构原理、广义相关系数确定相关变量基于 NARX 神经网络和极限学习机的多变量预测结果。

5.3.3.1 多变量相空间重构

理论上，单变量相空间重构只要时间延迟和嵌入维数选择适当便可还原系统的动力学特性，但对于复杂的多变量输入系统经常会存在意外情形，因此需要多变量相空间重构。进行多变量重构后，每个相点不仅保留原来分量的信息，还纳入了相关变量的演化信息。相空间中的各点演化是系统中所有相关变量作用的结果，而某一特定点的演化又会反作用其他变量。动力系统中的所有变量的紧密耦合，使得动力系统的全部信息得以充分显露。理论上，基于多变量的预测方法准确度高于单变量预测。

实际上，系统中的变量并不能同等程度地刻画动力系统原貌，并且在引入新变量的同时也会引入噪声。因此在用多变量相空间重构或者多变量预测时，必须小心选择引入变量，权衡利弊。

5.3.3.2 广义相关系数确定相关变量

相关系数能够反映变量之间关联度大小。依照相关现象不同特征，可分为反映两变量线性关系的单相关系数,反映多元线性相关的复相关系数,以及反映曲线相关的非线性相关系数。一般情况下,两个变量不线性相关不一定不存在其他关联,并且线性相关系数在判定复杂系统(如证券市场)中的变量相关性时准确度不高。本书基于信息论在聚类分析中的应用,提出一种广义相关系数的计算方法[32,45]。

基于互信息理论的广义相关系数,因为不必判定变量是何种相关关系,适用于非线性系统中变量的相关性判定。然而,信息熵的计算需要构造 X、Y 二维重构图,对每一维划分的网格疏密影响信息熵的计算结果,也影响着广义相关系数,所以不同系统下的广义相关系数没有可比性。本节选取 3 个壁温测点的温度序列、实验段进出口温度序列和加热功率序列作为候选多变量,通过计算广义相关系数找出与流量相关度最高的变量。

由表 5.10 可知,与流量序列相关性从高到低:壁温序列 > 功率序列 > 出口温度序列 > 进口温度序列。加热元件通过管壁对流体加热,流量波动造成传热变化又反作用于壁温,壁温与流量作用最为直接,关联度最大。加热功率输入并不直接与流体相互作用,相关性次之。由于水的比热容大,实验段进出口温度并不能实时反映流量波动造成传热变化带来的水温波动,有一定的滞后性,故相关度最低。另外由频谱分析可知,摇摆条件下自然循环系统的不规则复合型脉动属于低频振荡(< 1Hz)[46]。在低频振荡下,壁温有足够的时间响应流量波动,可认为壁温与流量是耦合较好的两个变量。

表 5.10 实验系统其他测量参数与流量的广义相关系数

测量参数	壁温 1	壁温 2	壁温 3	实验段进口温度	实验段出口温度	加热功率
R	0.1796	0.1422	0.1659	0.1201	0.1357	0.1562

5.3.3.3 基于 NARX 神经网络的多变量预测

NARX 神经网络也采用有监督的学习方式:提供流量和壁温 5000 个序列点中前 3000 个历史数据作为训练样本,后 2000 个点作为测试数据。训练算法采用误差反向传播的 LM 算法。当误差梯度向量小于 10^{-6}时,停止训练。经反复测试,当 NARX 神经网络的时间延迟为 20,隐藏神经元为 30 时,预测精度最好。

由图 5.66(a)可知,基于 NARX 的预测方法在预测步长(时间)为 200 步(20s)时,仍然保持很高的预测精度。图 5.66(b)表明随着预测步长增加,NARX 神经网络预测精度下降非常缓慢。当步数为 55 时,在可接受误差(0.04)之内的置信概率达到 70% 以上;当步数为 105 时,误差小于 0.04 的置信概率仍在 60% 以上。这说明基于 NARX 神经网络预测方法在多步预测中的稳定性极好,误差不易因预测步数的增多而陡增。

图 5.67 中的横坐标示值表示预测区间起始点距离网络训练结束的时间间

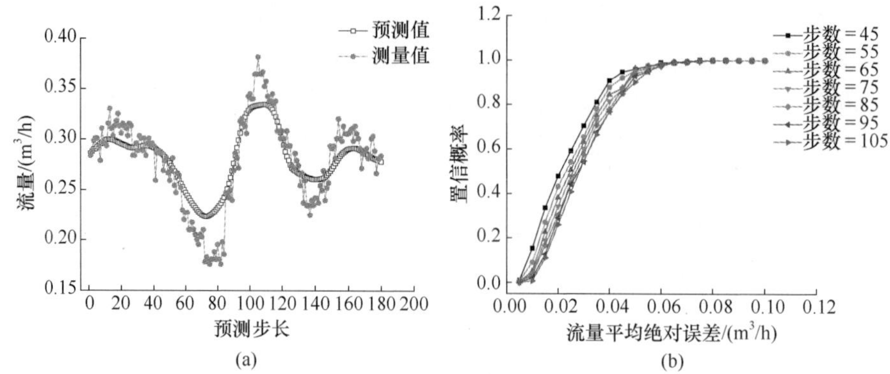

图 5.66 基于 NARX 神经网络的预测评价

(a)单区间预测结果;(b)多区间预测的统计误差。

隔。该图表明距离训练完毕间隔时间越长,预测误差越大。这是因为即使在相对稳定的工况下,系统的动力特征仍然会受噪声扰动影响而有所变化,上一时刻的训练网络不能一劳永逸地解决预测问题。这说明基于神经网络的预测必须实时更新数据样本训练网络,保证神经网络适应系统变化的能力。

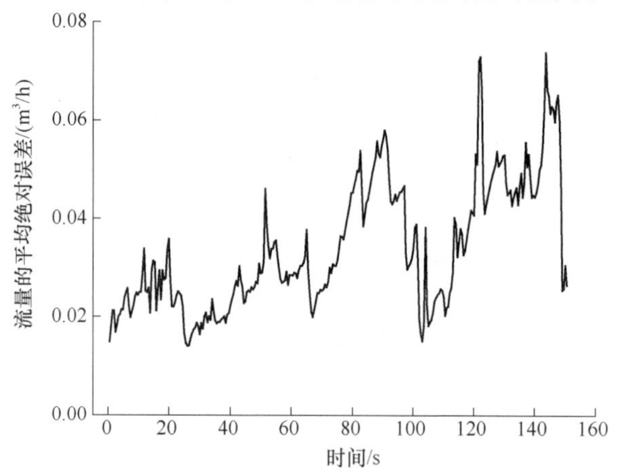

图 5.67 基于 NARX 神经网络在不同区间的预测误差

5.3.3.4 极限学习机多变量预测[47,48]

极限学习机本质上是一种单隐层前馈神经网络的训练算法,由输入层、隐层和输出层组成。本研究所用的流量和加热壁面温度时间序列如图 5.68 所示,该工况摇摆周期为 15s,加热功率为 4.8kW,系统压力为 0.23MPa,采样率为 10Hz。为了更好地反映系统状态,首先将流量和加热壁面温度时间序列进行相空间重构处理,然后将相空间重构后的流量和温度矢量共同作为神经网络的输入,以 $v(i+m\tau)$ 和 $t(i+m\tau)$ 作为输出,选定适当的隐层节点个数,从而建立起具有多热工参数预测能力的神经网络结构,如图 5.69 所示。

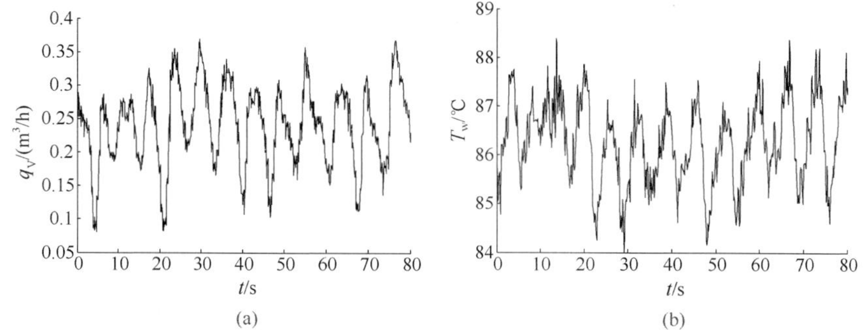

图 5.68　实验热工参数时间序列

(a)体积流量时间序列；(b)加热壁面温度时间序列。

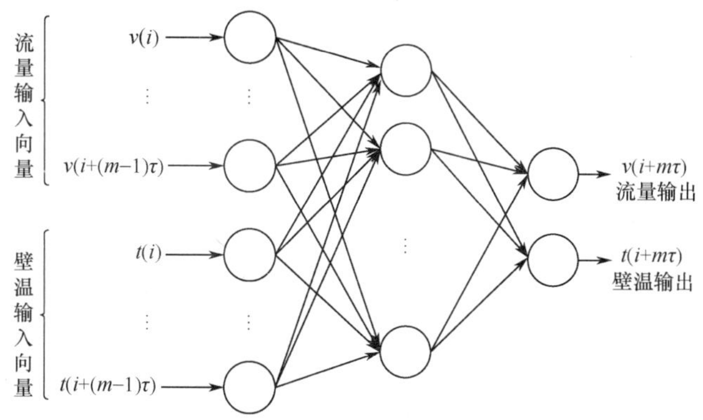

图 5.69　典型单隐层前馈神经网络结构

利用极限学习机算法对神经网络进行训练，训练完成后输入新的数据即可进行流动不稳定性的单步预测，其预测提前时间为 τ。如需对相对较长时间后的系统工况进行预测，将预测结果逐次替换输入向量进行预测，即可实现多步滚动预测。

取嵌入维数 $m=17$ 和时间延迟量 $\tau=5$，采用流量和加热壁面温度时间序列的前 400 组数据作为训练样本，对极限学习机神经网络进行训练，并选取之后 250 组数据作为测试样本进行了多变量预测仿真实验。隐层节点数会对极限学习机神经网络的性能产生重要影响，因此对具有不同隐层节点数的极限学习机的预测误差进行了比较，结果示于图 5.70。因为极限学习机的输入层权值和隐层节点阈值为随机选取，每次的预测结果会有一定差异，因此所有的均方误差结果均为 100 次仿真计算的平均值。隐层节点个数在 40～45 时预测误差较小。

取隐层节点数为 43，进行 1 步、7 步、13 步提前预测并与实验测量值相对比，流量曲线的对比如图 5.71 所示，加热壁面温度曲线的对比如图 5.72 所示。1 步、7 步、13 步提前预测的提前时间分别为 0.5s、3.5s、6.5s。

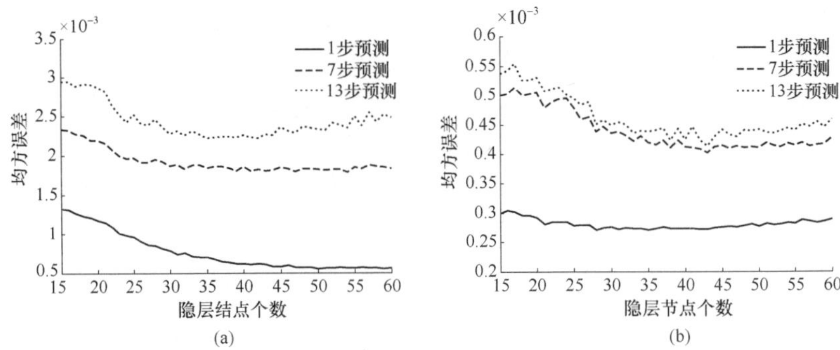

图 5.70　隐层节点数对预测误差的影响

(a)流量预测误差；(b)流量预测误差。

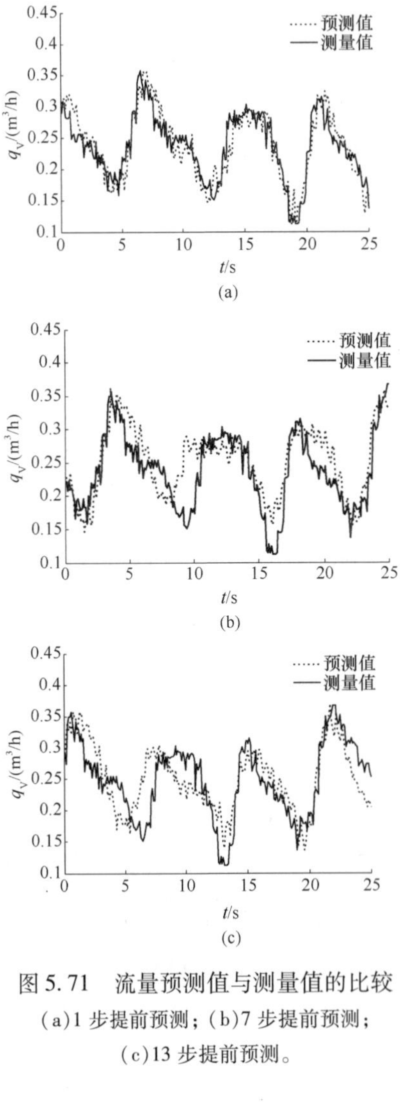

图 5.71　流量预测值与测量值的比较

(a)1 步提前预测；(b)7 步提前预测；(c)13 步提前预测。

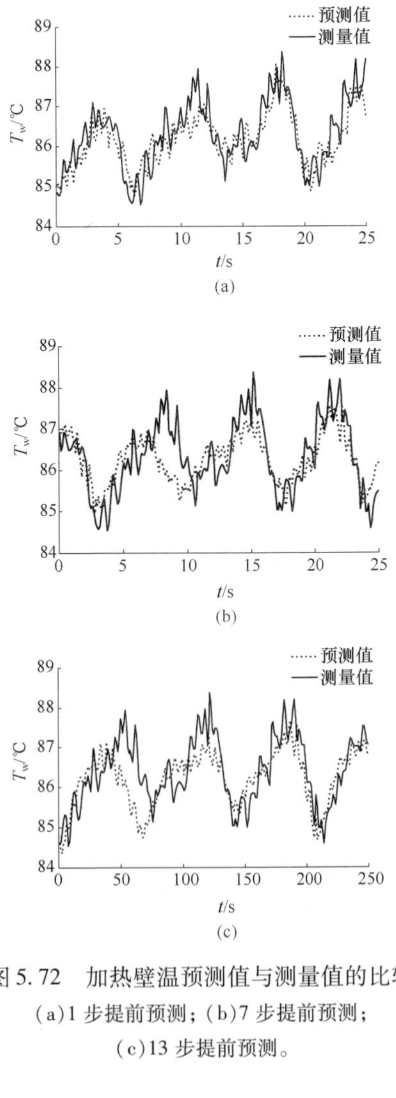

图 5.72　加热壁温预测值与测量值的比较

(a)1 步提前预测；(b)7 步提前预测；(c)13 步提前预测。

将流量时间序列和加热壁面使用极限学习机方法分别进行单变量预测，并与多变量预测结果进行对比，比较结果列于表5.11。仿真实验结果显示多变量预测的效果好于单变量预测，而且这一优势在预测提前步数较多的情况下更为明显。

表5.11 多变量预测与单变量预测效果比较

预测变量	预测方法	1步提前预测均方误差	7步提前预测均方误差	13步提前预测均方误差	最佳隐层节点个数
流量	多变量	0.5890×10^{-3}	1.824×10^{-3}	2.338×10^{-3}	43
	单变量	0.6861×10^{-3}	2.235×10^{-3}	2.890×10^{-3}	18
加热壁面温度	多变量	0.2734	0.4044	0.4241	43
	单变量	0.2856	0.4876	0.5387	20

自然循环系统由上升段和下降段中冷热流体的密度差作为驱动力，加热壁面温度是决定流体密度差的重要因素，而流量则直接决定了系统流动阻力的大小。多变量联合预测模型的神经网络在建立过程中同时获得了加热壁面温度和水温两方面的信息，因此相比单变量预测能更全面地反映自然循环系统的状态，获得更好的预测效果。而多变量预测的神经网络的输入向量长度是单变量预测的2倍，因此需要的最佳隐层节点数也相应增加。本书中仅考虑了流量和加热壁面温度两种热工参量，多变量联合预测方法可以推广至摇摆流动不稳定自然循环回路中更多种重要的热工参量预测，如出口水温、加热段压降等，是一种有前途的预测方法。

5.3.4 预测时间尺度

图5.73所示为用加权一阶局域法对Lorenz系统的混沌脉动进行预测的结果，图中实线为计算值，虚线为预测结果。由图中的预测结果可以看出，前60个点的预测结果较好，而对60个点往后的点的预测误差变得非常大，其预测结果已经不可信，这说明混沌预测存在一定的时间尺度。

同样，对图5.58所示的流量脉动曲线的预测结果如图5.74所示，从预测结果可以看出，63～72.5s的预测误差为10.2%，即开始预测的9.5s，预测精度较高，但是在72.5s以后，即图中竖直虚线以后，预测误差迅速增加到35.6%，预测精度大大降低，这再一次说明了混沌脉动可预测的时间有限，混沌预测存在时间尺度，超过一定的时间限度后，预测误差迅速增大，预测精度变得不可信。这也是由系统本身的特性决定的：一方面，自然循环系统是确定性的非线性系统，使其短期行为是可预测的；另一方面，出现混沌脉动时，系统的流量脉动具有初始条件的极端敏感性，使得其长期行为不可预测。最大可预测时间尺度为系统最大Lyapunov指数的倒数，即

$$T_f = 1/\lambda_1 \tag{5.11}$$

式中：T_f 为预测误差增加 1 倍所需要的最长时间；T_f 为预测时间尺度的指标，即如果预测的时间长度小于 T_f，则预测对象属于可预测范围，当预测时间长度大于 T_f，则 T_f 以后的预测对象属于不可预测的范畴。

经计算，图 5.60 不规则复合型脉动的最大 Lyapunov 指数为 0.11，它的倒数为 9.1，即如果预测时间长度小于 9.1s，则认为预测结果是可信的。以上结论与图 5.74 的计算结果相吻合。

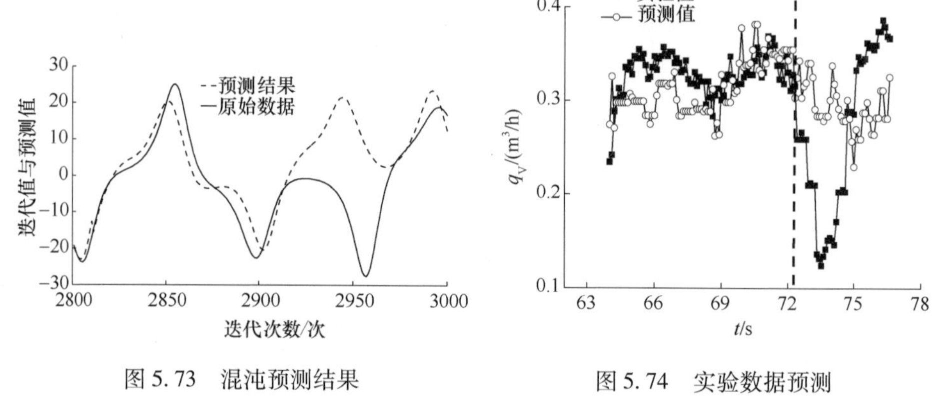

图 5.73　混沌预测结果　　　　图 5.74　实验数据预测

5.3.5　动态预测

以图 5.60 所示的实验时间序列为例，在不同相空间重构参数下对其进行预测，预测结果分别如图 5.75 ~ 图 5.77 所示，图中 m 为嵌入维数值，t_{au} 为时间延迟值，通过预测结果对比可以分析相空间重构参数对预测结果的影响。图 5.75 为选取适当的相空间重构参数时的预测结果，即嵌入维数为 7，时间延迟为 7，此时的预测误差为 12.25%。为了分析时间延迟对预测结果的影响，取时间延迟分别为 6 和 8，嵌入维数仍然为 7，得出的预测结果如图 5.76 所示，预测误差分

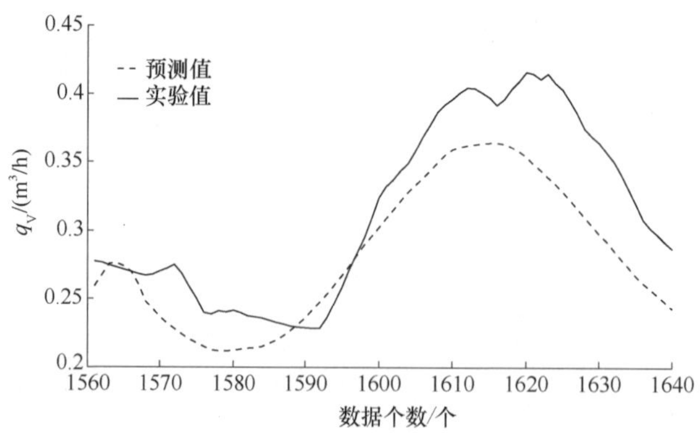

图 5.75　适当相空间重构参数时的预测结果（$m = 7$，$t_{au} = 7$）

别为 15.47% 与 18.47%，由计算结果可以看出，时间延迟的选择对预测结果有较大影响。同样，为了分析嵌入维数对预测结果的影响，保持时间延迟为 7 不变，嵌入维数分别为 6 与 8，得出的预测结果如图 5.77 所示，预测误差分别为 12.75% 与 13.75%，由此，可以得出预测结果受嵌入维数值的影响。

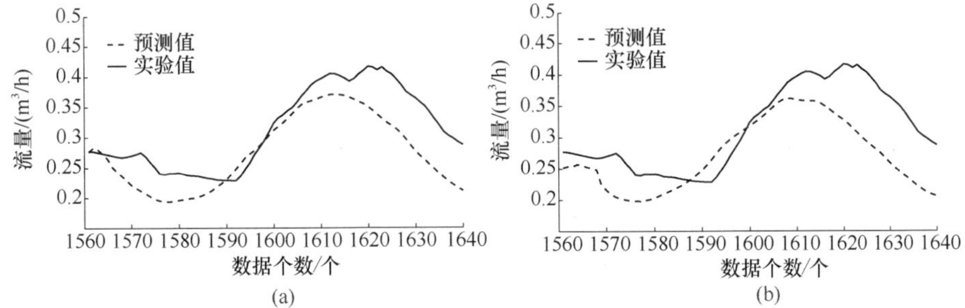

图 5.76　时间延迟对预测结果的影响

(a) $m=7, t_{au}=6$；(b) $m=7, t_{au}=8$。

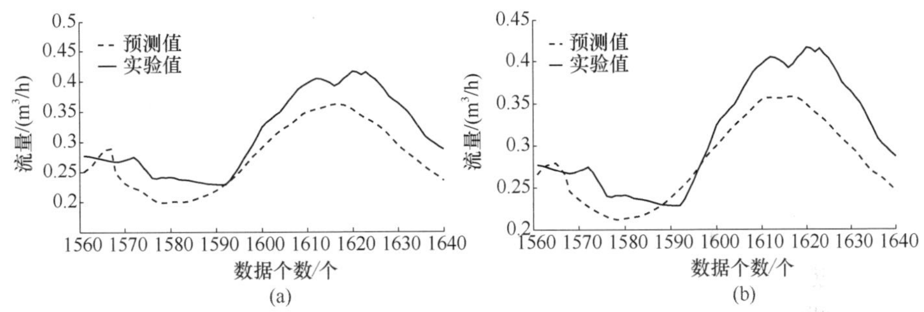

图 5.77　嵌入维数对预测结果的影响

(a) $m=6, t_{au}=7$；(b) $m=8, t_{au}=7$。

从以上分析可以看出，时间延迟和嵌入维数对预测效果有较大的影响。同时，在计算时间延迟和嵌入维数时，计算结果受实验数据长度和噪声的影响，相空间重构参数的计算结果有可能会在最佳参数值左右摆动，这会影响预测结果的精度。为了得到较为精确的预测结果并减少混沌预测时间尺度的影响，本书提出了动态预测的方案，具体预测流程如图 5.78 所示。动态预测的预测步骤如下：

第一步，采集流量脉动实验数据，初步确定实验数据的时间延迟和关联维数。

第二步，通过计算几何不变量或者用替代数据法判断流量脉动是否为混沌脉动。

第三步，如果所采集时间序列为混沌时间序列，在初步确定的时间延迟和嵌入维数周围取一邻域，在邻域内的 m_i、τ_j 进行排列组合，然后分别用各种相空间重构参数组对已采集实验数据进行预测，并计算预测误差，选择预测误差最小的 $m_{\min}$、$\tau_{\min}$ 为下一步的预测参数。

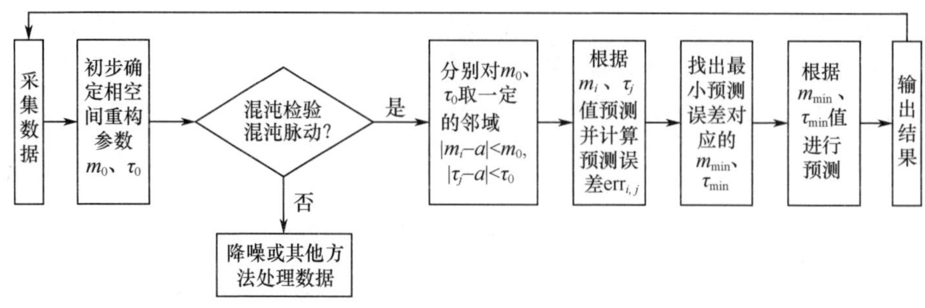

图 5.78　预测流程

第四步,用确定的相空间重构参数进行预测,输出预测结果;最后,在预测的同时,不断更新实验数据,重复以上过程,实现对流量脉动的动态预测。

基于最大 Lyapunov 指数的动态预测结果如图 5.79 所示,加权一阶局域方法的动态预测结果如图 5.80 所示,图中被竖直虚线分割成为几段,每一段预测结果都是以此前实测数据为基础进行预测得到的结果。从预测结果可以看出,两种动态预测方法的效果都比较好,能够实现对摇摆条件下自然循环系统流量脉动的动态预测,这对核动力装置的流量监测具有一定的现实意义,同时也为事故状态下的应对提供参考。

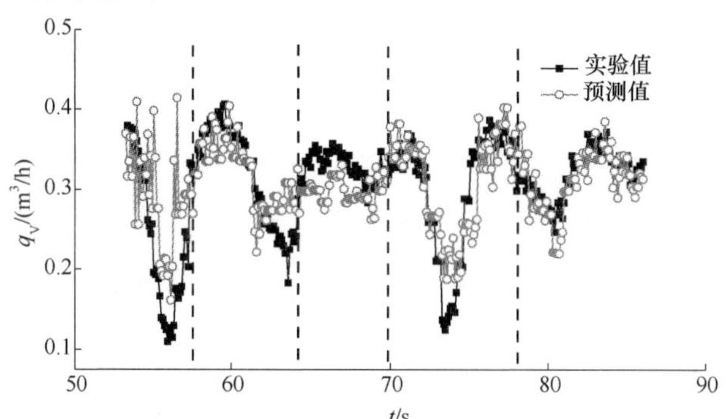

图 5.79　最大 Lyapunov 指数的动态预测结果

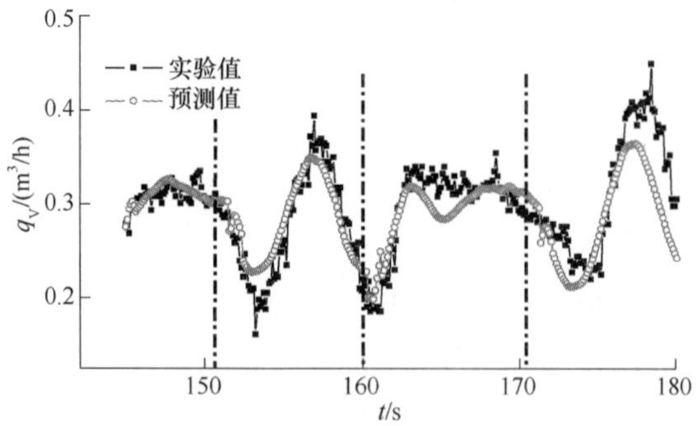

图 5.80　加权一阶局域法的动态预测结果

参考文献

[1] 杨靖，郭烈锦．气液两相流压差信号的非线性分析[J]．中国电机工程学报，2002(07):134 - 139.

[2] 孙斌，周云龙．水平管内空气 - 水两相流流型的混沌特征[J]．哈尔滨工业大学学报，2006(11):1963 - 1967.

[3] 顾丽莉，石炎福，余华瑞．气液两相流中压力波动信号的混沌分析[J]．化学反应工程与工艺，1999(04):428 - 434.

[4] 白博峰，杨靖，王学兴．气液两相流确定性混沌分析[J]．石油化工设备，2003(06):1 - 4.

[5] Franca F, Acikgoz M, Jr R T L, et al. The use of fractal techniques for flow regime identification[J]. International Journal of Multiphase Flow, 1991, 4(17):545 - 552.

[6] 金宁德，郑桂波，胡凌云．垂直上升管中气液两相流电导波动信号的混沌特性分析[J]．地球物理学报，2006(05):1552 - 1560.

[7] Biage M, Delhave J M, Nakach R. The flooding transition: An experimental appraisal of the chaotic aspect of liquid film flow before the flooding point[Z]. 1989:274 - 279.

[8] Kozma R, Kok H, Sakuma M, et al. Characterization of two-phase flows using fractal analysis of local temperature fluctuations[J]. International Journal of Multiphase Flow, 1996, 22(5):953 - 968.

[9] 孙斌，许明飞，段晓松．水平管内气液两相泡状流的多尺度分形分析[J]．中国电机工程学报，2011(14):77 - 83.

[10] 周云龙，陈飞．水平气液两相流流型空间图像信息复杂性测度分析[J]．化工学报，2008(01):64 - 69.

[11] 华长春，关新平，范正平，等．混沌控制及其在保密通讯中的应用[M]．北京：国防工业出版社，2002.

[12] 方洋旺，曹建福，韩崇昭．非线性系统及应用[M]．西安：西安交通大学出版社，2001.

[13] 陈士华，吕金虎，陆君安．混沌时间序列分析及其应用[M]．武汉：武汉大学出版社，2002.

[14] 黄永念．非线性动力学引论[M]．北京：北京大学出版社，2010.

[15] 黄润生，黄浩．混沌分析及其应用[M]．武汉：武汉大学出版社，2005.

[16] Takens. F. Detecting strange attractors in turbulence[J]. Lecture Notes in Math, 1981(898):361 - 381.

[17] 王海燕，卢山．非线性时间序列分析及其应用[M]．北京:科学出版社，2006.

[18] Grassberger P, Procaccia I. Measuring the strangeness of strange attractors[J]. Physica D: Nonlinear Phenomena, 1983, 9:189 - 208.

[19] Wolf A, Swift J B, Swinney H L, et al. Determining Lyapunov exponents from a time series[J]. Physica D: Nonlinear Phenomena, 1985, 16(3):285 - 317.

[20] Rosenstein M T, Collins J J, De Luca C J. A practical method for calculating largest Lyapunov exponents from small data sets[J]. Physica D: Nonlinear Phenomena, 1993, 1 - 2(65):117 - 134.

[21] Theiler J, Eubank S, Longtin A, et al. Testing for nonlinearity in time series: the method of surrogate data [J]. physica D: Nonlinear Phenomena, 1992, 58(92):77 - 94.

[22] 孙洪泉．分形几何与分形插值[M]．北京：科学出版社，2011.

[23] 谭思超，高璞珍，苏光辉．摇摆运动条件下自然循环温度波动特性[J]．原子能科学技术，2008(08):673 - 677.

[24] 谭思超，庞凤阁．摇摆运动引起的波动与自然循环密度波型脉动的叠加[J]．核动力工程，2005(02):140 - 143.

[25] Tan S C, Su G H, Gao P Z. Experimental study on two-phase flow instability of natural circulation under rolling motion condition[J]. Annals of Nuclear Energy, 2009,36(1):103 - 113.

[26] 张文超，谭思超，高璞珍，等．摇摆条件下自然循环流动不稳定性的混沌特性研究[J]．原子能科学技术，2012(06):705 - 709.

[27] 陆同兴，张季谦．非线性物理概论[M]．合肥：中国科学技术大学出版社，2010.

[28] 高璞珍，张文超，谭思超，等．摇摆条件下自然循环复合型脉动的同步化分析[J]．哈尔滨工程大学学报，2012(11):1346 - 1350.

[29] 郝柏林．分岔混沌奇怪吸引子而流及其它[J]．物理学进展，1983,3(3):229 - 416.

[30] 吴祥兴，等．混沌学导论[M]．上海：上海科学技术文献出版社，1996.

[31] 张文超，谭思超，高璞珍，等．摇摆条件下自然循环流动不稳定性的混沌特性研究[J]．原子能科学技术，2012(06):705 - 709.

[32] 吕蒙．摆运动下自然循环系统复杂流动行为非线性预测[D]．哈尔滨：哈尔滨工程大学，2014.

[33] 张文超，谭思超，高璞珍．摇摆参数对自然循环系统混沌脉动影响分析[J]．哈尔滨工程大学学报，2012(06):796 - 800.

[34] Tan S C, Su G H, Gao P Z. Experimental and theoretical study on single-phase natural circulation flow and heat transfer under rolling motion condition[J]. Applied Thermal Engineering, 2009,29(14 - 15): 3160 - 3168.

[35] 王光瑞，等．混沌的控制、同步与利用[M]．北京：国防工业出版社，2001.

[36] Chang C J, Lahey R T. Analysis of chaotic instabilities in boiling systems[J]. Nuclear Engineering and Design, 1997,3(167):307 - 334.

[37] Lee J D, Pan C. Nonlinear analysis for a double-channel two-phase natural circulation loop under low-pressure conditions[J]. Annals of Nuclear Energy, 2005,32(3):299 - 329.

[38] Goswami N, Paruya S. Advances on the research on nonlinear phenomena in boiling natural circulation loop[J]. Progress in Nuclear Energy, 2011,53(6):673 - 697.

[39] Yun G, Qiu S Z, Su G H, et al. Theoretical investigations on two-phase flow instability in parallel multichannel system[J]. Annals of Nuclear Energy, 2008,35(4):665 - 676.

[40] Rizwan-uddin. Turning points and sub-and supercritical bifurcations in a simple BWR model[J]. Nuclear Engineering and Design, 2006,236(3):267 - 283.

[41] 张步涵，刘小华，万建平，等．基于混沌时间序列的负荷预测及其关键问题分析[J]．电网技术，2004(13):32 - 35.

[42] Haykin S. Neural networks: a comprehensive foundation[M]. 2nd ed. New York: Prentice Hall, 1999.

[43] 夏克文，李昌彪，沈钧毅．前向神经网络隐含层节点数的一种优化算法[J]．计算机科学，2005(10):143 - 145.

[44] Malvestuto F M, Moscarini M. Concise Papers Query Evaluability in Statistical Databases[J]. Proc IEEE, 1990,8(12):425 - 430.

[45] Isshiki N. Effects of heaving and listing upon thermo-hydraulic performance and critical heat flux of water-cooled marine reactor[J]. Nuclear Engineering and design, 1966,8(12):425 - 430.

[46] 陈涵瀛，高璞珍，谭思超．摇摆流动不稳定性的遗传算法优化神经网络预测[J]．原子能科学技术，2015(02):273 - 278.

[47] 陈涵瀛，高璞珍，谭思超，等．基于极限学习机模型的流动不稳定性多热工参量联合预测方法[J]．原子能科学技术，2015(12):2164 - 2169.

[48] 陈涵瀛，高璞珍，谭思超，等．自然循环流动不稳定性的多目标优化极限学习机预测方法[J]．物理学报，2014(20):111 - 118.

第6章　摇摆条件下自然循环核热耦合特性

在实际的反应堆中，冷却剂温度及燃料温度波动与平均值的改变必然会导致系统反应性的变化，从而引起系统功率的改变，进而又会造成热工水力参数的改变。因此，对摇摆条件下自然循环核热耦合特性进行研究，对于核动力装置的安全运行具有重要意义，本章的分析不涉及具体的反应堆对象，更多地从定性的角度分析摇摆条件的影响。

6.1　核热耦合特性研究现状

在反应堆中，热工水力与中子物理之间存在密切的耦合关系，热工参数的变化会伴随物理参数的变化。因此，为较真实地描述堆芯的流动不稳定现象，必须考虑核热耦合效应[1]。反应堆的核反馈可以分为两种：内部反馈和外部反馈。内部反馈是反应堆固有特性，是温度、密度等参数变化引入的反应性反馈；外部反馈主要是指功率控制系统引入的反应性反馈，是人为引入反馈[2]。

在自然循环系统中，系统质量流量并不是一个独立的变量，它要受到系统功率、工况压力以及系统几何参数的限制。因此，当功率或其他参数有一个小的扰动时，系统的入口流量便会受到影响[3]。一个典型的沸水堆自然循环核反馈机理如图6.1所示。

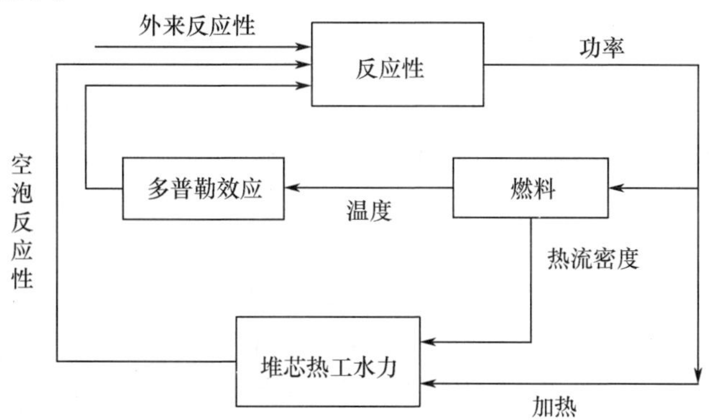

图6.1　沸水堆自然循环核反馈机理示意图

国外对于两相自然循环核热耦合不稳定性的研究较早，已发表的相关文献也较多，其中大多数是基于沸水堆（BWR）研究展开的。March-Leuba 和 Blakeman[4]研究了堆芯次临界下的不稳定性。Muñoz-Cobo 等[5]采用点堆中子动力学模型对堆芯同相和异相不稳定展开研究。van Bragt、van Hagen、Nayak 以及 Lee、Pan 等[6-8]学者针对核反馈(空泡反应性反馈和燃料反应性反馈)对系统稳定边界的影响进行了大量的研究。研究发现空泡反馈系数和燃料时间常数对系统稳定性的影响与系统几何参数密切相关。R. O. S. Prasad[9]针对沸水堆核耦合密度波不稳定性进行了数值模拟计算。A. K. Nayak 等[6]建立了自然循环压力管式沸水堆核热耦合密度波不稳定性分析模型,模型主要包括点堆中子动力学模型及热工水力计算模型。Goutam Dutta 等[10]通过建立考虑核反馈的热工水力计算模型,对沸水堆堆芯范围的同相振荡与局部范围异相振荡的密度波不稳定性进行了非线性分析。G. V. Durga Prasad 等[11]采用考虑中子空间分布的多点堆中子动力学模型对并行通道的沸水堆自然循环核热耦合反馈不稳定性及非线性振荡展开研究。

在国内,西安交通大学赵漾平等[12]对沸水堆的两相自然循环核耦合密度波不稳定性问题进行研究,采用现代频域控制理论中的多变量特征轨迹法,建立了沸水堆两相自然循环核耦合密度波不稳定性模拟计算的数学模型,并在计算机上编制了相应的计算程序 NUCTHIA,对系统压力、进口流速、进出口节流、进口过冷度和隔板数对系统的稳定性的影响规律进行了分析研究。研究结果表明:系统参数的变化对系统稳定性有重要影响。吴少融等[13]通过在实验回路中引入利用计算机控制的反应堆中子动力学模拟系统,研究了具有密度-核反馈耦合条件下低压自然循环两相流动的热工水力学行为。清华大学王建军等[14]针对自然循环密度波不稳定性这一典型的不稳定性现象,以低温供热堆 HRTL-5 实验回路中一回路自然循环为研究背景,建立了反应堆中子动力学特性和自然循环系统流动特性的数学模型,通过编制的计算程序对系统核耦合下的动力学行为进行研究。周玲岚等[15]对耦合核反馈并联通道异相振荡进行了研究。

船用反应堆或海洋核动力平台会受到起伏、倾斜及摇摆等海洋条件的影响,系统的流量、冷却剂温度和燃料温度等都会产生波动。而目前的摇摆自然循环实验中,大多数采用电加热组件作为系统的热源,加热功率不能实现随热工参数改变而动态变化,与实际船用反应堆运行状况有一定的差距。

目前,船用反应堆的运行方式有自然循环和强迫循环。当反应堆采用不同的运行方式时,海洋条件对系统的影响程度也会有所差异。当反应堆采用强迫循环方式运行时,与主泵产生的驱动压头相比,海洋条件引起附加压降相对较小,因此,海洋条件对系统运行参数的影响有限;但当反应堆采用自然循环方式运行时,海洋条件引起附加压降对系统运行参数影响较为明显,在考虑核反馈后,反应堆功率变化较大。因此,为了保证核动力装置的安全运行,需要对海洋条件下自然循环运行方式的核热耦合效应对系统参数的影响进行探究。

周玲岚等[16]对摇摆运动条件下自然循环矩形双通道系统的核热耦合不稳定性进行了研究。结果表明,系统存在同相和异相两种振荡模式,分别由摇摆运动和密度波(DWO)振荡引起。核反馈对第1类DWO和两相区的同相振荡有抑制作用,但对第2类DWO和单相区的同相振荡几乎没有影响。耦合反馈后系统非线性增强,由于摇摆运动导致系统流量波动与DWO叠加,其现象非常复杂,摇摆运动条件下的核热耦合不稳定性会出现非线性振子耦合中的同步化与混沌现象。张连胜等[17,18]利用点堆中子动力学模型,开展数值模拟计算,研究了摇摆条件下单相自然循环系统的耦合特性。研究发现,耦合效应使得系统平均流量和平均功率下降,水温的波动幅度增加,但燃料温度的波动受到了抑制。

本章重点关注摇摆条件下自然循环核热耦合特性,通过建立相关物理和核反馈耦合模型,分析耦合效应对自然循环系统参数的影响以及摇摆运动和反馈方式对耦合特性的影响规律。

6.2 摇摆条件下自然循环系统核热耦合建模

6.2.1 物理模型

选取哈尔滨工程大学热工水力实验室的摇摆台及自然循环热工回路为研究对象。在实验研究的基础上,为了能够模拟核反馈的影响,采用单通道模型将实验中的加热段进行替换,如图6.2所示。具体假设如下:

(1) 燃料为UO_2燃料,燃料棒直径为10mm,燃料棒长度与加热段长度相同,燃料棒相关参数参考秦山核电站燃料棒的参数[19]。

(2) 将实验段壁面模拟为燃料包壳,燃料棒和包壳之间的热阻采用气隙导热模型计算。

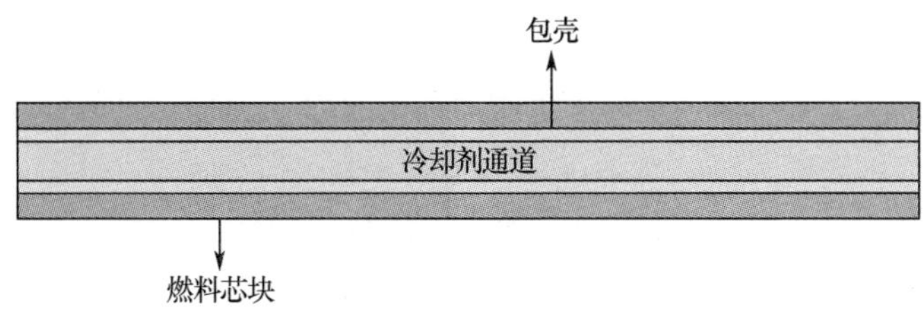

图6.2 单通道模型切面示意图

6.2.2 核反馈模型

对于摇摆、热工水力的数学模型已经进行了介绍。下面着重介绍核反馈模型。核反馈模型由两部分组成:实时功率计算模块和反应性反馈计算模块。

6.2.2.1 点堆中子动力学模型

反应堆动力学方程是用来计算系统功率随时间的变化特性,但是,在实际的反应堆中,由于功率既是时间的函数,又是空间的函数,难以进行工程计算,因此,假定功率函数随时间变量与空间变量的变化是独立的,在功率随空间的变化非常缓慢,几乎可以忽略时,功率变化与空间无关,仅为时间的函数,且整个空间的反应性时间行为也相同,这时模型就称为点堆中子动力学模型。点堆中子动力学模型是目前计算反应堆瞬态过程的最简单有效的模型,它能用于瞬态过程的实时甚至超时计算,因其快速而简单有效的优势而被许多核电站热工分析程序所采用。

考虑六组缓发中子的点堆中子动力学方程表达式为[20]

$$\frac{\mathrm{d}P(t)}{\mathrm{d}t} = \frac{\rho(t) - \beta}{\Lambda}P(t) + \sum_{i=1}^{6} \lambda_i C_i(t) \tag{6.1}$$

$$\frac{\mathrm{d}C_i(t)}{\mathrm{d}t} = \frac{\beta_i}{\Lambda}P(t) - \lambda_i C_i(t) \tag{6.2}$$

式中:$P(t)$为裂变总功率;Λ 为中子每代时间;β 为缓发中子总份额;β_i 为第 i 组缓发中子所占的份额;λ_i 为第 i 组缓发中子先驱核的衰变常数;$C_i(t)$为第 i 组缓发中子先驱核的浓度。

式(6.1)、式(6.2)即为考虑六组缓发中子的反应堆中子动力学方程,通常称之为点堆中子动力学方程。

认为稳态时系统处于临界状态,即中子浓度与先驱核浓度之间达到动态平衡。在动态计算过程中,假定初始时刻,系统处于稳态,即在 $t=0$ 时刻满足

$$\begin{cases} \left.\dfrac{\mathrm{d}P(t)}{\mathrm{d}t}\right|_{t=0} = \dfrac{\rho(0) - \beta}{\Lambda}P_0 + \displaystyle\sum_{i=1}^{6} \lambda_i C_{i0} \\ \left.\dfrac{\mathrm{d}C_i(t)}{\mathrm{d}t}\right|_{t=0} = \dfrac{\beta_i}{\Lambda}P_0 - \lambda_i C_{i0} = 0 \end{cases} \tag{6.3}$$

于是有

$$\begin{cases} p(0) = p_0 \\ C_{i0} = \dfrac{\beta_i}{\lambda_i \Lambda}P_0 \end{cases} \tag{6.4}$$

模拟计算时所选取的裂变中子数据[21]如表 6.1 所列。

表 6.1 模拟对象^{235}U 裂变中子数据

组数	缓发中子衰变常数/s^{-1}	缓发中子有效份额
1	0.0124	0.000209
2	0.0307	0.00144
3	0.114	0.00133

（续）

组数	缓发中子衰变常数/s^{-1}	缓发中子有效份额
4	0.309	0.00274
5	1.209	0.000918
6	3.212	0.000327
总的缓发中子份额		0.006964
中子每代时间/s		0.00002

6.2.2.2 反应性反馈计算

反应性反馈计算模块主要模拟燃料的温度效应和慢化剂的温度效应。

由燃料的温度变化引起的反应性变化称为燃料的温度效应。单位燃料温度变化所引起的反应性变化称为燃料的温度系数，也称多普勒系数。燃料的温度系数为负值，且属于瞬发温度系数，对功率的变化响应很快，它对抑制功率增长和反应堆的安全运行起着十分重要的作用。

由慢化剂的温度变化引起的反应性改变称为慢化剂的温度效应。由单位慢化剂温度变化所引起的反应性变化称为慢化剂温度系数。由于热量在燃料棒内产生，热量从燃料棒通过包壳传递到慢化剂需要一段时间，因而功率变化时慢化剂的温度变化比燃料的温度变化滞后一段时间。所以，慢化剂温度系数属于缓发温度系数。在反应堆中一般将慢化剂温度系数设计为负值，这样有利于反应堆功率的自动调节[9]。

通过计算瞬态燃料温度及冷却剂温度变化，得到反应性的实时变化。计算关系式为

$$\rho_t = \alpha_u(T_u - T_{u0}) + \alpha_f(T_f - T_{f0}) + \rho_0 = \alpha_u \Delta T_u + \alpha_f \Delta T_f + \rho_0 \tag{6.5}$$

式中：ρ_t 为 t 时刻的反应性；ρ_0 为零时刻（初始时刻）的反应性；α_u 为燃料的温度反馈系数，具体值见参考文献[19]；α_f 为慢化剂的温度反馈系数；ΔT_u 为某一时刻燃料温度与初始燃料温度的差值（温度差）；ΔT_f 为某一时刻冷却剂温度与初始冷却剂温度的差值（温度差）；T_{u0} 为稳态时的系统燃料平均温度，在该温度下的反应性等于0；T_{f0} 为稳态时的系统冷却剂平均温度，在该温度下的反应性等于0。

6.2.3 程序的编制

6.2.3.1 网格划分与各物理量的位置选取

基于描述摇摆运动条件下单相自然循环回路热工水力学特性的数学模型方程组以及描述系统热工与核之间耦合的核反馈模型方程组。在给定一定的边界及初始条件的基础上，为了对模型方程组进行求解，需要将模型中的偏微分方程组转化为合适的差分方程。因此，根据计算需要将模拟对象回路进行节点划分，

以得到整个回路的热力参数分布及流动参数分布。需要着重指出的是，对于加热段需要进行较为细密的网格划分。网格划分示意图如图6.3所示。

根据建模的需要，本书将模拟回路假设为一维的，并将回路各段分别划分成若干个网格，节点位于网格的边界上，各个计算主要变量（压力 p、体积流量 V 及流体焓值 H）均位于网格边界上；网格边界的间距为 Δz；回路各个段根据计算精度的需要选择不同的网格间距。图6.3给出了各个节点的编号方式。程序计算中需要注意的问题如下：

（1）对有横向热流流入或者是流出网格的区段（如加热段与冷却段），热流 q_{i-1}、q_i、q_{i+1} 的编号与布置采用图6.3所示的方式。

（2）对于经验关系式计算网格内沿程阻力压降或传热计算时，所采用的物理量采用网格中心处量值（即节点进出口物理量值的平均值）进行计算。

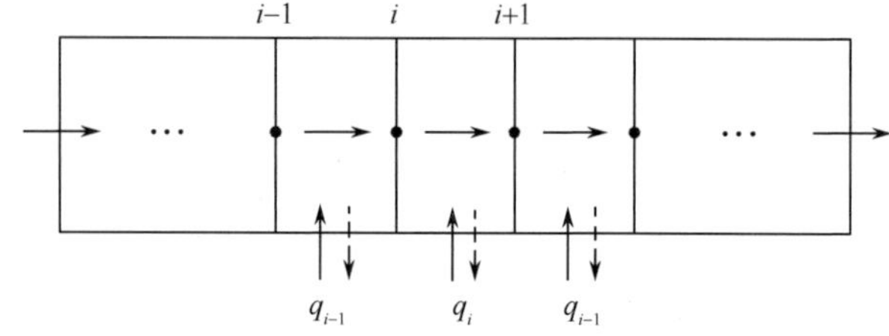

图6.3　网格划分示意图

6.2.3.2　控制方程离散

1. 稳态格式

守恒方程的离散化通过有限差分方法来进行，当系统处于稳态时，模型方程组中所有随时间的偏导数项都等于0。因此系统的控制方程组实际上是一组常微分方程组，即控制方程退化为如下形式。

质量方程：

$$\frac{\mathrm{d}\rho_c u_c}{\mathrm{d}z}=0 \tag{6.6}$$

动量方程：

$$\rho_c u_c\frac{\partial u_c}{\partial z}=-\frac{\partial p_c}{\partial z}\pm\rho_c g-\frac{f_c\rho_c u_c^2}{D_h} \tag{6.7}$$

能量方程：

$$\rho_c u_c\frac{\partial h_c}{\partial z}=q_f(z) \tag{6.8}$$

质量方程离散形式：

$$(\rho_c u_c)_i^n-(\rho_c u_c)_{i-1}^n=0 \tag{6.9}$$

动量方程离散形式：

$$(\rho_c u_c^2)_i^n - (\rho_c u_c^2)_{i-1}^n = (p_c)_{i-1}^n - (p_c)_i^n \pm g[(\rho_c)_i^n - (\rho_c)_{i-1}^n] - \left[\left(\frac{f_c \rho_c u_c^2}{D_h}\right)_i^n - \left(\frac{f_c \rho_c u_c^2}{D_h}\right)_{i-1}^n\right] \quad (6.10)$$

能量方程离散形式：

$$(\rho_c u_c h_c)_i^n - (\rho_c u_c h_c)_{i-1}^n = q_f(z)\Delta z \quad (6.11)$$

2. 动态格式

当系统处于动态过程中时，对加热段单项区动态方程可以离散为如下两种形式。

质量方程离散形式：

$$\frac{\Delta z}{2}\frac{\mathrm{d}[(\rho_c)_i + (\rho_c)_{i+1}]}{\mathrm{d}t} + (\rho_c u_c)_i^{n+1} - (\rho_c u_c)_{i-1}^{n+1} = 0 \quad (6.12)$$

动量方程离散形式：

$$(\rho_c u_c)_i^{n+1} - (\rho_c u_c)_i^n = [(p_c)_{i-1}^n - (p_c)_i^n - ((\rho_c u_c^2)_i^n + (\rho_c u_c^2)_{i-1}^n)]\frac{\Delta t}{\Delta z} \times \left\{\pm g[(\rho_c)_i^n - (\rho_c)_{i-1}^n] - \left[\left(\frac{f_c \rho_c u_c^2}{D_h}\right)_i^n - \left(\frac{f_c \rho_c u_c^2}{D_h}\right)_{i-1}^n\right]\right\}\Delta t \quad (6.13)$$

能量方程离散形式：

$$(\rho_c h_c)_i^{n+1} - (\rho_c h_c)_i^n = [q_f(z,t)\Delta z - ((\rho_c u_c h_c)_j^n - (\rho_c u_c h_c)_{i-1}^n)]\frac{\Delta t}{\Delta z} \quad (6.14)$$

在对差分方程组求解时，首先假设 h_c^{n+1}、p_c^{n+1}、u_c^{n+1} 分别为入口初始焓值、压降及流速。当入口参数给定时，假定焓值为常数，通过动量方程对 p_c^{n+1} 进行修正。

至此，我们得到了自然循环系统的控制方程的差分方程，依据上面的差分方程组进行联立计算，就可以得到系统的稳态、动态参数。需要特别指出的是，在非加热段（上升段、下降段等）时，$q_f(z)=0$。

基于前文建立的模型和算法，用 Matlab 软件编制了模型的相应计算程序，对所使用的热工水力计算模型及编制的相应计算程序的适用性用实验数据进行了校验。

（1）稳态工况计算。本书首先对非摇摆工况下的工况进行计算。如图 6.4(a)所示，当系统压力为 $p=0.21\mathrm{MPa}$，加热热流密度为 $q=91\mathrm{kW/m^2}$，加热段入口冷却剂温度为 64.5℃，冷凝段温度为 23.5℃时，计算结果与实验值的对比。从图中可以看出，计算结果与实验值符合较好，验证了模型与计算方法的适用性。

（2）动态工况计算。如图 6.4(b)所示，摇摆振幅 10°，摇摆周期 10s，系统压力为 $p=0.21\mathrm{MPa}$，加热热流密度为 $q=125\mathrm{kW/m^2}$，加热段入口水温为 60℃

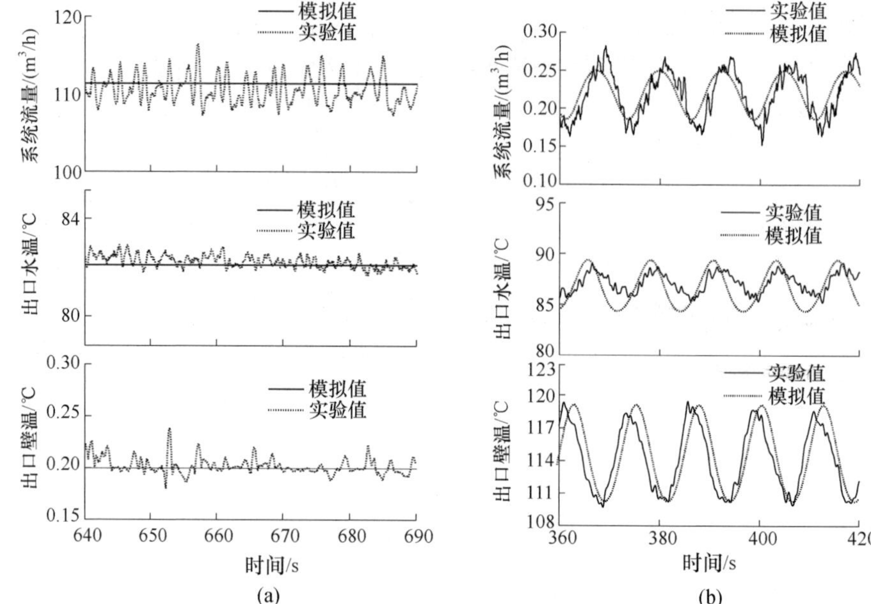

图 6.4　稳态与动态工况下系统热工参数模拟值与实验值对比
(a)稳态；(b)动态。

时,计算结果与实验值的对比曲线。从图中可以看出系统流量、出口水温和出口壁温的计算值与实验值吻合较好,验证了计算模型的合理性,为进一步计算摇摆条件下自然循环系统核热耦合特性奠定了基础。

6.3　摇摆条件下自然循环核热耦合特性分析

6.3.1　摇摆条件下核热耦合效应对自然循环系统参数的影响

当船舶在海洋上航行时,因受倾斜、摇摆和起伏等海洋条件的影响,核动力装置会产生附加加速度,附加惯性力的存在会使系统流量产生周期性的波动,破坏系统的稳定运行,影响堆芯内的流动传热特性[22]。模拟计算表明,系统流量的波动及传热特性的变化又会引起系统冷却剂及燃料温度的波动。在考虑核反馈(即燃料温度反应性反馈和冷却剂温度反应性反馈)后,系统冷却剂及燃料温度波动便会引起系统反应性的波动,进而导致系统功率产生波动。因此,研究摇摆运动条件下核反应堆的自然循环核热耦合效应对系统参数的影响对于提高船舶核反应堆的安全性与可靠性有重要意义。本节着重对摇摆运动条件下单相自然循环核热耦合对系统参数的影响规律进行探究。

6.3.1.1　核热耦合效应对自然循环系统流量的影响

自然循环系统流量是由系统热段与冷段流体的密度差所产生的驱动压头和

系统流动阻力压降所决定的。摇摆条件下考虑自然循环系统冷却剂温度及燃料温度的核反馈效应时，核热耦合效应会引起系统功率的变化，造成驱动压头的改变，进而会影响系统流量。考虑核反馈与不考虑核反馈时系统流量的变化曲线如图6.5所示。从图中可以看出，摇摆条件下，考虑核反馈后，系统平均流量有所降低，但总体影响不大，这主要是由于考虑核反馈后系统平均功率降低，导致加热段平均水温降低，驱动力下降所致。但功率降幅较小，平均水温降低也较小，因此流量降幅不大。考虑核反馈后流量波动幅度变化很小，这是因为系统流量波动主要受摇摆参数的影响。

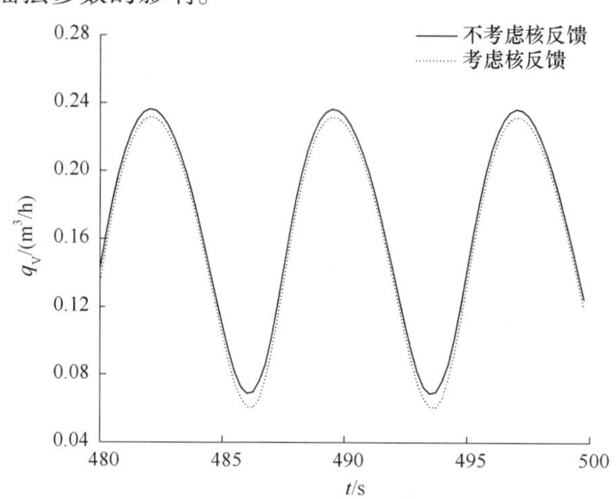

图6.5 核热耦合效应对系统流量的影响
（摇摆周期7.5s，振幅10°）

6.3.1.2 核热耦合效应对自然循环系统功率的影响

图6.6给出了考虑核反馈与不考虑核反馈时系统功率的变化曲线。考虑核反馈时，摇摆开始后，系统功率不稳定且波动较大，系统平均功率迅速降低；系统投入核反馈后不到10s，归一化系统功率波动达到10%。经过大约300s后，系统功率会产生与摇摆周期一致的稳定等幅波动，功率平均值则较不考虑核反馈时有所降低。摇摆运动造成自然循环系统流量降低，因而平均水温高于稳态值，产生负反应性。同时，流量降低也会造成燃料温度升高，但是由于系统传热增强，燃料温度也有可能较稳态值有所降低，综合二者的影响，系统反应性为负值，因此平均功率较稳态值有所下降。

6.3.1.3 核热耦合效应对燃料及冷却剂温度的影响

图6.7给出了当系统压力 $p = 0.21\text{MPa}$，加热热流密度 $q = 125\text{kW/m}^2$，加热段入口冷却剂温度为60℃，摇摆周期10s，振幅10°时，核热耦合效应对冷却剂温度及燃料温度的影响曲线。由图6.7(a)可以看出，摇摆运动条件下，与不考虑核反馈相比，考虑核反馈后冷却剂温度波动幅度有所增大，这表明在该工况下，

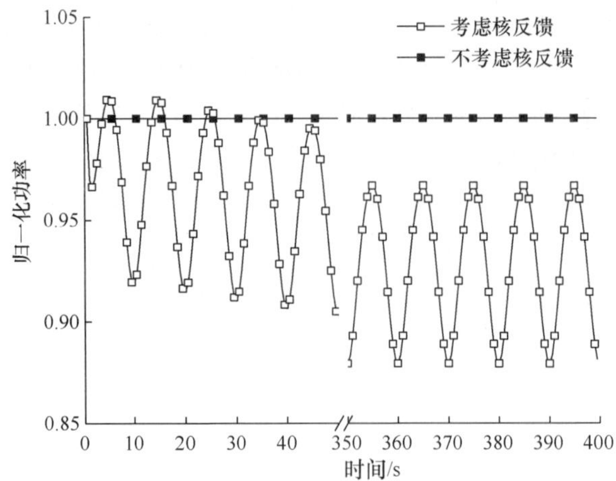

图 6.6　核热耦合效应对系统功率的影响
（摇摆周期 10s，振幅 10°）

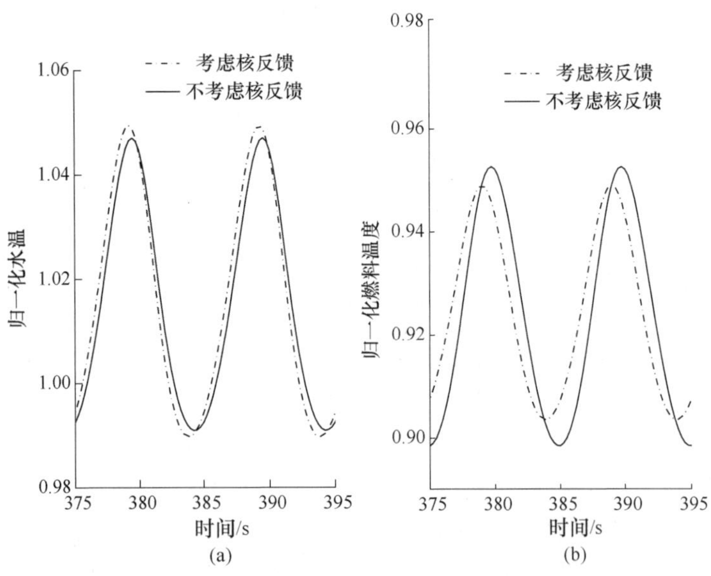

图 6.7　核热耦合效应对冷却剂温度及燃料温度的影响（摇摆周期 10s，振幅 10°）
（a）核热耦合效应对冷却剂温度的影响；（b）核热耦合效应对燃料温度的影响。

冷却剂温度反馈效应并没有抑制冷却剂温度的波动。而由图 6.7（b）发现，考虑核反馈后，燃料温度波动幅度减小。这表明燃料温度的负反馈效应起到了抑制燃料温度波动的作用。

6.3.1.4　核热耦合效应对自然循环系统反应性影响

相关研究结果表明，摇摆运动会引起系统流量产生类似正弦波的波动，流动波动又会引起流体温度及壁温的波动。在实际的反应堆中，温度波动会导致反应性的变化。当系统压力 $p=0.21\mathrm{MPa}$,加热热流密度 $q=125\mathrm{kW/m^2}$,加热段入口冷却剂温度为60℃时,图6.8给出了摇摆周期为10s,振幅10°的工况下系统反应性的响应曲线。摇摆条件下,系统反应性产生稳定的周期性波动,且波动周期与摇摆周期一致。

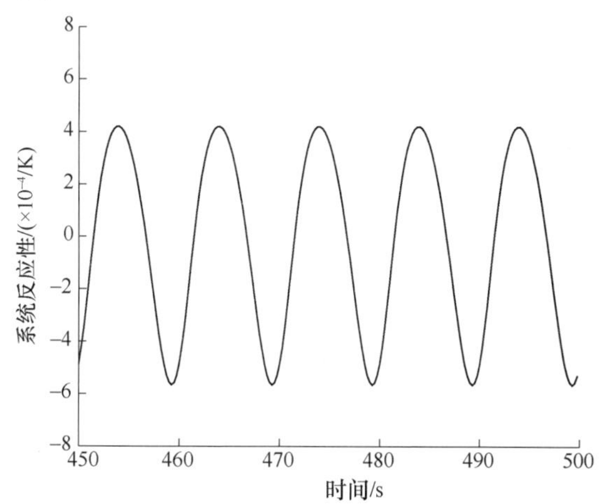

图6.8 系统反应性随时间的响应(摇摆周期10s,振幅10°)

6.3.2 摇摆参数对自然循环核热耦合效应的影响

6.3.2.1 不同摇摆参数下核热耦合效应对系统流量的影响

在摇摆条件下的自然循环实验中,摇摆参数的改变会引起系统附加加速度的变化,在系统驱动力不变时,附加加速度的变化会导致系统流量的变化。因此,在不同的摇摆参数下,系统流量的平均值及波动程度也不尽相同,从而致使冷却剂温度及燃料温度的波动程度及平均值的差异。在引入冷却剂温度反馈及燃料温度反馈时,冷却剂温度及燃料温度的波动程度及平均值的差异会使系统反应性变化各异,从而导致系统功率变化不一。因此,不同的摇摆参数核热耦合效应对系统流量的影响程度不同。

定义系统平均流量为系统流量在一个摇摆周期内的时均值,即

$$\bar{v}=\frac{\int_0^T v(t)\,\mathrm{d}t}{T} \tag{6.15}$$

同理,系统平均功率、冷却剂平均温度及燃料平均温度的定义亦同。

图6.9、图6.10所示为系统压力 $p=0.21\mathrm{MPa}$,加热热流密度 $q=125\mathrm{kW/m^2}$,加热段入口冷却剂温度为60℃时,不同摇摆参数下考虑核反馈后系统平均流量的变化曲线。其中,摇摆周期为10s时,系统平均流量随摇摆振幅的变化曲线由图6.9给出,从图中可以看出,一方面,在不考虑核反馈和考虑核反馈两种情况下,系统平均流量随摇摆振幅的变化都是线性的,摇摆振幅增加,系统平均流量

减小。这是由于摇摆振幅增加,系统扰流增大所致。且考虑核反馈后系统平均流量随摇摆振幅的变化的斜率的绝对值较大。另一方面,考虑核反馈后,系统平均流量有所降低,且随摇摆振幅的增加系统平均流量的降幅也增大。

图 6.10 给出了摇摆振幅为 10°时,系统平均流量随摇摆周期的变化曲线。在不考虑核反馈和考虑和反馈两种情况下,系统平均流量随摇摆周期的增大而增加。考虑核反馈后系统平均流量有所降低,随着摇摆剧烈程度的增加(即摇摆周期的减小),降低幅度越大。

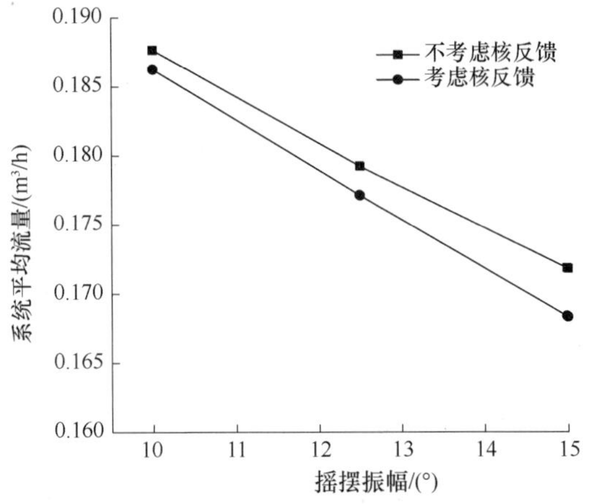

图 6.9 不同摇摆振幅下核热耦合效应对系统平均流量的影响

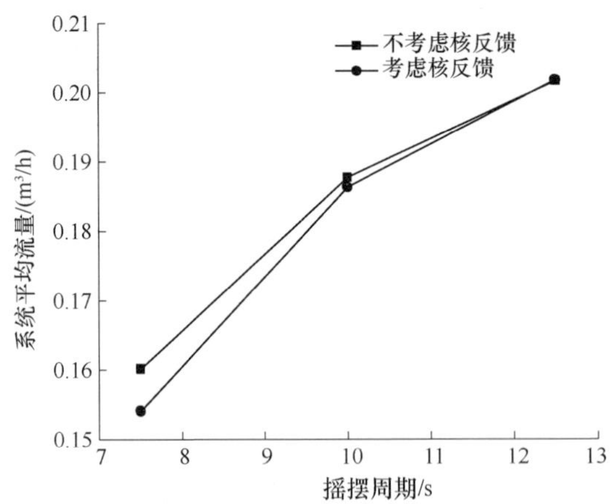

图 6.10 不同摇摆周期下核热耦合效应对系统平均流量的影响

6.3.2.2 不同摇摆参数下核热耦合效应对系统功率的影响

图 6.11、图 6.12 所示分别为不同摇摆振幅及周期下考虑核反馈后系统功率的变化曲线。由两幅图可以看出,在不同摇摆参数下,核热耦合效应对系统功率的影响程度也不同。考虑核反馈后,系统平均功率随摇摆频率及振幅的增大而降低。这是因为摇摆越剧烈(即周期越小,振幅越大),系统平均流量越低,平

均水温则越高,偏离稳态值就越大。由于冷却剂温度的负反馈效应,平均功率就越低。而系统功率的振幅则随摇摆周期及振幅的增大而增大。这主要是由于摇摆周期越大,振幅越大,水温的波动幅度就越大[23],从而致使功率的波动增大。

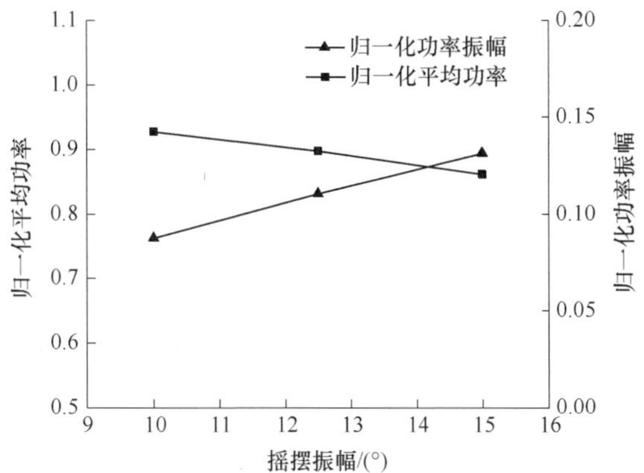

图6.11 不同摇摆振幅下核热耦合效应对功率的影响(摇摆周期为10s)

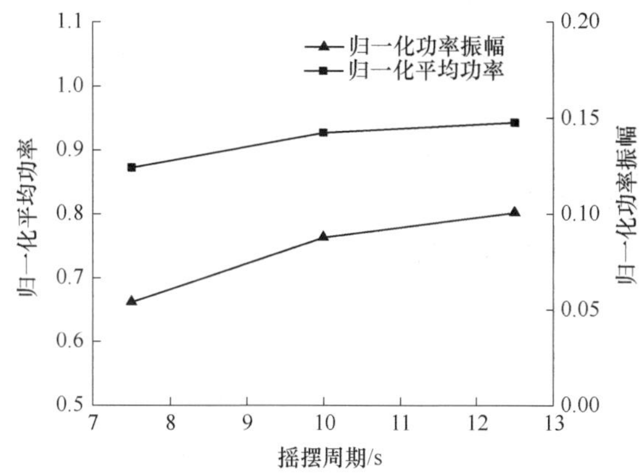

图6.12 不同摇摆周期下核热耦合效应对功率的影响(摇摆振幅为10°)

6.3.2.3 不同摇摆参数下核热耦合效应对冷却剂温度的影响

摇摆参数不同时,摇摆运动产生的附加外力也不同,对系统的扰动程度同样有差别,因此不同摇摆参数下冷却剂温度及燃料温度的平均值和波动程度必然会不尽相同。考虑核反馈后,不同的冷却剂及燃料温度波动会带来不同的反应性,从而系统功率平均值及波动程度也会有所差异。

图6.13给出了当系统压力 $p=0.21\mathrm{MPa}$,加热热流密度 $q=125\mathrm{kW/m^2}$,加热段入口冷却剂温度为60℃时,不同摇摆振幅下核热耦合效应对系统冷却剂温度的影响曲线。从图6.13可以看到,与不考虑核反馈相比,考虑核反馈后随着摇摆振幅的增加,冷却剂平均温度及波动幅度均增大,且摇摆振幅越大,冷却剂平均温度减小幅度越大,而冷却剂平均温度振幅减小幅度几乎没有变化。

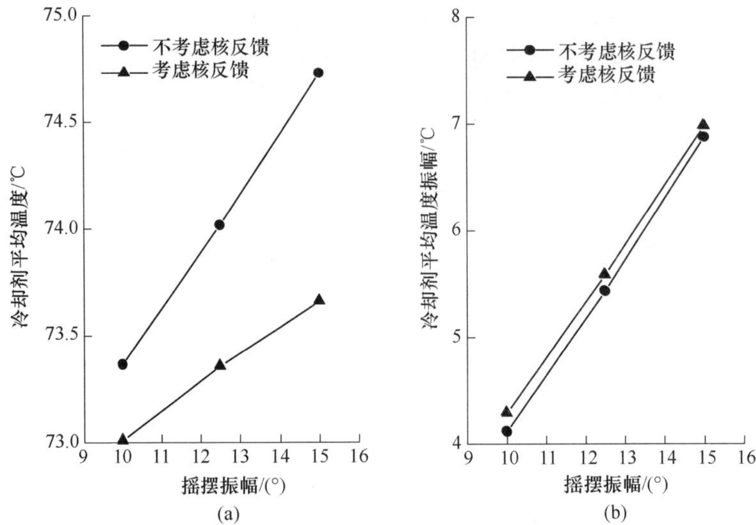

图 6.13　不同摇摆振幅下核热耦合效应对系统冷却剂温度的影响(摇摆周期 10s)

(a)摇摆振幅对冷却剂平均温度的影响;(b)摇摆振幅对冷却剂平均温度振幅的影响。

图 6.14 给出了当系统压力 $p=0.21\mathrm{MPa}$,加热热流密度 $q=125\mathrm{kW/m^2}$,加热段入口冷却剂温度为 60℃时,不同摇摆周期下核热耦合效应对系统冷却剂温度的影响曲线。由图 6.14 可以发现,考虑核反馈后,随着摇摆周期的增加,冷却剂平均温度及波动幅度均逐渐减小,且摇摆周期越小,冷却剂平均温度减小幅度越大,而冷却剂平均温度振幅减小幅度几乎没有变化。

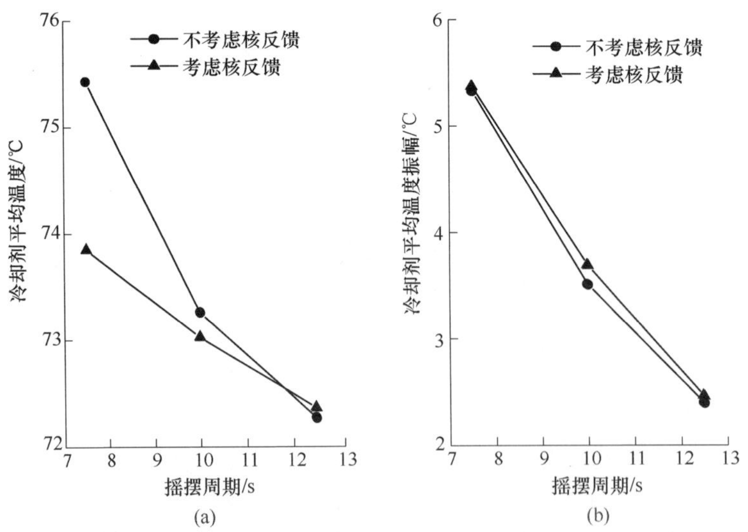

图 6.14　不同摇摆周期下核热耦合效应对系统冷却剂温度的影响(摇摆振幅 10°)

(a)摇摆周期对冷却剂平均温度的影响;(b)摇摆周期对冷却剂平均温度振幅的影响。

6.3.2.4 不同摇摆参数下核热耦合效应对燃料温度的影响

图6.15给出了当系统压力 $p=0.21\mathrm{MPa}$,加热热流密度 $q=125\mathrm{kW/m^2}$,加热段入口冷却剂温度为60℃时,不同摇摆振幅下核热耦合效应对燃料温度的影响曲线。从图6.15可以看到,与不考虑核反馈相比,考虑核反馈后随着摇摆振幅的增加,燃料温度平均值逐渐减小,而燃料温度波动幅度逐渐增大,且摇摆振幅越大,燃料温度平均值减小幅度越大,而燃料平均温度振幅减小幅度逐渐增大。

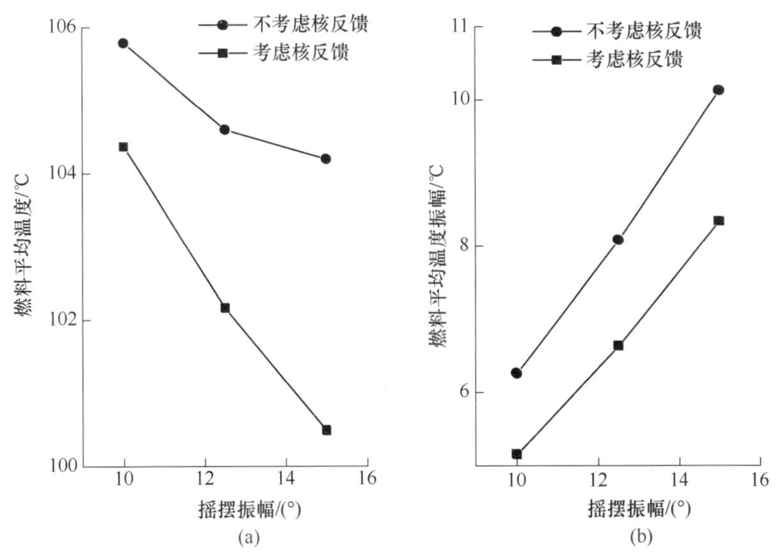

图6.15 不同摇摆振幅下核热耦合效应对燃料温度的影响(摇摆周期10s)
(a)摇摆振幅对燃料平均温度的影响;(b)摇摆振幅对燃料平均温度振幅的影响。

图6.16所示为不同摇摆周期下核热耦合效应对燃料温度的影响曲线。从图中可以看出,考虑核反馈后,随着摇摆周期的增加,而燃料温度平均值逐渐增加,燃料温度波动振幅逐渐减小,且摇摆周期越大,燃料温度平均值减小幅度越小,而燃料平均温度振幅减小幅度逐渐增大。

6.3.2.5 不同摇摆参数下核热耦合效应对系统反应性的影响

图6.17、图6.18所示分别给出了当系统压力 $p=0.21\mathrm{MPa}$,加热热流密度为 $q=125\mathrm{kW/m^2}$,加热段入口冷却剂温度为60℃时,不同摇摆周期和不同摇摆振幅下系统反应性随时间的响应曲线。随着摇摆频率的增加及摇摆振幅的增大,系统反应性波动幅度逐渐增大。

6.3.3 机理分析

当不考虑系统热工参数的变化与系统核特性之间的反馈耦合效应时,通常认为系统的释热热流密度是不随时间变化的,即当不考虑核反馈时,系统功率为一恒定值。而摇摆运动条件下,自然循环系统中流量会随摇摆运动而波动,流量

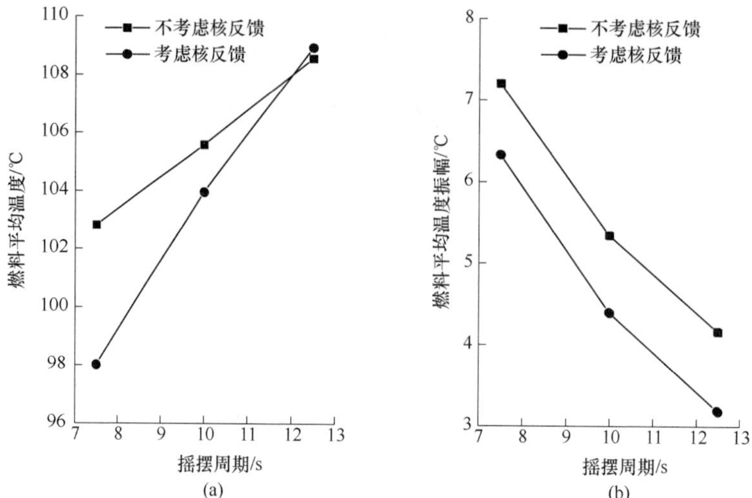

图 6.16　不同摇摆周期下核热耦合效应对燃料温度的影响(摇摆振幅 10°)
(a)摇摆周期对燃料平均温度的影响；(b)摇摆周期对燃料平均温度振幅的影响。

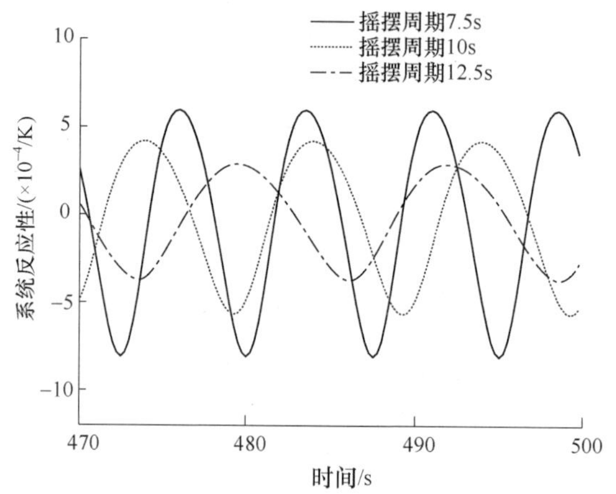

图 6.17　不同摇摆周期下反馈反应性随时间的变化曲线(摇摆振幅 10°)

的波动又必然会引起燃料温度、冷却剂温度等热工参数的变化。在考虑燃料温度－反应性反馈及冷却剂温度－反应性反馈时,燃料温度、冷却剂温度的波动便会使系统功率产生波动,系统功率的波动又会反过来影响燃料温度、冷却剂温度等热工参数的变化,即系统功率与热工参数的耦合影响。

(1) 对摇摆运动下的单相自然循环流动的理论和实验研究表明,摇摆造成自然循环系统流量的波动,波动周期与摇摆周期一致,波动振幅随摇摆振幅和摇摆频率的增加而增加[24]。模拟计算表明,流量波动振幅增加时,系统冷却剂及燃料温度的波动幅度也会增大。在考虑核反馈(即燃料温度－反应性反馈及冷却剂温度－反应性反馈)后,系统冷却剂及燃料温度波动幅度的增大便会引起

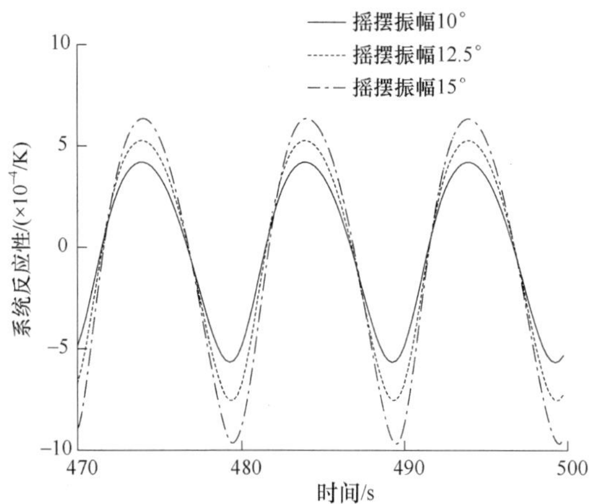

图 6.18 不同摇摆振幅下反馈反应性随时间的变化曲线(摇摆周期 10s)

系统反应性波动幅度的增大,因此,系统功率波动幅度也会变大。因此,考虑核反馈后,随着摇摆振幅及频率的增加,冷却剂温度、燃料温度、反应性及系统功率波动幅度的增加,是由摇摆运动引起的流量波动振幅增加造成的。

(2) 摇摆运动条件下,摇摆运动引起的扰流会使系统流动阻力增加,换热能力增强。系统流动阻力增加,平均流量降低,降低的程度随摇摆振幅及摇摆频率的增加而增加;换热能力增强,换热系数增大,增大的幅度随摇摆振幅及摇摆频率的增加而增加。系统平均流量降低,冷却剂平均温度将会增加,换热系数增大,燃料平均温度减小。当系统处于稳态(非摇摆状态)时,这时系统处于临界状态,系统反应性为0。摇摆运动开始后,系统平均流量降低,冷却剂平均温度提高,且提高程度随着摇摆振幅及摇摆频率的增加而增大;换热系数增大,燃料平均温度减小,且减小程度随着摇摆振幅及摇摆频率的增加而增大。由于冷却剂温度反馈系数和燃料温度反馈系数均为负值,考虑核反馈后,冷却剂平均温度的提高会给系统引入负的反馈反应性,而燃料平均温度的降低会引入正的反馈反应性。计算结果显示,由于计算所取压水堆的冷却剂温度反馈系数绝对值远大于燃料温度反馈系数的绝对值,因此,系统反馈反应性取决于冷却剂温度的变化。摇摆运动开始后,冷却剂平均温度提高,系统平均功率降低,且降低幅度随着摇摆振幅及摇摆频率的增加而增大。

6.4 不同核反馈方式下自然循环核热耦合特性研究

6.4.1 核反馈方式对自然循环核热耦合效应的影响

本书的研究考虑核反馈方式有两种,即燃料温度 - 反应性反馈和冷却剂温度 - 反应性反馈。核反馈方式不同时,相同摇摆参数下,引入系统的反馈反应性不同,系统功率的变化程度便会有所差异。因此,有必要讨论摇摆运动条件下不同核反馈方式时核热耦合效应对自然循环系统参数的影响。

6.4.1.1 不同核反馈方式下核热耦合效应对系统流量的影响

图 6.19 给出了摇摆周期 10s,振幅 10°,系统压力 $p=0.21\mathrm{MPa}$,加热热流密度 $q=125\mathrm{kW/m^2}$,加热段入口冷却剂温度为 60℃时,不同核反馈方式下系统流量的实时响应曲线。

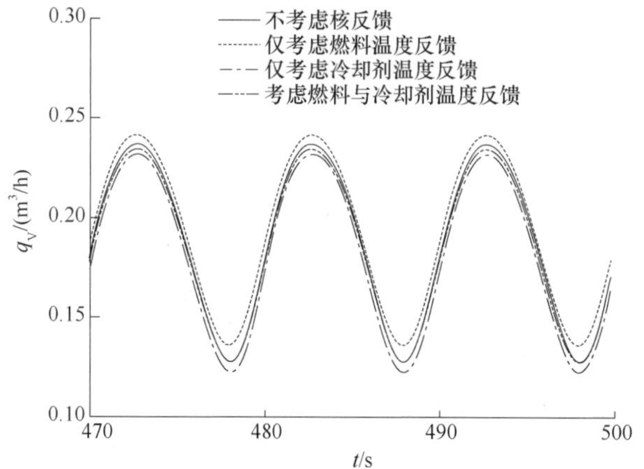

图 6.19 不同核反馈方式时系统流量的实时响应曲线

与不考虑核反馈的摇摆运动工况相比,仅考虑燃料温度反馈效应对反应性的影响时,系统平均流量有所增加。这是由于摇摆运动造成系统换热增强,燃料温度低于稳态值,当考虑燃料温度-反应性反馈时,系统反馈反应性为正值,系统平均功率增加,系统平均流量增大。

当仅考虑冷却剂温度反馈效应对反应性的影响时,系统平均流量有所降低。这是因为摇摆运动开始后,系统平均流量降低,冷却剂平均温度提高,在考虑冷却剂温度-反应性反馈时,系统反馈反应性为负值,系统平均功率降低,系统平均流量降低。

考虑燃料温度与冷却剂温度反馈时,系统平均流量位于仅考虑燃料温度反馈与仅考虑冷却剂温度反馈时系统平均流量值之间,可见,考虑燃料温度与冷却剂温度反馈时,系统平均流量反映了两种反馈方式综合影响的结果。

6.4.1.2 不同核反馈方式下核热耦合效应对系统功率的影响

图 6.20 给出了摇摆周期 10s,振幅 10°,系统压力 $p=0.21\mathrm{MPa}$,加热热流密度 $q=125\mathrm{kW/m^2}$,加热段入口冷却剂温度为 60℃时,不同核反馈方式下系统功率的实时响应曲线。

当仅考虑燃料温度-反应性反馈时,系统功率平均值较稳态值有所增加。这是因为摇摆运动下,系统传热增强,燃料温度较稳态值有所降低,由于燃料温

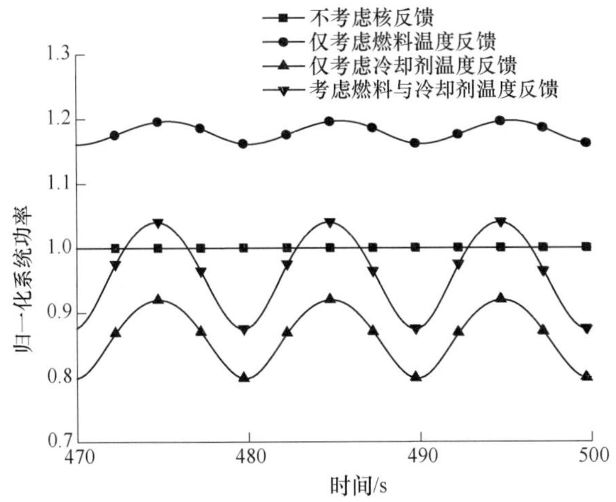

图 6.20 摇摆条件下只考虑燃料温度反馈时系统功率响应曲线

度的负反馈效应,系统功率平均功率较稳态值增加。

当仅考虑冷却剂温度反馈效应对反应性的影响时,系统平均功率有所降低。这是因为摇摆运动开始后,系统平均流量降低,冷却剂平均温度提高,在考虑冷却剂温度-反应性反馈时,系统反馈反应性为负值,系统平均功率降低。

当仅考虑燃料温度-反应性反馈时,系统功率波动振幅要小于仅考虑冷却剂温度-反应性反馈时系统功率波动振幅,这是因为本书模拟所采用的燃料温度反馈系数绝对值要远小于冷却剂温度反馈系数绝对值,而燃料温度波动幅度仅比冷却剂温度波动幅度略大。因此,在综合考虑燃料温度-反应性反馈与冷却剂温度-反应性反馈时,冷却剂温度反馈引起的系统功率波动占主导地位。

6.4.1.3 不同核反馈方式下核热耦合效应对系统反应性的影响

系统反馈反应性的大小不仅受摇摆参数的影响,而且受到不同核反馈方式及不同反馈反应性系数的影响。

由图 6.21 可以看出,不同反馈方式下系统反应性的波动周期均与摇摆周期相同。仅考虑燃料温度反馈时系统反应性的波动振幅要小于仅考虑冷却剂温度反馈时系统反应性的波动振幅,且同时考虑燃料与冷却剂温度反馈时系统反应性为仅考虑燃料温度反馈与仅考虑冷却剂温度反馈时系统反应性的叠加。

6.4.1.4 核热耦合效应对燃料温度影响的机理分析

摇摆条件下,系统核热耦合效应对系统冷却剂温度及燃料温度的影响相当复杂,为了更加明晰地分析研究燃料温度-反应性反馈对燃料温度及冷却剂温度-反应性反馈对冷却剂温度的影响,本书分别考虑了燃料温度-反应性反馈及冷却剂温度-反应性反馈两种不同核反馈方式,以分析两种核反馈的影响规律。

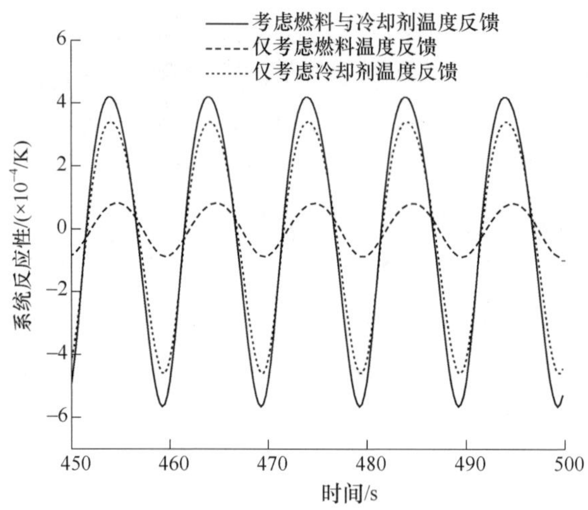

图 6.21 不同核反馈方式下反馈反应性随时间的变化曲线

1. 燃料温度 - 反应性反馈

以摇摆周期为 10s，摇摆振幅为 10°的工况为例。图 6.22 所示为系统压力 $p=0.21\mathrm{MPa}$，加热热流密度 $q=125\mathrm{kW/m^2}$，加热段入口冷却剂温度为 60℃时，仅考虑燃料温度 - 反应性反馈时的燃料温度与不考虑核反馈时的燃料温度的对比曲线。从图中可以看出，一方面，考虑核反馈后，燃料温度有所上升，这是由于摇摆条件下，系统传热增强，平均燃料温度低于稳态值，由于燃料温度的负反馈效应，仅考虑燃料温度 - 反应性反馈时系统功率必然增加，因此考虑核反馈后燃料温度升高；另一方面，考虑核反馈与不考虑核反馈的燃料温度之间存在一定的相位差 δt。

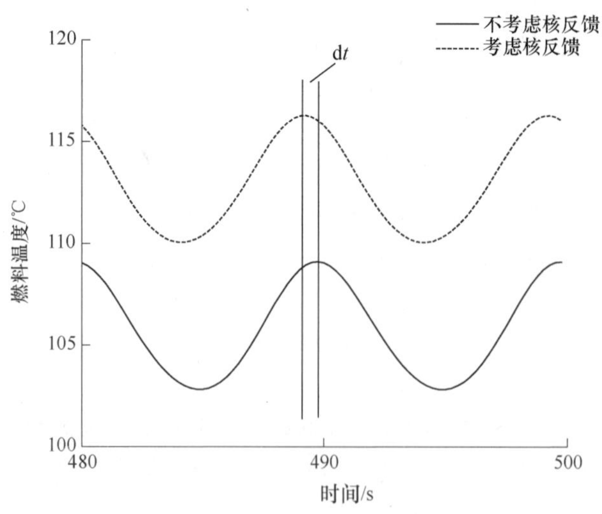

图 6.22 仅考虑燃料温度反馈时燃料温度随时间的响应曲线

考虑燃料温度-反应性反馈与不考虑燃料温度-反应性反馈的燃料温度之间存在相位差，这是由于考虑燃料温度-反应性反馈后燃料温度波动不仅受流量波动影响，而且受到燃料温度反馈引起的系统功率波动的影响。具体分析如下。

摇摆条件下，系统流量产生波动，燃料温度必然会随流量一起波动，燃料温度的计算公式为

$$M_u C_u \frac{d\overline{T}_u}{dt} = q - \pi Dh(\overline{T}_u - \overline{T}_f) \tag{6.16}$$

由式(6.16)可知，燃料温度的波动是由系统功率与冷却剂带走的功率的差值决定的，该差值即为燃料的蓄热功率，即

$$q_{u0} = q_0 - \pi Dh(\overline{T}_u - \overline{T}_f) \tag{6.17}$$

摇摆条件下，燃料的蓄热功率主要受系统流量波动影响，图6.23给出了燃料蓄热功率波动振幅随流量波动振幅的响应曲线，由图可以看出，燃料蓄热功率波动振幅随流量波动振幅是线性变化的，即不考虑核反馈时的摇摆运动工况下，燃料温度的波动主要是由流量波动引起的。

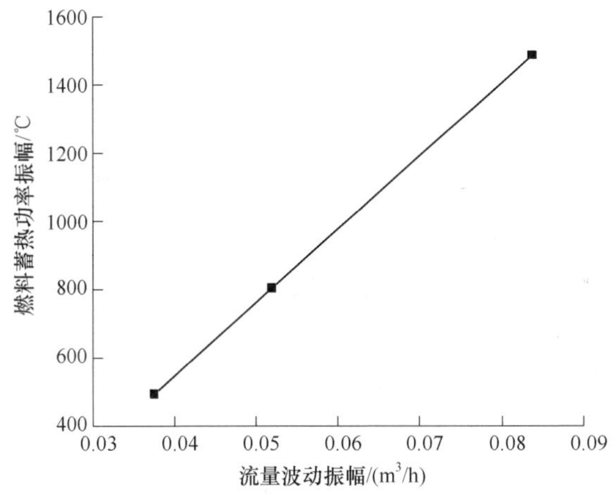

图6.23 燃料蓄热功率波动振幅随流量波动振幅的响应曲线

在考虑燃料温度-反应性反馈效应后，由于燃料温度的负反馈效应，系统功率产生波动。考虑核反馈后的燃料蓄热功率计算式为

$$\begin{aligned} q_{uf} &= q - \pi Dh(\overline{T}_u - \overline{T}_f) \\ &= q - q_0 + q_0 - \pi Dh(\overline{T}_u - \overline{T}_f) \\ &= q - q_0 + q_{u0} \\ &= \Delta q + q_{u0} \end{aligned} \tag{6.18}$$

由于考虑核反馈后系统流量波动振幅变化不大，即燃料蓄热功率变化不大，由式(6.18)可知，考虑核反馈后燃料蓄热功率为系统功率波动与未考虑核反馈时燃料蓄热功率波动的叠加。

图6.24给出了系统压力 $p=0.21\text{MPa}$，加热热流密度 $q=125\text{kW/m}^2$，加热段

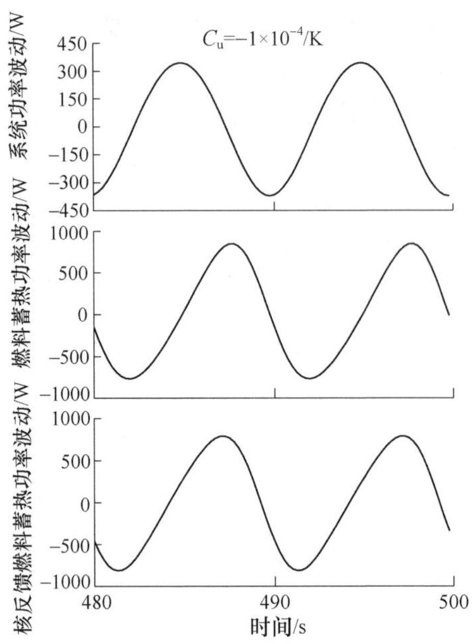

图 6.24　考虑核反馈后燃料蓄热功率与系统功率波动响应曲线

入口冷却剂温度为 60℃,摇摆周期 10s,摇摆振幅为 10°时,考虑燃料温度－反应性反馈效应后燃料蓄热功率波动与系统功率波动的响应曲线。从图中可以看出,系统功率波动与燃料蓄热功率波动相差近 π/2,因此,二者叠加后燃料蓄热功率相位有所变化,燃料温度相位也会随之改变,即考虑核反馈后燃料温度波动不仅受流量波动影响,而且受到燃料温度反馈引起的系统功率波动的影响。

6.4.1.5　核热耦合效应对冷却剂温度影响的机理分析

以摇摆周期为 10s,摇摆振幅为 10°时的工况为例。图 6.25 所示为系统压力 $p = 0.21\text{MPa}$,加热热流密度 $q = 125\text{kW/m}^2$,加热段入口冷却剂温度为 60℃

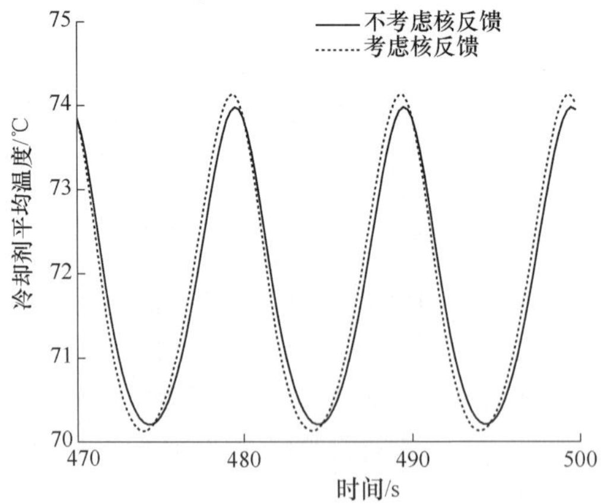

图 6.25　冷却剂温度反馈对系统冷却剂温度的影响

时，仅考虑冷却剂温度－反应性反馈时的冷却剂温度与不考虑核反馈时的冷却剂温度的对比曲线。

由图6.25可以看出，考虑核反馈后，冷却剂温度的波动幅度有所增大。冷却剂温度的波动主要受流动波动及流体获得功率波动的影响，即

$$2Mc_p(\overline{T}_f - T_i) = q_f \tag{6.19}$$

式中：q_f 为流体获得的功率；M 为系统质量流量。

计算结果表明，核反馈对流量波动幅度的影响极小，不会造成冷却剂温度波动幅度的变化，但冷却剂获得功率的波动与流量波动相位接近，因而式(6.19)可以简化为

$$2Mc_p(\overline{T}_f - T_i) = c_0M + c_1 \tag{6.20}$$

$$\overline{T}_f = T_i + \frac{c_0}{2c_p} + \frac{c_1}{2Mc_p} \tag{6.21}$$

如图6.26计算结果显示，冷却剂温度－反应性反馈使冷却剂获得的功率波动幅度减小，又由于质量流量波动几乎不变，因而由式(6.20)可知 c_0 减小，c_1 增大，由式(6.21)可知 c_1 增大会造成冷却剂温度波动幅度增加。

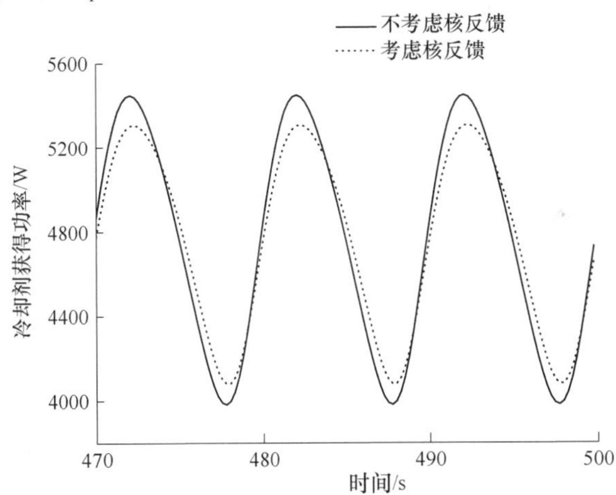

图6.26 仅考虑冷却剂温度反馈对冷却剂获得功率的影响

6.4.2 核反馈系数对自然循环核热耦合效应的影响

为了考察反馈量不同时核热耦合效应对自然循环系统参数影响的变化，本节通过改变核反馈系数的绝对值大小进行模拟计算，并对模拟结果进行分析，以探究不同核反馈系数时核热耦合效应对自然循环系统的影响规律。

6.4.2.1 不同核反馈系数时核热耦合效应对系统平均功率的影响

1. 理论推导

在考虑慢化剂及燃料的温度系数核反馈时，摇摆运动引起的系统平均阻力及

平均传热系数的改变是造成平均功率的变化的直接因素。假定初始状态时系统处于稳态，$\rho_0=0$。考虑核反馈的平均燃料温度及慢化剂温度计算方程组如下：

$$2\overline{M}c_p(\overline{T}_f-T_i)=\bar{p} \tag{6.22}$$

$$\bar{h}Al(\overline{T}_u-\overline{T}_f)=\bar{p} \tag{6.23}$$

$$(\overline{T}_f-T_{f0})\alpha_f+(\overline{T}_u-T_{u0})\alpha_u=\bar{\rho}_t \tag{6.24}$$

式中：T_{f0}、T_{u0}分别为稳态时的慢化剂温度及燃料温度值；T_i 为入口慢化剂温度；$\bar{p}$、$\overline{T}_f$、$\overline{T}_u$ 分别为核反馈后系统的平均功率，平均慢化剂温度及平均燃料温度；α_f、α_u 分别为慢化剂温度及燃料温度的反馈系数；$\bar{\rho}_t$ 为实时反应性的时均值。

由式(6.22)得

$$\overline{T}_f=\bar{p}/2\overline{M}c_p+T_i \tag{6.25}$$

将式(6.25)代入式(6.23)得

$$\overline{T}_u=c_1\bar{p}+T_i \tag{6.26}$$

式中：$c_1=(1/2\overline{M}c_p+1/\bar{h}Al)$。

$\bar{\rho}_t$ 为一小量，可近似计为0，如此，则将式(6.25)代入式(6.24)得

$$\overline{T}_u=c_2(T_{f0}-\bar{p}/2\overline{M}c_p-T_i)+T_{u0} \tag{6.27}$$

其中，令反馈比 $c_2=\alpha_f/\alpha_u$，即慢化剂与燃料温度反馈系数的比值。

式(6.26)、式(6.27)联立，得

$$\bar{p}=\frac{c_2(T_{f0}-T_i)+T_{u0}-T_i}{c_1+c_2/2\overline{M}c_p}$$

$$=2\overline{M}c_p(T_{f0}-T_i)+2\overline{M}c_p\frac{T_{u0}-T_i-(T_{f0}-T_i)\left(1+\dfrac{2\overline{M}c_p}{\bar{h}Al}\right)}{c_2+\left(1+\dfrac{2\overline{M}c_p}{\bar{h}Al}\right)} \tag{6.28}$$

当系统处于稳态时，有

$$2M_0c_p(T_{f0}-T_i)=h_0Al(T_{u0}-T_{f0}) \tag{6.29}$$

式中：M_0、h_0 分别为稳态时系统的质量流量与传热系数。

将式(6.29)代入式(6.28)，得

$$\bar{p}=2\overline{M}c_p(T_{f0}-T_i)+\frac{4\overline{M}(c_p)^2}{Al}\frac{(T_{f0}-T_i)\left(\dfrac{M_0}{h_0}-\dfrac{\overline{M}}{\bar{h}}\right)}{c_2+\left(1+\dfrac{2\overline{M}c_p}{\bar{h}Al}\right)} \tag{6.30}$$

摇摆运动条件下，自然循环系统阻力增加，传热能力增强，即 $M_0/h_0 > \overline{M}/\overline{h}$。因此，式(6.30)中($M_0/h_0 - \overline{M}/\overline{h}$)为正值。由式(6.30)可以看出，在初始状态确定后，摇摆条件下考虑核反馈后系统的平均功率与$\overline{M}$(系统的平均质量流量)、$\overline{h}$(系统的平均传热系数)及 c_2(慢化剂与燃料的温度反馈系数比)有关。系统平均功率与系统的平均质量流量、系统的平均传热系数成正比，与慢化剂与燃料的温度反馈系数比成反比。

由于系统平均质量流量及平均传热系数主要受摇摆参数的影响，摇摆参数恒定时，考虑核反馈与不考虑核反馈相比，系统平均质量流量及传热系数变化不大。因此，在计算考虑核反馈后系统平均功率时，认为系统平均质量流量及平均传热系数不变。

设定初始稳态工况，系统压力 $p = 0.21\text{MPa}$，加热热流密度 $q = 125\text{kW/m}^2$，加热段入口冷却剂温度为 $T_{\text{in}} = 60℃$ 时，系统体积流量为 $V = 0.205\text{m}^3/\text{h}$。摇摆周期为10s，摇摆振幅为10°时，模拟值与理论值对比如图6.27所示。从图中可以看出，在本实验范围内，模拟值与理论值符合良好，验证了假设的合理性。

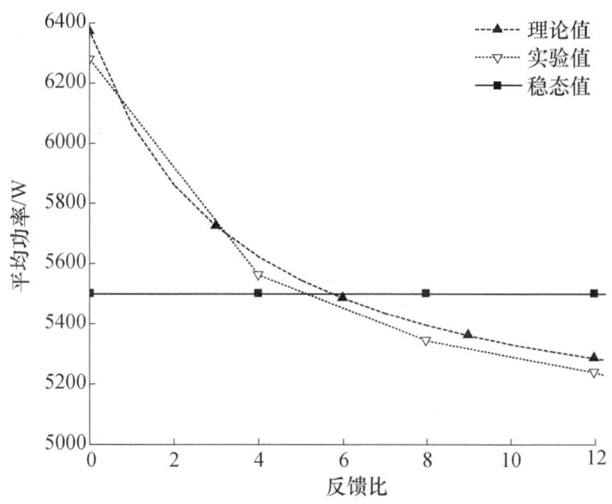

图6.27 相同摇摆参数时平均功率与反馈比的响应曲线

2. 计算结果分析

1）反馈比 α_f/α_u 的影响

由图6.27可以看出，当系统处于稳定工况或不考虑核反馈时，系统平均功率保持不变，不随反馈比变化。考虑核反馈后，摇摆参数恒定时，随着反馈比 α_f/α_u 的增大，系统平均功率逐渐降低。这主要是由于摇摆运动对慢化剂温度和燃料温度影响不同造成的。摇摆条件下，系统平均阻力增加，平均质量流量降低，平均慢化剂温度升高，慢化剂温度反馈反应性为负值；随着反馈比的增大，慢化剂温度的反馈反应性占总反应性的比例增加，因此，系统平均功率降低。同时,摇摆条件下,传热增强,燃料温度较稳态值有所降低,燃料温度反馈反应性为正值。因此,当反馈比 α_f/α_u 减小,燃料温度反馈反应性占总反应性的比例增大时,系统平均功率增加。

2）摇摆参数的影响

摇摆参数不同时,系统阻力及传热系数的变化也不同。一般说来,摇摆运动越剧烈(即摇摆周期越小,振幅越大),系统传热增加越大,传热系数也越大[22];同时,系统平均阻力越大,平均流量越小[24]。

图 6.28、图 6.29 所示分别为不同摇摆振幅和不同摇摆周期时系统平均功率随反馈比的变化曲线。两幅图中的交点表明:在该反馈比时,考虑核反馈后两种不同摇摆参数下系统平均功率相同,即在该点时不同摇摆参数产生的系统阻力变化与传热系数的变化对反应性的综合影响相同。

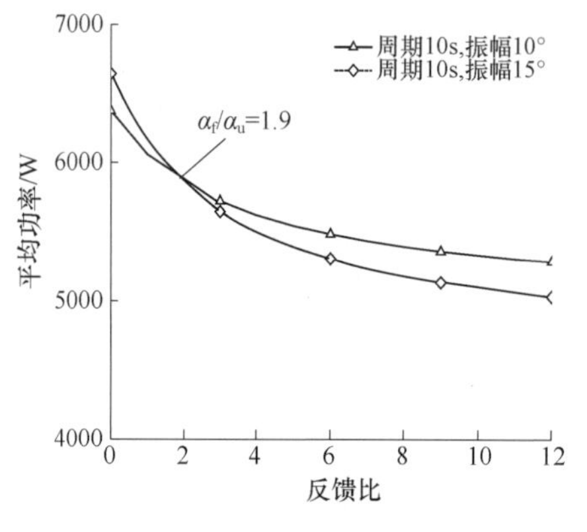

图 6.28　不同摇摆振幅时
平均功率与反馈比的响应曲线

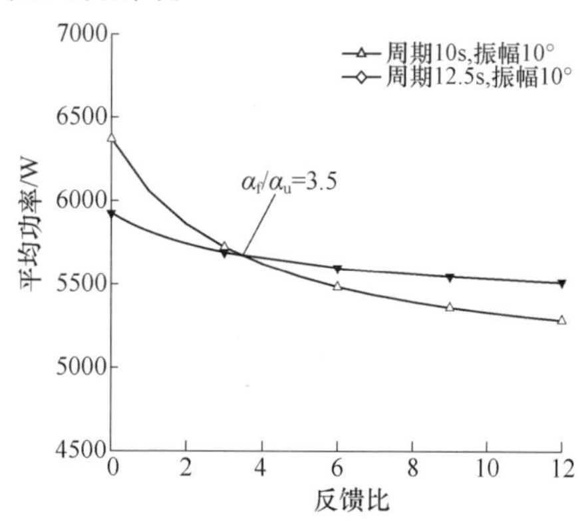

图 6.29　不同摇摆周期时
平均功率与反馈比的响应曲线

由图 6.28 还可以看出,反馈比 α_f/α_u 为 1.9 时,系统平均功率相同。当 $\alpha_f/\alpha_u<1.9$ 时,摇摆参数引起的系统平均传热系数的变化对反应性的影响起主导作用。摇摆振幅增加,传热增强,传热系数增大,平均燃料温度降低,反应性增加,系统平均功率增大。当反馈比 $\alpha_f/\alpha_u>1.9$ 时,摇摆参数引起的系统平均阻力系数的变化对反应性的影响起主导作用。摇摆振幅增加,系统平均阻力增大,平均流量降低,平均慢化剂温度升高,反应性减小,系统平均功率降低。

摇摆周期不同时系统平均功率的变化曲线如图 6.29 所示。从图 6.29 中可以看到,当反馈比 $\alpha_f/\alpha_u<3.5$ 时,不同摇摆参数引起的系统平均传热系数的变化对反应性的影响起主导作用。摇摆周期减小,传热增强,传热系数增加,系统平均功率增大。当反馈比 $\alpha_f/\alpha_u>3.5$ 时,不同摇摆参数引起的系统平均阻力系数的变化对反应性的影响起主导作用。摇摆周期减小,系统平均阻力增大,平均流量降低,系统平均功率降低。

6.4.2.2　不同核反馈系数时核热耦合效应对系统燃料温度的影响

为了更加明确地分析不同温度反馈系数对冷却剂温度及燃料温度的影响,

本书对不同核反馈方式下（仅考虑燃料温度反馈或仅考虑冷却剂温度反馈）增加温度反馈系数绝对值后对燃料温度及冷却剂温度的影响分别进行了计算。

图6.30给出了摇摆周期10s、振幅10°时，不同燃料温度反馈系数下仅考虑燃料温度反馈时系统燃料温度的实时响应曲线。从图中可以看出，当系统燃料温度反馈系数绝对值增加时，燃料平均温度变化不大，而燃料温度波动幅度逐渐减小。这说明增加燃料温度反馈系数绝对值，燃料温度反馈作用增强，对燃料温度波动抑制能力增大。

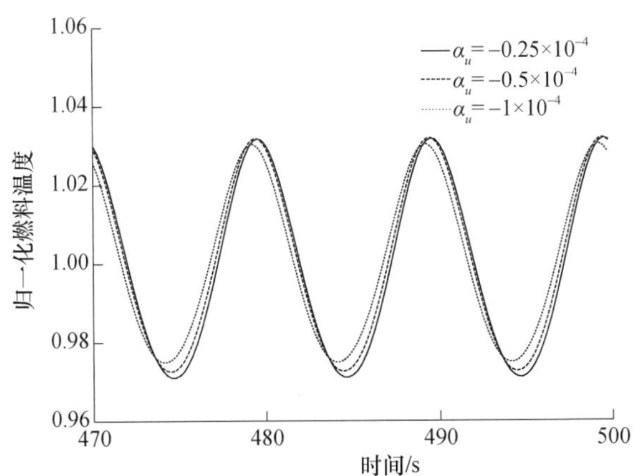

图6.30 不同燃料温度反馈系数下燃料温度的响应曲线

6.4.2.3 不同核反馈系数时核热耦合效应对系统冷却剂温度的影响

图6.31给出了摇摆周期10s、振幅10°时，不同冷却剂温度反馈系数下仅考虑冷却剂温度反馈时系统冷却剂温度的实时响应曲线。从图中可以看出，当系统冷却剂温度反馈系数绝对值增加时，冷却剂平均温度变化不大，而冷却剂温度波动幅度随之增大，冷却剂温度的反馈效应使冷却剂温度波动幅度增加。因此，增加系统冷却剂温度反馈系数绝对值，冷却剂温度反馈效应增强。

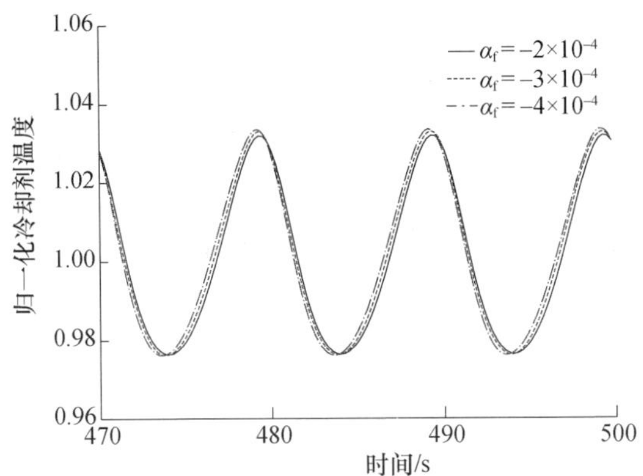

图6.31 不同冷却剂温度反馈系数下冷却剂温度的响应曲线

6.4.2.4 不同核反馈系数时核热耦合效应对系统反应性的影响

图6.32给出了仅考虑燃料温度反馈时,不同燃料温度反馈系数下系统反应性随时间的变化曲线。由图中可以看出,同一系统工况下,随着反馈系数的增加,系统反馈反应性波动振幅增大。

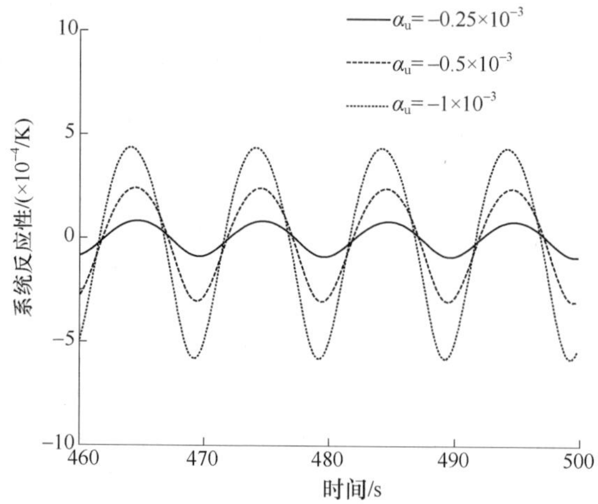

图6.32 不同燃料温度反馈系数时反馈反应性随时间的变化曲线

参 考 文 献

[1] 周铃岚,张虹,黄善仿. 核反馈对并联双通道自然循环系统流动不稳定性的影响[J]. 原子能科学技术, 2013(04): 557-563.

[2] 吴小航,赵华,郑进文,等. 核反馈实时模拟程序[J]. 核动力工程, 2006(03): 83-86.

[3] van Bragt D D B V. Stability of natural circulation boiling water reactors: part I—description stability model and theoretical analysis in terms of dimensionless groups[J]. Nuclear Technology, 1998(121): 40-51.

[4] March-Leuba J, Blakeman E D. A mechanism for out-of-phase power instabilities in boiling water reactors[J]. Nuclear Science and Engineering, 1991, 107(2): 173-179.

[5] Muñoz-Cobo J L, et al. Non Linear Analysis of Out of Phase Oscillations in Boiling Water Reactors[J]. Annals of Nuclear Energy, 1996, 23: 1301-1335.

[6] Nayak A K, Vijayan A P K, Aritomi M, et al. Analytical study of nuclear-coupled density-wave instability in a natural circulation pressure tube type boiling water reactor[J]. Nuclear Engineering and Design, 2000, 195(1): 27-44.

[7] Lee J D, Pan C. Nonlinear analysis for a nuclear-coupled two-phase natural circulation loop[J]. Nuclear Engineering and Design, 2005, 235(5): 613-626.

[8] van Bragt D D B, van der Hagen J T H J. Stability of natural circulation boiling water reactors: Part II: Parametric study of coupled neutronic-thermohydraulic stability[J]. Nuclear Technology, 1998(121): 52-62.

[9] Prasad R O S. Doshi J B, Iyer K. A numerical investigation of nuclear coupled density wave oscillations[J]. Nuclear Engineering and Design, 1995(154): 381-396.

[10] Dutta G, Doshi J B. Nonlinear analysis of nuclear coupled density wave instability in time domain for a

boiling water reactor core undergoing core-wide and regional modes of oscillations[J]. Progress in Nuclear Energy,2009, 51(8): 769 –787.

[11] Durga Prasad G V, Pandey M. Parametric effects on reactivity instabilities and nonlinear oscillations in a nuclear-coupled double channel natural circulation boiling system[J]. Nuclear Engineering and Design, 2010, 240(5): 1097 –1110.

[12] 高华魂,赵漾平,傅龙舟. 用现代须域控制理论研究核祸合密度波不稳定性问题[J]. 核科学与工程,1991(11): 18 –30.

[13] 吴少融,陈立强,李怀萱,等. 密度核反馈条件下低压自然循环两相流动稳定性实验[J]. 清华大学学报(自然科学版), 1995(06): 94 –98.

[14] 王建军,杨星团,姜胜耀. 低干度自然循环两相流动系统的静态分岔特性[J]. 原子能科学技术, 2007(02): 180 –184.

[15] 周铃岚,张虹,臧希年,等. 耦合核反馈并联通道异相振荡研究[J]. 核动力工程,2011(06): 66 –70.

[16] 周铃岚,张虹,谭长禄,等. 摇摆下自然循环矩形双通道系统核热耦合不稳定性研究[J]. 核动力工程,2013(S1): 55 –60.

[17] 张连胜,谭思超,赵翠娜,等. 摇摆对自然循环核热耦合平均功率的影响[J]. 原子能科学技术,2013(11): 1998 –2002.

[18] 张连胜,张红岩,谭思超,等. 摇摆运动下单相自然循环核热耦合特性研究[J]. 原子能科学技术, 2013(10): 1740 –1744.

[19] 欧阳予. 秦山核电工程[M]. 北京: 原子能出版社, 2000.

[20] 吴小航,赵华,郑进文,等. 核反馈实时模拟程序[J]. 核动力工程,2006(03): 83 –86.

[21] 谢仲生. 核反应堆物理分析[M]. 西安: 西安交通大学出版社, 2004.

[22] 谭思超,庞凤阁,高璞珍. 摇摆对自然循环传热特性影响的实验研究[J]. 核动力工程, 2006(05): 33 –36.

[23] 谭思超,高璞珍,苏光辉. 摇摆运动条件下自然循环温度波动特性[J]. 原子能科学技术, 2008(08): 673 –677.

[24] 谭思超,高璞珍,苏光辉. 摇摆运动条件下自然循环流动的实验和理论研究[J]. 哈尔滨工程大学学报, 2007(11): 1213 –1217.

第 7 章　海洋条件下局部气泡行为

摇摆运动使得沸腾通道的气泡处于周期性变化的力场当中,气泡行为特性与稳态条件下存在显著不同,本章针对海洋条件下气泡行为进行可视化实验研究。

7.1　气泡行为分类特性研究

针对摇摆运动下气泡行为研究的实验系统详见文献[1, 2],本节将根据实验中观察到的气泡图像总结不同种类气泡的基本特点,在此基础上对其进行分类。基于静止条件下的气泡分类以及热工参数对分类的影响,分析海洋条件下所带来的影响,确定海洋条件下研究气泡行为的分类方法。

7.1.1　可视化实验段

本实验中所用的单面加热可视矩形实验段的结构如图 7.1 所示,实验段主要由上承压体、下承压体、石英玻璃可视窗、O 形密封圈、密封圈冷却槽、电加热板以及热电偶组成。

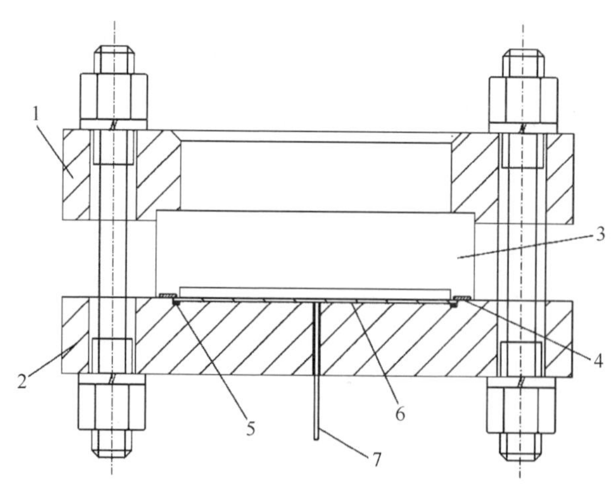

图 7.1　可视化实验段结构示意图

1—上承压体; 2—下承压体; 3—石英玻璃可视窗; 4—O 形密封圈; 5—密封圈冷却槽; 6—电加热板; 7—热电偶。

图7.1中上承压体和下承压体通过双头螺栓连接到一起构成实验段的结构框架,在整块石英玻璃上蚀刻一个矩形槽道形成流道的一部分,槽道宽度约为40mm,深度约为1.7mm,作为观察气泡行为的观察窗的同时,也形成了矩形流道的主要组成部分,包含了矩形流道的三个面。O形密封圈将石英玻璃可视窗与电加热板连接到一起并密封形成整个矩形流道,同时也起到了将石英玻璃与电加热板柔性连接到一起的作用。电加热板作为矩形流道的第四个面与石英玻璃可视窗以及O形密封圈共同形成矩形通道,尺寸为40mm×2mm。电加热板由石英玻璃和上承压体压紧固定在下承压体上,正面为沸腾气泡产生的表面,底面与下承压体之间通过云母片实现绝缘。电加热板的材质为316L不锈钢,在温度为150℃时导热系数为17W/(m^2·℃),加热板的厚度为3mm,总长度为550mm,沸腾表面经过抛光措施尽量降低表面粗糙度。

电加热板的背面焊连了两个铜电极,通过直流加热的方式对电加热板进行加热。实验段加热所用的直流电解电源最大可提供2000A/50V的直流电输出,通过调节加载在电加热板上的电流大小调节通道内加热部分的热流密度。电加热板的材料和厚度都是均匀的,因此沸腾表面的热流密度可以近似认为是均匀分布的。利用电压表对实验段上的电压分布进行了测量并加以比较,发现不同位置处电加热板上的压降基本相等,根据直流电加热的特性,可以确定沿轴向方向加热功率的均匀分布特性。为了测量实验段的流动压降以及实验段进出口的压力,实验段两端分别设置了直径为2mm的引压孔,通过外径为4mm引压管与压力变送器和压差变送器连接,两个引压孔之间的距离为480mm。实验段的电加热板背面布置了11组共17根热电偶,对电加热板的壁面温度进行监控和测量。

为了降低实验段向周围空间的散热影响实验的热平衡,实验段外部由保温材料包裹,本实验需要对通道内的气泡行为进行观察,因此对实验段进行保温时观察窗部分是裸露的,由于石英玻璃的导热系数较小,因此该部分所造成的散热损失也比较小。此外,实验进行过程中也对热平衡进行了实时监控,对实验数据进行了筛选,舍弃了热平衡偏离较大的数据。本实验中所用到的高速摄影系统及其布置如图7.2所示,实验中高速摄像机从实验段正面对气泡行为进行观察拍摄。

7.1.2 气泡类别及其基本特征

相对于流动沸腾系统而言,单个气泡是在一个相对较小的范围内存在的。气泡周围的壁面条件和流体流动条件都会对气泡行为产生影响,前者主要受加工过程和沸腾壁面使用次数影响,而后者则由流动系统的轻微波动或者是湍流流动带来的随机波动造成,这些随机波动会对气泡行为产生影响。从微观上来看,气泡存在的环境是不稳定的,其周围的热工参数和壁面参数会随时间或者位

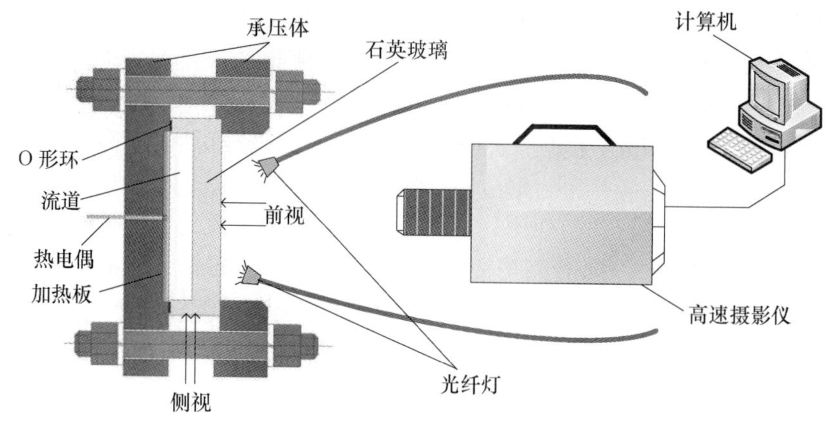

图 7.2　高速摄影系统的布置方式

置的变化而发生变化。另外,过冷沸腾中的气泡伴随着非稳态过程,涉及气泡的核化、生长、运动以及冷凝等。这些非稳态过程会对加热壁面以及周围流体的状态产生影响,由此作用到宏观的流动换热中。结合以上两个方面,气泡与周围环境的作用是相互耦合的,周围环境会影响气泡的变化,气泡的变化反过来会作用于周围环境。当这种相互作用所造成的不稳定程度比较小时,会产生一些高频振动,发出相应的噪声,而物理变量的时间平均值基本保持为常数,波动幅度也很小。而这种相互作用变得更为强烈时,则会产生诸如流动不稳定之类的不稳定行为,威胁到沸腾系统的安全运行。

正是由于气泡周围环境的局部特性(本身存在的或者气泡造成的)差异,不同条件下气泡行为有较大的不同。整体上,在外部条件确定的情况下气泡行为具有相似特性。而从局部来看,气泡行为对周围环境的变化较为敏感,例如,同一工况下不同核化点之间的气泡的脱离直径会有所不同,即使是对于同一核化点,不同时刻产生的气泡的脱离直径也会有所不同。基于上述原因,本章将根据气泡的特征对其进行分类研究,而局部参数的改变引起的气泡特性的不同采用平均方法处理。

很多研究者都发现了不同条件下沸腾通道内气泡的基本特性会发生变化,并对其分类进行了研究。Ahmadi[3] 在过冷沸腾实验中发现气泡核化之后呈现出以下两种不同的趋势:①从加热壁面浮升并冷凝消失;②沿壁面滑移很长的距离。作者发现只有当壁面过热度较高时才会发生气泡的浮升现象。Yuan[4] 发现不同系统压力条件下的气泡行为有较大的不同,系统压力较低时气泡在核化点产生之后并生长,随后发生冷凝消失且不会发生滑移,而当系统压力较高时气泡将沿加热壁面滑移很长一段距离且不会发生冷凝消失的现象。Okawa[5] 采用两台同步高速摄像机拍摄了过冷沸腾通道内的气泡,实验发现气泡脱离核化点之后表现出以下三种轨迹,其中一种气泡会沿着加热壁面向上滑移运动很长距离，另一种气泡沿着壁面滑移几毫米之后就会脱离壁面向主流运动，之后这种气泡可能会冷凝消失在过冷流体中，也有可能会一直靠近加热壁面并与其重新接触，即第三种轨迹。从上述研究者的结果中可以看出，不同条件下气泡的基本特性会有所差别，下面将结合本实验中的实验数据对不同类型气泡的基本特征进行总结。

图7.3所示为实验中较低压力、较大过冷度条件下常见的一种气泡，气泡从核化点产生，并在核化点附近生长，在长大过程中位置变化较小。随着气泡的不断长大，气泡生长速度会逐渐降低，直至达到一个最大值。过了最大值之后，气泡直径会逐渐减小，说明气泡顶部的冷凝速率开始大于气泡底部的蒸发速率。最终，随着冷凝的继续进行，气泡直径会一直减小，最终冷凝消失。

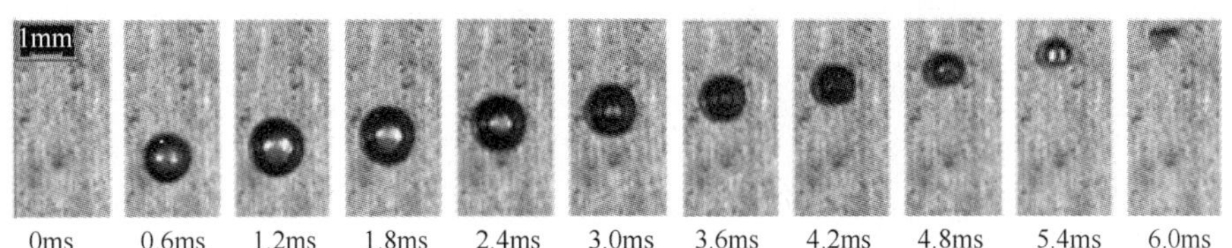

图7.3　实验中观察到的气泡

图7.4～图7.6中分别给出了Ahmadi[3]、Yuan[4]和Okawa[5]实验中观察到的气泡图片。其中Ahmadi[3]的实验从加热壁面侧面对气泡图像进行拍摄，Yuan[4]的实验拍摄角度垂直于加热壁面，而Okawa[5]的实验中采用了两台高速摄影机，同时从加热壁面侧面和正面对气泡进行了拍摄。通过对比可以发现，这些实验中的气泡图像和图7.3所示的气泡具有相似之处。本实验和Yuan[4]的实验类似，受条件限制并不能获得气泡与加热壁面之间的位置关系，即并不能准确确定气泡是否脱离了加热壁面发生了浮升。而从Ahmadi[3]和Okawa[5]的实验中可以发现，这种气泡在沿着壁面运动的过程中发生了浮升现象，气泡脱离了加热壁面，其冷凝速率有所增加而蒸发速率有所降低，因此在后期气泡的直径逐渐减小，最后气泡消失在主流中。与Okawa[5]的实验的对比结果更加清楚地说明了以上问题，本实验中该类气泡出现的特征和后期的浮升现象有很大的关系。

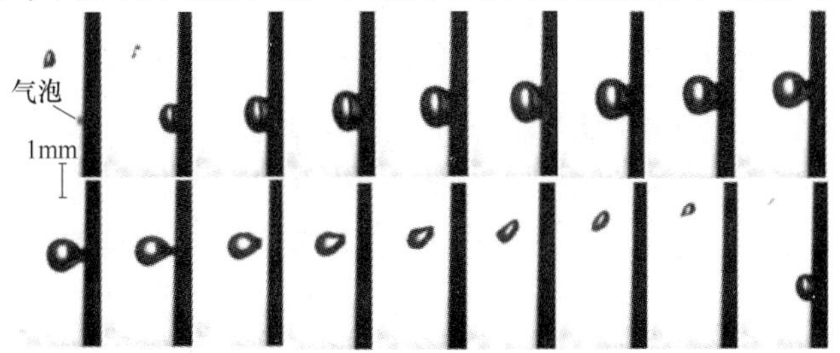

图7.4　Ahmadi实验中的气泡[3]（$\Delta t = 0.67\text{ms}$）

$p = 97\text{kPa}$；$G = 384\text{kg/(m}^2 \cdot \text{s)}$；$q'' = 224\text{kW/m}^2$；$\Delta T_{\text{sub}} = 12.7\text{K}$；$\Delta T_{\text{w}} = 15.8\text{K}$。

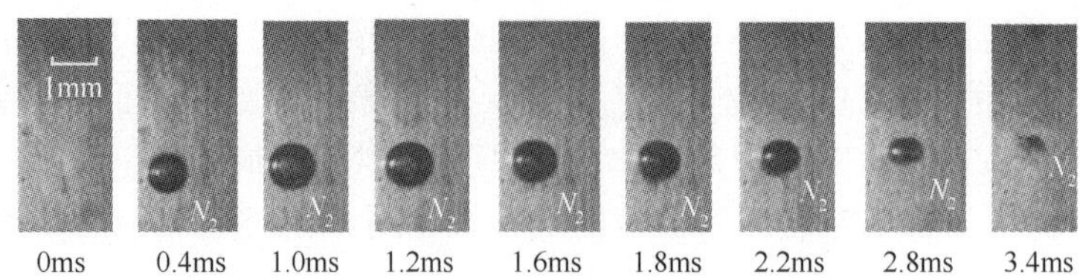

图 7.5　Yuan 实验中气泡[4]

$p = 301\text{kPa}$；$G = 392.3\text{kg/(m}^2\cdot\text{s)}$；$q'' = 84\text{kW/m}^2$；$\Delta T_{sub} = 22\text{K}$；$\Delta T_w = 2.7\text{K}$。

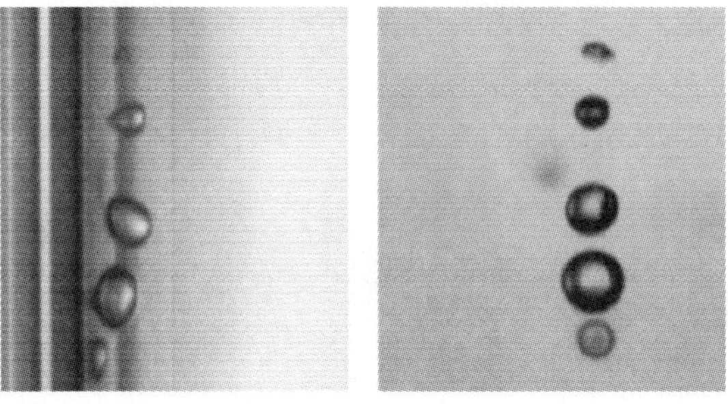

图 7.6　Okawa 实验中的气泡[5]（$\Delta t = 2.5\text{ms}$，$\Delta t = 1.25\text{ms}$）

$p = 121\text{kPa}$；$G = 274 \sim 280\text{kg/(m}^2\cdot\text{s)}$；$q'' = 135\text{kW/m}^2$；$\Delta T_{sub} = 9.7 \sim 10\text{K}$。

因此，可以认为本实验中观察到的该类气泡在核化产生一段时间之后也发生了浮升，由此伴随着气泡直径的持续减小并最终消失。

实验中观察到以上气泡具有如下特征：

（1）同一位置处（核化点）周期性产生（图 7.6）；

（2）气泡运动距离较短（相对于后面的第二类气泡）；

（3）气泡产生之后经过生长最后冷凝消失。

本书将实验中观察到的具有以上特征的气泡称为第一类气泡，从图 7.4 ~ 图 7.6 可以看出，第一类气泡在初始阶段基本可以保持为比较规则的球缺形状，而在其接近于冷凝消失的阶段，气泡变为不规则形状，原来较好的对称性消失。气泡底部的接触直径开始时不断增加，达到最大值之后开始收缩，收缩到 0 点之后气泡脱离加热壁面，并在过冷流体中冷凝消失。

图 7.7 中示出的是本实验中较高压力、较小过冷度条件下常见的一种从核化点产生的气泡，气泡从固定的核化点产生，并具有一定的周期性。气泡产生之后沿着加热壁面运动，相对于图 7.3 中的气泡，其直径变化速度较小。将气泡这种沿着壁面运动的方式称为滑移运动，气泡在滑移运动初期直径会不断增加。滑移运动一段距离之后，气泡的直径变化具有一定的随机特性。对于图 7.7 中的气泡而言，气泡直径既有增加，也有减小，同时也有基本不发生变化的情况。

图 7.8 ~ 图 7.10 中分别给出了 Ahmadi[3]、Yuan[4] 和 Okawa[5] 实验中观察到的气泡图片，以上三个研究者的实验图片中都出现了与图 7.7 中类似的气泡，即

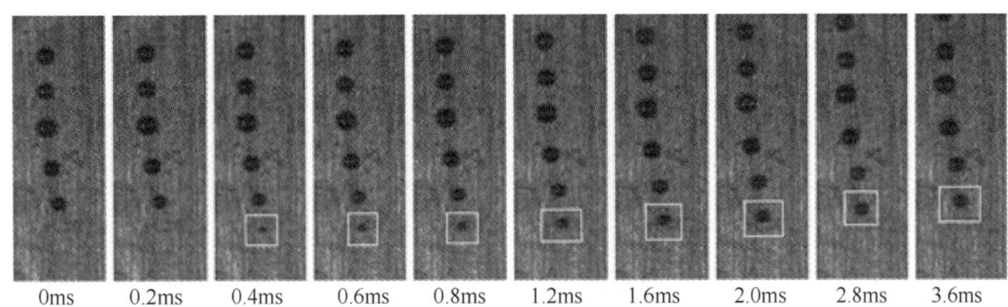

图 7.7　实验中观察到的气泡

气泡从核化点产生并离开，气泡的直径在滑移运动的过程中发生变化。相对于图 7.3 ~ 图 7.6 中的气泡，图 7.7 ~ 图 7.10 中的气泡的直径变化速率较小。从 Ahamdi 和 Okawa[3] 从加热壁面侧面拍摄获得的图像中可以发现气泡在滑移运动过程中并未离开加热壁面。此外，从图 7.3 ~ 图 7.6 可以看出，该类气泡的核化频率比较高，上一个气泡离开核化点之后，下一个气泡会在原来的位置上迅速出现。

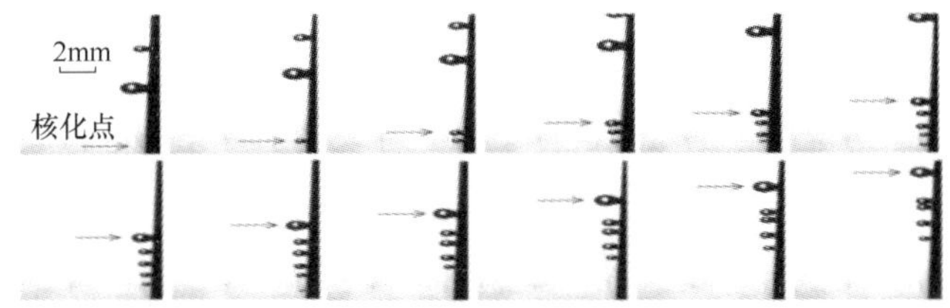

图 7.8　Ahmadi 实验中的气泡[3]（$\Delta t = 0.67\mathrm{ms}$）

$p = 198\mathrm{kPa}$；$G = 325\mathrm{kg/(m^2 \cdot s)}$；$q'' = 132\mathrm{kW/m^2}$；$\Delta T_{\mathrm{sub}} = 10.1\mathrm{K}$；$\Delta T_{\mathrm{w}} = 6.7\mathrm{K}$。

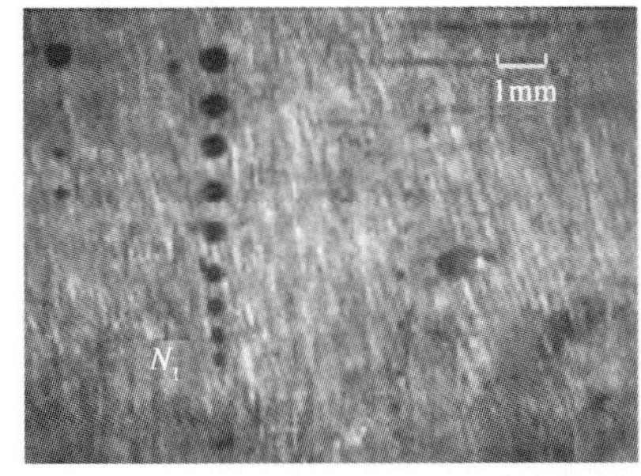

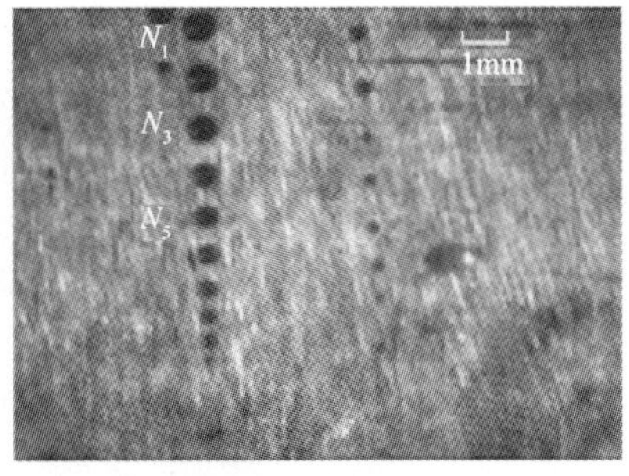

图 7.9　Yuan 实验中气泡[4]（$\Delta t = 30\mathrm{ms}$）

$p = 612\mathrm{kPa}$；$G = 76.6\mathrm{kg/(m^2 \cdot s)}$；$q'' = 58.2\mathrm{kW/m^2}$；$\Delta T_{\mathrm{sub}} = 30\mathrm{K}$；$\Delta T_{\mathrm{w}} = 2.9\mathrm{K}$。

实验中观察到的上述气泡具有如下的特征：

（1）气泡的滑移距离较长（相对于第一类气泡）；

（2）气泡的直径变化速率较小（相对于第一类气泡）；

（3）气泡没有离开加热壁面（或者与其保持较小的距离）。

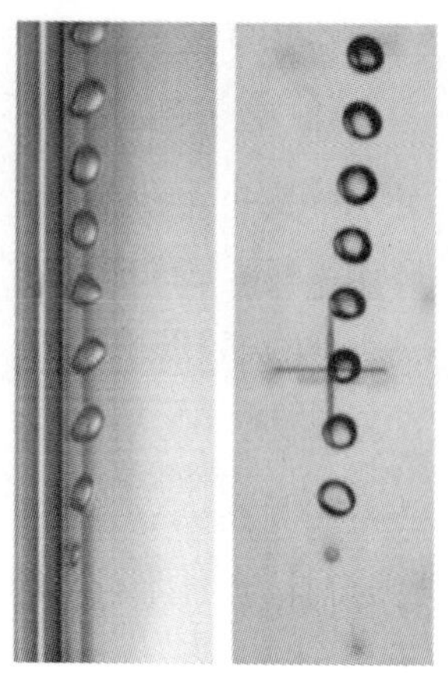

图 7.10　Okawa 实验中的气泡[5]（$\Delta t=2\text{ms}$）
$p=127\text{kPa}$；$G=1431\sim1435\text{kg/(m}^2\cdot\text{s)}$；$q''=231\text{kW/m}^2$；$\Delta T_{sub}=3.2\sim3.4\text{K}$。

相对于前面所述的第一类气泡，本书将具有以上特征的气泡称为第二类气泡。由于第二类气泡的运动距离较长，而且直径变化速率较小，不像第一类气泡那样在运动一段距离之后就会冷凝消失。因此在某些情况下，气泡会沿着加热壁面滑移运动出拍摄窗口（图 7.11(a)），或者气泡本身从上游滑移运动进入观察窗口的视野范围（图 7.11(b)），因此普遍情况下并不能获取完整的第二类气泡图像，而本实验的重点在于局部气泡行为的研究。对于从上游滑移运动进入观察窗内的气泡，尽管并没有观察到其核化过程，但是结合前面所总结的规律，同样将其归为第二类气泡，并认为这种气泡是在上游位置处的某个核化点处产生的。

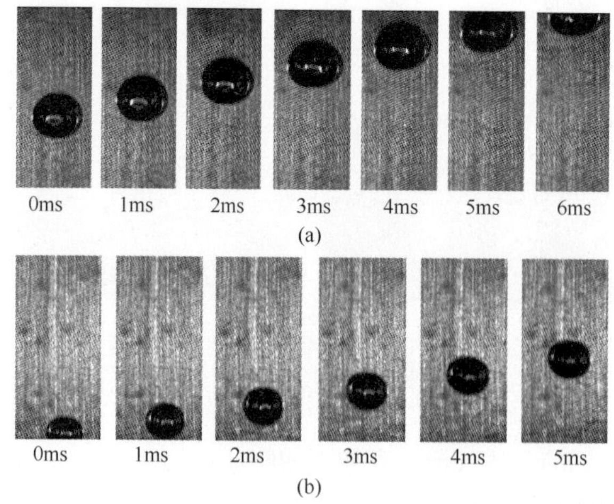

图 7.11　第二类气泡图像
（a）第二类气泡滑移运动出拍摄视野范围；（b）第二类气泡从上游进入拍摄视野范围。

Okawa[5]在实验中发现了在某些情况下，气泡沿加热壁面滑移的过程中会发生浮升并远离加热壁面，其直径在减小之后又重新靠近加热壁面，即回弹现象，如图7.12所示。图中的气泡在滑移运动并生长一段时间之后脱离了加热壁面发生了浮升现象，气泡的浮升由形变所造成的惯性力引起，随后气泡所受的剪切升力使其再次靠近加热壁面，发生回弹现象。

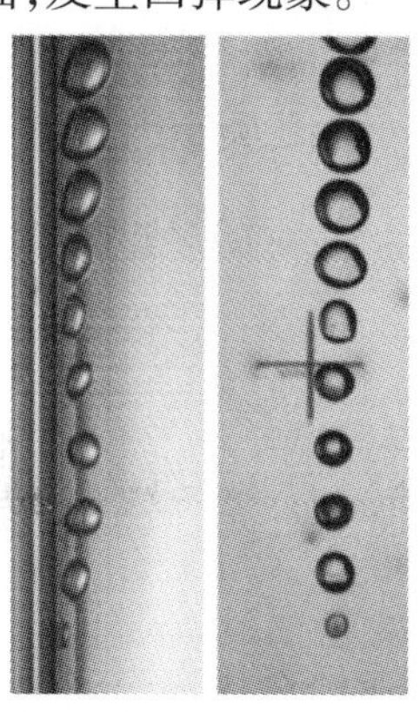

图7.12 Okawa实验中的回弹气泡[5]（$\Delta t = 2.5\text{ms}$）

$p = 126\text{kPa}$；$G = 950 \sim 957\text{kg/(m}^2 \cdot \text{s)}$；$q'' = 186\text{kW/m}^2$；$\Delta T_{\text{sub}} = 2.9 \sim 3.2\text{K}$。

实验受拍摄条件限制，并未获取气泡在滑移运动过程中与加热表面关系的信息。而从直径的变化角度可以发现类似于图7.12中的现象，如图7.13所示。图中的气泡在滑移运动至4～6ms之间发生了浮升，气泡与加热壁面之间的接触圆变得模糊，气泡直径减小。之后气泡在剪切升力的作用下再次靠近加热壁面，进而导致蒸发速率大于冷凝速率，气泡的直径再次增大。

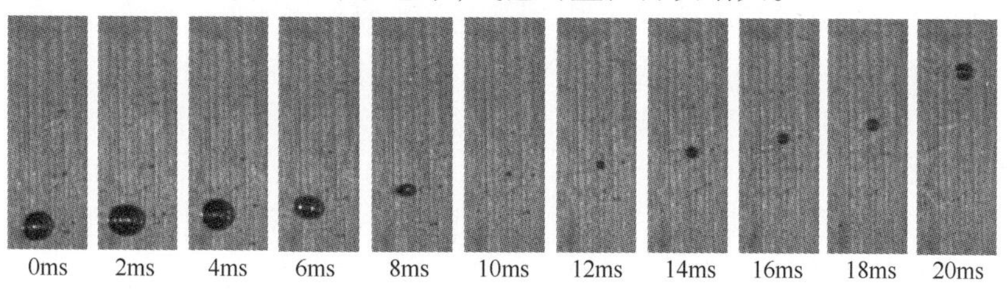

图7.13 实验中观察到的回弹气泡

实验中，部分气泡在滑移运动一段较长的距离之后会发生冷凝并消失的现象，如图7.14所示。图中气泡在0ms开始直径逐渐减小，减小到4ms之后直径略微有所增加，在5ms之后直径一直减小并最终消失。

上述图片中的回弹气泡和滑移运动过程中冷凝消失的气泡具有第二类气泡的所有特征，因此将它们归为第二类气泡。应当指出的是，回弹气泡和滑移运动过程中冷凝消失的气泡在实验中所占的份额比较小。从上游进入到观察窗内的滑移气泡以及运动出拍摄视野范围的滑移气泡也归为第二类气泡，统计第二类

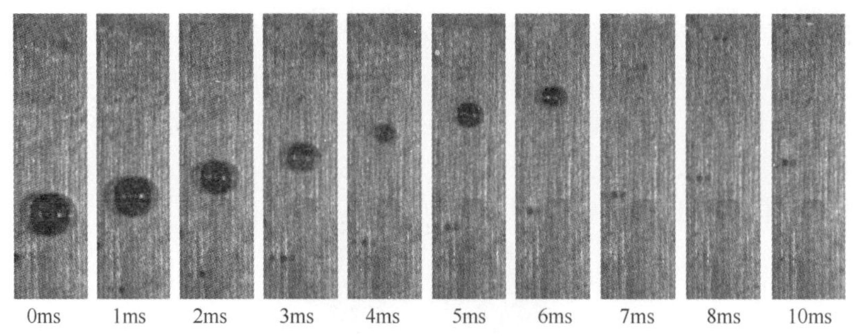

图 7.14　滑移运动过程中冷凝消失的气泡

气泡的信息时也将其考虑在内。

7.1.3　两类气泡工况分析

7.1.3.1　影响因素分析

对比第一类和第二类气泡的图片可知,气泡是否脱离加热壁面而发生浮升对气泡后续的行为有很大的影响。从图 7.4 可以看出,第一类气泡脱离加热壁面的直接原因是气泡底部接触圆的收缩,底部接触圆收缩为 0 之后气泡则脱离加热壁面进入到了过冷主流中。而气泡底部接触圆的收缩主要由两部分原因造成:其一是气泡的形变引起;其二是气泡在垂直壁面方向上的合力导致气泡远离加热壁面。由于气泡所受的形变惯性力和气泡的形变紧密相关,因此气泡底部接触圆的变化是由气泡的受力状态所决定的。第一类气泡初期生长速度较快,由此造成气泡底部接触直径和形变程度都比较大。然而,随着气泡的快速生长,核化点附近的温度不断降低,造成气泡底部微液层蒸发速率的逐渐下降。另外,气泡直径增大之后冷凝面积增大,其所受到的冷凝作用变得更加明显,由此导致了气泡的生长速度的逐渐降低。这种条件下将不能维持原来的接触直径和形变程度,气泡底部接触直径逐渐减小,最终造成了第一类气泡的浮升,并在过冷流体中冷凝消失。

基于以上分析,本书认为气泡的受力决定了气泡的行为,并根据受力分析探索不同类型气泡出现的机理。气泡在垂直于加热壁面方向上的合力为

$$\sum F_x = F_{df} + F_{du} + F_{SL} + F_b + F_{Mar} + F_s + F_h + F_{cp} \tag{7.1}$$

式中:F_{df}为形变惯性力;F_{du}为非对称生长力;F_{SL}为剪切升力;F_b为浮力;F_{Mar}为 Marangoni 力(热毛细力);F_s为表面张力;F_h为水动力压力;F_{cp}为接触压力。

1. 气泡形变造成的惯性力

部分研究者认为气泡脱离加热壁面和气泡的形变有很大关系,如 Okawa[5]。气泡在外力的作用下形状会发生变化,如图 7.4 所示。气泡开始生长时由于生长速度很快,其受到周围流体惯性的作用呈扁平状,随着气泡的生长,气泡逐渐变为球缺形,其在临近脱离加热壁面时变为倒梨形。为了考察气泡在滑移生长

过程中的形变,定义气泡的形变率为

$$S_{\mathrm{cr}} = \frac{D_x}{D_y} \tag{7.2}$$

式中:D_x、D_y 分别为气泡在 x 方向上的直径和 y 方向上的直径。

图7.4中的气泡的 D_x、D_x 和 S_{cr} 的变化如图7.15所示,从图中可以看出,D_x 一直减小,而 D_y 呈现出先增大后减小的趋势,气泡形变率也一直减小。气泡形变率首先逐渐靠近1,说明气泡逐渐向球形靠近。随后气泡形变率小于1,气泡变为倒梨形并脱离加热壁面发生浮升。由于气泡形变的规律比较复杂,因此目前并没有针对该力的计算关系式。然而通过分析可知,气泡的形变速度越大,其所受到的形变惯性力也就越大。而对于过冷沸腾而言,气泡的形变与其初期的生长速率有很大的关系,气泡的非对称生长使得气泡偏离球形。所以可以预见,气泡的生长速率越快,气泡的形变率越大。总而言之,过冷沸腾中第一类气泡所受的形变惯性力会随着气泡初期生长速率的增加而增大,而形变惯性力可以促使气泡脱离加热壁面进入主流。对于第二类气泡而言,从气泡图像中可以看出气泡的形变程度比较小,所受到的形变惯性力会小一些,因此脱离加热壁面进入主流的概率小一些。

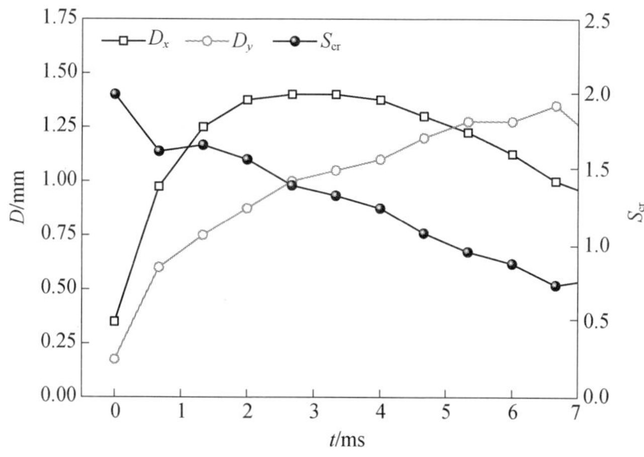

图7.15 气泡的 D_x、D_y 以及形变率(S_{cr})

2. 非对称生长力

考虑气泡在近加热壁面处以半球形非对称生长,通过势函数求解得出气泡周围的压力分布为

$$p = p_{\infty} + \rho_1\left(R\dot{R} + \frac{3}{2}\ddot{R}^2\right) \tag{7.3}$$

式中:p 为参考压力;ρ_1 为液体密度;R 为气泡半径;$\dot{R}$为气泡半径的一阶导数;$\ddot{R}$ 为气泡半径的二阶导数。因此这种半球形气泡所受到的非对称生长力为

$$F_{du} = \rho_1 \pi R^2 \left(R\dot{R} + \frac{3}{2}\ddot{R}^2 \right) \tag{7.4}$$

很多研究者提出气泡在饱和液体中的生长可以通过下面的公式表示，即

$$R(t) = CJa\sqrt{\alpha_1 t} \tag{7.5}$$

式中：C 为常数；α_1 为液体的热扩散系数；Ja 为雅可比数，即

$$Ja = \frac{\rho_1 c_{p1} \Delta T_w}{\rho_v h_{fg}} \tag{7.6}$$

其中较为常用的 Zuber 关系式中，有

$$C = \frac{2b}{\sqrt{\pi}} \tag{7.7}$$

结合式(7.4)，气泡所受的非对称生长力为

$$F_{du} = C_{gd} Ja^4 \tag{7.8}$$

式中：C_{gd}为与流体特性相关的常数。式(7.8)表明气泡所受非对称生长力的大小只与 Ja 相关。对于水中的沸腾气泡而言，生长力与 Ja 的关系如图 7.16 所示，由图可知，气泡所受非对称生长力的大小随 Ja 的增加而迅速增大。

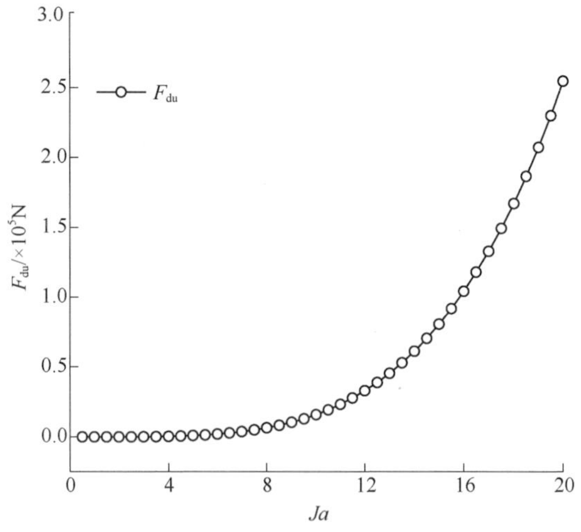

图 7.16　生长力与 Ja 的关系

对于过冷沸腾而言，气泡生长到一定阶段之后逐渐进入到过冷流体中，受到的冷凝作用会比较明显，气泡的生长速度也会比在饱和液体中慢一些，所受到的非对称生长力也相对比较小，减小的程度和过冷度呈正比关系。因此，气泡所受到的非对称生长力会随流体过冷度的增大而减小。

3. 剪切升力和浮力

剪切升力计算公式为

$$F_{SL} = \frac{1}{2}\rho_1 \pi R^2 C_L \Delta u_{lb} |\Delta u_{lb}| \tag{7.9}$$

式中：C_L 为曳力系数；Δu_{lb} 为流体速度与气泡速度的差值。

从式(7.9)可以看出，气泡所受的剪切升力随着气泡直径的增大而增加，当气泡速度小于当地流体速度时，气泡所受的剪切升力背离加热壁面，剪切升力是促使气泡脱离加热壁面的动力，而当气泡速度大于当地流体速度时，气泡所受的剪切升力阻碍气泡的浮升。部分研究者认为气泡沿垂直于加热壁面方向所受合力大于0时发生浮升，而浮升的动力主要来自于剪切升力，即气泡脱离核化点之后会沿着加热壁面进行滑移运动，并在此过程中不断生长，气泡所受到的剪切升力不断增加，最终导致了气泡的浮升[6,7]。

浮力的计算公式为

$$F_b = V_b(\rho_l - \rho_g)a \tag{7.10}$$

式中：V_b 为气泡的体积；a 为气泡所在位置处的加速度。

浮力的作用与气泡所在位置处的当地加速度大小以及加热壁面的方向有很大的关系，在讨论海洋条件影响时需对其进行考虑。

4. 热毛细力

热毛细力(Marangoni 力)是由于气泡生长时所处的流体中具有温度梯度，温度的不同会使表面张力大小发生变化，这种不均匀特性造成了热毛细力。气泡所受的 Marangoni 力会使其向靠近加热壁面的方向运动，阻止气泡的浮升[8,9]。Wang 等[10]研究了微细加热丝上的气泡行为，采用 PIV 技术测量了气泡周围由于热毛细力所导致的射流，实验中观察到了气泡脱离之后再次靠近并接触加热细丝，有效地证实了热毛细力所致的射流对于气泡行为的影响。Marangoni 力可由下式进行计算[11]：

$$F_{Mar} = \frac{8}{3}\pi\alpha_{mar}\frac{dT_{is}}{dx}BR^2 \tag{7.11}$$

式中：T_{is}为气泡表面的温度；α_{mar}为无量纲系数；B 为表征表面张力随温度变化的函数，即

$$B = -\frac{d\sigma}{dT_{is}} \tag{7.12}$$

因此，对于特定的流体，气泡所受的 Marangoni 力随着气泡周围温度梯度和气泡直径的增大而增加。对于第一类气泡而言，气泡是在直径减小阶段脱离加热壁面的，此时 Marangoni 力的逐渐减小，因此本实验中 Marangoni 力不是决定气泡是否快速脱离加热壁面的主要因素。

5. 表面张力、水动力压力和接触压力

对于壁面附近的气泡而言，表面张力将会产生两种作用：其一是促使气泡像球形靠近(降低表面自由能)，减小气泡的形变速率和底部接触直径；其二是产生垂直于加热壁面方向和流体流动方向的合力，对于气泡的脱离和浮升有一定

影响，Klausner 给出了后一种效果的大小，即合力的大小[12]：

$$F_{sx} = -d_w\sigma \frac{\pi(\alpha-\beta)}{\pi^2-(\cos\beta-\cos\alpha)^2}(\sin\alpha+\sin\beta) \tag{7.13}$$

式中：d_w 为气泡底部接触直径，其大小和气泡的生长速率有很大的关系，类似于气泡的形变速率；α、β 分别为气泡的前进角和后退角。

气泡所受的水动力压力和接触压力分别为

$$F_h = \frac{9}{8}\rho_l u_l^2 \frac{\pi d_w^2}{4} \tag{7.14}$$

$$F_{cp} = \frac{\pi d_w^2}{4}\frac{2\sigma}{r_{rb}} \tag{7.15}$$

式中：u_l 为流体的流速；r_{rb}为气泡底部三相线处的曲率，一般会大于气泡的半径。

从表面张力、水动力压力以及接触压力的表达式来看，这几个力都与气泡的底部接触直径有关，因此将它们统一称为表面接触力，即

$$F_{csf} = F_s + F_h + F_{cp} \tag{7.16}$$

图 7.4 中气泡接触直径的变化如图 7.17 所示，从图中可以看出，气泡底部接触直径在气泡生长初期不断增加，增加到一个最大值之后开始逐渐减小，当减小为 0 时气泡脱离加热壁面。

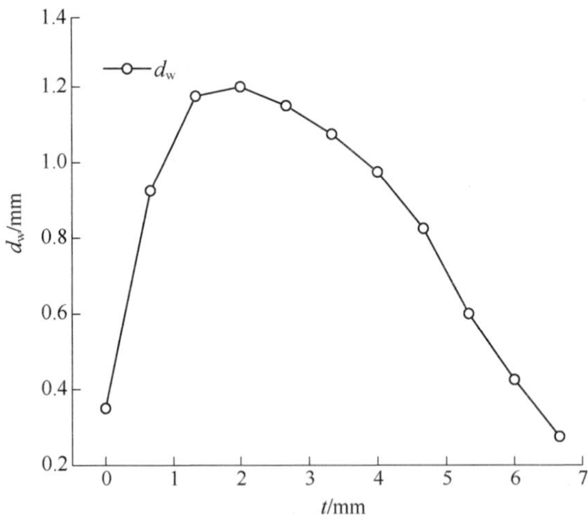

图 7.17　气泡接触直径的变化

以上现象表明，气泡刚开始生长时尽管受到的表面接触力比较小，然而在较大生长速度下所受的非对称生长力比较大，因此气泡没有脱离加热壁面，反而更加靠近加热壁面(底部接触直径不断增加)。从作用机理来看，气泡所受表面接触力都和气泡底部接触直径的大小相关，而气泡浮升与否取决于气泡底部接触直径是否收缩为 0。因此，气泡是否脱离加热壁面浮升与其所受的表面接触力

没有关系,同样不同类型气泡的出现也不受表面接触力变化的影响。

7.1.3.2 气泡分类预测模型

综合以上气泡受力分析,第一类气泡初期的快速生长导致了气泡的形变,随后在形变惯性力和表面张力的共同作用下气泡底部接触圆不断收缩,最后脱离加热壁面造成了与第二类气泡基本特征的不同。而第二类气泡的生长较慢,气泡形变不大,在产生之后可以滑移运动很长一段距离。即使第二类气泡在滑移生长一段时间之后脱离了壁面,然而由于其脱离机理的不同,也会形成与第一类气泡基本特征的差异。

为了对气泡类型进行量化,本书统计了同一个工况下两类气泡的数量,即

$$N_{tot}=N_{b1}+N_{b2} \tag{7.17}$$

式中:N_{tot}为气泡总数量;N_{b1}为按照第一类气泡基本特性进行判断之后符合条件的气泡数量;N_{b2}为按照第二类气泡基本特性进行判断之后符合条件的气泡数量。

定义无量纲参数第二类气泡数量比χ,用以代表第二类气泡占总气泡数量的比率,即

$$\chi=\frac{N_{b2}}{N_{tot}} \tag{7.18}$$

其中,χ越大代表第二类气泡所占份额越多,反之亦然。当$\chi=0$时,所有气泡都是第一类气泡,而当$\chi=1$时,所有气泡都是第二类气泡。为了研究工况参数对气泡类型的影响,图7.18给出了第二类气泡数量比χ随系统压力、流体过冷度、壁面过热度、热流密度和质量流量的变化特性。从图中可以看出,系统压力和壁面过热度的变化对第二类气泡数量比χ有较为明显的影响。对着系统压力的升高以及壁面过热度的降低,第二类气泡数量比χ都会有所增加,反之亦然。流体过冷度、热流密度以及质量流量的变化对于第二类气泡数量比χ的影响并不明显。气泡的生长速度和系统压力以及壁面过热度都有较为密切的关系,结合前面的气泡受力分析可知,气泡初期生长速度的大小是造成其基本特性产生差异的主要原因。

加热壁面的过热度以及流体的过冷度对于气泡的生长速度有着重要的影响,特定工况中的气泡属于第一类气泡还是第二类气泡与这两个因素有着比较大的关系。根据以往研究者对气泡生长的研究[13,14],气泡的生长速度的大小和Ja呈正比,气泡冷凝速度的大小和主流过冷度呈正比,因此Ja和过冷数N_{sub}可以衡量气泡的生长和冷凝速率。综合以上分析,本书采用Ja和N_{sub}对实验中第二类气泡数量比χ进行预测,通过数据分析得到预测关系式为

$$\chi=\frac{1}{1+e^{(Ja-36.6N_{sub}^{0.0663})/2}} \tag{7.19}$$

其中

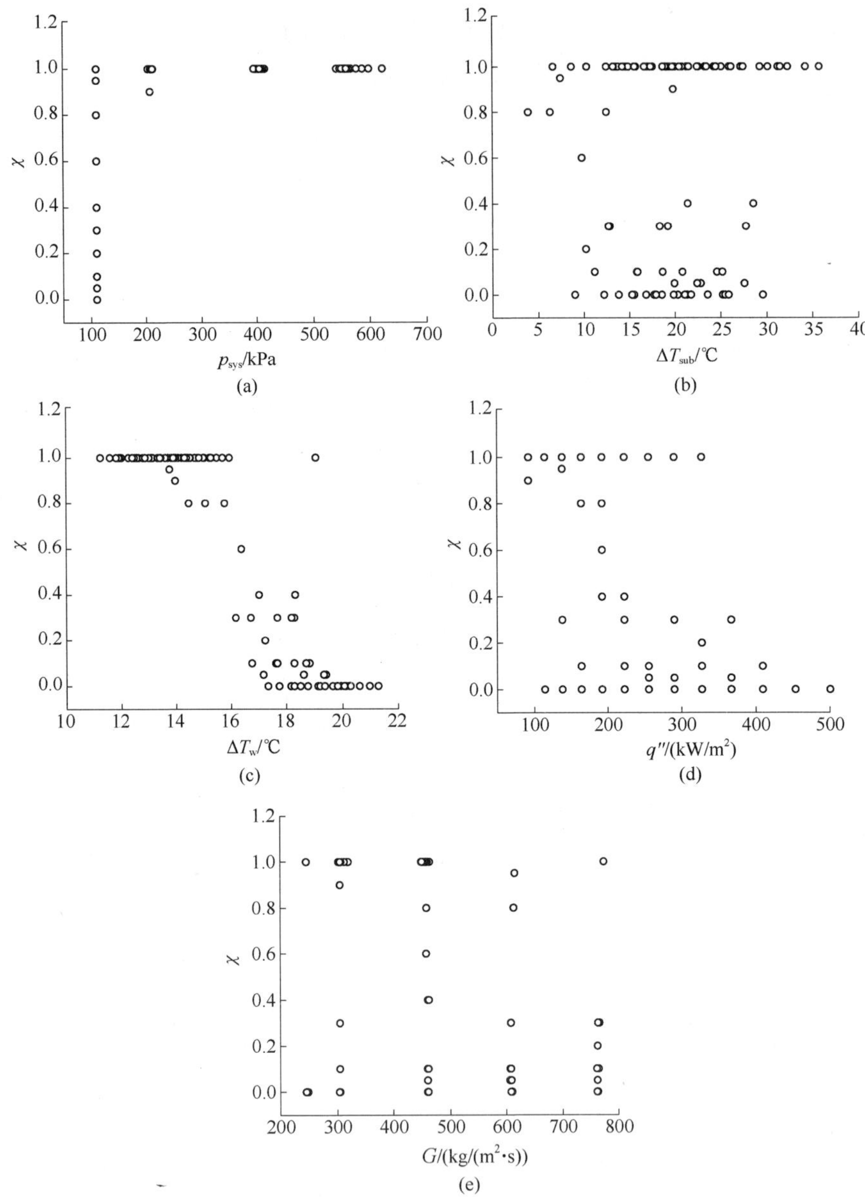

图 7.18 工况参数对气泡类型的影响

(a)系统压力;(b)过冷度;(c)过热度;(d)热流密度;(e)质量流量。

$$N_{\mathrm{sub}}=\frac{(h_{\mathrm{l}}-h_{\mathrm{f}})}{h_{\mathrm{g}}-h_{\mathrm{l}}}\frac{(\rho_{\mathrm{l}}-\rho_{\mathrm{g}})}{\rho_{\mathrm{g}}} \tag{7.20}$$

式(7.20)的预测结果如图 7.19 所示,由于 N_{sub} 在实验过程中有所不同,因此图中给出了几个特殊的情况,式(7.19)所得出的结果和实验得出的结果的趋势基本相同,可以反映 Ja 和 N_{sub} 对于第二类气泡数量比 χ 的影响。由图可知,

N_{sub}越大,第二类气泡数量比χ下降的起点所对应的 Ja 越大,这表明流体过冷度越大,第一类气泡出现所需的 Ja 数越大,这与之前分析的结论一致。

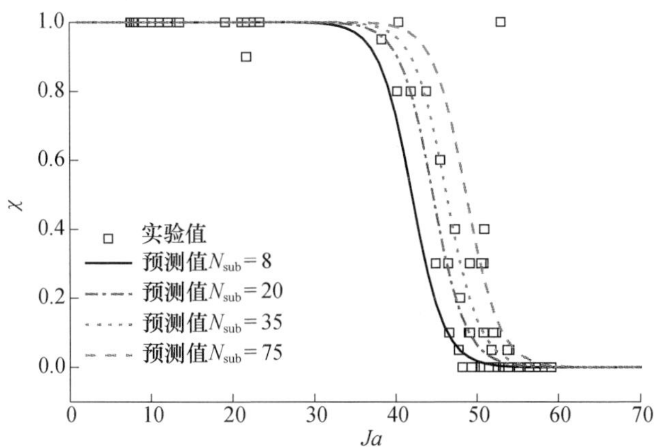

图 7.19　关系式预测值和实验值对比

图 7.20 给出了式(7.19)预测的误差,预测值和实验值的平均误差为 32.3%,表明实验值与预测值之间吻合较好。此外,从图中可以看出,在χ较大时,式(7.19)的预测精度较高,而当χ较小时,预测值和实验值之间的偏差较大。

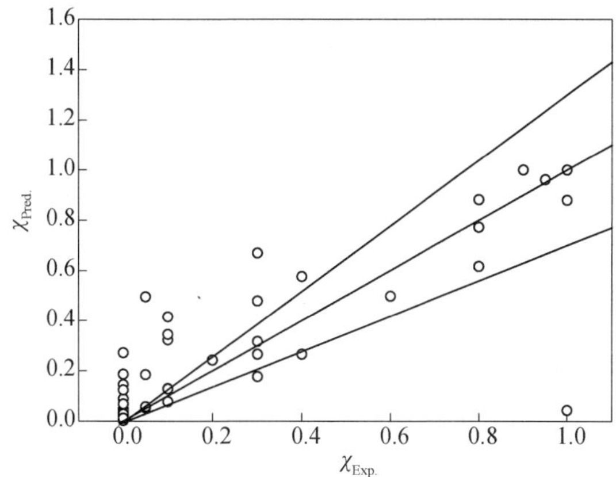

图 7.20　关系式预测值的误差

下面分析系统压力对气泡类型的影响,从获取的高速气泡图像中可以观察到,随着压力的升高,第一类气泡出现的概率急剧下降,如图 7.18(a)所示。造成以上现象的原因是系统压力对于 Ja 有较大的影响,相同壁面过热度条件下,系统压力越大,Ja 越小,如图 7.21 所示。这是因为流体物性会随系统压力发生变化变化,图中也给出了实验中 Ja 随系统压力的变化,同样可以看到 Ja 随着系统压力的升高而降低。

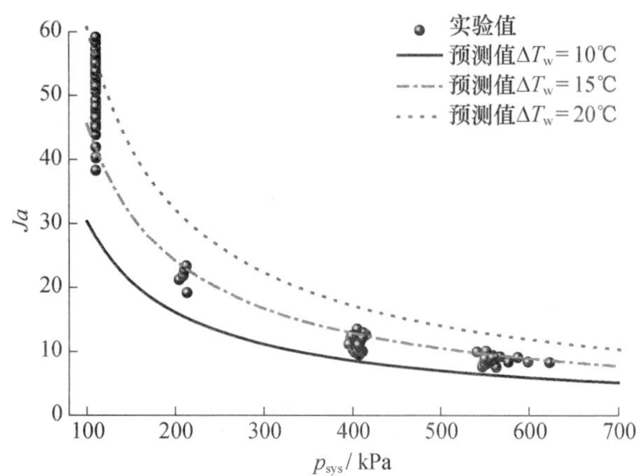

图 7.21　系统压力对 Ja 的影响

7.1.4　海洋条件对气泡类别的影响

7.1.4.1　倾斜条件的影响

倾斜条件下第二类气泡数量比 χ 的变化如图 7.22 所示。图中热工参数为竖直静止条件下所对应的参数，涉及多个系统压力下的实验数据。图中 No.4 和 No.5 工况的 χ 在不同倾斜角度下变化不大，表明倾斜条件对两类气泡类别影响不大。而 No.1 ~ No.3 工况中 χ 有较大的变化，基本趋势均随倾斜角度的增加而降低。

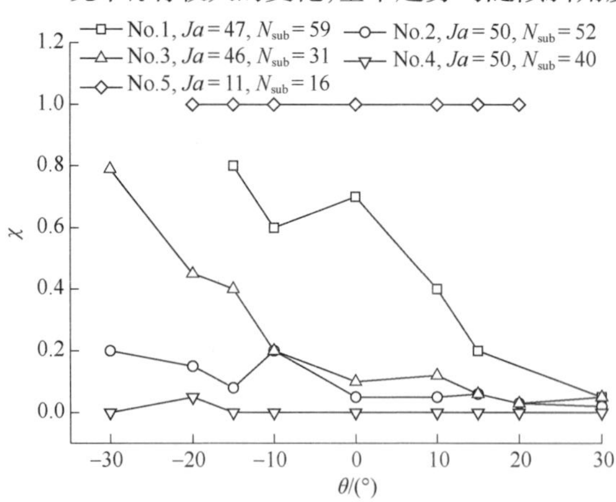

图 7.22　倾斜角度对 χ 的影响

基于前面的分析，χ 的大小由 Ja 和 N_{sub} 共同决定，以上五个热工工况中的 Ja 和 N_{sub} 随倾斜角度的变化如图 7.23 所示。从图中可以看出，除了 No.5 工况，Ja 都随着摇摆运动角度的增加出现了增加现象，而部分工况中 N_{sub} 却随摇摆角度的增加略有降低。

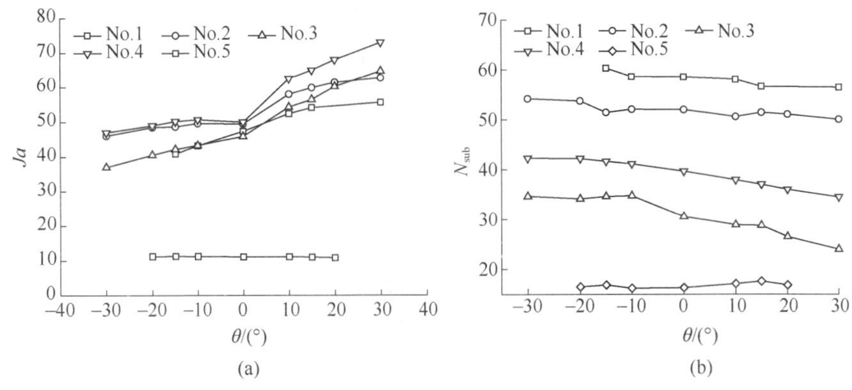

图 7.23　倾斜角度对 Ja 和 N_{sub} 的影响

(a) Ja 的变化；(b) N_{sub} 的变化。

因此倾斜角度对于χ值的影响可归结为倾斜条件下 Ja 和 N_{sub} 的变化，Ja 的增加会导致χ值的减小，而 N_{sub} 的减小也会导致χ的减小，由此造成了图 7.22 中的现象。通过对比可以发现，Ja 的变化幅度比 N_{sub} 的变化幅度要大得多。对于 No.4 工况，尽管 Ja 和 N_{sub} 都随着倾斜角度的改变发生了变化，然而由于 Ja 都比较大，大部分气泡都是第一类气泡，因此χ的变化范围比较小。而对于 No.5 工况，由于 Ja 都比较小，因此所有的气泡都为第二类气泡，χ也基本不发生变化。

实验过程中质量流量、热流密度以及入口过冷度基本不发生变化，而壁面过热度由于换热条件的不同会发生一些变化。由于回路倾斜位置的不同，实验段处的压力会发生一定的变化。No.3 工况下实验段处壁面过热度和压力的变化如图 7.24 所示，从图中可以看出壁面过热度随着摇摆角度的增加有一定的增加，但是规律不是特别明显，这主要是由实验中壁面温度测量的误差以及入口温度的轻微波动引起的。由于回路倾斜位置发生了变化，因此局部压力随着摇摆

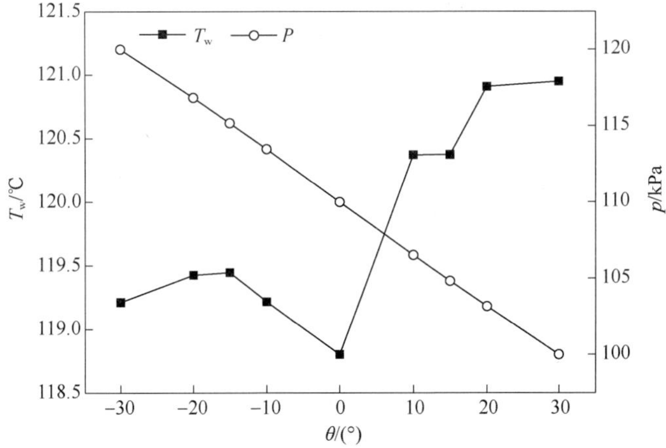

图 7.24　壁面过热度和局部压力随倾斜角度的变化

角度的增加而减小。以上两个因素共同导致了 Ja 随倾斜角度的增加而增加，即图 7.23(a)中的现象。

对以上分析总结如下，倾斜条件会使加热壁面的温度和实验段处的局部压力发生变化，倾斜角度的增加会降低实验段处的局部压力，增加加热壁面的有效过热度，导致了 Ja 的增加和 N_{sub} 的减小，进而使沸腾通道内第二类气泡数量比 χ 有所降低(如 No.1 ~ No.3 工况)。而在某些特定工况下，由于竖直静止条件下的 Ja 特别大或者特别小，通道内的气泡全部是第一类气泡或者全部是第二类气泡，倾斜条件所引入的影响不足以引起气泡种类的变化(如 No.4 和 No.5 工况)。本实验条件下由于倾斜条件所引起的质量流量、热流密度以及入口过冷度的变化比较小，因而局部压力和壁面温度的变化是导致 χ 值变化的主要原因。

综合以上分析，对于倾斜条件下的第二类气泡数量比 χ 仍然可以采用式(7.19)进行预测，预测结果如图 7.25 所示。从图中可以看出，考虑了倾斜条件所导致的局部热工参数变化之后，式(7.19)可以较好地预测倾斜实验中两类气泡所占的份额。

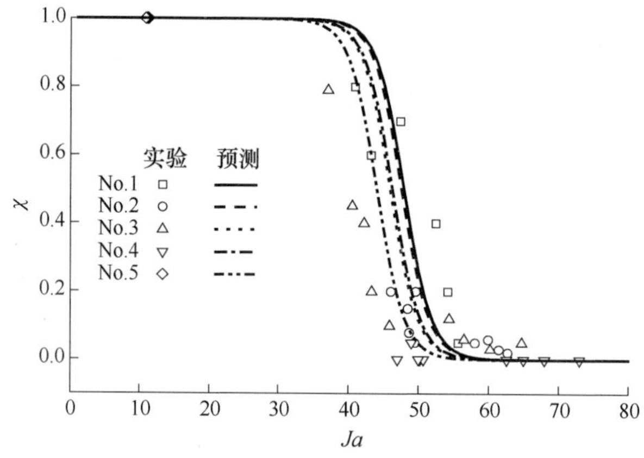

图 7.25 倾斜条件下关系式预测结果

7.1.4.2 摇摆运动条件的影响

摇摆运动条件与倾斜条件的区别主要有两点：倾斜条件下所造成的重力加速度的改变是不随时间变化的，而摇摆运动下重力加速度的改变是周期性的，而且还有附加加速度的作用。倾斜条件下的热工参数都处于稳定状态，摇摆运动下部分系统热工参数是处在波动状态下的，系统的流动参数和温度的变化具有一定的惯性。

气泡在不同摇摆运动条件下所受到的浮力如图 7.26 所示，图中同时给出了垂直于加热壁面方向和沿流体流动方向的分量。从图中可以看出，摇摆运动所导致的浮力变化在本实验参数范围内比较小，不足以产生明显的影响。因此，摇摆运动条件对于气泡所受垂直于壁面方向上的浮力造成的影响很小。另外，从前面气泡

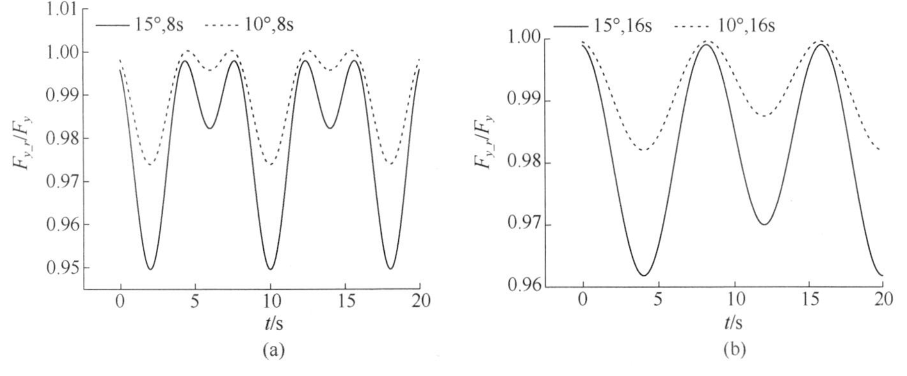

图 7.26 摇摆运动下气泡所受浮力
(a) Ja 的变化；(b) N_{sub} 的变化。

受力对于气泡的浮升的影响分析中可知浮力的影响较小，因此可以推测摇摆条件所造成的加速度场的变化对于气泡的类型影响不大。与倾斜条件的影响类似，摇摆运动条件所造成的影响主要体现在对于热工参数的改变上。系统热工边界条件的改变会造成影响气泡类型无量纲参数 Ja 和 N_{sub} 的变化，进一步间接对气泡的类型产生影响。综上所述，在本实验中摇摆运动条件下气泡类型的确定与竖直静止条件下的方法相同，认为考虑了热工参数的变化之后式(7.19)仍然适用于摇摆运动条件。

7.2 第一类气泡参数的预测与建模

7.2.1 第一类气泡的基本特性

7.2.1.1 气泡的生长－冷凝特性

实验中第一类气泡的直径变化如图 7.27 所示，图中的气泡是在同一个工况下随机选取的，气泡直径的变化表现出很强的随机性。然而从图中可以总结出以下普遍规律，气泡的直径开始是增加的，表明在这个阶段气泡的蒸发速度大于冷凝速度。在气泡直径达到最大点之后，气泡直径开始减小，表明气泡的冷凝速度大于蒸发速度。在气泡达到最大直径时，气泡的蒸发速度等于冷凝速度。此外，从图中可以看出，气泡直径在开始阶段减小速率较慢，而在后期某一时刻气泡的直径减小速率加快，最终冷凝消失在过冷流体中。基于 7.1 节第一类气泡特点的总结，气泡直径减小速率的增加是由于气泡在后期脱离了加热壁面发生了浮升，此时气泡蒸发速率为 0，只受到了冷凝的作用，因此气泡直径减小速率有所增加。

下面对气泡直径和生长时间进行无量纲处理，通过分析无量纲数据找出描述气泡生长－冷凝的基本模型。采用气泡生长－冷凝过程中的最大气泡直径对

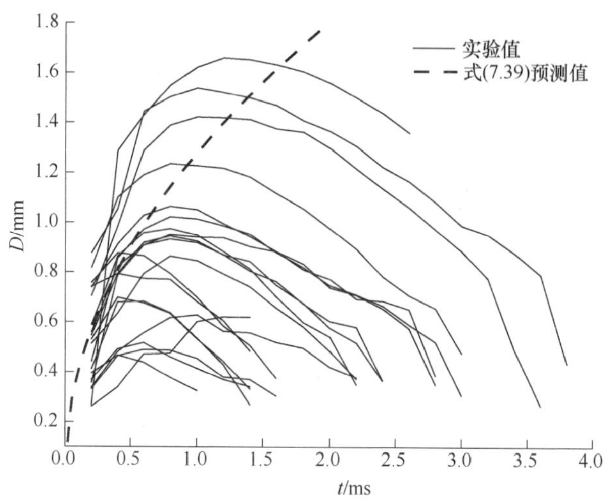

图 7.27　第一类气泡直径

气泡直径进行无量纲,即 D/D_m,其中 D 为气泡直径,D_m 为气泡的最大直径。对于时间的无量纲可以采用气泡寿期或者气泡达到最大直径时的时间,即 t/t_b 或者 t/t_m,其中 t 为气泡生长的时间,t_b 为气泡寿期,t_m 为气泡达到最大直径时的时间(即气泡最大直径时间)。Zuber[15] 考虑了气泡受周围流体的冷却传热作用,同时假定蒸汽与周围液体之间温度梯度的大小等于加热表面与气泡周围液体之间的温度梯度。也就是说,传递给气泡本身的热流量要小于从加热表面传递至过热液体的热流。他采用气泡最大直径时间对气泡的生长时间进行无量纲处理,并根据以上思想得出了非均匀温度场内气泡的直径与生长时间之间的关系:

$$\frac{D}{D_m}=\sqrt{\frac{t}{t_m}}\left(2-\sqrt{\frac{t}{t_m}}\right) \tag{7.21}$$

令式(7.21)左侧为 0 可以求出 t_m 与 t_b 之间的关系为

$$t_b=4t_m \tag{7.22}$$

图 7.28 给出了气泡直径变化按照 Zuber 关系式进行无量纲整理之后的结果,图中同时给出了 Zuber 关系式的预测值。从图中可以看出,气泡无量纲直径的实验值在增加阶段较为集中,大部分情况下 Zuber 关系式预测值大于实验值。气泡无量纲直径实验值在减小阶段却比较分散,实验值分布在 Zuber 公式预测值的两侧。此外,从图中可以看出,Zuber 关系式对气泡最大直径出现的时间预测比较准确,这主要是由 Zuber 关系式所选取的无量纲时间决定的。图 7.28仅给出了两个不同工况下的无量纲气泡直径的变化情况,对比可以发现,不同工况下无量纲直径的变化规律以及 Zuber 关系式的预测情况类似,其他没有给出的工况亦是如此。

倾斜条件和摇摆运动条件下的无量纲气泡直径变化如图 7.29 所示,两个图

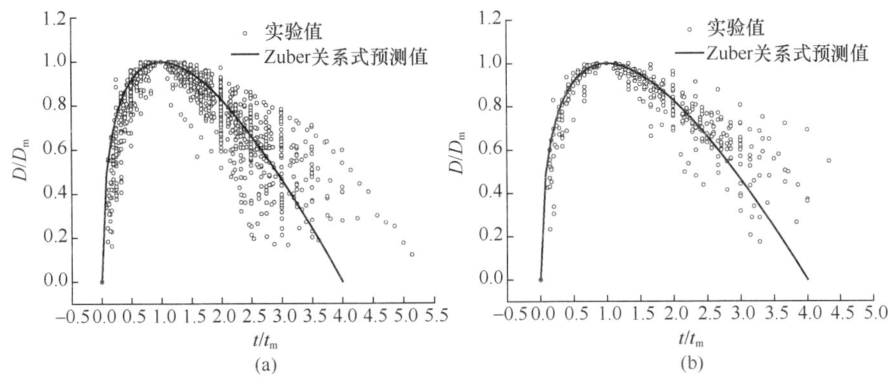

图7.28 无量纲气泡直径变化

(a)工况1；(b)工况2。

所对应的竖直静止热工工况相同。图7.29(a)中倾斜条件下无量纲气泡直径变化趋势和图7.28中竖直静止状态下相同,而且倾斜条件的引入对无量纲气泡直径变化影响不大。图7.29(b)中摇摆运动条件下数据取自一个周期内的几个特征点附近,由于摇摆运动下图像采集频率有所降低,因此相对于静止状态数据点比较分散,然而其基本趋势仍然可以采用Zuber关系式进行预测。从图中可以看出,摇摆运动状态的改变对无量纲气泡直径的变化影响不明显。综上所述,倾斜条件和摇摆运动条件的引入并不会对无量纲气泡直径的变化规律产生明显影响,可以使用与静止条件下相同的关系式对倾斜和摇摆运动下的无量纲气泡直径变化进行预测。

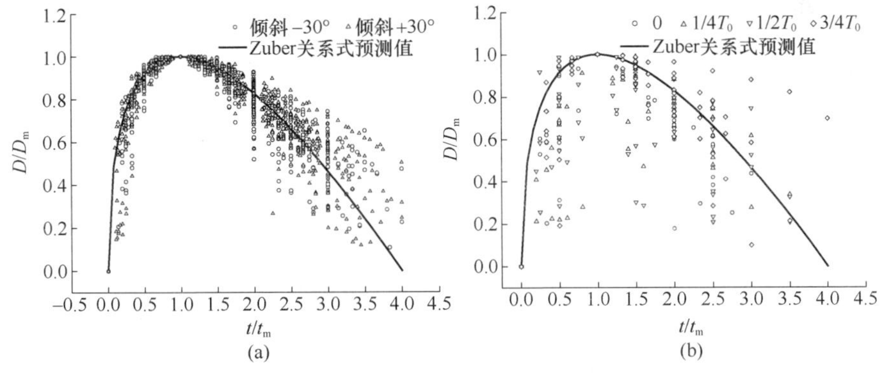

图7.29 倾斜和摇摆工况下的无量纲气泡直径

(a)倾斜工况；(b)摇摆工况。

Akiyama[16]对获取的实验数据进行了总结,以气泡寿期对气泡生长时间进行无量纲化,在总结气泡直径变化规律的基础上提出了气泡直径变化的预测关系式:

$$\frac{D}{D_m}=1-2^K\left|\frac{1}{2}-\left(\frac{t}{t_b}\right)^N\right|^K \tag{7.23}$$

式中:N 为常数,通过下式进行确定:

$$\left(\frac{t_m}{t_b}\right)^N = \frac{1}{2} \tag{7.24}$$

其中,K 为经验常数,通过实验数据拟合得出。与 Zuber 公式通过机理模型导出有所不同,Akiyama 计算关系式完全通过经验得出,并没有给出气泡最大直径的计算方法。Prodanovic[17] 结合自己的实验数据确定出 $N=0.7$,$K=2.5$,而 $t_m/t_b=0.33$。Faraji[18] 得出 $N=0.67$,$K=2.2$,气泡最大直径出现的时间与气泡寿期之比 $t_m/t_b=0.37$。图 7.30 采用式(7.23)中的无量纲方法对气泡直径的变化进行了处理,图中也示出了式(7.23)的预测值,其中常数的确定既有以往的研究成果,也有基于本实验值所确定的结果。从图 7.30 可以看出,采用 Akiyama 计算关系式对气泡直径进行无量纲处理之后的数据相对比较集中,式(7.23)结合采用实验值拟合所得的常数可以对气泡无量纲直径的变化较好地进行预测。应当注意到,相比于 Zuber 公式而言,尽管 Akiyama 计算关系式预测效果较好,然而使用时需要采用实验值对公式中的常数进行计算,而且这些常数与实验工质以及实验工况有一定的关系,因此本书采用 Zuber 公式预测气泡的直径变化情况。

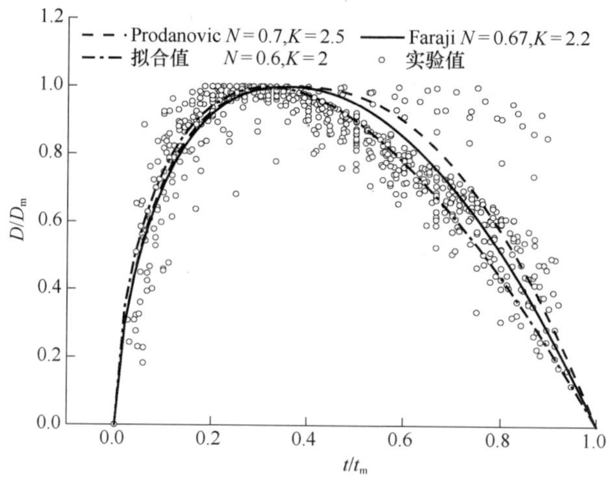

图 7.30 实验值与 Akiyama 关系式预测值的对比

7.2.1.2 气泡的运动特性

图 7.31(a)是图 7.27 所对应的气泡的位置坐标的变化,图中纵坐标的原点选择在拍摄窗口的最下端,通过测量气泡的中心位置确定气泡的位置坐标。气泡的位置坐标的增加表明气泡跟随主流流体向上运动,由于核化点位置的不同,气泡运动的起点坐标有所不同。图中气泡位置坐标从一开始就一直呈现出增加的趋势,表明气泡产生之后就开始沿加热壁面运动,并没有展现出明显的驻留在核化点处生长的过程。此外,开始时气泡的位置坐标变化速度基本不发生改变,

呈现出线性增加的趋势,表明气泡运动速度变化幅度较小。而在后期气泡的位置坐标变化速率发生了改变,表明气泡的运动速度有所波动。

图7.31(b)是气泡速度的变化特性,气泡速度的计算采用前向差分的方法进行计算。从图中可以看出,初期气泡的速度变化幅度不大,而在后期部分气泡的运动速度变化幅度较大,有些气泡的速度甚至变为负值,这主要是由后期气泡在冷凝作用的影响下气泡严重偏离球形,气泡中心坐标的测量误差比较大造成的。

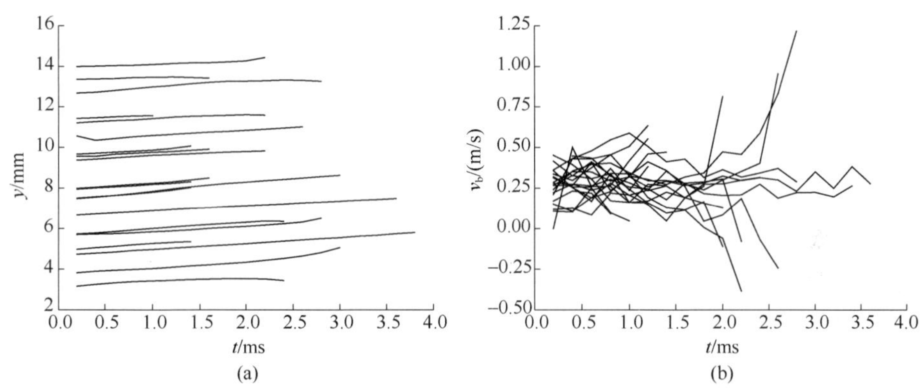

图7.31 气泡位置和速度的变化

(a)位置的变化;(b)速度的变化。

7.2.1.3 气泡的核化特性

第一类气泡的核化特性主要包括两个方面:对于沸腾表面而言需要关注的是核化点数量密度,即单位面积上的核化点数量;对于单个核化点而言需要关注的是核化频率,即单位时间内核化气泡的数量。本研究通过实验观察发现,相比于第二类气泡而言,第一类气泡的核化点密度较高一些,而核化频率较低一些。图7.32示出了气泡累积数量 n_{ac} 和瞬时气泡核化频率 f 的变化情况。气泡累积数量即从某一时刻起的累积核化气泡数量,瞬时气泡核化频率为两个核化气泡产生时间间隔的倒数。

图7.32表明瞬时气泡核化频率有较大的波动,因此本研究采用平均核化频率表示核化点处气泡的核化速度,即

$$f = \frac{n_{ac} - 1}{\Delta t} \tag{7.25}$$

式中:Δt 为产生 n_{ac} 个气泡所需的时间间隔。

为了计算第一类气泡的核化密度,需要求出加热面上气泡的核化点数量,这就要求对气泡的核化点进行识别。本研究开发了识别气泡核化点位置的程序。图7.33为程序自动识别得出的核化点位置分布,图中"+"表示核化点所在位置。对图中核化点数量求和可得出总的核化点数量,进一步根据加热面面积的

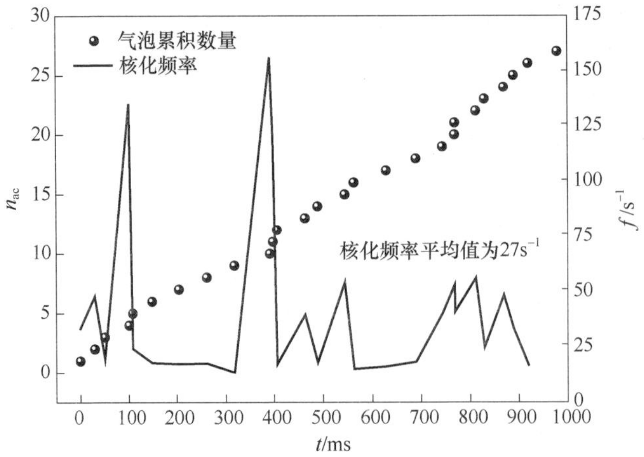

图 7.32 累积气泡数量和瞬时核化频率

大小求出核化密度,即

$$N_a = \frac{N_{nd}}{A_{aoi}} \tag{7.26}$$

式中:N_a 为加热面上核化点总数;A_{aoi} 为关注的加热面面积。

关于气泡的核化密度和核化频率的具体计算将在后面详细讨论。

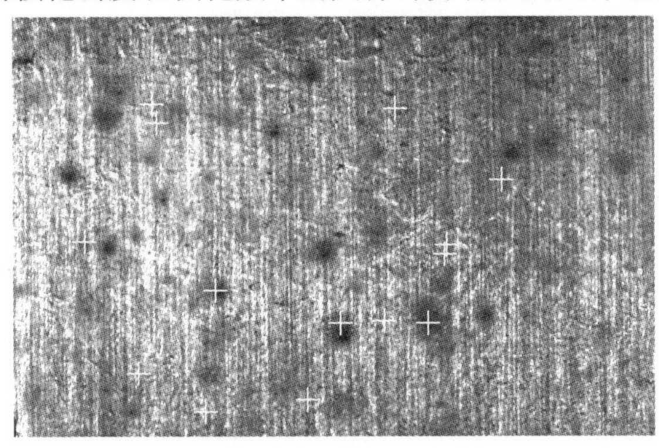

图 7.33 核化点分布

7.2.1.4 第一类气泡基本特征参数

从第一类气泡的基本特征中可以总结出第一类气泡的基本特征参数,以此建立对第一类气泡的定量描述。从气泡的生长－冷凝特性的讨论中可以看出,完整描述气泡的直径变化还需要知道气泡在生长－冷凝过程中的最大直径以及最大直径时间。如前所述,本实验中并未观察到明显的气泡脱离核化点的现象,气泡产生之后就开始随主流运动。即使存在气泡在核化点处生长然后脱离核化点的现象,其时间尺度也是远小于本实验的时间分辨率的。本研究认为气泡在核化点产生之后就开始运动,忽略气泡在核化点处的驻留生长,因此本研究不考虑气泡的脱离直径和脱离时间。气泡在冷凝阶段存在浮升现象,所以气泡的浮升直径和浮升时间需要考虑。此外,通过式(7.21)可以求出气泡寿期和气泡最大直径所对应的生长时间。

气泡的运动特性主要包括气泡沿加热壁面运动的滑移距离和滑移速度,气泡浮升之后,其运动距离和运动速度、滑移距离可以通过气泡滑移速度和气泡浮升时间求出。气泡脱离加热壁面进入到主流之后将不会从加热壁面带走热量,因此气泡的浮升运动距离和浮升运动速度对过冷沸腾换热影响不明显。

综上所述,气泡生长-冷凝过程中的特征参数为气泡最大直径、气泡最大直径时间以及气泡浮升直径,气泡的运动特征参数为滑移运动速度,气泡的核化特性包含的特征参数为气泡核化密度和核化频率。其他参数如气泡寿期和气泡浮升时间都可以通过以上特征参数结合式(7.21)导出,而气泡滑移距离、气泡浮升运动速度和气泡浮升运动距离不予讨论。

7.2.2 气泡最大直径和最大直径时间

7.2.2.1 气泡最大直径的概率分布

由于加热表面上气泡核化点特性、加热表面温度以及气泡周围局部流场和温度场的变化都会对气泡的直径变化产生影响,固定热工工况下气泡最大直径并不是唯一的,而是分布在一个范围内。有必要对气泡最大直径的概率分布特性进行研究,以便于提出合理的统计平均气泡最大直径的方法。图7.34是实验中同一个核化点处产生的第一类气泡的最大直径的概率分布特性,横坐标表示气泡的最大直径,纵坐标表示最大直径值出现的概率。从图中可以看出,同一个核化点处的气泡最大直径的分布近似于高斯分布,因此可以采用高斯分布描述同一个核化点处气泡最大直径的随机分布特性,图中给出了采用高斯分布对实验数据进行拟合的概率分布。从图中可以看出,尽管分布形式相同,但是不同核

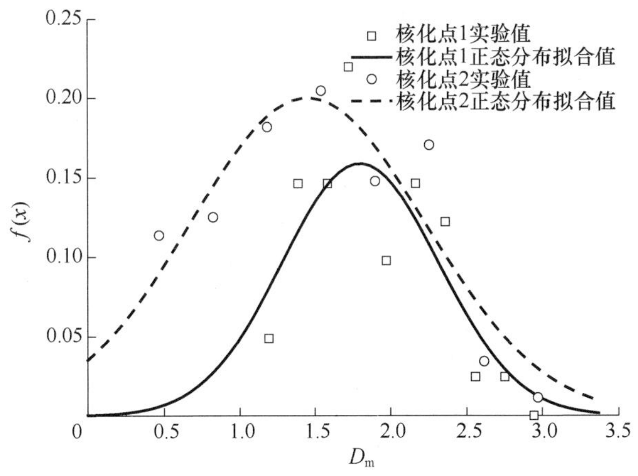

图7.34 同一核化点处气泡最大直径的分布

化点处产生的气泡最大直径的具体分布有所区别,这说明不同核化点之间的差异较大。

图 7.35 示出了采用自动处理算法统计的整个观察窗内最大气泡直径的分布情况,图中给出了两个热工工况下的结果。从图中可以看出,与单个核化点的高斯分布不同,气泡最大直径的分布向小直径方向偏移。造成以上结果的原因可以归结如下,气泡最大直径较大的核化点的核化频率一般比较小,而气泡最大直径较小的核化点的核化频率一般较大,单位时间内统计的较小的气泡最大直径多一些,所以从整个观察窗范围来看,较小的气泡最大直径出现的概率高一些。由此可知,如果直接采用整个观察窗内所统计的平均最大直径进行分析会造成一定的误差,气泡最大直径平均值与实际值相比偏小,与实际沸腾换热过程产生差异。

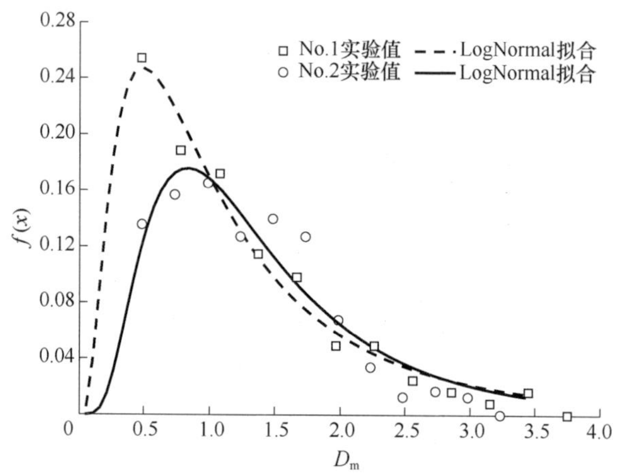

图 7.35　观察窗内气泡最大直径分布

结合以上分析,气泡最大直径的获取需要考虑不同核化点气泡的差异。同一个核化点处不同气泡的最大直径的平均值定义为

$$\overline{D_{\mathrm{m}}} = \frac{\sum_{i=1}^{n} D_{\mathrm{m}i}}{n} \tag{7.27}$$

整个加热平面上的最大气泡的平均值为

$$\overline{\overline{D_{\mathrm{m}}}} = \frac{\sum_{i=1}^{N} \overline{D_{\mathrm{m}i}}}{N} \tag{7.28}$$

式(7.28)既考虑了核化点处不同时刻气泡的差异,也考虑了不同核化点特性对气泡最大直径的影响,因此后面关于气泡最大直径的讨论中都是指式(7.28)所表示的平均值,对于其他气泡特征参数如气泡最大直径时间和气泡寿期的讨论中所指的都是类似于上面的平均值。

7.2.2.2 气泡最大直径平均值

第一类气泡在生长－冷凝过程中所能达到的最大直径由蒸发速率和冷凝速率共同决定：当气泡的蒸发速率大于冷凝速率时，气泡生长；而当蒸发速率小于冷凝速率时，气泡冷凝；当二者相等时，气泡的直径达到最大值。气泡的最大直径需要从生长和冷凝两个方面进行考虑，气泡直径变化可以表示为

$$h_{\mathrm{fg}}\rho_{\mathrm{g}}\frac{\mathrm{d}}{\mathrm{d}t}\left(\frac{4\pi}{3}R^{3}\right)=q_{\mathrm{e}}'-q_{\mathrm{c}}' \tag{7.29}$$

式中：q_{e}'为气泡蒸发换热率；q_{c}'为气泡冷凝换热率。

式(7.29)可简化为

$$h_{\mathrm{fg}}\rho_{\mathrm{g}}\frac{\mathrm{d}R}{\mathrm{d}t}=q_{\mathrm{e}}''-q_{\mathrm{c}}'' \tag{7.30}$$

式中：q_{e}''、q_{c}''分别为气泡表面蒸发热流和气泡表面冷凝热流。

假定气泡处于静止的非均匀温度场中，气泡表面蒸发热流可以表示为

$$q_{\mathrm{e}}''=bk_{1}\frac{\Delta T_{\mathrm{s}}}{\sqrt{\pi a_{1}t}} \tag{7.31}$$

式中：ΔT_{s} 为非均匀温度场的温度梯度，$\Delta T_{\mathrm{s}}=T_{0}-T_{\mathrm{s}}$，$k_{1}$ 为液体的导热系数。

式(7.31)分子部分表示温度梯度，分母部分为热边界层的厚度，所以式(7.31)的热流即为导热作用所产生的热流。由于气泡表面蒸发热流是通过展平气泡获得的，因此引入了常数 b 对由气泡曲面所导致的热流改变进行了修正。为了研究方便起见，对气泡表面冷凝热流也进行了同样的修正，乘以常数 b。基于之前的分析，气泡达到最大直径时下面的条件成立，即

$$k_{1}\frac{\Delta T_{\mathrm{s}}}{\sqrt{\pi a_{1}t_{\mathrm{m}}}}=q_{\mathrm{c}}'' \tag{7.32}$$

因此式(7.29)进一步可写成

$$h_{\mathrm{fg}}\rho_{\mathrm{g}}\frac{\mathrm{d}R}{\mathrm{d}t}=b\left(k_{1}\frac{\Delta T_{\mathrm{s}}}{\sqrt{\pi a_{1}t}}-k_{1}\frac{\Delta T_{\mathrm{s}}}{\sqrt{\pi a_{1}t_{\mathrm{m}}}}\right) \tag{7.33}$$

基于式(7.33)可以求出气泡的直径变化为

$$R=\frac{2b}{\pi}\frac{\Delta T_{\mathrm{s}}c_{p1}\rho_{1}}{h_{\mathrm{fg}}\rho_{\mathrm{g}}}\sqrt{\pi a_{1}t}\left(1-\frac{1}{2}\sqrt{\frac{t}{t_{\mathrm{m}}}}\right) \tag{7.34}$$

式(7.34)进一步可以简化为

$$R=\frac{2b}{\pi}Ja\sqrt{\pi a_{1}t}\left(1-\frac{1}{2}\sqrt{\frac{t}{t_{\mathrm{m}}}}\right) \tag{7.35}$$

令 $t=t_{\mathrm{m}}$，可求出气泡的最大直径为

$$D_m = 2R_m = \frac{2b}{\pi} Ja\sqrt{\pi a_l t_m} \tag{7.36}$$

因此可以得

$$\frac{D}{D_m} = 2\sqrt{\frac{t}{t_m}}\left(1 - \frac{1}{2}\sqrt{\frac{t}{t_m}}\right) \tag{7.37}$$

即 Zuber 关系式(7.21)。以上推导过程中认为气泡冷凝速率等于气泡达到最大直径时的蒸发速率,而且取为定值,不随气泡参数和周围流体状态的变换而改变。对于气泡表面冷凝热流的计算中并没有考虑到气泡直径、流体过冷度以及流体速度的影响,并不能适用于本研究所针对的过冷沸腾流动。然而从上面的分析中可以看出,气泡直径的基本变化规律可以用式(7.37)进行预测,对于气泡的最大直径和最大直径所出现的时间则要重新考虑。

在饱和沸腾中,忽略掉气泡表面的冷凝作用,即

$$q''_c = 0 \tag{7.38}$$

这样气泡的直径变化可以从式(7.30)中得出,即

$$R = \frac{2b}{\pi} Ja\sqrt{\pi a_l t} \tag{7.39}$$

式(7.39)即 Zuber 得出的气泡生长方程,曾被多次用于气泡动力学的计算中[6,19]。很多研究者也提出类与式(7.39)类似的气泡生长方程,具有以下形式:

$$R = C_{bg} Ja\sqrt{\pi a_l t} \tag{7.40}$$

式中:C_{bg} 为气泡生长常数,与工况参数无关。

Cooper[20] 导出了基于微液层蒸发模型的气泡生长方程,微液层蒸发模型认为气泡生长过程中气泡底部会留下一层很薄的液膜,称为微液层。微液层在过热壁面加热的作用下蒸发,微液层的持续蒸发是维持气泡生长的主要原因。Cooper[20] 通过实验确认了微液层的存在,并对其影响进行了讨论。在此之后,很多研究者通过不同的实验手段对气泡底部的微液层特性进行了实验研究,包括高速红外热像仪[21,22] 和激光干涉法[23,24] 对微液层厚度的测量,这些新的实验技术的引入都对气泡底部微液膜蒸发特性有了更新的认识。

本研究认为气泡生长过程中的气泡蒸发热流通过式(7.40)进行计算,即

$$q''_e = \frac{1}{A_b}\frac{h_{fg}\rho_g \mathrm{d}V_b}{\mathrm{d}t} = \frac{C_{bg} h_{fg}\rho_g}{2} \mathrm{Ja}\sqrt{\frac{\pi\alpha_l}{t}} \tag{7.41}$$

根据能量守恒,气泡冷凝时所放出的热量为

$$Q_b = -h_{fg}\Delta V_b \rho_g \tag{7.42}$$

式中：ΔV_b 为气泡体积的变化，则过冷沸腾气泡冷凝时界面换热系数可定义为

$$h_c = -\frac{h_{fg}\rho_g(\mathrm{d}V_b/\mathrm{d}t)}{A_b\Delta T_{sub}} \tag{7.43}$$

式中：A_b 为气泡的表面积；V_b 为气泡的体积；$\Delta T_{sub} = T_{sat} - T_l$；负号是因为气泡在冷凝时体积变化为负值。

因此生长冷凝过程中气泡冷凝热流为

$$q''_c = \frac{1}{A_b}\frac{Q_b}{\Delta t} = h_c\Delta T_{sub} \tag{7.44}$$

式中：A_b 为气泡表面积。

一般而言，气泡的冷凝时的界面换热系数采用冷凝努塞尔数（Nu_c）表示，即

$$Nu_c = \frac{h_c D_b}{k_l} \tag{7.45}$$

Levenspiel[25]采用改变压力的方式对大空间内的气泡冷凝进行了实验研究，并研究了主流过冷度对气泡冷凝速率的影响。结果表明，气泡冷凝时的表面换热系数的大小与气泡直径、汽化潜热以及蒸汽密度成正比，同时给出了过冷度对气泡冷凝的影响结果。Abdelmessih 等[26]研究了流体流动对气泡冷凝的影响，实验结果表明，气泡在核化点产生之后会进入到主流当中并冷凝消失，实验中的核化点为人工制造的核化点。随着流动速度的增加，气泡的冷凝速度有所增加，气泡冷凝时间的减小要比气泡生长时间的减小快很多，说明流速的增加引起了湍流程度增加，由此剪切应力会有所增加，导致换热边界层厚度减小，从而气泡的界面换热系数增加导致了冷凝时间的减小。Warrier 等[27]结合外掠圆球对流冷却关系式确定出了气泡冷凝的界面换热关系式，发现所得关系式的计算结果与实验值相比偏低，认为外掠圆球冷却关系式没有考虑到气泡冷凝时半径的减小所带来的热边界层的变化，并基于此得到了新的冷凝关系式，即

$$Nu_c = 0.6Re_b^{1/2}Pr^{1/3}(1 - 1.2Ja^{9/10}Fo_o^{2/3}) \tag{7.46}$$

式中：Fo_o 为傅里叶数，$Fo_o = \alpha_l t/D_{bo}^2$，其中 D_{bo} 为气泡冷凝时直径的初始值。

袁德文[28]等对窄通道内的气泡冷凝以及界面冷凝换热系数进行了研究，采用了与 Warrier 等[27]类似的方法确定出了气泡的冷凝界面换热关系式，即

$$Nu_b = 0.6Re_b^{1/2}Pr^{1/3}(1 - Ja^{0.1}Fo_o) \tag{7.47}$$

对比 Warrier 等[27]和袁德文等[28]的结果可以发现，窄通道下的气泡冷凝速度要比常规通道内的气泡冷凝速度大得多。

表 7.1 对气泡界面冷凝换热关系式进行了总结。此外，气泡在冷凝过程中还有一些其他特性是以上经验模型与半经验模型所没有考虑的，例如，气泡在冷

凝时汽液界面有可能会发生不稳定性,对气泡形状和冷凝换热系数产生影响,窄通道效应也对气泡冷凝的影响,这些都需要进一步的研究。

表 7.1 表面冷凝换热关系式

研究者	界面冷凝换热关系式
Isenberg[29]	$Nu_c = \frac{1}{\sqrt{\pi}} Re_b^{1/2} Pr^{1/3}$
Akiyama[30]	$Nu_c = 0.37 Re_b^{0.6} Pr^{1/3}$
Chen[31]	$Nu_c = 0.61 Re_b^{0.6} Pr^{1/2} \beta^{0.3}$(脱离前) $Nu_c = 0.185 Re_b^{0.7} Pr^{1/2} \beta^{0.3}$(脱离后)
Zeitoun[32]	$Nu_c = 2.04 Re_b^{0.7} \alpha^{0.328} Ja_l^{0.308}$
Kalman[33]	$0.0041 Re_b^{0.855} Pr^{0.855}$
Warrier[27]	$Nu_c = 0.6 Re_b^{1/2} Pr_l^{1/3} (1 - 1.2 Ja_l^{9/10} Fo_o^{2/3})$
袁德文[28]	$Nu_b = 0.6 Re_b^{1/2} Pr^{1/3} (1 - Ja_l^{0.1} Fo_o)$
Kim[34]	$Nu_c = 0.2575 Re_b^{0.7} Ja_l^{-0.2043} Pr^{-0.4564}$

结合之前对气泡生长和冷凝的讨论,气泡达到最大直径时下式成立

$$q''_e |_{D_m, t_m} = q''_c |_{D_m, t_m} \tag{7.48}$$

根据式(7.41)和式(7.44)的结果,式(7.48)进一步表示为

$$\frac{C_{bg} h_{fg} \rho_g}{2} Ja \sqrt{\frac{\pi \alpha_l}{t_m}} = (h_c)_{D_m} \Delta T_{sub} \tag{7.49}$$

对比本研究的实验数据发现当 C_{bg} 等于 $\sqrt{3/\pi}/3$ 时可以取得较好的结果,过冷流动沸腾中气泡最大直径的预测结果如图 7.36 所示,其中气泡的冷凝换热量通过 Kim[34] 的经验关系式进行计算,结果表明大部分数据的预测精度在 ±50% 之内。

倾斜条件下的气泡最大直径的变化如图 7.37 所示,从图中可以看出,尽管某些个别点趋势不明显,然而整体趋势表明随着倾斜角度的增加,气泡最大直径增大。从前面对于气泡最大直径的理论分析中可以看出,气泡所处重力场的变化对于气泡的蒸发速率和冷凝速率并没有直接的影响。本实验回路在倾斜之后,气泡所处位置的局部热工流体参数会随之发生变化。图 7.37 示出了采用上述气泡最大直径预测模型所获取的预测值,计算中热工参数采用倾斜条件下的实验测量值。由图可知,采用式(7.49)获取的预测直径小于实验值,然而基本趋势是相同的。由于式(7.49)中 C_{bg} 的确定是基于竖直静止下的实验值进行

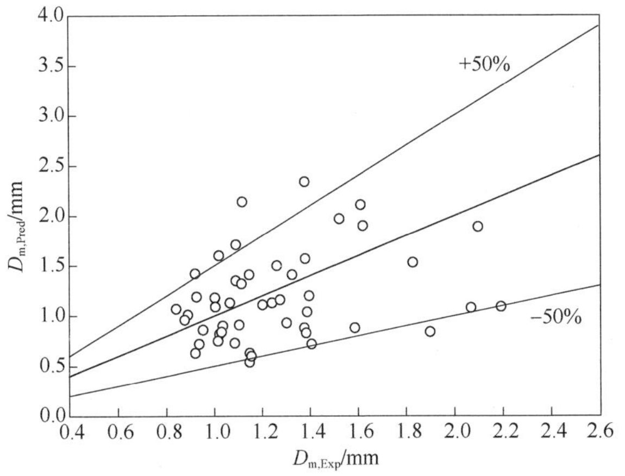

图 7.36　实验值和预测值的对比

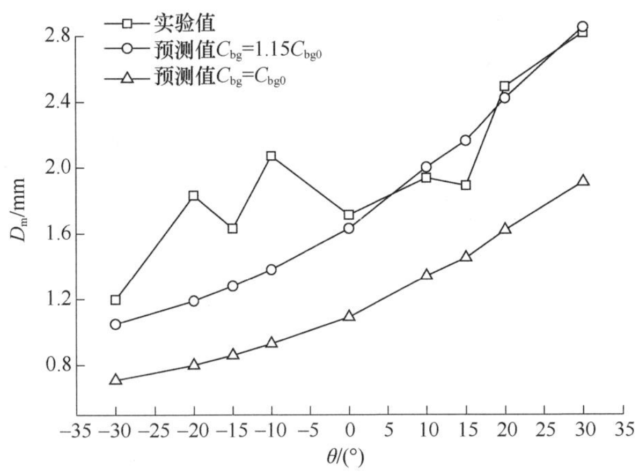

图 7.37　倾斜条件下的气泡最大直径

的，对竖直静止状态下气泡最大直径预测尚存在一定的误差，因此倾斜条件下的气泡直径预测值同样会有一定的偏差。图 7.37 同时示出了 C_{bg} 为原值的 1.15 倍时的预测结果，可以看出对 C_{bg} 进行修正之后倾斜条件下的预测值和实验值更加接近，由此分析可知，倾斜条件下预测值与实验值之间的偏差主要是式(7.49)的静态误差。

为了对倾斜条件所造成的影响进行深入分析，下面考察倾斜条件所引入的局部热工流体参数的变化情况。由式(7.49)可知，影响气泡最大直径的主要因素有气泡所处位置处的雅可比数 Ja、过冷雅可比数 Ja_1、主流过冷度 ΔT_{sub}、局部流动速度 u_1 和普朗特数 Pr。图 7.38(a)示出了倾斜条件下 Ja、Ja_1 以及 ΔT_{sub} 的变化，Ja 随着倾斜角度的增加逐渐增加，而 Ja_1 和 ΔT_{sub} 则出现了不同程度的减小。倾斜条件下 u_1 和 Pr 的变化如图 7.38(b)所示，与前面三个参数相比，u_1 和

Pr 基本没有发生变化。

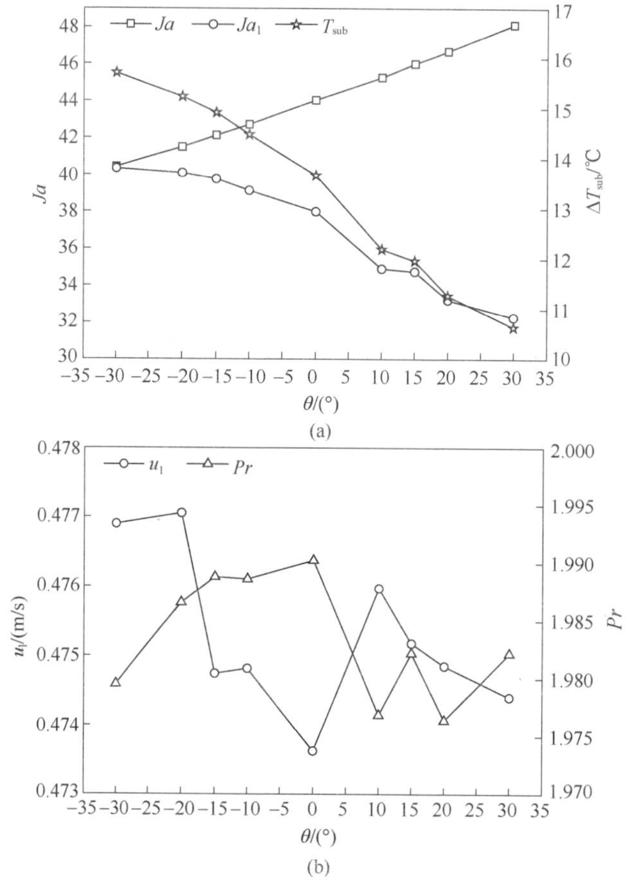

图 7.38 倾斜条件下热工参数的变化

(a)雅可比数、过冷雅可比数和主流过冷度；(b)局部流动速度和普朗特数。

图 7.39 示出了不同倾斜角度下气泡界面蒸发和冷凝热流随气泡直径的变化情况,图中实心标志表示界面蒸发热流,空心标志表示界面冷凝热流。从图中可以看出,随着气泡直径的增加,界面蒸发和冷凝速率都一直降低。由于界面蒸发速率比界面冷凝速率降低快一些,对于某一特定大小的气泡二者将达到平衡,对应于最大气泡直径。当界面蒸发速率大于界面冷凝速率时,气泡直径会一直增加,反之气泡直径减小。由于局部 Ja 随倾斜角度的增加而增加,因此界面蒸发速率随倾斜角度的增加而增加,这就造成了平衡点处所对应气泡直径的增加,即气泡最大直径的增加。另外,局部 Ja_1 和 ΔT_{sub} 随倾斜角度的增加而降低,进而导致界面冷凝速率随倾斜角度的增加而降低,这种情况同样会使平衡点处所对应的气泡直径有所增加,对应于气泡最大直径的增加。而本实验所研究的倾斜工况下,u_1 和 Pr 对气泡最大直径的影响并不明显。综上所述,倾斜条件下局部

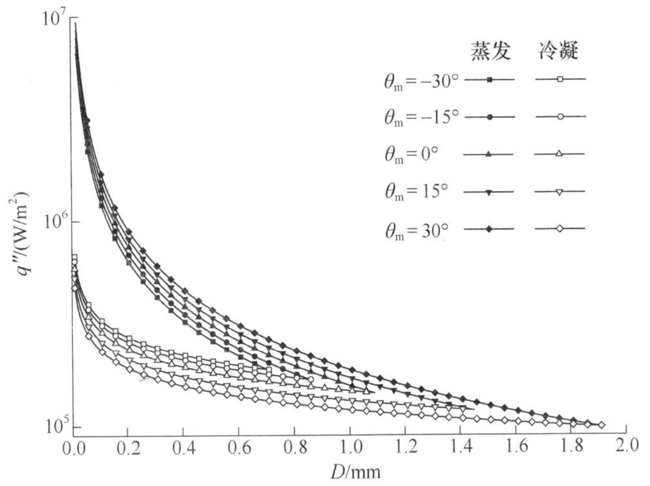

图7.39 不同气泡直径下的蒸发速率和冷凝速率

Ja、Ja_1 和 ΔT_{sub}的变化导致了界面蒸发和冷凝速率的改变,进而使得气泡的最大直径发生了变化。

摇摆运动下气泡最大直径的变化如图7.40所示,从图中可以看出,气泡最大直径具有强烈的随机波动特性。然而,除了这些随机波动特性,气泡最大直径在摇摆运动的影响下出现了周期性波动,而且波动的周期与摇摆运动周期相同。与倾斜条件的影响类似,摇摆运动下气泡最大直径在摇摆运动至最大负角度时达到最小值。反之,当摇摆角度达到最大正角度时,气泡最大直径达到最大值。基于实验中获取的摇摆运动热工流体参数,采用式(7.49)对摇摆运动下的气泡最大直径预测。从图中可以看出,当 C_{bg}取静止条件下确定的常数 C_{bg0}时,气泡最大直径的预测值小于实验值,实验值与预测值之间存在一定的静态误差。当

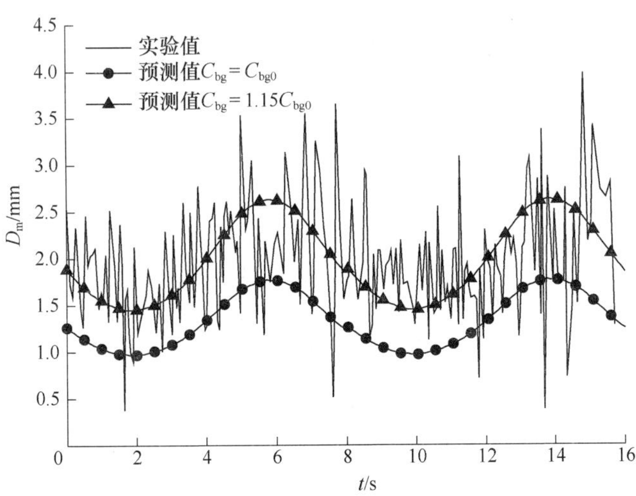

图7.40 摇摆条件下的气泡最大直径

预测模型中取 1.15 倍的 C_{bg0} 时，预测值与实验值之间误差较小。

与倾斜条件的影响类似，理论分析结果表明摇摆运动所致的加速度场变化不会直接影响气泡的最大直径，因此主要考虑摇摆运动对气泡所处局部热工流体参数的影响。图 7.41(a)示出了摇摆运动下局部 Ja、Ja_1 和 ΔT_{sub} 的变化，从图中可以看出，实验中这三个参数都发生了周期性波动，波动周期和摇摆运动周期相同。当摇摆角度从最小值向最大值转变时，Ja 呈现出增加的趋势，而 Ja_1 和 ΔT_{sub} 则不断减小。这表明此时界面蒸发速率不断增加，而界面冷凝速率不断减小，对应于气泡最大直径的增加。反之，当摇摆角度从最小值向最大值转变时，Ja 逐渐减小，Ja_1 和 ΔT_{sub} 不断增加，由此造成界面蒸发速率的减小和界面冷凝速率的增加，进而造成气泡最大直径的减小。

摇摆运动下流体速度和普朗特数的变化如图 7.41(b)所示，从图中可以看

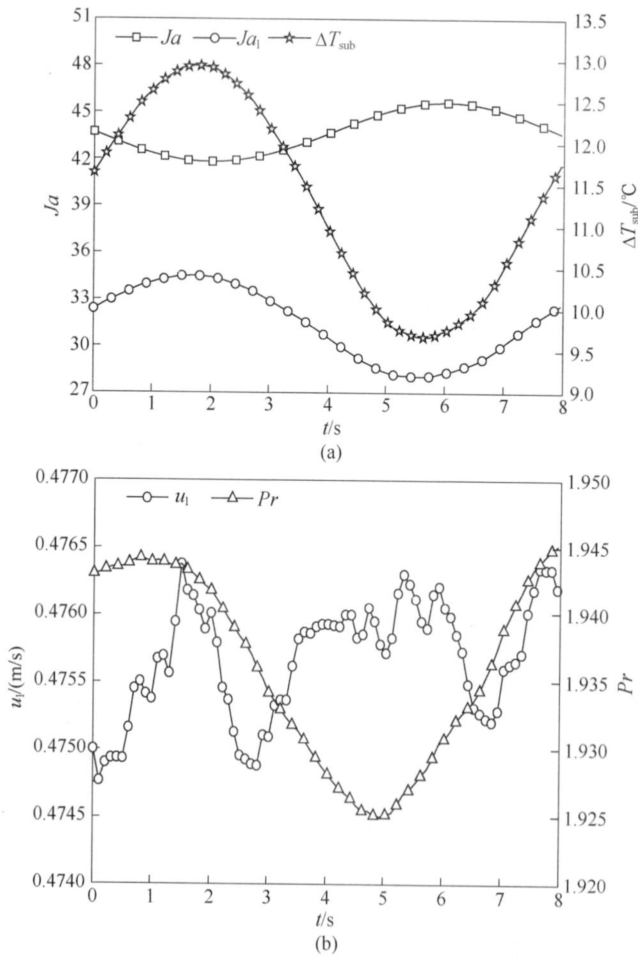

图 7.41　摇摆条件下热工参数的变化

(a)雅可比数、过冷雅可比数和主流过冷度；(b)局部流动速度和普朗特数。

出局部流体速度的变化很小，而且并未展现出明显的周期性，这表明在该工况下系统流量并未在摇摆运动影响下发生波动。尽管 Pr 的变化呈现出周期性，但是变化幅度非常小，其影响可以忽略不计。从以上的分析中可以看出，造成摇摆运动下的气泡最大直径发生周期性变化的主要原因是局部 Ja、Ja_1 和 ΔT_{sub} 发生了周期性变化，进而造成了气泡界面蒸发速率和冷凝速率发生了周期性波动，由此致使界面蒸发速率和冷凝速率相等时所对应的气泡直径发生了周期性波动。

7.2.2.3 气泡最大直径时间

实验研究发现，较大的气泡最大直径对应较大的气泡最大直径时间，二者的关系如图 7.42 所示，从图中可以看出二者近似呈线性关系。拟合数据得到下面的关系式，即

$$t_m = 0.83D_m \tag{7.50}$$

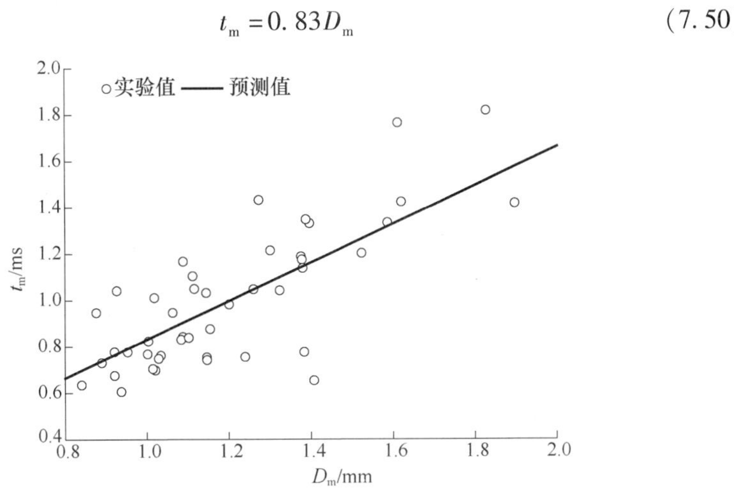

图 7.42 气泡最大直径与气泡最大直径时间

图 7.43 示出了气泡最大直径时间的预测值与实验值的误差，结果表明式(7.50)的预测精度在 ±30% 以内。获得了气泡的最大直径之后，则可以通过式(7.50)计算出气泡的最大直径时间 t_m。

从前面的分析中可以得出 Zuber 关系式中气泡寿期和气泡最大直径时间是 4 倍的关系，因此可以得出气泡寿期与气泡最大直径之间的关系可以表示为

$$t_b = 3.32D_m \tag{7.51}$$

图 7.44 给出了实验值和式(7.51)预测值的对比，结果表明，式(7.51)的预测值大于本研究中的实验值。

造成以上结果的主要原因可以归为以下两个方面：其一是气泡冷凝后期气泡表面失稳，所以气泡表面与过冷流体的接触面积有所增大，强化了气泡表面的冷凝，使得气泡直径减小速度加快，由此导致了气泡寿期小于预测值；其二是在气泡后期冷凝的过程中，气泡表面变得不稳定，导致了拍摄到的气泡图像不易识

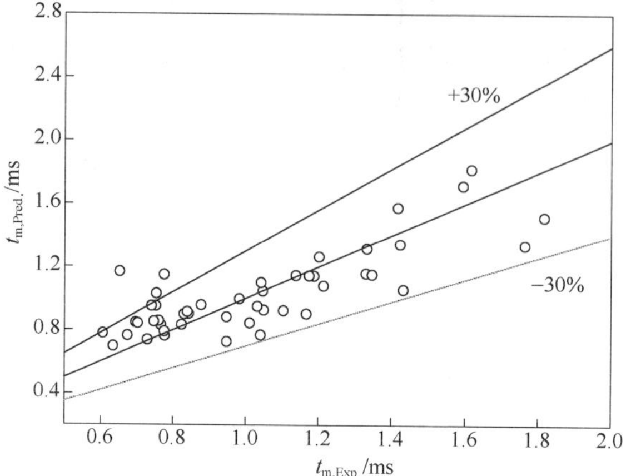

图 7.43　气泡最大直径时间的预测误差

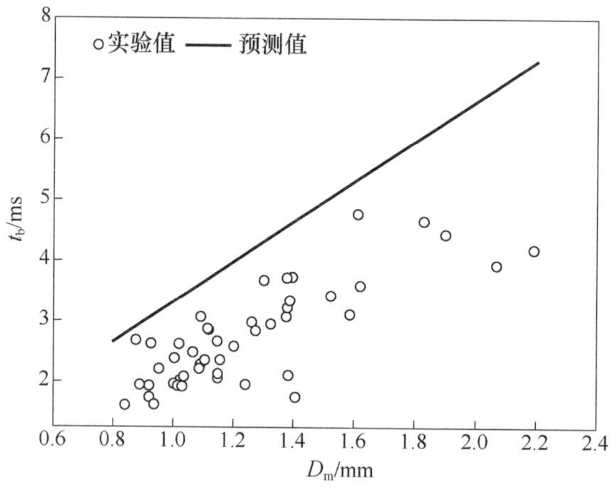

图 7.44　气泡寿期与气泡最大直径时间

别，所以气泡还未消失时自动识别程序就判断气泡冷凝消失，造成了所获取的气泡寿期小于实际的气泡寿期，即测量误差引起。综合上述分析，本研究认为气泡寿期等于气泡最大直径的 4 倍，以此近似补偿气泡冷凝的影响。

通过上述研究可知气泡最大直径时间仅与气泡最大直径相关，而倾斜条件和摇摆运动条件所造成的附加加速度场并不会直接影响气泡的最大直径时间。然而，从前面的分析中可以看出，倾斜条件和摇摆运动条件下的气泡最大直径会发生相应变化，进而气泡最大直径时间也会发生相应变化。因此，对于倾斜条件和摇摆运动条件下的气泡最大直径时间依然采用竖直静止状态下的方法进行预测。

7.2.3　气泡浮升直径和运动速度

气泡的浮升是指气泡脱离加热壁面进入到主流流体中，而气泡浮升时所对应的直径称为气泡浮升直径。可视化实验中气泡浮升直径的确定一般通过观察气泡与加热壁面之间的位置关系进行，为了获取较好的拍摄效果以便对气泡浮升之间进行测量，通常摄像机拍摄的平面与加热壁面所在的平面垂直或者保持较大的角度。而在本实验中，由于窄通道特有的性质，只能采取摄像机拍摄平面与加热壁面所在平面重叠的方式对通道内的气泡进行拍摄。在这样的拍摄角度下，不能直接观察到气泡与加热壁面之间的关系，因此不能对气泡的浮升直径进行直接测量。

通过测量气泡底部亮圆可以获取气泡底部接触直径的大小，气泡接触直径与气泡直径随无量纲时间的变化如图 7.45 所示。从图中可以看出，第一类气泡接触直径的变化趋势和气泡直径变化趋势类似，气泡生长时接触直径有所增加，增加到最大值之后接触直径开始减小，当接触直径降为 0 时，气泡脱离加热壁面发生浮升，此时对应的气泡直径为气泡浮升直径。

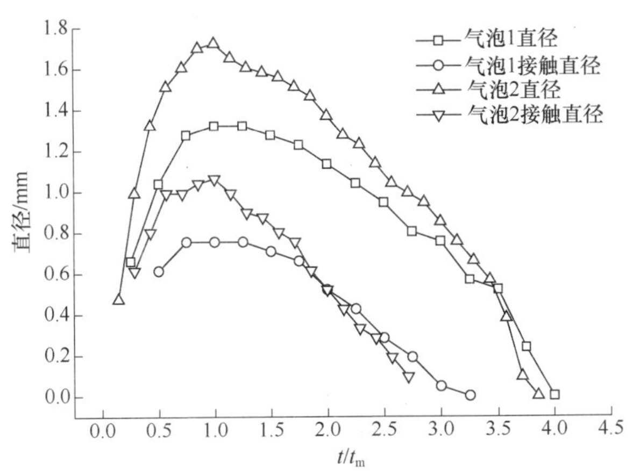

图 7.45　气泡直径与气泡接触直径的变化

本研究引入如下无量纲参数研究气泡接触直径，即

$$k_{\mathrm{dw}} = \frac{d_{\mathrm{w}}}{D} \tag{7.52}$$

式中：d_{w} 为气泡底部接触直径。

图 7.46(a)示出了 k_{dw} 与无量纲气泡生长时间的关系，从图中可以看出，接触直径与气泡直径的比值随气泡的增大而单调减小。研究发现下式可对 k_{dw} 进行预测，即

$$k_{\mathrm{dw}} = 0.7 - \mathrm{e}^{\left(C_{\mathrm{dw}}\frac{t}{t_{\mathrm{m}}} - 3\right)} \tag{7.53}$$

式中：C_{dw} 为常数，通过实验进行确定，本实验中取 0.9，图 7.46(a)同时示出了式(7.53)的预测值。

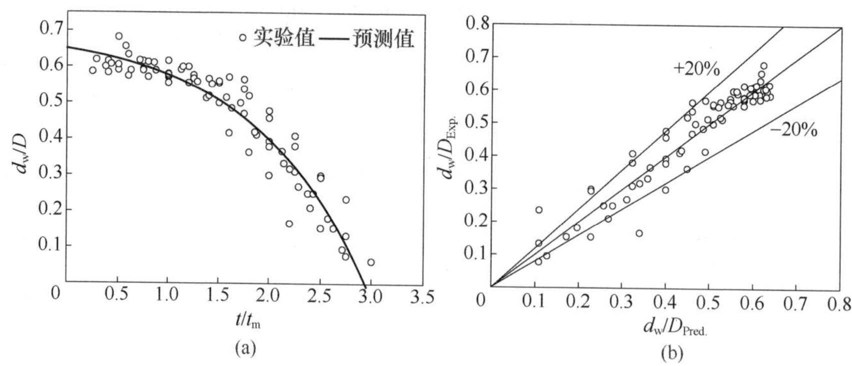

图 7.46　气泡接触直径预测

(a)实验值与预测值；(b)预测误差。

式(7.53)对本实验中气泡接触直径的预测误差如图 7.46(b)所示，结果表明大部分实验数据的预测误差小于 ±20%。此外，当 d_w/D 较大时，式(7.53)的预测误差较小，而 k_{dw} 减小之后，式(7.53)的预测误差由所增加。这是由于较小 k_{dw} 所对应的情况中气泡处于冷凝阶段，此时气泡底部接触圆开始变得模糊，测量误差较大造成的。

前面对过冷沸腾条件下的气泡浮升原因进行了分析，从分析过程中可知影响气泡浮升的因素较多，部分因素很难进行量化考虑，因此本研究放弃使用气泡受力分析方法评估气泡的浮升直径。当气泡底部接触直径等于0时可认为气泡发生了浮升，气泡所对应的直径即为浮升直径。令式(7.53)等于0可得出气泡浮升时间，即

$$\frac{t_{lo}}{t_m} = 2.94 \tag{7.54}$$

结合气泡的生长－冷凝特性关系式(7.37)可求出气泡的浮升直径与气泡的最大直径的关系为

$$\frac{D_{lo}}{D_m} = 0.4893 \tag{7.55}$$

通过式(7.55)可近似认为气泡的浮升直径等于气泡最大直径的0.5倍，因此本研究在对过冷沸腾换热进行时取该值考虑气泡的浮升作用。海洋条件下的气泡浮升直径同样采用该关系进行计算，海洋条件的影响通过考虑气泡最大直径的改变而进行。

气泡的运动速度主要由气泡所受的力决定，由于第一类气泡的特有性质，其受力比较复杂，影响因素较多，很多类型力的具体计算比较复杂，如气泡所受的形变力和表面张力，因此采用受力分析方法对气泡的速度进行建模预测比较困难。另外，本研究发现特定气泡的运动速度发生变化的幅度不大，如图 7.31 所

示,而不同时刻产生的气泡的速度差别较大。这说明气泡的速度受局部参数波动的影响很大,从侧面反映出气泡运动的复杂特性。

基于以上分析,本研究假设通道中局部气泡速度值保持为常数,以此对气泡的运动特性进行简化。对通道内所有第一类气泡的运动速度进行平均之后可以获取特定位置处气泡速度的平均值,本书采用该平均值代表气泡的运动速度。实验发现,气泡的运动速度可以采用下面的经验关系式进行预测:

$$u_{\mathrm{b}} = 0.243 + 3.9 \times 10^{-14} Re^{3.33} \tag{7.56}$$

预测值与实验值之间的误差如图7.47所示,从图中可以看出,实验值与预测值之间的误差小于±20%,表明式(7.56)可以对本实验中气泡速度进行较好的预测。

本研究认为海洋条件对气泡浮力的影响远小于气泡生长-冷凝过程中的受力变化,因此不考虑海洋条件对第一类气泡运动速度所造成的影响。与气泡浮升直径类似,海洋条件下气泡运动速度的计算采用和竖直静态状态下相同的关系式。

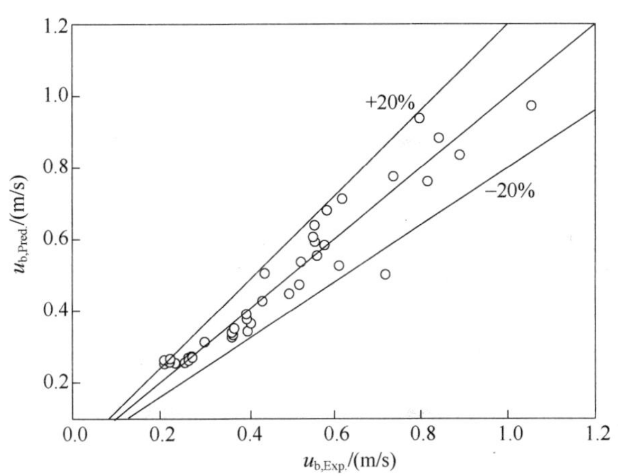

图7.47 气泡速度的预测误差

7.2.4 气泡核化密度

根据形成机理的不同,气泡核化一般可以分为均相核化(homogeneous nucleation)和异相核化(heterogeneous nucleation)。均相核化形成的条件要比异相核化高得多,因此对于一般情况下的沸腾现象而言主要发生的是异相核化,即由空穴以及不凝结气体的存在而形成的汽化核心所形成的气泡。

加热表面上的气泡核化是一个比较复杂的过程,影响的因素比较多,包括壁面结构、液体种类和液体的热工参数等,表现出极强的随机性。对气泡核化密度的研究主要有两类方法。其一是直接确定出影响核化密度的因素并对其简化,采用参数拟合的方式确定出核化密度的经验关系式；其二是根据气泡异相核化的特点确定出有效核化半径和空穴角度的范围，然后分析实际表面上空穴尺寸的分布特性并对其进行积分，求出核化密度的大小。此外，在早期的研究中关于气泡的核化密度研究主要针对池沸腾中的气泡核化，对于流动沸腾则主要是在池沸腾研究结果上的修正。

7.2.4.1 气泡核化密度研究总结

Kocamustafaogullari[35]对池沸腾条件下的气泡核化密度进行了研究，采用参数分析的方法得到了确定水沸腾时气泡核化密度的关系式，即

$$N_a^* = f(\rho^*) R_c^{*\,-4.4} \tag{7.57}$$

$$N_a^* = N_a D_d^2 \tag{7.58}$$

$$f(\rho^*) = 2.157 \times 10^{-7} \rho^{*\,-3.2} (1 + 0.0049\rho^*)^{4.13} \tag{7.59}$$

$$\rho^* = \frac{\rho_l - \rho_g}{\rho_g} \tag{7.60}$$

$$R_c^* = \frac{2D_d}{r_{c,\min}} \tag{7.61}$$

式中：N_a 为单位面积上的汽化核心数目；D_d 为气泡脱离直径；$r_{c,\min}$为最小临界核化半径。

气泡脱离直径以及最小临界核化半径的计算分别为

$$D_d = 2.5 \times 10^{-5} \rho^{*\,0.9} \theta \sqrt{\frac{\sigma}{g(\rho_l - \rho_g)}} \tag{7.62}$$

$$R_c = \frac{2\sigma T_{sat}}{\rho_g h_{fg} \Delta T_w} \tag{7.63}$$

式中：θ 为三相线接触角；σ 为表面张力系数；g 为重力加速度。

流动沸腾的温度梯度相对于池沸腾而言会更大一些，对以上关系式中的壁面过热度进行修正可以使其应用于流动沸腾中，采用有效壁面过热度 ΔT_{we}代替以上的壁面过热度 ΔT_w，即

$$\Delta T_{we} = S \Delta T_w \tag{7.64}$$

式中：S 为流动沸腾抑制系数，且

$$S = \frac{1}{1 + 1.5 \times 10^{-5} Re_{TP}} \tag{7.65}$$

$$Re_{TP} = \frac{G(1-x)D_{pe}}{\mu_l} F^{1.25} \tag{7.66}$$

其中：G 为质量流量；x 为质量含汽率；D_{pe}为通道的当量直径；此外

$$\begin{cases} F = 2.35(0.213 + 1/X_{tt})^{0.736}, & X_{tt} < 10 \\ F = 1.0, & X_{tt} \geq 10 \end{cases} \tag{7.67}$$

Wang[36]对大气压条件下的竖直壁面上池沸腾中的核化密度进行了实验研究,壁面采用精细抛光的铜表面,并通过改变表面的氧化程度来控制界面的润湿特性,得出气泡核化密度的经验关系式为

$$N_a = 7.81 \times 10^{-29}(1 - \cos\theta) R_c^{-6.0} \tag{7.68}$$

其中最小临界核化半径的计算采用式(7.63),式(7.68)的有效范围为 $R_c < 2.9\mu m$,对应于大气压条件下的水的工况为 $\Delta T_w > 11.2$℃。Basu[37]将Wang[36]的实验扩展到流动沸腾中,同样采用参数拟合的方法得出了流动沸腾壁面上的气泡核化密度可以表示为以下经验关系式:

$$\begin{cases} N_a = 0.34 \times 10^4 (1 - \cos\theta) \Delta T_w^{2.0}, & \Delta T_{ONB} < \Delta T_w < 15K \\ N_a = 0.34(1 - \cos\theta) \Delta T_w^{5.3}, & \Delta T_w \geq 15K \end{cases} \tag{7.69}$$

式中:ΔT_{ONB}为 ONB 点处的壁面过热度。

Benjamin[38]采用多种液体工质研究了池沸腾条件下的核化现象,实验所采用的沸腾表面包括了多种表面粗糙度的不锈钢和铝。他们发现核化密度与表面的微粗糙度、液体表面张力、加热表面的热物理特性以及液体和壁面的过热度有关。研究结果表明核化密度可以表示为

$$N_a = 218.8 Pr^{1.63} \left(\frac{1}{\gamma_{sl}}\right) \Theta^{-0.4} \Delta T_w^3 \tag{7.70}$$

其中,表面-液体接触系数 γ_{sl}定义为

$$\gamma_{sl} = \left(\frac{\kappa_w \rho_w c_{pw}}{\kappa_l \rho_l c_{pl}}\right) \tag{7.71}$$

式中:κ_l、c_{pl}分别为液体热导率和液体比定压热容;κ_w、ρ_w、c_{pw}分别为壁面材料导热率、壁面材料的密度和壁面材料的比热容。

另外,无量纲表面粗糙度 Θ 可以表示为

$$\Theta = 14.5 - 4.5\left(\frac{Rap}{\sigma}\right) + \left(\frac{Rap}{\sigma}\right)^{0.4} \tag{7.72}$$

式中:Ra 为描述表面微粗糙度的参数,即算术平均粗糙度。

从以上研究可以总结出核化点密度的计算关系式为

$$N_a = C_{ans} \Delta T_w^m \tag{7.73}$$

式中:C_{ans}由流体特性、加热壁面的热物理特性以及汽液接触特性决定。

在 Kocamustafaogullari[35]的研究中 m 为 4.4,Wang[36]的研究中 m 为 6,

Benjamin[38]的研究中 m 为 3，而 Basu[37]的研究中较高壁面过热度下 m 为 5.3，较低壁面过热度下 m 为 2。本实验获取的核化点密度和壁面过热度的关系如图 7.48所示，图中结果表明，本实验中核化点密度和壁面过热度之间并不存在简单的指数关系。图中同时给出了 Kocamustafaogullari、Wang 以及 Basu 等研究者所提出的模型的预测值，可以看出现有计算关系式的预测值都高于本研究所获取的实验结果。应当注意到，以上研究者所拟合的关系式都是基于池沸腾或者常规通道内的流动沸腾的实验结果，而本实验中所用的通道为矩形窄通道，壁面附近的温度梯度和池沸腾以及常规通道流动沸腾有较大的区别，因此应当考虑通道尺寸所带来的影响。

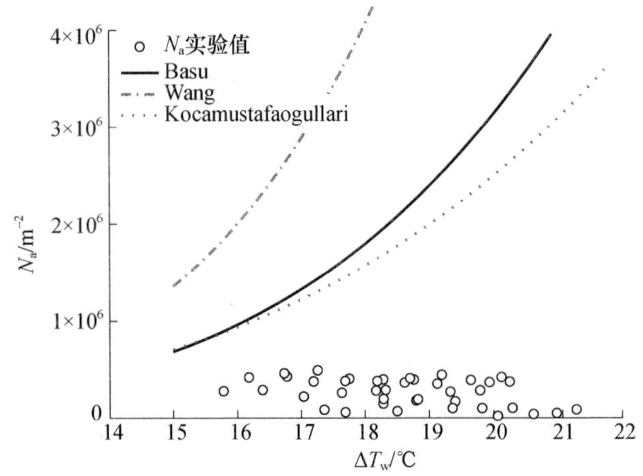

图 7.48 不同壁面过热度条件下的核化点密度

根据气泡核化理论，确定了表面结构以及有效核化空穴尺寸之后可以求得核化密度为

$$N_a = \overline{N}_a \int_{r_e} \int_{\beta_e} f(r) f(\beta) \, \mathrm{d}r \mathrm{d}\beta \tag{7.74}$$

式中：$\overline{N}_a$ 为测量所得的常数，仅和沸腾表面的特性有关；$f(r)$、$f(\beta)$ 分别为表面上空穴的尺寸的分布函数和空穴角度的分布函数；r_e、β_e 分别为有效核化半径的范围和有效核化角度的范围，确定了以上参数之后就可以确定出壁面上的核化密度。

Yang 等[39]通过电子扫描显微镜和微分干涉显微镜测量了沸腾表面的空穴特性，提出沸腾表面上的空穴半径和空穴角度分别可以用泊松分布和正态分布来表示，即

$$f(r) = \zeta \mathrm{e}^{-\zeta r} \tag{7.75}$$

$$f(\beta) = \frac{1}{\sqrt{2\pi\sigma_\beta}} \mathrm{e}^{-(\beta-\bar{\beta})^2/(2\sigma_\beta^2)} \tag{7.76}$$

式中：r 为空穴半径；ζ 为半径分布的泊松系数；β 为空穴半角度，$0 \leqslant \beta \leqslant \pi/2$；$\sigma_\beta$

为空穴半角度分布的方差；$\bar{\beta}$为空穴角度的平均值。

根据空穴残留气体理论，只有满足 $0 \leqslant \beta \leqslant \theta/2$ 的空穴会存在残留气体而成为有效的汽化核心，对于最小临界核化半径的计算他们采用式(7.63)，同时也确定出最大临界核化半径为

$$R_{\max} = \sqrt{\frac{4\sigma\cos^2(\theta-\beta)}{\Delta\rho g[1-\sin(\theta-\beta)]\{1+[\sin(\theta-\beta)-1]^2/[3\cos^2(\theta-\beta)]\}}} \tag{7.77}$$

然而，由于式(7.77)所确定的最大临界核化半径比一般的金属表面空穴尺寸大得多，因此 Yang[39] 引入了空穴半径结构上限 R_s，则核化密度可以表示为

$$N_a = \bar{N}_a \int_0^{\theta/2} \frac{1}{\sqrt{2\pi\sigma_\beta}} e^{-(\beta-\bar{\beta})^2/(2\sigma_\beta^2)} d\beta \times \int_{R_c}^{R_s} \lambda e^{-\lambda r} dr \tag{7.78}$$

对于气泡的最小临界核化半径和最大临界核化半径，Hsu[40] 考虑了过冷沸腾的影响，得出了气泡在热边界层内产生时的临界核化半径，即

$$\begin{Bmatrix} r_{c,\min} \\ r_{c,\max} \end{Bmatrix} = \frac{\delta_t}{4}\left[1-\frac{\theta_{sat}}{\theta_w}\begin{Bmatrix} + \\ - \end{Bmatrix}\sqrt{\left(1-\frac{\theta_{sat}}{\theta_w}\right)^2 - \frac{12.8\sigma T_{sat}(P_1)}{\rho_v h_{lv}\delta_t\theta_w}}\right] \tag{7.79}$$

式中：$r_{c,\min}$、$r_{c,\max}$分别为最小临界核化半径和最大临界核化半径；δ_t 为热边界层的厚度；$\theta_w = T_w - T_\infty$；$\theta_{sat} = T_{sat} - T_\infty$；$T_\infty$ 为池内过冷液体的温度。

Hibiki[41] 对 Yang 的模型进行了进一步的考察，发现如果使用泊松分布和正态分布对空穴半径和空穴角度进行预测，在空穴半径为 0 和空穴角度为 0 的极限情况时会产生不符合物理条件限制的结果，因此 Hibiki 认为应当分别采用如下形式分布对空穴半径和空穴角度进行计算，即

$$f'(r) = \frac{\lambda'}{r^2} e^{\frac{\lambda'}{r}} \tag{7.80}$$

$$f'(\beta) = \frac{\beta}{\mu^2} e^{\frac{-\beta^2}{2\mu^2}} \tag{7.81}$$

基于以上假设，最终 Hibiki 得出气泡核化点密度的计算如下：

$$N_a = \bar{N}_a\left[1 - e^{-\frac{\theta^2}{8\mu^2}}\right]\left\{e^{f(\rho^+)\frac{\lambda'}{R_c}} - 1\right\} \tag{7.82}$$

式中：$\bar{N}_a = 4.72 \times 10^5 m^{-2}$；$\mu = 0.722rad$；$\lambda' = 2.5 \times 10^{-6} m$。

$$f(\rho^+) = -0.01064 + 0.48246\rho^+ - 0.22712\rho^{+2} + 0.05468\rho^{+3} \tag{7.83}$$

$$\rho^+ = \log\left(\frac{\rho_l - \rho_g}{\rho_g}\right) \tag{7.84}$$

对于低压条件而言，R_c 可以采用式(7.63)进行计算。因此 Hibiki 得到的核化密度的计算关系式可表示为

$$N_a = C'_{ans} e^{C_{ans2} \Delta T_w} \tag{7.85}$$

式中：C'_{ans}、C_{ans2}为与C_{ans}类似的常数。

图 7.49 给出了式(7.82)的预测值的相对误差，从图中可以看出，在 N_a 实验值较小的情况下式(7.82)的预测结果偏差较大，随着 N_a 实验值的增加，预测值逐渐向接近实验值。

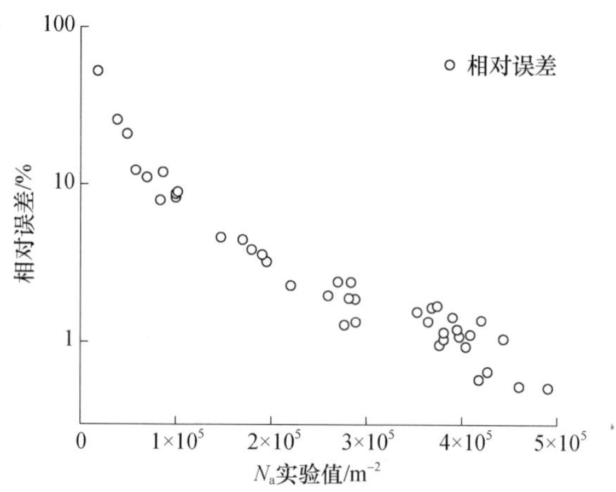

图 7.49 预测值的相对误差

7.2.4.2 核化密度预测模型构建

过冷流动沸腾中流体的过冷度和流速都会对热边界层的厚度造成影响，而上述预测模型并未对此进行考虑。尽管 Kocamustafaogullari[35] 考虑到了流动沸腾与池沸腾之间的差异，然而，其修正是针对常规通道进行的，且仅适用于饱和沸腾，并未考虑到过冷沸腾的影响。窄通道条件以及过冷沸腾工况会对热边界层内的气泡核化造成影响，改变临界核化半径和临界核化角度的范围。本研究引入有效临界核化半径以考虑窄通道和过冷流动所带来的影响，定义如下：

$$R_{ce} = \frac{1}{S_e} \frac{2\sigma T_{sat}}{\rho_g h_{fg} \Delta T_w} \tag{7.86}$$

式中：S_e 为考虑窄通道内流动沸腾之后的修正因子，通过实验数据拟合确定为

$$S_e = 6 \times 10^{-6} Re^{1.41} N_{sub}^{-0.314} \tag{7.87}$$

结合以上内容气泡核化密度可以通过修正的式(7.82)进行计算，其中 R_c 可以采用修正后关系式(7.86)进行计算，计算值与实验值的对比如图 7.50 所示。从图中可以看出修正后的关系式对大部分实验数据的预测在 ±50% 以内，预测误差的平均值为 27%。

与倾斜条件和摇摆运动条件下的气泡最大直径类似，分析影响气泡核化的因素可以发现，加速度场的改变并不会对气泡的核化密度产生直接影响，因此海洋条件下的气泡核化密度仍然采用上面所提出的模型进行预测。

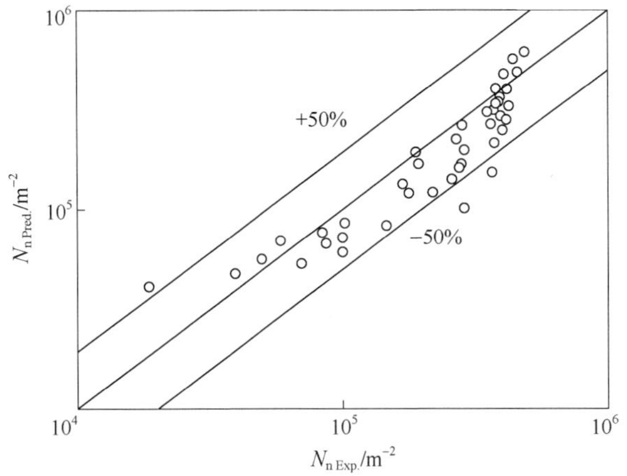

图 7.50 气泡核化密度预测误差

7.2.5 气泡核化频率

核化点上产生气泡之后，随着能量的持续输入，气泡直径会不断增加，当气泡直径增大到一定程度之后，气泡将会脱离核化点。气泡生长时需要大量的热量，所以气泡生长时核化点处提供的热流密度大于壁面的平均热流密度，这会伴随着核化点处壁温的不断降低。气泡脱离核化点之后，主流流体重新占据气泡所处的空间，壁面换热过程重新变为单相对流换热，核化点处局部热流密度比较小。核化点处能量会不断积累，会导致核化点处局部壁温的不断上升。与此同时，壁面附近流体温度不断上升，当壁温和流体温度上升至满足核化要求之后，新的气泡在核化点处产生，并且不断生长，由此开始新的一个循环。一般将气泡核化产生之后生长至脱离的时间称为脱离时间或者生长时间，用 t_d 表示，气泡脱离之后到下一个气泡的核化产生称为等待时间，用 t_w 表示，由此定义气泡的核化频率或者脱离频率为

$$f = \frac{1}{t_d + t_w} \tag{7.88}$$

确定了气泡的脱离直径之后，气泡的脱离时间可以通过其直径变化规律进行确定。对于第一类气泡而言，气泡核化频率较小，因此核化频率主要由等待时间决定。对于等待时间而言，Hsu[40] 提出了一种简化模型，认为气泡脱离之后原来热边界层完全被较冷的主流流体占据，假设影响气泡核化的有限热边界厚度 δ_t 内只存在分子扩散作用，而在大于 δ_t 的流体区域内存在着强烈的湍流作用，由此存在均匀温度的流体 T_∞，所以气泡脱离引起核化点处被主流流体占据之后温度等于主流温度 T_∞。此外，假设壁面温度保持为常值 T_w，这样气泡脱离之后热边界层内温度变化可以通过求解下面的方程获取，即流体内的一维非稳态导

热方程：

$$\frac{\partial \theta}{\partial t} = \alpha_1 \frac{\partial^2 \theta}{\partial y^2} \tag{7.89}$$

式中：$\theta = T - T_\infty$。

上述方程的初始条件为

$$\theta_{t=0} = 0 \tag{7.90}$$

边界条件分别为

$$\theta_{y=0} = T_w - T_\infty \tag{7.91}$$

$$\theta_{y=\delta_t} = T_\infty - T_\infty = 0 \tag{7.92}$$

上述方程的解可以表示为

$$\frac{\theta}{\theta_w} = 1 - \frac{y}{\delta_t} + \frac{2}{\pi}\sum_{n=1}^{\infty} \frac{\cos n\pi}{n} \sin\left[n\pi\left(1 - \frac{y}{\delta_t}\right)\right] e^{-n^2\pi^2(\alpha_1 t/\delta_t^2)} \tag{7.93}$$

上述解在较长一段时间之后发展成为线性稳态解，其变化趋势如图 7.51 所示。

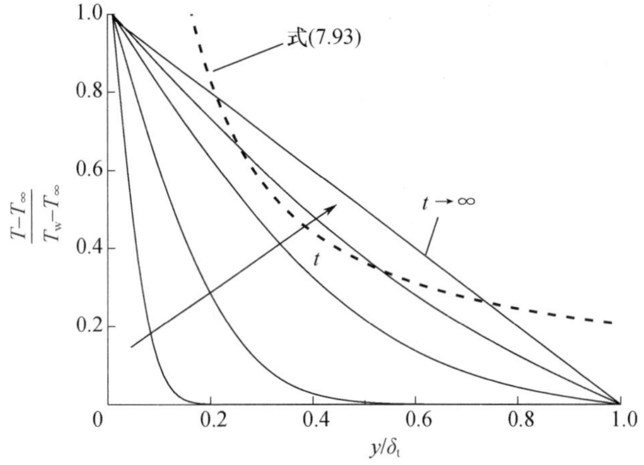

图 7.51　边界层内流体温度的变化

气泡核化半径与温度的关系可以通过 Clausius-Clapeyron 和 Young-Laplace 方程并结合一定的近似获取，即

$$T_{le} - T_{sat} = \frac{2\sigma T_{sat}}{\rho_l h_{lv} r_e} \tag{7.94}$$

定义 $\theta_{sat} = T_{sat} - T_\infty$，式(7.94)可变形为

$$\frac{\theta_{le}}{\theta_w} = \frac{\theta_{sat}}{\theta_w} + \frac{2\sigma T_{sat}}{\theta_w \rho_l h_{lv} r_e} \tag{7.95}$$

气泡与空穴之间有一定的接触面积，Hsu[40] 假设汽化核心的高度 b、汽化核心的半径 r_e 以及空穴的半径 r_c 之间的关系为

$$h_b = 2r_c = 1.6r_e \tag{7.96}$$

因此在 $y = b$ 处式(7.95)可进一步表示为

$$\frac{\theta_{le}}{\theta_w} = \frac{\theta_{sat}}{\theta_w} + \frac{3.2\sigma T_{sat}}{\theta_w \rho_l h_{lv} \delta_t} \frac{\delta_t}{y} \tag{7.97}$$

式(7.97)表示了尺寸空穴核化所需的静态条件,该条件表示在图7.51中。当边界层内局部温度大于静态条件下的空穴核化温度时,气泡核化并生长,反之则处于等待时间,直至热边界层内的温度分布满足气泡核化生长要求。实际过程中,边界层内流体温度未增加至极限值时下一个气泡就会产生,进而开始新的循环。

上述理论分析过程中认为核化点处壁温保持为常数,随着气泡的核化和脱离,流体内的温度分布发生周期性的变化。近年来,一些新的测量手段和方法被引入到气泡行为的实验研究中,通过这些手段发现气泡生长-脱离过程中加热壁面的温度并不是一直保持为常值,气泡核化生长时壁面温度会有所降低,当气泡脱离之后,在等待时间内,壁面温度逐渐上升,并产生新的气泡,重复这一过程。

对于竖直向上的流动沸腾而言,气泡一般不会直接脱离加热壁面而是在流体流动的作用下首先脱离核化点。存在这样一种情况,即气泡脱离核化点的过程中流体的边界层同样也在运动,所以气泡脱离核化点之后边界层内流体并未完全被主流流体所替代。本研究从另外一个角度对气泡的核化和脱离过程进行分析,采用如下简化模型考虑气泡的周期性生长-脱离对壁面的影响,假设气泡脱离之后热边界层内流体温度分布不发生变化,仍然保持为稳态的线性分布。与此同时,由于气泡带走了大量热量,核化点处壁面温度不再保持为常值 T_w,而是降为 T_{bd}。假定加热壁面内具有持续稳定的体积热源 q'',同样采用一维非稳态导热方程对壁面内的温度变化进行描述,即

$$\frac{\partial \theta}{\partial t} + \frac{q'''}{\rho_w c_{pw}} = \alpha_w \frac{\partial^2 \theta}{\partial y^2} \tag{7.98}$$

气泡脱离之后壁面温度比较低,因此可以假设在等待时间内加热表面处于绝热状态,所有的热量均用于壁面的恢复。尽管实际情况中随着壁温的逐渐上升,通过导热和对流传递至流体内的热流会不断增加,然而为了简化处理本研究采用了上述假设。采用前面类似的方法,可以解出式(7.98)的解析解,壁面温度分布随时间的变化结果如图7.52所示。

从图7.52可看出,随着气泡等待时间的增加,壁面温度逐渐增加至满足核化条件。实际过程中,壁面温度增加至特定值之后下一个气泡就会产生,随后核化点处壁温开始降低,开始新的循环,这与 Hsu[40] 假设中流体温度变化所带来的影响的情形类似。

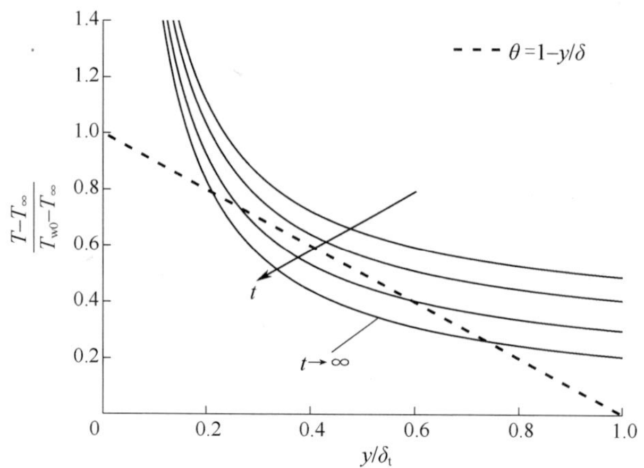

图 7.52　壁面温度分布的变化

一般而言,气泡脱离时的直径越大,通过汽化潜热带走的热量会越多,由此在气泡脱离了核化点之后壁温的下降幅度也会越大,核化点处温度重新满足临界条件的时间也会越长,即更长的等待时间。因此,脱离直径较大的核化点处的气泡的等待时间更长,核化频率也会更低。另外,流动沸腾中气泡的运动会造成上游核化点产生的气泡运动至下游核化点进而影响下游核化点的特性,由于这些影响具有很强的随机特性,因此特定核化点处气泡的核化频率会发生较大的变化。另外,局部壁温的波动对于气泡的生长也有影响,进而对气泡的最大直径、运动特性以及脱离特性造成影响。由此可知,流动沸腾中气泡的随机特性在很大程度上都是由气泡的周期性生长 - 脱离造成的。

气泡的脱离定义为气泡离开核化点,由于气泡的直径会不断发生变化,严格来讲气泡的脱离应当通过观察气泡与加热壁面接触的部分是否离开核化点进行判断。与气泡的浮升类似,本研究受通道形式限制不能获取垂直于壁面方向上的图像,因此气泡脱离直径的准确值无法获取。在对气泡的运动进行研究的过程中发现,气泡核化产生之后其形心就开始随主流流体发生了运动,因此以气泡的形心的移动作为判断气泡的脱离判据并不合适。许超[42]在对窄通道内的气泡脱离直径进行研究的过程中将气泡的后沿到达核化点时的直径判定为气泡的脱离直径,如图 7.53 所示。

气泡脱离之后将不再对该处的核化点产生影响,气泡后沿达到核化点之后其对核化点的影响减弱,同时考虑到气泡所具有的球缺形状,采用上述判据具有一定的合理性。对于第一类气泡而言,实验发现通过上述方法判定得出的气泡脱离直径与气泡的最大直径基本相等。因此,在对气泡的核化频率进行研究的过程中采用气泡的最大直径代替气泡的脱离直径。

Ivey[43]对气泡的核化频率进行研究时认为气泡的脱离可以分为以下三个区域,即水动力区、过渡区和热力学区。气泡的脱离频率与气泡的脱离直径在这三

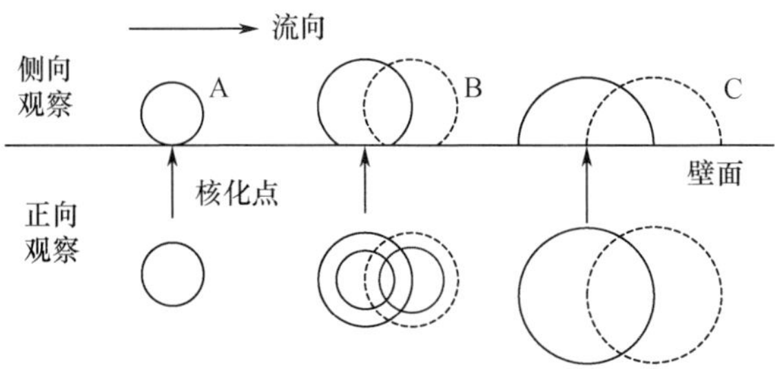

图 7.53　气泡脱离判定准则

个区域的关系分别为

$$fD_{\mathrm{d}}^{1/2}/g^{1/2}=C_{\mathrm{fd1}} \tag{7.99}$$

$$fD_{\mathrm{d}}^{3/4}/g^{1/4}=C_{\mathrm{fd2}} \tag{7.100}$$

$$fD_{\mathrm{d}}^{2}=C_{\mathrm{fd3}} \tag{7.101}$$

应当指出,以上关系式都是在池沸腾条件下提出的,对于流动沸腾的适用性有待验证。Basu[44]基于其实验数据提出了计算气泡脱离时间和等待时间的经验关系式,并获得了较好的预测结果,气泡等待时间由下式进行计算:

$$t_{\mathrm{w}}=139.1\Delta T_{\mathrm{w}}^{-4.1} \tag{7.102}$$

气泡的生长时间或者脱离时间 t_{d} 的预测关系式为

$$\frac{D_{\mathrm{d}}^{2}}{\alpha_{\mathrm{l}}Jat_{\mathrm{d}}}=45\mathrm{e}^{-0.02Ja_{\mathrm{l}}} \tag{7.103}$$

式中:D_{d} 为气泡脱离直径。

Situ[45]通过数据敏感性分析发现,流动沸腾条件下的气泡脱离频率与雷诺数和雅可比数的关系不大,无量纲气泡脱离频率可以表示为无量纲核态沸腾热流密度的函数,即

$$\frac{f_{\mathrm{d}}D_{\mathrm{d}}^{2}}{\alpha_{\mathrm{l}}}=10.7N_{q\mathrm{NB}}^{0.634} \tag{7.104}$$

式中:$N_{q\mathrm{NB}}$为无量纲核态沸腾热流密度,其表达式为

$$N_{q\mathrm{NB}}=\frac{q''_{\mathrm{NB}}D_{\mathrm{d}}}{\alpha_{\mathrm{l}}\rho_{\mathrm{g}}h_{\mathrm{fg}}} \tag{7.105}$$

其中:q''_{NB}为核态沸腾热流密度,采用 Chen 公式进行计算。

对本研究所获取的实验数据进行整理分析之后,本研究认为无量纲气泡脱离频率与 Re、Ja 数相关,通过线性回归可获取预测核化频率的经验关系式:

$$f=10^{-9.9}Re^{0.72}Ja^{5} \tag{7.106}$$

通过式(7.106)计算得出的预测值与实验值的误差如图 7.54 所示,从图中可以看出大部分预测值与实验值之间的误差在 ±40% 以内,平均误差为 28.5% 。

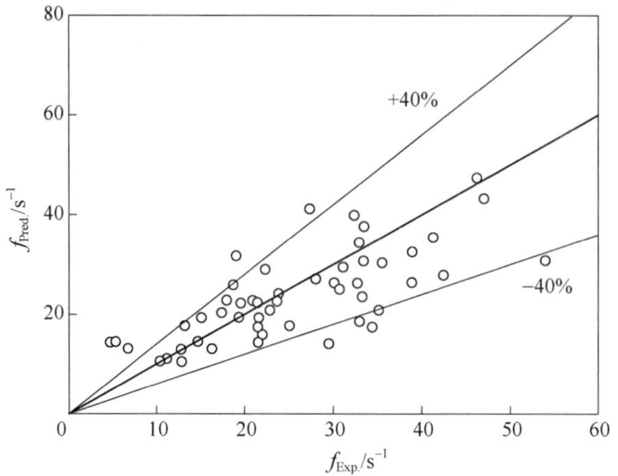

图 7.54　核化频率的预测误差

从前面对于气泡核化频率的分析中可以看出，气泡的核化频率取决于流体内热边界层温度场的恢复时间和核化点处壁温的重建时间，而倾斜条件所引入的加速度场改变对这二者并没有直接影响。因此本研究依然采用式(7.106)对倾斜条件下的气泡核化频率进行预测，图 7.55 给出了倾斜条件下气泡核化频率的实验值以及式(7.106)的预测值。从图中可以看出，气泡核化频率的实验值随倾斜角度的变化并不明显，大体上随倾斜角度的增加而减小，与气泡最大直径随倾斜角度的变化正好相反，图中预测值的趋势与实验值的趋势大致相同，在一定程度上实现了对倾斜条件下气泡核化频率的预测。在倾斜角度变化的过程中，输入到流道内的热量基本保持不变，越大的气泡最大直径需要越多的潜热，由此核化点处流体热边界层和壁温的恢复时间更长，进而会使等待时间的有所增加，最终导致气泡核化频率与气泡最大直径变化趋势相反。

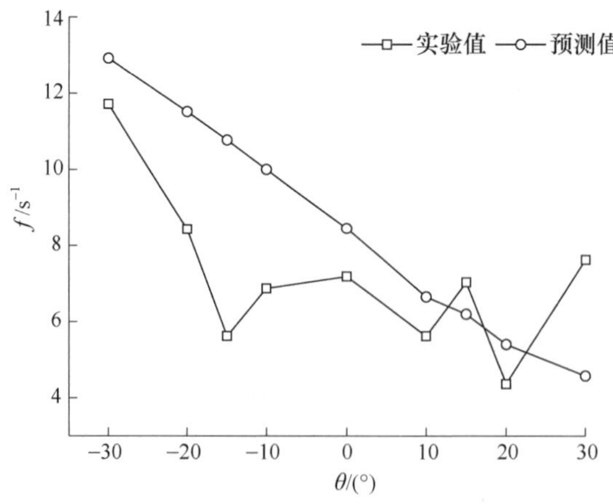

图 7.55　倾斜条件下的气泡核化频率

图 7.56 示出了摇摆运动条件下气泡核化频率的实验值，图中结果表明摇摆运动下气泡核化频率发生了周期性变化，核化频率的波动的周期和摇摆运动周期相同。摇摆运动对于气泡核化频率的影响与倾斜条件类似，即通过改变核化点处的局部参数使气泡等待周期发生改变。图中同时给出了式(7.106)的预测值。结果表明预测值与实验值的趋势基本相同。对比摇摆运动条件下气泡最大直径的变化可以发现，气泡核化频率的波动与气泡最大直径的变化完全相反，当摇摆角度从最小值向最大值增加时，气泡核化频率逐渐减小，反之核化频率增加，这与倾斜条件下流体热边界层和壁温的恢复时间的影响是类似的。

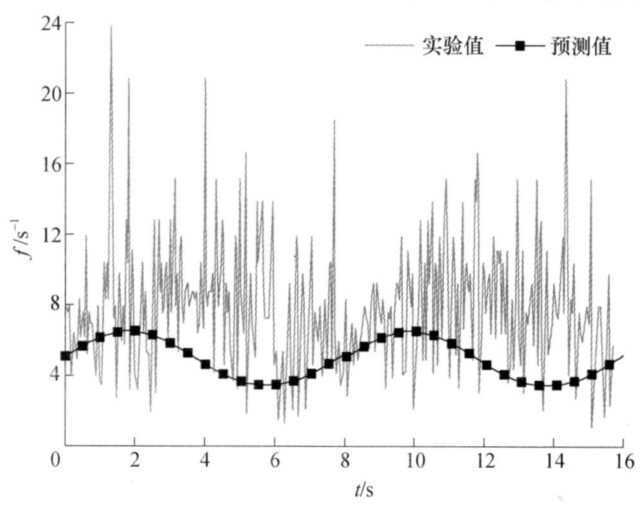

图 7.56　摇摆条件下的气泡核化频率

7.3　第二类气泡参数的预测与建模

7.3.1　第二类气泡基本特性

本实验中拍摄到的第二类气泡图像如图 7.57 所示，图 7.57(a)中拍摄范围内有一个核化点，图 7.57(b)中拍摄范围内没有核化点出现。如第 3 章所述，第二类气泡出现的工况中 Ja 较小，对应于较小的壁面过热度，因此第二类气泡出现的工况中壁面核化点数很少。实验中观察到的大部分气泡都是从上游滑移运动进入观察窗内的，观察窗内的核化点数较少。此外第二类气泡的直径变化速度较慢，从图 7.57(a)可以看出，核化点处产生的气泡的直径远小于上游进入观察窗内的气泡。

7.3.1.1　气泡的核化特性

本研究中一部分第二类气泡是从上游滑移运动进入观察窗内的，还有一部分是在观察窗内核化形成的。由于气泡生长速度较慢，因此气泡脱离核化点之

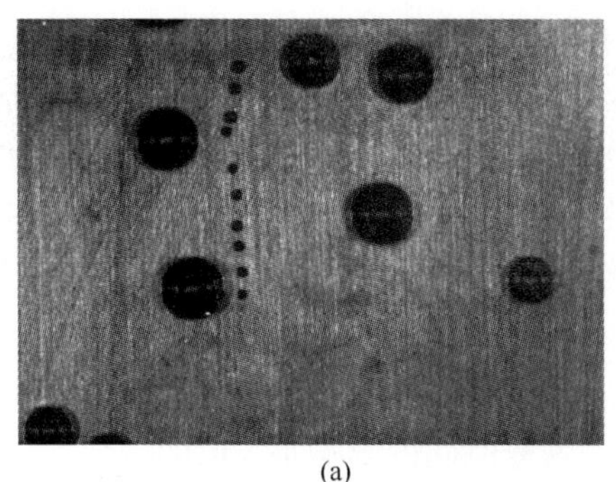

(a)

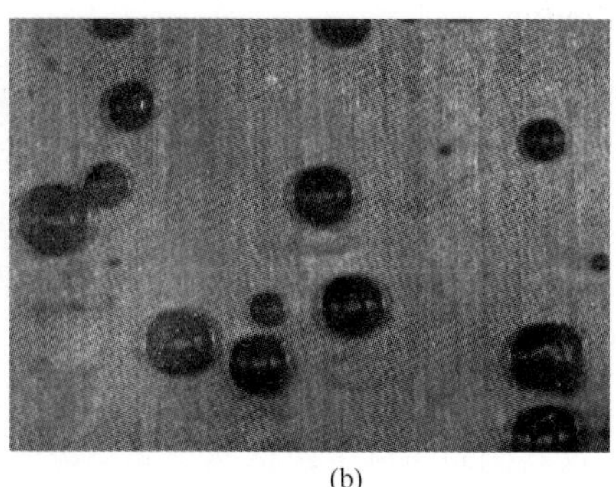

(b)

图 7.57 第二类气泡图像

(a)存在核化点；(b)不存在核化点。

后直径变化速度较小。实验中观察到从核化点产生的第二类气泡的发展历程主要有以下三种：一部分气泡持续滑移运动直至观察窗外；一部分气泡在运动一段距离之后会冷凝消失；还有一部分气泡在运动过程中会被上游较大直径的气泡合并。

核化点附近产生的第二类气泡相比于上游滑移而来的气泡要小得多，在可视窗内气泡的生长速度也较慢，滑移运动出观察窗时的直径也较小。此外，受到实验条件的限制，本研究中观察到的第二类气泡的核化点较少，大部分实验工况下核化点数只有一个，不能实现对核化点密度的研究。基于对图像数据的分析，本书不研究以第二类气泡为主的工况中的气泡核化特性。由于观察窗内拍摄得到的核化点处产生的气泡直径较小，因此本书中过冷沸腾换热模型的建立忽略核化点处产生的第二类气泡。

7.3.1.2 第二类气泡基本特征参数

忽略了核化产生的第二类气泡之后，对于第二类气泡的描述可以分为单气泡特性和气泡群的特性。其中单气泡特性主要包括气泡的直径和气泡的运动速度，气泡群特性由气泡数量密度进行描述。

实验中所观察到的第二类气泡的直径变化如图 7.58 所示，图中选取了六个不同的气泡。从图中可以看出，气泡的直径变化速度较慢，符合第二类气泡的基本特性。部分气泡直径在滑移运动过程中有所增加，也有部分气泡直径出现了减小的现象。此外，图中直径增加的气泡的初始直径普遍都较小，如气泡 No. 1、No. 2 和 No. 4。初始直径较大的气泡，其直径基本不发生变化，如气泡 No. 5 和 No. 6，有的气泡直径甚至有略微的减小，如气泡 No. 3。直径较小的气泡处于热边界层内的份额较多一些，因此在滑移运动过程中直径增加的概率较大。

第二类气泡滑移运动速度如图 7.59 所示，与图 7.58 中编号相同的气泡为同一气泡。从图中可以看出，气泡运动过程中速度波动较大，不同的气泡的运动速度差别较大。此外，图中直径相近的气泡的速度大小比较接近，较小直径的气

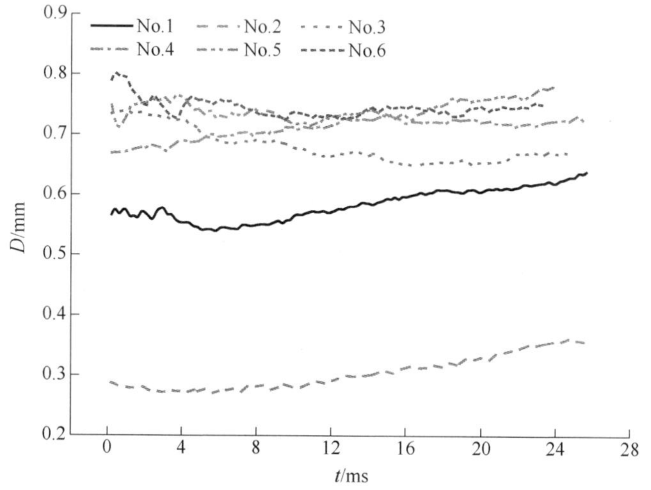

图 7.58　第二类气泡直径变化

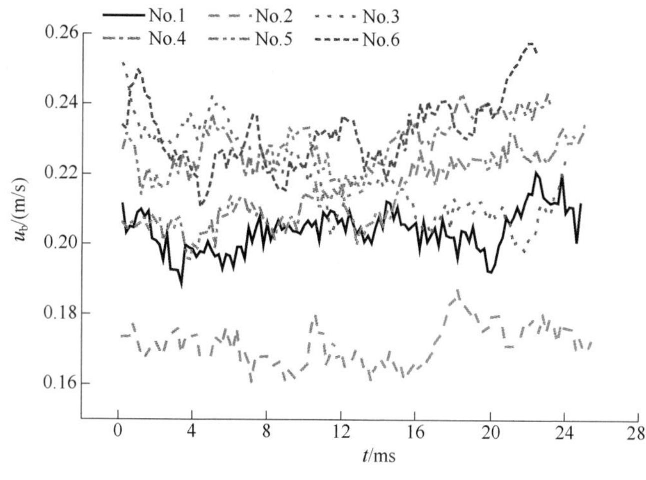

图 7.59　第二类气泡速度变化

泡所对应的滑移运动速度也较小。

实验中获取的第二类气泡的气泡数量密度随时间的变化如图 7.60 所示，第二类气泡的数量密度代表了单位加热面面积上的第二类气泡的数量，对于本书所针对的矩形单面加热通道通过下式进行计算，即

$$N_n = \frac{N}{A_{aoi}} \tag{7.107}$$

式中：N 为观察窗内的第二类气泡数量；A_{aoi} 为观察窗面积。

图中结果表明气泡数量密度随时间的变化出现了较大的波动，这种波动主要是由沸腾通道内气泡行为的随机特性造成的。

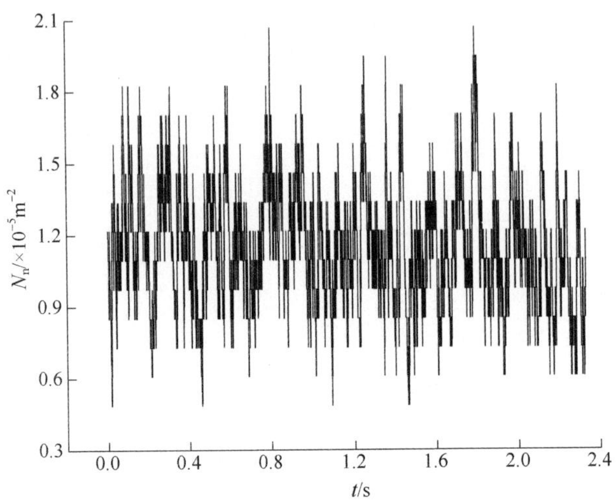

图 7.60　第二类气泡数量密度

综合以上分析，本节主要针对第二类气泡的平均直径、气泡的滑移运动速度以及气泡的数量密度进行研究，分析影响这些参数的主要因素，并对其进行建模。考察海洋条件的引入对于这些参数的影响，并对其进行定量评估，分析海洋条件影响第二类气泡参数变化的机理。

7.3.1.3　第二类气泡接触直径

气泡底部接触直径对于气泡的蒸发速率有着重要的影响，气泡接触直径越大说明气泡越靠近加热壁面，气泡处于热边界层内的份额也会越多，进而对气泡直径的变化造成影响。对于沸腾换热而言，气泡底部接触直径越大，气泡对热边界层的扰动程度越大。此外，气泡接触直径的大小直接关系到气泡所受到的表面张力、接触压力以及水动力压力等表面接触力，进一步影响到气泡的动力学特性。

本书中第二类气泡直径和气泡接触直径的关系如图 7.61 所示，结果表明 k_{dw}随气泡直径发生了变化，图中 k_{dw}的范围为 0.25 ~ 0.45。k_{dw}的定义可参考前文，即气泡接触直径与气泡直径之间的比值。

在气泡脱离和浮升行为的研究中，很多研究者所采用的模型中涉及了气泡表面接触力的计算，因此必然需要对气泡接触直径的变化进行评估。由于他们的研究重点并非针对于气泡接触直径，很多研究者都采用了较为简单的模型或者方法。

Klausner[12]认为气泡底部接触直径为 0.09mm，且该值不随其他参数发生变化，这与实验中观察到的情况有较大的区别。Sugrue[46]结合气泡的脱离行为对气泡接触直径进行了拟合，得到的结果是当 $k_{dw}=0.025$ 时采用受力平衡模型预测得到的气泡脱离直径与实验值偏差最小。在此之前，Yun[47]采用了类似的方

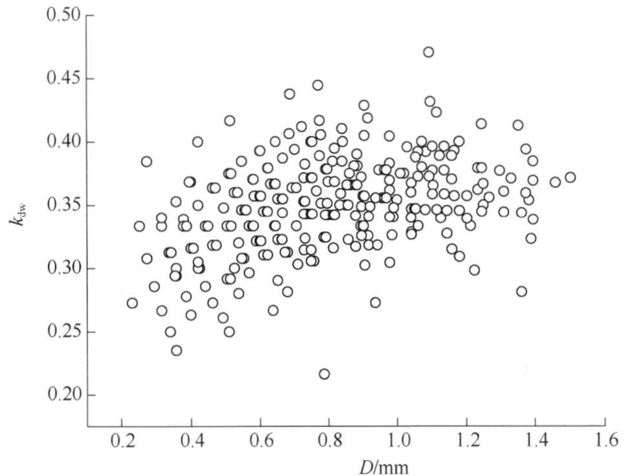

图7.61 第二类气泡直径和气泡接触直径的关系

法对气泡底部接触直径进行了估计,认为当 $k_{dw}=0.067$ 时气泡脱离模型预测效果最好。Wu[48]分析了加热表面结构对气泡脱离的影响,认为气泡接触直径和表面上的空穴尺寸在同一数量级,在对气泡脱离进行建模的过程中认为 $d_w=8\sim10\mu m$。Hong[49]通过可视化实验观察得到了 $k_{dw}=0.45$,并采用该数据对气泡的脱离直径进行了预测。然而以上相关研究中未考虑气泡接触圆的动态变化特性,因此并不能实现气泡接触直径的准确预测。

结合气泡的生长和接触直径的变化特点,Chen[50]提出了下述经验模型将气泡的直径变化和无量纲气泡接触直径联系到了一起,即

$$k_{dw}=1-e^{\left(-a_w\frac{dR^+/dt^+n_w}{R^+}\right)} \tag{7.108}$$

式中:a_w、n_w 分别为实验常数;R^+、t^+ 分别为无量纲气泡半径和无量纲气泡生长时间,分别定义为

$$R^+=2R/D_d \tag{7.109}$$

$$t^+=t/t_d \tag{7.110}$$

Chen[50]对不同研究者的数据进行了拟合求出了上述关系式中的常数,并结合实验中的气泡脱离数据对式(7.108)的预测效果进行了评估,获得了较为准确的结果。然而以上经验关系式不仅需要确定实验常数,而且还涉及气泡的脱离信息,实际应用起来并不方便。此外,如前所述,本书中第二类气泡的直径变化速率不大,因此式(7.108)并不能用于第二类气泡底部接触直径的预测。

对本书所获取的实验数据进行分析可知 k_{dw}与 Re 和 Eo 相关,通过线性回归的方法可得出本实验条件下 k_{dw}的预测关系式为

$$k_{dw}=0.1Re^{0.18}Eo^{0.01} \tag{7.111}$$

其中

$$Eo = g(\rho_1 - \rho_g)D^2/\sigma \tag{7.112}$$

式(7.111)的预测值和实验值的对比如图 7.62 所示,所提出的预测关系式(7.111)对于本书中大部分实验数据的预测精度在 ±20% 以内。

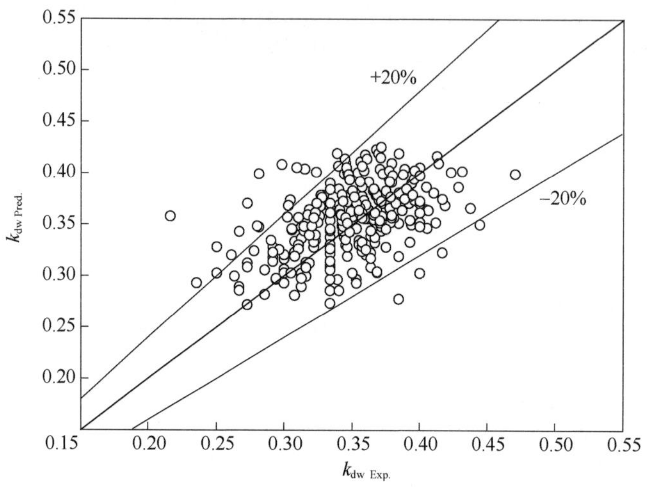

图 7.62　接触直径的预测值和实验值的对比

倾斜条件下 k_{dw} 与气泡直径之间的关系如图 7.63 所示,图中倾斜角度范围为 -20° ~ +20°。从图中可以看出,不同倾斜角度下的 k_{dw} 差别不大,因此在本实验条件下倾斜条件并不会对第二类气泡的无量纲接触直径产生影响。图 7.64给出了采用式对倾斜条件下 k_{dw} 进行预测的情况,结果表明式(7.111)对大部分数据的预测误差小于 ±20%,同样适用于倾斜条件。

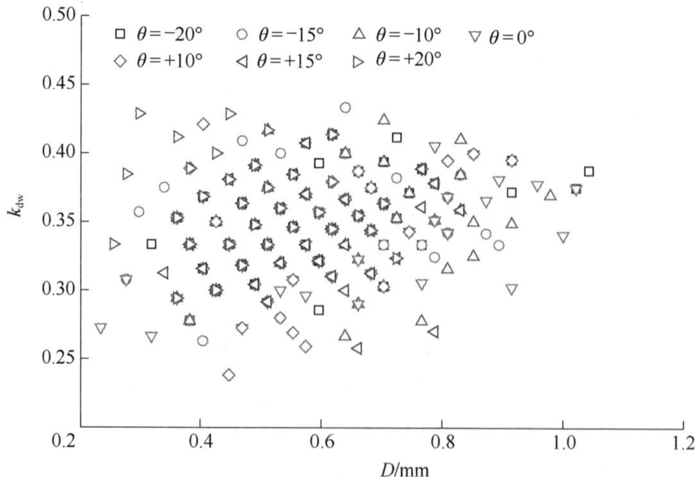

图 7.63　倾斜条件下倾斜直径与气泡直径的关系

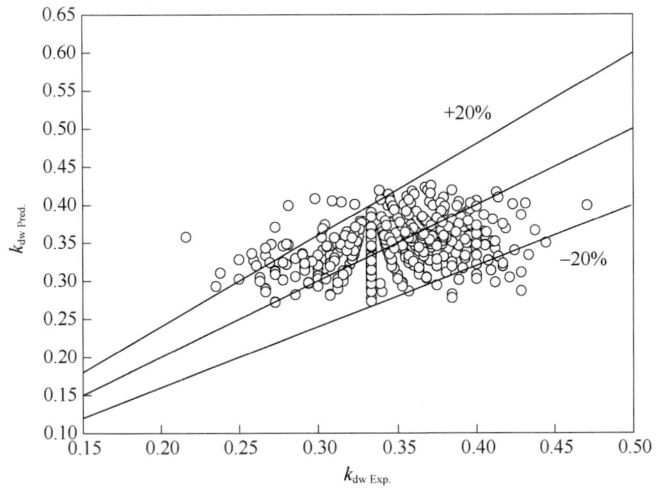

图 7.64 倾斜条件下接触直径的预测误差

尽管倾斜条件对于 k_{dw} 的影响不大,然而由于倾斜条件对气泡直径造成了影响,因此不同倾斜条件下的气泡接触直径有所不同。图 7.65 示出了倾斜条件下气泡直径、气泡接触直径和无量纲气泡接触直径的变化情况,图中数值为选定多个气泡平均之后的结果。从图中可以看出,随着倾斜角度的增加,气泡直径逐渐降低,气泡接触直径也随之降低,而不同倾斜状态下 k_{dw} 变化不大。因此,倾斜条件下气泡接触直径的改变可以归结为气泡直径的变化。

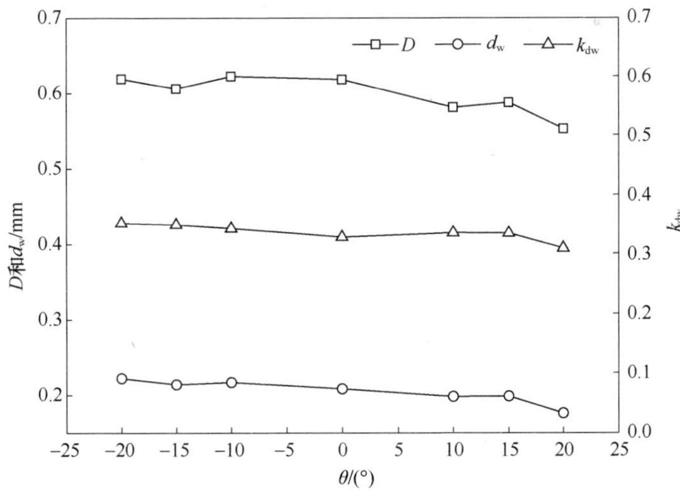

图 7.65 倾斜条件下 D、d_w 和 k_{dw} 的变化情况

对于气泡接触直径而言,摇摆运动所引入的影响与倾斜条件类似,主要归结为气泡所处局部环境参数的变化对气泡直径的影响,加速度场的变化对 k_{dw} 的影响不大。因此,本书仍然采用式(7.111)对摇摆运动下的 k_{dw} 进行计算。

7.3.2 气泡平均直径

7.3.2.1 气泡直径分布特性

与第一类气泡有所不同,第二类气泡的直径变化速率较小,气泡远离核化点之后很长一段时间都会在通道内生存,因此气泡的直径变化特性受核化点影响较小。而局部流场和壁面条件依然会影响第二类气泡直径的变化,在同一拍摄位置处气泡的直径分布在一定的范围内,如图 7.66 所示。从图中可以看出实验中拍摄得到的气泡的直径分布中出现了两个峰值,其中较小直径的峰值是由核化点处产生的第二类气泡所造成的,较大峰值直径所对应的气泡从上游滑移运动进入观察窗内。核化频率或核化密度的增加都会引起核化点处气泡数量的增多,而图 7.66 中核化点处气泡的概率较高是由较高的核化频率造成的。

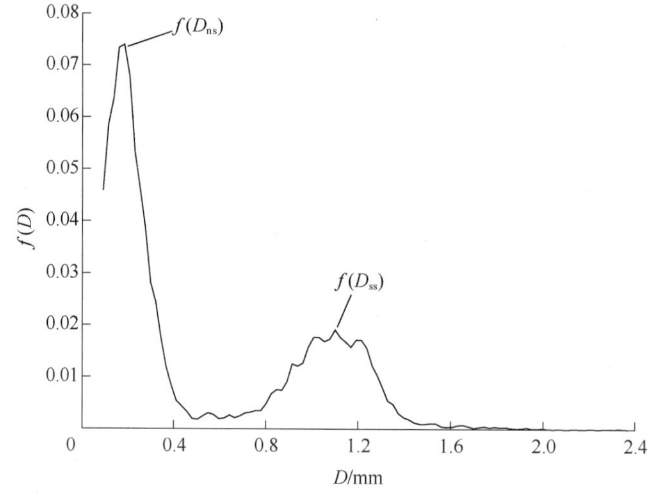

图 7.66 第二类气泡直径分布

图 7.67 示出了入口温度和流动速度不变的条件下热流密度逐渐增大时气泡直径的概率分布,由于拍摄位置不发生变化,因此热流密度增加之后拍摄位置处的流体过冷度也随之逐渐减小。从图中可以看出,较小直径的气泡(即观察窗内核化点处产生的)所占的份额随热流密度的增加而增加,造成这种现象的主要原因是核化频率的增加大于上游滑移气泡数量的增加。随着热流密度的进一步增加,气泡直径分布的双峰特性消失,即 $q'' = 164.1\text{kW/m}^2$ 所对应的工况,气泡直径与其出现的概率单调变化,直径越大的气泡出现的概率越小。这说明核化点处产生的气泡数量已占有绝对优势,使得上游滑移气泡的分布特性被掩盖。

基于以上拍摄得到的第二类气泡直径的分布特性,本书对第二类气泡直径的处理如下所述。对于图 7.66 中所出现的双峰分布,核化点处产生的第二类气

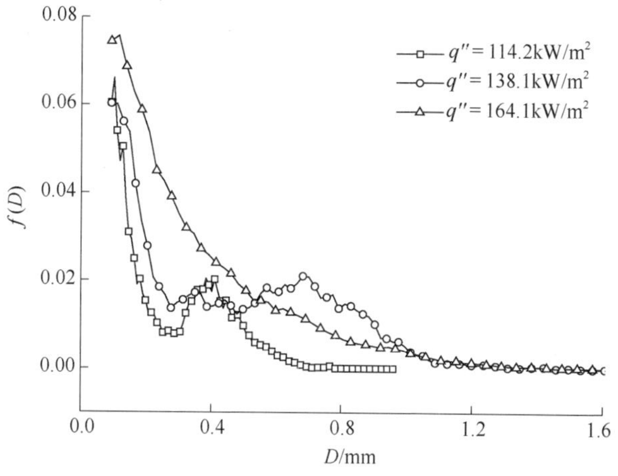

图 7.67　不同热流密度下的直径分布

泡和上游滑移进入观察窗内的第二类气泡的数量比例相当,然而由于前者直径远小于后者,可以推测得知其对于换热和流动的影响较小,因此取 D_{ss} 代表对应工况下的第二类气泡的直径,一般而言,气泡直径为双峰分布形式的工况所对应的工况具有较低的热流密度和较高的过冷度。对于图 7.67 中出现的单调分布而言,核化点处产生的气泡的数量明显多于上游滑移进入观察窗内的气泡,而且由于对应较高的热流密度和较低的过冷度,直径向上游滑移而来的气泡接近,因此不能忽略。针对这种工况,本书采用观察窗内所有气泡的平均直径代表这种工况下的第二类气泡的直径。

7.3.2.2　气泡直径预测模型

气泡直径随热流密度的变化如图 7.68 所示,图中结果表明气泡直径随热流密度的增加而增加。造成以上结果的主要原因有以下两点:首先,热流密度的增加意味着更多热量输入到沸腾通道内,因此蒸发强度有所增加,由此造成了气泡

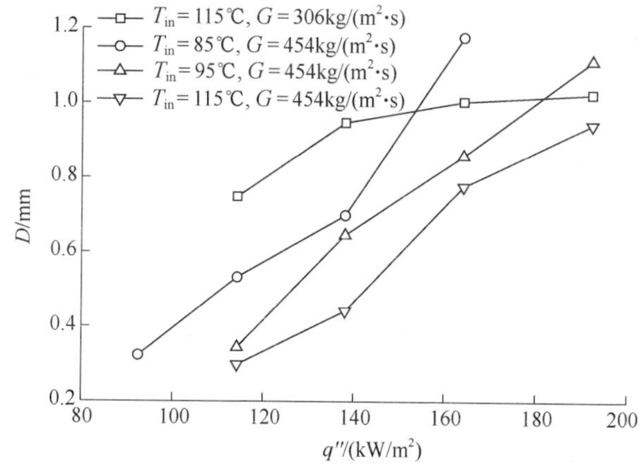

图 7.68　不同热流密度下的气泡直径

直径的增加；其次，热流密度增加之后当地流体温度有所升高，造成了冷凝作用的减小，因此气泡直径有所增加。

图7.69给出了不同当地过冷度条件下的气泡直径变化，从图中可以看出，随着当地过冷度的增加，气泡直径有所降低。一方面，流体过冷度的降低会减小气泡的冷凝强度，由此造成较大的气泡直径；另一方面，较小过冷度条件下热边界层厚度较大，进而造成气泡底部的蒸发强度较大，同样会造成较大的气泡直径。

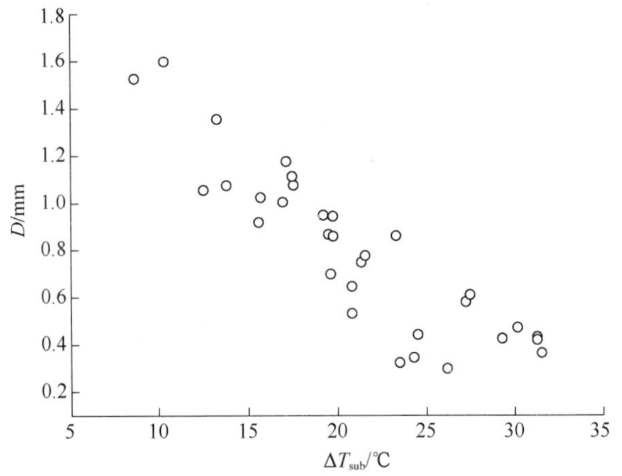

图7.69　不同过冷度下的气泡直径

结合上述分析以及第6章中对第一类气泡最大直径的分析，第二类气泡的直径应该由气泡的蒸发速率和冷凝速率两方面因素决定。

单位时间内气泡冷凝所失去的热量可以通过下式进行计算，即

$$Q'_c = A_{bc} h_c \Delta T_{sub} \tag{7.113}$$

式中：A_{bc}为有效冷凝面积。

第二类气泡滑移运动过程中气泡底部始终与壁面之间存在接触圆，气泡形状呈球缺形。相对于正常球形气泡而言，球缺形气泡与过冷流体接触的面积有所减小，气泡底部处于过热流体中。因此，气泡有效冷凝面积的计算如下：

$$A_{bc} = C_{bc} A_{tb} \tag{7.114}$$

式中：C_{bc}为考虑到窄通道效应引起的速度场和温度场的修正系数；A_{tb}为球缺除去底部接触圆之后的面积，即

$$A_{tb} = \frac{\pi D^2}{2}\left(1 + \sqrt{1 - k_{dw}^2}\right) \tag{7.115}$$

图7.70给出了A_{tb}与A_b的比值，A_b为球形气泡的表面积。从图中可以看出，对于本实验条件下的k_{dw}的变化范围为0.25~0.45的情况，A_{tb}与A_b的比值在94.8%~98.5%之间。由此可知，气泡与接触壁面形成的球缺形状对于气泡

有效冷面积的影响不大,加热壁面附近气泡的冷凝需更多考虑速度场和温度场的分布所带来的影响。

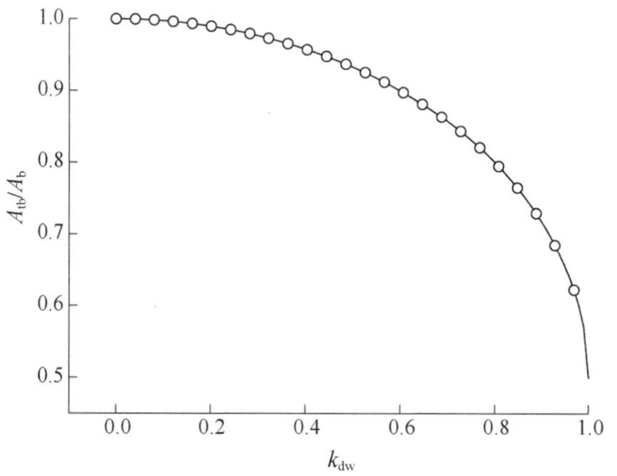

图 7.70 k_{dw}对 A_{tb}/A_b 的影响

式(7.113)中 h_c 的计算如下:

$$h_c = \frac{Nu_c k_l}{D} \tag{7.116}$$

式中:Nu_c为气泡冷凝努塞尔数,具体计算关系式总结在表 7.1 中。

第二类气泡滑移运动过程中的生长特性与第一类气泡有着明显的差别,第一类气泡在初始的快速膨胀过程中气泡底部形成了微液层,气泡的生长是在微液层的快速蒸发的作用下进行的。而第二类气泡核化之后没有快速生长阶段,因此气泡底部不易形成微液层,气泡的生长趋势和第一类气泡有较大的不同。第二类气泡在滑移运动过程中底部形成了不发生变化的接触圆,因此本书假设气泡的蒸发作用主要在接触圆附近进行,而且蒸发作用主要是在热力控制下进行的。结合以上分析,第二类气泡的蒸发所获得的热量通过下式进行计算,即

$$Q'_e = A_{be} q''_e \tag{7.117}$$

式中:q''_e为气泡底部蒸发热流率;A_{be}为有效蒸发面积,通过下式进行计算:

$$A_{be} = C_{be} A_{dw} \tag{7.118}$$

式中:A_{dw}为气泡底部接触圆面积;C_{be}为常数,为了考虑气泡底部边界层温度的分布所引入。

Bosnjaknovic 提出了以下三条假设对过热液体中的气泡生长进行了建模:①热边界层所提供的所有热量都用于产气,即气泡内部的额外加热和冷却都可以忽略,热边界层外的主流是略微过热的;②热量仅通过热传导传递至热边界层;③气泡边界处于热力学平衡条件,即气泡内蒸气处于均匀饱和温度。

基于一维非稳态导热分析可求出气泡周围热边界层厚度的数量级为 $\sqrt{\pi\alpha_1 t_c}$，其中 t_c 是特征时间，对于无限大空间内的球形气泡而言取气泡生长的时间。基于以上假设，气泡表面的热流量为

$$q''_e = k_1 \frac{\Delta T}{\sqrt{\pi\alpha_1 t_c}} \tag{7.119}$$

式中：ΔT 为气泡外流体与气泡内蒸气的温度差，对于加热壁面上的气泡 $\Delta T = \Delta T_w$，因此气泡蒸发所获得的热量为

$$Q'_e = C_{be}\pi d_w^2 k_1 \frac{\Delta T_w}{\sqrt{\pi\alpha_1 t_c}} \tag{7.120}$$

第二类气泡的直径可以结合式(7.117)与式(7.120)进行预测，即

$$C_{be}\pi d_w^2 \frac{\Delta T_w}{\sqrt{\pi\alpha_1 t_c}} = C_{bc}A_{tb}\Delta T_{sub}\frac{Nu_c}{D} \tag{7.121}$$

令 $m_{bce} = C_{bc}/C_{be}$，式(7.121)可以表示为

$$\pi d_w^2 \frac{\Delta T_w}{\sqrt{\pi\alpha_1 t_c}} = m_{bce}A_{tb}\Delta T_{sub}\frac{Nu_c}{D} \tag{7.122}$$

与核化点处气泡的生长不同，气泡热边界层厚度的计算中特征时间的取值难以确定。为了简化问题，本书假设在加热面上运动生长的第二类气泡的热边界层厚度与池沸腾中气泡的热边界层厚度的变化规律类似，可以采用池沸腾中气泡的热边界层厚度对本书中第二类气泡的蒸发热量进行计算。假设第二类气泡底部热边界厚度与池沸腾中相同直径的气泡相同，热边界层特征时间可以表示为

$$t_c = \frac{\pi D^2}{16\alpha_1 Ja} \tag{7.123}$$

代入式(7.122)中可得

$$4\pi d_w^2 Ja\Delta T_w = m_{bce}A_{tb}\Delta T_{sub}Nu_c \tag{7.124}$$

根据式(7.115)，通过式(7.124)可进一步得

$$\frac{\Delta T_w Ja}{\Delta T_{sub}Nu_c} = \frac{m_{bce}}{8}\frac{(1+\sqrt{1-k_{dw}^2})}{k_{dw}^2} \tag{7.125}$$

其中，气泡冷凝努塞尔数的计算采用 Kim[34] 的结果。

计算发现，当 m_{bce} 取 0.25 时式(7.125)的预测误差较小。图 7.71 给出了本书实验条件下采用式(7.125)对第二类气泡直径进行预测的结果，从图中可以看出，大部分条件下预测值与实验值的误差在 50% 以内。

由于式(7.125)误差较大，基于上面的分析可确定影响气泡直径的主要因

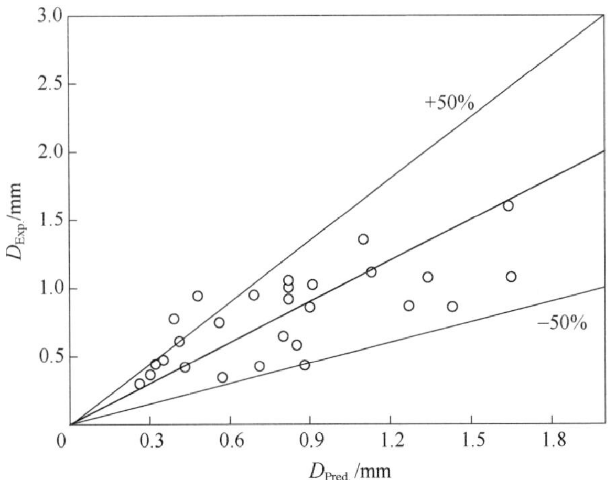

图 7.71 气泡直径预测值和实验值的对比

素,使用多元线性回归可以获得如下经验关系式,关系式的预测误差如图 7.72 所示。

$$D^+ = 7.2 \times 10^4 Ja_w^3 Pr^{-9.6} Re^{-0.13} N_{sub}^{0.002} \tag{7.126}$$

式中:D^+ 为无量纲第二类气泡直径,即

$$D^+ = \frac{D\sigma}{(\rho_l - \rho_v)\alpha_l^2} \tag{7.127}$$

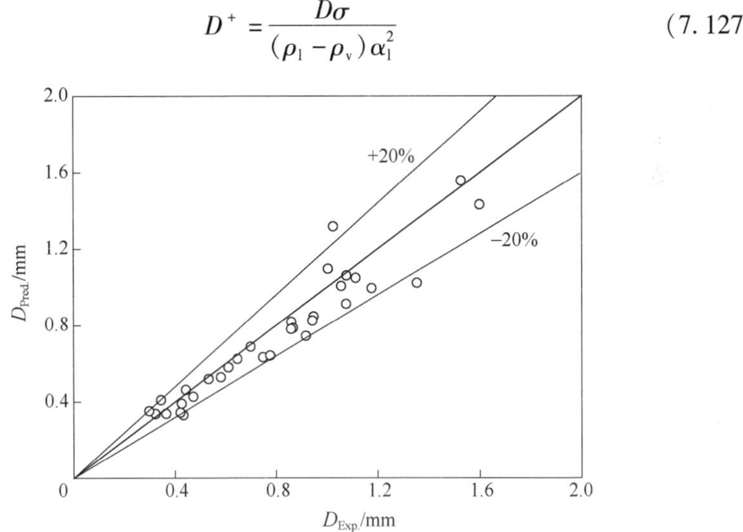

图 7.72 气泡直径预测值和实验值的对比

图 7.72 中的对比结果表明,式(7.126)对本书中的大部分实验数据的预测误差小于 ±20%,表明经验关系式的预测效果优于机理分析模型所得到的式(7.124),本书后面换热模型的建立中涉及第二类气泡直径的预测将采用式(7.126)。

7.3.2.3　海洋条件对气泡直径的影响

倾斜条件下气泡直径的变化如图 7.73 所示,从图中可以看出倾斜角度为负值的工况中气泡直径一般都大于倾斜角度为正的工况,气泡直径随着倾斜角度的增加而减小。实验数据中部分工况下的气泡直径变化规律较为复杂,这主要是由于本书中倾斜角度变化幅度有限,倾斜造成的加速度场变化对气泡直径的影响并不明显。

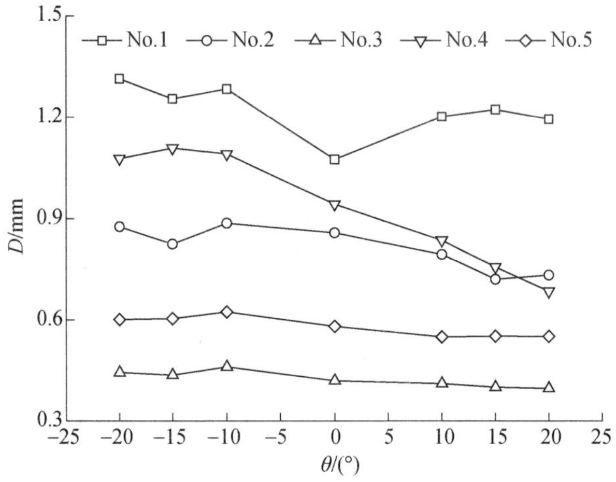

图 7.73　倾斜条件下的气泡直径的影响

图 7.74 示出了采用式(7.126)对倾斜条件下的气泡直径进行预测的结果,从图中可以看出,大部分数据的预测误差在 ±25% 以内。尽管式(7.126)并未考虑倾斜工况所引入的重力加速度的改变所带来的影响,然而实验研究发现倾斜工况下气泡所在位置处的局部工况参数会发生相应的变化。式(7.126)可以对倾斜条件下的气泡直径进行较好的预测,这表明本实验参数范围内倾斜工况

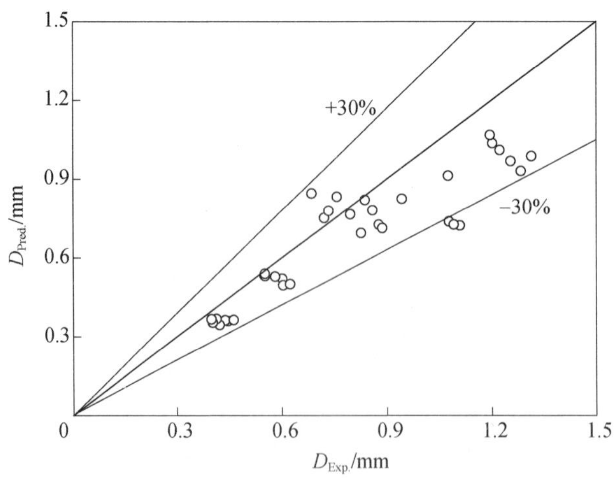

图 7.74　倾斜条件下气泡直径预测值和实验值的对比

所带来的重力加速度变化的影响可以忽略,仅需考虑倾斜条件所带来的工况参数变化即可。

摇摆运动条件下气泡直径的变化如图 7.75 所示,图中所示的气泡直径数据为每 50 帧气泡图片的平均值。从图中可以看出气泡直径出现了周期性波动,波动周期和摇摆运动周期相同。当摇摆运动至负角度,即加热面朝向下时,气泡的直径有所增加,反之摇摆运动至正角度时气泡直径有所减小。图中同时给出了气泡直径的预测值,采用局部热工参数结合式(7.126)进行计算。气泡直径的预测值同样出现了周期性波动,与实验获取的气泡直径的变化符合较好。与倾斜工况类似,摇摆运动工况下热工参数发生了周期性波动,由此引起了气泡直径的周期性变化。因此,本书中摇摆运动引起的加速度场的周期性改变对于第二类气泡直径的直接影响并不明显,摇摆运动对于第二类气泡直径的影响是通过改变气泡所处局部热工参数实现的,考虑了这些改变之后静态条件下的第二类气泡直径预测模型同样适用于摇摆运动条件。

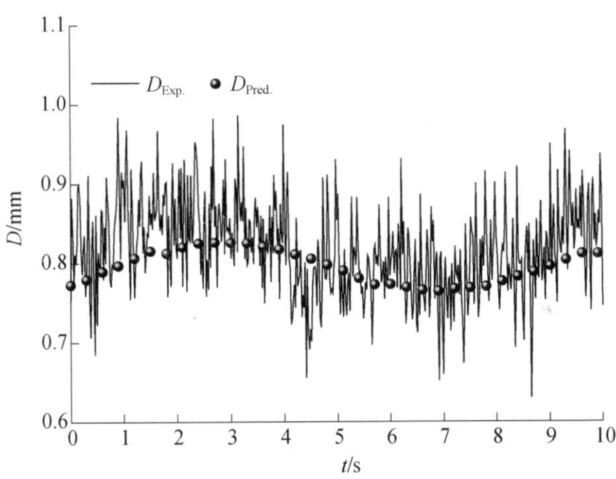

图 7.75 摇摆条件对气泡直径的影响($\theta_m = 15°, T_0 = 8s$)

7.3.3 气泡运动速度

本节将在气泡动力学方程的基础上对第二类气泡速度进行建模预测,针对过冷沸腾窄通道内第二类气泡滑移运动的受力特性对模型进行简化,分别考察各个力在气泡运动过程中的作用,并分析海洋运动条件对气泡运动速度的影响。

7.3.3.1 气泡动力学方程

紧贴加热壁面沿流动方向运动的气泡的动力学方程可以表示为

$$V_b \rho_g \frac{du_b}{dt} = F_{qs} + F_{by} + F_{sy} + F_{duy} \tag{7.128}$$

式中:u_b 为气泡运动速度;F_{qs} 为流体所造成的曳力;F_{by} 为气泡所受到的浮力沿

运动方向的分量;F_{sy} 为气泡与加热壁面接触而造成的表面张力;F_{duy} 为气泡非对称生长所造成的生长力。

气泡所受的曳力通过下式进行计算:

$$F_{qs} = \frac{1}{2} C_D \rho_l \pi R^2 \Delta u_{lb} \left| \Delta u_{lb} \right| \tag{7.129}$$

$$\Delta u_{lb} = u_l - u_b \tag{7.130}$$

式中:u_l、u_b 分别为流体速度和气泡速度;C_D 为曳力系数,根据气泡雷诺数 Re_b 的不同,Delnoij[51] 提出曳力系数可使用下式进行计算:

$$C_D = \begin{cases} 240, & Re_b \leqslant 0.1 \\ \dfrac{24}{Re_b}(1 + 0.15 Re_b^{0.687}), & 0.1 < Re_b \leqslant 1000 \\ 0.44, & Re_b > 1000 \end{cases} \tag{7.131}$$

气泡雷诺数的表达式为

$$Re_b = D_b \left| \Delta u_{lb} \right| / \mu_l \tag{7.132}$$

当气泡速度小于当地流体速度时,曳力为气泡运动的动力,反之曳力阻碍气泡的运动,气泡运动过程中所受到曳力的方向可能会发生变化。气泡所受到的浮力为

$$F_{by} = V_b (\rho_l - \rho_g) a_y \tag{7.133}$$

式中:a_y 为气泡所在位置处惯性加速度沿流体方向的分量,当处于静止状态下时等于重力加速度,倾斜和摇摆状态需考虑其变化。

沿流体运动方向上的表面张力与垂直于加热壁面上的表面张力计算类似,对气泡底部接触圆上所受表面张力进行积分可得到 F_{sy} 的近似表达式,即

$$F_{sy} = -d_w \sigma \frac{\pi}{\alpha - \beta} (\cos\beta - \cos\alpha) \tag{7.134}$$

式(7.134)中 d_w 通过前面的气泡接触直径预测模型进行计算,前进接触角和后退接触角的大小通过后面的经验模型进行确定。

Klausner[12] 在对气泡的脱离进行建模时认为气泡生长过程中会向流动方向发生倾斜,由此气泡的非对称生长也会形成气泡运动的阻力,沿流动方向上气泡的生长力可以表示为

$$F_{duy} = -\rho_l \pi R^2 \left(R \ddot{R} + \frac{3}{2} \dot{R}^2 \right) \sin\theta_i \tag{7.135}$$

式中:θ_i 为气泡倾斜角度,由于没有相应模型对其进行预测,因此在 Klausner 的气泡脱离模型中 θ_i 作为经验常数,作者发现当其取 $\pi/18$ 时可以得到较好的预测结果。

从生长力的定义可以看出,该力主要是由于气泡的非对称生长造成的。而对于本章所述的第二类气泡,气泡直径变化不大,因此所受到的生长力的作用很小,在对第二类气泡速度进行预测的过程中可以忽略不计。

式(7.128)的左侧为气泡运动所造成的惯性力,其大小与气泡的速度变化速率有关。根据实验中观察到的现象,本研究中气泡速度变化不大,如图7.59所示,气泡所受惯性力数量级为10^{-9}N,远小于其他力。因此本研究中忽略该项的作用,认为

$$V_{\mathrm{b}}\rho_{\mathrm{g}}\frac{\mathrm{d}u_{\mathrm{b}}}{\mathrm{d}t}=0 \tag{7.136}$$

综合以上分析,第二类气泡的速度可以通过下式进行预测:

$$F_{\mathrm{qs}}+F_{\mathrm{by}}+F_{\mathrm{sy}}=0 \tag{7.137}$$

即主要考虑气泡所受曳力、浮力以及表面张力的影响,忽略非对称生长力和气泡惯性力的作用。

第二类气泡与加热壁面接触时为球缺状,因此如果采用球体积的计算公式对气泡体积进行计算会造成式(7.133)中浮力偏大于实际值。Chen[52]对气泡脱离直径的建模研究中考虑了这一因素,认为贴近加热表面生长运动的气泡的体积应当通过下式进行计算,即球缺形气泡的体积计算公式:

$$V_{\mathrm{b}}=\pi R^{3}\left(\sqrt{1-k_{\mathrm{dw}}^{2}}+1\right)^{2}\left(1-\frac{1}{3}\left(\sqrt{1-k_{\mathrm{dw}}^{2}}+1\right)\right) \tag{7.138}$$

图7.76给出了按照球形气泡计算所得到的体积和式(7.138)所得到体积的比值,V_{b1}为式(7.138)计算结果,V_{b2}为假设气泡是球形时的体积。

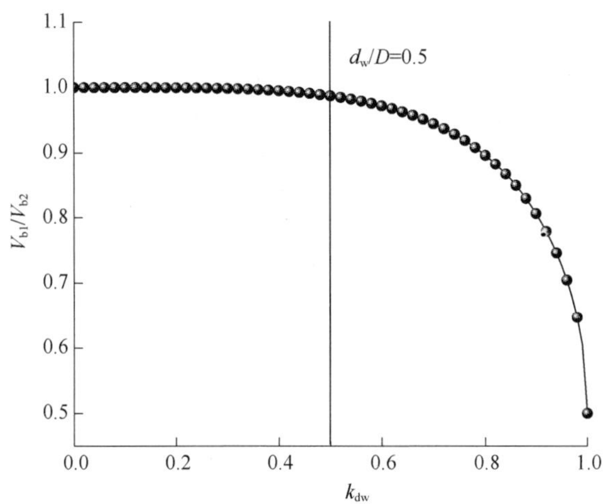

图7.76　k_{dw}对气泡体积的影响

从图中可以看出,对于较小的k_{dw}而言,上述两种计算方法差别不大,比值接近于1。而当$k_{\mathrm{dw}}>0.5$之后,按照式(7.138)的球缺形气泡计算所得的体积与球

形气泡体积相差较大。本研究中 k_{dw} 的范围在 0.25 ~ 0.45 之间,假设气泡为球形的情况下计算误差不超过 1%,因此本研究采用球形气泡体积公式计算气泡所受的浮力。

7.3.3.2 动态接触角模型

第二类气泡贴近加热壁面运动时气泡周围流场具有不对称的特性,由此造成气泡底部前后压力有所不同,进而导致气泡前进接触角和后退接触角之间的差异。一般情况下,对于在水中的沸腾气泡而言,气泡的前进接触角大于气泡的后退接触角。气泡前后接触角相同时由于表面张力的作用完全对称,气泡的运动不会受到表面张力的影响。而当气泡前后接触角不同时,气泡所受的表面张力产生沿流动方向和垂直于加热壁面方向上的净积分值,对气泡的运动产生影响。

很多研究者在对气泡的脱离和浮升直径进行预测建模时考虑了气泡所受到的表面张力,并对前进接触角和后退接触角进行了估计或者测量。Klausner[12] 以 R113 为工质在镍铬合金表面上进行了流动沸腾实验,测量得到气泡的前进接触角和后退接触角分别为 45°和 36°。Sugrue[53] 的实验中以水为工质,加热表面为 316L 不锈钢平面,在室温下测得的前进接触角和后退接触角分别角 91°和 8°。Wu[48] 的可视化实验中确定出气泡的前进接触角和后退接触角的平均值分别为 45°和 35°,使用的工质为 R134a,沸腾表面为不锈钢。Xu[54] 的实验测出气泡的前进接触角的范围为 44°~45°,后退接触角的范围为 37°~40°,研究对象为不锈钢表面上的去离子水,在对气泡脱离直径的计算进行建模时认为前进接触角和后退接触角分别为 45°和 40°。Hong[49] 对气泡的脱离直径进行建模的过程中认为气泡前进接触角和后退接触角分别为 42°和 36°,结果表明,基于此数值得到的结果既适用于静止条件也适用于起伏运动条件,所采用的实验工质和沸腾表面材质分别为水和不锈钢。Chen[52] 对过冷沸腾条件下的气泡脱离进行了建模,由于作者的实验中不能直接对气泡接触角进行测量,因此采用了 Kandlikar[55] 的实验值,即认为前进接触角和后退接触角分别为 130°和 65°, Chen[52] 对不锈钢表面上的水的流动沸腾实验数据进行了检验,结果表明,以上气泡接触角数值的预测结果较好。

本书假设气泡的前进接触角和后退接触角对称变化,即前进接触角在静态接触角的基础上增加的数值等于后退接触角在静态接触角基础上减小的数值,因此前进接触角和后退接触角可以分别表示为

$$\alpha = \theta + \theta_d \tag{7.139}$$

$$\beta = \theta - \theta_d \tag{7.140}$$

式中:θ 为气泡静态接触角,经过测量确定为 95°;θ_d 为气泡动态接触角偏离值,根据气泡动态接触角的物理特性以及 Mukherjee[56] 的研究结果,θ_d 可以通过下

式进行确定：

$$\theta_d = \theta_{dm}\xi_{ca} \tag{7.141}$$

其中：θ_{dm}为气泡动态接触角最大偏离值；ξ_{ca}为比例系数，其范围为 0 ~ 1。

以上假设表明气泡动态接触角偏离静态接触角的范围有限，气泡动态接触角与静态接触角的差值不大于 θ_{dm}，本书中取 θ_{dm} 为 10°。由上述内容可知，确定 ξ_{ca}之后就可以得到气泡的动态接触角。

本书认为气泡的前进接触角和后退接触角与气泡的接触直径相关，所以式(7.141)中的系数 ξ_{ca}可以表示为 k_{dw}的函数。基于实验数据进行拟合可以得到 ξ_{ca}的表达式为

$$\xi_{ca} = 1 - \frac{1}{1 + e^{(k_{dw} - C_{cad})/C_{cap}}} \tag{7.142}$$

式中：$C_{cad} = 0.373$；$C_{cap} = 0.035$。

上述关系式的结果范围为 0 ~ 1，符合 ξ_{ca}的物理极限值。ξ_{ca}与 k_{dw}的关系如图 7.77 所示，ξ_{ca}会随着 k_{dw}的增加而增加，这说明对于相同大小的气泡而言，气泡的底部接触直径越大，气泡的动态接触角与气泡静态接触角之间的差别越大。

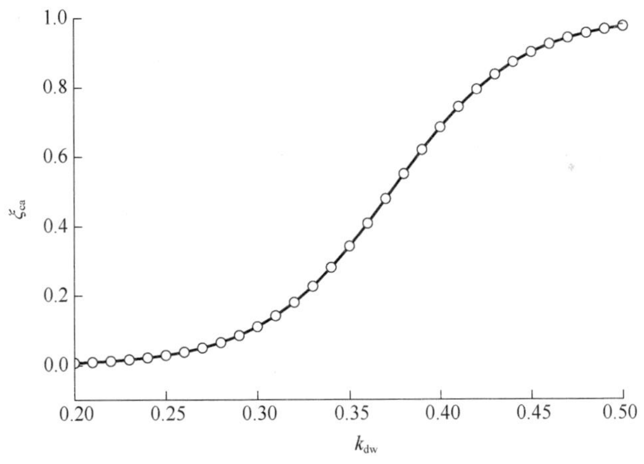

图 7.77　不同 k_{dw}下的 ξ_{ca}

7.3.3.3　气泡速度预测结果

综合以上气泡动力学方程以及对于气泡受力的计算，静止和倾斜条件下第二类气泡速度的预测结果如图 7.78 所示。倾斜条件会对气泡所受到的浮力造成影响，而倾斜角度为正值或者负值时沿流动方向的影响是相同的，因此出现了图 7.78 中绝对值相同的倾斜角度条件下气泡速度预测值相同的情况。图中结果表明，上述气泡速度预测模型的计算值和实验值的趋势相同，预测效果较好。此外，还可以看出气泡直径较小时，不同的倾斜条件下的气泡速度预测值差别不

大，随着气泡直径的增加，倾斜条件对于气泡速度的影响逐渐增加。图 7.79 给出了预测误差的大小，结果表明对于大部分气泡速度的预测误差小于 ±20% 。

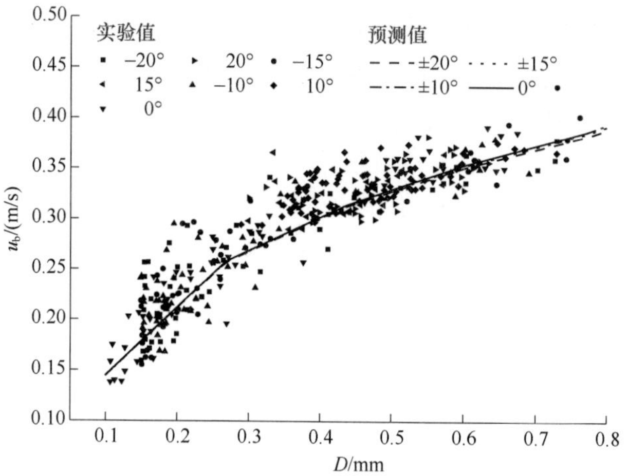

图 7.78　气泡速度随直径的变化

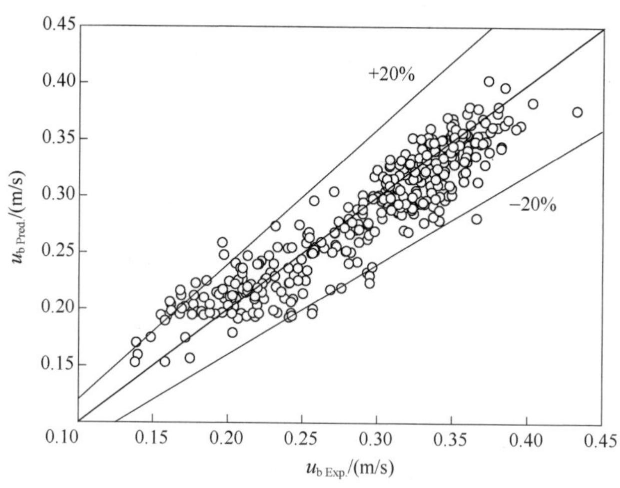

图 7.79　气泡速度预测值和实验值的对比

摇摆运动下的气泡运动速度的预测结果如图 7.80 所示，速度的预测值所采用的气泡直径为实验中获得的数据。图中分别给出了摇摆运动幅度为 15°周期为 8s 以及摇摆运动幅度为 10°周期为 16s 的工况。结果表明，由于沸腾现象随机特性的存在导致气泡运动速度出现了较大的随机波动，从基本趋势上看摇摆运动条件下的气泡运动速度发生了周期性波动，而且波动的周期与摇摆运动周期相同。除了气泡速度波谷点，预测值的变化趋势与实验值符合较好，气泡速度波谷处的速度预测值大于实验值。摇摆运动不仅会对气泡所受的浮力造成影响，而且也会引起气泡直径、气泡接触直径和气泡动态接触角等局部气泡参数的

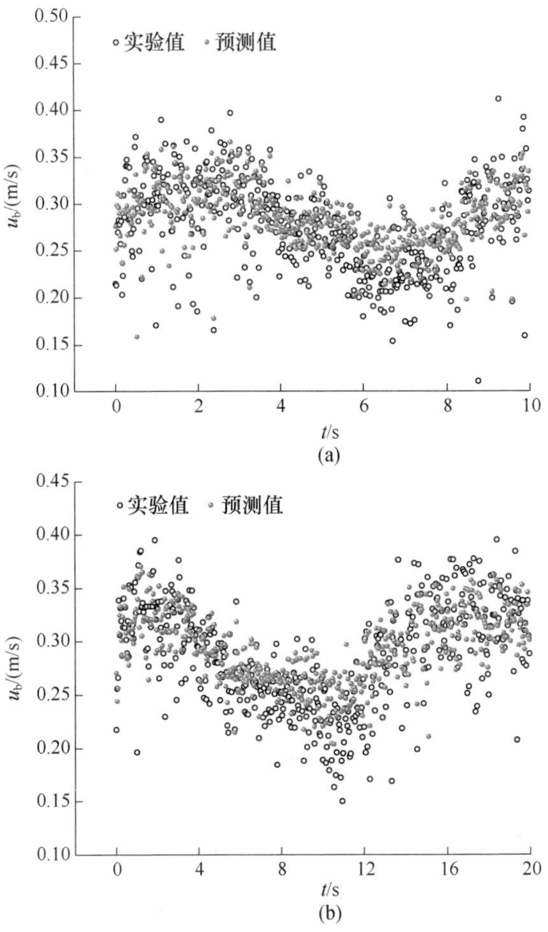

图 7.80 摇摆条件下气泡速度

(a) $\theta_m = 15°$, $T_0 = 8s$; (b) $\theta_m = 10°$, $T_0 = 16s$。

变化,这些参数的综合效应导致了气泡速度的周期性波动。本书所提出的气泡速度模型中考虑了摇摆运动所引入的多种影响因素,预测模型可以对摇摆运动下的第二类气泡速度进行预测,预测值的基本趋势与实验吻合较好。

7.3.3.4 气泡速度影响因素分析

竖直静止状态滑移运动中不同直径的气泡的受力如图 7.81 所示,图中同时给出了气泡所受的合力。从图中可以看出,随着气泡直径的增加,气泡所受的浮力一直增加,且为气泡运动的动力。气泡所受表面张力也随着气泡直径的增加而增加,然而表面张力一直为负值,阻碍气泡的运动。

气泡所受的曳力的变化趋势比较复杂,气泡直径较小时气泡速度小于当地流体的速度,如图 7.82 所示,此时气泡所受的曳力为正值,有利于气泡的运动。随着气泡直径的增加,气泡所受的曳力逐渐增大,与此同时气泡运动速度随之增

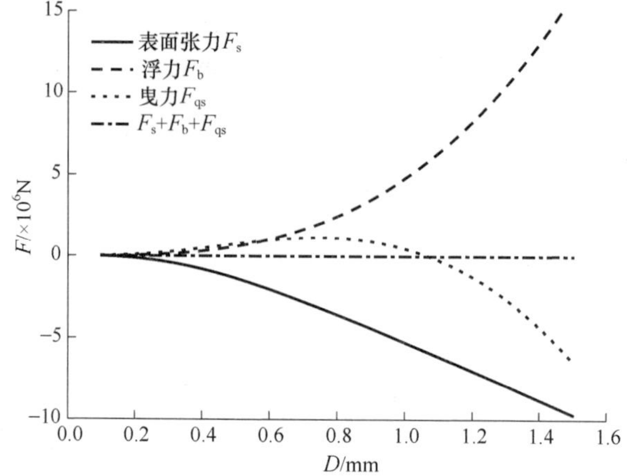

图 7.81　不同直径下的气泡受力

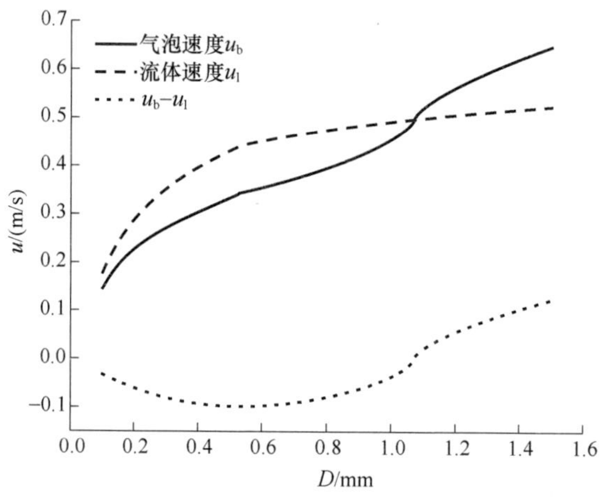

图 7.82　不同直径下的气泡速度

加。当气泡速度与当地流体速度的差值增加至最大值之后,气泡所受曳力由于速度差的减小而降低,此时气泡的速度由于浮力的持续增加而增加。气泡速度的增加会导致气泡与流体间速度差的进一步降低,当气泡速度增加至与当地流体速度相同时气泡所受的曳力降低为 0 值。在此之后,气泡速度大于当地流体的速度,气泡所受的曳力与气泡运动方向相反。随着气泡直径的进一步增加,气泡所受的浮力的增加程度大于曳力和表面张力的增加程度,因此气泡速度会持续增加。在此之后只有气泡所受到的浮力为气泡运动的动力,作用方向与气泡运动速度方向相同,而曳力和表面张力作为气泡运动的阻力,作用方向与气泡运动速度相反。从图 7.82 中气泡速度的变化可以看出,气泡的运动速度随着气泡直径的增加而增加,气泡速度与当地流体的速度差出现了先增加后减小的现象,其机理原因如前面的受力分析所述。速度差值的变化会改变气泡所受曳力的方向，而浮力的持续增加是气泡速度一直增加的主要原因。

图7.83示出了直径分别为0.5mm和1.2mm的气泡在不同倾斜角度下速度的变化情况，图中纵坐标为气泡的相对速度，u_{bs}为气泡在竖直静止条件下的速度。从图中可以看出，正角度倾斜和负角度倾斜所带来的影响相同，气泡的速度随着倾斜角度的增加而减小，这主要是因为平行于气泡运动方向上的浮力有所减小。图7.84中气泡受力计算结果表明，气泡直径越大，浮力的变化幅度越大，倾斜条件对于气泡速度的影响越明显，这与图7.78所得的结论相同。从图7.84可以看出，当倾斜角度小于20°时，倾斜所带来的气泡速度改变在5%以内，因此本书的实验中倾斜条件所带来的重力场的变化所造成影响并不明显。在倾斜条件下，气泡的浮力的变化导致了气泡所受曳力的变化，而气泡所受表面张力并未发生改变。

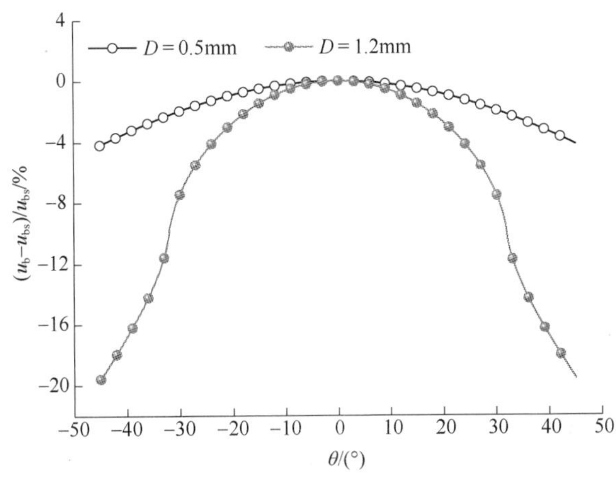

图7.83　倾斜条件下的气泡速度

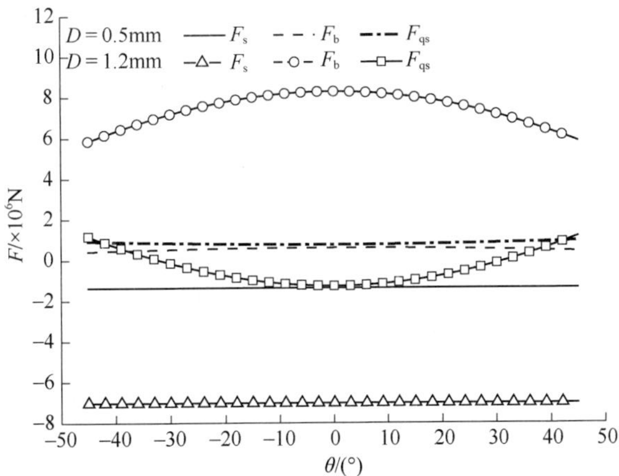

图7.84　倾斜条件下的气泡受力

以上分析中假定倾斜条件并未改变气泡直径,因此倾斜条件对于气泡速度的影响有限。对于本书中的实验工况而言,倾斜条件改变了气泡的直径,进一步造成了其他气泡参数的变化。图 7.85 给出了气泡直径发生变化时气泡运动速度的变化情况,气泡直径的变化范围为 0.6 ~ 1.2mm,选取本实验中的最大倾斜角度 20°的工况进行说明。从图中可以看出,气泡直径的变化对于气泡速度的影响很大,相对而言倾斜角度的变化所带来的影响较小。

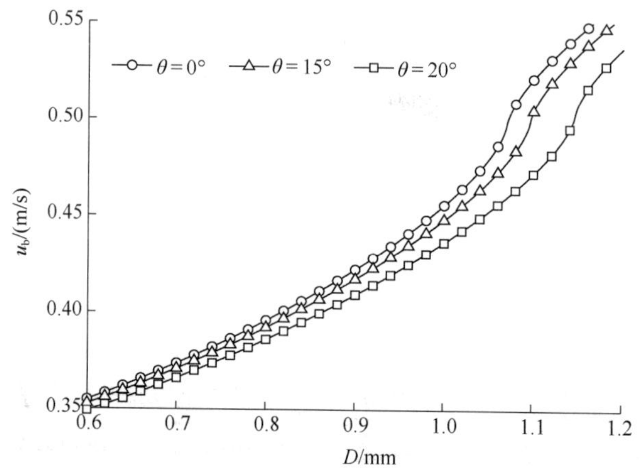

图 7.85　倾斜条件对气泡速度的影响

摇摆运动条件下气泡直径保持不变时气泡运动速度的变化如图 7.86 所示,图中工况摇摆周期都是 8s。对于本实验中最剧烈的摇摆运动工况(摇摆运动幅度为 15°)而言,气泡运动速度的变化幅度小于 ±2% 。尽管摇摆运动幅度为 30°时,气泡运动速度的波动幅度有所增加,但是仍然小于 ±4% 。因此对于本实验所研究的海洋条件工况而言,摇摆运动所引入的加速度场的改变所造成的影响较小。

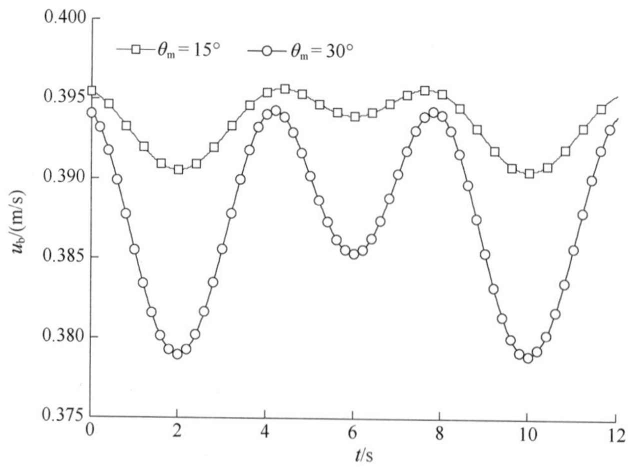

图 7.86　摇摆条件下的气泡速度(常速度)

摇摆运动下流动速度发生变化时气泡运动速度的波动如图 7.87 所示，流体速度波动幅度分别为 5% 、10% 和 20% 的情况，摇摆运动幅度设置为 15°，周期为 8s。从图中可以看出，随着流体速度波动幅度的增加，气泡运动速度的波动幅度也随之增加。当流体速度的波动幅度为 5% 时，气泡运动速度的波动幅度不超过 6%。

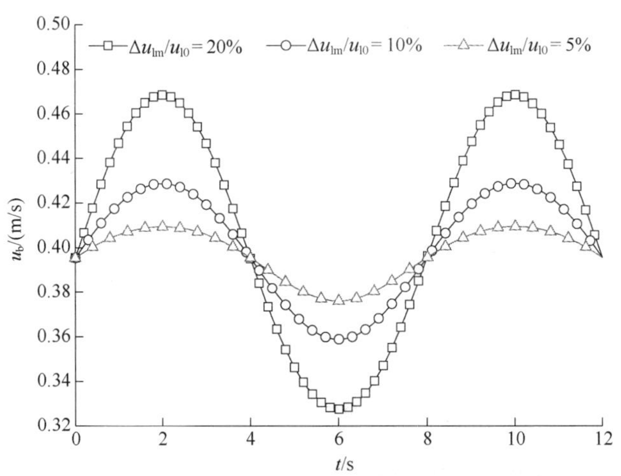

图 7.87 摇摆条件下的气泡速度(脉动流)

流体速度发生波动时，气泡所受的曳力和表面张力的大小如图 7.88 所示。图中结果表明，较大的流体速度波动幅度造成了较大的曳力波动，进而导致气泡运动速度的大幅度波动，与此同时，气泡所受的表面张力的波动也随着流体速度波动幅度的增加而增加。由于实验中大部分工况下的流量波动小于 5% ，因此对于本研究中的实验工况而言，摇摆运动所引起的流量波动对于气泡运动速度的影响可以忽略不计。

考虑摇摆运动所导致的气泡直径变化，假设气泡按照以下规律变化，即

$$D = D_0\left(1 + \lambda_D \sin\left(\frac{2\pi t}{T_0}\right)\right) \tag{7.143}$$

式中，λ_D 为气泡直径波动幅度，气泡直径的变化在不同的波动幅度情况下所对应的气泡运动速度如图 7.89 所示，图中气泡直径的波动幅度分别为 10% 、20% 和 30% 。从图中可以看出，当气泡直径波动幅度比较小时，气泡速度的波动出现了双周期现象，体现出摇摆运动所造成加速度场改变的直接影响。当气泡直径波动幅度增加之后，气泡运动速度的波动与气泡直径波动规律相同，摇摆运动所致的加速度场变化的直接影响相对较弱，本书中气泡运动速度的波动主要是受气泡直径变化影响的。对于本书实验中气泡直径波动较小的情况，由于测量所得的气泡速度随机性较大，因此从现象上看来没有明显的周期性变化，气泡直径改变以外的因素所带来的影响不易体现。

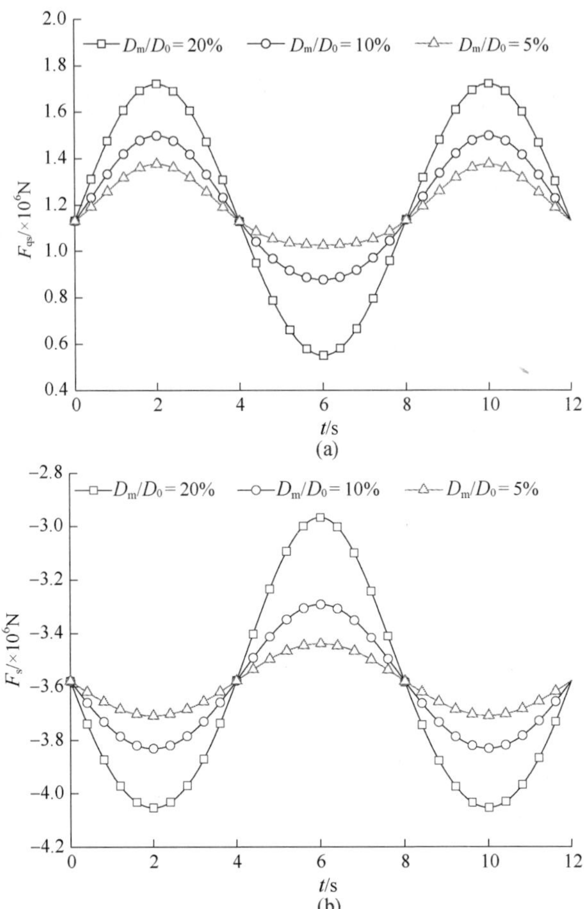

图 7.88　摇摆条件下曳力和表面张力

(a)曳力；(b)表面张力。

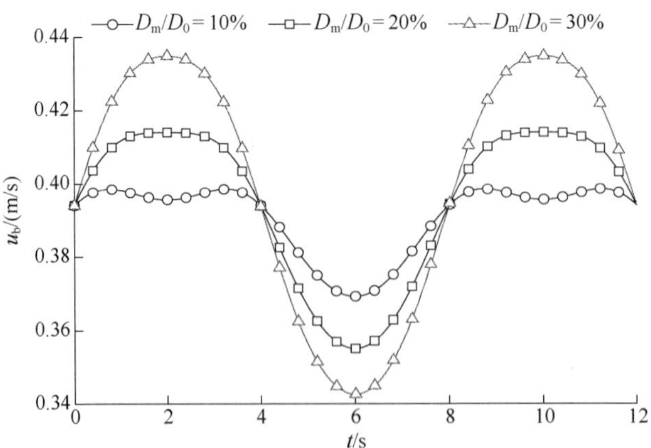

图 7.89　摇摆条件下的气泡速度(气泡直径波动情况)

7.3.4 气泡数量密度

第二类气泡滑移距离较长，通过实验观察到的核化点数较少，因此不能沿用考察第一类气泡的思路对第二类气泡的核化点数目进行研究。结合第二类气泡具有直径变化速率较小的特性，可以采用气泡数量密度研究气泡的数量变化对于沸腾通道特性的影响。这种方法可以避免直接研究气泡核化点数量所带来的误差，能够更加准确地对通道内第二类气泡为主的工况进行描述。气泡直径和气泡速度的大小决定了通道内单个气泡的特性，而气泡数量密度是对通道内气泡整体影响的量化。

7.3.4.1 气泡数量密度影响因素分析

沸腾通道内气泡核化以及气泡的聚合具有一定的随机特性，因此在有限观察面积内所计算得出的气泡数量密度不会保持为定值，而是呈现出一定的概率分布特性。本书中稳态条件下(竖直静止和倾斜工况)所得出的气泡数量密度是在每一帧图片的基础上直接获取的，因此不同图像帧所得到的气泡数量密度会发生较大的变化。图7.90示出了一段时间范围内气泡数量密度的分布特性，由于观察窗面积较小以及随机特性的影响，气泡数量变化范围有限的特性造成了图中气泡数量概率分布的不连续性。对于稳态条件而言，气泡数量密度取拍摄到所有气泡图片的时均值，而摇摆运动工况下气泡数量密度采用一段时间(该时间段小于摇摆运动周期)内气泡数量密度的时均值，并以此考察摇摆运动条件下的瞬态气泡数量密度的变化。

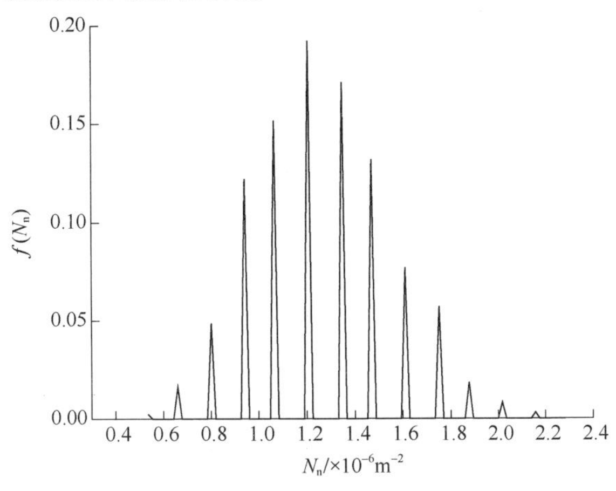

图7.90 气泡数量密度的概率分布

不同热流密度条件下气泡数量密度的变化如图7.91所示，增加热流密度过程中拍摄位置不发生变化。从图中可以看出，气泡数量密度随着热流密度的增加而增加。热流密度增加之后壁温会有所增加，同时当地流体的过冷度有所降低，由此使得核化产生的气泡数量有所增加。此外，热流密度的增加相当于输入到通道内的热量有所增加,可提供的相变热量也越多,进而造成了气泡数量密度的增加。

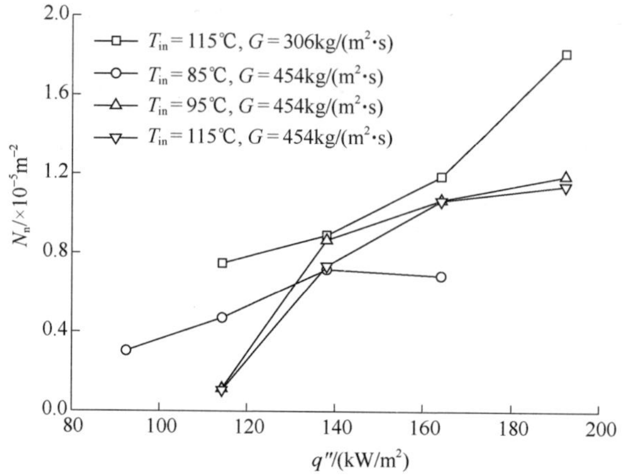

图 7.91　不同热流密度下的气泡数量密度

气泡数量密度与沸腾数的关系如图 7.92 所示,从图中可以看出,气泡数量密度随着沸腾数的增加而增加。其中沸腾数 Bo 的计算如下:

$$Bo = \frac{q''}{Gh_{fg}} \tag{7.144}$$

从式(7.144)可以看出,单位时间内流体所获得的能量随着 Bo 的增加而增加,所以在同样的条件下,沸腾数越大,壁面提供的能量越多,由此使气泡数量密度增加。

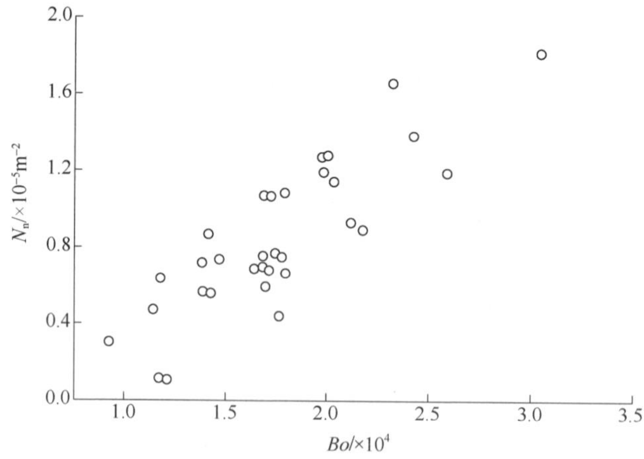

图 7.92　气泡数量密度随 Bo 的变化

沸腾通道内的气泡数量密度可以通过数量密度输运方程进行预测计算,一维气泡数量密度方程可以表示为

$$\frac{\partial N_{\mathrm{n}}}{\partial t}+\frac{\partial}{\partial z}(N_{\mathrm{n}}u_{\mathrm{b}})=\phi_{\mathrm{bn}}+\phi_{\mathrm{wn}}+\phi_{\mathrm{dis}}-\phi_{\mathrm{cond}} \tag{7.145}$$

上述方程左边第一项为非稳态项,第二项为输运项,方程右边的四项都是影响气泡数量密度的源项,分别取决于主流流体中的气泡核化速率、壁面气泡核化速率、气泡破裂速率,以及气泡聚合或者冷凝消失速率。本实验研究中核化气泡都是在加热壁面上产生的,因此右边第二项为0。另外,实验中并未观察到气泡破碎的现象,所以右边第三项也等于0。如前所述,本实验研究拍摄范围较小,而第二类气泡的核化点密度比较小,观察窗内的核化点数目非常有限,出于对过冷沸腾气泡行为随机特性的考虑,本书无法统计有效壁面气泡的核化速率。另外,本书中气泡合并速率也难以通过实验进行确定。此外,由于第二类气泡具有滑移距离较长的特性,气泡的冷凝消失速率也难以通过实验进行统计。综上所述,本书不能确定气泡数量输运方程中各个源项的大小,尤其是式(7.145)中右边第一项和第四项,因此不采用该方法对第二类气泡数量密度进行预测,而选择参数拟合的方法。

经过对气泡数量密度的影响参数进行分析之后,结合线性回归方法可以获得以下预测气泡数量密度的经验关系式,即

$$N_{\mathrm{n}}=10^{-1.1}Re^{0.21}Pr^{-4.75}N_{\mathrm{sub}}^{0.6}\Delta T_{\mathrm{w}}^{4.6} \tag{7.146}$$

式(7.146)对本实验所获得的数据的预测效果如图7.93所示,从图中可以看出,实验值与预测值的误差在±30%以内,可以对本实验中的实验数据进行有效预测。

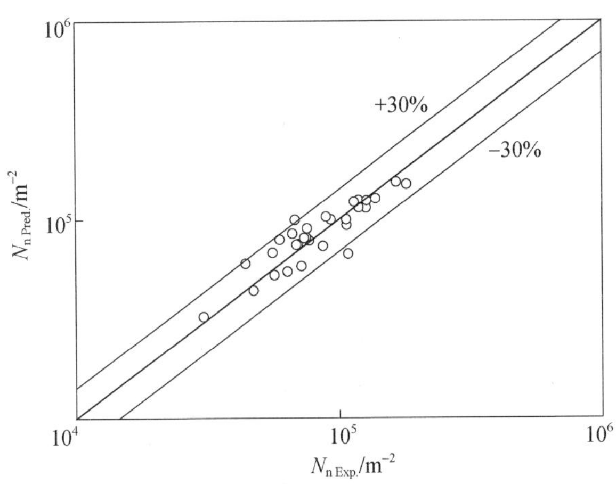

图7.93　气泡数量密度实验值和预测值的对比

7.3.4.2　倾斜和摇摆运动的影响

倾斜条件下气泡数量密度的变化如图7.94所示,结果表明,气泡数量密度在倾斜条件的影响下发生了变化,然而,随倾角的变化规律不明确。与气泡直径

所对应的工况相同,倾斜条件下热工参数发生了变化,考虑了这些变化之后采用式(7.146)对倾斜条件下的气泡数量密度进行预测,预测结果如图7.95所示。结果表明预测误差小于±35%,说明倾斜条件下的气泡数量密度主要是由倾斜条件所致的热工参数变化所导致的。由于倾斜条件所带来的加速度场的变化的直接影响并不明显,因此图7.94中结果并未随倾斜角度发生明显变化。

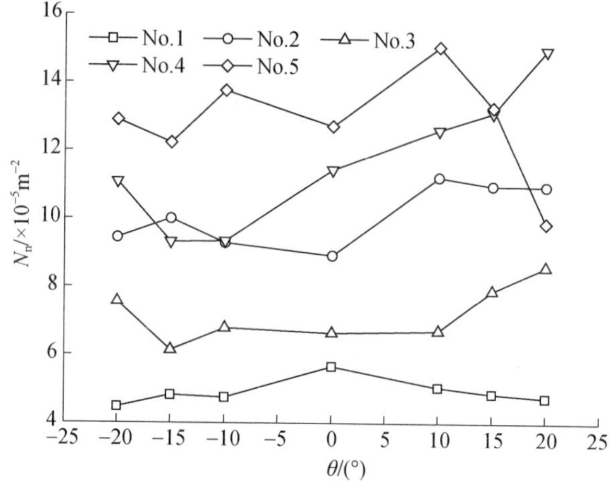

图7.94 倾斜条件对气泡数量密度的影响

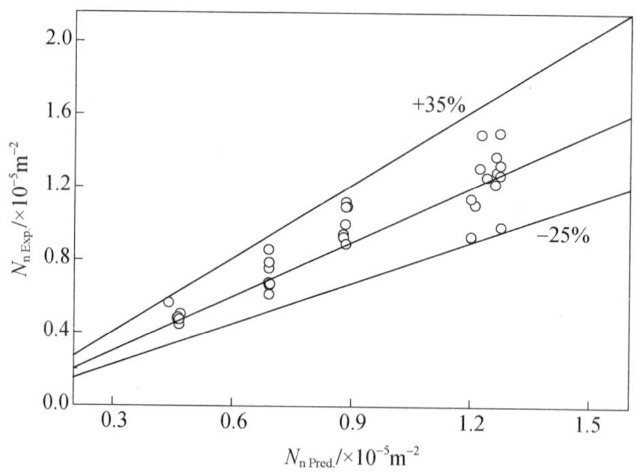

图7.95 倾斜条件下气泡数量密度预测误差

图7.96给出了摇摆运动下气泡数量密度的变化情况,其中每个数据点取50帧图片计算的平均值。从图中可以看出,摇摆运动下气泡数量密度的随机波动较大,且并未出现明显的周期性波动。图中同时给出了采用式(7.146)得出的预测值,结果表明,摇摆运动下参数的改变所造成的气泡数量密度变化并不明显。然而,从图中的局部放大可看出,预测值发生了周期性波动,同时波动幅度较小。以上结果说明摇摆运动所导致的局部参数变化会造成气泡数量密度的周

期性变化，本实验由于摇摆运动参数范围限制，摇摆运动的影响并不明显。

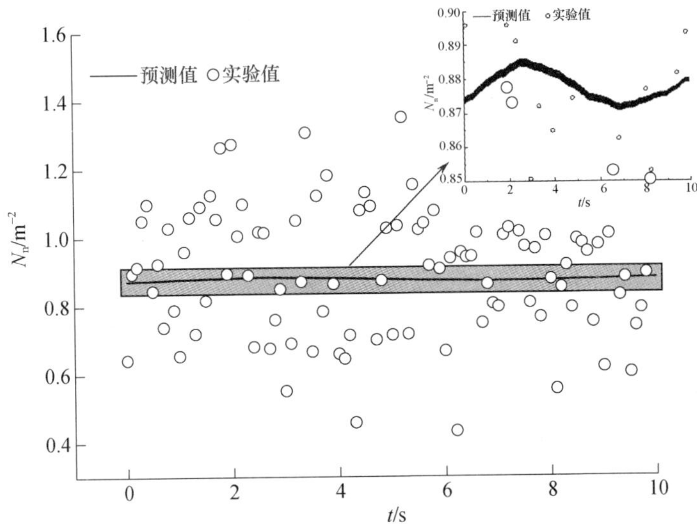

图 7.96 摇摆条件下的气泡数量密度

7.4 海洋条件影响气泡行为总结

海洋条件的作用是一种系统性、综合性的影响，对于气泡行为的影响主要体现在以下几个方面，即海洋条件所引入的加速度场的直接影响、热工边界条件的改变以及非稳态因素的影响。其中直接影响体现在浮力的作用上，热工边界条件的改变和非稳态因素由加速度场的改变对系统的作用而引起。对于本书所针对的系统海洋条件工况而言，海洋条件的影响主要体现在热工边界条件的改变上，加速度场变化的直接作用和非稳态因素的影响相对较弱。

参 考 文 献

[1] Li S, Tan S, Gao P, et al. Experimental research of bubble number density and bubble size in narrow rectangular channel under rolling motion[J]. Nuclear Engineering and Design, 2014,268:41 - 50.

[2] Li S, Tan S, Xu C, et al. An experimental study of bubble sliding characteristics in narrow channel[J]. International Journal of Heat and Mass Transfer, 2013,57(1):89 - 99.

[3] Ahmadi R, Ueno T, Okawa T. Bubble dynamics at boiling incipience in subcooled upward flow boiling[J]. International Journal of Heat and Mass Transfer, 2012,55(1 - 3):488 - 497.

[4] Yuan D, Pan L, Chen D, et al. Bubble behavior of high subcooling flow boiling at different system pressure in vertical narrow channel[J]. Applied Thermal Engineering, 2011,31(16):3512 - 3520.

[5] Okawa T, Ishida T, Kataoka I, et al. Bubble rise characteristics after the departure from a nucleation site in vertical upflow boiling of subcooled water[J]. Nuclear Engineering and Design, 2005,235(10 - 12):

1149 – 1161.

[6] Bae B, Yun B, Yoon H, et al. Analysis of subcooled boiling flow with one-group interfacial area transport equation and bubble lift-off model[J]. Nuclear Engineering and Design, 2010,240(9):2281 – 2294.

[7] Situ R, Hibiki T, Ishii M, et al. Bubble lift-off size in forced convective subcooled boiling flow[J]. International Journal of Heat and Mass Transfer, 2005,48(25 – 26):5536 – 5548.

[8] Young N O, Goldstein J S, Block M J. The motion of bubbles in a vertical temperature gradient[J]. Journal of Fluid Mechanics, 1959,6(3):350 – 356.

[9] Marek R, Straub J. The origin of thermocapillary convection in subcooled nucleate pool boiling[J]. International Journal of Heat and Mass Transfer, 2001,44(3):619 – 632.

[10] Wang H, Peng X F, Lin W K, et al. Bubble-top jet flow on microwires[J]. International Journal of Heat and Mass Transfer, 2004,47(14 – 16):2891 – 2900.

[11] Lu J F, Peng X F. Bubble separation and collision on thin wires during subcooled boiling[J]. International Journal of Heat and Mass Transfer, 2005,48(23 – 24):4726 – 4737.

[12] Klausner J F, Mei R, Bernhard D M, et al. Vapor bubble departure in forced convection boiling[J]. International Journal of Heat and Mass Transfer, 1993,36(3):651 – 662.

[13] Siedel S, Cioulachtjian S, Bonjour J. Experimental analysis of bubble growth, departure and interactions during pool boiling on artificial nucleation sites[J]. Experimental Thermal and Fluid Science, 2008,32(8):1504 – 1511.

[14] Chen D, Pan L, Yuan D, et al. Dual model of bubble growth in vertical rectangular narrow channel[J]. International Communications in Heat and Mass Transfer, 2010,37(8):1004 – 1007.

[15] Zuber N. The dynamics of vapor bubbles in nonuniform temperature fields[J]. International Journal of Heat and Mass Transfer, 1961,2(1 – 2):83 – 98.

[16] Akiyama M, Tachibana F. Motion of vapor bubbles in subcooled heated channel[J]. Bulletion of the JSME, 1974,17(104):241 – 247.

[17] Prodanovic V, Fraser D, Salcudean M. Bubble behavior in subcooled flow boiling of water at low pressures and low flow rates[J]. International Journal of Multiphase Flow, 2002,28(1):1 – 19.

[18] Faraji D, Barnea Y, Salcudean M. Visualization study of vapor bubbles in convective subcooled boiling of water at atmospheric pressure [J]. Revista Espaola De Cardiologia,2012,65(9):826 – 834.

[19] Yeoh G H, Tu J Y. A unified model considering force balances for departing vapour bubbles and population balance in subcooled boiling flow[J]. Nuclear Engineering and Design, 2005,235(10 – 12):1251 – 1265.

[20] Cooper M G. The microlayer and bubble growth in nucleate pool boiling[J]. International Journal of Heat and Mass Transfer, 1969,12(8):915 – 933.

[21] Golobic I, Petkovsek J, Kenning D B R. Bubble growth and horizontal coalescence in saturated pool boiling on a titanium foil, investigated by high-speed IR thermography[J]. International Journal of Heat and Mass Transfer, 2012,55(4):1385 – 1402.

[22] Gerardi C, Buongiorno J, Hu L, et al. Study of bubble growth in water pool boiling through synchronized, infrared thermometry and high-speed video[J]. International Journal of Heat and Mass Transfer, 2010,53(19 – 20):4185 – 4192.

[23] Gao M, Zhang L, Cheng P, et al. An investigation of microlayer beneath nucleation bubble by laser interferometric method[J]. International Journal of Heat and Mass Transfer, 2013,57(1):183 – 189.

[24] Voutsinos C. Laser Interferometric Investigation of the Microlayer Evaporation Phenomenon[J]. Journal of Heat Transfer, 1975,97(1):88 – 92.

[25] Levenspiel O. Collapse of Steam Bubbles in Water[J]. Industrial and Engineering Chemistry, 1959,51

(6):787 -790.

[26] Abdelmessih A H, Hooper F C, Nangia S. Flow effects on bubble growth and collapse in surface boiling[J]. International Journal of Heat and Mass Transfer, 1972,15(1):115 -125.

[27] Warrier G R, Basu N, Dhir V K. Interfacial heat transfer during subcooled flow boiling[J]. International Journal of Heat and Mass Transfer, 2002,45(19):3947 -3959.

[28] 袁德文,潘良明,陈德奇,等.窄通道中过冷沸腾汽 - 液界面凝结换热系数[J]. 核动力工程, 2009, 30(5):30 -34.

[29] Isenberg J, Sideman S. Direct contact heat transfer with change of phase: Bubble condensation in immiscible liquids[J]. International Journal of Heat and Mass Transfer, 1970,13(6):997 -1011.

[30] Akiyama M. bubble collapse in subcooled boiling[J]. The Japan Society of Mechanical Engineers, 1973, 16(93):570 -575.

[31] Chen Y M, Mayinger F. Measurement of heat transfer at the phase interface of condensing bubbles[J]. International Journal of Multiphase Flow, 1992,18(6):877 -890.

[32] Zeitoun O, Shoukri M, Chatoorgoon V. Measurement of interfacial area concentration in subcooled liquid-vapour flow[J]. Nuclear Engineering and Design, 1994,152(1 -3):243 -255.

[33] Kalman H, Mori Y H. Experimental analysis of a single vapor bubble condensing in subcooled liquid[J]. Chemical Engineering Journal, 2002,85(2 -3):197 -206.

[34] Kim S, Park G. Interfacial heat transfer of condensing bubble in subcooled boiling flow at low pressure[J]. International Journal of Heat and Mass Transfer, 2011,54(13 -14):2962 -2974.

[35] Kocamustafaogullari G, Ishii M. Interfacial area and nucleation site density in boiling systems[J]. International Journal of Heat and Mass Transfer, 1983,26(9):1377 -1387.

[36] Wang C, Dhir V. On the gas entrapment and nucleation site density during pool boiling of saturated water[J]. Journal of Heat Transfer, 1993,115(3):670 -679.

[37] Basu N, Warrier G. Onset of nucleate boiling and active nucleation site density during subcooled flow boiling[J]. Journal of Heat Transfer,2002,124(4):717 -728.

[38] Bernardin J D, Mudawar I, Walsh C B, et al. Contact angle temperature dependence for water droplets on practical aluminum surfaces[J]. International Journal of Heat and Mass Transfer, 1997,40(5): 1017 -1033.

[39] Yang S R, Xu Z M, Wang J W, et al. On the fractal description of active nucleation site density for pool boiling[J]. International Journal of Heat and Mass Transfer, 2001,44(14):2783 -2786.

[40] Hsu Y. On the Size Range of Active Nucleation Cavities on a Heating Surface[J]. Journal of Heat Transfer, 1962,84(3):207 -213.

[41] Hibiki T, Ishii M. Active nucleation site density in boiling systems[J]. International Journal of Heat and Mass Transfer, 2003,46(14):2587 -2601.

[42] 许超.倾斜与摇摆条件下过冷沸腾汽泡行为研究[D].哈尔滨:哈尔滨工程大学,2014.

[43] Ivey H J. Relationships between bubble frequency, departure diameter and rise velocity in nucleate boiling[J]. International Journal of Heat and Mass Transfer, 1967,10(8):1023 -1040.

[44] Basu N, Dhir V K, Warrier G R. Wall Heat Flux Partitioning During Subcooled Flow Boiling: Part 1—Model Development[J]. Transactions of the Asme Serie C Journal of Heat Transfer, 2005,127(2):131 -140.

[45] Situ R, Ishii M, Hibiki T, et al. Bubble departure frequency in forced convective subcooled boiling flow[J]. International Journal of Heat and Mass Transfer, 2008,51(25 -26):6268 -6282.

[46] Sugrue R, Buongiorno J. A modified force-balance model for predicting bubble departure diameter in sub-

cooled flow boiling [J]. Nuclear Engineering and Design,2016,305:717 -722.

[47] Yun B, Splawski A, Lo S, et al. Prediction of a subcooled boiling flow with advanced two-phase flow models[J]. Nuclear Engineering and Design, 2012,253:351 -359.

[48] Wu W, Chen P, Jones B G, et al. A study on bubble detachment and the impact of heated surface structure in subcooled nucleate boiling flows [J]. Nuclear Engineering and Design, 2008, 238 (10): 2693 -2698.

[49] Hong G, Yan X, Yang Y, et al. Bubble departure size in forced convective subcooled boiling flow under static and heaving conditions[J]. Nuclear Engineering and Design, 2012,247:202 -211.

[50] Chen D Q, Pan L M. Prediction Model for Bubble Contact Circle Diameter on Heating Wall[C]. International Conference Nuclear Engineering,2010.

[51] Delnoij E, Kuipers J A M, van Swaaij W P M. Dynamic simulation of gas-liquid two-phase flow: effect of column aspect ratio on the flow structure [J]. Chemical Engineering Science, 1997, 52 (21 - 22): 3759 -3772.

[52] Chen D, Pan L, Ren S. Prediction of bubble detachment diameter in flow boiling based on force analysis[J]. Nuclear Engineering and Design, 2012,243:263 -271.

[53] Sugrue R. The effects of orientation angle, subcooling, heat Flux, mass flux, and pressure on bubble growth and detachment in subcooled flow boiling[D]. Cambridge: Massachusetts Institute of Technology, 2012.

[54] Xu J J, Chen B D, Xie T Z. Experimental and theoretical analysis of bubble departure behavior in narrow rectangular channel[J]. Progress in Nuclear Energy, 2014,77:1 -10.

[55] Kandlikar S G, Steinke M E. Contact angles and interface behavior during rapid evaporation of liquid on a heated surface[J]. International Journal of Heat and Mass Transfer, 2002,45(18):3771 -3780.

[56] Mukherjee A, Kandlikar S G. Numerical study of single bubbles with dynamic contact angle during nucleate pool boiling[J]. International Journal of Heat and Mass Transfer, 2007,50(1 -2):127 -138.

内 容 简 介

本书主要介绍了海洋条件下反应堆系统的热工水力特性。全书共分为7章,第1章从海洋环境的基本定义及海基核动力装置的要求入手,引出了海洋条件的潜在影响;第2章和第3章主要利用实验、理论和数值计算方法分析摇摆条件下单相流动特性和传热特性,阐明了摇摆运动下系统流动波动与驱动力、附加惯性力和摩擦阻力的关系,揭示了附加惯性力对流动阻力特性和传热特性的影响机理,并定义了适用于运动条件的准则关系式;第4章介绍了摇摆条件下系统的两相流动不稳定性,包括典型流动状态、流动不稳定性分类及摇摆对系统行为的影响机理等内容;第5章在第4章实验研究的基础上,利用混沌时间序列方法分析摇摆条件下两相自然循环系统的非线性特征及非线性演化规律,并实现了对混沌脉动行为的单变量及多变量预测;第6章通过建立相关物理模型、核反馈模型,分析了摇摆条件下自然循环系统的核热耦合特性;第7章介绍了海洋条件下局部气泡行为的可视化研究成果,包括气泡行为的分类特性以及第一类、第二类气泡基本参数的预测等。

本书可供从事核反应堆热工水力等领域研究的科技人员参考,也适合高等院校相关专业的师生阅读。

The thermal hydraulics of nuclear reactors under ocean condition is mainly introduced in this book. It contains 7 chapters. In Chapter 1, the basic definitions and requirements for marine nuclear power plants are presented to lead to the potential impact of ocean conditions. In Chapter 2 and 3, single-phase flow and heat transfer characteristics under rolling conditions are analyzed experimentally, theoretically and numerically. The fluctuations of system parameters under rolling conditions are related to the driving force, additional force and frictional resistance. The influencing mechanisms of additional forced on the flow and heat transfer characteristics are revealed. Besides, the relevant criterion equations under rolling conditions are defined. Experimental results of two-phase flow instabilities under rolling conditions, including typical phenomena, classification of flow instability and influencing mechanisms of rolling conditions, are presented in Chapter 4. Based on the experimental study of flow instabilities, chaotic time series method is used to explore the nonlinear fact and evolution rule of the natural circulation system under rolling conditions. Prediction using univariate and multivariate of chaotic pulsation is further realized. In Chapter 6, relevant physical model and reactivity feedback model are founded to analyze the coupling characteristics of natural circulation under rolling motion. The visualization results on local bubble behaviors under ocean conditions, including the bubble classification and prediction of the basic parameters on Type Ⅰ and Type Ⅱ bubbles are introduced in Chapter 7.

This book is suitable for scientists and engineers who specialized in the nuclear reactor thermal hydraulics, as well as teachers and students studying on the related majors in colleges and universities.

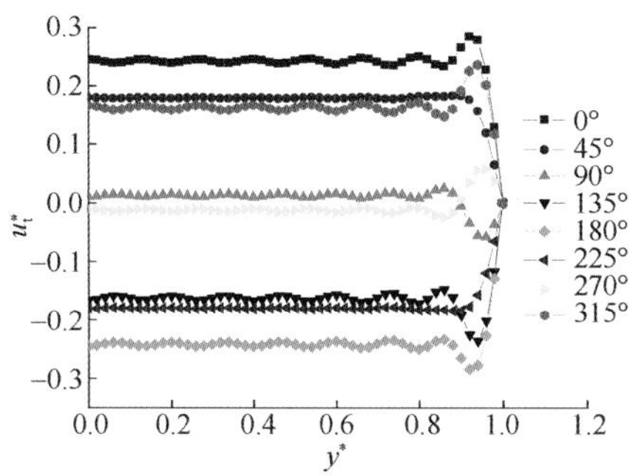

图 2.6　截面速度沿宽边中心线的分布

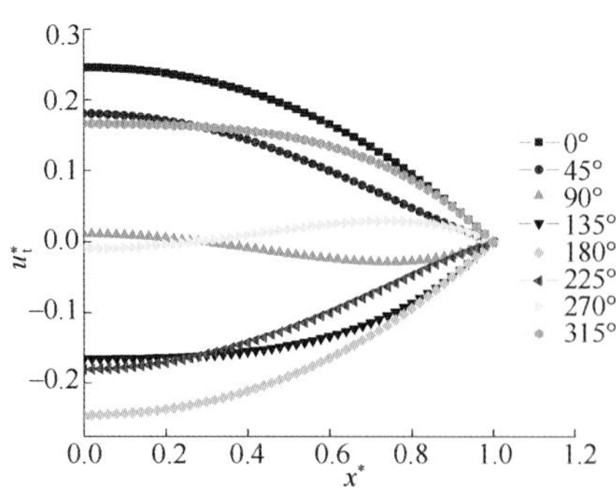

图 2.7　截面速度沿窄边中心线的分布

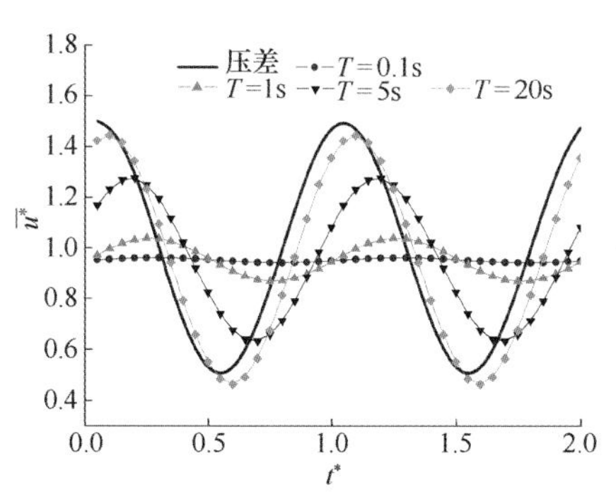

图 2.18　不同 T 下截面平均流速随时间变化

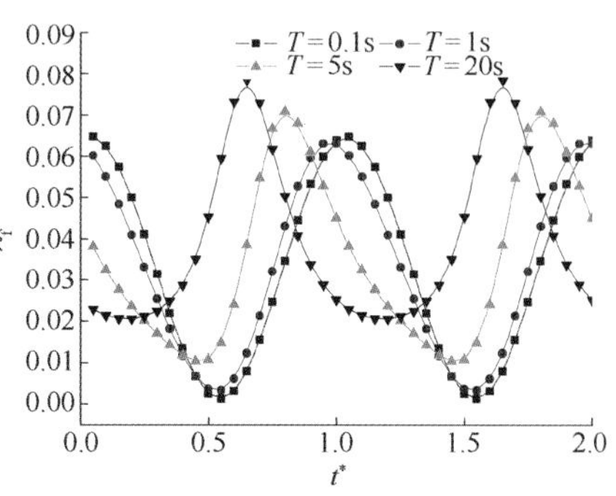

图 2.19　不同 T 下瞬时阻力系数随时间变化

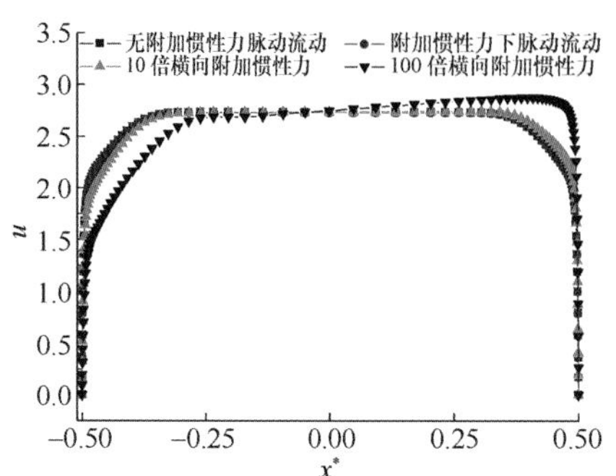

图 2.51　垂直于窄边不同横向附加惯性力和脉动流动下宽边截面速度的比较（$\omega t=90°$）

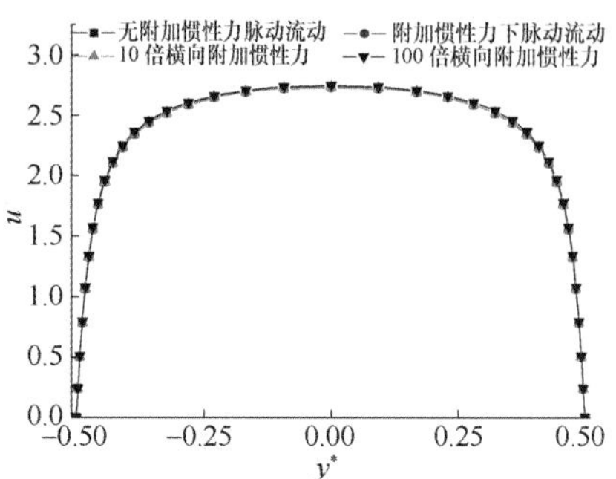

图 2.52　垂直于窄边不同横向附加惯性力和脉动流动下窄边截面速度的比较（$\omega t=90°$）

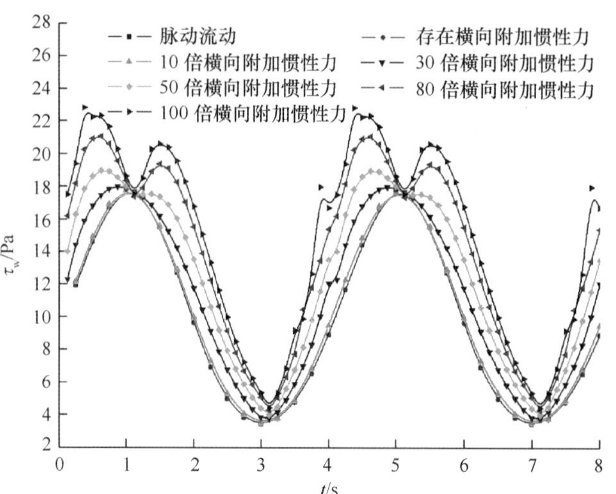

图 2.53　不同大小横向附加惯性力下壁面剪切应力比较

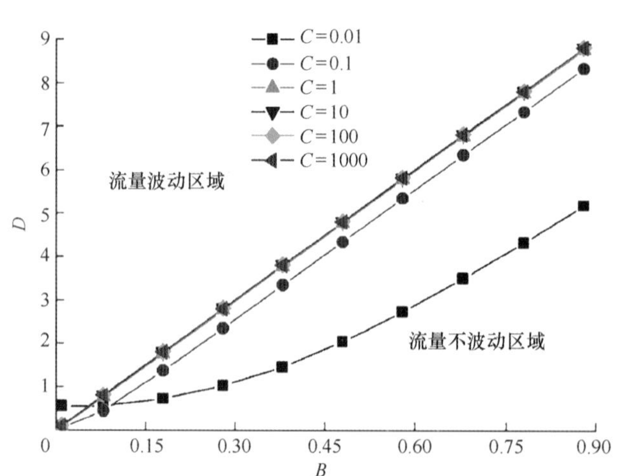

图 2.91　摇摆运动下流量波动界限(波动界限 5%)

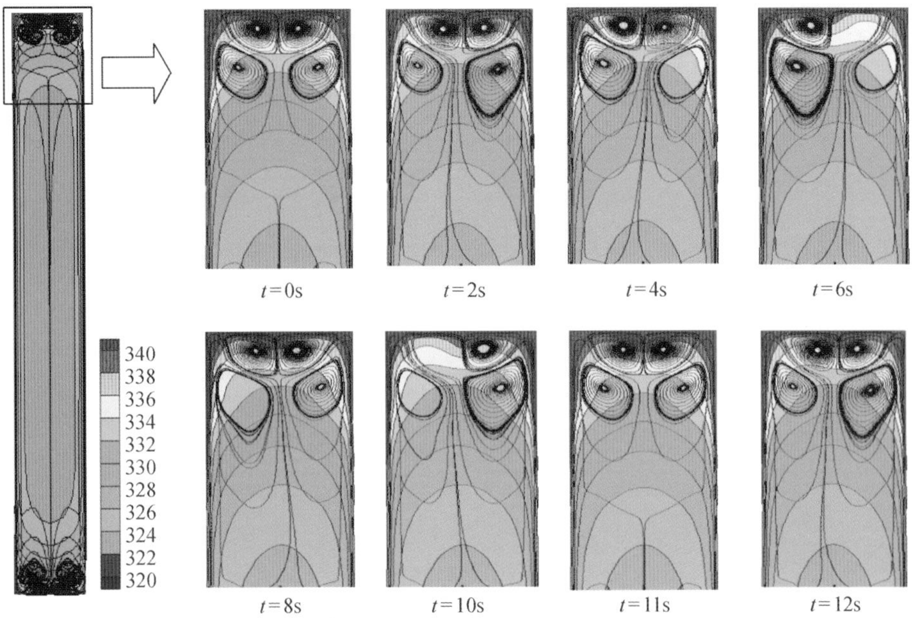

图 3.31 横摇状态二次流及温度场

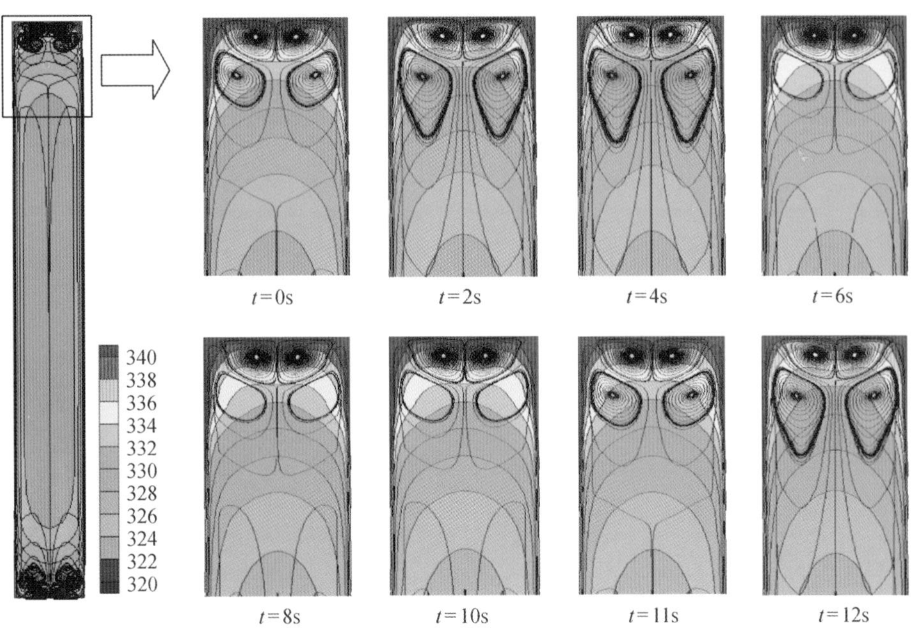

图 3.32 纵摇状态二次流及温度场

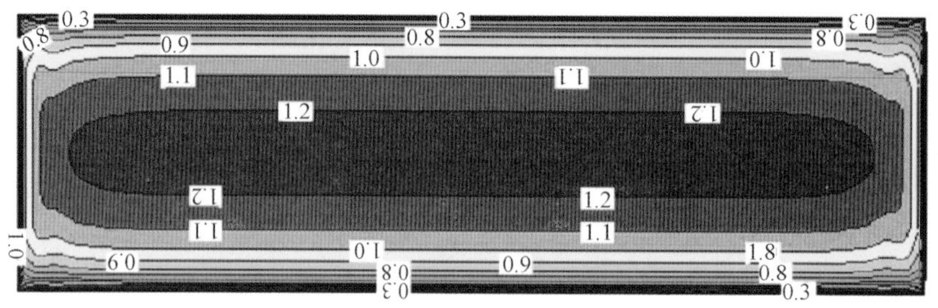

图 3.33　$z=0.9\text{m}$ 处截面速度分布

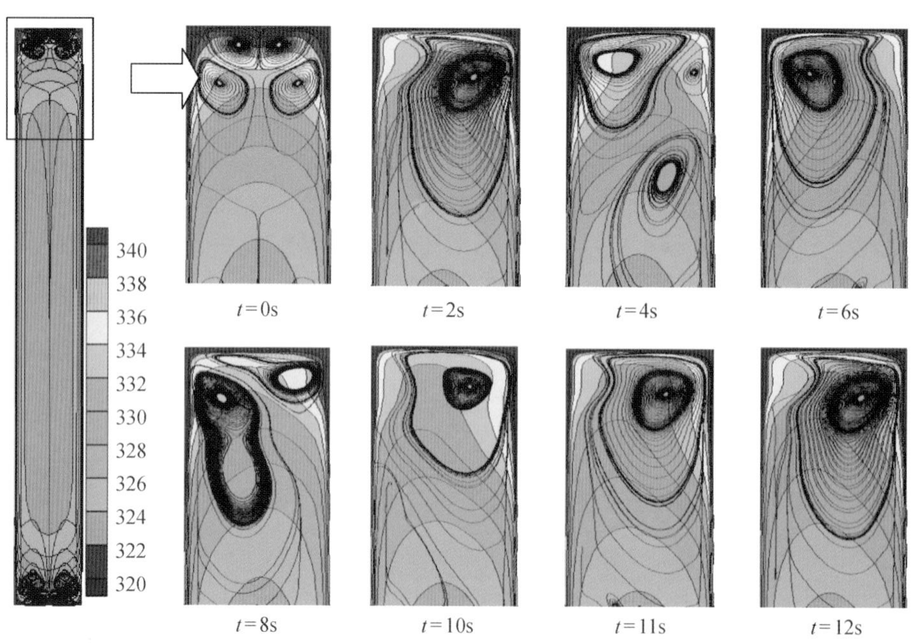

图 3.38　横摇状态下科氏力增大 10 倍后的二次流及温度场

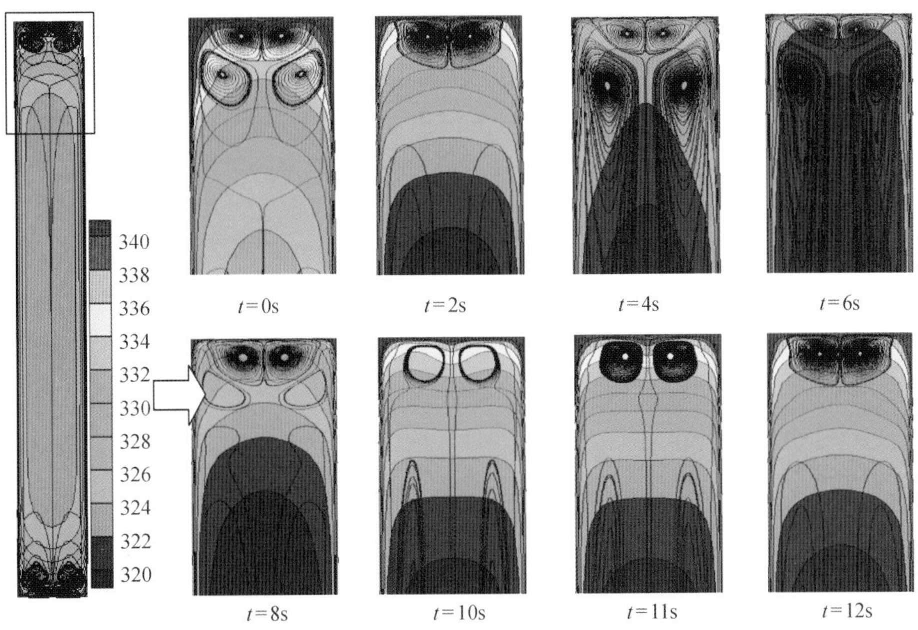

图 3.39　纵摇状态下科氏力增大 10 倍后的二次流及温度场

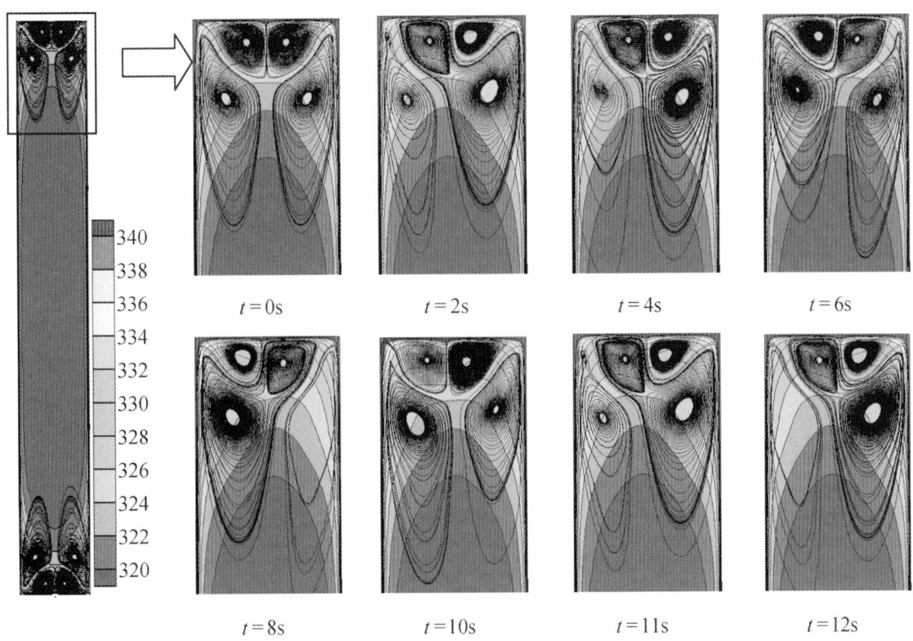

图 3.41　横摇对 4mm × 40mm 流道内二次流及温度场的影响

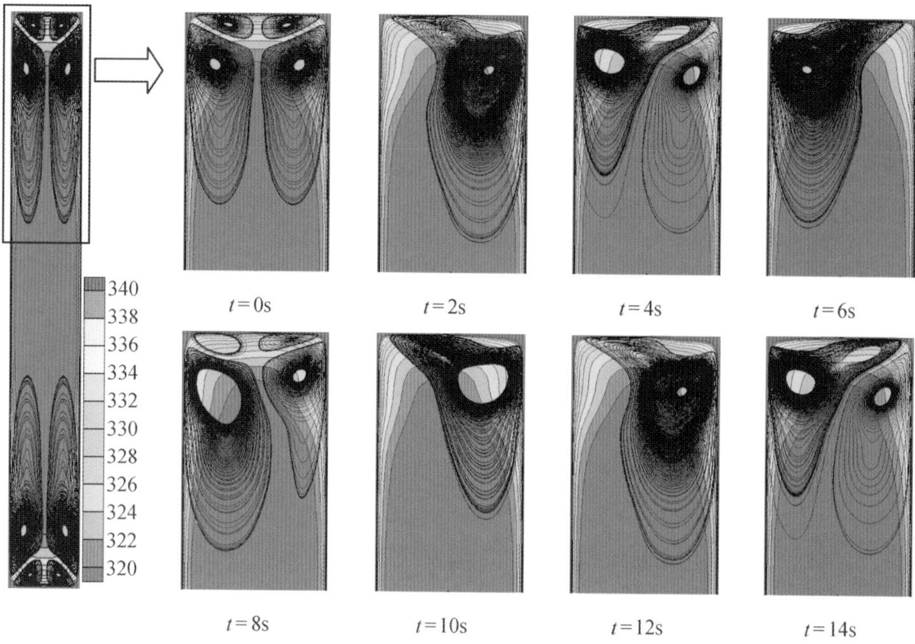

图 3.42　横摇对 8mm×40mm 流道内二次流及温度场的影响

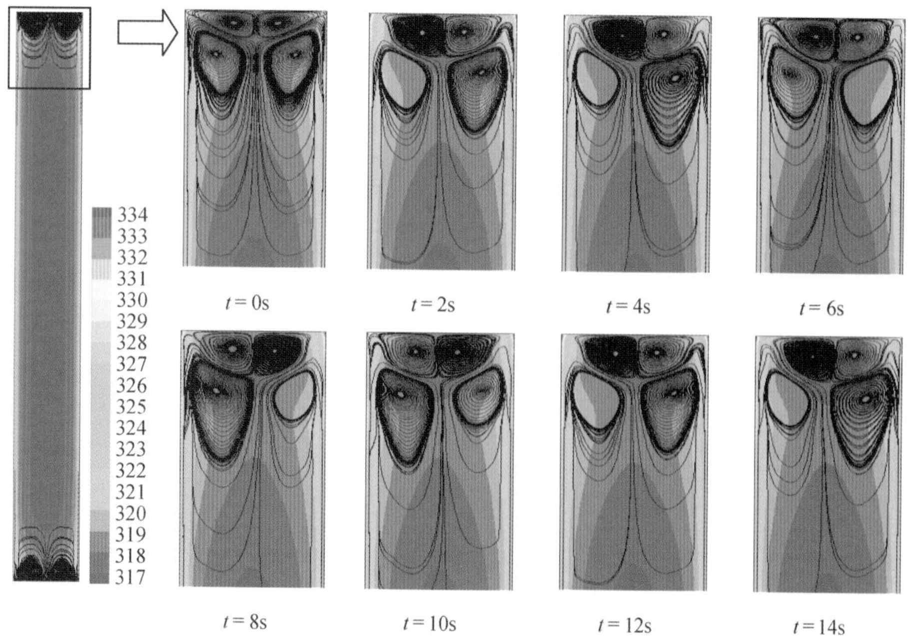

图 3.43　横摇对 2mm×60mm 流道内二次流及温度场的影响

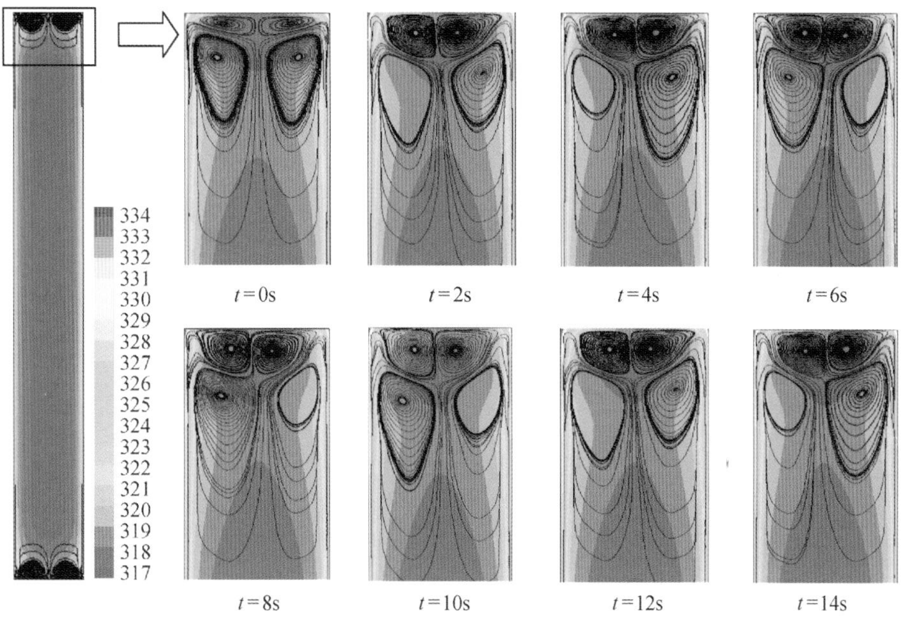

图 3.44　横摇对 2mm × 80mm 流道内二次流及温度场的影响

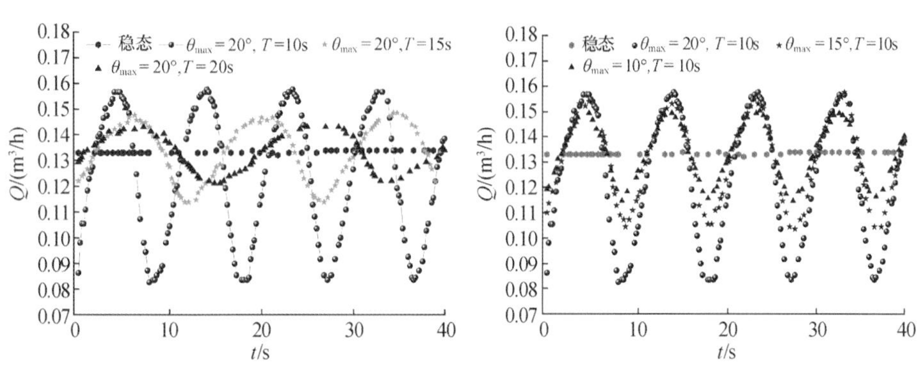

图 3.59　变摇摆周期时流量波动

图 3.60　变摇摆振幅时流量波动

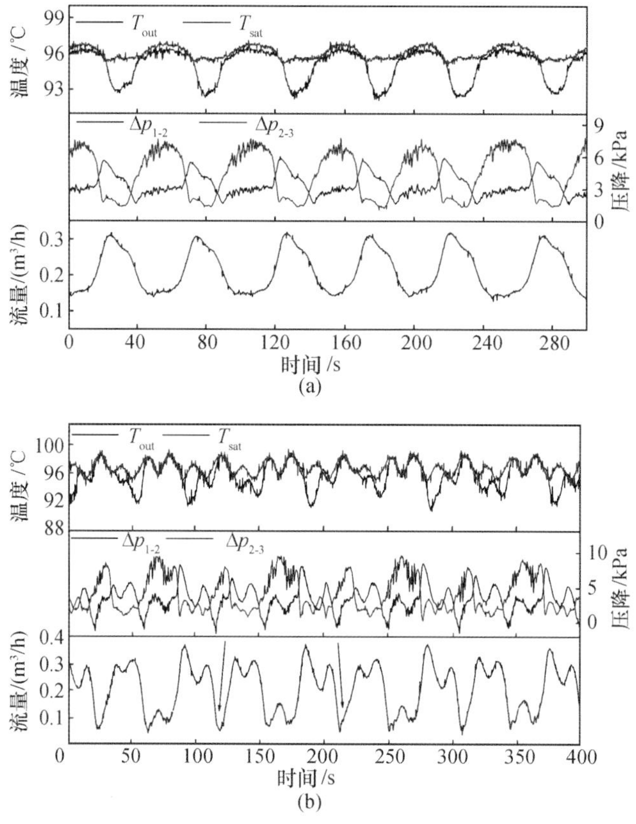

图 4.38　竖直和摇摆工况下温度、压降及流量随时间变化

（a）竖直工况；（b）摇摆工况 25。

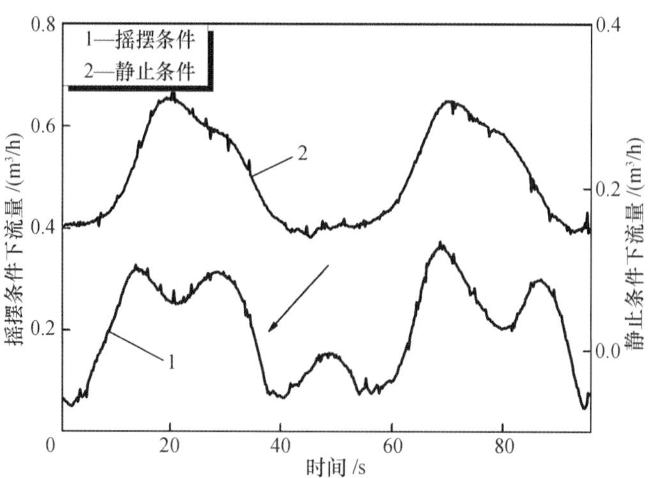

图 4.39　耦合不稳定性与压力降脉动之间的对比

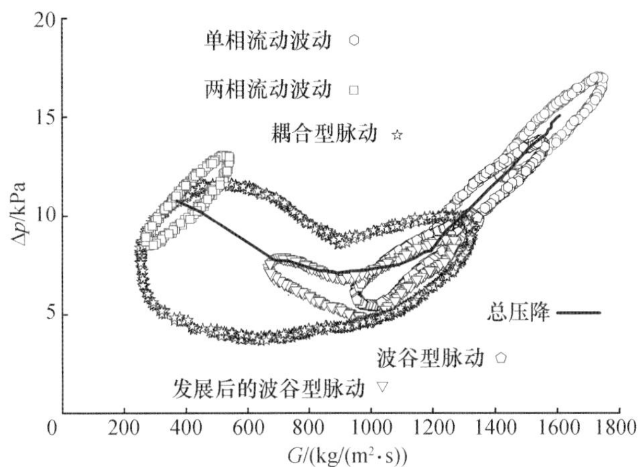

图 4.40　摇摆工况下阻力特性曲线及各典型实验工况对应的极限环

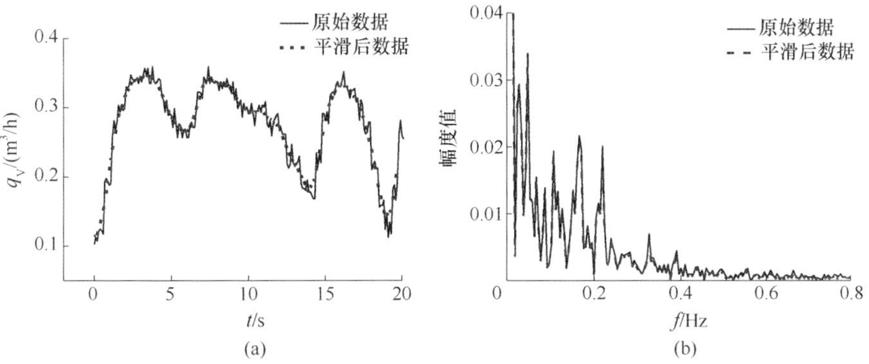

图 5.11　邻域平均法降噪结果

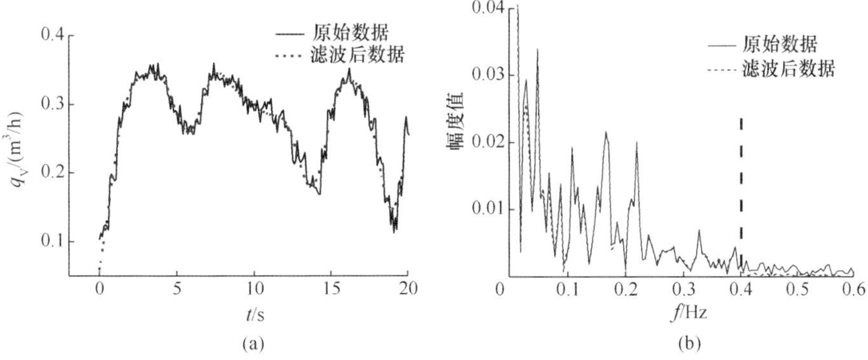

图 5.12　低通滤波法降噪举例

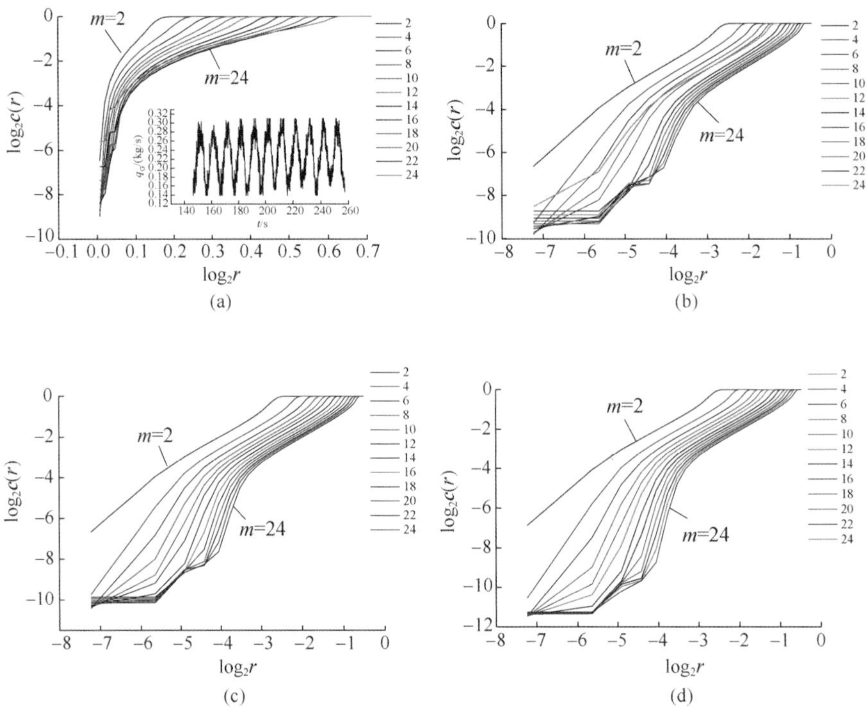

图 5.13　时间序列长度对计算结果的影响

(a) $N=600$；(b) $N=1000$；(c) $N=1500$；(d) $N=3000$。

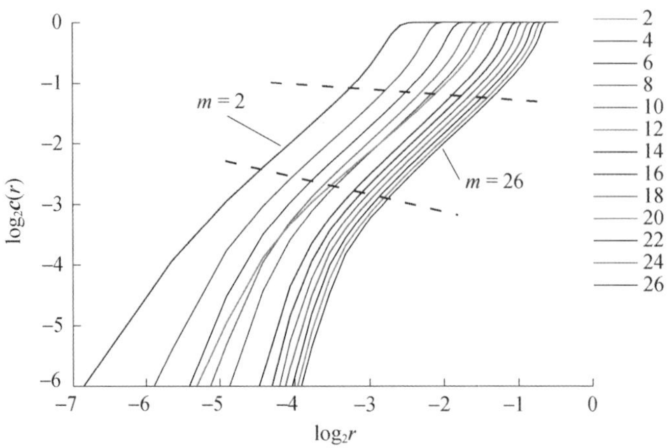

图 5.14　无标度区间的选择

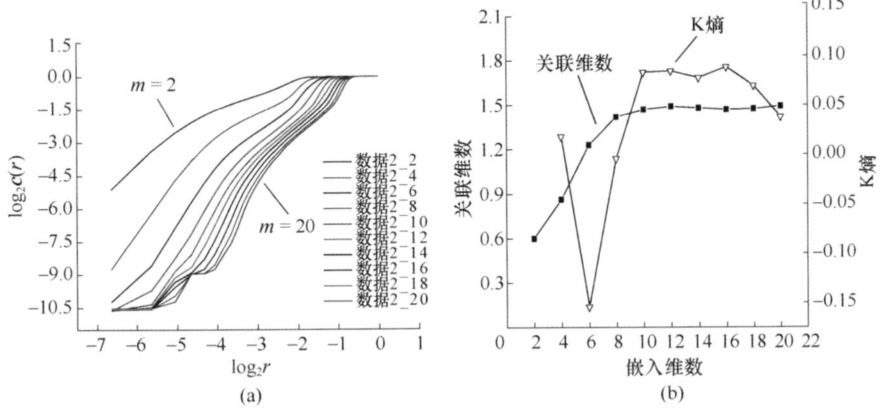

图 5.17　用 G-P 算法计算关联维数及 K 熵结果

(a)双对数曲线；(b)关联维数及 K 熵值。

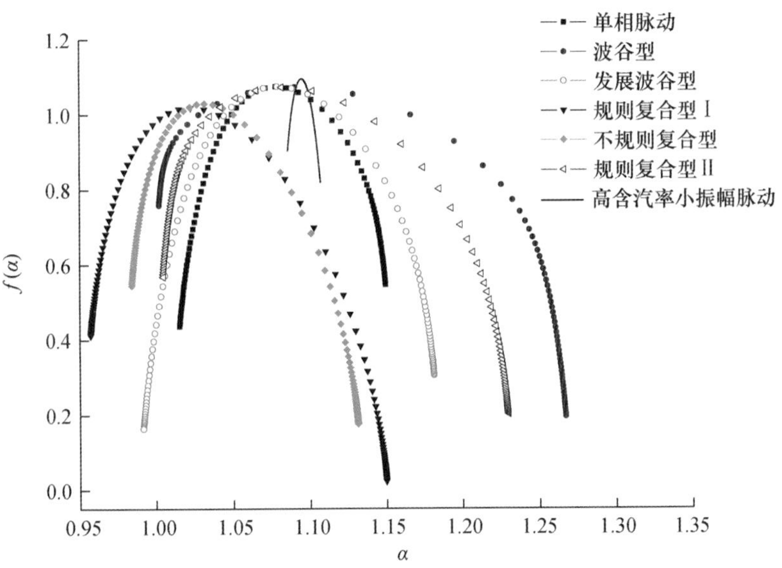

图 5.51　多重分形谱Ⅰ

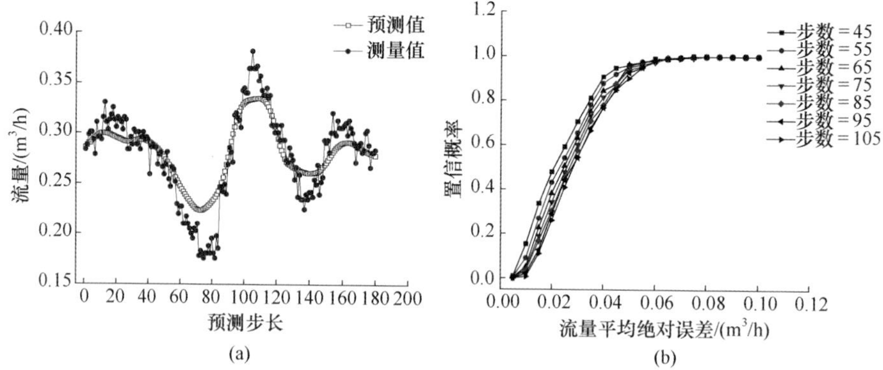

图 5.66　基于 NARX 神经网络的预测评价

(a)单区间预测结果；(b)多区间预测的统计误差。

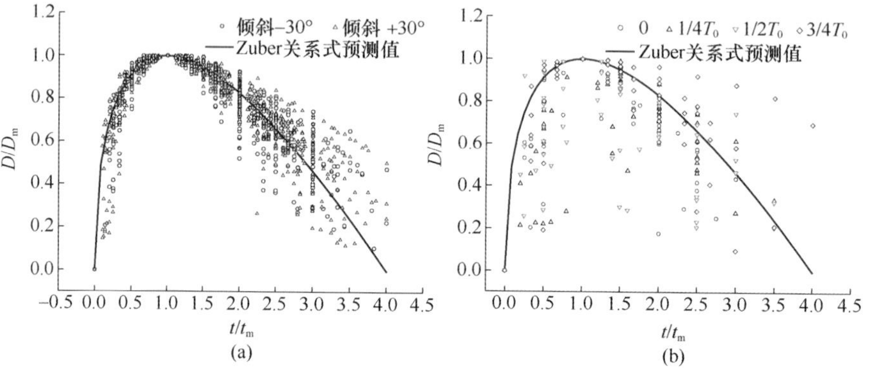

图 7.29　倾斜和摇摆工况下的无量纲气泡直径

(a)倾斜工况；(b)摇摆工况。

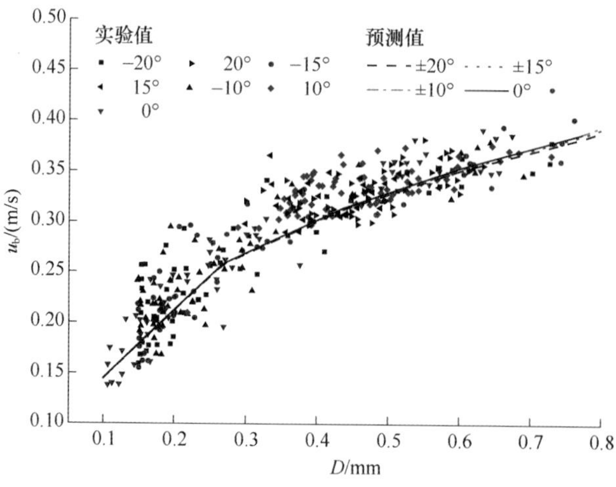

图 7.78　气泡速度随直径的变化